装备科技译著出版基金

天线技术手册

（第5册）

Handbook of Antenna Technologies

[新加坡]陈志宁 主编

[美 国]刘兑现 [日本]中野久松 编
[新加坡]卿显明 [德国]托马斯·兹维克

崔万照 张生俊 董士伟 总主译

张生俊 艾 夏 王明亮 刘军虎 等译

国防工业出版社

·北京·

著作权合同登记　图字：军-2019-036 号

图书在版编目（CIP）数据

天线技术手册.5/（新加坡）陈志宁主编；张生俊等译.—北京：国防工业出版社，2023.11

书名原文：Handbook of Antenna Technologies

ISBN 978-7-118-12888-8

Ⅰ.①天…　Ⅱ.①陈…　②张…　Ⅲ.①天线-手册
Ⅳ.①TN86-62

中国国家版本馆 CIP 数据核字（2023）第 210095 号

※

国防工業出版社出版发行
（北京市海淀区紫竹院南路 23 号　邮政编码 100048）
北京龙世杰印刷有限公司印刷
新华书店经售

*

开本 710×1000　1/16　**插页** 9　**印张** 32　**字数** 562 千字
2023 年 11 月第 1 版第 1 次印刷　**印数** 1—1500 册　**定价** 288.00 元

（本书如有印装错误，我社负责调换）

国防书店：（010）88540777　　书店传真：（010）88540776
发行业务：（010）88540717　　发行传真：（010）88540762

《天线技术手册》
翻译工作委员会

主　任：崔万照

副主任：张生俊　董士伟

委　员：（按姓氏笔画排序）

于晓乐　万国宾　马　鑫　马文敏
王　栋　王　瑞　王伟东　王明亮
王建晓　王彩霞　艾　夏　白　鹤
朱忠博　刘　英　刘　硕　刘　鑫
刘军虎　孙　渊　李　升　李　韵
李霄枭　杨　晶　杨士成　张　宁
张　凯　陈有荣　林先其　郑　颖
胡伟东　莫锦军　倪大宁　崔逸纯
董亚洲　曾庆生　谢拥军　薛　晖

中 文 版 序

天线不仅是所有无线系统不可或缺的单元,更是扮演着增强系统性能、扩展系统功能角色的部件甚至子系统。自 1887 年,德国物理学家海因里希·赫兹(Heinrich Hertz)首次使用我们现在所熟知的电容端加载偶极子天线来证明无线电波的存在,天线理论与技术已经得到巨大的发展。特别是自 21 世纪起,借助计算机科学和大规模集成电路的巨大发展,各种无线系统已经广泛地渗透到各个行业及我们的日常生活中,风斯在下,天线技术也有了长足的进步。

在我 2012 年加入新加坡国立大学后不久,施普林格亚洲分部的 Yeung Siu Wai Stephen 博士就来到我的办公室,热情地邀请我编撰一部天线方面的手册。当时,我是非常犹豫的。因为作为一门历史悠久的技术,行业里已经有了许多优秀的经典手册,而且一直都有新的手册问世。如何能够呈现出一本另具特色的手册是一个挑战。另外,我没有编辑手册的经验,想象中那一定是一个浩大的工程,耗时费力。在足足犹豫和思考了半年之后,我才答应试着准备一个写作计划,准备全面、深入地介绍天线理论、技术与应用方面的最新进展。特别是,我提出了所有章节中要包括该类技术的原创介绍,让学生们和年轻的研究员通过此手册更好地掌握天线技术发展的来龙去脉,既学到创新的思路也可以避免"再发明""再创造"。同时,我也要求出版社能够让读者按章节下载,减轻读者的经济负担,更大程度地普及天线技术。出版社非常配合,完全同意我的想法。于是,我决定开始这项工程,挑战自己。

我的出版计划得到了天线界三位专家(Tatsuo Itoh、Ahmed Kishk、Wong Kin-Lu)的一致认可和鼓励。记得 Itoh 教授在他的评估反馈中说:这对谁都将是一个前所未有的挑战。但是,我对它非常有信心。面对着自己草拟出的 100 个章节专题,既有兴奋,更有压力。于是,我决定邀请学界中的几位朋友,一起努力。不奇怪,一些同仁看到这个宏大计划后婉拒了。在我的力邀之下,刘兑现(美国),中野久松(日本),卿显明(新加坡)及托马斯·兹维克(德国)4 位好友加入了编辑团队。在我们的共同努力下，140余位专家和学者直接贡献了本手册的76个章节共计3500页。多年的老师老友周永祖教授欣然为书作序，欣慰、褒奖与鼓励溢于文字之间。

《天线技术手册》于2016年9月由施普林格出版社出版发行了。看着厚厚的4卷手册，回想着编辑过程中的各种经历，感慨万分。4位编辑朋友，都非常专业及时地审读了所负责的书稿，对整个手册的编辑工作出谋划策，为手册的按时出版付出了巨大的努力。Nakano教授作为蜚声天线界的学者，婉拒了我邀请他作为共同主编的邀请。他说一个主编正好，并对我的主编工作给予了极大的支持。在工作即将大功告成之际，我主动和出版社力争，打破常规，坚持将所有编辑的姓名印在手册的封面上。期间，所有作者也都辛勤地工作，把自己最新的成果奉献给读者。一些作者克服了各种各样的困难，按时交稿。也有几个章节的作者们，在我协调章节内容时，积极配合，大篇幅地调整了自己的原书稿。特别遗憾的是，好友Hui Hon Tat博士在他提交第一稿后两个月内就辞世了。从时间上推测，他是在入院后完成的初稿。为了告慰他，我接手了那篇手稿后续的全部工作，完成了他的遗愿。

《天线技术手册》英文版共分为4卷，涵盖了天线理论、设计和应用。天线形式从基本的偶极子天线延伸至近来的超材料天线；工作频段从很低的VHF频段向上达至太赫兹频段；加工工艺包括了从简单的印制电路板到先进的LTCC和MEMS等。应用包括了通信、雷达、遥感、探测、成像等；应用平台包含了陆基平台、飞机、舰船和卫星等。全套手册实现了理论、技术与应用的立体全覆盖。我坚信这部汇聚当今天线技术发展的最新成果与大量的当代天线界专家智慧的巨作（至少从重量和页数上看），一定会惠及天线教育、技术与研究。期待《天线技术手册》成为当前天线理论和技术发展历程的重要记录。

《天线技术手册》英文版出版后，已经获得了令人鼓舞的反响。截止于2019年底，施普林格出版社的下载量已超45万次，在线读者达2000多人。陆续收到的积极反馈，令我和其他作者备感欣慰。尤其是中国空间技术研究院西安分院、空间微波技术重点实验室、试验物理与计算数学重点实验室等单位的同仁们，他们在研究工作中已充分利用了《天线技术手册》，并称多受启迪。所以，当崔万照博士代表分院提出希望能有机会将这部书翻译为中文版，以便更多更好地服务中文读者时，我完全没有犹豫，尽管这对我完全没有任何经济利益。能够有机会把手册更好地推广到中国这个巨大的天线技术群体中,从而更大地体现此书的价值,为国内天线技术发展贡献绵薄之力,也是我们编辑及作者的荣耀。我本人也从事过翻译工作,深知这项工作的巨大挑战。“信达雅”是翻译工作的“三难”(严复语),尤其是翻译一本技术专著。在几个学术单位的大力支持下,一个朝气蓬勃的翻译团队很快就成军了! 在过去两年里,我一直与团队的各位学者交流互动。我非常欣赏他们认真的工作态度与热情无私的投入,我为中国天线界的未来感到无比欣慰。终于,这部二次创作的《天线技术手册》以新的光彩面世了。

我也要特别感谢国防工业出版社,在这部译著策划过程中,国防工业出版社迅速和施普林格出版社确定了版权转让,装备科技译著出版基金给予了全额资助。

最后,我要再次感谢所有原著的作者们和编辑们,感谢他们的奉献与分享。我坚信他们的聪明才智,经过中文这一桥梁,必将使更多的人受惠。

“天真线实”,这是我向东南大学赠送原著时的留言。“天真”,保持着孩子似的对未知好奇的科学素养;“线实”,坚持着工匠般的对挑战执着的工程精神。

于新加坡国立大学

2020 年 2 月 6 日

译　者　序

《天线技术手册》是新加坡国立大学陈志宁教授联合上百位知名学者，集多年心血而成的重要学术成果，于 2016 年由施普林格出版社出版，并在国际天线理论与工程界引起巨大反响。中国空间技术研究院西安分院和空间微波技术重点实验室的研究人员较早接触到这部书，并在工作中加以应用，产生了显著的促进作用。为便于使这部鸿篇巨制更好地为国内天线界学者和工程师所用，在手册编审指导委员会的领导下，翻译工作委员会经过 4 年的努力完成了译校工作。

《天线技术手册》英文版共分 4 卷，为使这套书的利用更有针对性，我们将中文版分为 8 册。在内容上，《天线技术手册》中文版保持了原版的风貌，充分表现原作者的思想。这套中文版的《天线技术手册》必将成为天线技术研究者重要的案头参考。

《天线技术手册》（第 5 册）共由 12 章构成，是英文原著第 3 卷的前半部分，内容主要涉及几类新型天线及天线测量等，包括波束扫描漏波天线、可重构天线、径向线缝隙天线、毫米波天线与阵列、共形阵列天线、多波束天线阵列、表面波抑制微带天线、宽带电磁偶极子天线、天线测量装置概论、微波暗室设计、EMI/EMC 暗室设计、测量及设备、天线近场测量技术。本册由试验物理与计算数学重点实验室组织翻译，译者主要来自北京航天长征飞行器研究所、北京系统工程研究所、桂林电子科技大学。

第 37 章“波束扫描漏波天线”的作者为加州大学洛杉矶分校的崔俊华（Jun H. Choi）和伊藤龙男（Tatsuo Itoh），由刘军虎翻译，张生俊互校。介绍了波束扫描漏波天线的基本原理和最新进展。通过改变波导形态实现单个辐射单元产生沿着波导结构的辐射,这一辐射能够产生随工作频率变化的波束而进行扫描。这种独特的特性使漏波天线有别于其他类型天线。漏波天线大致可分为三类:均匀的、周期性的和准周期性的。

第38章“可重构天线”的作者为黎巴嫩贝鲁特美国大学的约瑟夫·康斯坦汀(Joseph Costantine),黎巴嫩圣母大学(Louaize 校区)的约瑟夫·泰克(Youssef Tawk),以及美国新墨西哥大学阿尔伯克基分校克里斯托斯·G·克里斯托杜鲁(Christos G. Christodoulou),由张生俊翻译,莫锦军互校。介绍了可重构天线的各种部件,分类和设计过程,讨论了现有的可重构天线的各种应用,及其天线特性与新型通信应用间的关系。同时,详细论述了可重构天线的控制、建模和优化及多种实现机理。最后,介绍可为未来和不断发展的实用无线通信提供服务的可重构天线的发展方向,提出全面有效的最佳设计方案。

第39章“径向线缝隙天线”的作者为日本横滨国立大学的新井宏之(Hiroyuki Arai),由薛晖、刘军虎翻译,张生俊互校。介绍了径向线缝隙天线的发展历史,这些天线用作微波和毫米波波段的圆极化高增益天线。还介绍了通过改变缝隙阵列排布来实现的线极化阵列。详述了由同轴探针和谐振腔组成的馈电结构。主要应用包括卫星通信天线、等离子体刻蚀和高功率使用。

第40章“毫米波天线与阵列”的作者为韩国三星电子的洪元斌(Wonbin Hong),由莫锦军翻译,张生俊互校。首先介绍了超快、低时延毫米波无线应用的背景和动机,以及该频段的主要传播特性。然后详细介绍并讨论其天线设计思想和技术,并给出适用于下一代无线设备的最先进毫米波天线设计方案。最后,对毫米波天线的未来发展方向进行了总结。

第41章“共形阵列天线”的作者为瑞典拉尔斯微波的拉尔斯·约瑟夫森(Lars Josefsson)、瑞典爱立信研究院的帕特里克·佩尔松(Patrik Persson),由马文敏翻译,刘军虎互校。介绍了当今共形阵列天线(非平面阵列天线)产生的历史,包括理论和技术,以及共形阵列天线的几个应用,包括用于移动基站的广角

(360°)覆盖天线,内置于诸如飞机和卫星的外壳中的天线,多方向同步跟踪信号的球形阵列等。

第 42 章"多波束天线阵"的作者为加拿大国家科学研究所的拜比·P·查科(Bybi P. Chacko)、吉乔·奥古斯丁(Gijo Augustin)、塔耶布·A·丹尼尼(Tayeb A. Denidni),由王明亮翻译,刘军虎互校。介绍了天线阵中的基本概念、包括智能天线和相关系统等一些先进概念,论述了已成为重要研究领域的工程材料领域相关概念,并给出了一些最近的、基于超材料技术的多波束天线设计实例。

第 43 章"表面波抑制微带天线"的作者为美国休斯敦大学的戴维·R·杰克逊(David R. Jackson),由王明亮翻译,刘军虎互校。介绍了表面波抑制(RSW)微带天线的概念和特点,以及 RSW 天线的设计和实现方法。

第 44 章"宽带电磁偶极子天线"的作者为香港城市大学的李明鉴(Mingjian Li)和陆贵文(Kwai-Man Luk),由刘鑫翻译,王明亮互校。介绍了电磁(ME)偶极子天线的原理、组成及带宽较宽,带内增益和方向图稳定,且交叉极化和后瓣辐射较低等特点。并介绍了如何降低天线高度和选择馈电方式的方法,还给出了改良的磁电偶极子天线应用于 UWB 和 60GHz 无线通信天线的实例。

第 45 章"天线测量装置概论"的作者为新加坡信息研究所的卿显明(Xianming Qing)和新加坡国立大学的陈志宁(ZhiNing Chen),由张生俊翻译,莫锦军互校。简要介绍了天线测量装置,并对典型的远场和近场天线测量装置以及各种天线测试场进行了综述,还特别介绍了不同天线的阻抗测量装置、天线在片测量装置以及比吸收率(SAR)测量装置。

第 46 章"微波暗室设计"的作者为马来西亚拉曼大学的庄文冠(Boon Kuan Chung),由艾夏翻译,王明亮互校。介绍了微波暗室设计方法、流程、材料类型等,提出结合能够反映吸波材料散射特性的准确模型,采用合适的计算机仿真工具进行优化暗室的几何结构,有望实现效费比的目标。

第 47 章“EMI/EMC 暗室设计、测量及设备”的作者为马来西亚拉曼大学的庄文冠(Boon Kuan Chung),由艾夏翻译,王明亮互校。介绍了电磁干扰/电磁兼容(EMI/EMC)微波暗室工程中必须综合考量的细节,包括屏蔽房间设计、吸波材料使用。进而介绍了测试场必须满足 EMC 标准中规定的性能。当频率范围小于 1GHz 时,CISPR 16 和 ANSI C63.4 中规定的归一场地衰减(NSA)方法用于地面不铺设射频吸波材料的半微波暗室的验证。给出了 CISPR 16-1-4 中规定的场地电压驻波比(SVSWR)方法、ANSI C63.4 中提出的时域反射法(TDR)等的比较。

第 48 章“天线近场测量技术”的作者为意大利萨勒诺大学的弗拉米尼奥·费拉拉(Flaminio Ferrara)、克劳迪奥·根纳雷利(Claudio Gennarelli)和罗科·格雷罗(Rocco Guerriero),由张生俊翻译,莫锦军互校。系统介绍了近场天线测量技术,在讨论该领域的现状基础上,针对平面矩形、圆柱和球面三种扫描方式,以对天线辐射场表达常采用的波形展开方法的解析细节介绍为基础,分别总结了有无探针补偿条件下经典近场—远场(NF-FF)变换的主要步骤。进一步介绍电磁场的非冗余采样表示技术及其在 NF-FF 变换中的应用,以及可以进一步节省测量时间的创新型螺旋扫描 NF-FF 变换技术。

本册由刘佳琪、张生俊统校。

本册的编译工作得到国家自然科学基金项目(资助号 61172019,61571031,61671044)的支持。感谢各位译者的辛勤工作,感谢本套译著翻译指导委员会崔万照、孟刚、刘佳琪研究员以及原著主编陈志宁教授在百忙之中的指导与帮助。

翻译之初,陈教授提出力争“信,达,雅”的要求,于我们组织翻译而言,压力甚大,因为原书本来就是组织全球多家单位的专家学者撰写,行文风格各异;又限于译者的学识及精力,实不敢海口达到全部“信,达,雅”,然教授之要求既在,译者自然倍加努力,做到“信”,实现“达”,争取“雅”,翻译过程中采用翻译—互校—自校—统校的方式,多重把关,以确保质量,但仍难免存在疏漏或翻译不当之处,敬请各位读者批评指正提出建议,谢谢。

本册翻译组

英 文 版 序

非常高兴为这部重要的天线手册作序。正值1865年麦克斯韦方程提出150周年之际,出版这套天线手册是很有意义的。尽管天线技术已经发展约一百年了,其重要性至今仍然存在。1886年,海因里希·赫兹(Heinrich Hertz)所做的关键实验证明了无线信号传输的可能性。而1895年,古格列尔莫·马可尼(Guglielmo Marconi)的工作则强调了无线通信的重要性。他随后利用简单的天线在地表上传输无线电信号,所用天线是安装在大地表面的四分之一波长偶极子,接收机很长,是靠风力升起的一串电线,也就是风筝。另一方面,尼古拉·特斯拉(Nicola Tesla)早在1891年就在研究利用感应线圈进行无线能量传输。

通信、遥感和雷达技术已经推动了天线技术的突飞猛进。一些最著名的例子包括1926年发明的八木宇田天线、喇叭天线、天线阵列、反射天线和贴片天线。贴片或微带天线是由George Deschamps于1953年提出的,后来经由许多科研人员发展,包括Yuen Tse Lo。此外,Paul Mayes从事宽带天线的研究,例如从八木宇田天线变形而来的对数周期阵列天线。Deschamps、Lo和Mayes都是我之前的亲密同事。最近,天线技术的重要性因手机行业的需求而愈加显著,要求天线的体积越来越小,且要持续小型化。

计算机技术的出现为用于天线结构建模的数值方法注入了发展活力。稳健、高效和快速的数值方法可以处理一些问题,其发展催生了诸多商业化软件来仿真天线性能。天线可以先在计算机上虚拟地建立原型,并在实际制造之前对其性能进行优化。这样的流程大大降低了成本,也为在不产生过高成本的情况下进行工程设计提供了机会。

目前已有许多商业化仿真软件套件可用,这极大简化了天线设计。此外,这些软件套件还可以释放天线工程师的创造力,扩大他们的设计空间。数值方法在商业软件套件中找到用武之地,这些方法为有限元法、矩量法和快速多极算法。更多算法还将出现在商业软件中:概念研究到商业应用之间的滞后时间一般需要 10 年到 20 年。除了计算机硬件性能的提高外，快速求解器的出现也推动着天线设计中计算电磁学的发展，这些快速求解器包括快速多极求解器、分层矩阵求解器和减秩矩阵求解器等。

天线设计也是波物理和电路物理的交叉产生的一个有趣领域。通过匹配网络的设计可将能量馈入天线，这需要利用电路设计方面的丰富知识。但是，能量在天线之间传输的方式是基于波物理的，因此天线孔径、增益、辐射方向图和极化等概念对天线至关重要。因此，低频电磁波和高频电磁波同样重要。实际上，对于许多反射面天线，波是准光学范畴，那么可以使用高频近似方法进行分析。另一方面，与电路物理的接口需要开展多尺度分析，这是计算电磁学研究的一个热门领域。

由于纳米制造技术的迅速发展，现在可以光波长的尺度实现纳米结构，这在光学领域刺激了纳米天线的发展。到了光学范畴，往往需要再次回顾或重新使用微波领域中的许多天线概念，这种模式已经用于自发和受激发射，以及 Purcell 因子增强。同样，光学也是一个需要新思想的领域。

我也很高兴看到，在新加坡国立大学陈志宁教授的领导下组织了本书这些章节。自从 1994 年我第一次访问中国，就认识了陈教授，那时他还是个年轻的中国人。我出生在海外，第一次中国之行充满了幻想与现实之间的冲突，但是陈教授作为一个直率的年轻人，以其强烈的好奇心给我留下了深刻的印象。自从我在马来西亚长大以来，包括新加坡在内的环太平洋地区的经济增长也触动了我的心弦，当初马来西亚和新加坡还属于一个国家。我多次访问新加坡，其间很高兴地了解到陈教授在新加坡国立大学（NUS）和资信与通信研究院（I^2R）开展的创新研究。这套手册正值新加坡建国 50 周年（SG50）之际出版，也有着特殊的意义。

周永祖
伊利诺伊大学香槟分校
2015 年 10 月 10 日

英文版前言

距离詹姆斯·克拉克·麦克斯韦(1831-1879)发表以最初形式的麦克斯韦方程组为重点内容的《电磁场的动力学理论》①已经过去了一个半世纪。麦克斯韦方程组在数学上描述了光和电磁波以光速在空间中的传播。毋庸置疑,麦克斯韦方程组是继艾萨克·牛顿的运动定律和万有引力定律之后最重要的物理学突破。麦克斯韦的贡献已经影响且仍在继续影响物理学世界和我们的日常生活。麦克斯韦被认为是电磁场理论领域的创始人。谨以《天线技术手册》一书的出版,向麦克斯韦方程组诞生150周年致敬。

随着VLSI(超大规模集成电路)和计算机科学的进步,无线技术已经快速渗透到我们日常生活的各个方面;在日常活动中几乎每个人都拥有不止一部无线设备,如手机、笔记本电脑、非接触智能卡、智能手表等。天线作为辐射和感应电磁波或电磁场的关键部件,无疑已经在所有的无线系统中都扮演了不可替代的独特角色。因此,这些新兴的无线应用也聚焦在天线技术上,尤其是最近30年间,推动天线技术向着高性能、小型化、可嵌入集成发展。

当前国际上天线技术的最新特点是电性能可调控,或者说天线已经从无源部件发展成为集成有信号处理单元的智能化的子系统。波束形成、MIMO、大规模(Massive)MIMO、多波束天线系统等技术已经广泛应用在先进移动通信、雷达及成像系统中。天线技术和功能越来越复杂,对于天线的设计和优化必须系统地考虑。为了达到所期望的系统性能,天线需要紧密地联合射频通道、射频前端甚至信号处理单元进行综合设计,MIMO系统就是一个天线综合设计的典范。同样,天线技术的突破性发展也强烈地依赖于新材料和新制造工艺的进步。如同现存的PCB和LTCC工艺,最近兴起的基于增材工艺的3D打印技术掀起了天线设计和制造的新纪元。遗憾的是在材料方面天线可用的材料种类并不

① "A Dynamical Theory of the Electromagnetic Field",原文Electrodynamic有误。——译者注

多,但是最近电磁超材料(基于常规材料的人工电磁结构)这一新奇物理概念的提出为新型天线设计技术打开了一扇新窗口。

我清晰地记得,在我的硕士学位答辩中,一位评审老师问我是否准备好在天线工程这个困难与枯燥的领域内开展学术研究。30 年过去了,我很赞同他当时的观点,一个优秀的天线工程师不仅要精通工程方面的知识,同样需要关注其他领域的知识,例如数学、物理、机械甚至材料学。然而,对于他所提到的呆板的工程法则,我却认为天线设计可以是一种有趣且具有活力的工作。当你将天线设计看作是一门艺术工作时,其中就包含了对于特定的天线性能、形状、尺寸以及方向的变化。尤其是当天线与无线通信系统的其他部分相融合时(这里的融合并不是传统的集成),天线技术将进入一个全新且充满启迪的新时代。对于天线技术而言,应借助不落窠臼的思维方式来激励技术上的挑战。

为了忠实地反映天线技术的最新进展和正在出现的技术挑战,我们邀请了享誉全球的 140 位专家合著《天线技术手册》,该手册包含 76 个章节共 3500 页。然而,最初只是因为不知道如何在许多其他有关天线(一个非常经典的领域)的手册之外制作一本独特的手册,因此当来自施普林格亚洲分部的 Yeung Siu Wai Stephen 博士找到我时,我对启动这个巨大项目犹豫不决。为了让读者充分认识和获益于《天线技术手册》,我围绕三个主要目标构建了本手册。首先,作为教学指导工具书,较适合的目标读者将是初级研究人员、工程师、研究生。为了帮助读者避免可能的迷惑,所有的章节都将为读者提供有关具体主题足够的历史背景信息。其次,除了基础和经典天线技术,与电磁主题相关的最先进技术也将被纳入手册,进一步加强读者对于现代天线技术的认识。最后,除了传统的纸质印刷品,读者也可逐章下载电子文件。我希望本手册将为天线技术的从业者(新手或专家)提供翔实且更新的参考指南。

如果没有这个强大的编写团队的帮助,其中包来自括美国 IBM 沃森研究中心的刘兑现博士,来自日本 Hosei 大学的中野久松教授,来自新加坡信息通信研究中心的卿显明博士与来自德国 Karlsruhe 技术中心的托马斯·兹维克教授,我们不可能在一年内完成这个巨大的编撰工作。通过艰苦的工作,我们选择并决定了 90 个标题,并且联系了相关的作者,复审了初稿,并与作者们商讨了每一章的修改等,这是一个非常花费时间的任务。我们要衷心地感谢 Barbara Wolf 女士,尤其也要感谢 Saskia Ellis 女士,她对该书在施普林格出版社成功出版提供了大力支持与专业指导。我们对所有作者致以最诚挚的感谢,他们花费宝贵的时间通过竭诚合作,为本手册做出了优秀贡献。

所有编委包括刘兑现博士、中野久松教授、卿显明博士和托马斯·兹维克教授,都要对各自家庭的巨大支持和理解表示感谢,具体来说,刘兑现博士向其妻子黄霜女士致谢,卿显明博士向其妻子杨晓勤女士致谢,中野久松教授分别向来自日本 Hosei 大学的 Junji Yamauchi 教授和 Hiroaki Mimaki 讲师致谢,感谢他们对该项工作的热情帮助。

这套手册涵盖了与天线工程相关的很宽范围的主题。

第 1 部分　理论:综述和介绍简要论述了天线相关的电磁学基础和非传统天线领域的最新主题,比如纳米天线和超材料。

第 2 部分　设计:单元和阵列更新了传统天线技术的最新进展,先进的技术因其高性能而适用于特定的应用,为保持完整性,也论及重要的天线测量装置和方法。

第 3 部分　应用:系统及天线相关问题,作为天线技术的重要部分,阐述了特殊无线系统中天线的原创设计理念。

陈志宁

新加坡国立大学

2015 年 10 月 10 日

总 目 录

第 1 册

第 1 部分 理论:概述与基本原理——引论和基本原理

第 2 册

第 2 部分 理论:概述与基本原理——天线领域新主题及重点问题

第 3 册

第 3 部分　设计：单元与阵列——介绍及天线基本形式

第 4 册

第 4 部分　设计：单元与阵列——高性能天线

第 5 册

第 5 部分　设计：单元和阵列——天线测量及装置

第 6 册

第 6 部分　应用：天线相关的系统与问题

第 7 册

第 8 册

第 7 部分　应用:天线相关的系统与问题——天线相关的特殊问题

本 册 目 录

第 37 章

波束扫描漏波天线

Jun H. Choi and Tatsuo Itoh

摘要

本章介绍了波束扫描漏波天线的基本原理和最新进展。单个辐射单元是通过改变波导形态以沿着波导结构产生辐射而实现的，这一辐射能够产生随工作频率变化的波束以进行扫描。这种独特的特性使漏波天线有别于其他类型天线。漏波天线大致可分为 3 类即均匀的、周期性的和准周期性的。本章将对每类漏波天线进行解释和比较，此外还强调了新的设计技术和潜在应用实例。

关键词

波束扫描；色散图；频率扫描；漏波天线；超材料；周期性结构

J. H. Choi(✉)
加州大学洛杉矶分校电子工程系，
雪城大学电子工程与计算机科学系，科学与技术中心，美国
e-mail：jhcho100@ syr. edu；choijh@ ucla. edu
T. Itoh
加州大学洛杉矶分校电子工程系，美国
e-mail：itoh@ ee. ucla. edu

37.1 引言

漏波天线是以频率的函数来扫描的辐射波束。通过设计波导结构,在波沿波导传播时泄漏能量,从而实现其独特的频率扫描特征。因此,漏波天线被认为是行波型天线。由于漏波天线一般是通过利用或改变传统波导结构而实现的,所以设计这种天线的关键在于产生和控制泄漏。例如,在以下章节中所示,可以通过使波导工作在高阶传播模式或空间谐波,或利用允许基模辐射的非常规波导结构来产生漏波。后一种方法包含使用基于超材料概念的相对新的波导技术。

如果在波导结构内部传播的场泄漏能量,则导波场的复传播波数由漏波常数 α 和传播常数 β 表示。与频率有关的传播常数 $\beta(\omega)$ 大体上决定了波束扫描角度, α 决定了天线幅度分布的形状。天线的长度通常设计为在波到达天线另一端时大部分能量已从天线泄漏出去,其中可以恰当地设计漏波常数以满足特定设计的要求。例如,如果天线尺寸相对较短,为使天线更高效,则优选大的 α 以快速辐射能量。另外,如果允许使用较长的天线尺寸,则可以适当减小 α 以扩展幅度分布,从而增强天线的辐射方向性。

最早的漏波天线可以追溯到1940年,当时矩形波导是微波导波介质的主导类型(Hansen,1940)。通过沿波导侧面开一狭缝实现辐射。当波通过介质传播时,部分能量通过狭缝耦合到自由空间(J. H. Choi and T. Itoh,1698)。然后使用不同的波导技术将这一概念扩展到各种结构形式(Hessel,1969; Tamir,1969; Menzel,1979; Oliner and Jackson 2007; Jackson and Oliner 2008; Sutinjo et al.,2008; Caloz et al.,2011; Jackson et al.,2012 ; Jackson 2013; Menzel 2013)。在这些书的章节和综述文献中可以找到漏波天线理论和分析的详细资料,对于想更深入理解漏波天线的读者,强烈建议阅读这些文献。本章简要概述了漏波天线的核心基础,本章后半部分重点介绍了如何设计具有特定辐射特性的漏波天线的最新技术,本章结尾还将介绍漏波天线的实际应用。

37.2 漏波天线物理与分类

有大量的设计技术可用来控制和增强漏波天线的辐射波束特性。但在考虑各种改进方案或添加特定功能之前，天线必须先能正确地泄漏能量。因此，设计漏波天线的主要要求是确保波导结构能在快波区域 ($\beta/k_0 < 1$) 工作，这一条件允许在天线和开放边界之间界面处向外指向的波数矢量的传播常数为实数，这意味着产生辐射。为了更好地理解辐射机理，本节讨论漏波天线的基本工作原理，然后简要介绍不同的实现方案。

37.2.1　漏波天线基础

对于辐射机理的一般理解，考虑一个其源位于 $z \ll 0$ 的无耗二维波导结构(图 37.1)。当设计一个向上半球辐射的简单平面天线时，波导的下边界(在 $x = -h$ 处)指定为完美反射层，如一个完美电导体(PEC)或完美磁导体(PMC)。然而，为适应辐射，波导的上边界(在 $x = 0$ 处)应该是稍许不完美的反射边界(部分泄漏的边界)，其对导波场的扰动最小。虽然这是一个一般性的例子，但其主要概念可以用于了解漏波天线的基本工作机理。部分反射界面可以采用各种形式。例如，不同材料层之间的界面，窄缝、孔或缝隙的周期阵列，平行线阵列等(Oliner and Jackson，2007)。

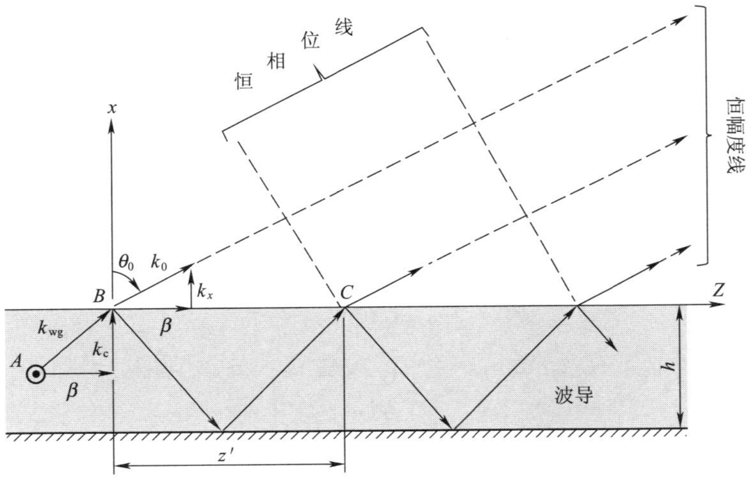

图 37.1　任意二维漏波天线的侧视图

考虑传播常数为 $\beta(\omega)$，y 方向取向，沿 z 方向传播的场，$\boldsymbol{k}_{wg}$ 的幅度会随波导结构填充材料的变化而变化。例如，如果导波结构填充空气，则 $\boldsymbol{k}_{wg}$ 等于自由空间波数(k_0),但如果导波结构内填充电介质材料,则 $\boldsymbol{k}_{wg} > k_0$。在这个例子中,无耗条件也导致 k_{wg} 是实数。截止波数 k_c 由波导尺寸和传播模式决定,如果一个天线,只允许在天线和空气之间的界面处有部分能量泄漏(我们考虑在 $x=0$ 处),则反射场幅度随泄漏量 α 按比例减小。从点 A 的初始场表达式开始,

$$\boldsymbol{\Psi}(x,z)=\boldsymbol{y}A_0\mathrm{e}^{-\mathrm{j}(k_c x+\beta z)} \tag{37.1}$$

式中:A_0 为任意场的初始振幅。假设天线界面处产生的无功近场能量存储可以忽略,则产生的部分泄漏场为

$$\boldsymbol{\Psi}(x,z)=\boldsymbol{y}A_0\mathrm{e}^{-\mathrm{j}(k_0\cdot r)}=\boldsymbol{y}A_0\mathrm{e}^{-\mathrm{j}(k_x x+\beta z)} \quad 当\ x=0^+ \tag{37.2a}$$

$$\boldsymbol{\Psi}(x,z)=\boldsymbol{y}A_0\mathrm{e}^{-\mathrm{j}(k_{wg}\cdot r)}=\boldsymbol{y}A_0\Gamma\mathrm{e}^{-\mathrm{j}(-k_c x+\beta z)} \quad 当\ x=0^- \tag{37.2b}$$

这个泄漏场分别正好在天线和空气之间界面点 B 的上方和下方。这里,透射系数(T)和反射系数(Γ)并不是严格地因为材料的不连续性所致,而且也与辐射结构有关。这两个系数取决于界面处的阻抗失配,而且界面处的相位匹配条件要求无耗条件下 $\beta(\omega)$ 是连续的。继续沿着传播路径,可以以类似的方式处理在第二类界面点 C 的正上方和下方的场。

$$\boldsymbol{\Psi}(x,z)=\boldsymbol{y}A_0\Gamma\mathrm{e}^{-\mathrm{j}(k_x x+\beta z)} \quad 当\ x=0^+ \tag{37.3a}$$

$$\boldsymbol{\Psi}(x,z)=\boldsymbol{y}A_0\Gamma\Gamma\mathrm{e}^{-\mathrm{j}(-k_c x+\beta z)} \quad 当\ x=0^- \tag{37.3b}$$

天线内部场将继续沿着导波结构传播,横向上以折线方式来回弹射,直到所有的能量都泄漏出来或者波在匹配的负载处终止为止。当波按单位距离 z' 行进时,场幅值按 $\Gamma=\exp(-\alpha z')$ 减小。因此,当导波场遇到每个场散发(field-emanating)界面时,场幅值以指数方式按单位衰减常数(α)减小。因此,界面正上方的场可以表示为

$$\boldsymbol{\Psi}(x,z)=\boldsymbol{y}A_0\mathrm{e}^{-\alpha z}\mathrm{e}^{-\mathrm{j}(k_x x+\beta z)} \tag{37.4}$$

在天线界面(或孔径)正上方的色散关系由下式给出,即

$$k_x=\sqrt{{k_0}^2-\beta^2} \tag{37.5}$$

为了维持波向远离界面的方向传播,天线必须工作在快波区域,此时 $\beta(\omega) < k_0$。术语"快波"描述了与光的相速相比,具有更快相速地沿着传播方向(z 方向)传播的波为

$$\nu_p=\frac{\omega}{\beta(\omega)}>c=\frac{\omega}{k_0} \tag{37.6}$$

如果$\beta(\omega) > k_0$（慢波），则k_x变成复数，这意味着沿着x轴正方向的倏逝波。在后一种条件下，该结构将不再起到漏波天线的作用。工作在快波条件下的漏波天线的主波束角θ_0由$\beta(\omega)$和k_x之比确定，即

$$\theta_0(\omega) = \arcsin\left[\frac{\beta(\omega)}{k_0}\right] \tag{37.7}$$

通常调整天线的长度（L）以辐射约 90%的功率。可以取通过天线结构相对端的功率与输入功率之比，然后使该比等于 10%来估计满足这个条件的初始长度，即

$$L \approx \frac{0.18\lambda_0}{\dfrac{\alpha}{k_0}} \tag{37.8}$$

因为所要求的孔径尺寸必须非常大，通常认为设计效率近 100%的漏波天线是不切实际的。

37.2.2　漏波天线分类

漏波天线可分为均匀、准均匀周期性或准周期性等几类。选择类别时，要由设计师来对设计中的折中进行评估。例如，基于均匀结构的漏波天线相对容易设计和制造，但通常只能提供有限的频率扫描能力。与准均匀漏波天线相比，周期性漏波天线对制造的要求相对宽松，但是需要特殊的设计技术来避免在边射方向附近出现辐射增益减小。对于准均匀结构，可以通过系统设计来提供全频扫描能力，但这种准均匀结构相对复杂。目前出现了各种类型的结构可以实现想要的漏波天线，下面将使用单导体矩形波导和多导体平面波导来说明不同类别之间的细微差别。

37.3　漏波天线设计

本节将使用色散图（通常称为$k-\beta$图）来解释 3 类漏波天线，然后概述新的设计技术的实例。色散图为波导中前向和后向传播的波的色散关系提供了图解解释，如图 37.2 所示。$k_0 d$和βd分别表示沿无约束和有约束传播方向每单位距离（d）的空间相移量。虚线称为勾勒辐射（快波）区域和导波（慢波）区域的

航向线(airline)或横向电磁(TEM)线。色散图以图形方式为快速确定所给定的波导结构是否具有辐射性能提供参考。例如,即使该结构没有完全屏蔽并允许辐射,当工作在慢波区域(区域Ⅰ和Ⅳ)时,场也将被限制在该结构内。另外,如果同样的结构工作在快波区域(区域Ⅱ和Ⅲ)内,则同一波导结构行为表现为天线,并按式(37.7)给出的主波束方向进行辐射。图 37.2 主要用于分析周期性结构的色散特征,但是在本章也用其来解释均匀漏波天线,以便能够给出 3 种漏波天线类别之间更一致的比较。绘制均匀结构情况下的色散图时,假设结构无限长且有 $d \ll \lambda_g$。

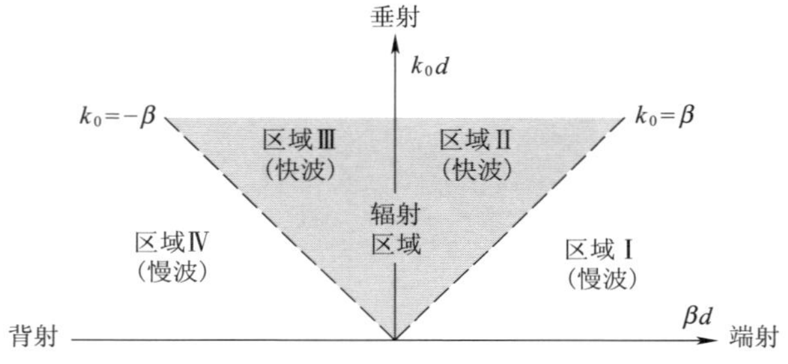

图 37.2　一维漏波天线的色散图

(a)

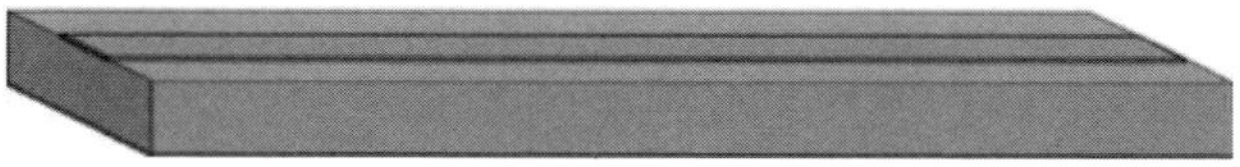

(b)

图 37.3　漏波天线示意图

(a)基于具有窄的开放缝隙的单导体波导的均匀漏波天线的示意图;

(b)基于多导体微带线的均匀漏波天线的示意图。

37.3.1　均匀结构

图 37.3(a)所示传统单导体矩形波导的基本模式表现为起点在快波区域内,并且随着频率(与 $k_0 d$ 成比例)增加而渐近地接近航向线的色散。因此,可以通过部分打开封闭结构以允许基本模式耦合能量到周围非约束环境来实现漏波

天线。后一种条件假定耦合到孔径或界面上的能量对导波干扰最小。随着频率的增加，单向馈电的均匀结构漏波天线从近边射方向向端射方向进行波束扫描。如图 37.4(a)所示，空气填充波导（$\varepsilon_r = 1$）色散曲线渐近行为，需要相对较宽的频率带宽来使辐射波束斜向近端射方向。然而，如果波导内充填高介电常数电材料（$\varepsilon_r > 1$），则色散曲线以渐近形式接近介电加载线（虚线）。因而可以工程化设计色散曲线斜率以及因此而来的漏波带宽。对于具有有限频率带宽但需要波束从接近边射到端射方向扫描的实际系统，工程化设计灵活性为其提供了宽松的设计准则。除了基本传播模式外，随着频率的增加，也产生了无数的高阶传播模式，然而，由于漏波天线通常只工作在较低的传播模式，所以在本章只讨论与较低模式对应的频带的色散关系。

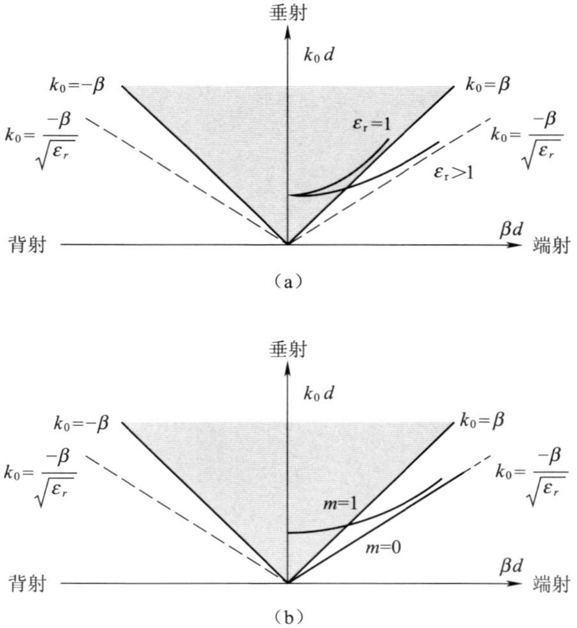

图 37.4　两个均匀漏波天线的色散图

(a)单导体波导；(b)多导体微波传输带。

对于以多导体均匀波导结构作为辐射结构工作的情况，如图 37.3(b)所示的微带线，需要稍微不同的方法。微带线不是一个完全屏蔽的结构，但基本的准 TEM 模式（$m = 0$）是受限的，如图 37.4(b)所示。然而，如果该结构以第一高阶

模式 ($m=1$) 工作,则在第一高阶模式截止频率以上并在漏波区域之内出现辐射。辐射从微带线的开放侧边界产生。这种天线是由 Menzel 首先提出的(图37.3(b)),随后由 Oliner 进行了广泛的分析(Menzel,1979; Oliner and Lee,1986)。

在3类漏波天线中,均匀漏波天线的形状因子相对简单。但是这类漏波天线的主要缺点之一是波束扫描范围有限,原因是这类天线只能将射束指向到端射方向。从背射到端射的全频率波束扫描需要其他设计技术,如使用更多的外部铁氧体材料。将在"铁氧体加载漏波天线"部分中讨论该方法的详细内容。

37.3.2 周期性结构

可以在空间频率域,采用空间傅里叶展开或俗称 Floquet 空间谐波展开(Hessel,1969; Collin,1991; Pozar,1998)的方法分析周期性结构。对于任意一维周期性波导结构(图37.5),对该结构响应的时间谐波场可以用下式描述,即

$$\boldsymbol{\Psi}(x,y,z+d)=\mathrm{e}^{-\mathrm{j}k_{z0}d}\boldsymbol{\Psi}(x,y,z) \tag{37.9}$$

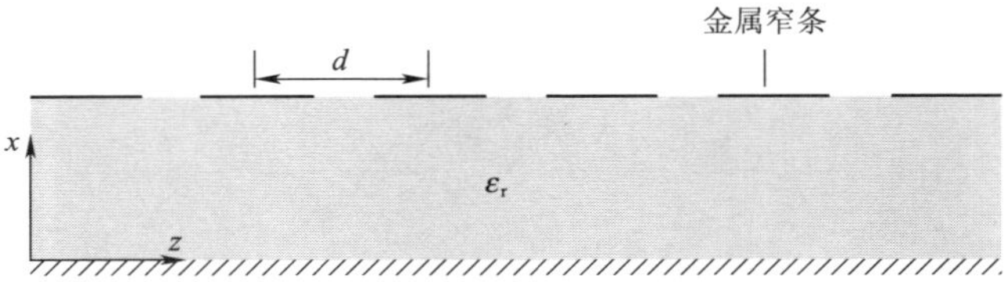

图37.5 周期性波导(沿传播轴周期扰动的介质波导)

相距 d 的邻场,仅仅相差零空间谐波复相移量 $k_{z0}d=(\beta-\mathrm{j}\alpha)d$,上述公式可用周期性矢量函数 $\boldsymbol{P}(x,y,z)=\boldsymbol{P}(x,y,z+d)$ 表示为

$$\boldsymbol{\Psi}(x,y,z)=\mathrm{e}^{-\mathrm{j}k_{z0}}\boldsymbol{P}(x,y,z) \tag{37.10}$$

而且,周期函数可以展开为傅里叶级数,即

$$\boldsymbol{P}(x,y,z)=\sum_{n=-\infty}^{\infty}\boldsymbol{a}_n(x,y)\mathrm{e}^{-\mathrm{j}\frac{2\pi}{d}nz} \tag{37.11}$$

式中:$\boldsymbol{a}_n$ 为描述 x 和 y 方向上的空间谐波场变化的函数,将式(37.11)代入式(37.10)得到

$$\boldsymbol{\Psi}(x,y,z)=\sum_{n=-\infty}^{\infty}\boldsymbol{a}_n(x,y)\mathrm{e}^{-\mathrm{j}k_{zn}z} \tag{37.12}$$

其中

$$k_{zn} = k_{z0} + \frac{2\pi}{d}n, \quad n = 0, \pm 1, \pm 2, \geqslant \cdots \tag{37.13}$$

在场发射界面,与向外指向的波数矢量相对应的传播常数为

$$k_{xn} = \sqrt{{k_0}^2 - k_{zn}^2} \tag{37.14}$$

对于无耗情况,可简化为

$$k_{xn} = \sqrt{{k_0}^2 - \beta_n^2} \tag{37.15}$$

位于快波区域内的所有第 n 个空间谐波都满足辐射条件。这个关系可以通过绘制以 2π 周期重复 βd 来表示的空间谐波的色散图进行可视化展示(Hessel,1969)。

在图 37.6 中给出了周期性漏波天线的两个示例。第一个例子是通过在空气填充的矩形波导的顶部金属层上开周期性狭缝来实现;第二个例子是接地低介电基片上蚀刻周期性开路短截线的平面微带线。虽然实际的色散图形式要复杂得多,但若假设由于周期性加载造成的扰动小到可忽略不计(图 37.7),则可以绘制单向馈电天线简化的色散图。此外,仅绘制 $n = 0$ 附近的前几个空间谐波足以理解周期性漏波天线的基本性质,在第一种情况下,将在波导的截止频率之上出现基本模式并渐近接近航向线。所有其他空间谐波都具有相同的色散曲线,但是沿着 βd 轴偏移了 $\pm 2\pi$。图 37.7 给出了位于快波区域内的前 3 个 $n \leqslant 0$ 空间谐波。对于精梳微带线结构,$n = 0$ 模式从 DC ($k_0 d = 0$) 开始,随后随着频率增加变为慢波。由于基模永远不会进入快波区域,所以用 $n < 0$ 的模式进行辐射。

(a)

(b)

图 37.6　周期性漏波天线示意图

(a)单导体波导结构;(b)多导体梳状结构。

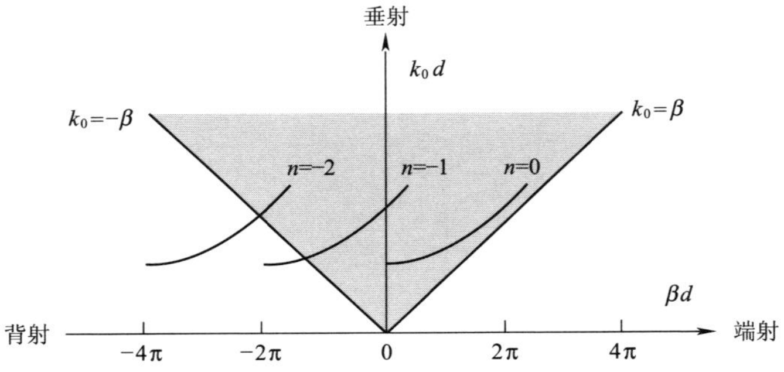

(a)

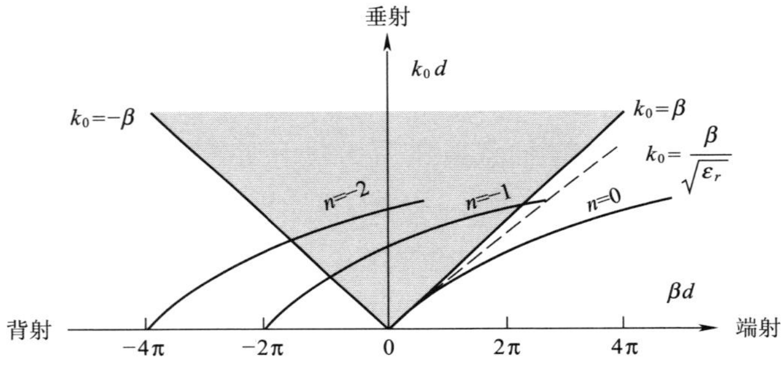

(b)

图 37.7　周期性漏波天线的色散图

(a)单导体波导;(b)多导体梳状结构。

对于图 37.6 所示的两种结构,如果希望从背射到端射方向的单波束扫描,则需要另外的设计方案。对于梳状结构,一个简单的方法是使用高介电常数材料,并限制周期小于 $\lambda_0/2$(Jackson and Oliner,2008)。图 37.8 所示为高介电加载梳状漏波天线修正色散图的示意图,在突出显示的工作带宽内,单个空间谐波($n=-1$) 扫描了从背射到端射方向的波束。对于不同的波导技术,包括相位反转技术(将在“相位反转技术”部分讨论)在内的替代选项也可用于确保单模式辐射。

如上简化的频散曲线很好地说明了周期性漏波天线的基本辐射特性。然而,更确切地说,在每个周期性不连续处的部分反射不能被完全忽略,特别是在每个反射波都有效叠加而在所需工作带宽内产生阻带区域内的那些频率处更是

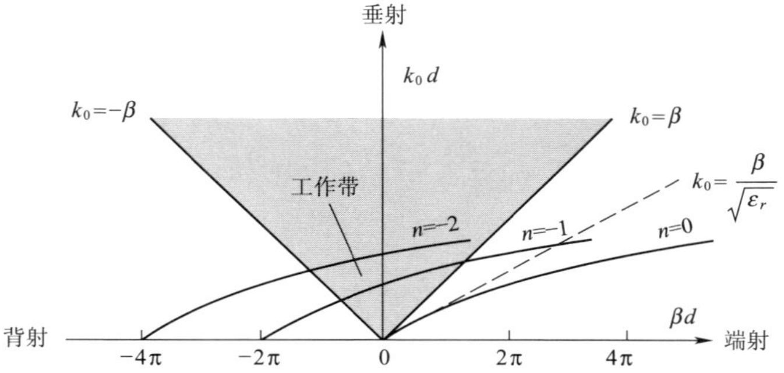

图 37.8　基于高介电材料加载梳状结构周期性漏波天线的色散图

如此。对于全频扫描天线,在 $\beta=0$ 点附近出现的阻带对辐射增益稳定性有负面影响。在这一点上,行波成为驻波,并同时激励了所有加载单元。作为例子,考虑图 37.6(b)中工作在边射方向上的周期性梳状结构。所有的短截线都在 $\beta_{-1}=0$ 同相激励,并且单个加载的导纳加在一起,导致了每个短截线位置上的短路条件。相邻短截线之间的元胞内的场变成完美的驻波而不是行波。从实际实施的角度来看,天线变得难以匹配,因为输入阻抗会相当于短路,导致全反射(Jackson and Oliner,2008; Caloz et al.,2011)。因此,需要使用诸如元胞间集成匹配网络之类的带隙规避技术(将在“转换频率附近的阻带抵消技术”部分讨论)来使在 $\beta=0$ 点附近的不希望的阻带最小化。

37.3.3　超材料(准均匀)结构

最近超材料概念在微波领域的引入,使漏波天线的研究重现生机(Liu et al.,2000; Grbic and Eleftheriades,2002; Lai et al.,2004; Caloz and Itoh,2005; Eleftheriades and Balmain,2006; Engheta and Ziolkowski,2006)。一般认为,基于超材料的漏波天线是准均匀的,因为其周期明显小于导波波长($d \ll \lambda_g$),这在宏观上表现为均匀同质结构。虽然工作在基模上,这些天线可以进行包括边射在内的从背射到端射方向的频率扫描。超材料基漏波天线发展的重要成就之一就是基于等效电路模型的系统设计方法(Caloz and Itoh,2005)。除色散图外,电路分析提供了一个非常直接的设计过程来获得天线的初始几何参数。超材料漏波天线实例的示意图如图 37.9 所示。由于平面结构具有更简单的制造流程和更小的形状因子分布,因此第一个示例选择为基板集成波导(SIW)基超材料漏波天线。SIW 是一种集成在电介质基片内部的矩形波导,具有形成有效的金属侧壁的间隔紧密的通孔(Hirokawa and Ando,1998; Wu et al. ,2003; Bozzi et al. ,2011)。类似于均匀和周期性的矩形波导漏波天线,SIW 超材料漏波天线以 TE_{10} 基模工作(Dong and Itoh,2011)。图 37.9(b)所示的复合左右手(CRLH)传输线(TL)漏波天线是在 21 世纪初研发的首批微波超材料结构之一。

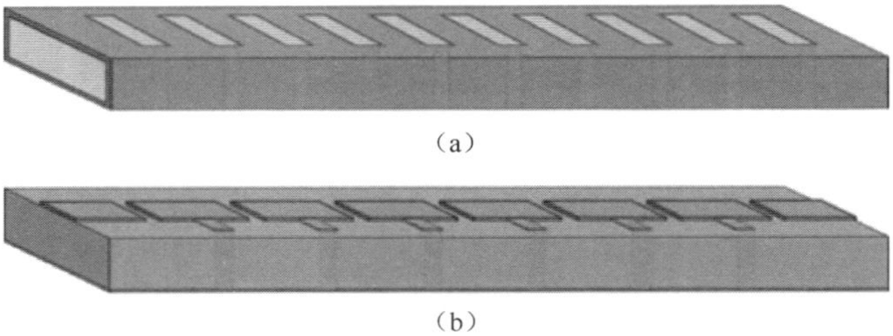

图 37.9 超材料漏波天线示意图

(a)基片集成波导;(b)多导体传输线结构。

CRLH 超材料结构的元胞由传统的右手(串联电感 L_R 和并联电容 C_R)电抗元件及其双左手(串联电容 C_L 和并联电感 L_L)对应体组成(图 37.10)。包括耗散损耗和辐射损耗,其每单位长度串联阻抗和并联导纳用组成单元元件表示为

$$Z' = R' + j\omega L'_R - j\frac{1}{\omega C'_L} \tag{37.16a}$$

$$Y' = G' + j\omega C'_R - j\frac{1}{\omega L'_L} \tag{37.16b}$$

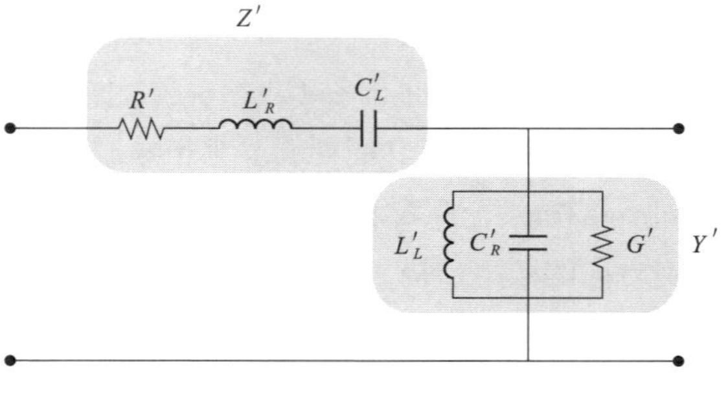

图 37.10 超材料漏波天线单元

可从广义电报方程得到复传播常数和特性阻抗,分别为

$$k'_z = \sqrt{Z'Y'} \tag{37.17a}$$

$$Z'_c = \sqrt{\frac{Z'}{Y'}} \tag{37.17b}$$

CRLH 结构的色散图受低频和高频阻带所约束，通常在串联和并联谐振频率之间也会产生带间带隙。与串联和并联谐振频率相关的 $(k_0d)_{se}$ 和 $(k_0d)_{sh}$ 分别定义为

$$(k_0d)_{se} = \frac{d}{c\sqrt{L'_R C'_L}} \tag{37.18a}$$

$$(k_0d)_{sh} = \frac{d}{c\sqrt{L'_L C'_R}} \tag{37.18b}$$

式中：c 为光速。在满足以下平衡条件时，即

$$(k_0d)_{se} = (k_0d)_{sh} \tag{37.19}$$

可以得到连续色散曲线，消除了替换频率附近不希望的带隙（图 37.11）。因此，

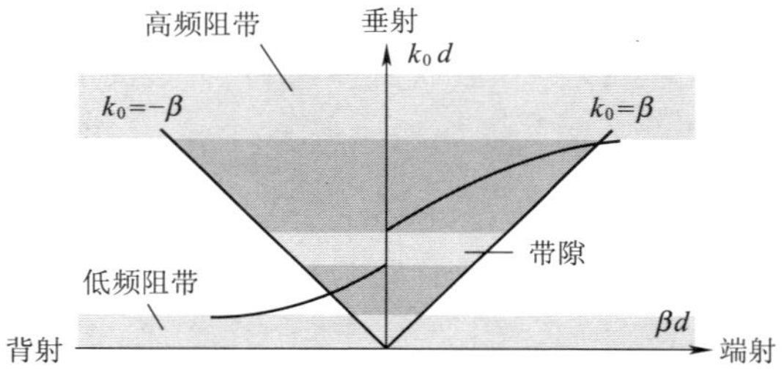

(a)

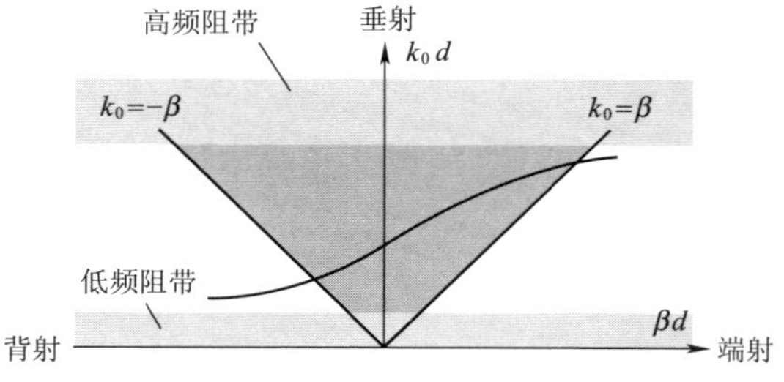

(b)

图 37.11　不平衡与平衡条件下的超材料漏波天线色散图

(a)不平衡；(b)平衡。

当扫描波束接近边射方向时,可以保持恒定的增益。而且周期性结构的特性阻抗也变得与频率无关,即

$$Z_c == \sqrt{\frac{L'_R}{C'_R}} = \sqrt{\frac{L'_L}{C'_L}} \tag{37.20}$$

这使得天线馈电匹配要求更加宽松,并且支持在整个空间角度上进行有效的频率扫描。

37.3.4 设计技术

漏波天线的频率扫描特性是其独特而有吸引力的特性。然而,在设计实际天线时,还应仔细检查如增益、旁瓣电平、极化等附加辐射特性。本节收集了设计实例来强调控制和改善漏波天线辐射特性的新技术。

1. 铁氧体加载漏波天线

均匀漏波天线的缺点是波束扫描范围受限。正如在“均匀结构”部分内容中所讨论的那样,基于单导体的漏波天线通常将波束引向端射方向。

然而,如果均匀漏波天线中充填铁氧体材料,并且外部偏置直流磁场,则可以实现从背射方向到端射方向的全向扫描能力(Baccarelli et al.,1997)。具有偏置磁场(H_0)的铁氧体加载开路波导漏波天线的简化图以及前两种模式的对应色散图如图37.12所示。类似的结构最初是作为磁隔离器开发(Araki et al.,1975)。然而,它以位于慢波区域内的边模来工作,以防止辐射(图37.12(b))。如果该结构工作在较低频段,则该结构辐射的色散特性类似于CRLH漏波天线(Kodera and Caloz,2009)。这种基模提供从背射到端射方向的全频率扫描,在转换频率($\beta=0$)处没有带隙。可以使用横向共振技术推导出具有超越方程形式的色散关系(Baccarelli et al.,1997; Kodera and Caloz,2009)。

2. 相位反转技术

周期性漏波天线通常受到多个空间谐波辐射的影响。例如,在图37.7(a)中,任何辐射模式的全频扫描带宽总是由一个或多个泄漏空间谐波所共享。可以应用相位反转技术来产生能扫描整个背射到端射空间角度的单个辐射束。在这种技术中,通过导致每单元$\beta_0 d+\pi$而不是$\beta_0 d$的有效相位延迟的结构修正,提供每周期额外的π相移(Hessel,1969)。该技术最初用于边射辐射阵列,以在不使用高介电材料或结构复杂的波纹线的情况下抑制栅瓣(Silver,1949)。但同

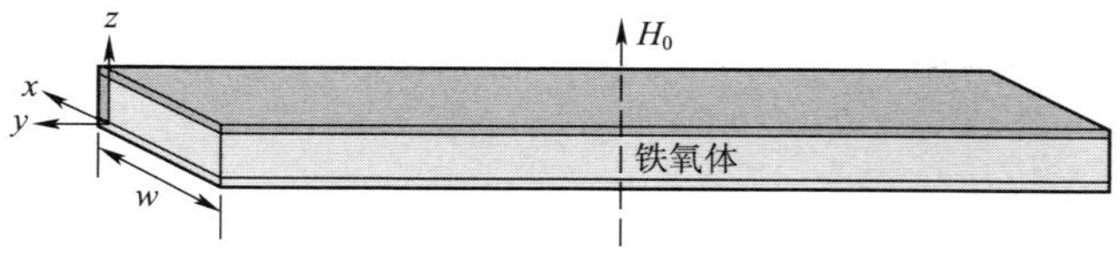

（a）

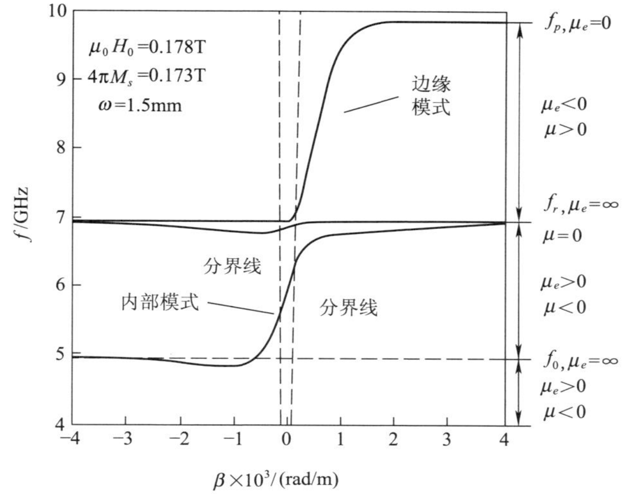

（b）

图 37. 12　漏波天线简化图及其对应色散图

（a）均匀铁氧体加载漏波天线；（b）色散图（Kodera and Caloz，2009，© IEEE）。

（a）

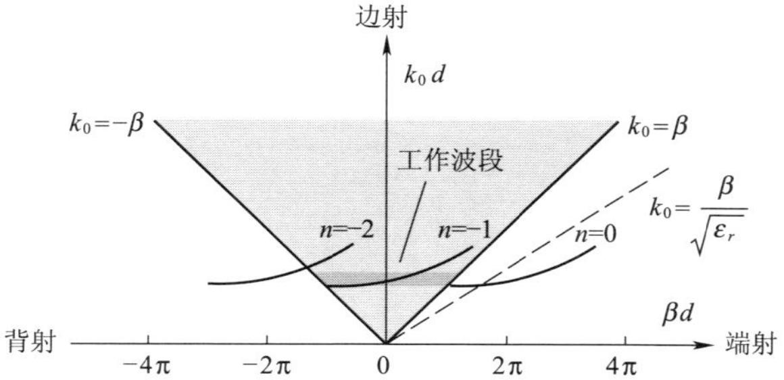

（b）

图 37. 13　相位反转技术单导体周期漏波天线及色散图

（a）示意图；（b）色散图。

样的概念也适用于漏波天线设计,以确保单模辐射。在图 37.13(a)中给出了基于波导的相位反转漏波天线,其中通过沿 βd 轴偏移色散曲线来抑制多模辐射,从而把 $n=0$ 模式推到 $n=-1$ 辐射频带之外(图 37.13(b))。在 Hessel(1969)和 Yang 等(2009)的文献中也可以找到应用于包括波导与平面结构在内的不同结构形式的相位反转漏波天线的例子。

3. 转换频率附近的阻带抵消技术

周期性漏波天线的另一个缺点是难以向边射方向提供有效辐射(Caloz et al.,2011; Burghignoli et al.,2006; Jackson et al.,2012),图 37.14 给出了传统的

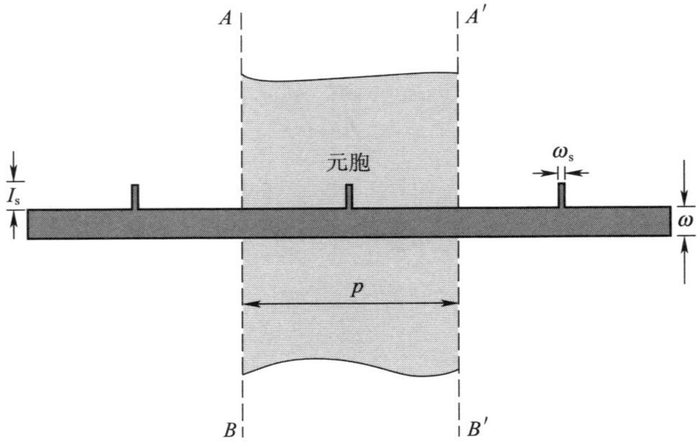

(a)

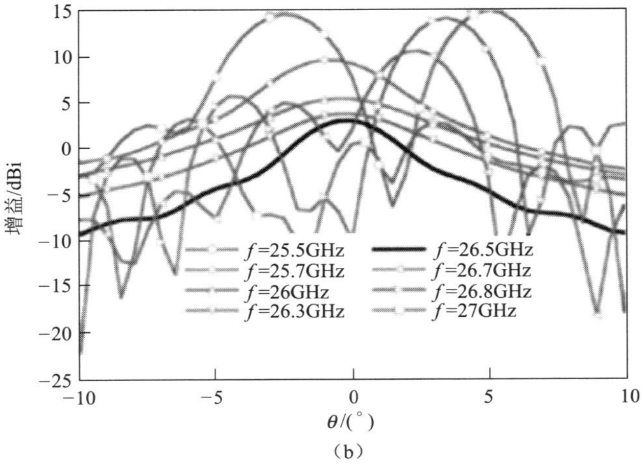

(b)

图 37.14 传统的平面梳状漏波天线(Paulotto et al.,2009,© IEEE)

(a)一维微带线梳状漏波天线;(b)不同工作频率下靠近边射方向的增益仿真结果。

平面梳状漏波天线。在没有对转换频率 ($\beta = 0$) 进行任何处理的情况下,随着波束接近边射方向,辐射增益急剧下降(图 37.14(b))。抵消边射方向阻带的简单而有效的方法是在元胞连接点之间引入由延迟线和 $\lambda/4$ 波长变换器或匹配短截线组成的阻抗变换网络(Paulotto et al., 2009)。这些内部匹配网络使周期性漏波天线中元胞间的陡然阻抗不连续性最小。图 37.15 所示为梳状漏波天

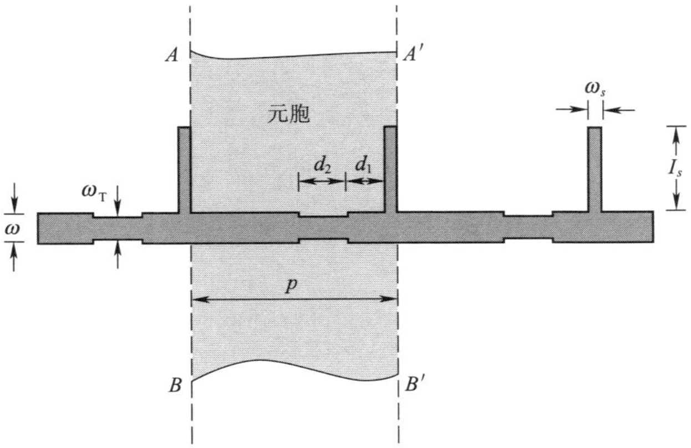

(a)

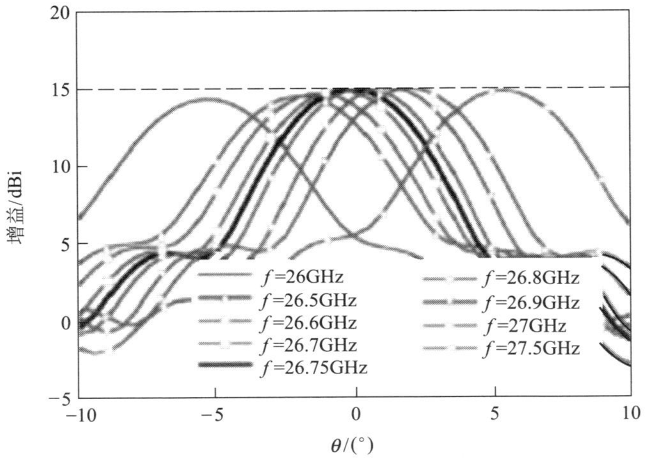

(b)

图 37.15　梳状漏波天线示例(Paulotto et al.,2009,© IEEE)

(a)具有匹配电路的一维微带线梳状漏波天线;(b)针对不同工作频率的靠近边射方向的增益仿真结果。

线的一个例子,该例中在元胞之间插入了一段长度为 d_1 的延迟线,其后紧接着 $\lambda/4$ 波长变换器。如果调整延迟线长度使得看向延迟线的阻抗为实数值,并且变换器阻抗设计为下面的值(式(37.21)),则看向每个元胞 $\lambda/4$ 波长变换器的阻抗与端口阻抗 Z_0 相匹配,即

$$Z_{\text{in}_{\lambda/4}} = \sqrt{Z_0 \cdot Z_{\text{in}_{\text{delay\_line}}}} \tag{37.21}$$

4. 正弦调制的电抗表面漏波天线

在 37.3 节的“周期性结构”部分内容中,用类似光栅的结构解释了周期性漏波天线。然而,通过周期性地调制阻抗表面也可以产生空间谐波和相应的色散特性,这种技术的优点是独立控制沿表面的泄漏和相位常数,从而更好地控制辐射波束宽度、旁瓣电平和扫描角度(Patel and Grbic,2011)。正弦调制电抗表面(SMRS)的理论研究由 A. Oliner 于 1959 年首先报道(Oliner and Hessel,1959)。可采取以下形式设计 SMRS(Oliner and Hessel,1959;Patel and Grbic,2007、2011),即

$$\eta_{\text{surf}}(z) = \mathrm{j}\eta_0 X'\left[1 + M\cos\left(\frac{2\pi z}{a}\right)\right] \tag{37.22}$$

式中:X' 为对自由空间波阻抗 ($X' = X/\eta_0$) 归一化的平均表面电抗;M 为调制因子;z 为波传播方向;a 为正弦曲线的周期。基于这一概念,可以通过蚀刻金属条带来实现抑制漏波天线,这个金属条带通过改变背面金属化电介质基片表面上的间隙实现其间隔(图 37.16)。所提出的天线设计为通过 $n=-1$ 的空间谐波进行辐射(Patel and Grbic,2007,2011)。除了频率扫描能力外,还可以通过系统地设计天线,将特定的频率波束指向所需的仰角,即

$$\theta_{n=-1} \approx \arcsin\left(\sqrt{1 + X'^2} - \frac{2\pi}{k_0 a}\right) \tag{37.23}$$

可以通过改变调制因子独立控制远场波束宽度,这主要是改变了衰减常数(α)(Patel and Grbic,2007)。

5. 极化控制

为最大限度地传输信号,必须很好地定义和控制极化类型和取向。但是,对于一些漏波天线,如图 37.9(b)所示的 CRLH 型,由交叉指型电容器和短截线电感产生辐射,导致模糊的极化方向(Liu et al.,2000)。这里介绍了能够更好地控制极化特性的设计方法。在第一个例子中(彩图 37.17),通过并排放置两个 CRLH

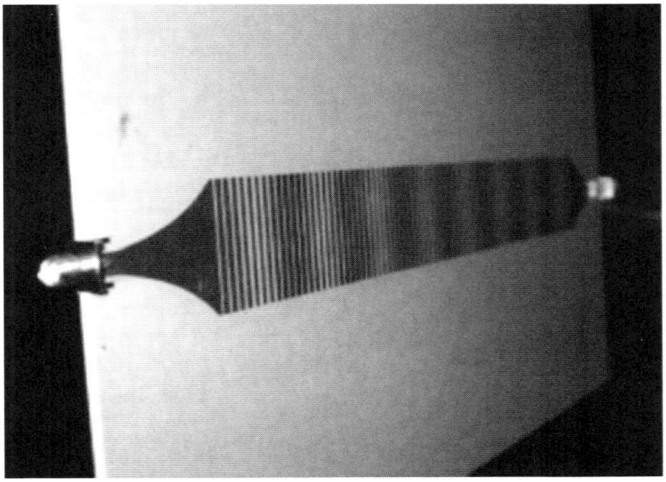

图 37.16　基于正弦调制电抗表面的一维漏波天线实物(Patel,Grbic 2011,© IEEE)

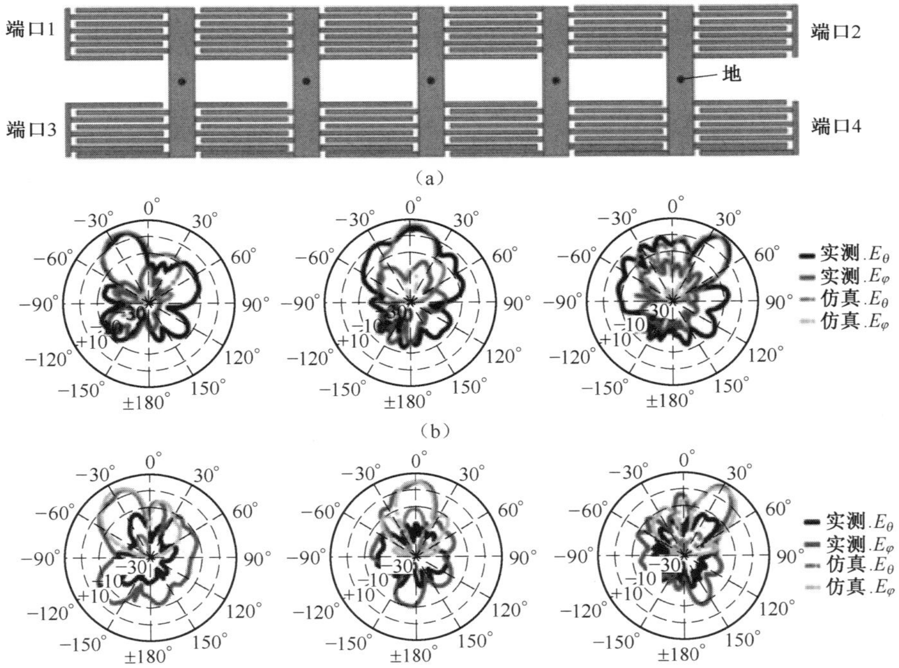

图 37.17　耦合 CRLH 漏波天线示意图及辐射方向图(Hashemi and Itoh,2010,© IEEE)

(a)耦合 CRLH 漏波天线示意图;(b)共模激励时实测和仿真的辐射方向图;

(c)差模激励时实测和仿真的辐射方向图。(彩图见书末)

型漏波天线,并用共模或差模激励天线来控制线性极化场(Hashemi and Itoh,2010)。如果施加了共模激励,由交叉指型电容器辐射的场同相相加,而由子电感(subinductors)辐射的场在远场中相消相加。因此,电极化方向平行于天线扫描平面。如果耦合的 CRLH 型漏波天线以差模馈电驱动,则效果恰恰相反,辐射的是沿着相对于天线扫描平面的交叉平面取向的线极化波。在这两种情况下,测量结果都表明,在整个观察的扫描范围内($-30° < \theta_0 < +30°$),交叉极化电平维持在 15dB 以下。可以通过在天线的输入端增加一个环形(鼠笼式)(rat-race)耦合器,并将输入激励切换到耦合器的和或差端口来实现简单的极化曲线机制。

已经提出了几种技术来生成圆极化或椭圆极化场(Dong and Itoh,2012;Kitatani et al.,2012; Ishii and Fukusako,2012; Lee et al.,2014a,2014b)。彩图 37.18 所示为基于单辐射体 SIW 基圆极化漏波天线的最近示例。这种 SIW CRLH 漏波天线激发结构是一种周期性漏波天线,其中每个元胞由一对带 $\pi/2$ 相移间隔以产生圆极化的正交辐射缝隙组成(Lee et al.,2014a)。为了在整个扫描角范围内保持高增益值,将“转换频率附近的阻带抵消技术”部分内容中讨论的边射增强技术也整合进来(Lee et al.,2014b)。对所辐射的 $n=-1$ 空间谐波的测量结果表明,在整个工作带宽内具有无增益波动,同时还能保持 3dB 以下轴比的频率扫描的空间角度范围很大。

6. 幅度控制

远场方向图由辐射孔径的电流幅度分布的傅里叶关系决定(Balanis,1997;Stutzman and Thiele,1998)。对于一个给定的天线尺寸,当以均匀幅度分布激励辐射孔径时,得到的方向性最好,但由于第一旁瓣大于峰值强度的 4%,所以其受高旁瓣电平的影响。如果对旁瓣电平有更严格的设计要求,则可以适当地逐渐减小孔径幅度分布以抑制旁瓣。正如在“漏波天线基础”部分所讨论的那样,漏波天线的幅度分布通常呈指数衰减。然而,可以通过结构修正来改变沿孔径的泄漏分布(Whetten and Balanis,1991; Wu et al.,2009; Siragusa et al.,2012)。在 Whetten 和 Balanis(1991)的文献中分析了具有不同长度缝隙结构的漏波天线的远场方向图。图 37.19 显示了 3 个示例构型及其对应的远场辐射方向图,所有 3 个天线都是 20λ 长、0.08λ 宽。第 1 个天线是直的纵向缝隙,偏移量 $x_0 = 0.75a$,其中 a 是波导的宽度。第 2 个天线是一个正弦平方曲率天线,其曲线方

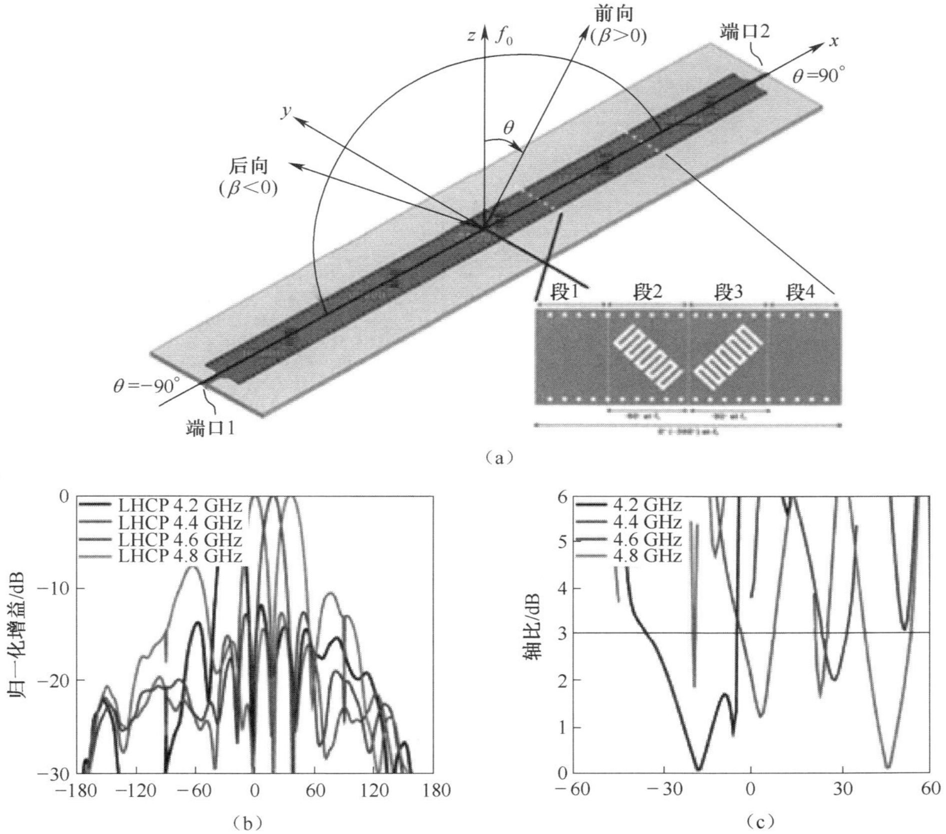

图 37.18　单导体 SIW 圆极化漏波天线及性能(Lee et al.,2014a,© IEEE)

(a)单导体 SIW 圆极化漏波天线透视图;(b)实测的归一化方向图与频率关系;

(c)实测的轴比与频率关系。(彩图见书末)

程为

$$x = \left[0.5 + 0.2\sin^2\left(\frac{\pi}{L}z\right)\right]a \tag{37.24}$$

按补偿指数衰减的场分布,以便辐射功率具有正弦分布来勾勒第 3 个天线的构型。具有正弦曲率平方(第 2 构型)的天线产生比直线情况低的旁瓣电平。在最后一种构型中,旁瓣进一步减小,除了主波束上的小肩部以外,所有旁瓣电平都被抑制在 40dB 以下。

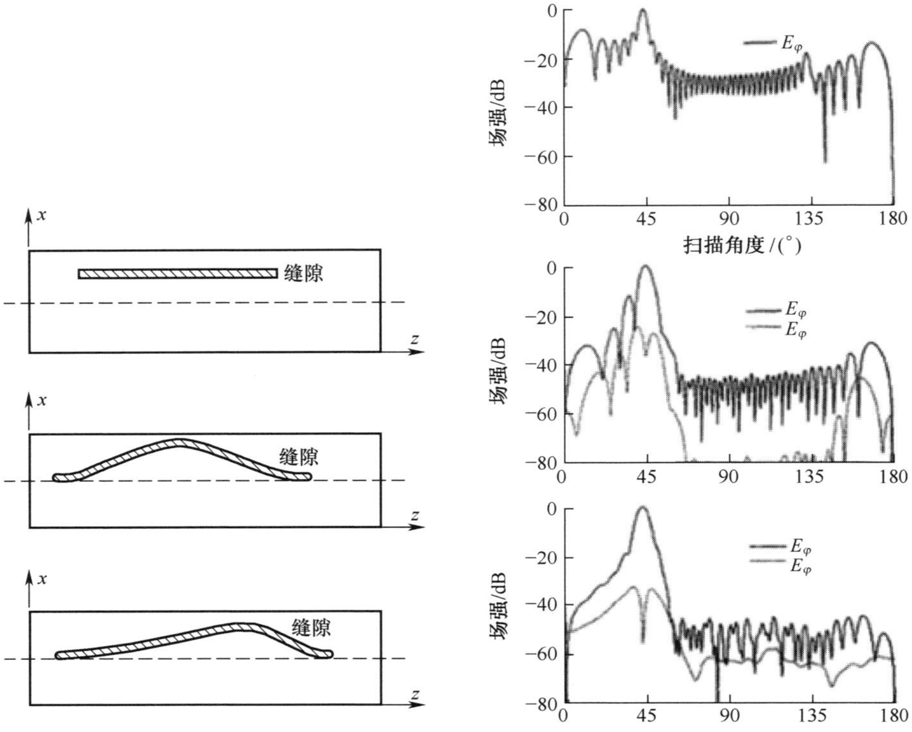

(a) (b)

图 37.19　3 个示例构型及其对应的远场辐射方向图(Whetten and Balanis,1991,IEEE)

(a)具有不同弯曲形状的长缝隙漏波天线;(b)相应的辐射图。

7. 多波段漏波天线

在最近的文献中,Rennings 等(2006)和 Eleftheriades(2007)提出并分析了用于多频段的超材料漏波天线。图 37.20(a)给出了用于支持双频段工作的广义负折射率传输线(也称为扩展复合右/左手传输线)的元胞的等效电路模型。在无损对称 T 形传输电路模型中,传播常数为

$$\beta d = \arccos(1 + Z_h Y_v) \tag{37.25}$$

式中:Z_h 和 Y_v 分别为串联阻抗和并联导纳。为了闭合转换频率处不希望的带隙并在两个波段都得到连续的波束扫描,必须满足以下条件(Eleftheriades,2007),即

$$L_{\mathrm{hs}} C_{\mathrm{hp}} = L_{\mathrm{vs}} C_{\mathrm{vp}} \tag{37.26}$$

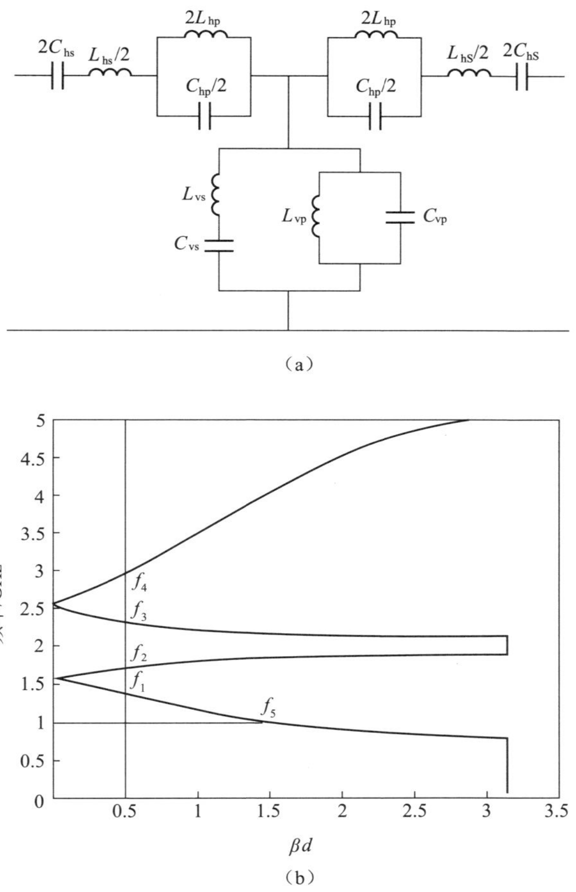

图 37. 20　负折射率传输线电路模型及其色散图（Eleftheriades，2007，© IEEE）

（a）NRI-TL 光胞的电路图；（b）相应的双波段色散图。

双波段平衡色散图如图 37. 20（b）所示，如果元胞尺寸是电小的（$\beta d \ll 1$），布洛赫阻抗可以近似于

$$Z_B \approx \frac{2Z_s}{Y_p} \tag{37.27}$$

基于上述概念，已经以平面和 SIW 形式实现了双波段漏波天线（Ryan and Eleftheriades，2010；Machac and Polivka，2012；Duran-Sindreu et al.，2013）。彩图 37. 21所示为基于 SIW 的双波段漏波天线。这个天线具备在 3. 5 ~ 4. 2GHz 和 5. 164~5. 6GHz 这两个工作波段的连续频率扫描能力（Duran-Sindreu et al.，2013）。

(a)

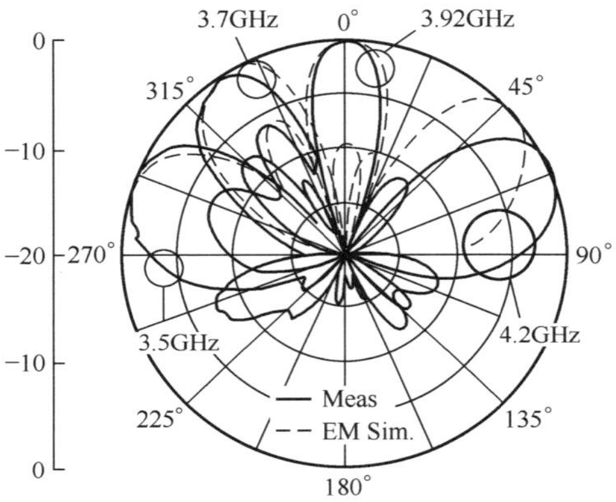

(b)

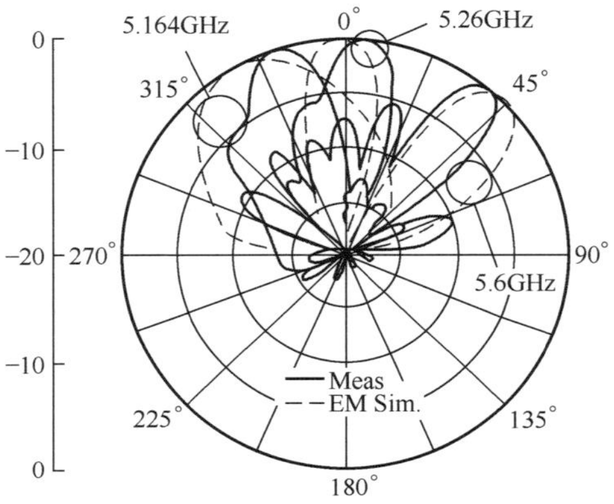

(c)

图 37.21　基于 SIW 超材料的双波段漏波天线(Duran-Sindreu et al.,2013,© IEEE)

(a)基于 SIW 超材料制造的双波段漏波天线的照片;(b)较低波段的归一化仿真和实测的辐射图;(c)较高波段的归一化仿真和实测的辐射图。(彩图见书末)

8. 功率循环

通常按当波到达天线结构的相对端时辐射大约 90%的能量来设计漏波天线。为了得到这种高效率的效果,通常将漏波天线拉长到(8~10) λ_0,但是具有如此大电气尺寸的天线对于尺寸受限的应用可能是有问题的。为了保持较紧凑尺寸下漏波天线的高效率,可以循环利用行波的未辐射能量,并且通过图 37.22 所示的功率组合环形(鼠笼式)(rat-race)耦合器反馈到天线(Nguyen et al.,2010)。耦合器设计为通过和端口(端口 4)将再循环功率(端口 3)建设性地加和到系统的输入信号(端口 1)。对于假定电介质和金属损耗为零的无耗系统,如果功率循环系统的散射矩阵变成酉矩阵,则辐射效率 (η_s) 可以达到 100%。

给定环形(鼠笼式)耦合器的散射矩阵为

$$\begin{bmatrix} V_1^- \\ V_2^- \\ V_3^- \\ V_4^- \end{bmatrix} = \begin{bmatrix} 0 & \mathrm{j}a & 0 & -\mathrm{j}b \\ \mathrm{j}a & 0 & -\mathrm{j}b & 0 \\ 0 & -\mathrm{j}b & 0 & -\mathrm{j}a \\ -\mathrm{j}b & 0 & -\mathrm{j}a & 0 \end{bmatrix} \begin{bmatrix} V_1^+ \\ V_2^+ \\ V_3^+ \\ V_4^+ \end{bmatrix} \tag{37.28}$$

则对于功率循环漏波天线,实现系统效率达到 100%的要求条件为

$$a = \sqrt{1 - \eta_0} \tag{37.29a}$$

$$b = \sqrt{\eta_0} \tag{37.29b}$$

$$\theta = -\frac{\phi}{2} + \frac{3\pi}{4} + m\pi \ , \quad m \in N \tag{37.29c}$$

式中:η_0 为无反馈电路的分离漏波天线的辐射效率;θ 为连接环形(鼠笼式)耦合器到漏波天线上的延迟线的电长度;ϕ 为天线上的总相移。对于 $\eta_0 = 38\%$的功率循环漏波天线,考虑所有的失配和吸收损耗情况下的实验结果表明,系统辐射效率提高了 1.8 倍(Nguyen et al.,2010)。

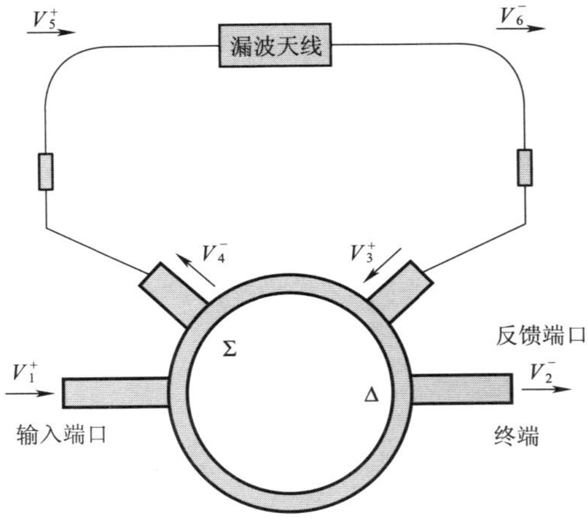

图 37.22　使用环形(鼠笼式)耦合器的功率再循环漏波天线示意图

9. 二维漏波天线

在一维漏波天线中,可以通过改变天线的孔径长度来简单控制沿扫描平面的辐射方向性。但是由于天线的横向尺寸(宽度)通常很窄且是固定的,所以一维漏波天线会产生沿波束扫描平面窄波束宽度、沿交叉平面宽波束的扇形波束

辐射方向图。因此,在与扫描平面垂直的平面上,一维漏波天线具有很差的空间分辨率。对于要求在两个维度上都具有高空间分辨率的应用,可以通过将一维漏波天线按阵列排布放置得到笔形波束方向图(图37.23)。如果在每个漏波天线的输入端添加移相器,除了沿 zy 平面的频率扫描外,还可以在 zx 平面形成固定频率波束扫描(Oliner and Jackson,2007)。

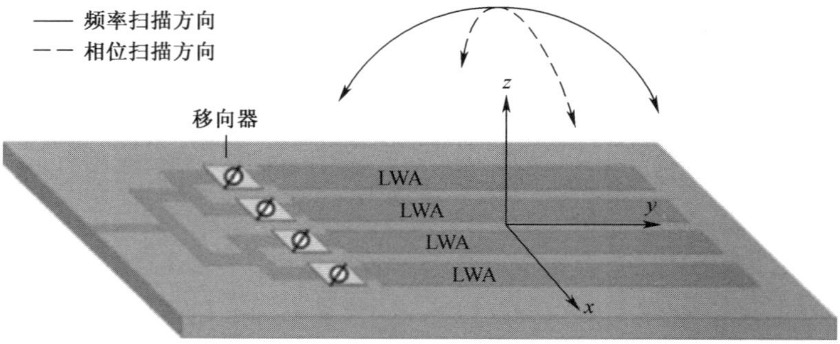

图37.23　二维漏波天线阵列排列示意图

当所有无源二维周期结构都作为漏波天线工作时,可以产生一个独特的频率扫描锥形波束方向图。图37.24所示为基于蘑菇结构(Sievenpiper et al.,1999)的二维漏波天线的一个例子(Allen et al.,2004)。如果二维周期蘑菇结构在中心馈电,则径向传播波产生在边射方向上有辐射零陷的频率扫描锥形波束方向图。该方向图中的零陷是由于二维对称结构中由径向行波产生的远场的相消干涉造成的。

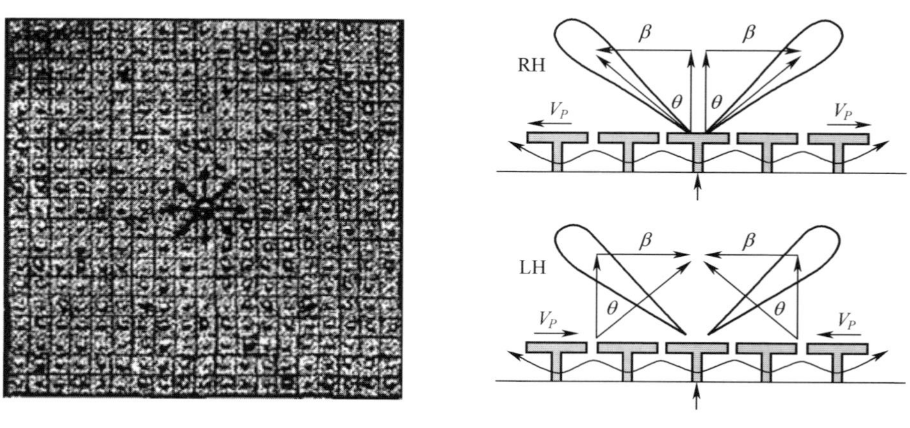

(a)　(b)

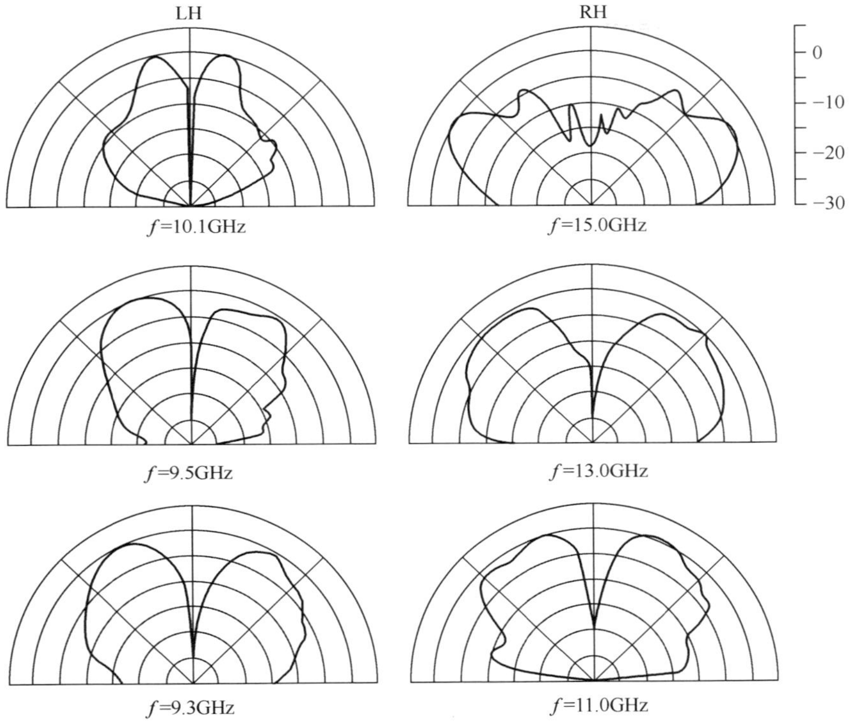

（c）

图 37.24　基于蘑菇结构的二维漏波天线示例(Allen et al., 2004,© IEEE)

(a)基于周期蘑菇结构的二维漏波天线的俯视图;(b)RH 和 LH 辐射的天线的侧视图;(c)针对不同工作频率的辐射图。

37.4　应用

可以在 Shelley 等(1991)、Tospann 等(1995)、Sato 等(2007 年)、Menzel 和 Moebius(2012)的文献中找到几种充分利用漏波天线频率扫描能力的有趣的应用和装置。本节介绍可能受益于这种独特的波束扫描特性的系统和应用的例子。本节所介绍的漏波天线系统的例子包括汽车雷达传感器和波达方向系统。还介绍了基于漏波天线的各种固定频率波束扫描天线。与依赖大量天线单元、复杂馈电网络和昂贵/笨重移相器的固定频率波束扫描相控阵系统相比,漏波天线提供了一个有吸引力的替代设计方案,这一方案使用单辐射单元和没有复杂馈电网络的低成本调谐方案。

37.4.1 基于漏波天线的雷达传感器

波束扫描漏波天线将辐射波束相对于频率扩展到不同的空间角度。然而,对于单频或窄带的工作方式,也可用漏波天线来实现高定向性固定频率波束扫描天线。2009年,针对汽车应用,Continental ADC公司将基于漏波天线的雷达传感器商业化。通过将介质波导放置在靠近具有周期性金属脊的转鼓位置上,实现波束扫描(Menzel and Moebius,2012)。在介质波导内行进的波遭遇来自脊的周期性扰动,产生漏波辐射。通过旋转鼓可改变金属脊的周期性,从而沿着方位角方向扫描辐射波束(Manasson et al.,1996)。通过调整反射阵列的相位角来获得沿着俯仰角的窄波束宽度。也可以通过机械控制反射阵列的角度来调节离开雷达传感器的最终辐射波束的俯仰角。在这种设计中,透射反射器不仅起到极化器的作用,将辐射波由介质波导引导到反射阵列,而且也对离开和进入传感器的波起到透明盖子的作用。图37.25中还显示了传感器的草图以及去掉盖子的实际传感器的照片。

37.4.2 较少电扫或磁扫移相器的漏波天线

在37.4.1小节中,通过机械驱动实现了单频率波束扫描。产生固定频率波束扫描方向图的另一种非机械解决方案是采用电控或磁控漏波天线(Baccarelli et al.,1997; Huang et al.,2000; Lim et al.,2004; Sato et al.,2006, Kodera and Caloz 2009; Ueda et al.,2012)。与传统的相控阵相比,这些技术不再需要笨重而昂贵的电压控制移相器来得到固定频率波束扫描。在图37.26所示的示例中,在每个元胞中加入变容二极管来电调串联电容和并联电感值(Lim et al.,2004)。理想的电控漏波天线可以通过改变施加在变容二极管上的反向偏置电压使色散曲线沿频率轴偏移。因此,固定工作频率处的传播常数变成了所施加直流偏置电压的函数$\beta(U)|_{\omega_0}$。图37.26示出了30个元胞、工作在3.33GHz的电控漏波天线在不同偏置电压(U = 1.5~18V)时的实测波束方向图。

固定频率波束扫描天线的第2个例子是通过改变铁氧体加载非对称CRLH天线的外部磁场来实现的,天线由一个有限长度、两端短路或开路的混合左右手

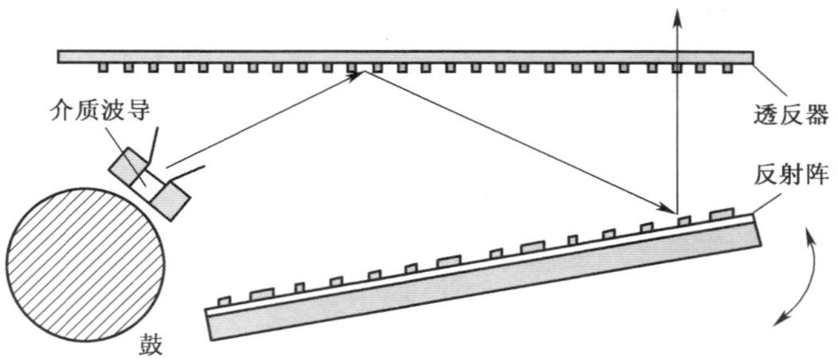

（a）

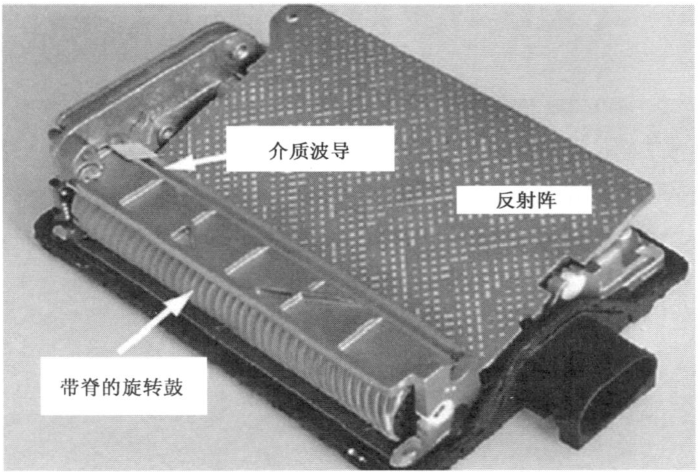

（b）

图 37.25　传感器示意图及去掉盖子的实际传感器(Menzel,Moebius 2012,© IEEE)
(a)ARS300 天线示意图;(b)去掉盖子的 ARS300 天线照片。

传输线(CRLH TL)组成。一旦能量耦合到天线,波就沿着波导传播并从边界反射后返回。当外加磁场垂直于铁氧体平板的地时,发生场的位移,此时 RF 能量趋于集中在传输线的一侧(Hines 1971; Tsutsumi and Ueda,2004; Ueda et al.,2009)。因此,由非对称电抗加载可以得到非互易相移。在 Ueda 等(2012)的文献中,将 CRLH 结构周期性地加载到传输线的一侧,并设计使得传播常数的值与没有加载的情况相比,具有相同的幅度但符号相反。因此,由相反方向传播的波所引起的辐射束将在远场处同相位叠加。没有外部磁场时,铁氧体材料将表现为介电材料,并且辐射束指向边射方向。但是色散图可以沿 βd 轴移动,这取决

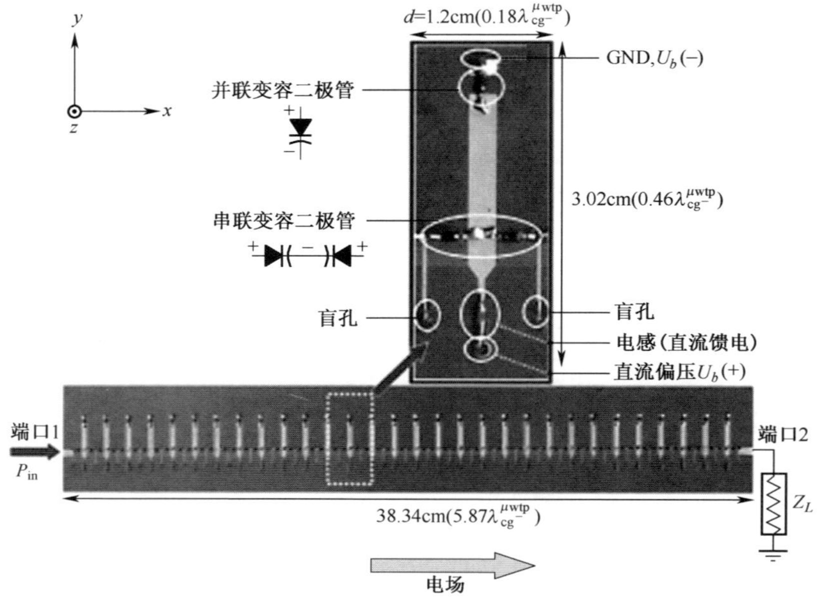
y
x
z
d=1.2cm(0.18λ^{μwtp}_{cg−})
GND,U_b(−)
并联变容二极管
3.02cm(0.46λ^{μwtp}_{cg−})
串联变容二极管
盲孔
盲孔
电感(直流馈电)
直流偏压U_b(+)
端口1
P_in
端口2
Z_L
38.34cm(5.87λ^{μwtp}_{cg−})
电场

（a）

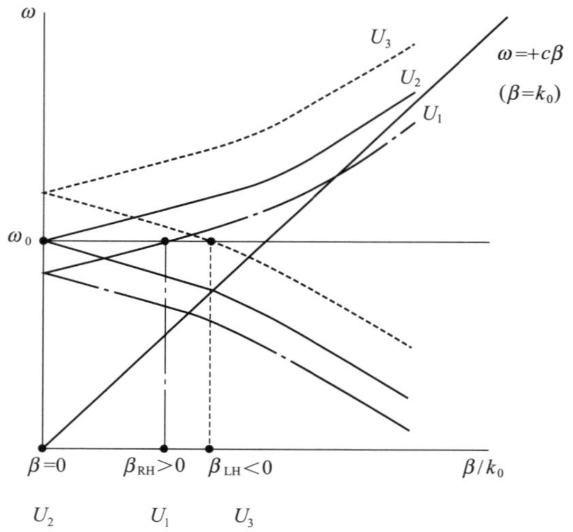
ω
U_3
U_2
U_1
ω=+cβ
(β=k_0)
ω_0
β=0
β_RH>0
β_LH<0
β/k_0
U_2
U_1
U_3

（b）

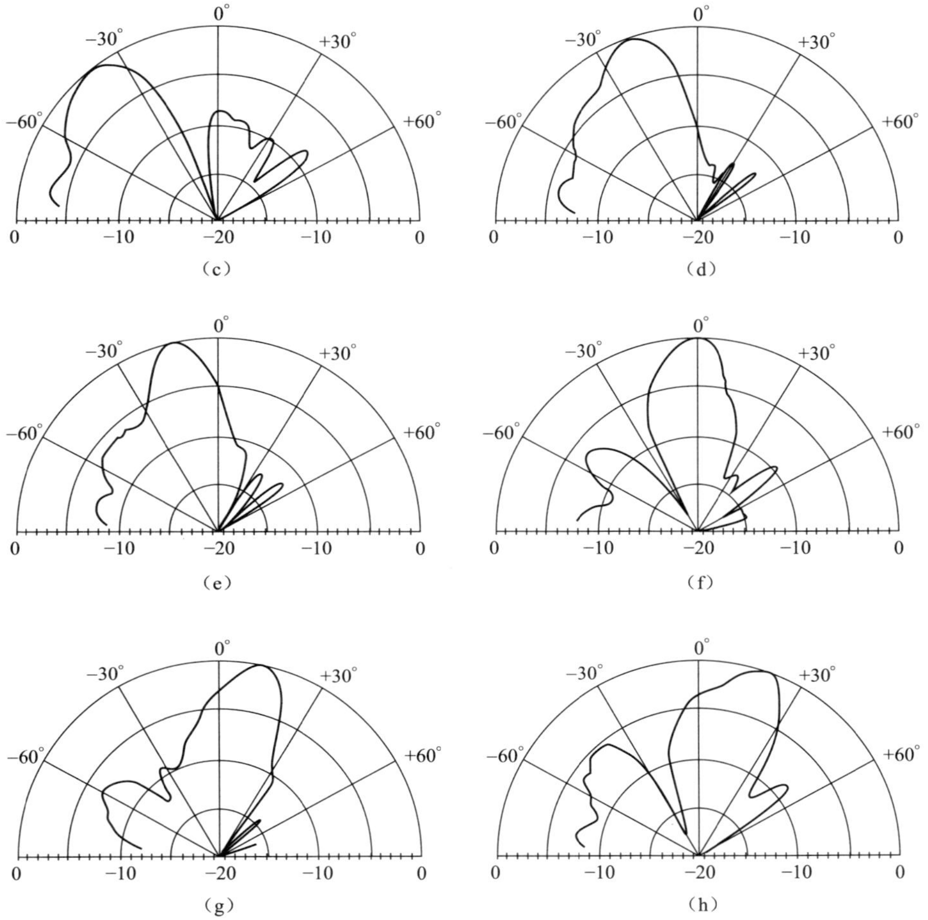

图 37.26　30 个元胞工作在 3.3GHz 的电控漏波天线在不同偏置电压下的实测波束方向图
(Lim et al.,2004,© IEEE)

(a)电控 CRLH 漏波天线照片;(b)示意垂直色散位移概念的理想色散图;(c)反向偏置电压 $U=18$V 时实测的归一化辐射图;(d)反向偏置电压 $U=10$V 时实测的归一化辐射图;(e)反向偏置电压 $U=8$V 时实测的归一化辐射图;(f)反向偏置电压 $U=3.5$V 时实测的归一化辐射图;(g)反向偏置电压 $U=2$V 时实测的归一化辐射图;(h)反向偏置电压 $U=1.5$V 时实测的归一化辐射图。

于外部施加磁场的大小和方向,如彩图 37.27(b)所示。天线设计在 6GHz 左右,以避免 4.5GHz 以下大的磁损耗。所实现的天线验证了从背射到端射方向,几乎恒定的 5dBi 增益下,超过 40°范围的波束导向。

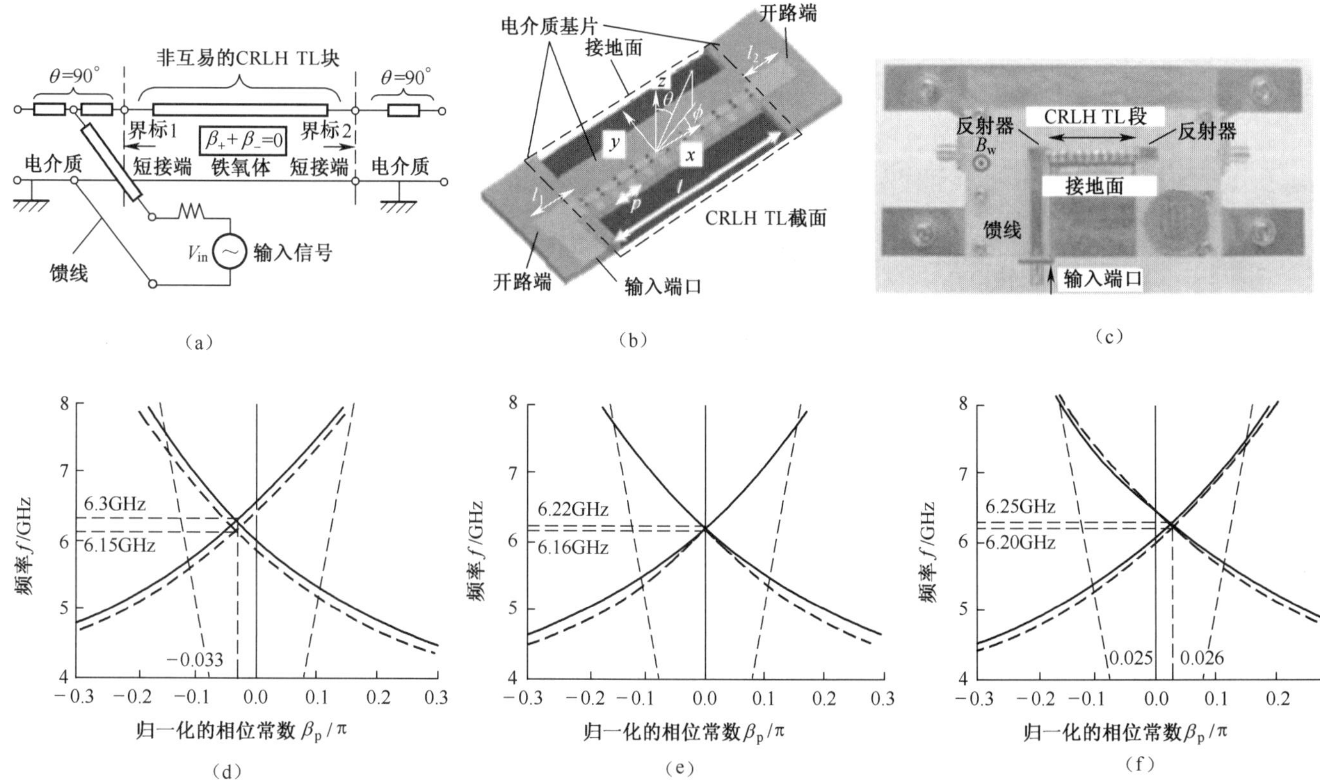

图 37.27　混合左右手传输线(CRLH TL)(Ueda et al.,2012,© IEEE)(彩图见书末)

(a)等效电路;(b)透视图;(c)制造电路的照片及不同外加直流磁场的正向和反向传播波的色散图;(d) $B_{ext}=-55mT$;(e) $B_{ext}=0mT$;(f) $B_{ext}=34.5mT$(实线和虚线分别代表测量和模拟结果)。

37.4.3　使用漏波天线的波达方向估计

当电子扫描漏波天线在接收模式下工作时，可以设计一个简单的波达方向（DoA）估计系统。虽然理想情况下只用一个连接到天线任一端的功率设计就可以实现全方位（$-90°<\theta_0<+90°$）的波达方向估计，但是在 Abielmona 等（2011）的文献中，在天线的每一端都安装了功率检测器，以便放宽所需变容二极管的动态范围。在这个方案中，通过测量两个功率检测器的功率差来估计 DoA。如图 37.28（b）所示，可通过使系统仅工作在 U_F 模式或仅工作在 U_B 模式来得到全范围估计。当入射波的角度（θ_i）与漏波天线的扫描角度（θ_p）一致时，其中一个检测器上的接收功率达到最大值。通过改变所施加的变容二极管的反向偏置电压来改变 θ_p。基于漏波天线的 DoA 估算器以平面和紧凑的形式提供了另一种经济有效的解决方案。

37.4.4　太赫兹漏波天线

与微波频率相比，太赫兹（THz）频率可适应更大的通信带宽，并具有更高的空间分辨率。由于该频带正好位于红外波段之后，其非电离特性对人体组织的伤害也较小，特别适合于医学成像或安检扫描应用。尽管有这些吸引人的特征，

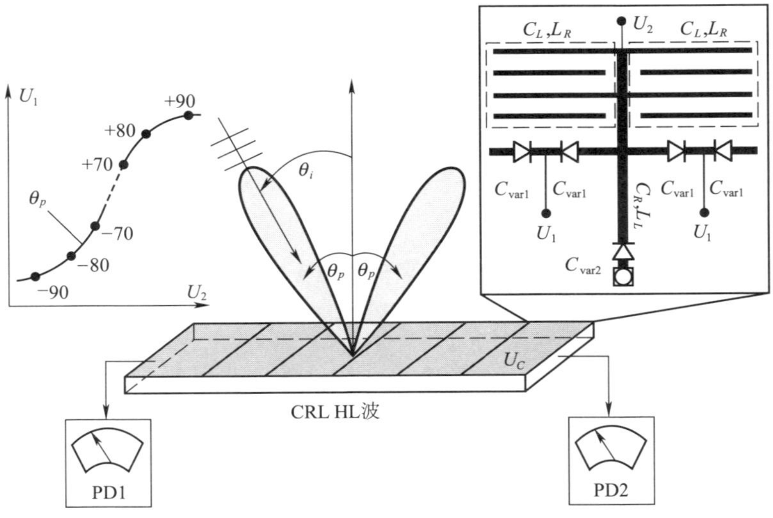

（a）

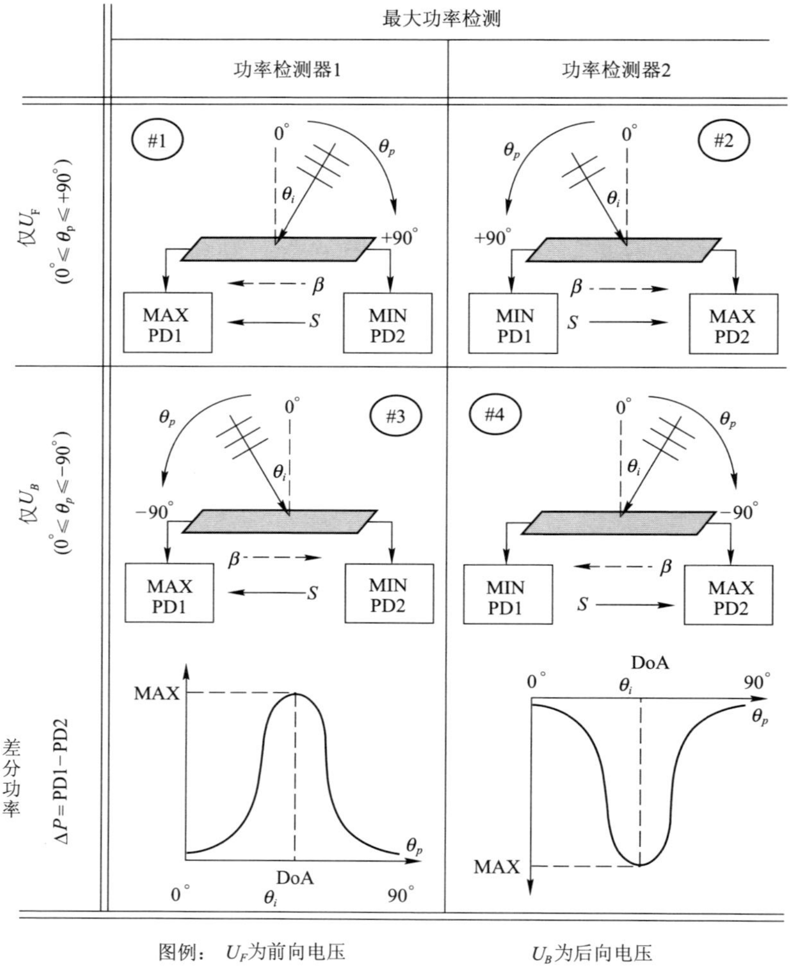

(b)

图 37.28 使用漏波天线的波送方向估计(Abielmona et al.,2011,© IEEE)

(a)基于电子扫描漏波天线的 DoA 估算电路示意图;(b)DoA 估算方案。

但是诸如太赫兹收发器和传感器这类实际设备的实现已经部分地受阻于天线。近来,已经将漏波天线视为太赫兹应用的候选天线,因为它可以在没有复杂馈电网络的情况下,以相对简单而紧凑的形式得到定向波束方向图。但是,由于材料的高损耗和固态电子器件难以缩比,设计太赫兹天线系统并非易事。下面重点介绍了采用巧妙技术克服上述挑战的太赫兹漏波天线的新近成就。

彩图 37.29 所示的第 1 个例子是由量子级联激光器(QC-laser)激发的具有

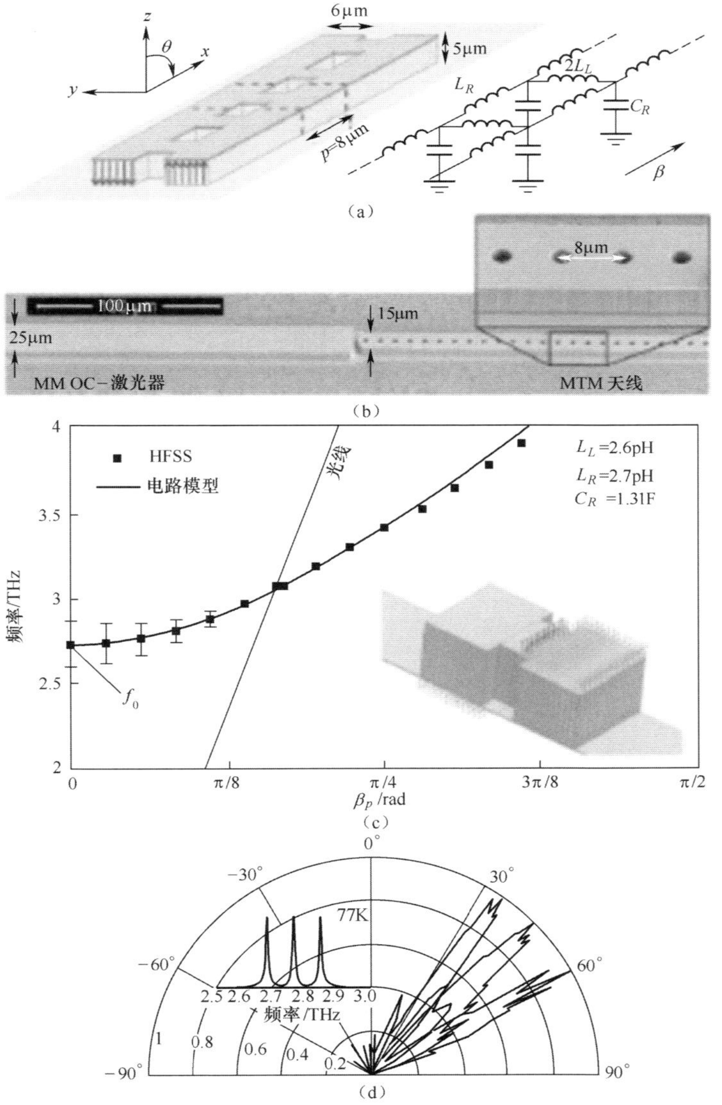

图 37.29　量子级联激光器激发的一维·太赫兹漏波天线(其中插图示出了测量的光谱与变化的偏置电压的关系(AA Tavallaee, BSWilliams, PWCHon, T. Itoh, QSChen, "Terahertz quantum-cascade laser with active leaky-wave antenna," *Appl. Phys. Lett.*,第 99 卷,第 14 期。Copyright(2011),AIP Publishing LLC))(彩图见书末)

(a)一维太赫兹漏波天线的透视图和等效传输线模式;(b)所制造的太赫兹漏波天线的扫描电子显微镜(SEM)图像;(c)插图显示具有奇模场分布的晶胞;(d)测量的辐射图。

分布式光子增益的漏波天线(Tavallaee et al.,2011)。该结构类似于 Menzel 天线的结构(Menzel,1979),并以类似的方式起作用,其中的第一个高阶模受迫辐射。GaAs/AlGaAs 多量子源组成天线的电介质层,并且当施加偏置电压时,由于子带间太赫兹辐射跃迁,通过光子受激发射实现信号放大能力。为了提供天线独立的偏置电压,天线接近耦合到金属-金属 QC 激光谐振腔。所制备的天线提供了大约 15°半高宽的定向方向图,并且还在 2. 7THz 附近验证了朝向端射方向的频率扫描。

第二个例子扩展了在“正弦调制电抗表面基漏波天线”部分中描述的正弦调制表面的概念(Oliner and Hessel,1959; Patel and Grbic 2007,2011),来设计一种在太赫兹谱中工作的固定频率波束扫描漏波天线。所提出的天线可以通过将石墨烯片转移到排布在接地电介质基片上的一组多晶硅直流光栅垫片的正上方来实现(彩图 37. 30)。石墨烯片支持横磁表面等离激元极化子的传播,这可通过将直流电压施加到改变石墨烯片复电导率 σ(或表面阻抗 $1/\sigma$)的不同垫片上来进行操控(Esquius-Morote et al.,2014)。在此设计中,根据所用光栅垫片的数量来对一个调制周期 p 进行 N 个点的采样。对于固定的垫片长度和垫片间距离,可以根据不同直流 U 施加的周期性来动态地控制 p 。仿真结果验证了改变采样点时 2THz 处的固定频率波束扫描能力(图 37. 30)。

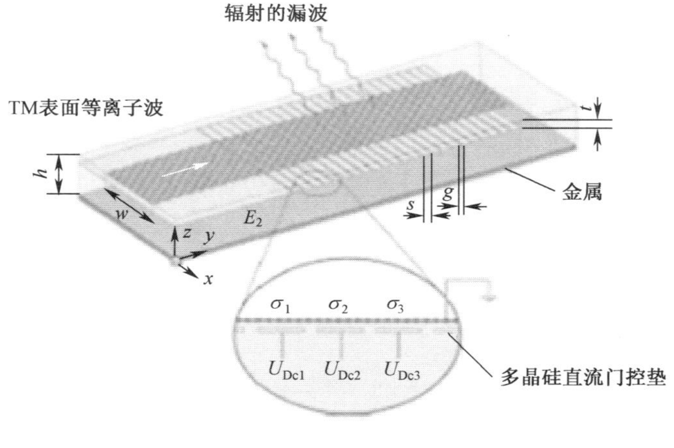

(a)

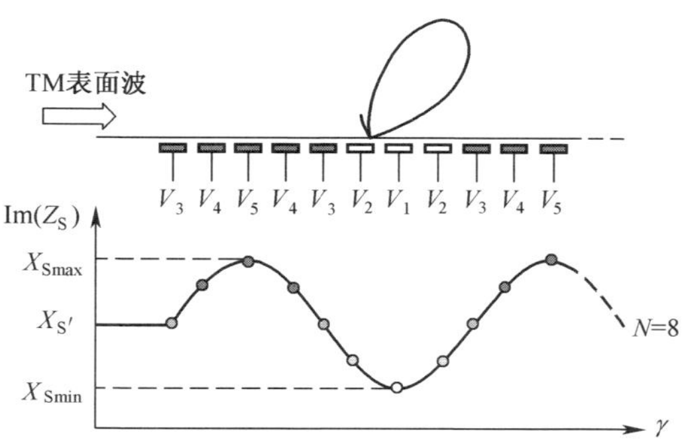

(b)

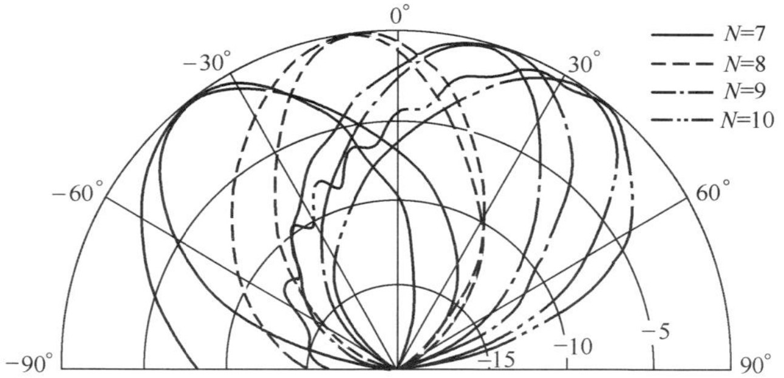

(c)

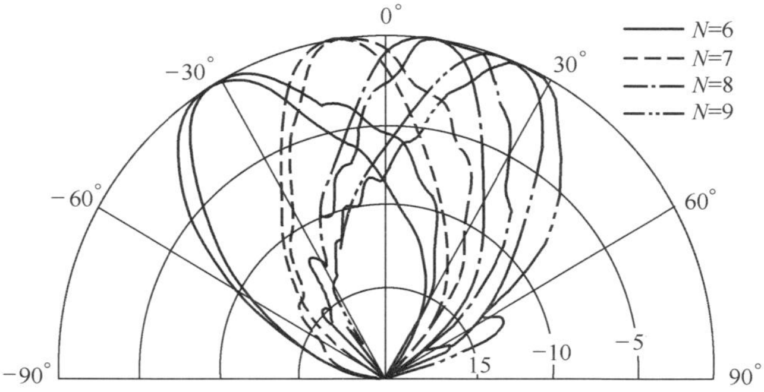

(d)

图 37.30　太赫兹段工作的固定频率波束扫描漏波天线(Esquius Morote et al.,2014,© IEEE)
(a)基于正弦调制的电抗石墨烯表面的太赫漏波天线;(b)偏置直流电压与相应石墨烯电抗分布之间的关系的示意图;(c)方向图与 N 的关系。(彩图见书末)
(使用的参数:电子弛豫时间 τ = 1ps ,温度 T = 300K,f_0 = 2THz,U_{DC} = 6.5 ~ 45V,ε_r = 3.8 ,垫长度 s=4.8μm,垫与垫之间的间隙(g)= 0.2μm);(d)使用 τ = 1ps,T = 300K,f_0 = 2THz,U_{DC} = 6.5 − 45V,ε_r = 3.8 s =4.8μm 和 g =0.2μm 的归一化方向图与 N 的关系。

37.5 总结

自 1940 年由 W. W. 汉森首次提出以来,波束扫描漏波天线一直在稳步改善(Hansen,1940)。随着超材料概念的加入,近来在科研界和工业界,新型漏波天线和独特的设计技术得到了蓬勃发展。随着通用支持技术的逐年改进与提高,漏波天线有望随改进的制备技术、新颖的实现方法、新的奇异材料等成熟起来,提供更新功能、辐射特性更强的更独特的波束扫描特征。随着科技的不断进步,对于对波束扫描、高方向性和制备简单性有要求的应用来说,漏波天线将仍是很有竞争力的设计解决方案。

交叉参考:

▶第 7 章　超材料与天线

▶第 9 章　超材料传输线及其在天线设计中的应用

参考文献

Abielmona S, Nguyen HV, Caloz C(2011) Analog direction of arrival estimation using an electronically-scanned CRLH leaky-wave antenna. IEEE Trans Antennas Propag 59(4):1408-1412

Allen CA, Caloz C, Itoh T(2004) Leaky-wave in a metamaterial-based two-dimensional structure for a conical beam antenna application. In: Proceedings of the IEEE-MTT international symposium, Fort Worth, TX, pp 305-308

Araki K, Koyama T, Naito Y(1975) A new type of isolator using the edge-guided mode. IEEE Trans Microw Theory Tech MTT-23(3):321

Baccarelli P, Nallo C, Freza F, Galli A, Lampariello P(1997) Attractive features of leaky-wave antennas based on ferrite-loaded open waveguides. In: IEEE AP-S international symposium digest, vol 2, Montreal, Canada, pp 1442-1445

Balanis CA(1997) Antenna theory: analysis and design, 2nd edn. Wiley, New York

Bozzi M, Georgiadis A, Wu K(2011) Review of substrate-integrated waveguide circuits and antennas. Microw Antennas Propag IET 5(8):909-920

Burghignoli P, Lovat G, Jackson DR(2006) Analysis and optimization of leaky-wave radiation at broadside from a class of 1D periodic structures. IEEE Trans Antennas Propag 54:2593-2603

Caloz C, Itoh T(2005) Electromagnetic metamaterials: transmission line theory and microwave applications. Wiley-IEEE Press, New York

Caloz C, Jackson DR, Itoh T(2011) Leaky-wave antennas. In: Frontiers in antennas: next generation design & engineering. McGraw-Hill, New York, pp 339–409

Collin RE(1991) Field theory of guided waves, 2nd edn. IEEE Press, New York

Dong Y, Itoh T(2011) Composite right/left-handed substrate integrated waveguide and half mode substrate integrated waveguide leaky-wave structures. IEEE Trans Antenna Propag 59(3):767–775

Dong Y, Itoh T(2012) Substrate integrated composite right/left-handed leaky-wave structure for polarization-flexible antenna application. IEEE Trans Antenna Propag 60(2):760–771

Duran-Sindreu M, Choi J, Bonache J, Martin F, Itoh T(2013) Dual-band leaky wave antenna with filtering capability based on extended-composite right/left-handed transmission lines. In: Proceedings of the IEEE-MTT international symposium, Seattle, WA

Eleftheriades GV, Balmain KG(2006) Negative refraction metamaterials: fundamental principles and applications. Wiley-IEEE Press, New York

Eleftheriades GV(2007) A generalized negative-refractive index transmission-line(NRI-TL) metamaterial for dual-band and quad-band applications. IEEE Microw Wirel Compon Lett 17(6):415–417

Engheta N, Ziolkowski RW(2006) Electromagnetic metamaterials: physics and engineering explorations. Wiley-IEEE Press, New York

Esquius-Morote M, Gomez-Diaz JS, Perruisseau-Carrier J(2014) Sinusoidally modulated graphene leaky-wave antenna for electronic beamscanning at THz. IEEE Trans THz Sci Technol 4(1): 116–122

Grbic A, Eleftheriades GV(2002) A backward-wave antenna based on negative refractive index L-C networks. In: Proceedings of the IEEE antennas propagation society international symposium digest, vol 4, San Antonio, TX, pp 340–343

Hansen WW(1940) Radiating electromagnetic waveguide. US Patent 2. 402. 622

Hashemi MRM, Itoh T(2010) Coupled composite right/left-handed leaky-wave transmission-line based con common/differential-mode analysis. IEEE Trans Microw Theory Tech 58(12):3645–3656

Hessel A(1969) General characteristics of traveling-wave antennas. In: Collin RE, Zucker FJ(eds) Antenna theory, part Ⅱ. McGraw-Hill, New York

Hines ME(1971) Reciprocal and nonreciprocal modes of propagation in ferrite stripline and microstripline devices. IEEE Trans Microwave Theory Tech MTT-19(5):442–451

Hirokawa J, Ando M(1998) Single-layer feed waveguide consisting of posts for plane TEM wave excitation in parallel plate. IEEE Trans Microw Theory Tech 46(5):625–630

Huang L, Chiao J, Lisio P(2000) An electronically switchable leaky wave antenna. IEEE Trans Antennas Propag 48(11):1769–1772

Ishii M, Fukusako T(2012) Circularly polarized leaky wave antenna using composite right/lefthanded transmission line. In: PIERS proceedings, Moscow, Russia, pp 972–975

Jackson DR, Oliner AA(2008) Leaky-wave antennas. In: Balanis C(ed) Modern antenna handbook. Wiley, New York

Jackson DR, Caloz C, Itoh T(2012) Leaky-wave antennas. Proc IEEE 100(7):2194–2206

Jackson DR(2013) Recent advances in leaky-wave antennas. In: Proceedings of the URSI international symposium electromagnetic theory(EMTS), Hiroshima, Japan, pp 9–12

Kitatani K, Mitsuhata Y, Okamura Y(2012) Circularly polarized leaky wave antenna without phase shifter using CRLH transmission line. In: European conference on antennas and propagation(EUCAP), Prague, Czech, pp 255–259

Kodera T, Caloz C(2009) Uniform ferrite-loaded open waveguide structure with CRLH response and its application to a novel backfire-to-endfire leaky-wave antenna. IEEE Trans Microw Theory Tech 57(4):784–795

Lai A, Caloz C, Itoh T(2004) Composite right/left-handed transmission line metamaterials. IEEE Microw Mag 5(3):34–50

Lee H, Choi JH, Kasahara Y, Itoh T(2014a) A circularly polarized single radiator leaky-wave antenna based on CRLH-inspired substrate integrated waveguide. In: Proceedings of the IEEEMTT international symposium, Tampa, FL, to be published

Lee H, ChoiJH, Wu CM, Itoh T(2014b) A compact single radiator circularly polarized leaky-wave antenna based on CRLH-inspired substrate integrated waveguide. IEEE Trans Antenna Propag IEEE Trans Antenna Propag, submitted

Lim S, Caloz C, Itoh T(2004) Metamaterial-based electronically controlled transmission line structure as a novel leaky-wave antenna with tunable radiation angle and beamwidth. IEEE Trans Microw Theory Tech 52(12):2678–2690

Liu L, Caloz C, Itoh T(2000) Dominant mode(DM) leaky-wave antenna with backfire-to-endfire scanning capability. Electron Lett 38(23):1414–1416

Machac J, Polivka M (2012) A dual band SIW leaky wave antenna. In: Proceedings of the IEEEMTT international symposium, Montreal, Canada

Manasson V, Sadovnik L, Mino R(1996) MMW scanning antenna. IEEE AES system magazine, pp 29-33

Menzel W(1979) A new travelling wave antenna in microstrip. Arch Elektron Uebertrag Tech 33 (4):137-140

Menzel W, Moebius A(2012) Antenna concepts for millimeter-wave automotive radar sensors. Proc IEEE 100(7):2372-2379

Menzel W(2013) Planar leaky-wave antennas-early concept and actual result. In: European microwave conference, Nuremberg, Germany, pp 483-486

Nguyen HV, Parsa A, Caloz C (2010) Power-recycling feedback system for maximization of leakywave antennas radiation efficiency. IEEE Trans Microw Theory Tech 58(7):1641-1650

Oliner A, Hessel A(1959) Guided waves on sinusoidally-modulated reactance surfaces. IRE Trans Antennas Propag 7:201-208

Oliner AA, Lee KS(1986) The nature of the leakage from higher modes on microstrip line. In: IEEE MTT-S international microwave symposium digest, Baltimore, MD, pp 57-60

Oliner AA, Jackson DR(2007) Leaky-wave antennas. In: Volakis J(ed) Antenna engineering handbook, 4th edn. McGraw-Hill, New York

Patel AM, Grbic A(2007) A printed leaky-wave antenna with a sinusoidally modulated surface reactance. In: Proceedings of the IEEE AP-S international symposium, Charleston, SC, pp 3820-3023

Patel AM, Grbic A (2011) A printed leaky-wave antenna based on a sinusoidally-modulated reactance surface. IEEE Trans Antennas Propag 59(6):2087-2096

Paulotto S, Baccarelli P, Frezza F, Jackson DR(2009) Novel technique for open-stopband suppression in 1-D periodic printed leaky-wave antenna. IEEE Trans Antennas Propag 57(7):1894-1906

Pozar DM(1998) Microwave engineering, 2nd edn. Wiley, New York

Rennings A, Otto S, Mosig J, Caloz C, Wolff I(2006) Extended composite right/left-handed metamaterial and its application as quadband quarter-wavelength transmission line. In: Proceedings of the Asia-Pacific microwave conference(APMC), Yokohama, pp 1405-1408

Ryan CGM, Eleftheriades GV (2010) A dual-band leaky-wave antenna based on generalized negative-refractive-index transmission-lines. In: IEEE antennas and propagation society international symposium(APS-URSI), Toronto, Canada, pp 1-4

Sato K, Matsuzawa S, Inoue Y, Nomura T(2006) Electronically scanned left-handed leaky wave antenna for millimeter-wave automotive applications. In: Proceedings of the IEEE international workshop antenna technology, White Plains, NY, pp 420-423

Sato K, Yonak SH, Nomura T, Matsuzawa S, Iizuka H(2007) Metamaterial for automotive applications. In: Proceedings of the IEEE antenna propagation society international symposium digest, Honolulu, HI, pp 1144-1147

Shelley MW, Mason AG, Markus K(1991) Frequency scanning antennas for aeronautical communications. In: Proceedings of the IEE colloquium on satellite antenna technology in the 21st century, London, UK, pp 12/1-12/4

Sievenpiper D, Zhang D, Broas RFJ, Alexopolus NG, Yablonovitch E(1999) High-impedance electromagnetic surfaces with a forbidden frequency band. IEEE Trans Microw Theory Tech 47: 2059-2074

Silver S(1949) Microwave antenna theory and design. McGraw-Hill, New York

Siragusa R, Perret E, Lemaitre-Auger P, Van Nguyen H, Tedjini S, Caloz C(2012) A tapered CRLH interdigital/sub leaky-wave antenna with minimized side-lobe levels. IEEE Antennas Wirel Propag Lett 11:1214-1217

Stutzman WL, Thiele GA(1998) Antenna theory and design, 2nd edn. Wiley, New York

Sutinjo A, Okoniewski M, Johnson RH(2008) Radiation from fast and slow traveling waves. IEEE Antennas Propag Mag 50(4):175-181

Tamir T(1969) Leakey-wave antennas. In: Collin RE, Zucker FJ(eds) Antenna theory, part Ⅱ. McGraw-Hill, New York

Tavallaee AA, Williams BS, Hon PWC, Itoh T, Chen QS(2011) Terahertz quantum-cascade laser with active leaky-wave antenna. Appl Phys Lett 99:1411-15

Tospann FJ, Pirkl M, Gruner W(1995) Multifunction 35GHz FMCW radar with frequency scanning antenna for synthetic vision application. In: Proceedings of the SPIE conference synthetic vision for vehicle guidance and control, vol 243, Orlando, FL, pp 28-37

Tsutsumi M, Ueda T(2004) Nonreciprocal left-handed microstrip lines using ferrite substrate. In: IEEE MTT-S international microwave symposium digest, vol 1, Fort Worth, TX, pp 249-252

Ueda T, Horikawa K, Akiyama M, Tsutsumi M(2009) Nonreciprocal phase-shift composite right/left handed transmission lines and their application to antennas. IEEE Trans Antennas Propag 57(7):1995-2005

Ueda T, Yamamoto S, Kado Y, Itoh T(2012) Pseudo-traveling wave resonator with magnetically tunable phase gradient of fields and its applications to beam steering antennas. IEEE Trans Microw Theory Tech 60(10):3043–3054

Whetten F, Balanis CA (1991) Meandering long slot leaky-wave antennas. IEEE Trans Antennas Propag 39(11):1553–1559

Wu K, Deslandes D, Cassivi Y(2003) The substrate integrated circuits - a new concept for highfrequency

electronics and optoelectronics. In: Proceedings of the 6th international conference telecommunications in modern satellite, cable and broadcasting service, vol 1, Nis, Yugoslavia

Wu JW, Wang CJ, Jou CF(2009) Method of suppressing the side lobe of a tapered short leaky wave antenna. IEEE Antennas Wirel Propag Lett 8:1146–1149

Yang N, Caloz C, Wu K(2009) Fixed-beam frequency-tunable phase reversal coplanar striplineantenna array. IEEE Trans Antennas Propag 57(3):671–681

第 38 章

可重构天线

Joseph Costantine, Youssef Tauk, Christos G. Christodoulou

摘要

本章对可重构天线的各种部件、分类和设计过程进行总结。讨论现有的可重构天线的各种应用，及其天线特性与新型通信应用间的关系。本章还重点关注新的和发展中的应用需求，并将它们结合到新的天线设计中。同时，对可重构天线的控制、建模和优化也进行了详细论述，并介绍了多种实现机理。最后，介绍可为未来和不断发展的实用无线通信提供服务的可重构天线的发展方向，提出全面而有效的最佳设计方案。

关键词

可重构天线；无线通信；MIMO 系统；移动终端；认知无线电；无线 LAN；无线

J. Costantine(✉)
贝鲁特美国大学电气与计算机工程系，黎巴嫩
e-mail: jcostantine@ ieee. org
Y. Tawk
路易斯圣母大学电气与计算机工程系，黎巴嫩
e-mail: yatawk@ ieee. org
C. G. Christodoulou
新墨西哥大学阿尔伯克基分校，墨西哥
e-mail: christos@ unm. edu

传感;太赫兹通信;毫米波;空间通信;小微卫星;自偏压;图形建模;微控制器;神经网络;FPGA;PIN 二极管;变容二极管;RFMEMS;光导开关;热开关;致动器;马达;等离激元;石墨烯;液晶

38.1 引言

新兴的无线通信应用需要能够满足这些应用需求的先进天线系统。可重构天线似乎提供了一个将多个无线电系统集成到平台上的解决方案。在无需多个天线组件情况下,采用可重构天线进行多个无线电系统的集成,可最大限度地提高系统的连接能力。可重构天线能够根据需要改变自身功能,可以动态地满足多个无线服务,避免了容纳多个天线的空间需求。

了解增益、阻抗匹配和辐射等基本特性是设计任何天线的基础。对可重构天线,这些特性的设计难度很大,特别是当设计者试图使可重构天线的每个工作状态都非常可靠时。天线重构一般通过重新分布天线电流或改变其辐射边界实现(Bernhard,2007; Balanis,2011; Christodoulou et al.,2012; Costantine et al.,2013c)。天线功能的变化使其可用于多个无线通信应用。

利用开关或机械致动器等各种重构手段都可实现天线的可重构设计。最常见的可重构天线是微带天线。在微带天线中可将重构组件与天线结构集成在一起,作为天线设计过程的一部分。通常,可重构贴片天线由位于一个平面上并由可调组件连接在一起的许多独立金属化区域组成(Costantine et al.,2013c)。通过动态控制可调组件的状态,可以有选择地激励不同的金属化部分,从而改变天线的整体辐射特性。

一般而言,每个可重构天线的设计都始于满足现有技术限制的预定目标。但是,不同的天线工程师瞄准的天线重构参数各异。这些参数包括工作频率、辐射方向图和极化特性等。一旦明确了参数设计目标,设计者将通过重新配置不同的天线组件来实现。

本章讨论各种不借助多余组件而保持最佳性能的可重构天线设计方法;还介绍了可重构天线在实际无线通信系统中的应用;最后讨论可重构天线结构的建模、控制和优化问题。

38.2 可重构天线设计

可重构天线的设计方法取决于所采用的重构技术以及拟实现的重构性能。按不同的重构目标参数,可以将可重构天线分为各种组别(Costantine et al.,2013c)。这些组别如图 38.1 所示(Costantine et al.,2013c)。说明如下。

1. 第一组:频率可重构天线

该组天线可以根据用户的需求改变工作频率。这种天线重构工作频率以在多个波段中使用。这种天线广泛应用于无线通信中,这些通信应用要求工作频率从一个信道切换到另一个信道。认知无线电是本组天线的典型应用。

2. 第二组:辐射方向图可重构天线

本组天线可以在保持固定工作频率的前提下改变辐射方向图。这些天线通过辐射方向图的重新赋形来捕获信号或在特定的方向将信号辐射出去。移动天线系统是本组天线的应用实例。

3. 第三组:具有可重构极化特性的天线

本组天线可以改变极化类型而保持固定的频率和辐射方向图。这些天线重新赋形其辐射特征以展现出多种极化形式。MIMO(多输入多输出)信道是本组天线的应用实例。

4. 第四组:采用混合重构技术的天线

本组天线可以在工作中瞬时变化多种特征。例如,有些天线可以改变工作频率并在每个感兴趣的频率改变极化;也可以在形成新辐射方向图的同时,改变工作频率或极化。

图 38.1 可重构天线分类(Costantine et al.,2013c)

要选择合适的重构机理来实现重构,以获得期望的功能或性能。重构机理要能完成天线设计任务的同时满足强制约束。人们提出了很多种改变天线电流分布的重构方法。如图 38.2 所示,重构技术也分为多个类别(Costantine et al., 2013c;Christodoulou et al.,2012)。

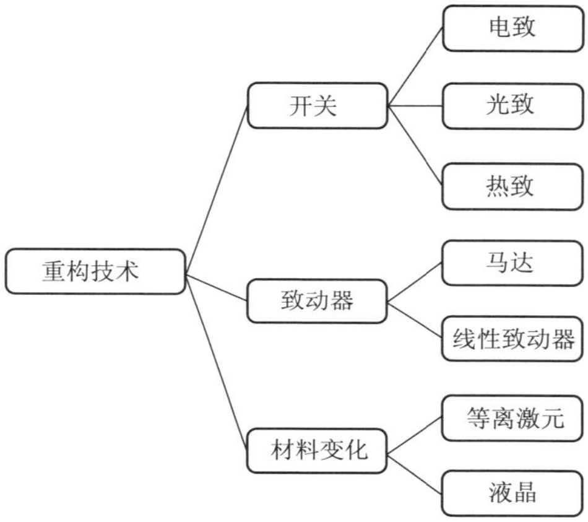

图 38.2　重构技术分类

电重构技术用开关来连接或断开天线部件,以使天线的电流重新分布。早在 1998 年,已经有人提出将射频微机电系统(RF MEMS)集成到可重构天线中(Brown,1998)。许多设计借助 RF MEMS 来重构其性能(Huff and Bernhard, 2006; Erdil et al., 2007; Nikolaou et al., 2009; Cetiner et al., 2010; Grau et al., 2010;Yang et al.,2011;Zohur et al.,2013)。基于 RF MEMS 的可重构天线依赖于这些开关的机械运动来获得重构。RF MEMS 的隔离度非常高,并且只需要消耗很小的功率。但是,RF MEMS 的切换速度为 1~200μs 量级,对某些应用而言,可能不够快(Christodoulou et al.,2012)。

更快的电重构技术是采用 PIN 二极管或变容管。这类开关是替代 RF MEMS 的更快且更紧凑的选择。PIN 二极管的开关速度在 1~100ns 范围(Christodoulou et al., 2012)。借助 PIN 二极管的可重构天线(Chen et al., 2007; Chen and Row, 2008; Kim et al., 2008; Wu and Ma, 2008; Sarrazin et al., 2009; Shelley et al.,2010;Perruisseau-Carrier et al.,2010;Piazza et al.,2010;Qin et al., 2010b;Quin et al., 2012;Hinsz and Braaten,2014)具有更强的重构能力。其他可

重构天线使用变容管(Daviu et al.,2007;Jeong et al. 2008; Yang et al.,2008;Jiang et al.,2009;Oh et al.,2010;Tawk et al.,2012a;Bai et al.,2013;Onodera et al.,2013;Ramadan et al.,2014),改变变容管的偏置电源可改变其电容。因为将可变电容集成到天线结构中,这种天线具有较宽的调节能力。需指出的是,虽然电切换组件重构性能高效,但其偏置网络的设计是难点。

将光导开关集成到天线结构中可实现光重构。一旦受到激光束照射,与天线结构结合的光导开关就导通(Tawk et al.,2010,2012b;Jin et al.,2011;Sathi et al.,2012;Patron et al.,2014;Pendharker et al.,2014)。激光束由集成的激光二极管产生(Tawk et al.,2012b)。将所有部件都集成到紧凑的天线结构中并实现较低的功率消耗,是这种重构技术的主要挑战。已经有人提出将热致切换(Jiang and Yang,2013)作为天线重构的备选方案。其他重构技术还有基于石墨烯等离激元(Perruisseau-Carrier et al.,2013)、液晶(Liu and Langley,2008)、机械重构(Rodrigo et al.,2012;Liyakath et al.,2013;Mehdipour et al.,2013;Costantine et al.,2014)等。

总之,只要天线设计者将任一重构技术应用到天线结构中,就可以使其变成可重构天线。使用合适的重构技术是在需要自适应 RF 前端的实用无线通信系统中实现天线的方法。使天线实现重构的代价由以下多种因素(Christodoulou et al.,2012)确定。

(1) 因素1:控制重构部件状态的偏置网络的使用,在天线结构中增加了复杂度。

(2) 因素2:有源部件的加入会增加功耗。

(3) 因素3:非线性有源器件的加入会产生不希望的负面效应,如谐波。

(4) 因素4:形成所需功能的重构速度。

38.3 可重构天线设计的必要性

在新时代的天线设计上要有能够认知并适应环境(甚至是持续变化的环境)的天线。而且,天线也要能够克服故障,并迅速应对新的发展变化。认知无线电、多输入多输出(MIMO)信道、on-body 网络、卫星以及空间通信平台,都需要高度通用、可靠且有效的可重构天线。本节讨论服务不同无线通信应用的可重构天线设计问题。

38.3.1　用于 MIMO 通信系统的可重构天线

MIMO 通信系统基于多天线的需求,这些天线安装在通信信道的两侧。这种安装的目的是使得通信信道能够同时发射和接收多路信号。这一能力增加了频谱效率和容量,因而克服了诸如多径和衰落的问题。另外,可以通过在系统中使用具有方向图和极化重构能力的可重构天线使信道容量得到大大改善(Cetiner et al.,2004;Piazza et al.,2008;Li et al.,2009;Grau et al.,2010;Qin et al.,2010a;Christodoulou et al.,2012)。

作为一个实例,图 38.3 所示的天线(Quin et al.,2012)即具有可重构的辐射方向图。该天线是一个 U 形缝隙微带天线,用 8 个 PIN 二极管实现方向图重构。8 个短路线环绕天线安装,可以将天线的工作模式从单极子贴片模式变成一般贴片模式(Quin et al.,2012)。天线在两种重构模式下的工作频率相邻。

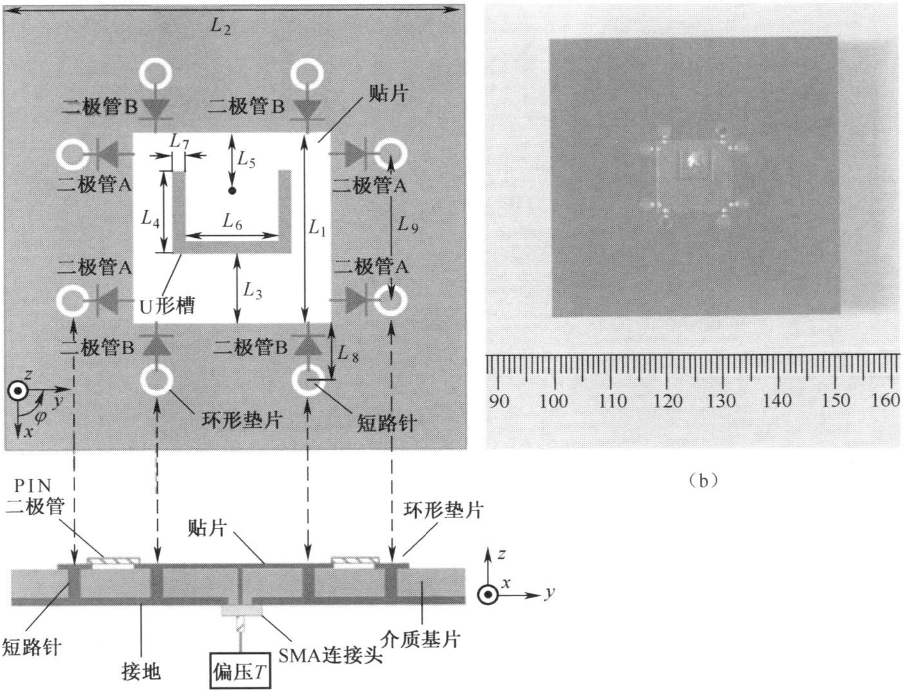

(a)

(b)

图 38.3　具有可重构辐射方向图的天线(Quin et al.,2012)

上述天线可在锥形和线形方向图之间电重构,并保持阻抗带宽不变。随后,相同设计的 4 个天线单元被安装在 2×2 的 MIMO OFDM 原型件上。与全向天线进行了通信容量比较,其信道增强能力在视线和非视线室内环境中均得到验证(Quin et al.,2012)。

MIMO 信道天线设计的另一个例子是电子可控无源阵列辐射器(ESPAR)。如图 38.4 所示(Zhou et al.,2014),天线由位于中心的一个有源单极子及其周围环绕的 6 个均匀间隔($\lambda/4$ 间隔)的无源单极子组成。每个无源单元都用 0.3nH 的电感和 PIN 二极管组成的负载进行端接。负载为感性时,偶极子成为导向器;负载为容性时,偶极子成为反射器。为提供所需的电抗,可变负载必不可少(Zhou et al.,2014)。如果 3 个相邻的无源单元配置为导向器,而剩余的 3 个单元配置为反射器,则天线系统将在选定的方向上产生指向波束。循环改变各单元的元件配置,将使 ESPAR 生成指向角依次偏离 60°的 6 个方向图。上述文献中制备了两个天线原型,并优化了它们的方向图调控能力。

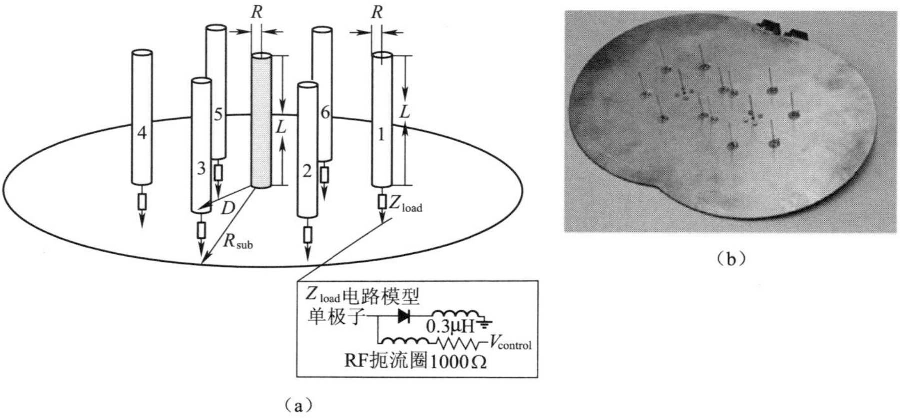

图 38.4 设计和制备的 MIMO 通信用 ESPAR 天线(Zhou et al.,2014)

还有文献讨论了多种可重构天线技术和算法,以平缓地进行重构状态选择。例如,在 Piazza 等(2009)的工作中利用空间相关和平均信噪比(SNR)信息,重构接收机端的天线辐射方向图。结果表明,所提出的方法(Piazza et al.,2009)在没有改变传统 MIMO 系统数据框架的情况下,提高了多单元可重构天线系统的容量(Piazza et al.,2009)。

38.3.2　用于移动终端的可重构天线

大量移动终端使用多波段天线在多个无线协议下工作，包括智能手机、GPS接收机、笔记本电脑和其他紧凑型装置等。最新的智能手机允许用户便捷地从一个工作协议跳到另一个工作协议。这一多标准工作的特点要求收发天线能够敏捷和动态地改变其特性。因而，可重构天线成为合适的候选方案。

多个实验证明了在移动终端使用可重构天线相比使用多天线的优势。例如，在 Yang 等(2009)的文献中，分别将使用多波段天线和可重构天线的 GPS 接收机在干扰环境中进行了测试。实验中使用的多波段天线工作在 GPS 和无线 LAN 两个频率上，而可重构天线可以自主地在 GPS 频率和 WLAN 频率间切换(Yang et al.,2009)。结果显示，在使用可重构天线的情形下，信号质量没有下降，而使用多波段天线时的带外抑制能力则较差，需要额外的滤波器来实现较好的噪声抑制(Yang et al.,2009)。总体而言，频率可重构天线具有固有的带通特性，在没有滤波器的情况下仍体现优异的带外抑制能力(Yang et al.,2009)。而其较高阶谐波通常远离工作波段，可以用非常少的滤波器滤除，成本低(Yang et al.,2009)。

图 38.5 所示的天线(Li et al.,2012)是用于手机的频率可重构天线。该天线是一个用 PIN 二极管和调谐垫进行重构的折叠环形天线。为拓展带宽，方案中还设计了匹配电桥。PIN 二极管开关使天线能够从折叠环形天线变换成倒“F”形天线(IFA)(Li et al.,2012)。因此，在很紧凑的体积上实现了 7 波段覆盖。这一可重构天线可工作于 GSM 850、GSM 900、GPS、DCS、PCS、UMTS 及 WLAN(Li et al.,2012)。

另一种可用于 7 波段 WLAN/LTE 智能天线的候选方案是折叠耦合馈电窄框架天线(Ban et al.,2014)。如图 38.6 所示(Ban et al.,2014)，天线使用一个 PIN 二极管进行重构，这个二极管用两种工作状态来改变低波段的电长度，进而改变天线的谐振模(Ban et al.,2014)。已经证明，该天线可工作于 GSM850/900/1800/1900/UMTS/LTE2300/2500(Ban et al.,2014)。

38.3.3　用于认知无线电的可重构天线

认知无线电需要能识别通信设施中的变化并能据此形成响应的天线系

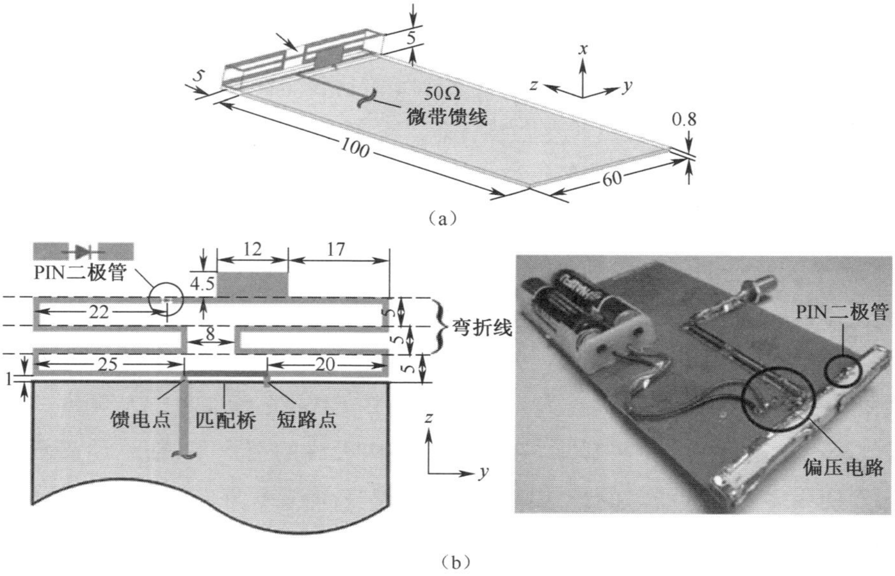

图 38.5　Li 等(2012)提出的天线系统原理图和实物

统。认知无线电系统基于监控信道并在频谱中搜寻未使用的空间这一概念。一旦识别了未使用的空间,就激活可重构天线来调谐其工作进行广播,因而增加了通信效率(Tawk et al.,2014a)。

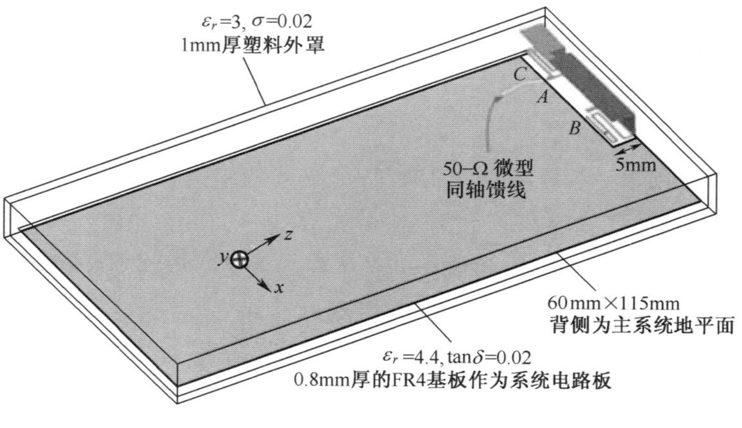

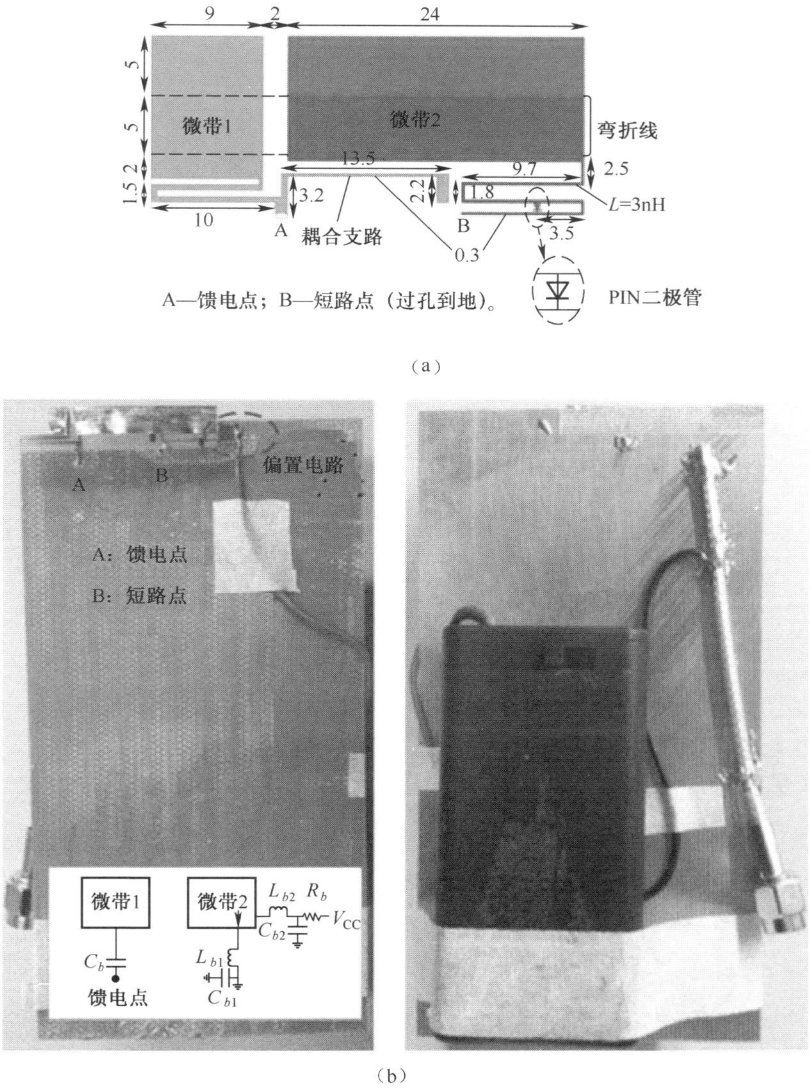

图 38.6　Ban 等(2014)提出的窄框架可重构天线

可以通过宽带天线或可重构窄带天线实现信道感知。另外,通信过程需要可重构天线来改变其操作,以管理频谱中动态发现的空白空间。认知无线电设备的操作基于图 38.7 所示的循环(Tawk et al.,2014a)。这一循环从观测信道活动开始,这一观测通过传感(宽带)天线实现。在该循环的第二步,认知处理器决定频谱的哪一部分适合通信。接下来,处理器激活通信天线以实现所需的通信模式。在最后一步,处理器通过对过往信道活动的学习来实现认知。这一循环使得认知无线电设备能自我决定并最优地自重构其硬件,实现所选择的通信模式(Jayaweera and Christodoulou,2011;Tawk et al.,2014a)。

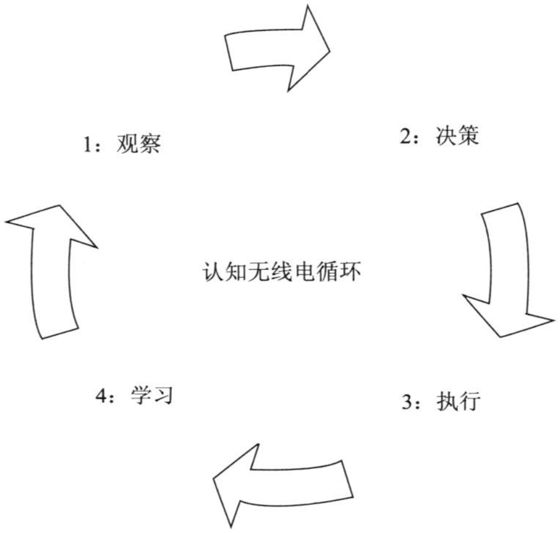

图 38.7　认知无线电循环(Tawk et al.,2014a)

文献中对在认知无线电平台上的实现提出了多状态可重构天线设计。这种天线的一个实例如图 38.8 所示(Rajagopalan et al.,2014)。该天线是一个使用 MEMS 提供宽带频率切换的频率可重构 E 形贴片天线。有人提出将这一天线用于诸如笔记本电脑这样的大终端或阵列元件的认知无线电平台(Rajagopalan et al.,2014)。此 E 形贴片提供了具有宽瞬时带宽的简单的单层、单馈电结构(Rajagopalan et al.,2014)。

图 38.9 给出了基于宽窄频带切换的可重构天线设计(Augustin et al.,2014)。该天线是一个借助缝隙基谐振滤波器实现宽带与窄带之间切换的单端口天线。滤波器由两个 $\lambda/4$ 谐振器组成,在它们远远分离的阻带之间形成一个通带。两个 PIN 二极管内嵌在 CPW 缝隙的入口。此外,在 CPW 的两侧引入两个与电容结合的 0.2mm 宽的缝隙。天线采用椭圆形弯曲缝隙,以减少背瓣辐射并增强天线的交叉极化(Augustin et al.,2014)。在 Chacko 等(2015)的文献中,

还提出了一种具有附加极化分集特征,基于槽谐振滤波器的相同设计概念的天线。

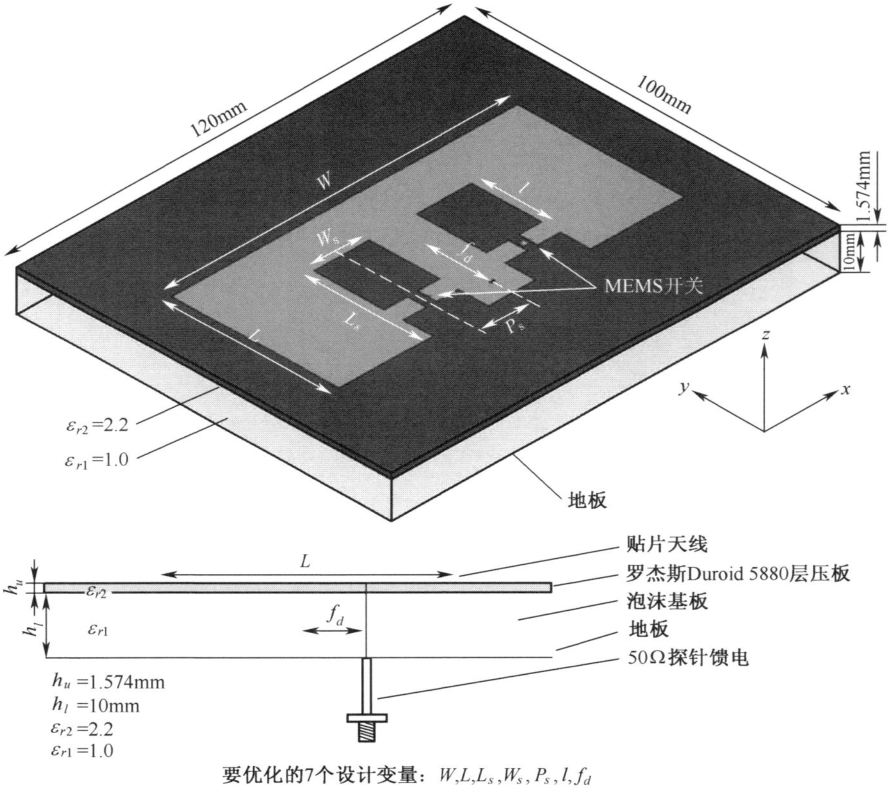

图 38.8　可重构 E 形贴片天线(Rajagopalan et al.,2014)

另一种用于认知无线电的天线系统在天线地或馈线上集成带通和带阻滤波器,如图 38.10 所示(Mansoul et al.,2014)。该天线由倒 U 形辐射元件组成,由其上侧的微带线馈电。为实现频率重构,将 4 个具有集成开关的水平缝隙处理为 3 行,并结合到天线的地面上。上、下两个缝隙用作阻带滤波器以抑制整个波段。上面的缝隙衰减波段中的低频部分,下面的缝隙抑制高频部分(Mansoul et al.,2014)。在抑制了所考虑的波段后,天线接地面上的中间缝隙生成高的工作波段,其频率取决于缝隙长度。因而,通过开关的方法控制缝隙长度,可以相应地调节天线的工作波段(Mansoul et al.,2014)。

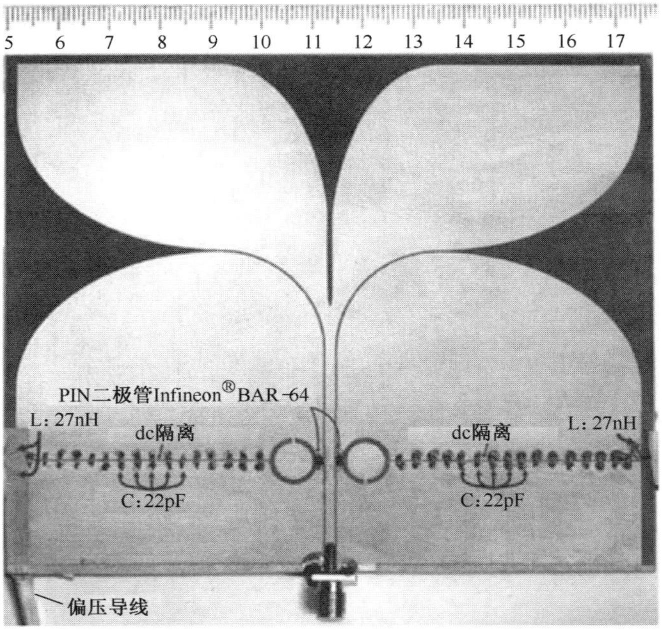

图 38.9 Augustin 等(2014)的文献中用于认知无线电的可重构天线

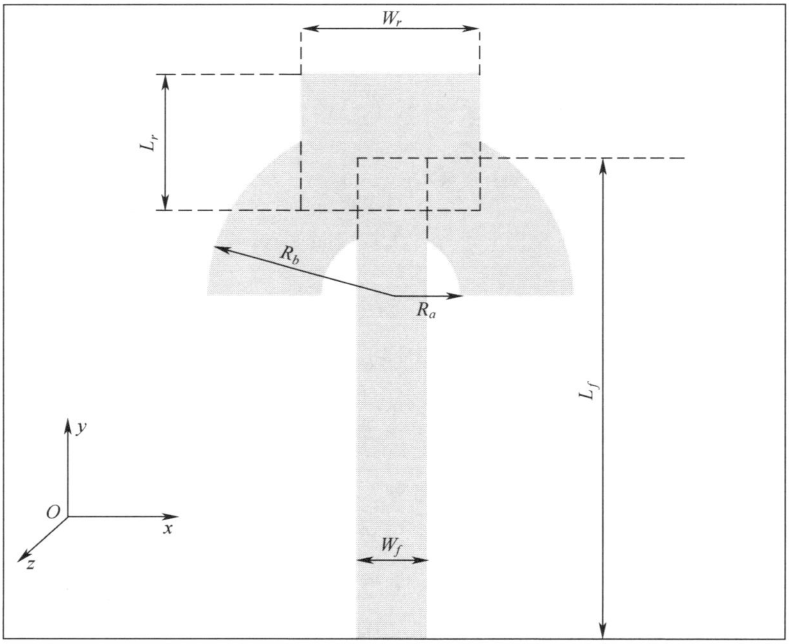

(a)

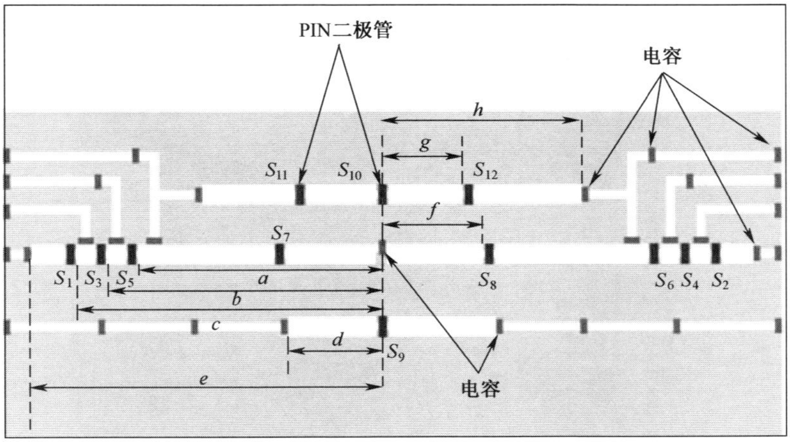

(b)

图 38. 10　所提出的天线设计(Mansoul et al.,2014)

(a)前视图;(b)后视图。

38. 3. 4　用于 MIMO 认知无线电的可重构天线

可用于认知无线电的天线系统有很多种(Tawk et al.,2014b)。然而,给天线系统增加认知能力并实现在未使用的频率间隙上进行通信并不能解决频谱上的所有问题。在认知无线电设备中,设计能应对诸如衰减或多径效应等复杂频谱问题的天线也很重要。如图 38. 11 所示(Tawk et al.,2014b),人们提出了一种针对认知无线电应用的 MIMO 天线。在认知无线电应用中,采用 MIMO 天线的主要原因是对抗衰减以确保最终用户间的可靠通信,并提高频谱使用效率。

图 38. 11 是基于 MIMO 的认知无线电天线系统,由在同一片基板上封装在一起的两副侦测天线及两个可重构的"滤波天线"组成(Tawk et al.,2014b)。该可重构天线借助 PIN 二极管调整工作频带。在认知无线电系统中,基于图 38. 7 所示的认知处理器的建议,可重构天线能够响应宽带侦测天线的观测结果。在一个强多径环境中,通过观测相关系数 ρ_e 和平均有效增益(MEG)对该天线系统的抑制衰落效果进行了评估(Vaughan and Andersen,1987; Tawk et al.,2014b)。

另一种基于 MIMO 的可重构认知无线电天线如图 38. 12 所示(Hussain and Sharawi,2015)。其设计基于紧凑的迂回线平面可重构两单元 MIMO 系统, 使用

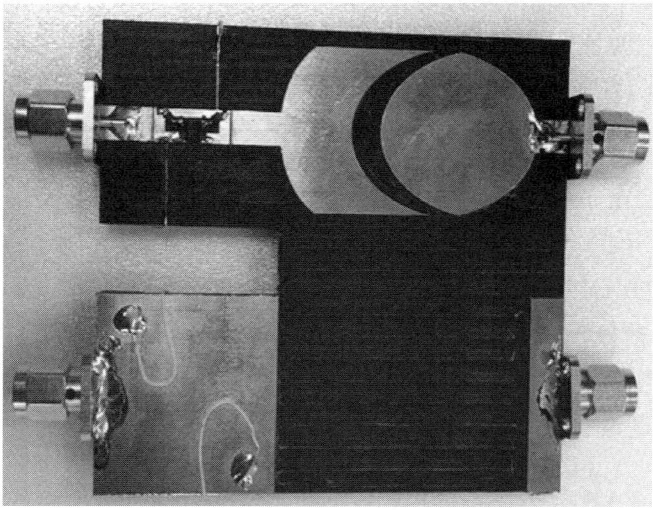

图 38.11　基于 MIMO 的可重构滤波天线(Tawk et al.,2014b)

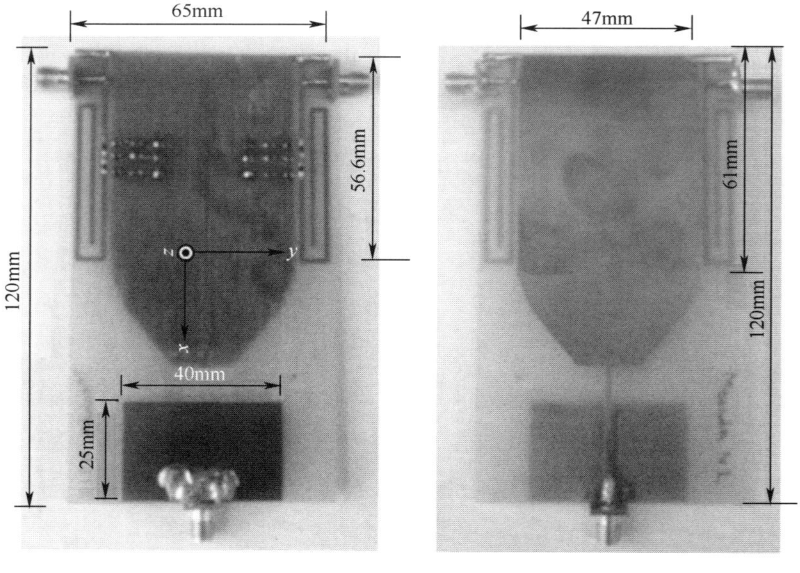

图 38.12　基于 MIMO 的可重构认知无线电天线的前视图和后视图(Hussain and Sharawi,2015)

PIN 和变容二极管实现天线系统在不同频带间的调节。天线工作在 580～680MHz 和 834～1120MHz 的较低波段。此设计的重要特点是,将可重构天线的参考接地层设计为侦测天线来扫描频谱,而在通信阶段则作为可重构天线的接地层(Hussain and Sharawi,2015)。

38.3.5　具有 WLAN 波段抑制能力的可重构天线

超宽带(UWB)天线信号与无线局域网(WLAN)通信信号之间的干涉是一个常见问题。由于 UWB 天线带宽非常大,常在 802.11n 使用的高端工作波段(5.15~5.825GHz)产生带内干扰(联邦通信委员会,2002;Anagnostou et al.,2014)。使用具有固定 WLAN 频带抑制能力的 UWB 天线,可以解决 WLAN 与 UWB 之间的信号干涉问题。该问题在抑制不是持续需求的情况下产生,此时,必须实现动态或可重构抑制(Anagnostou et al.,2014)。

一个实现 WLAN 抑制的可重构天线实例如图 38.13 所示(Anagnostou et al.,2014)。该 UWB 天线使用 MEMS 在 5.15~5.825GHz 的 802.11 *a/n* WLAN 波段内按需重构其频带抑制。天线为平面圆盘状 UWB 单极子。为有利于与 MEMS 实现混合单片集成,天线采用无背板接地面。天线和高阻偏置线使用石英基板,实现了整个系统的片上单片集成(monolithic on-wafer integration)(Anagnostou et al.,2014)。

38.3.6　用于无线传感的可重构天线

无线传感技术被广为应用,包括在工业过程控制、战场监视、居住监测和植入式医疗遥测等领域,多至难以全部列出(Jiang and Yang,2013)。一个用于无线传感的可重构天线示例如图 38.14 所示(Jiang and Yang,2013)。该天线是一个具有 T 形匹配网络的传统印制偶极子。天线的阻抗与 RFID 集成芯片(IC)共轭匹配,如图 38.14 所示。天线系统印制在 RF4 基板上。标签天线的增益和 IC 的灵敏度决定了标签的读取范围。RFID 微芯片是复阻抗随频率和输入功率变化的非线性负载(Jiang and Yang,2013)。通过串联或并联热敏开关,可重构天线还可以监控周围环境的温度。当温度超过特定阈值时,开关将改变其状态,从而显著调控天线性能(Jiang and Yang,2013)。

38.3.7　用于太赫兹通信的可重构天线

太赫兹频率通信吸引了许多天线研究人员的兴趣,特别是在石墨烯兴起并成为天线设计材料之后。石墨烯在太赫兹频率下支持慢表面等离激元模式的能

(a)

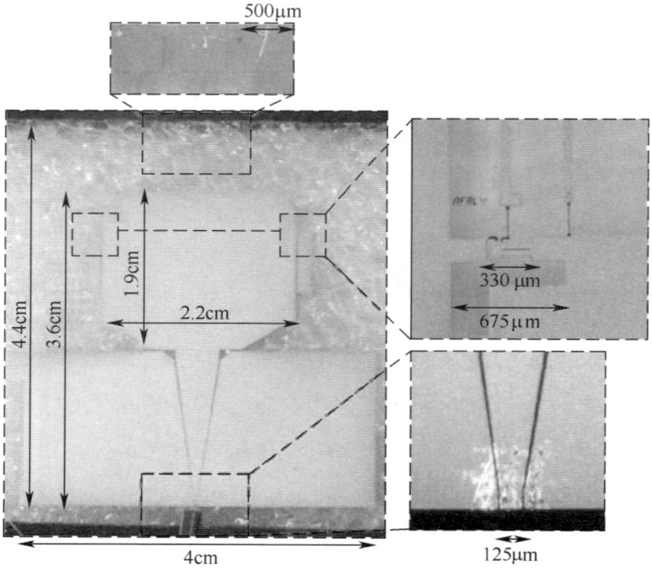

(b)

图 38.13 Anagnostou 等(2014)的文献中讨论的具有 WLAN 频带抑制的天线

(a)

(b)

图 38.14 在偶极子中心具有热敏开关的可重构传感天线

力,使得用于通信和传感系统的各种通信器件能够小型化(Tamagnone et al.,2013)。石墨烯在太赫兹频率的表面电导率特性使其能够在辐射结构中产生等离激元模(Tamagnone et al.,2013)。使用石墨烯设计的天线具有较高的总效率、良好匹配、高度小型化和固有的重构能力。天线结构利用在石墨烯片上传播的谐振等离激元模式来实现辐射,能够将电磁能从小尺寸太赫兹源耦合到自由空间(Tamagnone et al.,2013)。将石墨烯用作太赫兹波段可重构天线设计的例子如图 38.15 所示,其中,设计了两个自偏压堆叠石墨烯层(贴片)以实现动态调节(Tamagnone et al.,2013)。两个石墨烯层之间由 Al_2O_3 薄膜隔离,并将直流电压施加到绝缘层上。采用这一几何结构,可以通过改变石墨烯层之间的电压来动态地调节磁导率。

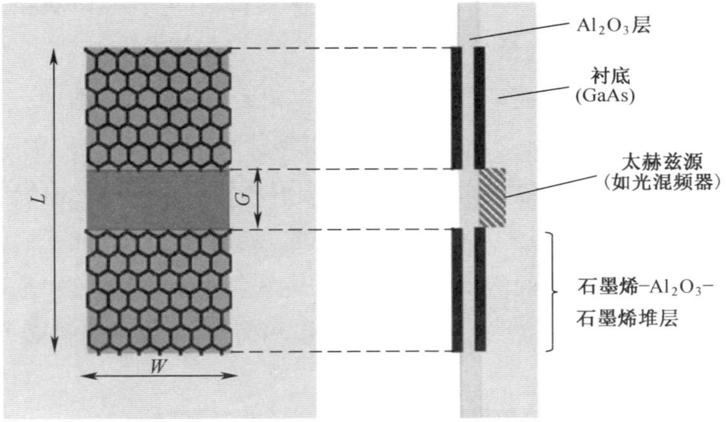

图 38.15　双层石墨烯天线(Tamagnone et al.,2013)
(a)顶视图;(b)截面图。

基于石墨烯反应模,设计了应用于太赫兹的漏波天线(Perruisseau-Carrier et al.,2013)。该天线可以由沉积在介质基片上的石墨烯片及其下几个独立的多晶硅直流门控栅组成①(Perruisseau-Carrier et al.,2013)。通过对各个门控栅施加不同的偏置电压产生周期性的电抗调制来实现期望的石墨烯表面电抗分布。通过修改调制周期,可以控制辐射波束的指向角(Perruisseau-Carrier et al.,

① 此处原文中 grating pads 有误,文献原文为 gating pads。这里按文献原文翻译——译者注

2013)。上述工作也被扩展到可重构波束反射阵列天线设计中(Carrasco et al.,2013)。当施加电场时,可以改变石墨烯的复电导率,从而控制反射阵列每个单元处反射波的相位。这些贴片支持太赫兹频率下的等离激元慢波传播,大大降低了单元的物理尺寸(Carrasco et al.,2013)。

38.3.8 用于毫米波通信的可重构天线

在频率为30~300GHz之间的通信定义为毫米波(mmW)通信。因为毫米波通信有许多优点,特别是其宽带宽的特点,受到越来越多系统设计人员的关注(联邦通信委员会,1997)。对高速数据传输和视频分发而言,这样宽的带宽是有用而实在的。因为毫米波信号只能传播几英里或更短距离,毫米波通信同时也是非常特别的。毫米波还基本不能穿透固体材料,并受到如雨滴和云雾等环境因素的严重影响(联邦通信委员会,1997)。

已经开发了许多工作在毫米波波段的可重构天线。这种天线的一个例子如图38.16所示(Lafond et al.,2013)。该天线由经共同馈电网络馈电的16个贴片组成。这些贴片以相互间隔10°的规律呈半圆形放置。这些贴片由脊状源波导馈电,并使用单片微波集成芯片(MMIC)功率放大器进行匹配。然后,整个系统连接到由各种贴片源照射的透镜上。该透镜是一个平面龙勃透镜,是一种具有无穷远焦点的不均匀透镜。一旦有贴片向透镜辐射,其他贴片就加载50Ω的负载(Lafond et al.,2013)。

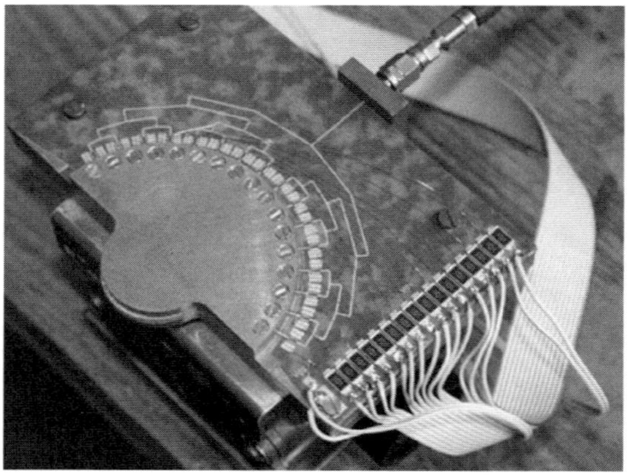

图38.16 Lafond等(2013)的文献中所提出的天线原型

针对毫米波应用的可重构天线也可以使用液晶(Hu et al.,2008)或类似于图 38.17 所示(Hage-Ali et al.,2010)的机械重构技术进行设计。(Hage-Ali et al.,2010)给出一个毫米波捷变频微带天线,印制在超柔弹性体聚二甲基硅氧烷(PDMS)基片上。微带贴片天线由悬浮在空气腔上的 PDMS 膜支撑。通过气动传动,利用 PDMS 膜极度柔软的特性,调节贴片与接地层之间的距离。天线高度的变化导致天线工作频率的调谐。对于 200~575μm 之间的高度调节范围,已经得到了从 55.35~51GHz 变化的连续频率迁移。在这一过程中,天线均呈现了良好的匹配特性和稳定的辐射方向图(Hage-Ali et al.,2010)。

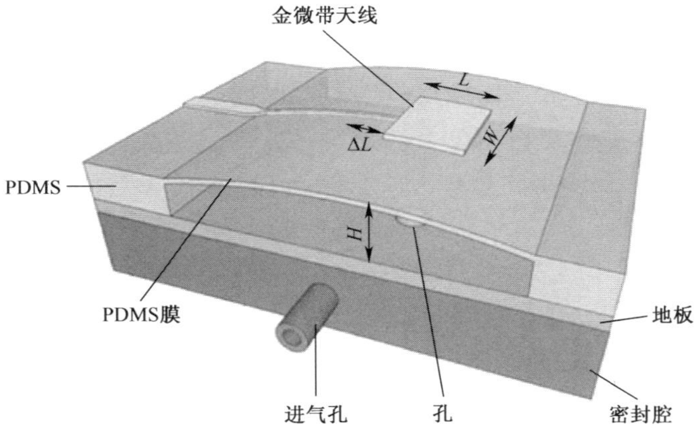

(a)

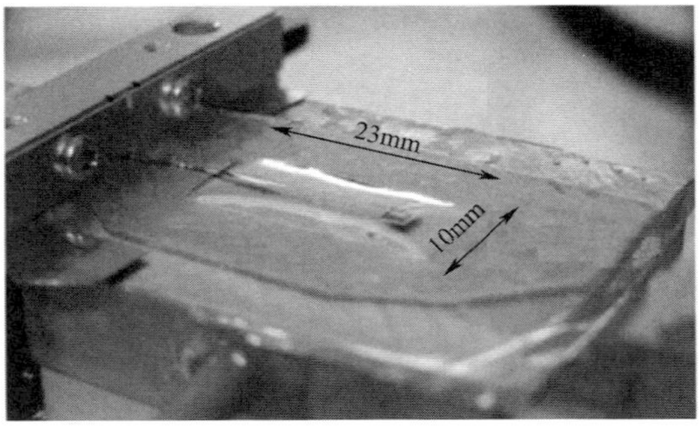

(b)

图 38.17　Hage-Ali 等文献中提到的 PDMS 天线

38.3.9 用于空间通信的可重构天线

空间通信使用的是可部署天线,其在发射过程中被封装起来,进入空间再部署展开。当前已经在轨道航天器上使用了许多类型的可部署天线。反射器型天线是最广泛使用的种类(Tadashi et al.,2004)。其他用折叠箍或棱条制成的可展开结构也用于空间通信(Zheng et al.,2008)。一些研究人员还采用弹簧带和中性稳定材料来设计其结构(Murphey,Pellegrino,2004)。螺旋天线(Balanis,2012)也是卫星天线的普遍选择,因为它们具有天然的圆极化和宽带宽特性(King and Wong,1980)。

传统的可部署天线为空间通信提供了有效的选择。然而,小型卫星开发的兴起和立方星(CubeSats)集群的发射,增加了对更加灵活天线的需求。目前,各种配置的偶极子天线阵列构成了部署在立方星上最常见的天线(Muri et al.,2010)。可重构与可部署天线的合并似乎是日益增加的空间通信灵活性要求的解决方案。

与可部署技术结合的机械式天线重构技术似乎给出了空间重构能力的答案。特别是随着卫星功率处理技术的进步,也可以探索其他电重构技术。可部署天线的机械重构机理是基于天线的性质,所使用的复合材料及部署机制。对于使用双稳复合材料弹簧带设计的可部署天线,重构可以通过使用单向线性或旋转致动器实现(Murphey et al.,2010;Jeon and Murphey,2011; Costantine et al.,2012b)。用中立弹性机理(neutrally elastic mechanism,NEM)弹簧带制作的天线,需要重构双向致动器(Murphey et al.,2010;Jeon and Murphey,2011;Costantine et al.,2012b)。

另一种重构技术可以基于接续部署。例如,图38.18所示的螺旋天线(Costantine et al.,2013a)通过使用致动器分阶段部署。顺序部署调整天线的工作频率。该概念基于这样的事实:天线上仅有出现在接地层上方的那部分会产生辐射(Costantine et al.,2013a)。总之,为空间通信设计重构天线是具有许多约束的难题,如维持天线性能而不耗尽现有功率和降低可靠性。然而,空间通信的灵活性是一个有力的补充,构成了现有通信技术的重大进步。

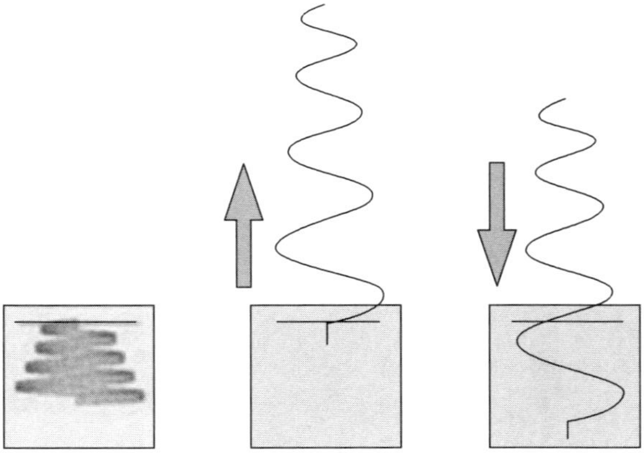

图 38.18　渐进展开的螺旋天线(Costantine et al.,2013a)

38.3.10　用于多种无线通信应用的可重构天线

文献中已经提出了几种用于多种无线通信应用的可重构天线概念。这种天线的一个例子如图 38.19 所示(Hinsz and Braaten,2014)。给出的可重构天线是一个自主控制频率可重构天线。所展示的天线不需要外部和单独的控制信号来实现重构。天线设计概念包括功率分配器、带通滤波器、倍压电路以及用电压控制的可重构天线。该系统基于这样的概念:一旦将 RF 功率提供给功率分配器

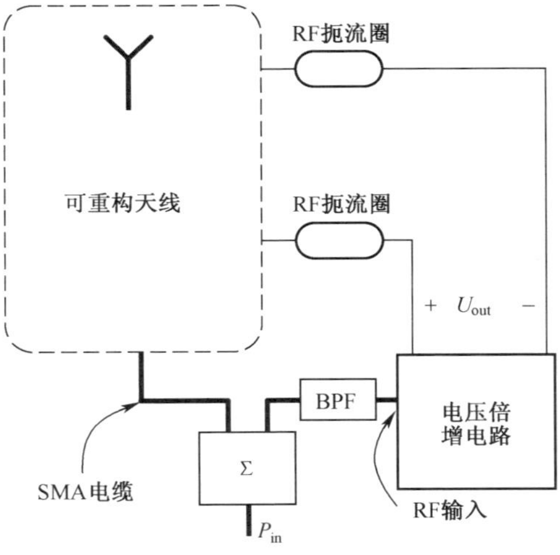

(a)

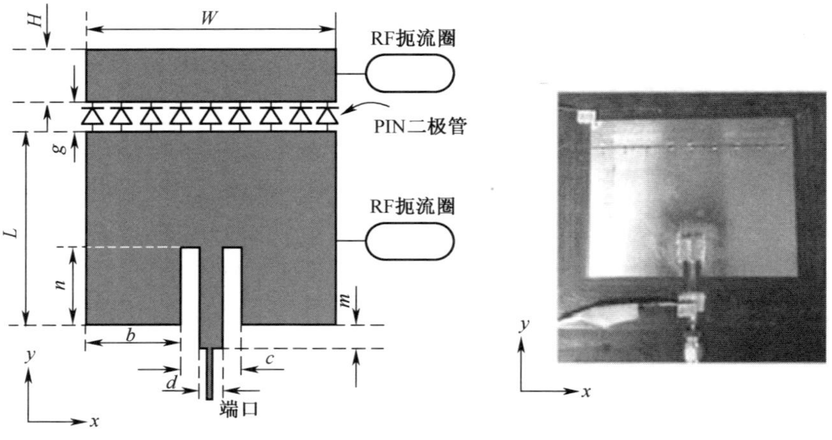

（b）　　　　（c）

图38.19　自主控制天线布局(Mazlouman et al.,2011)

的求和节点,其中一部分将发送到可重构天线和带通滤波器。如果信号处于滤波器的通带中,则RF功率将供给到倍压电路并转换成与输入RF功率成正比的正直流电压(Hinsz and Braaten,2014)。结果,接下来可以基于该输出电压重构天线。如果驱动天线的RF信号不在滤波器的通带内,则其会被抑制,天线将不能重构。

还针对可允许这些系统的各种应用提出了机械可重构天线。主要提出了具有电活性聚合物的天线(Mazlouman et al.,2011)、形状记忆合金(Mazlouman et al.,2011)或致动器(Costantine et al.,2014),替代多种应用可重构天线的开关重构方法。

38.4　可重构天线的建模、控制和优化

为适应不同的通信信道要求,可重构天线需要从一个工作状态转换到另一个工作状态。因此,天线设计人员一直寻求各种优化算法以实现可重构天线的平滑状态转变。遗传算法、模拟退火算法、蚁群优化算法、自组织映射算法、粒子群优化算法、交叉熵方法及自适应诱导突变算法等均被用于平滑可重构天线不同状态之间的转变(Coleman et al.,2004;Min et al.,2004;Bossard et al.,2005;Akdagli et al.,2007;Jin and Rahmat-Samii,2007; Connor,2008;Skinner et al.,2009; Song and Murch,2014;Cao et al.,2014)。这些算法还要使各种重构技术对天线性能的负面影响最小。这些优化技术之间的比较表明,在选择特定的可重构方案之前,是无法单独裁定哪种优化算法最佳的(Langoni et al.,2009)。

另外,一些大型可重构天线的设计复杂性也是需要考虑的因素。增加复杂性可能导致意外的成本和损失(Costantine et al.,2013c)。有几种降低复杂度而不影响可重构天线可靠性的方法(Mehmood and Wallace,2010;Obeidat et al.,2010;Costantine et al.,2011a,2012a,2012c; Mehmood et al.,2014)。这些方法大多数是将其他研究领域中已知的各种技术或模型(Costantine et al.,2013c)应用到天线结构上。学习状态选择方法可用于了解各种重构状态下天线的行为,然后根据需要重新生成这些状态(Gulati and Dandekar,2013)。神经网络是学习方法的一个很好的例子。神经网络可以用作天线行为预测器,该预测器使得天线能够基于以前学习经验生成各种状态(Patnaik et al.,2005)。融合神经网络和图形模型可减少计算量,并获得最优天线重构(Costantine et al.,2011b)。

38.4.1　可重构天线图形建模

将图形用作有助于自动化和优化天线性能的模型。控制天线重构过程的用户将借助软件来控制天线的调谐(Costantine et al.,2013c)。事实上,可重构天线的兴起正是基于这些天线是软件控制的,并且可以很容易实现自动化这一事实。图形模型(Cormen et al.,2001)已经用于改进可重构天线的软件控制过程,并使得各种算法可以应用到天线的自动化和优化过程(Costantine et al.,2013c)。

图形是各种系统的数学图解,它们是系统中不同点之间关系的符号表示。图形也可以是通信协议的描述。特别地,适当设计的图形可以精确描述并管理诸如可重构天线这种自组织系统变化的网络拓扑结构(Klavins et al.,2004;Klavins,2006; Napp et al.,2006;Klavins,2007)。

图形是由称为边缘的线所连接的顶点的集合(Costantine et al.,2011a)。每个顶点可以表示天线的一部分或开关的一个端点(Costantine et al.,2013c)。不同天线部件之间的连接或开关的激活是通过连接相应顶点的边缘是否存在来表示(Costantine et al.,2013c)。人们引入了几个规则来对可重构天线建模(Costantine et al.,2013c)。这些规则使得设计者能够将每个可能的拓扑与相应的电磁性能关联起来。一旦绘制了图形,可以基于该图形生成邻接矩阵。从而,图形将天线变换成可以应用各种算法的矩阵。

图形模型也可用于研究天线结构中存在冗余组件的问题。如果一个元件的存在赋予天线超出需求的功能,并且将其去掉也不会影响天线的性能,则将该元件定义为冗余(Costantine et al.,2011a)。在Costantine等(2011a)的文献中提出了一种减少冗余的方法,以从可重构天线结构中消除冗余组件,实现更有效的设计。从天线结构中去除冗余部件可降低其复杂度,使天线重构更高效。例如,减少重构天线中的开关数量就减少了非线性效应和来自这些开关组件的馈电线的干扰。图38.20所示的平面天线(Costantine et al.,2011a)由一个六边形主贴片和环绕其放置的6个梯形部件构成。每个梯形部件都通过开关连接到主贴片上。因此,该天线最初利用6个开关调谐其工作频率。图38.20(a)给出该天线的图形模型,天线由表示梯形部分的6个顶点(P_1、P_2、P_3、P_4、P_5、P_6)组成,这6个梯形部分通过6个边缘连接到表示主贴片的第七顶点(P_0)(Costantine et al.,2011a)。应用基于图形的减少冗余方法之后,所使用的开关数量从6个变为2个,如图38.20(b)所示。重要的是,要保留天线的功能,并且其优化后的响应要与原始冗余天线的响应进行比较(Costantine et al.,2011a)。这种减少冗余的方法也在具有多个开关的天线上进行了验证,为更简单的系统控制和集成提供了一种有效的设计手段(Costantine et al.,2011a)。

可重构天线可以在多个开关构型下实现同一个频率工作。这些构型定义为"等效构型"(Costantine et al.,2012c)。减少冗余组件并消除不需要的开关会降低天线的总复杂度,并减少等效构型的数量。另外,在消除天线结构中的冗余开关部件之后,处理开关故障对天线可靠性的影响也极为关键。已有的研究表明,尽管物理上天线冗余减少,但是所存在的等效构型足以保证天线的可靠性可接受(Costantine et al.,2012c)。

可重构天线的可靠性主要取决于某一特定频率下天线构型数量及其实现概率。然而,它与所需边缘的数量成反比。解决方案是设计具有多个等效构型但只有少量连接的可重构天线。因此,可以用式(38.1)计算可重构天线的可靠性(Costantine et al.,2012c)。另外,天线的总复杂度由图形中边的总数表示,如式(38.2)所示(Costantine et al.,2012c)。天线的频率相关复杂度是在如式(38.3)

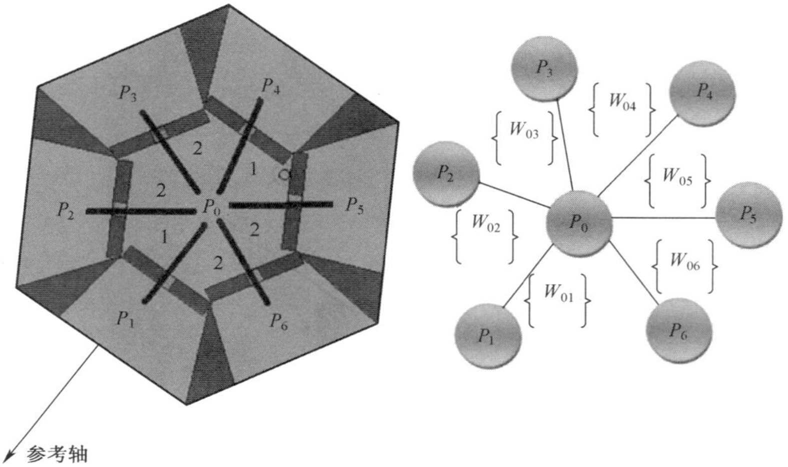

(a)

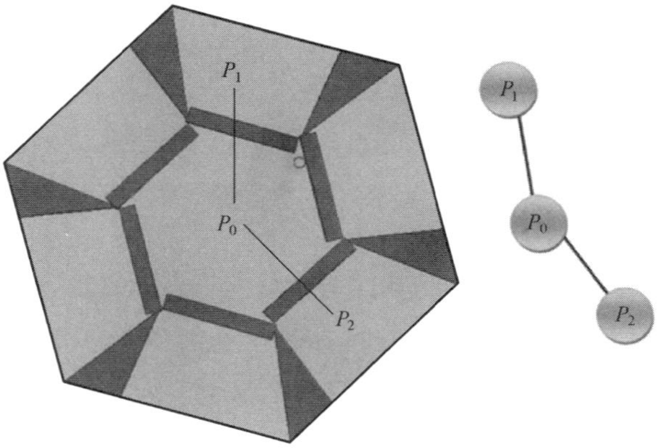

(b)

图 38.20　天线平面的构成(Costantine et al.,2011a)

(a)应用减少冗余方法前的可重构天线;(b)应用减少冗余方法后的可重构天线。

所定义的特定构型中边的最大数量的度量(Costantine et al.,2012c)。可以从这些方程推导出可重构天线的可靠性与其频率相关复杂度成反比(Costantine et al.,2012c)。这个结论不利于降低天线复杂度的同时提高其可靠性。

$$R(f)=\frac{\sum_{i=1}^{N_c(f)}\sum_{j=1}^{NEi(f)}P(E_{ij})}{\sum_{i=1}^{N_C(f)}NEi(f)}\times 100\% \tag{38.1}$$

式中:$R(f)$ 为在特定频率 f 上可重构天线的可靠性;$N_C(f)$ 为频率为 f 时的重构数量;$NE(f)$ 为频率为 f 时不同重构的边缘数;$P(E)$ 为边缘 $E = 1 - P$(一个开关失效)的概率。

$$C = NE \tag{38.2}$$

式中:NE 为所有可能连接的图中边缘的总数。

$$C(f) = \max_{i=1,N_C(f)} (NEi(f)) \tag{38.3}$$

式中:$C(f)$ 为频率 f 处天线系统的复杂度;$N_C(f)$ 为频率 f 处的等效重构数量;$NEi(f)$ 为对于频率 f,在重构 i 处的边缘数量。

基于图形的分析还可以扩展到可重构天线阵列,此时要关联并分析其复杂性、可靠性和开关故障校正等(Costantine et al.,2012a)。

基于图形分析的重要性在于它为天线设计人员提供了可重构天线初始设计过程中使用的强大工具。实施图形分析可以更少的冗余创建最佳的可重构天线设计。在保证可靠性的同时减少冗余部件,可以造就损耗更少、成本更低、效率更高、更易于控制和实现自动化的系统。

38.4.2 可重构天线的软件控制

可以使用许多工具来实现可重构天线软件控制自动化。现场可编程门阵列(FPGA)、简单微控制器或 Arduino 板(Arduino,2013)都是过去使用的有效方法。例如,在 Shelley 等(2010)的文献中讨论的天线,使用 FPGA 来激活和停止连接其结构不同部分的 PIN 二极管,如图 38.21 所示(Costantine et al.,2013c)。在这种系统中使用 FPGA 使得天线用户可以通过简单的命令来控制该天线的工作。在另一个例子中,研究了采用 LabVIEW 和 NPN 达林顿阵列控制用于重构天线结构的步进电机的旋转机制(Tawk et al.,2011)。这种方法的简单性使得软件控制的重构过程成为可以由任何天线设计者可以完成的任务,而不需要非常复杂的编程技能。

Arduino 板还允许天线设计人员对其天线系统进行编程,在紧凑的设置中控制并将其自动化,如 Costantine 等(2014)的文献所述。这种系统中的用户控制天线的工作,并决定何时以及如何改变其功能。在其他情况下,需要检测周围部件的活动情况来改变天线的工作。这种系统的一个例子是,温度的变化触发了安装在天线结构上的热开关(Jiang and Yang,2013)。运动检测也可用于偏置和

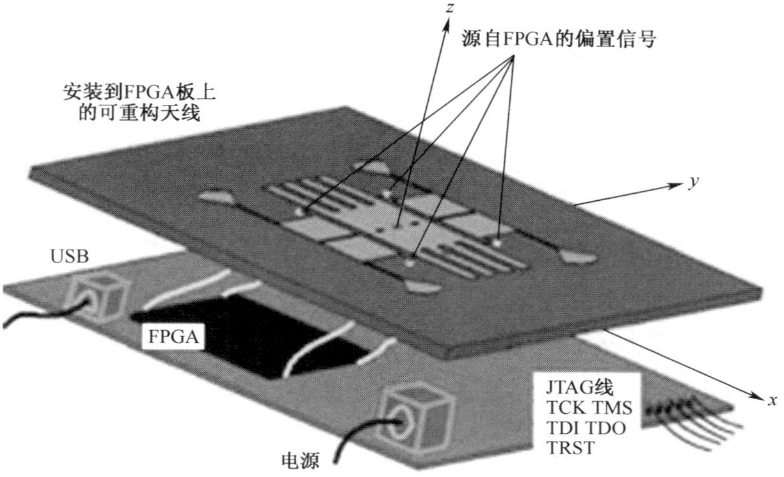

图 38.21　FPGA 控制 PIN 二极管的频率可重构天线(Costantine et al.,2013c)

调整重构组件的触发机制。如图 38.22 所示(Costantine et al.,2013b),红外(IR)运动检测传感器连接到变容二极管的偏置网络,并组合到可重构天线上。一旦在预定区域中检测到移动,则偏置电路改变电压电平。该动作导致天线频率产生调谐(Costantine et al.,2013b)。

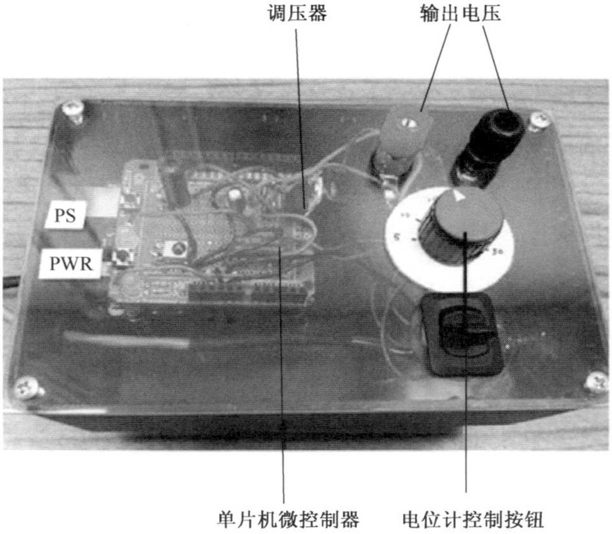

(a)

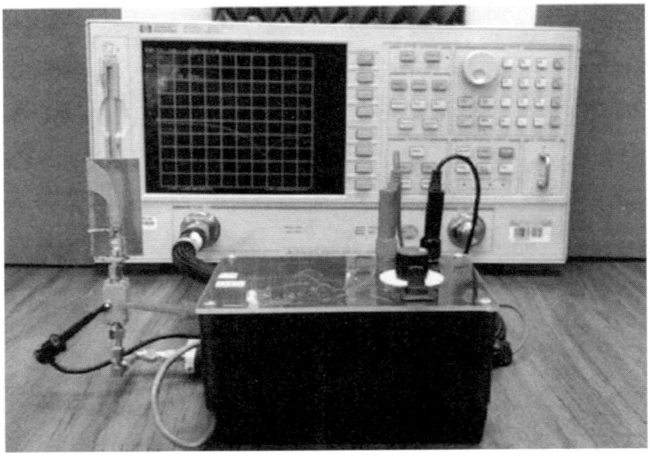

(b)

图 38.22　连接到基于变容二极管的可重构"滤波天线"的运动检测电路(Costantine et al. ,2013b)

通过冗余组件最小化并允许应用图形算法优化性能,图形模型还有助于软件控制过程。例如,应用于机械可重构天线的最短路径算法(Costantine et al.,2013c)通过一直搜索最短路径来加速其性能,让使用重构技术(Costantine et al.,2013c)实现最快的重构过程成为可能。

38.4.3　将神经网络用于可重构天线

使用软件来控制可重构天线大大鼓励了天线研究人员采用神经网络(NNs)通过 FPGA 来控制天线。NNs 作为天线合成器在可重构天线上使用。训练 NN 将可重构天线的所有不同构型与其不同的工作频率相关联(Costantine et al.,2011b)。可以使用标准的后向传播技术设计 NN,这为操控设计收敛提供了有意义的线索(Lyke,2002)。将 NN 应用到可重构天线中导致不同天线构型与称为簇的不同频率响应的关联。这种频率簇与相应天线构型的关联训练了 NN,使其能够配置天线并根据需要重新生成频率响应。

NN 架构分为 3 层,即输入层、隐藏层和输出层。在开关重构天线的情况下,输入层表示该天线中存在的开关数量。隐藏层中隐藏的神经元数量代表了所讨论问题中重新生成天线频率响应所需的精度。输出层神经元的数量取决于重建所需的点数、达到天线回波损耗可接受的精度(Zuraiqi,2012)。

神经网络的应用需要大量的数据训练和软件处理。在图 38.23 所示的框图中归纳了神经网络的一般方法。(Costantine et al. 2011b)。在 Matlab 仿真中构建和训练神经网络。训练 NN 需要调整连接权重,并指定隐藏的神经元数量。在这种情况下,误差后向传播(BP)用于训练 NN。BP 将神经网络的输出比作测量的天线响应,并计算网络中每个节点的误差调整。神经网络根据分配到每个节点的误差值来调整连接权重(Zuraiqi,2012)。在权重调整过程之后,Xilinx 系统生成器创建用于控制 FPGA 的 NN VHDL 代码(Zuraiqi,2012)。

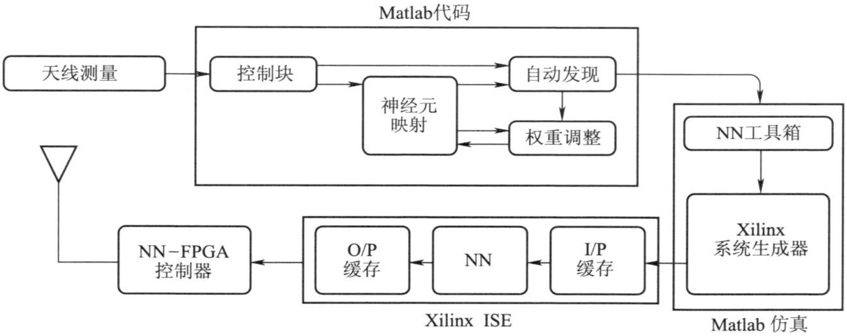

图 38.23　NN 工作框图(Costantine et al.,2011b)

作为例子,将神经网络应用于具有图 38.20(a)所示的 6 个开关的可重构天线,产生 6 个输入神经元、11 个隐藏神经元和 51 个输出神经元。针对该天线的 NN 结构如图 38.24 所示。如图 38.20(b)所示,在从天线去掉冗余部件后,神

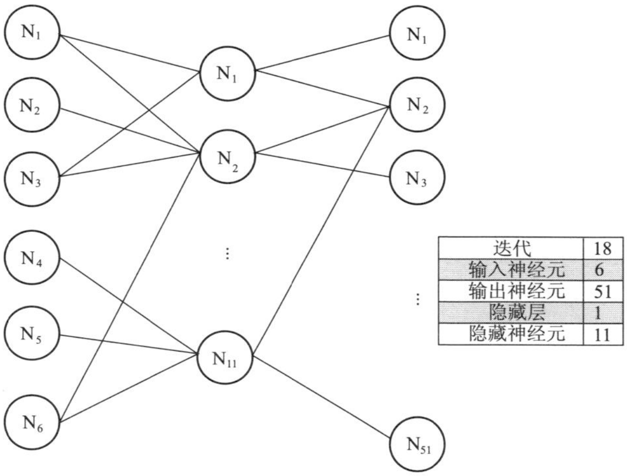

图 38.24　图 38.20 中天线的 NN 结构(Costantine et al., 2011b)

经网络的输入层从6个减少为2个,隐藏的神经元的数量将只能从11个减少为8个(Costantine et al.,2011b)。结果,训练过程需要更少的时间,并且基于NN重新生成天线状态也更快、更有效率。

38.5 总结

本章涉及所有关于可重构天线设计的问题。讨论了设计这种天线结构的需求,并向读者展示了将可重构天线作为潜在解决方案的大量应用。可重构天线是未来通信系统的重要组成部分。它们是新颖应用的基础,可以实现各种RF或通信环境中对演化/变化条件的认知和反应。依靠一个或多个固定天线的静态通信系统已不再适应当今通信技术不断发展的需求。

在实现软件控制和自动化之前,任何无线通信系统的可重构天线都是不完整的。对通信活动的学习和用先验知识指导未来动作,能使可重构天线实现从通信设备简单射频前端跃升为真正的认知结构。

未来的地面和空间通信将基于具有自适应和学习能力的天线。随着有关技术的进步,将可重构天线应用于商业设备的数量将会增加。因此,了解这些结构并优化其行为以实现更有效的前瞻无线通信模型至关重要。

交叉参考:

▶第32章 分集天线和MIMO天线

▶第71章 手持设备天线

▶第3章 天线仿真算法及商用设计软件

▶第11章 频率选择表面

▶第18章 微带贴片天线

▶第40章 毫米波天线与阵列

▶第53章 终端MIMO系统与天线

▶第42章 多波束天线阵列

▶第69章 面向无线通信的可重构天线

▶第67章 航天器天线及太赫兹天线

▶第36章 超宽带天线

参考文献

Akdagli A, Guney K, Babayigit B(2007)Clonal selection algorithm for design of reconfigurableantenna array with discrete phase shifters. J Electromagn Waves Appl 21(2):215-227

Anagnostou DE, Chryssomallis MT, Braaten B, Ebel JL, Sepulveda N(2014)Reconfigurable UW-Bantenna with RF-MEMS for on-demand WLAN rejection. IEEE Trans Antennas Propag62(2):602-608

Arduino (2013) Arduino Uno. Internet: http://www. arduino. cc/en/Main/arduinoBoardUno. Accessed 20 May 2013

Augustin G, Chacko BP, Denidni TA(2014)Electronically reconfigurable uni-planar antenna forcognitive radio applications. IET Microw Antennas Propag 8(5):367-376

Bai Y, Xiao S, Liu C, Shuai X, Wang B(2013)Design of pattern reconfigurable antennas based on atwo-element dipole array model. IEEE Trans Antennas Propag 61(9):4867-4871

Balanis CA(2011)Modern antenna handbook. Wiley-Interscience, Hoboken, NJ, USA

Balanis CA(2012)Antenna theory: analysis and design. Wiley-Interscience, Hoboken, NJ, USA

Ban YL, Chen ZX, Chen Z, Kang K, Li JLW(2014)Reconfigurable narrow-frame antenna forheptaband WWAN/LTE smartphone applications. IEEE Antennas Wirel Propag Lett13:1365-1368

Bernhard JT (2007) Reconfigurable antennas. Morgan and Claypool publishers, San Rafael, CA,USA

Bossard JA, Werner DH, Mayer TS, Drupp RP (2005) A novel design methodology forreconfigurable frequency selective surfaces using genetic algorithms. IEEE Trans AntennasPropag 53(4):1390-1400

Brown ER(1998)RF -MEMS switches for reconfigurable integrated circuits. IEEE Trans MicrowaveTheory Tech 46(11-2):1868-1880

Cao K, Jiang H, Chen G, Cui P, Xiong T(2014)Self-adaptive induced mutation algorithm forreconfigurable antenna systems. IEEE Antennas Wirel Propag Lett 13:237-240

Carrasco E, Tamagnone M, Perruisseau-Carrier J (2013) Tunable graphene-based reflectarrayelement for reconfigurable beams. In: 7th European conference on antennas and propagation, Gothenburg, Sweden, pp 1779-1782

Cetiner BA, Jafarkhani H, Qian JY, Yoo HJ, Grau A, De Flaviis F(2004)Multifunctionalreconfigurable MEMS integrated antennas for adaptive MIMO systems. IEEE Commun Mag42(12):62-70

Cetiner BA, Crusats GR, Jofre L, Biyikli N(2010)RF MEMS integrated frequency reconfigurableannular slot antenna. IEEE Trans Antennas Propag 58(3):626-632

Chacko BP, Augustin G, Denidni TA(2015)Electronically reconfigurable uni-planar antenna withpolarization diversity for cognitive radio applications. IEEE Antennas Wirel Propag Lett 14:213-216

Chen RH, Row JS (2008) Single-fed microstrip patch antenna with switchable polarization. IEEETrans Antennas Propag 56(4):922-926

Chen SH, Row JS, Wong KL(2007)Reconfigurable square-ring patch antenna with patterndiversity. IEEE Trans Antennas Propag 55(2):472-475

Christodoulou CG, Tawk Y, Lane SA, Erwin SR (2012) Reconfigurable antennas for wireless andspace applications. Proc IEEE 100(7):2250-2261

Coleman CM, Rothwell JE, Ross JE(2004)Investigation of simulated annealing, ant-colony andgenetic algorithms for self-structuring antennas. IEEE Trans Antennas Propag 52(4):1007-1014

Connor JD(2008)Antenna array synthesis using the cross entropy method. PhD dissertation, Florida State University, Tallahassee

Cormen TH, Leiserson CE, Rivest RL, Stein C(2001)Introductions to algorithms. MIT Press, Cambridge, MA, USA

Costantine J, al-Saffar S, Christodoulou CG, Abdallah CT(2011a)Reducing redundancies inreconfigurable antenna structures using graph models. IEEE Trans Antennas Propag59(3):793-801

Costantine J, Tawk Y, Al-Zuraiqi E, Barbin SE, Christodoulou CG(2011b)Applying graph modelsand neural networks on reconfigurable antennas for cognitive radio applications. In: IEEE APStopical conference on antennas and propagation in wireless communications(APWC), pp909-912, Torino, Italy

Costantine J, Tawk Y, Christodoulou CG(2012a)Complexity versus reliability in arrays ofreconfigurable antennas. IEEE Trans Antennas Propag 60(11):5436-5441

Costantine J, Tawk Y, Christodoulou CG, Banik J, Lane S(2012b)CubeSat deployable antennausing bistable composite tape-springs. IEEE Antennas Wirel Propag Lett 11:285-288

Costantine J, Tawk Y, Christodoulou CG, Lyke JC, De Flaviis F, Grau Besoli A, Barbin SE (2012c)Analyzing the complexity and reliability of switch-frequency-reconfigurable antennas usinggraph models. IEEE Trans Antennas Propag 60(2-2):811-820

Costantine J, Kabalan KY, ElHajj A, Tawk Y, Christodoulou CG(2013a)A reconfigurable/deployable helical antenna for small satellites. In: IEEE international symposium on antennasand propagation, Orlando, FL, USA, pp 390-391

Costantine J, Tawk Y, Christodoulou CG (2013b) Motion - activated reconfigurable and cognitiveradio antenna systems. IEEE Antennas Wirel Propag Lett 12:1114-1117

Costantine J, Tawk Y, Christodoulou CG(2013c) Design of reconfigurable antennas using graph-models. Morgan and Claypool, San Rafael, CA, USA

Costantine J, Tawk Y, Woodland J, Floam N, Christodoulou CG(2014) Reconfigurable antennasys-tem with a movable ground plane for cognitive radio. IET Microw Antennas Propag8 (11): 858-863

Daviu EA, Fabres MC, Bataller MF, Jimenez AV(2007) Active UWB antenna with tunable band-notchedbehavior. IEEE Electron Lett 43(18):959-960

Erdil E, Topalli K, Unlu M, Civi OA, Akin T(2007) Frequency tunable patch antenna using RFMEMS technology. IEEE Trans Antennas Propag 55(4):1193-1196

Federal Communications Commission(1997) Millimeter wave propagation: spectrum managementim-plications. FCC Bulletin 70

Federal Communications Commission(2002) First report and order revision of part 15 of thecommis-sion's rule regarding ultra wideband transmission systems. FCC 02-48

Grau A, Romeu J, Lee M, Blanch S, Jofre L, De Flaviis F(2010) A dual linearly polarized MEM-Sreconfigurableantenna for narrowband MIMO communication systems. IEEE Trans AntennasPropag 58(1):4-16

Gulati N, Dandekar KR(2013) Learning state selection for reconfigurable antennas: a multi-armed-bandit approach. IEEE Trans Antennas Propag 62(3):1027-1038

Hage-Ali S, Tiercelin N, Coquet P, Sauleau R, Preobrazhensky V, Premod P(2010) A millimeter-waveinflatable frequency-agile elastomeric antenna. IEEE Antennas Wirel Propag Lett9: 1131-1134

Hinsz L, Braaten BD(2014) A frequency reconfigurable transmitter antenna with autonomousswitch-ing capabilities. IEEE Trans Antennas Propag 62(7):3809-3813

Hu W, Cahill R, Encinar JA, Dickie R, Gamble H, Fusco V, Grant N(2008) Design andmeasure-ment of reconfigurable millimeter wave reflectarray cells with nematic liquid crystal. IEEE Trans Antennas Propag 56(10):3112-3117

Huff GH, Bernhard JT(2006) Integration of packaged RF-MEMS switches with radiationpattern reconfigurable square spiral microstrip antennas. IEEE Trans Antennas Propag54(2):464-469

Hussain R, Sharawi MS(2015) A cognitive radio reconfigurable MIMO and sensing antennasystem. IEEE Antennas Wirel Propag Lett 14:257–260

Jayaweera SK, Christodoulou CG(2011)Radiobots: architecture, algorithms and real-timereconfigurable antenna designs for autonomous, self-learning future cognitive radio. Universityof New Mexico. Technical report, EECE–TR–11–0001

Jeon S, Murphey TW(2011)Design and analysis of a meter–class CubeSat boom with a motor-less-deployment by bi-stable tape springs. In: 52nd AIAA structures, structural dynamics, andmaterials conference, Denver, CO, USA

Jeong WS, Lee SY, Lim WG, Lim H, Yu JW(2008)Tunable band-notched ultra wideband(UWB) planar monopole antennas using varactor. In: 38th European microwave conference, Amsterdam, The Netherlands, pp 266–268

Jiang Z, Yang F(2013)Reconfigurable sensing antennas integrated with thermal switches forwireless temperature monitoring. IEEE Antennas Wirel Propag Lett 12:914–917

Jiang H, Patterson M, Zhang C, Subramanyan G(2009)Frequency tunable microstrip patch antennausing ferroelectric thin film varactor. In: IEEE national aerospace and electronics conference, Fairborn, OH, USA, pp 248–250

Jin N, Rahmat-Samii Y(2007)Advances in particle swarm optimization for antenna designs: real-number, binary, single-objective and multiobjective implementations. IEEE Trans AntennasPropag 55(3):556–567

Jin GP, Zhang DL, Li RL(2011)Optically controlled reconfigurable antenna for cognitive radioapplications. IET Electron Lett 47(17):948–950

Kim B, Pan B, Nikolaou S, Kim YS, Papapolymerou J, Tentzeris MM(2008)A novel single-feed-circular microstrip antenna with reconfigurable polarization capability. IEEE Trans AntennasPropag 56(3):630–638

King H, Wong J(1980)Characteristics of 1 to 8 wavelength uniform helical antennas. IEEE TransAntennas Propag 28:291–296

Klavins E(2006)Self-assembly from the point of view of its pieces. In: American controlconference, Minneapolis, MN, USA, p 7

Klavins E(2007)Programmable self assembly. IEEE Control Syst Mag 27(4):43–56

Klavins E, Ghrist R, Lipsky D(2004)Graph grammars for self assembling robotic systems. IEEEInt Conf Robot Autom 5:5293–5300

Lafond O, Himdi M, Merlet H, Lebars P(2013)An active reconfigurable antenna at 60GHz basedon plate inhomogeneous lens and feeders. IEEE Trans Antennas Propag 61(4):1672–1678

Langoni D, Weatherspoon MH, Ogunti E, Foo SY(2009)An overview of reconfigurable antennas: design, simulation, and optimization. In: IEEE 10th annual wireless and microwave technology-conference(WAMICON)

Li Z, Du Z, Gong K(2009)Compact reconfigurable antenna array for adaptive MIMO systems. IEEE Antennas Wirel Propag Lett 8:1317-1321

Li Y, Zhang Z, Zheng J, Feng Z, Iskander MF(2012)A compact hepta-band loop inverted Freconfigurable antenna for mobile phone. IEEE Trans Antennas Propag 60(1):389-392

Liu L, Langley RJ(2008)Liquid crystal tunable microstrip patch antenna. IET Electron Lett44(20):1179-1180

Liyakath RA, Takshi A, Mumcu G(2013)Multilayer stretchable conductors on polymer substratesfor conformal and reconfigurable antennas. IEEE Antennas Wirel Propag Lett 12: 603-606

Lyke JC(2002)A cellular automata FPGA architecture that can be trained with neural networks. Aerosp Conf Proc 5:2347-2354

Mansoul A, Ghanem F, Hamid MR, Trabelsi M(2014)A selective frequency-reconfigurableantenna for cognitive radio applications. IEEE Antennas Wirel Propag Lett 13:515-518

Mazlouman SJ, Mahanfar A, Menon C, Vaghan RG(2011)A review of mechanicallyreconfigurable antennas using smart material actuators. In: 5th European conference on antennasand propagation, Rome, Italy, pp 1076-1079

Mehdipour A, Denidni TA, Sebak A, Trueman CW, Rosca LD, Hoa SV(2013)Mechanicallyreconfigurable antennas using an anisotropic carbon-fibre composite ground. IET MicrowAntennas Propag 7(13):1055-1063

Mehmood R, Wallace JW(2010)Diminishing returns with increasing complexity in reconfigurableaperture antennas. IEEE Antennas Wirel Propag Lett 9:299-302

Mehmood R, Wallace JW, Jensen MA(2014)Key establishment employing reconfigurable antennas:impact of antenna complexity. IEEE Trans Antennas Propag 13(11):6300-6310

Min Z, Xiao-Wu L, Guang-Hui W(2004)Preliminary research of the reconfigurable antenna basedon genetic algorithms. In: 2004 third international conference on computational electromagneticsand its applications, Beijing, China, pp 137-140

Muri P, Obulpathi C, McNair J(2010)Enhancing small satellite communication through effectiveantenna system design. In: 2010 military communications conference -unclassified program, San Jose, CA, USA

Murphey TW, Pellegrino S(2004)A novel actuated composite tape-spring for deployable structures. Technical report, AIAA, TR-1528

Murphey TW, Jeon S, Biskner A, Sanford G(2010)Deployable booms and antennas using bistabletape-springs. In: 24th AIAA/USU conference on small satellites

Napp N, Burden S, Klavins E(2006)The statistical dynamics of programmed assembly. In: IEEE-international conference on robotics and automation, Orlando, FL, USA, pp 1469-1476

Nikolaou S, Kingsley ND, Ponchak GE, Papapolymerou J, Tentzeris MM(2009)UWB ellipticalmonopoles with a reconfigurable band notch using MEMS switches actuated without bias lines. IEEE Trans Antennas Propag 57(8):2242-2251

Obeidat KA, Raines BD, Rojas RG, Strojny BT(2010)Design of frequency reconfigurableantennas using the theory of network characteristic modes. IEEE Trans Antennas Propag58 (10): 3106-3113

Oh SS, Jung YB, Ju YR, Park HD(2010)Frequency-tunable open ring microstrip antenna usingvaractor. In: International conference on electromagnetics in advanced applications, Sydney, Australia, pp 624-626

Onodera S, Ishikawa R, Saitou A, Honjo K(2013)Multi-band reconfigurable antennas embeddedwith lumped-element passive components and varactors. In: Proceedings of the 2013 Asia-Pacific microwave conference, pp 137-139

Patnaik A, Anagnostou DE, Christodoulou CG, Lyke JC(2005)Neurocomputational analysis of amultiband reconfigurable planar antenna. IEEE Trans Antennas Propag 53(11):3453-3458

Patron D, Daryoush AS, Dandekar KR(2014)Optical control of reconfigurable antennas andapplication to a novel pattern-reconfigurable planar design. IEEE J Lightw Technol32 (20): 3394-3402

Pendharker S, Shevgaonkar RK, Chandorkar AN(2014)Optically controlled frequencyreconfigurablemicrostrip antenna with low photoconductivity. IEEE Antennas Wirel PropagLett 13:99-102

Perruisseau-Carrier J, Pardo-Carrera P, Miskovsky P (2010) Modeling, design and characterizationof a very wideband slot antenna with reconfigurable band rejection. IEEE Trans AntennasPropag 58(7):2218-2226

Perruisseau-Carrier J, Tamagnone M, Gomez-Diaz JS, Esquius-Morote M, Mosig JR(2013)Resonant and leaky-wave reconfigurable antennas based on graphene plasmonics. In: Proceedingsof the 2013 international symposium on antennas and propagation, Orlando, FL, USA,pp 136-137

Piazza D, Kirsch NJ, Forenza A, Heath RW, Dandekar KR(2008)Design and evaluationof a reconfigurable antenna array for MIMO systems. IEEE Trans Antennas Propag56(3):869-881

Piazza D, Kountouriotis J, D'amico M, Dandekar KR(2009)A technique for antenna configurationselection for reconfigurable circular patch arrays. IEEE Trans Wirel Commun 8(3):1456-1467

Piazza D, Mookiah P, D'amico M, Dandekar K(2010)Experimental analysis of pattern andpolarization reconfigurable circular patch antennas for MIMO antennas. IEEE Trans Antennas Propag 59(5):2352-2362

Qin PY, Jay Guo Y, Liang CH(2010a)Effect of antenna polarization diversity on MIMO systemcapacity. IEEE Antennas Wirel Propag Lett 9:1092-1095

Qin PY, Weily AR, Guo YJ, Bird TS, Liang CH(2010b) Frequency reconfigurable quasi-yagifolded dipole antenna. IEEE Trans Antennas Propag 58(8):2742-2747

Quin P, Guo YJ, Weily AR, Liang C(2012)A pattern reconfigurable U-slot antenna and itsapplications in MIMO systems. IEEE Trans Antennas Propag 60(2-1):516-528

Rajagopalan H, Kovitz JM, Rahmat-Samii Y(2014)MEMS reconfigurable optimized E-shapedpatch antenna design for cognitive radio. IEEE Trans Antennas Propag 62(3):1056-1064

Ramadan AH, Costantine J, Al-Husseini M, Kabalan KY, Tawk Y, Christodoulou CG(2014)Tunable filter-antennas for cognitive radio applications. Progr Electromagn Res 57:253-265

Rodrigo D, Jofre L, Cetiner B(2012) Circular beam-steering reconfigurable antenna with liquidmetal parasitics. IEEE Trans Antennas Propag 60(4):1796-1802

Sarrazin J, Mahe Y, Avrillon S, Toutain S(2009) Pattern reconfigurable cubic antenna. IEEE TransAntennas Propag 57(2):310-317

Sathi V, Ehtheshami N, Nourinia J(2012)Optically tuned frequency reconfigurable microstripantenna. IEEE Antennas Wirel Propag Lett 11:1018-1020

Shelley S, Costantine J, Christodoulou CG, Anagnostou DE, Lyke JC(2010) FPGA-controlledswitch-reconfigured antenna. IEEE Antennas Wirel Propag Lett 9:355-358

Skinner DE, Connor JD, Foo SY, Weatherspoon MH, Powell N(2009)Optimization of multi-bandreconfigurable microstrip line-fed rectangular patch antenna using self-organizing maps. In:IEEE 10th annual wireless and microwave technology conference(WAMICON), Clear Water,FL, USA

Song S, Murch RD(2014)An efficient approach for optimizing frequency reconfigurable pixelantennas using genetic algorithms. IEEE Trans Antennas Propag 62(2):609-620

Tadashi T, Miura K, Natori M, Hanayama E, Inoue T, Noguchi T, Miyahara N, Nakaguro H(2004)Deployable antenna with 10-m maximum diameter for space use. IEEE Trans Antennas

Propag52(1):2-11

Tamagnone M, Gomez Diaz JS, Perruisseau-Carrier J, Mosig JR(2013)High-impedance frequency-agile THz dipole antennas using graphene. In: 7th European conference on antennasand propagation, Gothenburg, Sweden, pp 533-536

Tawk Y, Albrecht AR, Hemmady S, Balakrishnan G, Christodoulou CG(2010)Optically pumped-frequency reconfigurable antenna design. IEEE Antennas Wirel Propag Lett 9:280-283

Tawk Y, Costantine J, Avery K, Christodoulou CG(2011)Implementation of a cognitive radiofront-end using rotatable controlled reconfigurable antennas. IEEE Trans Antennas Propag59(5):1773-1778

Tawk Y, Costantine J, Christodoulou CG(2012a) A varactor based reconfigurable filtenna. IEEEAntennas Wirel Propag 11:716-719

Tawk Y, Costantine J, Hemmady S, Balakrishnan G, Avery K, Christodoulou CG(2012b)Demonstrationof a cognitive radio front end using an optically pumped reconfigurable antennasystem (OPRAS). IEEE Trans Antennas Propag 60(2-2):1075-1083

Tawk Y, Costantine J, Christodoulou CG(2014a)Cognitive radio antenna functionalities: a tutorial. IEEE Antennas Propag Mag 56(1):231-243

Tawk Y, Costantine J, Christodoulou CG(2014b)Reconfigurable filtennas and MIMO in cognitiveradio applications. IEEE Trans Antennas Propag 62(3):1074-1083

Vaughan RG, Andersen JB(1987)Antenna diversity in mobile communications. IEEE Trans VehTechnol 36:149-172

Wu SJ, Ma TG(2008)A wideband slotted bow-tie antenna with reconfigurable CPW-to slotlinetransition for pattern diversity. IEEE Trans Antennas Propag 56(2):327-334

Yang SLS, Kishk AA, Lee K-F(2008)Frequency reconfigurable U-slot microstrip patch antenna. IEEE Antennas Wirel Propag Lett 7:127-129

Yang S, Zhang C, Pan HK, Fathy AE, Nair VK(2009)Frequency-reconfigurable antennas formultiradio wireless platforms. IEEE Microw Mag 10(1):66-83

Yang XS, Wang BZ, Yeung SH, Xue Q, Man KF(2011)Circularly polarized reconfigurablecrossed-yagi patch antenna. IEEE Antennas Propag Mag 53(5):65-80

Zheng F, Chen M, Li W, Yang P(2008)Conceptual design of a new huge deployable antennastructure for space application. IEEE Aerosp Conf 1-7

Zhou Y, Adve RS, Hum SV(2014)Design and evaluation of pattern reconfigurable antennas forMIMO applications. IEEE Trans Antennas Propag 62(3):1084-1092

Zohur A, Mopidevim H, Rodrigo D, Unlu M, Jofre L, Cetiner BA(2013) RF MEMS reconfigurabletwo-band antenna. IEEE Antennas Wirel Propag Lett 12:72–75

Zuraiqi EA (2012) Neural network field programmable gate array (FPGA) controllers forreconfigurable antennas. PhD dissertation, University of New Mexico

第 39 章

径向线缝隙天线

Hiroyuki Arai

摘要

本章展示径向线缝隙天线的发展历史,这些天线用作微波和毫米波波段的圆极化高增益天线;还介绍了通过改变缝隙阵列排布来实现的线极化阵列。详述了由同轴探针和谐振腔组成的馈电结构。径向线缝隙天线的应用包括卫星通信天线、等离子体刻蚀和高功率使用,本章还对此进行了介绍。

关键词

径向线缝隙天线;圆极化;线极化;直播卫星;等离子刻蚀

39.1 径向线缝隙天线的历史

径向线是一个通过中心位置上的馈电探针激励的无限平行平板波导。向外

H. Arai(✉)
国立横滨大学,日本
e-mail:arai@ ynu. ac. jp

传播的柱面波在方位方向上是多模的,通过上平板上的天线单元阵列排布来控制天线的辐射方向图和极化。径向线天线的首次应用是设计用作平面圆极化缝隙阵,用来产生用于单脉冲跟踪的和或差远场方向图。该天线是一个在 10.2~10.8GHz 频率范围辐射右旋圆极化波的同心圆缝隙阵列(Kelly and Goebels,1964),并由圆波导调相电路得到差方向图(Subbarao and Fusco, 2003)。

径向线缝隙天线(RLSA)是一种高效率的圆极化平面阵列。发布了两种用于 12GHz 波段直播卫星(DBS)接收的单层和双层商用 RLSAs。前者采用由径向向外行波激励的非均匀缝隙,而后者采用由径向向内行波激励的均匀缝隙。RLSA 最初是作为双层折叠波导而开发,用于实现不受馈电探针附近的缝隙阵列干扰的均匀孔径分布。径向向内行进的横电磁(TEM)模在上波导内传播,由在下波导中心同轴探针馈电的双重径向波导的外边缘激励。缝隙呈螺旋状排列在顶板上,用来辐射 X 波段圆极化边射束波(Ando et al.,1985)。直径 0.6m 天线的实测性能是增益 35dBi,轴比 1dB,在 12.2GHz 时孔径效率为 57%(Ando et al.,1986)。对于紧凑型天线设计,单层 RLSA 利用径向向外的行波,通过改变缝隙长度来合成均匀孔径照射。DBS 接收天线由背板、泡沫、缝隙板、天线盖板组成,如图 39.1 所示。径向线终端是一个匹配的螺旋线,替代虚负载。它抑制反射并以圆极化辐射所有剩余功率。对于直径为 600mm 的原型天线,得到的效率为 65%(Takahashi et al.,1991,1992)。将单层 RLSA 融入到双层结构中,提出了双圆极化 RLSA,用于频率为 12GHz 的 DBS 天线。双同轴波导提供了上层向外的行波以及由从下波导转换的向内行波。在 DBS 波段,极化隔离度大于 20dB(Takahashi et al.,1995)。用于固定卫星通信的 X 波段轻质便携式平面缝隙阵列天线由两个 RLSAs 组成:一个用于具有左旋圆极化(LHCP)的接收频带;另一个是具有右旋圆极化的传输频带(RHCP)。采用轻质双层介质结构来实现和优化 RLSA 重量。由于使用了低介电常数基片,辐射效率达到 70% 以上(Gonzalez et al.,2011)。

由另一个缝隙阵列给出 RLSA 的线极化;但是,由于相位的同相条件,其同心缝隙排布增强了在馈电点处辐射单元的反射。较差的输入 S_{11} 响应对波导边射阵列来说很典型,通过将波束相对于视轴方向倾斜来进行抑制(Ando et al.,1988;Takada et al.,1992)。通过反射对消缝隙也可以抑制这一效应。4 个缝隙组成一套缝隙来作为线极化单位辐射器。天线输入反射 S_{11} 从 -2dB 改善到-

10dB,同时,对于 400mm 和 600mm 直径的天线,测量到的天线效率分别为 48% 和 54%(Davis et al.,1997,1999)。另一种 RLSA 缝隙排布提供了圆极化锥形波束(Takada et al.,1994)。双线性极化的单层 RLSA 由同心椭圆排列的缝隙阵构成,并由位于椭圆焦点的两个端口进行馈电。通过一个 180°混合环接入天线端口得到双极化性能(Pla et al.,2006)。

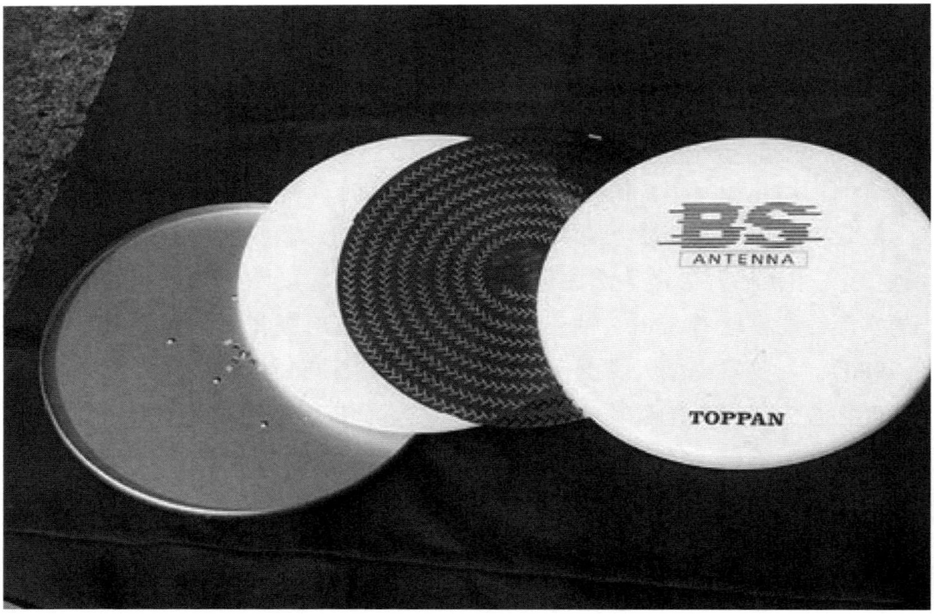

图 39.1　径向线缝隙天线(来自东京科技大学)

对于同心阵列径向线缝隙天线(CA-RLSA),应该激励旋转模式。通过设置两个倾向径向线方向角度相同的缝隙,一对缝隙应该具有相同的激励幅度。对于径向波导上的缝隙对,此约束不适用于任意极化角,即任意相位。缝隙对的螺旋排布用来控制 RLSA 的相位。通过激励径向波导内的旋转模式,可以使用同心缝隙排布。旋转模式激励的馈电电路是一个暨形移相器以及一个馈电点处的腔体谐振器(Sumiyoshi et al.,1993;Arai and Goto,1995)。另一个馈电电路由共面波导(CPW)、环形缝、腔体组成,它是平面的,并能适合于甚至在毫米波波段的累积和最小化。实验结果与仿真结果吻合得很好(Sudo et al.,2007;Ronghong et al.,2001)。匹配缝隙也用于小口径 CA RLSA。与基于连续源模型的大孔径

RLSAs 相比,有限大孔径中离散缝隙的参数直接确定了均匀激励。对于 24cm 和 16cm 直径天线,测试得到了分别达到 85%和 82%的高效率(Akiyama et al.,1988)。

通过基于测量的方法研究缝隙排布设计(sasazawa et al.,1988),接着将耦合到径向波导的缝隙近似看作一个带周期性边界条件的平行板波导,以仿真 RLSA 中的圆形孔径扇区。基于场等价定理推导了缝隙内电场的一组积分方程,并用伽辽金法(Galerkin)数值求解。理论结果有效地反映了各种天线的设计参数对缝隙耦合的测量影响(Hirokawa et al.,1990)。使用波导壁阻抗方法,一个单层 RLSA 的分析可分为腔体和腔体外部环境两个不同的问题。介绍了一种场匹配方法,用于分析辐射到径向波导内的凹陷圆形腔体问题。这一分析是为线极化 RLSA 而发展起来(Bialkowski et al.,2002)。由基于 MoM 的软件给出 RLSAs 的全波分析和设计(Takada et al.,1997;Albani et al.,2006、2009)。线极化 RLSAs 也适用于波束倾斜方向图的全波分析(Herranz et al.,2010)。尽管缝隙天线通常在建模时被当作理想电导体,但对于精确的天线设计和优化,欧姆损耗效应是不能忽略的。这在毫米波和亚毫米波应用中尤其适用。用解析法导出了考虑有限金属电导率的格林函数,并用在 MoM 导纳矩阵表达式中。分析了几个 RLSA 成果来探讨在实际天线设计中欧姆损耗的影响(Mazzinghi et al.,2010;Albani,2011)。

已经为 DBS 应用而发展了 RLSA,然而,另一种天线是毫米波波段天线。其常规结构由 3 个独立的部分组成,包括两个导电盘以及一个发泡电介质材料,以及用于大规模生产的聚四氟乙烯(PTFE)基片。在 60GHz 波段测量了天线特性,得到了 33dBi 时高达 50%的优异效率(Akiyama et al.,2000),也介绍了 60GHz 波段下一种在基片上刻蚀并由矩形波导馈电的单层 RLSA。该天线的矩形波导馈电结构采用了矩形波导到径向线的过渡转换。对直径 10cm 的原型天线进行了测试,在 60GHz 有 30dBi 的增益(Kim et al.,2002)。在 270GHz 波段,RLSA 集成在低温共烧陶瓷(LTCC)上。通过用微带对单独地对每一个辐射缝隙进行加载,并在测量中采用集成馈电转换到外部标准波导,增强了阻抗匹配。该天线原型的视轴增益达 27.6dBi,并有 9.8GHz 的 3dB 增益带宽(Junfeng et al.,2013)。Nguyen 等在 2013 年设计了带蜂窝形平行板的轻质化 RLSAs,并在卫星天线上进行了验证,天线直径为 900mm、重 1.16kg,在 32GHz 频点处的增益

高达44.6dBi(Nguyen et al.,2013)

39.2 阵列设计

通过径向波导上的缝隙排列来设计RLSA的辐射方向图。调整每个缝隙的幅度和相位以获得所需的方向图和极化。通过在径向轴以正交角度和1/4波导波长($\lambda_g/4$)间距切割出一对非谐振缝隙,给出了高增益圆极化的普遍应用,如图39.2所示。λ_g大于自由空间不会激励出栅瓣的波长,并在波导顶部和底部平板之间插入一个慢波结构。非共振缝隙是用来控制较宽范围内的激励系数,而正交缝隙和$\lambda_g/4$间距决定了激励圆极化。通过来自两个缝隙的反射波互为反相,$\lambda_g/4$的间距也满足反射对消条件。按照±45°角切割ρ轴上的缝隙对,辐射电场方向记为E_1和E_2。E_2相位延迟$\pi/4$决定了顺时针方向极化位置,而ρ'轴上的缝隙对则用于逆时针方向极化位置。如图39.2所示,缝隙切割角度ϕ_1和ϕ_2决定了右旋或左旋圆极化。

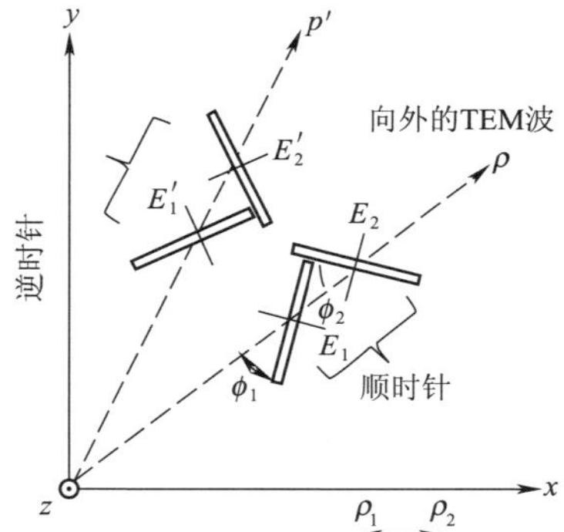

图39.2 缝隙排布结构示意图

缝隙的耦合因子取决于径向波导内传播的平行于缝隙的磁场强度。形成笔形视轴波束的大量缝隙对在沿径向方向$\lambda/4$距离上幅度激励系数的差异非常小,因而将一对缝隙按同样长度设计。为了不激励栅瓣,阵列参数S_φ和S_ρ小于λ_g。缝隙按螺旋放置,以提供相邻缝隙对之间的相位差,从而保持圆极化的旋转相位角。在径向波导内传播的TEM波的方向改变着圆极化的右旋或左旋。图39.3中的缝隙排布方式给出了向外传播波的右旋圆极化。螺旋排布参数由

沿 ρ 轴的缝隙对位置给出，以满足圆极化条件 $(\rho'_1 - \rho_1)/\lambda_g = (\phi_2 - \phi_1)/2\pi$ ，如图 39.4 所示。

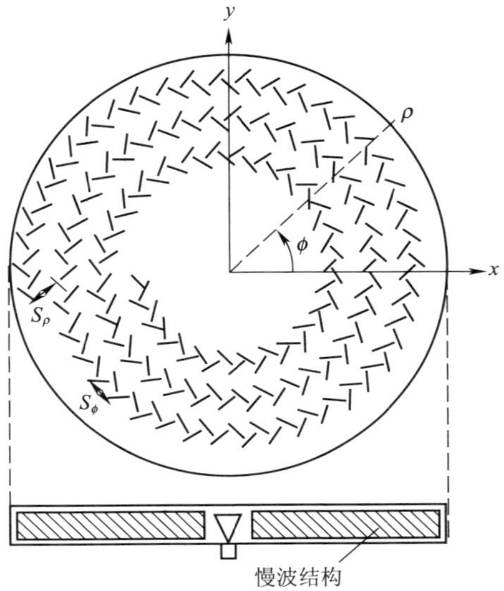

图 39.3　圆极化缝隙螺旋阵列

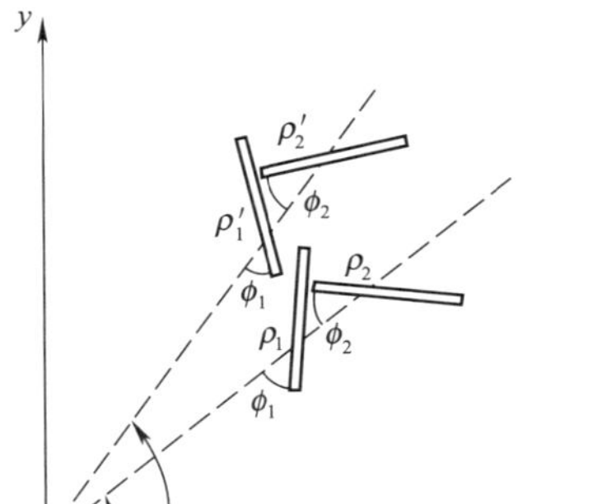

图 39.4　圆极化缝隙参数

基于径向波导内的行波激励设计孔径分布。非谐振缝隙对的幅度由长度所控制，这引起来自缝隙的辐射造成相移，并需要相位控制以实现均匀相位分布。相邻缝隙对之间的相位由其间距控制。在下面的过程中给出文献（Takahashi et al.，1991）中提出的关于均匀孔径分布的缝隙设计理论。作为第一步，用带有周期性侧壁条件的平行板波导表征单位缝隙对。假设没有来自缝隙对的反射,则入射的单位功率分为缝隙辐射 $1-\exp(-2\alpha S_\rho)$ 和透射 $\exp(-2\alpha S_\rho)$,这里的 α 和 S_ρ 分别是耦合因子和沿 ρ 轴的缝隙对间距。通过将慢波因子表示为 ζ ,辐射场和透射场的相位分别表示为 ϕ 和 $-k_0S_\rho/\zeta$ 。推导出所期望的孔径分布的耦合因子 α 为缝隙位置 ρ 的函数,如图 39.5(a)所示,其中假定在 12GHz 时天线半径为 0.3m,终端处的功耗损失为 15%。确定了这条曲线不会过度干扰场的旋转对称性。由非均匀阵列的设计确定缝隙的长度和位置,在设计时假定这些参数的变化很小(Hirokawa et al.,1992)。一旦设定了缝隙位置 ρ ,由图 39.5(a)中标记为(i)的实线曲线给出耦合因子 $\alpha(\rho_s)$(m) ;由图 39.5(a)中标记为(ii)的虚线曲线选择缝隙长度 L_s/λ_0。在图 39.5(b)中得到慢波因子 ζ 和辐射场的相位 ϕ。重复这一过程直到最后一个缝隙。作为最后的调整,移动所有的缝隙对来补偿相位 ϕ 以获得均匀相位分布。这个过程也用于泰勒分布情况来抑制旁瓣(Takahashi et al.,1997;Hirokawa and Ando,2000)。

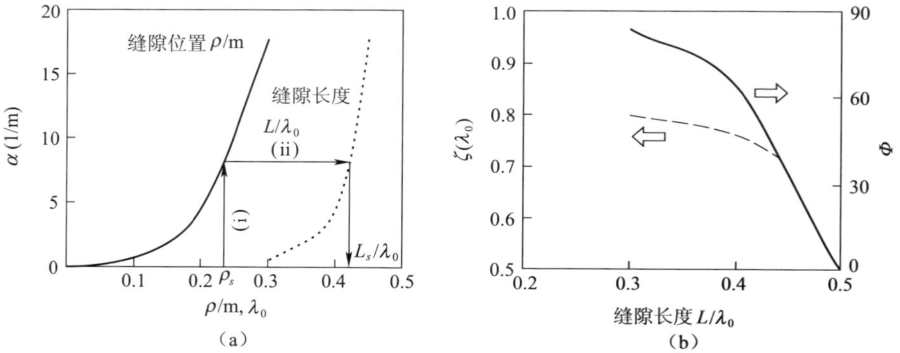

图 39.5　缝隙设计参数

(a)耦合系数;(b)慢波系数。

小尺寸孔径天线在通过波导中心附近的缝隙强激励时以得到均匀振幅分布时会存在问题。另一个缝隙排布是图 39.6 所示的同心阵列。缝隙对排列在同心环上以保持旋转对称性和沿径向方向的均匀孔径分布。在方位方向,这一阵列需要馈电电路来激励旋转模式。这种激励模式的馈电结构是谐振腔(Arai,Goto,1995)以及下平板上切出的环或十字缝隙(Kigure et al.,1998;Sudo et al.,2002)。通过波导内的 TEM 波激励,同心阵列能够给出锥形波束。与螺旋排布阵列一样,还使用了波导中心的探针馈源。

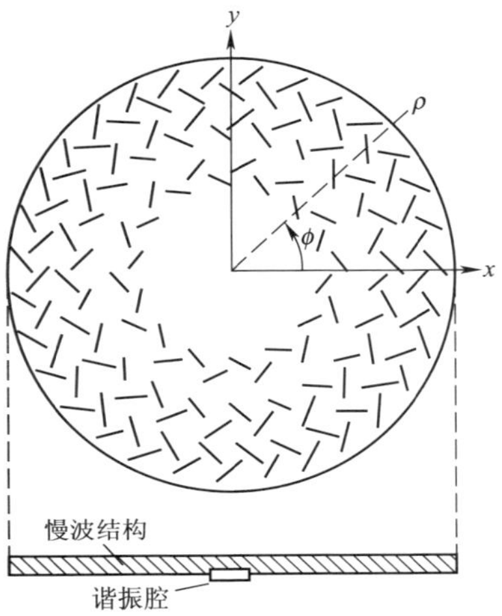

图 39.6　同心缝隙阵列

如图 39.7 所示,缝隙排布给出了线极化 RLSA(Ando et al.,1988)。按照 $\lambda_g/2$ 间隔放置缝隙对使得 x 方向给定的线极化为 E_1 和 E_2 的总和。x 轴上在平行于 x 方向的缝隙没有耦合到传播波,只有沿 y 方向的缝隙才会在视轴方向上辐射。由于来自缝隙的同相位反射波,缝隙对 $\lambda_g/2$ 的间隔降低了馈电点的输入阻抗匹配度,然后引入反射对消缝隙,也就是 $\lambda_g/4$ 间隔的缝隙对,来提高输入反射性能(Takada et al.,1992)。倾斜波束也能有效抑制反射(Takada et al.,1988)。

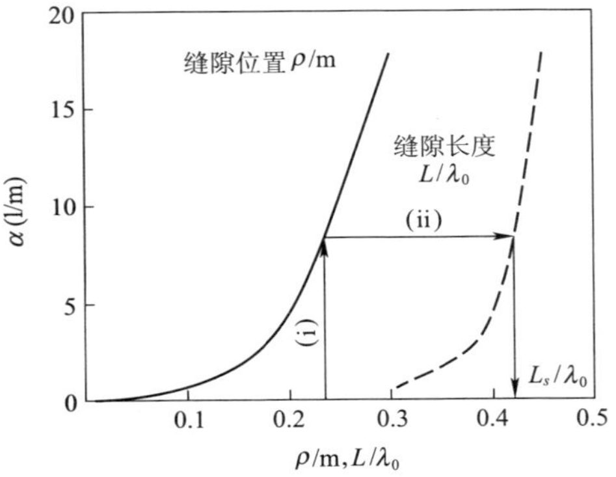

图 39.7　线极化阵列

径向波导的其他辐射单元有圆极化的螺旋天线和微带天线(Nakano et al.,1992;Shibata et al.,1993)。为控制幅度,每个天线单元都由不同长度探针激励,由其旋转角度改变相位。图39.8显示了带微带天线辐射单元的RLSA。通过调整两个激励参数,可以很容易地调节孔径分布。

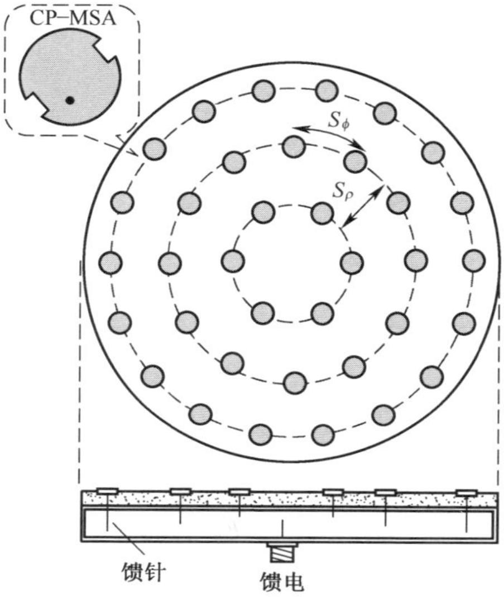

(a)

(b)

图39.8　带微带天线的径向线波导(来自埼玉大学)
(a)天线几何尺寸;(b)天线照片。

39.3　RLSA应用

将RLSAs引入电子回旋共振(ECR)等离子体系统的高密度等离子体源,提供低剖面天线结构、高功率处理能力以及均匀的孔径场分布(Takahashi et al.,1993)。RLSA系统消除了由真空室外的线圈产生的均匀强磁场,这一磁场用于喇叭天线系统的ECR,来改善晶片上的等离子体均匀性。圆柱形真空室中的RLSA用于等离子体处理(Ohmi,1997)。微波能量通过石英玻璃辐射到真空室中。测量到的电子密度能提高到大于10^{12} cm^{-3}。等离子体由玻璃晶片板表面所激励,并向电极扩散。石英玻璃表面下方的电子密度远远超过了截止密度。入射到等离子体上的微波完全被石英板附近的高密度等离子体所耗散。

RLSA 提供了在温度 400℃下高密度等离子体系统作为先进的栅极介质薄膜生长系统的能力,产生低界面空穴和体电荷密度、比射流气相沉积氮化硅以及具有同样等价氧厚度的热生长氧化硅更低的漏电流。它提高了击穿场强,没有应力诱导的漏电流,即使在高的场应力下也几乎没有空穴产生,而且具有优异的抗硼渗透和抗氧化性(Sekine et al.,2000)。

对于高功率微波应用,从双层径向线波导为 RLSA 馈电,以实现高效的定向辐射。增加了一个反射对消缝隙来改善天线阻抗匹配。设计了一个工作在 9.42GHz 的天线,其长度为 15cm、孔径半径为 27cm,高功率实验证明了该天线的功率处理能力超过 1GW(Cheng et al.,2013)。

对于近场聚焦应用,设计 RLSA 用来控制旁瓣电平和相对于辐射孔径的法向电场分量的波束宽度。通过在距离辐射孔径一个给定距离上的聚焦平面,满足近场方向图的要求。然后使用一套理论方法推导适合整个近场的孔径场分布。接着,通过精确地放置天线缝隙和确定天线缝隙尺寸来合成孔径场分布。在设计过程中,溢出效率最大化。天线由一个简单的同轴探针中心馈电。通过在 12.5GHz 频率上对原型样机的测量验证了天线设计(Ettorre et al.,2014)。

39.4　总结

本章描述了 RLSAs 的发展历史、理论和应用。RLSA 的独特特征是简单的馈电电路和数以百计的辐射单元。采用多种近似方法设计阵列参数,并利用全波分析进行精确控制。低传输损耗波导是该天线的优点,它能在高频范围提供高增益天线性能,并可以推广应用到很宽的领域。

交叉参考:

►第 23 章　圆极化天线

►第 33 章　低剖面天线

►第 18 章　微带贴片天线

▶第 40 章 毫米波天线与阵列
▶第 20 章 螺旋、螺旋线与杆状天线
▶第 30 章 波导缝隙阵列天线

参考文献

Akiyama A et al(1988)Numerical optimisation of slot parameters for a concentric array radial line slot antenna. Microwaves Antennas Propag IEE Proc 145(2):141-146

Akiyama A et al(2000)High gain radial line slot antennas for millimetre wave applications. Microwaves Antennas Propag IEE Proc 147(2):134-138

Albani M et al(2006)An efficient full-wave method of moments analysis for RLSA antennas. IEEE Trans Antennas Propag 54(8):2326-2336

Albani M et al(2009)Asymptotic approximation of mutual admittance involved in MoM analysis of RLSA antennas. IEEE Trans Antennas Propag 57(4):1057-1063

Albani M et al(2011)Rigorous MoM analysis of finite conductivity effects in RLSA antennas. IEEE Trans Antennas Propag 59(11):4023-4032

Ando M et al(1985)A radial line slot antenna for 12 GHz satellite TV reception. IEEE Trans Antennas Propag 33(12):1347-1353

Ando M et al(1986)Characteristics of a radial line slot antenna for 12 GHz band satellite TV reception. IEEE Trans Antennas Propag 34(10):1269-1272

Ando M et al(1988)A linearly polarized radial line slot antenna. IEEE Trans Antennas Propag 36(12):1675-1680

Arai H, Goto N(1995)Novel feed circuit for radial-line waveguide. In: Proceedings of the ninth international conference on antennas and propagation, Eindhoven, vol 1, pp 231-234

Bialkowski ME et al(2002)Analysis of a circular patch antenna radiating in a parallel-plate radial guide. IEEE Trans Antennas Propag 50(2):180-187

Cheng WY et al(2013)Designs and experiments of a novel radial line slot antenna for high-power microwave application. IEEE Trans Antennas Propag 61(10):4940-4946

Davis PW et al(1997)Experimental investigations into a linearly polarized radial slot antenna for DBS TV in Australia. IEEE Trans Antennas Propag 45(7):1123-1129

Davis PW et al(1999)Linearly polarized radial-line slot-array antennas with improved return-loss performance. IEEE Antennas Propag Mag 41(1):52-61

Ettorre M et al(2014) On the near-field shaping and focusing capability of a radial line slot array. IEEE Trans Antennas Propag 62(4):1991–1999

Gonzalez JMF et al (2011) Lightweight portable planar slot array antenna for satellite communications in X-band. IEEE Antennas Wirel Propag Lett 10:1409–1412

Herranz JI et al(2010) Optimization of beam-tilted linearly polarized radial-line slot-array antennas. IEEE Antennas Wirel Propag Lett 9:1165–1168

Radial Line Slot Antennas 1783

Hirokawa J, AndoM(2000) Sidelobe suppression in 76GHz post-wall waveguide-fed parallel plate slot arrays. IEEE Trans Antennas Propag 48(11):1727–1732

Hirokawa J et al(1990) Analysis of slot coupling in a radial line slot antenna for DBS reception. Microwaves Antennas Propag IEE Proc H 137(5):249–254

Hirokawa J et al(1992) Waveguide-fed parallel plate slot array antenna. IEEE Trans Antennas Propag 40(2):218–223

Junfeng X et al(2013) Xianming Qing 270-GHz LTCC-integrated strip-loaded linearly polarized radial line slot array antenna. IEEE Trans Antennas Propag 61(4, Part 1):1794–1801

Kelly KC, Goebels F(1964) Annular slot monopulse antenna arrays. IEEE Trans Antennas Propag 12(4):391–403

Kigure Yet al(1998) A radial line slot antenna fed by a ring slot coupled planar circuit. In: Korea Japan joint conference'98, Sep, Pusan

Kim Y et al(2002) 60GHz band radial line slot array antenna fed by rectangular waveguide. Electron Lett 38(2):59–60

Mazzinghi A et al(2010) Influence of the finite slot thickness on RLSA antenna design. IEEE Trans Antennas Propag 58(1):215–218

Nakano H et al(1992) Low-profile helical array antenna fed from a radial waveguide. IEEE Trans Antennas Propag 40:279–284

Nguyen T et al(2013) An equivalent double layer model for a fast design and analysis of high gain multilayer radial line slot antennas. IEICE Trans Commun 96(11):2891–2900

Ohmi T(1997) Preface in New era of semiconductor manufacturing I. Ultra Clean Tech 9(Suppl 1): 1–5

Pla V et al(2006) Dual linearly polarized single-layer radial-line slot-array antenna. IEEE Antennas Wirel Propag Lett 5(1):120–122

Ronghong J et al(2001) A feeding circuit with CPW for CA-RLSA. IEEE Trans Antennas Propag 49

(12):1862-1867

Sasazawa H et al(1988)Slot coupling in a radial line slot antenna for 12-GHz band satellite TV reception. IEEE Trans Antennas Propag 36(9):1221-1226

Sekine K et al(2000)Highly robust ultrathin silicon nitride films grown at low-temperature by microwave-excitation high-density plasma for giga scale integration. IEEE Trans Electron Device 47(7):1370-1374

Shibata O et al(1993)Radiation properties of microstrip array antennas fed by radial line. Electron Commun Jpn 76(12):93-102, Wiley InterSci, pt. 1

Subbarao B, Fusco VF(2003)Probe-fed circularly polarised monopulse radial line slot antenna. Electron Lett 39(21):1495-1496

Sudo K et al(2002)An analysis and a design for excitation of a rotating mode in a radial waveguide by a cross slot-coupled rectangular waveguide. In: IEICE technical report, AP2001-206, Feb(in Japanese), Tokyo

Sudo K et al(2007)Reduction of azimuthal amplitude ripple in the rotating-mode feed to a radial waveguide by using a crossed dog-bone slot. IEEE Trans Antennas Propag 55(9):2618-2622

Sumiyoshi H et al(1993)The feed circuit for exciting a rotating electric field in a radial waveguide. In: IEICE spring national conference, B-51, Mar(in Japanese), Nagoya

Takada J et al(1988)A beam-tilted linearly polarized radial line slot antenna. In: IEICE spring national conference, B-107, Mar(in Japanese), Tokyo

Takada J et al(1992)A reflection cancelling slot set in a linearly polarized radial line slot antenna. IEEE Trans Antennas Propag 40(4):433-438

Takada J et al(1994)Circularly polarised conical beam radial line slot antenna. Electron Lett 30(21):1729-1730

Takada J et al(1997)Method of moments analysis of a small aperture radial line slot antenna using the rectangular cavity Green's function. Microwaves Antennas Propag IEE Proc 144(6):498-500

Takahashi M et al(1991)A slot design for uniform aperture field distribution in single-layered radial line slot antennas. IEEE Trans Antennas Propag 39(7):954-959 1784 H. Arai

Takahashi M et al(1992)Characteristics of small-aperture, single-layered, radial-line slot antennas. Microwaves Antennas Propag IEE Proc 139(1):79-83

Takahashi M et al(1993)A planar antenna for ECR plasma system. In: IEICE spring national conference, B-65, Mar(in Japanese), Nagoya

Takahashi M et al(1995) Dual circularly polarized radial line slot antennas. IEEE Trans Antennas Propag 43(8):874–876

Takahashi M et al(1997) Low sidelobes for radial line slot antennas. Electron Commun Jpn 80(7): 70–76, Wiley InterSci, pt. 1

第 40 章
毫米波天线与阵列

Wonbin Hong

摘要

随着未来无线通信设备和网络对毫米波频谱利用的日益增长，必须深入研究和开发先进毫米波天线。本章首先概述超快、低时延毫米波无线应用的背景和动机，以及该波段的主要传播特性；然后详细介绍并讨论其天线设计思想和技术，并给出适用于下一代无线设备的最先进毫米波天线设计方案；最后对毫米波天线的未来发展方向进行了总结。

关键词

毫米波；平面天线；波束控制；相控阵；60GHz；5G 通信

W. Hong(✉)
三星电子，韩国
e-mail：wonbin. hong@ samsung. com

40.1 引言

毫米波(mmW)定义为自由空间波长可用毫米级单位来描述的频谱。国际电信联盟(ITU)将频率范围在 30～300GHz 的波段正式命名为极高频(EHF)。毫米波无线电技术的概念已经有 100 多年的历史,并且其在射电天文学和军事上的应用也已有半个多世纪。然而,即使在几年前,“毫米波”在大多数人眼中还是一个遥远、晦涩的专业术语。直到最近,在硅技术和化合物半导体技术方面取得的显著进步,再加上复杂无线数据基础设施形成的急迫需求,毫米波技术才在各种技术中崭露头角。目前,诸如高数据率低时延无线通信(Chen,Niknejad 2011;Emami et al.,2011;Ghosh et al.,2014;Roh et al.,2014,Talwar et al.,2014)、高分辨率雷达成像(Valdes-Garcia et al.,2013)以及芯片间和片上通信网络(Baek,Hong 2013)等各种潜在的颠覆性技术,是毫米波无线电及毫米波雷达如何重塑无线电技术范式的主要例子。在上述各个应用中,将工作频率提高几个数量级可以彻底解决目前全球范围内 6GHz 以下频谱过度拥挤的问题。同时,根据 Shannon 和 Hartley(Shannon,1948)的经典理论,单位时间的通信容量(以比特每秒表示)与信道带宽成正比。例如,利用超过 2GHz 的信道带宽,在开放的 60GHz IMS(工业、医疗、科学)波段内,短距离、高数据率的 IEEE 802.11ad WiGig 标准可以实现超过传统 WiFi 10 倍以上的 PHY(物理层)传输速率。其于载波聚合(CA)、单用户或多用户多入多出(SU-MIMO/MU-MIMO)以及宏蜂窝和微蜂窝(macro and small cells)异构网络(HetNets)等创新技术,最新的 4G LTE 蜂窝系统也变得越来越成熟、高效。基于毫米波低成本射频芯片(RFIC)的显著优势(Natarajan et al.,2009;Cohen et al.,2013;Tsukizawa et al.,2013;Kong et al.,2013;Bereka et al.,2014;Okada et al.,2014),许多研究机构和私营公司正在积极研究和实验可以增强 LTE 网络的超宽带毫米波无线通信技术(Sun et al.,2014;Taori and Sridharan 2014;Chin et al.,2014;Hong et al.,2014a)。利用毫米波的超宽频带优势,具有 10 Gb/s 以上峰值数据速率的低时延网络将成为未来第五代无线通信的支柱。

毫米波技术带来的好处与挑战相伴而生。毫米波与 10GHz 以下波段的固有差异使其在硬件设计时的核心要素也完全不同。其中,天线即是影响毫米波无线电系统整体性能的关键之一。本章的“理论”部分首先介绍和讨论天线设计时必须考虑的毫米波特点和要素。然后,在“毫米波天线设计关键技术”一节中详细介绍毫米波设计的关键技术和方法。在“毫米波天线典型应用”一节中给出目前在消费电子产品中大量应用的毫米波天线案例,讨论其自顶向下的设计过程。“总结”一节介绍毫米波天线的未来发展趋势。

40.2 理论

40.2.1 毫米波主要特性

在毫米波波段,有多个重要的损耗因素显著影响无线电波的发射和接收。下面首先指出并讨论影响毫米波信号发射和接收的几个关键传播损耗因子。

1. 自由空间传播损耗

自由空间传播损耗定义为由两个各向同性发射和接收天线间距离和工作频率决定的传播损耗。式(40.1)是自由空间传播损耗的显式表示,即

$$\text{自由空间传播损耗} = \left(\frac{4\pi R}{\lambda}\right)^2 \tag{40.1}$$

式中:R 为发射天线和接收天线之间的距离;λ 为工作频率对应的自由空间波长。为便于理解,式(40.1)可用 dB 值和频率来表示,即

$$\text{自由空间传播损耗} = 20\log F + 20\log R + 92.4 \tag{40.2}$$

式中:频率 F 的单位是 GHz;距离 R 的单位是 km。显然,自由空间传播损耗随工作频率呈对数增加。自由空间传播损耗对无线链路预算的影响可以用式(40.3)来表示,即

$$P_{RX} = P_{TX}\left(\frac{\lambda}{4\pi R}\right)^2 \tag{40.3}$$

式中:P_{RX} 为接收到的功率(dB);P_{TX} 为发射功率(dB)。

2. 降水损耗

在毫米波频率,雨滴直径约等于几个自由空间波长。降雨会使无线电信号在传播过程中产生明显的散射效应。图 40.1 给出了无线电信号每公里衰减量随降雨量变化的曲线。可见降雨对 10GHz 以下频率无线电信号的衰减很小。

但是,在毫米波波段,降雨成为信号衰减的主要因素之一,必须在信号链路预算和天线设计阶段考虑特定区域和年降雨量的影响。

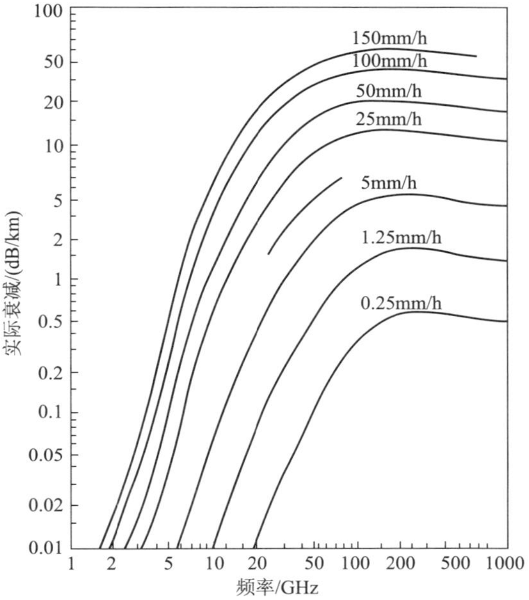

图 40.1　无线电衰减与降雨量的关系(Marcus and Pattan,2005)

3. 大气吸收和分子损耗

大气组分对毫米波的吸收远大于对微波的吸收。大气吸收总体上与无线电频率成正比,并具有若干个明显的衰减峰值,如图 40.2 所示。这些衰减峰值可以用在某些毫米波频率下氧分子(O_2)和水分子(H_2O)的共振现象来解释。例如,30GHz 和 60GHz 时 O_2 的吸收率分别为 0.02dB/km 和 15dB/km。O_2 分子在 60.3GHz 附近的吸收最大。某些毫米波频率下,大气固有的强吸收特性是设计近距离通信的主要考虑因素。相反,通常被称为“大气窗口”的弱大气吸收毫米波波段则被用于中等及以上距离的传输。

4. 叶簇损耗

叶簇损耗对毫米波波段的长时衰落影响显著。图 40.3 所示的叶簇损耗与树叶密度、树种和湿度等因素有关,且不可忽略(Marcus and Pattan,2005)。典型的叶簇损耗可用式(40.4)计算,式(40.4)当且仅当 $D < 400\text{m}$ 时成立,即

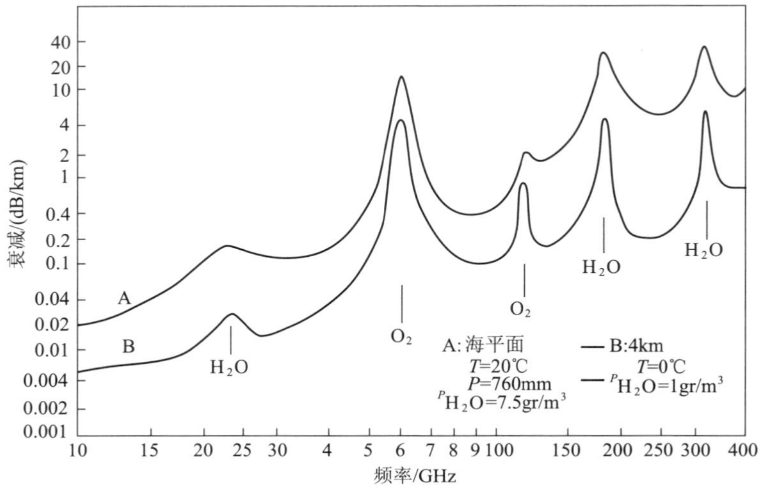

图 40.2 大气吸收(Marcus and Pattan,2005)

$$L_{\text{foliage}} = 0.2f^{0.3}D^{0.6}\text{dB} \tag{40.4}$$

式中:f为以 MHz 为单位的工作频率;D为以米为单位的叶簇厚度。

图 40.3 叶簇损耗示意图

5. 材料损耗

在无线电系统的设计阶段,要慎重考虑各种材料所引起的信号衰减。除了少数例外,5GHz 以上的无线电信号通过材料传输时均呈指数衰减,如图 40.4 所示。因此,选择适当的材料是毫米波天线设计的关键因素之一。天线基板、天线罩和连接器的材料组成与辐射效率密切相关。同时,为最大限度地降低对天线接收以及 RFIC 产生的毫米波信号的衰减,还要高度重视低损耗互连、天线馈电和封装技术。毫米波天线和无线链路设计人员必须准确地了解电波传播可能遇到的材料损耗角正切大小。鉴于多数材料供应商和制造商无法给出频率在 10GHz 以上时的材料特性,还必须了解介电常数和损耗角正切的提取和计算技术(El Sabbagh et al.,2004;Fratticcioli et al.,2004;Fang et al.,2004),并选择性地应用于不同设计场合。

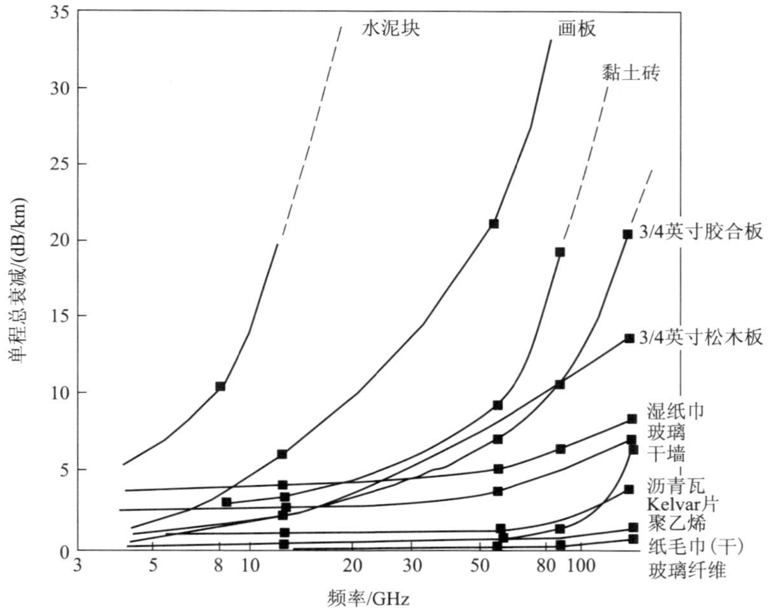

图 40.4　单程信号衰减随频率变化曲线

40.2.2　天线增益

从前面几小节可见,毫米波波段最引人注目的一个特性是引起信号衰减的因素众多。为了成功建立无线电传输能力,总信号衰减必须小于无线电链路预算。无线电链路预算可以用式(40.5)来描述,即

$$\text{无线电链路预算(dB)} = PTX + GTX + GRX - R_{sensitivity}(dB) \quad (40.5)$$

式中:$R_{sensitivity}$ 为一定比特误码率(BER)或数据包错误率(PER)下的最小接收功率。$R_{sensitivity}$ 与前述各种信号衰减因子有关,注意不要把它与接收机噪声系数

或信噪比(SNR)混淆,虽然它们也涉及 $R_{sensitivity}$ 的计算。毫米波接收天线的设计与 $R_{sensitivity}$ 密切相关,因为天线馈线的信号衰减会降低接收机噪声系数。PTX 定义为发射功率,可以理解为发射天线端口的总发射功率或者功率放大器输出的总功率。通常,两者的大小略有不同,因为在毫米波波段,功率放大器与发射天线间的路径损耗以及开关损耗、双工器损耗等内部信号损耗不可忽略。总之,实现无线链路预算(dB)最大化是毫米波无线系统设计的关键。

由式(40.5)可知,增加 PTX 是实现所需无线链路预算和毫米波信号覆盖的直接方法。然而,利用现有半导体技术实现最佳功耗水平和功率附加效率(PAE)之间的理想平衡仍然是一个技术难题。可用功率容量稀缺是常态,在消费电子领域尤为突出。例如,当前微型智能手机的设计趋势是不断提高硬件功能,这必然给移动和穿戴设备的电池寿命带来巨大压力。利用Ⅲ~Ⅴ族化合物半导体技术结合 CMOS 工艺以获得更高的射频输出功率,并提高毫米波波段工作效率,或许能有效突破这一瓶颈。然而,目前尚未找到真正物美价廉的制造和封装路线图。

毫米波波段 PTX 功率有限,突显了提高天线增益的重要性。为更好地理解天线增益的影响,式(40.3)可以重新写成关于天线孔径的函数,即

$$P_{RX}=P_{TX}\left(\frac{1}{4\pi R^{2}}\right)\left(\frac{\lambda^{2}}{4\pi}\right) \tag{40.6}$$

对谐振型天线,毫米波天线的孔径尺寸为毫米或亚毫米量级,远小于频率较低的微波天线。毫米波天线孔径变小必然导致接收端的能量捕获能力下降。因此,P_{RX} 与天线工作频率成反比例关系。对通常用于 WiFi 和蜂窝网通信的全向天线,在毫米波波段的低天线增益和高信号衰减的共同影响下,接收信号的功率水平将按 $20\log F$ 的量级下降,其中 F 是以 GHz 为单位的工作频率。例如,对相同的 P_{TX} ,30GHz 时的 P_{RX} 会比 3GHz 时低 20dB。这种参数关系是远距离视线(LoS)信号发送和接收的主要限制因素,也是许多毫米波系统利用反射区和菲涅耳区传输的根源,此类天线的设计将在本章后面部分讨论。显然,毫米波天线孔径是这些问题的核心。鉴于天线孔径与方向性系数和增益直接相关,式(40.6)可以改写成弗里斯(Friis)传输公式的形式,即

$$P_{RX}=P_{TX}G_{TX}G_{RX}\left(\frac{\lambda}{4\pi R}\right)^{2} \tag{40.7}$$

式中：G_{TX} 和 G_{RX} 分别为发射天线和接收天线的增益。此外，式(40.7)也可以展开成式(40.8)，以体现发射天线和接收天线孔径对 P_{RX} 的影响，即

$$\begin{aligned} P_{RX} &= P_{TX}\left(\frac{4\pi A_{e,T_x}}{\lambda^2}\right)\left(\frac{4\pi A_{e,R_x}}{\lambda^2}\right)\left(\frac{1}{4\pi R^2}\right)\left(\frac{\lambda^2}{4\pi}\right) \\ &= P_{TX}A_{e,T_x}A_{e,R_x}\left(\frac{1}{\lambda^2 R^2}\right) \end{aligned} \tag{40.8}$$

式中：A_{e,T_x} 和 A_{e,R_x} 分别为发射天线和接收天线的有效孔径。

由式(40.8)可见，P_{RX} 与收、发天线有效孔径的乘积成正比，并与工作频率的平方和通信距离的平方成反比。图 40.5 给出在毫米波波段增大天线孔径的效果示意图。以一个 3GHz 的简单贴片天线为例，当在 30GHz 使用相同电尺寸的贴片天线时，天线孔径将按天线比例因子的平方减小，甚至导致 P_{RX} 产生 20dB 的差异。但是，如果设计一个 30GHz 的天线，其天线口径尺寸与 3GHz 的天线相同，则获得的增益增量可以补偿前述 $R_{sensitivity}$ 计算式中的固有路径损耗差异。这充分说明在毫米波通信系统设计中挖掘天线增益潜力的重要性，也是多数毫米波天线采用多孔径技术和相控阵形式的原因之一。必须指出，在毫米

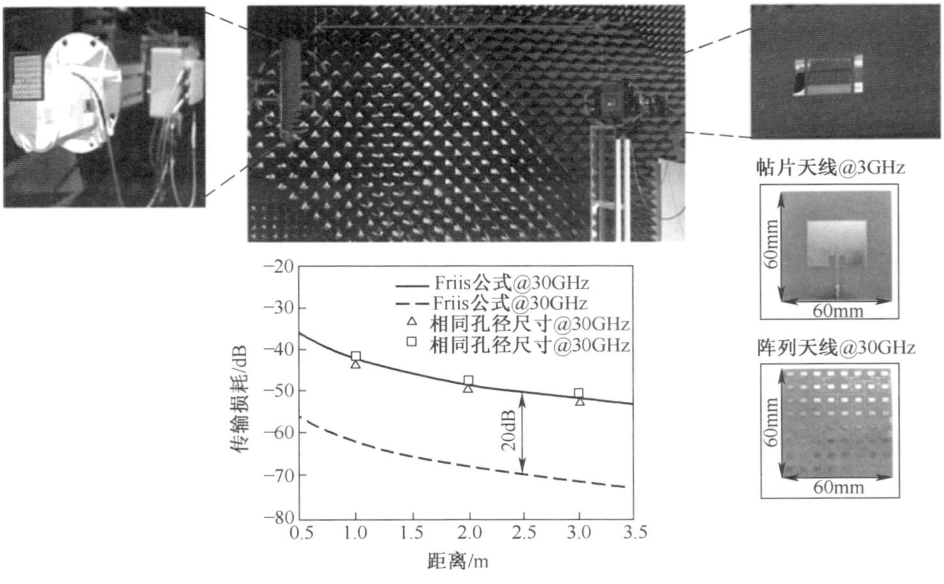

图 40.5　增大天线孔径的效果示意图

波波段,天线基板材料吸收、互连插损和极化失配等也是天线增益下降的重要因素。

40.2.3 天线辐射特性

天线增益取决于天线的方向性。天线方向性定义为在远场区给定方向(θ,φ)上的辐射强度与在整个球面上的平均辐射强度之比。谐振型或电小尺寸天线在所有方向上近似均匀辐射,具有幅度接近1或者0dBi的非常低的方向性。在主要使用天线近场或超近距离收发的场合,毫米波天线方向性不是设计的重要因素。但是,在毫米波发射机和接收机分开数米以上距离时,天线方向性对无线链路的建立起决定性作用。根据发射机和接收机的空间部署情况,下面分几种应用类别讨论天线辐射特性对毫米波无线链路质量的影响。

1. 固定波束应用(点对点)

可以根据SNR、有效全向辐射功率(EIRP)和接收信号强度(RSSI)等要求配置收发天线。通常使用迭代射线追踪法和信道传播模型,进行毫米波发射端和接收端部署的详细分析,并最终设置在固定位置。这种配置方案常用于中近距离网络架构,如毫米波数据回传/前送,以及芯片到芯片(C2C)或板到板等近距离通信。彩图40.6给出了一种应用场景示例。

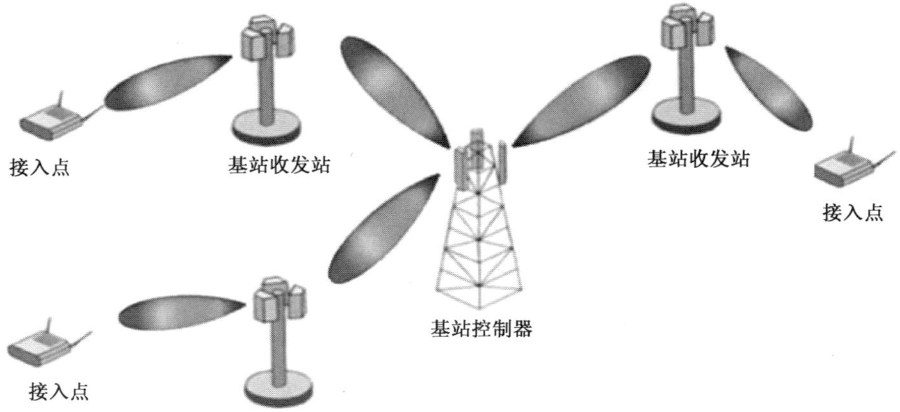

图40.6 毫米波固定波束应用示例(彩图见书末)

必须仔细设计固定型毫米波天线的波束宽度和方向性,以避免发射端和接收端之间产生瞄准偏差。随着通信距离增大和天线指向性更强,直视通信天线瞄准偏差的敏感度成为一个更大的问题。大多数点对点毫米波通信应用于室外环境,更使其成为设计时要考虑的重要因素。因为任何微小的风、雪、鸟类以及其他环境干扰都可能使天线产生几毫米的位移。必须按在这些干扰下仍能保证通信质量(QoS)来设计毫米波天线波束宽度。一些新型点对点毫米波通信天线尝试采用精准的机械波束控制来解决这个难题。近年,相控阵等电子波束控制方法也在研究中。然而,随着天线单元数的增加,天线单元和射频前端之间的互连损耗问题也日益突出。

2. 基于波束控制的天线波束形成应用

在直视传输或点对点通信无法建立的情况下,必须在短时间内调整毫米波天线指向,搜索并重新建立连接链路,即由定向天线产生可在俯仰角和方位角扫描的窄波束毫米波信号,以使用最有效的传播路径发射和接收,这一技术通常被简称为天线波束形成技术。天线波束形成技术对室内环境非常有效,此时,存在毫米波信号穿透墙壁能量有限、吸收高以及家具、天花板和人类等反射信号形成的多径效应等问题。与现有蜂窝网和 WiFi 应用(低于 6GHz)通常使用的波段不同,射频和毫米波信号依靠反射电波为非直视传输建立链路,如图 40.7 所示。天线波束形成技术也是室外和从室内到室外等传输应用的重要有效方法。行人、车辆、灯柱和树叶等障碍物都可能存在双面劈绕射(Vogler,1982),形成前送、后传或接入网中的“失效点”。毫米波室外通信系统通过波束控制重新规划传播路径,不仅可以规避信号阻塞,还可以显著提高网络容量和数据率。

得益于硅技术和天线封装手段的进步,与传统的机械波束控制相比,毫米波天线电子波束控制越来越受到青睐,在波束形状、经济成本和扫描精度等方面优势突出。电子波束扫描可以大致分为以下两种方法。

3. 开关波束控制

开关波束控制技术使用一组固定的幅度权重和时间(相位)延迟器件形成阵列波束。广泛应用于接入点和蜂窝基站等到达角(DoA)已知的场合。每个天线单元被设计用于向预先定义的覆盖范围辐射,并利用开关、MEMS 和合路器等有源射频器件进行实时波束控制。由于毫米波天线尺寸较小,采用开关波束控制的整体天线尺寸可能有利于大范围远场辐射覆盖的实现,如图 40.8 所示。为增强不同区域覆盖率,还可采用毫米波子阵列技术。类似于点对点通信应用,必须仔细设计各个毫米波天线单元的方向性,以避免组合远场方向图出现零点,特

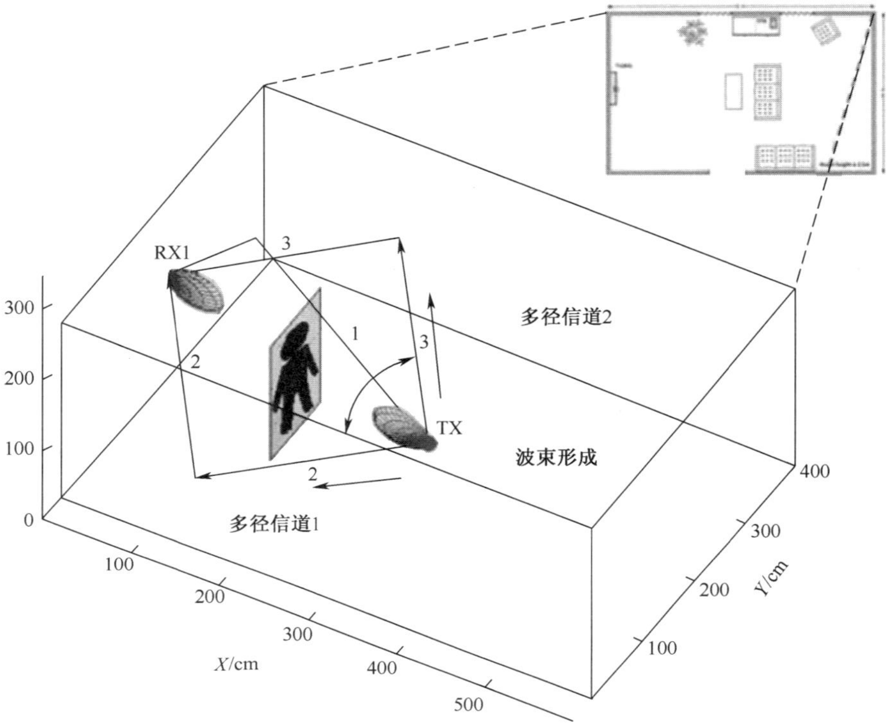

图 40.7 室内毫米波波束控制应用场景

别是在对误差要求很高的军事和航天应用场合。相对而言,毫米波接入网和传感器等商业应用对天线方向性的要求较低。同时,还必须考虑成本、设计复杂性、制造难度和外形尺寸等因素。在天线阵列中使用简化互连馈电网络(Pozar,1992)、子阵重叠或交错阵布局(Abbaspour-Tamijani and Sarabandi,2003)等技术有助于减少所使用的有源射频器件数量。在毫米波交错阵列中,相邻天线单元间的交叉负载与天线波束状态有关,必须开发降低交叉互耦的方法。此外,固定波束控制技术可以与自适应波束控制技术结合使用,解决超远距离覆盖和超宽范围波束控制难题。

4. 自适应波束控制

自适应波束控制源于20世纪60年代的声呐和雷达等军事应用,是为减轻信号干扰影响而设计的。数十年来这一概念不断发展,现在通常被定义为一种可以根据预先定义的标准实时自动组合、重构信号的技术,以实现在特定方向上

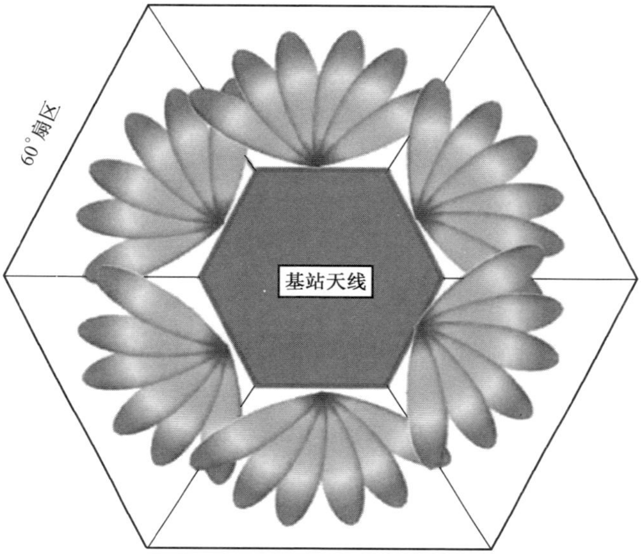

图 40.8　扇形开关波束控制

的最小传播衰减。

彩图 40.9 是由 N 个均匀间隔（距离为 d）的相同点源构成的线性阵列。设阵元 $P_n(t)$ 在最强辐射方向上接收的输入信号为 $S_n(t)$，则倾斜角 θ 引入的参考点源 $P_0(t)$ 和 $P_n(t)$ 之间的信号到达时间滞后可用 τ 表示，且有 $\tau_n = n\tau$ 。其中，τ 定义为

$$\tau = \frac{d\sin\theta}{c} \tag{40.9}$$

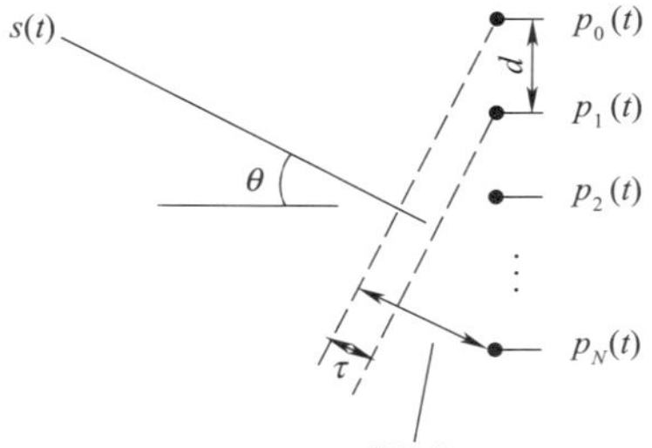

图 40.9　等间距线性阵列示意图（彩图见书末）

通过在其中顺序加上阵列单元的真实时间延迟,以便信号以相干方式到达,在 θ 方向阵列接收到的信号可以以相长方式叠加。可把 $S_n(t)$ 表示为

$$S_n(t) = S(t - \tau_n - \tau_{\text{shift},n})\cos(\omega_{\text{RF}}(t - \tau_{\text{shift},n})) \tag{40.10}$$

大多数毫米波通信应用符合窄带条件模型,频率带宽远小于中心频率 ω_{RF}。这种情况下,实际延迟可以用一个恒定的相移近似表示。与相控阵(Natarajan 2007)的命名一致,式(40.10)可以在频域用各个点源的相移 ϕ_n 代替时间延迟重新表示 $S_n(t)$,即

$$S_n(t) = S(t - \tau_n)\cos(\omega_{\text{RF}}(t - \tau_n) - \phi_n) \tag{40.11}$$

式中:$\phi_n = (N - n)\phi$。

相控阵在 θ 方向上的总接收信号可以表示为所有阵元 $S_n(t)$ 的总和,即

$$\begin{aligned} S_{\text{array}}(t) &= \sum_{n=0}^{N-1} S(t - \tau_n)\cos(\omega_{\text{RF}}(t - \tau_n) - \phi_n) \\ &= \sum_{n=0}^{N-1} S(t - n\tau)\cos(\omega_{\text{RF}}t - n\omega_{\text{RF}}\tau - (N - n)\phi) \end{aligned} \tag{40.12}$$

在窄带条件下,有

$$S(t) \approx S(t - n\tau) \approx S(t - \tau) = S_0(t)$$

$S_{\text{array}}(t)$ 可以表示为

$$|S_{\text{array}}(t)| = \left| \frac{\sin \dfrac{N(\omega_{\text{RF}}\tau - \phi)}{2}}{\sin \dfrac{\omega_{\text{RF}}\tau - \phi}{2}} S_0(t) \right| \tag{40.13}$$

式(40.13)显示,当 $d > \lambda/2$ 时,平面天线阵列的远场辐射方向图将受栅瓣影响。而当 $d \ll \lambda/2$ 时,相控阵天线可能会产生过度互耦,在式(40.13)中引入非线性项。因此,一般的经验做法是使 $d = \lambda/2$。阵列的 3dB 波束宽度取决于 N 和 θ,即

$$\text{BW}_{3\text{dB}} = \frac{0.87\lambda}{Nd\cos\theta} \tag{40.14}$$

根据天线互易原理，发射模式下的波束控制效果与接收模式相同。

相控阵天线方向图的推导表明，为实现主波束的半球扫描（即 $-\pi/2 \leqslant \theta \leqslant \pi/2$），连接各个点源的移相器必须是从 0 到 2π 连续可变的。实际使用时，主波束的扫描范围要窄些，因为大扫描角时存在旁瓣抬升的缺点，在使用最大功率标准评估波束形成算法的相干传播路径时也会产生负面影响。天线波束扫描范围和波束宽度对毫米波波束形成的影响可以简单地定性分析。

图 40.10 是 IEEE802.11ad 标准中的 60GHz 波束形成协议框图，可应用于未压缩的高清（HD）视频流和高速数据传输。协议的细节讨论超出了本书范围，读者可参阅 Jo 等（2014）的著作。其基本原理描述如下：

① 为球形扇区覆盖范围定义一组天线控制方向 θ；

用最小的天线增益实现给定球形扇区的全覆盖；

尽量减少所需的天线站位。

② 然后，把所得到的每一组天线位置均应用到 TX 和 RX 侧，并对来自该组的所有交互 TX 和 RX 天线位置进行迭代，实现给定最大发射功率下的最佳组合。

如图 40.10 所示，无论是准全向天线配置还是定向 TX/RX 天线配置，其辐射方向图均对自适应波束控制算法的效率产生影响。通常，要高度关注扇区电平扫描（SLS）和波束优化协议（BRP）方案间产生的天线波束宽度变化。$N \times M$ 相控阵天线的主波束可以用图 40.11 所示的俯仰面波束宽度 BW_{ev} 和方位面波束宽度 BW_{az} 来描述。在自适应波束优化过程中，SLS 通过选择性地训练 TX 和 RX 天线来启动链路检测，使用预置 BW_{ev} 和 BW_{az} 值的天线阵列进行最佳扇区搜索。BRP 使用迭代过程来“训练”RX 和 TX 天线，以识别扇区中的最佳传播路径，多数时候也使用与 SLS 相同的 BW_{ev} 和 BW_{az}。在接收功率电平与无线链路预算的动态范围不符时，使用优化后具有不同 BW_{ev} 和 BW_{az} 的主波束重新进行 SLS。SLS 和 BRP 效率影响 BW_{ev} 和 BW_{az} 的动态可扩展范围。

必须以拟覆盖的最大物理范围来设计转向角度 θ，同时使适时发射和接收训练区（TRN-T/TRN-R）的波束控制迭代次数最小。天线阵列波束控制分辨率是天线单元间距 d 和移相器角分辨率（或最大位数）的函数。笔形波束和扇形波束天线方向图通常是毫米波自适应波束控制的首选，选择哪一种取决于具体用途。

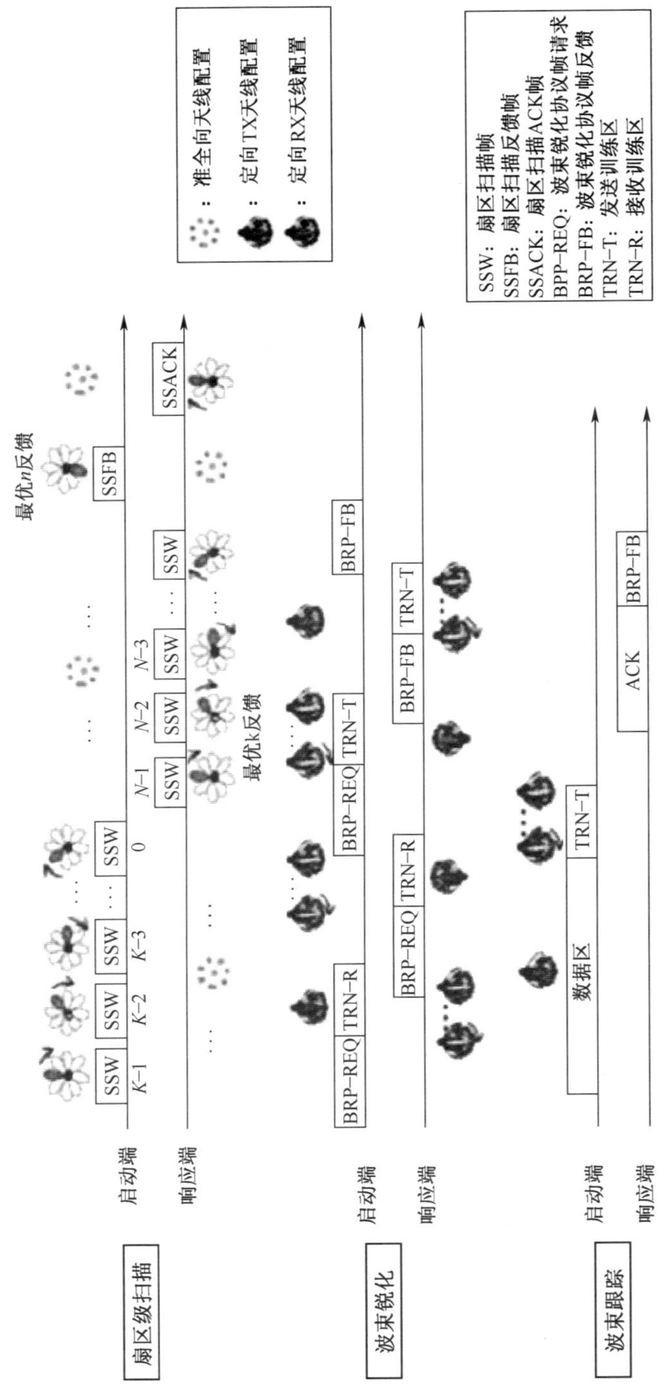

图 40.10　用于 WiGig/IEEE 802. 11ad 的自适应波束形成协议框图(Jo et al.,2014)

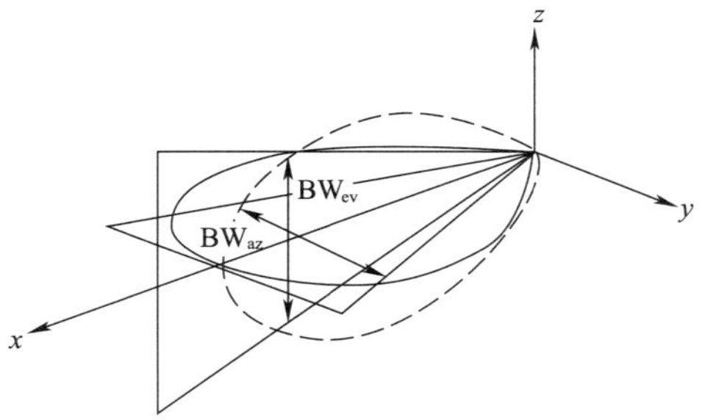

图 40.11　天线波束宽度定义示意图

40.3　毫米波天线设计关键技术

本节讨论几个毫米波天线设计最为关键的参数和实现技术。在无线通信应用中,因为具有易于制造、组装以及与无线系统的其他部分集成等优点,低剖面天线结构是首选。通常,天线结构的简化是以牺牲天线性能(如方向性、增益和带宽等)为代价的。因此,在面对给定的天线装配空间时,理解每种天线设计的优缺点是开展工作的前提。制造和装配成本是消费电子和汽车工业中另一个重要的设计考虑因素,天线类型以及天线材料的选择和叠层形式密切相关。表 40.1总结了几种常用毫米波天线类型的特点,可供不同应用设计时参考。

表 40.1　不同类型毫米波天线特性比较

天线类型	制造难度	物理尺寸	增益	带宽
平面印制天线	易于制造	小	中等	窄
介质谐振天线	中等	中等	中等	小
基片集成波导天线	中等	中等	中等	大
反射面天线	较难	大	高	中等
缝隙天线	易于制造	中等	低	中等
透镜天线	较难	大	高	窄

上述天线类型可以单独使用或以多用途天线阵列的形式组合使用。设计过程可以简述如下。

① 确定目标工作频率和天线带宽;

② 根据目标通信距离和覆盖范围,利用无线链路预算确定天线增益;
③ 根据天线所处的环境估计最优方向、辐射方向图和极化形式;
④ 获取最大天线装配空间,并确定天线在无线设备内的最佳位置;
⑤ 估计天线馈电长度并计算馈线损耗;
⑥ 选择要用于特定应用的天线类型;
⑦ 选择天线基板材料、封装、制造以及与毫米波 RFIC 集成方法;
⑧ 设计天线性能评估方案,确定需要进行微调的设计参数;
将在下面的小节对设计过程进行深入讨论。

40.3.1 毫米波天线封装和集成

1. 天线封装

天线与无线模块其余部分的集成方法是毫米波射频前端设计与微波频率(通常低于 10GHz)下的设计之间最明显的区别之一。3G/4G 或传统 WiFi 等现有无线通信系统中,天线在整个无线架构内被视为独立的模块,天线、射频芯片(RFIC)、数字集成电路(IC)以及相应的互连部件都是独立定义的,并设有标准化的硬件接口。天线和 RFIC 通常通过行业标准互连,包括同轴射频连接器、表面贴装(SMT)、印制电路板(PCB)以及经常与外部微波匹配网络结合使用的射频开关等。天线与 RFIC 之间的插入损耗主要取决于输入端的反射特性以及互连和匹配网络的介电损耗。然而,当工作频率位于毫米波波段时,由于与微波波段相比插入损耗显著增加,这种传统设计不再适宜。天线端口和 RFIC 焊盘之间连线的插入损耗成为毫米波天线设计的主要关注点之一。因此,毫米波天线设计的基本原则是最小化天线端口和 RFIC 焊盘之间的物理距离。

一般来说,毫米波天线主要有两种封装方式,即片上系统(SoC)和封装内系统(SiP)。SoC 封装以片上天线的形式实现,片上天线直接采用 CMOS 或Ⅲ~Ⅴ族半导体等硅技术嵌入多层金属。图 40.12 给出了使用 130μm CMOS 技术的片上天线结构示意图。由于可扩展性好、易于与微波集成电路(MMIC)集成以及较低的成本,CMOS 比Ⅲ~Ⅴ硅技术在制造方面更具优势。另外,Ⅲ~Ⅴ硅技术有更高的电子迁移率、更高的功率操控能力以及更低的基板损耗。片上天线因基板电阻率较低,导致低增益、高馈电插损。大容量 CMOS 技术的电阻率为 $10\Omega \cdot cm$量级,Ⅲ~Ⅴ硅技术的电阻率为$10^7 \sim 10^9\Omega/cm$。使用低电阻率基板设计的毫米波天线信号衰减严重,而且标准铸造工艺制作的金属薄层使之更甚。在毫米波频率,金属层厚度小于趋肤深度,使天线结构进一步受到衬底损耗的影响。在片上天线中使用高电阻率硅衬底是降低信号衰减的有效方法。但是,高制造成本仍然是消费电子等大众市场应用的障碍。近年,一些片上天线使用了具有周期性电磁带隙特性的超材料或者人工磁导体(AMC)表面,如图 40.13 所示(Lin and Ooi,2009;Chu et al.,2009)。

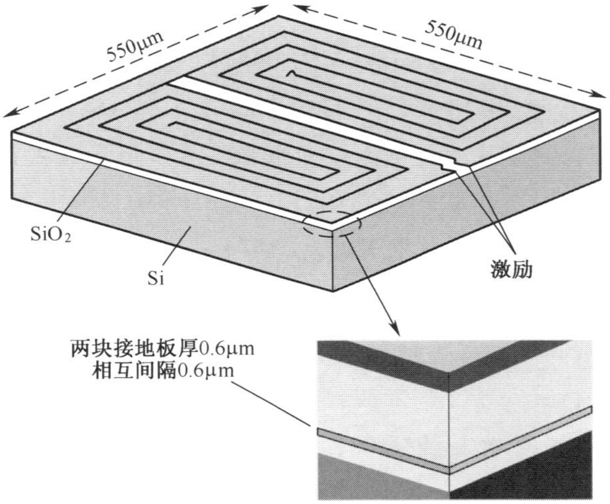

图 40.12　片上缝隙天线设计实例(Behdad et al.,2007)

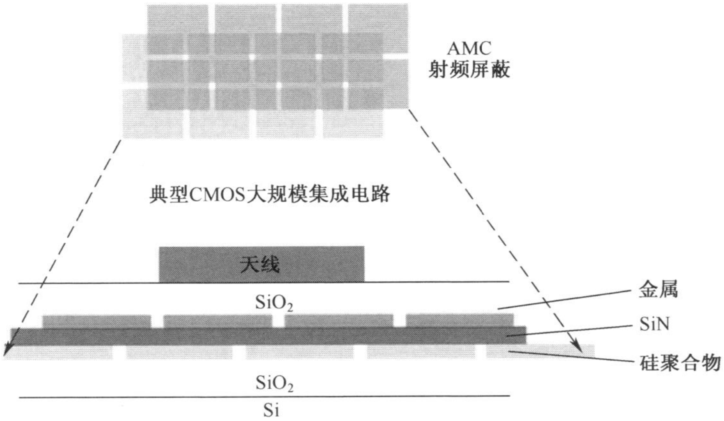

图 40.13　在人工磁导体(AMC)上实现的 SoC 天线

SoC 天线封装的主要目的是以单片形式实现整个射频前端。如前所述,毫米波天线单元与 MMIC 芯片其余部分之间的物理距离减小并不总是能够保证天线馈线损耗得到改善。对于需要多个天线单元的应用,在工程和经济意义上,SoC 天线可能是不合理的。例如,在 60GHz 相控阵中,如果 RFIC 芯片中包含多个片上天线单元,将导致硅片面积增加,显著提高 RFIC 芯片的单位价格。权衡这些关系,SoC 天线封装可能更适合 90GHz 以上的毫米波频率或超近距离的毫米波无线通信场合。

另一种有效解决方法是直接将天线与无线模块的其余部分集成,即所谓的封装内系统(SiP),图 40.14 是这种封装方法的多层结构示意图。图 40.14(a)所示的横向集成方式适用于端射天线。毫米波天线单元放置在距离 RFIC 非常近的位置,采用微带线、带状线或共面波导(CPW)作为馈电网络。这一结构可兼容介质谐振天线(DRA)、八木天线和水平偶极子天线等。通常情况下,需要设计巴伦或子匹配网络等额外的转换器来微调天线端口的输入阻抗。可使用陶瓷、先进有机材料和聚合物等高介电常数材料来设计 DRA 等选定的天线,并使用表面贴装技术将其安装在毫米波载板上。对诸如八木天线和水平偶极子天线等平面天线,直接利用 PCB 载板可使毫米波天线的设计更为简单、低廉,并获得

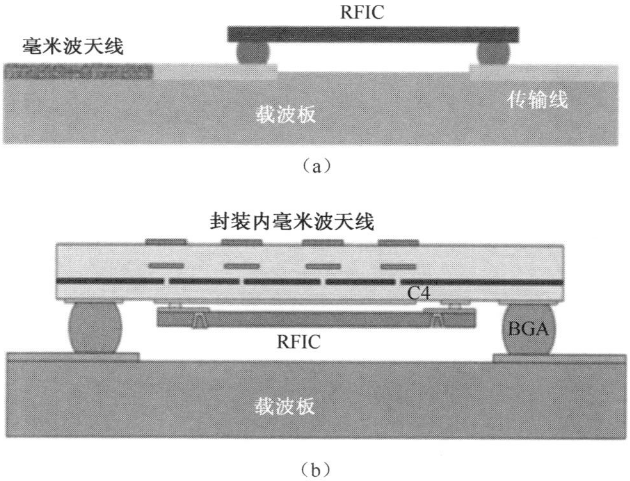

图 40.14　SiP 毫米波天线集成示意图

(a)横向集成;(b)垂直集成。

尺寸优势。彩图 40.15 是一种独特的毫米波天线封装方法，其中的谐振天线尺寸非常小，可以完全嵌入天线载波板内。采用多层叠拼技术，天线单元通过叠层通孔、过孔和埋孔等通道垂直互连。天线单元的排布可等效为一个垂直指向的单极天线，产生端射。

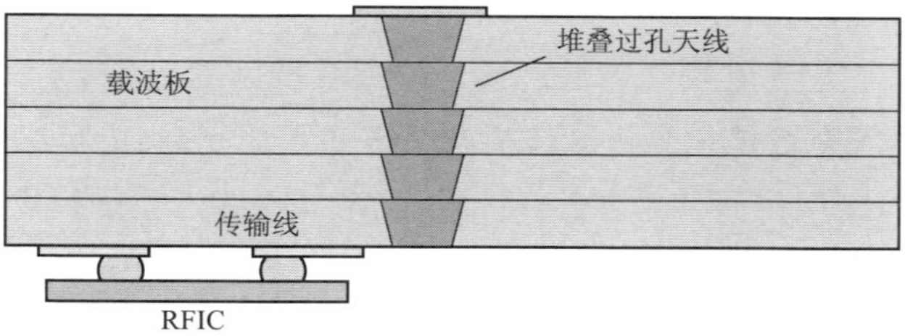

图 40.15　用叠层通孔实现的端射单极天线（彩图见书末）

随着阵列天线单元数量的增加，横向集成方案的有效性降低。因为天线单元必须以一定的最小间距分隔，增加了天线馈电网络的复杂性和物理长度。因此，横向集成方案通常用于射频路径和天线单元数量相对较少的毫米波无线通信场合。

图 40.14(b) 所示为垂直集成方案示意图。与横向集成方案相比，这种天线集成方案提供了更丰富的天线类型选择。此方案中，天线单元和 RFIC 分别位于天线模块载波板的两个表面上，优点有：①使用通孔可实现互连插入损耗最小化；②有效降低天线阵尺寸和整个天线模块的大小。这种将 RFIC 安装在天线模块反面的方法通称为倒装芯片焊接(flip-chip bonding)，也叫可控塌陷芯片连接(controlled collapse chip connection)或 C4。在制作射频焊料球的晶片处理最后流程中，焊料凸点沉积在 RFIC 的上表面。RFIC 最终被倒置或“翻转”，使得焊料凸点与天线模块的信号焊盘直接接触，实现互连。在毫米波波段，倒装芯片焊接往往优于传统的引线焊接，可获得优异的结构刚性并减少寄生效应。因为在毫米波频率下每毫米焊接导线的寄生电感约为 1μH，足以造成天线阻抗匹配失谐。当 RFIC 有大量通道与载波板焊接连接时，很难保证引线焊接过程可控。

贴片天线和缝隙天线等具有宽波束辐射特性的平面天线更适合采用垂直集成方案。值得注意的是，毫米波 RFIC 裸片尺寸约为几平方毫米，而毫米波天线阵往往大很多。因此，在垂直互连的同时，还必须使用微带线、带状线或共面波导等横向馈线传送射频信号，并将 RFIC 的焊料球与相应的天线单元端口对齐。

天线馈电网络的插入损耗与射频路径长度和天线单元数量成正比。

2. 天线材料

毫米波天线模块板材是一个关键设计因素,影响天线成本、设计灵活性和电气性能等。先进的天线材料,如低/高温共烧陶瓷(LTCC/HTCC)和以液晶聚合物(LCP)为代表的有机印制电路板,具有可调的介电常数和高频下的低损耗角正切值。因此,它们比常用于高性能毫米波天线设计的FR-4等PCB板材更受欢迎。与FR-4相比,使用先进天线板材可以实现更复杂、更精细的结构制造和层压,如更窄的线宽和更小的焊盘,从而给毫米波天线工程师提供更大的设计自由度。天线板材选择的另一个重要标准是易于与各种集总元件或集成电路芯片集成。天线表面翘曲必须尽可能小,以免损坏表面安装元件。翘曲可以使用杨氏模量等参数进行定量表征(Wang et al.,2003)。热稳定性和刚度也是另一个重要的设计考虑。MMIC电路产生的多余热量一般利用散热孔或外部散热片扩散、消弥。在毫米波天线模块尺寸极小的情况下,天线板材要承受较高的温度,可能导致意外的机械变形。天线板材的热膨胀会导致天线焊盘与芯片间焊料球的损坏或开裂。热膨胀系数(CTE)与芯片接近的天线板材可以有效减少这种可能。

在经济性层面,先进天线板材的原材料和制造成本往往比FR-4高几倍。可以通过减少天线层数或尺寸来节约成本。

3. 毫米波无线模块集成

毫米波无线模块可以大致分为3部分,即天线模块、RFIC和数字IC。这3个部分最终集成在一块载波板上,并预留高速外部组件互连(PCIe)或通用串行总线(USB)等接口。无线通信模块内还有RF、IF(中频)、参考时钟、IC供电电源和信号参考地等丰富的信号和参考互连要求。因此,进行集成方案设计时,必须充分考虑互连和射频架构的复杂性。彩图40.16给出3种毫米波无线模块的典型集成方法。

图40.16(a)所示的集成技术与图40.16(b)和图40.16(c)的主要区别是无线模块的组成和对应的组装过程不同。当天线模块和载波板使用不同的材料衬底时,可优先选择这种无线模块结构。天线模块通常需要使用垂直集成的多层结构,如LTCC、HTCC或有机PCB等。天线、RFIC和载波板3个独立部件可以使用以下3个步骤组装成相应的无线模块。

① 使用芯片倒装技术,将 RFIC 与天线结合。

② 使用焊球阵列封装(BGA)或栅格阵列封装(LGA)等阵列组装技术将 RFIC 和天线的组合体安装在载波板上。

③ 将连接器和集总元件等其他元器件以表面贴装的形式焊接到载波板上。

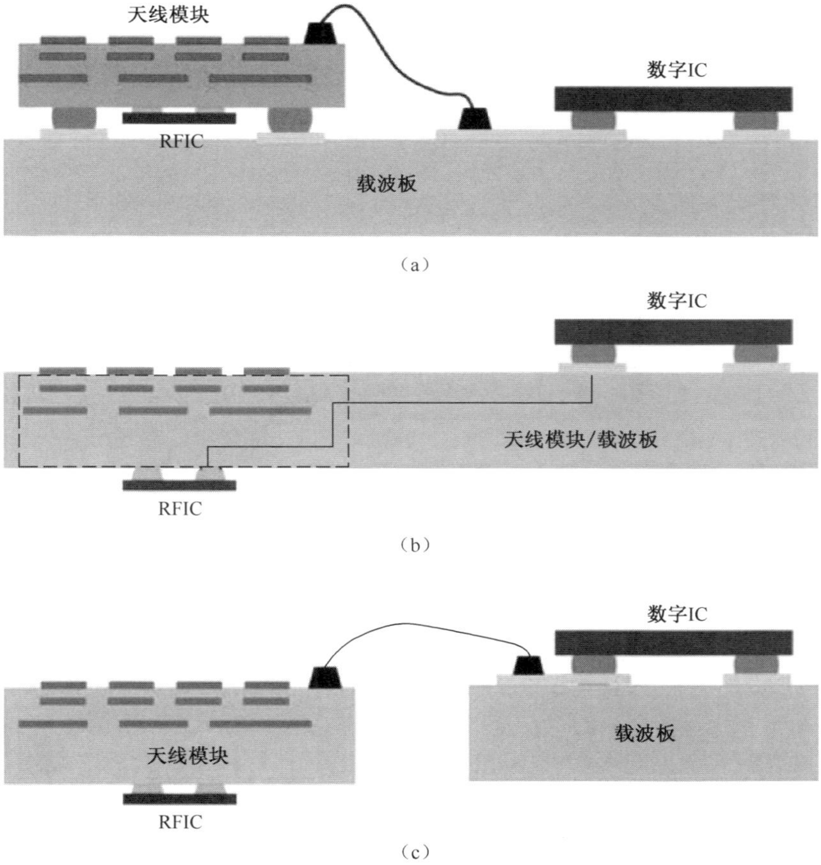

图 40.16　毫米波无线模块集成技术(彩图见书末)

装配完成后的无线模块通过微波传输线或同轴传输线与数字 IC 连接,采用哪种连接形式取决于两者间距。在无线模块中,IF 信号、参考时钟、供电电源和信号参考地等通过天线模块与载波板互连。倒装焊料球必须精心设计,以尽量减少射频反射和阻抗失配。可以使用基于计算机辅助设计(CAD)的电磁仿真方法对以倒装焊料球为代表的垂直互连结构进行电特性建模。彩图 40.17 给出了天线模块和 RFIC 焊盘之间的倒装焊料球构形。焊料球电抗往往是感性的(几个 nH),须使用连接到天线馈线的分路短截线等无源匹配网络来补偿。天线模块底部的焊料球分布必须正好是 RFIC 顶部焊点的镜像。对毫米波天线模块,优化焊料球布局是整个设计过程的关键工作之一。焊料球布局可对以下关键设计参数产生影响。

① RFIC 尺寸和前端架构。

② 天线材料、制造商和制造方法。

③ 目标工作频率下垂直互连的特性阻抗。

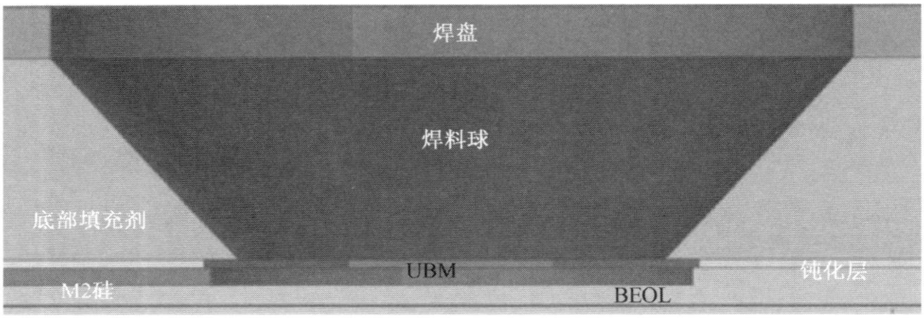

图 40.17　倒装焊料球结构侧视图(彩图见书末)

由于连接的 LNA、PA 和开关很可能不具有纯电阻性的 50Ω 输入阻抗,精确表征焊料球构形非常关键。必须利用焊料球的布局设计实现阻抗匹配,使每个信号焊盘保持电气均衡,并在准 TEM 模式下工作。每个信号焊盘必须被至少 4 个参考接地焊盘包围,如图 40.18(a)所示。与同轴结构相似,信号焊盘和参考接地焊盘之间的间距 P 决定了垂直互连的特性阻抗以及焊料球、封装、底部填充和天线板材的介电常数。P 的最小允许值通常受限于所采用 PCB 层压技术的加工精度和分辨率。当 RFIC 或天线模块的空间尺寸不能布置 4 个参考接地焊盘时,焊料球布局可进一步简化为图 40.18(b)所示的共面波导形式。也可以进一步扩展为图 40.18(c)所示的多信号焊盘布局。如果没有足够多的接地焊点有效屏蔽信号焊盘,将会引入杂散电场并在天线馈电网络中产生噪声。

如前所述,倒装芯片焊料球的结构强度受天线模块板材和 RFIC 产生的热量影响。近年,倒装芯片底部填充材料和工艺方面取得较大进展,倒装芯片焊料球的结构强度得到显著增强。

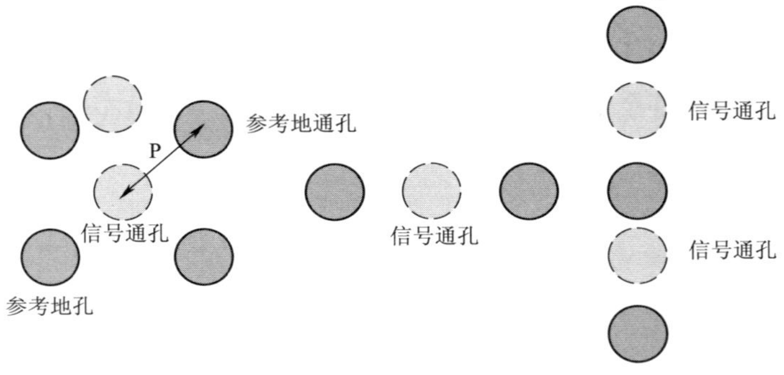

图 40.18　焊料球布局示意图

(a)准 TEM 模;(b)共面波导;(c)多信号焊盘。

使用三步装配法制造的毫米波天线模块通常需要数百个焊点的焊球阵列封装以在天线模块和 RFIC 之间构建电气、机械和热通道。显然,焊球阵列封装的任何微小缺陷都可能导致整个毫米波模块产生故障。因为焊球阵列封装极为重要且敏感,为保证模块的整体品质,经常需要进行 X 射线扫描等费时费力的质量检测。再考虑到先进天线板材的使用,焊球阵列封装的制造成本很容易超过目标推广价格。

图 40.16(b)给出另一种无线模块集成方案,以解决三步法集成的成本问题。与三步法中将天线模块和载板独立配置不同,此方案将天线模块完全嵌入并集成在载板内,无须分立的天线模块,可以单片实现。组装过程比三步法更为简单,具体如下。

① 将 RFIC 倒装到单片天线模块/载板上。

② 用表贴法安装连接器和集总元件等元器件。

值得注意的是,上述两个组装步骤的顺序可以互换,这取决于有或没有表面贴装元器件情况下应用倒装芯片组装过程的模板的便利性。显然,两步法装配无线模块的过程避免了栅格阵列的使用。因此,集成的总体时间和成本都获得显著降低,在大批量应用时更具成本优势。而且无线模块取消栅格阵列后,在与其他无线通信硬件集成时更灵活。这种集成方法能够在无线设备硬件中实现多层毫米波天线设计,而无需任何额外的材料成本和组装过程。整个主板和天线模块集成于一体,可以单片设计、制造。图 40.16(b)非常适用于毫米波天线类型、天线板材、应用场景和天线安装位置已知的情况。其最大不足是要在超外差无线架构天线附近实现数字电路集成。同时,当毫米波 RFIC 或天线模块产生错误时,必须更换整个载板,而不是仅仅更换图 40.16(a)中的天线模块。图 40.16(c)使用一个独立的天线模块弥补了这个不足。

在天线模块、载波板甚至主板使用相同或相近的板材时,两步法无线模块集成方案优势明显。换句话说,这种方案下天线板材取决于载波板和主板所用的材料。除非有特殊要求,传统的高容量 PCB 板材(如 FR-4)完全可以满足消费电子、电信和汽车行业的需求。由于传统 PCB 板材的损耗角正切高达 0.005 或更大,因此必须设法降低天线模块/载波板内馈电网络的插入损耗。利用共面波导代替微带线和馈线布局优化都是行之有效的方法。

4. 毫米波天线混合封装技术

在毫米波频率高端,当谐振型天线单元的外形尺寸变得很小时,可以使用混合封装和集成方法。

图 40.19 是一种导线焊接毫米波天线。充分利用了谐振频率下分别由 PCB 载波板上的焊接导线和信号焊盘产生的感应感抗和容抗。由于天线结构非常脆弱,需要用聚合物基外壳等封装结构来保护毫米波导线焊接天线免受意外损坏。毫米波导线焊接天线适用于 80GHz 以上且端射阵元数量不多时的情况。由于导线焊接工艺单一,设计灵活性相对有限。

另一个较好的混合封装和集成技术为嵌入式晶圆级焊球阵列封装(eWLB)。如图 40.20 所示,其在传统晶圆级封装(WLP)内部增加扇出区域实现。此技术可用于汽车和电信领域的高功率通信等多芯片封装。eWLB 天线的本质是利用再分配层(RDL)在封装的扇出区域内部设计平面天线结构(Al Henawy and Schneider,2011)。这种封装技术适合边射天线。但是,用来设计天线阵列时的自由度有限,因为天线单元中心是 IC 结构。尽管如此,eWLB 天线仍然是 V 波段以上中近距离毫米波通信的最佳选择之一。

40.3.2 宽带毫米波天线设计

10GHz 以下的可用频谱与几个 Gb/s 量级无线通信所需带宽之间的矛盾,突显了开发毫米波应用的紧迫性。根据经典的 Shannon-Hartley 信息理论,在毫米波波段上显著提高无线信道容量的最有效方法之一是扩展频率带宽。在微波波

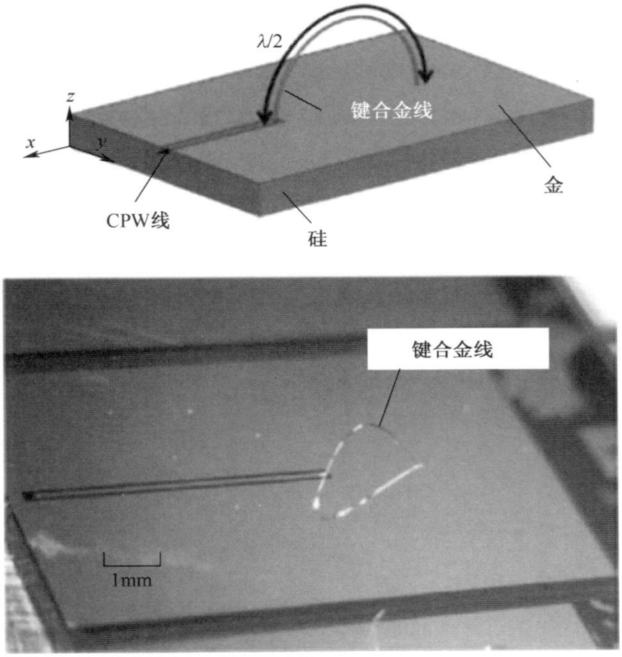

图 40.19　毫米波导线焊接天线示意图及样品(Willmot et al.,2009)

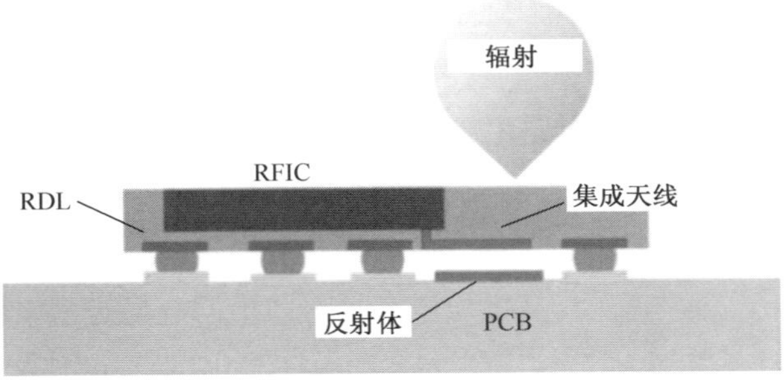

图 40.20　毫米波 eWLB 天线示意图

段得到深入研究和应用的频带拓展技术在毫米波波段同样适用。但是,必须充分考虑毫米波的特殊性,如前文提及的封装和集成等。已证明叠片和多层封装结构可用于设计稳定、高效的宽带天线。偶极子天线、八木天线和行波天线等单层毫米波天线也可以在设计中与无线模块封装兼容,代价是增加横向尺寸。

一般来说,在毫米波波段实现宽带多层天线有两种方法。第一种方法使用低介电常数天线板材。用低介电常数板材设计的天线具有较低的 Q 值,对应更大的天线带宽。第二种方法是增加板材介质厚度(Katehi, Alexopoulos 1983)。但是,增加介质厚度可能激起对平面天线有害的表面波。TE 和 TM 模表面波的截止频率均可用下式表示(Harrington,1961),即

$$f_c = \frac{nc}{4h(\sqrt{\varepsilon_r} - 1)} \tag{40.15}$$

式中:c 为光速;n 为与 TE 波和 TM 波的整数模;h 为天线板材介质厚度。n 越大,表示存在表面波的模式越多。另外,增加介质厚度将使低阶表面波产生互耦。多数情况下,毫米波天线模块尺寸与尺寸有限的介质基板大小相近。此时,激发的表面波模会产生难以表征的额外边缘绕射。边缘绕射可能导致天线主瓣零陷、旁瓣抬升、增益下降及退极化等。Liu 等(2009)对表面波模对毫米波天线辐射远场的影响进行了分析。为扩展带宽而增加板材介质厚度,在一定程度上可通过缓慢改变毫米波天线单元的激励来实现。根据经验,对平面天线,推荐使用的天线基板高度 $h < 0.01\lambda$ 。

确定毫米波天线形式后,即可选定天线板材的最佳介电常数和厚度。对贴片天线等常规平面天线,很难实现超过 10%的带宽。通过仔细控制寄生电容产生多个间隔紧密的天线谐振模是叠层宽带天线的合理思路。图 40.21 给出了几种基于寄生电容耦合的毫米波平面天线示意图。图 40.21(a)是一种垂直叠层天线结构,适合带宽超过 15%的应用。此设计由被视为贴片天线的多个平行 RLC 电路组成。各个 RLC 电路由串联电容耦合激励,耦合强度取决于贴片天线之间的间隙大小。间隙大小又与天线板材、可用的板材高度以及层压和制造方法高度相关。因此,间隙的调整集合通常是离散的。图 40.21(b)给出了一种水平耦合天线结构。顾名思义,其寄生电容耦合产生的电场与水平面平行。因此,这种类型的天线结构特别适用于 E 平面与耦合间隙垂直的线极化天线。这种带宽扩展方法对需要薄天线基板或叠层数有限的毫米波天线非常有用。与垂直叠层天线相比,其缺点是增加了水平面上的尺寸。在阵列应用中可能需要先进行小型化设计。垂直叠层天线和水平耦合天线技术可以混合使用,如图 40.21(c)所示。这种配置进一步提高了天线孔径效率,满足带宽超过 20%的毫米波平面天线设计需求。其不足是增加了复杂性,可能造成制造效率下降。而且传统大容量 PCB 的加工误差通常为几十微米,可能导致寄生电容耦合失调超

过 30%。为提高加工过程的可靠性，避免成本高昂的人工微调，可以首先独立设计和分析垂直叠层和水平耦合两种天线特性，明确影响天线带宽的主要设计参数规律后再将两种结构混合使用。

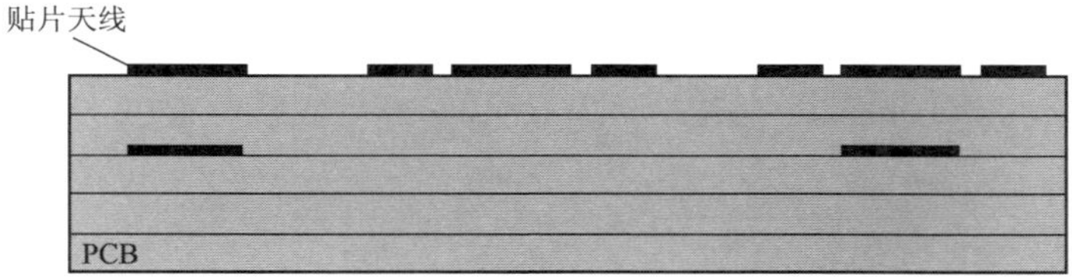

图 40.21　用于多层毫米波天线的带宽拓展技术

天线馈电是宽带毫米波天线的另一个重要设计要素。它可以大致分为图 40.22 所示的单平面和多层馈电形式。图 40.22(a)表示兼容贴片天线和平面单极子天线的微带边缘馈电方法。微带边缘馈电是一种串联电感馈电，由于天线和馈线可以同时制造，故其简单易行。缺点是由于可用设计参数不多，设计灵活性低。而且，当毫米波天线面积较小时，微带馈线远场辐射增加。因此，其设计要点是有效减小毫米波微带馈线长度。图 40.22(b)利用共面波导馈电消除了微带馈电的局限。与图 40.22(a)类似，馈线与天线共面。与微带馈电相比，共面波导馈电提供了更多的设计灵活性，并且减少了馈线辐射。上述两种共面馈电天线都有横向尺寸较大的缺点。应用于毫米波相控阵时，可以设计子阵列，使用共馈和串馈来降低馈电网络的复杂性。另外，受天线馈线电感性所限，此类天线带宽通常小于 10%。图 40.22(c)是一种探针馈电方法。在毫米波叠层结构中，探头使用信号过孔实现。用多个接地通孔环绕信号过孔近似模拟同轴线结构，实现准 TEM 模传输。这种方法的好处是馈电辐射可忽略，结构尺寸很小。调节探头在横向上的接触位置可以实现天线单元与探头的阻抗匹配。但是，带宽相对较窄。图 40.22(d)给出一种电容馈电方法。天线单元由电磁耦合激励，进一步增加了设计灵活性。可以用屏蔽微带线或槽线给天线馈电。使用这种方法，通过调整天线馈电结构可以激发天线的二次谐振，是扩展带宽的一种有效手段。图 40.23 被称为孔径耦合馈电(Pozar, 1985)。作为最受欢迎并广泛应用的毫米波天线馈电技术之一，该馈电结构由传输线和孔径组成。由于孔径之间的电磁耦合，位于叠层顶部的天线单元被激励。孔的尺寸可以精心设计，以便在毫米波天线单元的方向耦合最强。显然,这种馈电方法可用于边射天线,对贴片天线最佳。可调整传输线和孔径在水平投影面上相交的位置进行阻抗匹配。由于孔径和天线单元均能多模谐振,孔径耦合馈电是设计宽带天线的重要技术。

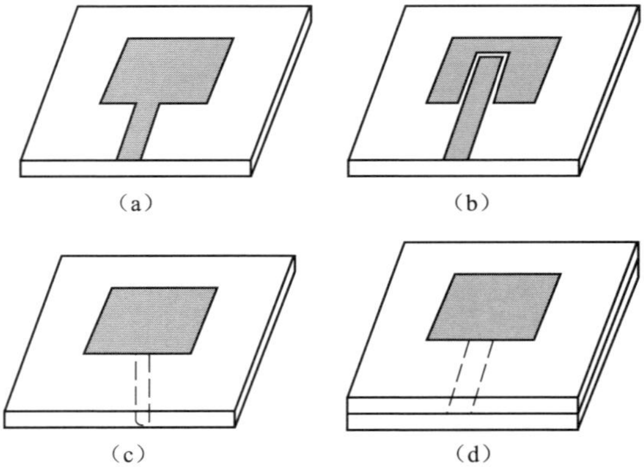

图 40.22　平面天线馈电技术示意图

(a)微带边缘馈电;(b)共面波导馈电;(c)探针馈电;(d)电容馈电。

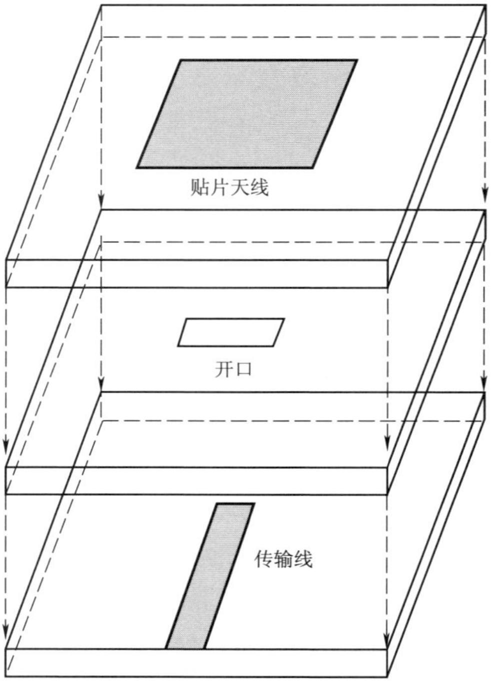

图 40.23　孔径耦合馈电示意图

为了更好地理解天线结构和馈电设计方法在实际中的应用，下面分析一个当今最为先进的宽带毫米波通信天线（Liu et al.，2011）。图40.24是这个基于5层PCB的毫米波集成天线横截面示意图。标记为Sub3的第三层天线衬底的介电常数比其他层衬底材料低约12%。使得设计在第三层（M3）上的天线馈线具有足够的宽高比以改善阻抗匹配。为进一步提高天线馈电效率，在Sub3上使用了低损耗黏合剂，而在其他地方则用损耗相对较高的黏合剂以降低成本和工艺要求。不难看出，Sub4和Sub5被部分切除以形成开放空腔。腔体形状满足RFIC插入毫米波天线模块内部的要求。这种配置无需使用通孔进行垂直信号互连，也无需配置相应的匹配网络。信号焊盘和参考地焊盘在底层M5上实现，通过焊球阵列封装连接载波板。

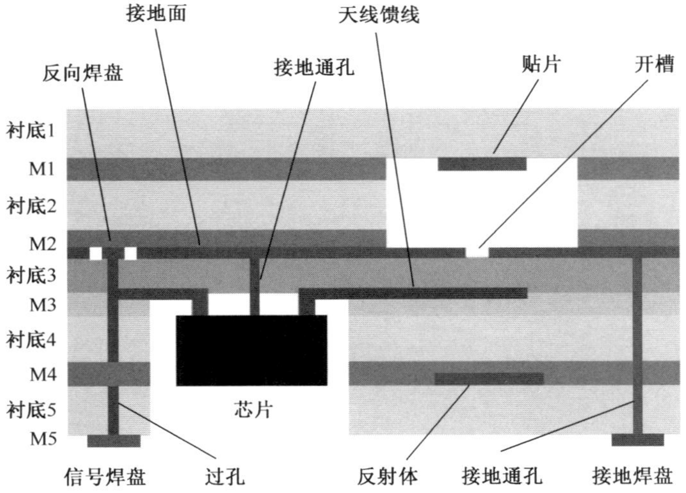

图40.24　基于孔径耦合贴片天线的集成毫米波天线截面（Liu et al.，2011）

该毫米波天线使用孔径耦合馈电实现宽带性能。毫米波贴片天线单元在M1层上实现。Sub2被部分切除形成一个密闭空腔，达到降低贴片天线衬底有效介电常数的目的，以降低天线Q值。M2底面作为贴片天线的参考地，同时屏蔽杂散辐射，隔离天线模块内的干扰信号。位于M2上的孔径是半波长谐振开槽，如图40.25所示。通过合并两种天线谐振模式，实现超过15%相对带宽内的2∶1驻波比。槽线谐振频率与贴片天线略有不同。开槽位置精密设计，使槽线和贴片产生的表面波正好反相对消，进一步提高天线增益。槽线由位于M3层的一组传输线激励。对双向辐射的缝隙天线而言,位于 M4 层的金属图案相当于一个反射器。

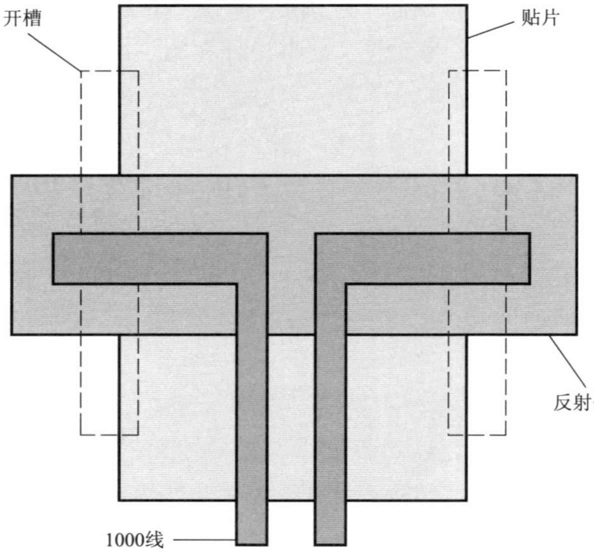

图 40.25　用于毫米波孔径耦合贴片天线的馈电结构(Liu et al. ,2011)

40.3.3　毫米波定向和可重构天线设计技术

因为存在“理论”那节中讨论的许多传播损耗因素,经典全向天线的应用局限于超近距离毫米波通信场合。而且,毫米波全向天线会接收来自不同到达角(AoA)的杂散信号,显著提高接收机的噪声系数。这种现象被称为灵敏度劣化,在实际传播环境下可使无线电系统的灵敏度降低 10dB 甚至更多,这一点在设计阶段要特别注意。基于天线波束控制的空间分集技术有助于减轻干扰的影响,特别是在多径传播环境下。在理想天线设计状态下,如具有完整球形辐射覆盖和精确角分辨率的相控阵波束控制天线,解决效果理想。然而,在大多数实际天线设计条件下,囿于尺寸、经济和技术所限,只能部分实现。其中,一种实用方法是使用具有扇形辐射覆盖的毫米波天线阵。这种方法适用于可根据统计空间信道模型估计到达角和离去角的传播环境。定向毫米波天线阵列大致可以分为边射和端射两大类,下面分别进行详细讨论。

1. 毫米波边射天线

边射平面毫米波天线的主波束垂直于天线结构平面。当发射和接收天线相向配置时,边射天线是个好选择。作为另一个实例,在室内传播环境下,两个边射天线可以相邻配置,并利用天花板作为反射面建立 NLOS 无线链路。当采用多个边射天线组成天线阵列时,毫米波 NLO 波束控制精度受天花板相对于工作波长的表面粗糙度影响。

传统平面贴片天线是一种被广泛应用的毫米波边射天线。当使用较低损耗的天线基板时,每个贴片天线的增益通常在 3~5dBi 范围。毫米波贴片天线可以进一步扩展为二维阵列,以增强方向性和边射增益。根据广为人知的相控阵理论,阵列因子与单元数的对数值成正比,因此,可以通过增加天线单元数来增强阵列增益和方向性。但是,在实践中,当天线单元数超过一定值时,其有效性无法保证。因为毫米波 RFIC 裸片和边射天线单元之间的间距越来越大。如图 40.26 所示,在 RFIC 信号焊盘和相应的天线单元端口之间的距离总和,即毫米波信号馈线的总物理长度,与构成边射阵列的天线单元总数成比例。在天线馈电网络中引起的累积插入损耗持续上升,直到其达到图 40.27 所示阵列因子的某个阈值。超过这个阈值后,由于天线阵列的插入损耗大于天线阵列因子的增长,边射阵列的增益开始下降。如果增加毫米波 RFIC 数量,又会产生单位成本高昂和结构翘曲等复杂问题,更不切合实际。因此,使用毫米波贴片天线阵列很难获得超过 30dBi 的天线增益。

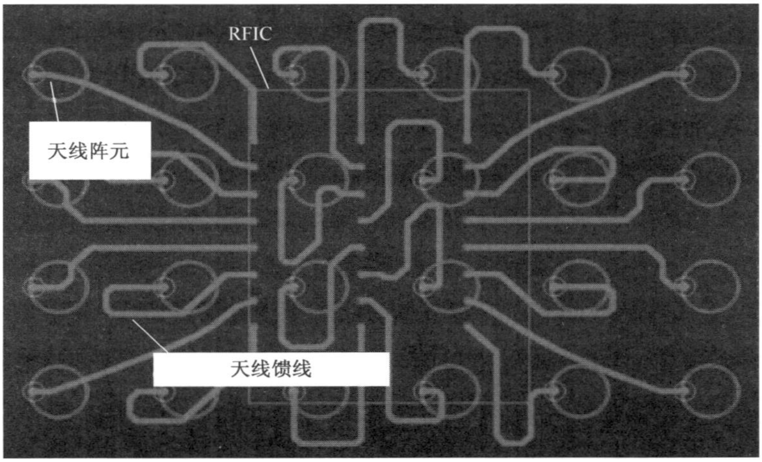

图 40.26　毫米波边射阵列及其馈线

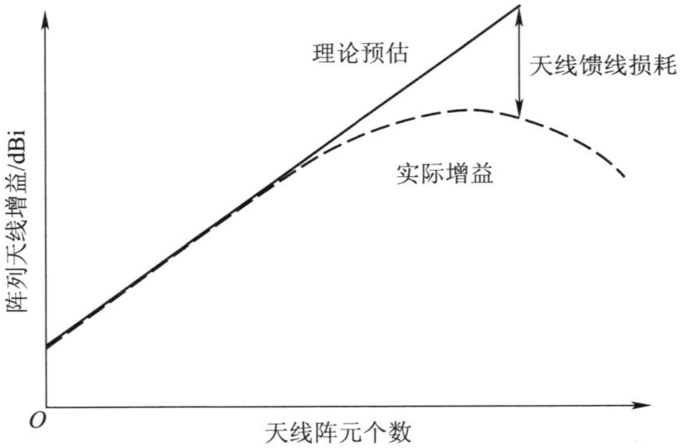

图 40.27　因为存在馈线损耗使大规模毫米波边射阵增益受限

在需要进一步增加天线增益和方向性时,可以在原始天线结构上增加额外的介质透镜。如图 40.28 所示,这种设计包括一个位于 PCB 叠层表面的毫米波边射贴片天线,天线上面是由半径为 R 的椭球或类椭球介质透镜和高为 h 的圆柱形过渡介质组成的一体化凸透镜结构,透镜引入的实时延迟(TTD)形成高度集中的天线方向图。椭圆透镜形状随过渡介质高度 h 而变化,获得不同的边射方向角。改变 h 可以优化一体化透镜天线,控制天线方向性和阵列波束扫描范围。透镜的介质损耗角正切和透镜体的内部反射是降低天线增益的两个主要因素。边射天线通常被放置在集成透镜的焦点上以减轻内部反射。图 40.29 是毫米波一体化透镜天线样品以及系列透镜产品。

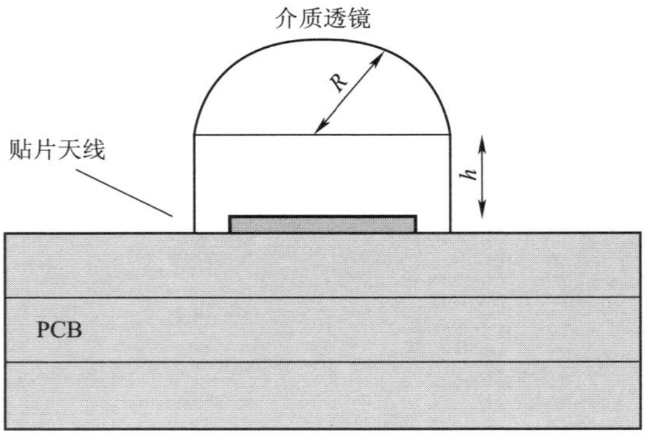

图 40.28　一体化透镜天线概念结构

对毫米波接入点、回送点和紧凑型移动终端,大尺寸的凸透镜集成方案可能

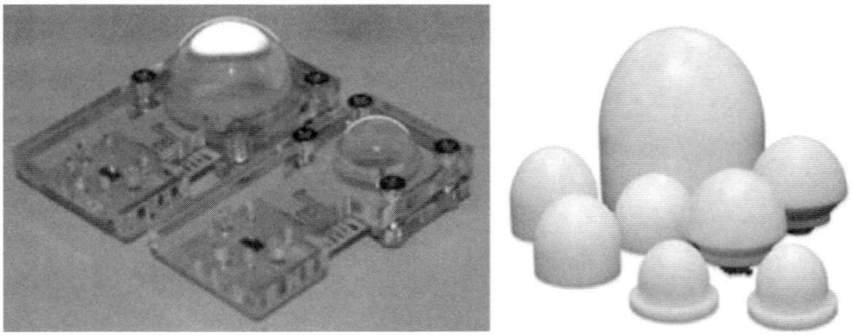

（a）　　　　（b）

图 40.29　毫米波一体化透镜天线(Artemenko et al.,2011)

(a)一体化透镜天线样品;(b)介质透镜系列产品(设计:Radio Gigabit Inc)。

存在问题。采用基于带通滤波的空间实时延迟单元可以设计出有效的平面透镜。这种结构包含可以完全补偿不同路径相移延迟的单层或多层准周期谐振元件,又被称为毫米波发射阵列。图 40.30 给出了这种发射阵列的概念示意图。构成发射阵列的谐振元件对入射的球面波进行修正,在出口侧以平面波的形式发送毫米波信号。相位调整值取决于信号从边射天线到每个谐振单元的距离。如图 40.30 所示,$\boldsymbol{R}_i$ 定义为边射天线相位中心到第 i 个谐振单元的矢量,$\boldsymbol{r}_i$ 表示从透镜中心到第 i 个谐振单元的矢量,$\boldsymbol{u}_0$ 是天线的主波束方向,k 为传播常数。根据 Black 和 Wiltse(1987)、Hristov 和 Herben(1995)及 Ryan 等(2010)的研究结果,每个谐振单元所需的相位补偿值可以表示为

$$\phi_i + k(\boldsymbol{R}_i + \boldsymbol{r}_i \cdot \boldsymbol{u}_0) = 2\pi n, n = 0,1,2,\cdots \tag{40.16}$$

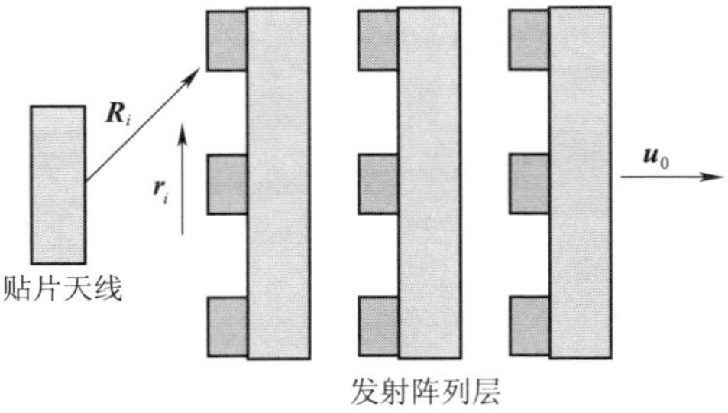

图 40.30　发射阵列天线(Ryan et al.,2010)

发射阵列透镜具有低剖面和宽波束扫描范围等优点。然而,由于谐振元件是 RLC 电路,通常是窄带的,并且可能需要多层加工工艺。增益提高效果对发

射阵列透镜和边射天线间的定位精度敏感,因此需要尽量消除机械误差和振动。

2. 毫米波端射天线

端射天线适用于毫米波设备到设备(D2)的通信,如文件传输或超高清(UHD)无缝视频流传输。端射天线主瓣方向平行于平面毫米波天线所在平面。作为行波天线的一种,毫米波 Vivaldi 天线(Yngvesson et al.,1989)可用于毫米波天线模块电路层数受限的设计。这种天线结构与前一小节介绍的横向集成方案兼容,当在载波板上实现毫米波 RFIC 时广泛使用。天线增益与其长度成正比,长度通常是波长的倍数。在谐振式端射天线中,分别如图 40.31(a)和图 40.31(b)所示的毫米波八木天线和平面偶极子天线是迄今为止最好的低剖面天线(Alhalabi and Rebeiz,2009)。毫米波八木天线由 3 个独立的振子组成。有源振子是一个平面偶极子,在其中的一臂上设计了半波长巴伦。巴伦实现 180°相移,驱动偶极子形成有效辐射模。引向振子与有源振子产生电磁耦合,增强八木天线沿轴向辐射的方向性。反射振子抑制平面偶极子固有的后向辐射,将后向辐射能量向辐射方向反射。这种天线相对带宽大、可单片制造,应用广泛。图 40.31(b)是一个典型的平面偶极子天线结构,适合垂直向窄波束、水平向宽波束(即扇形波束)的端射情形。传统平面偶极子天线增益一般小于 2dBi,导致

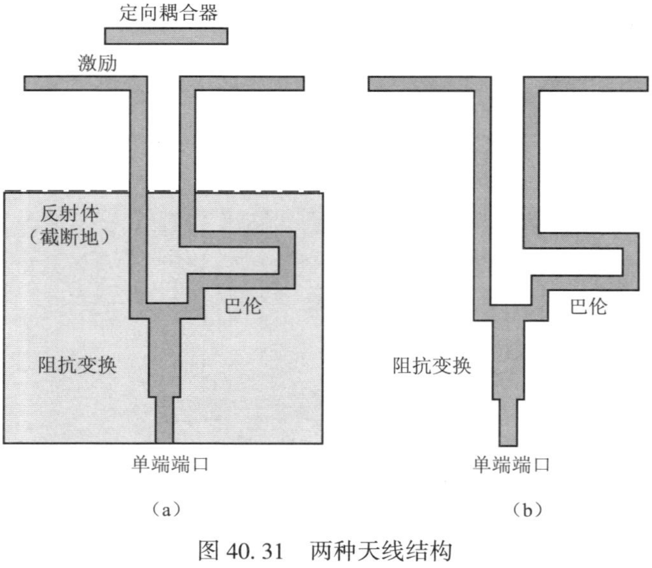

图 40.31 两种天线结构

(a)八木天线;(b)平面偶极子天线。

毫米波通信的 EIRP 相对较低。将毫米波平面偶极子天线与多射频链相控阵收发芯片配合使用,可以实现 EIRP 倍增。去除半波长巴伦后,将平面偶极子的两臂分别连接到独立的 RFIC 信号端口。假设射频移相器具有足够高的角度分辨率,则可以在振子两臂产生相位差为 180°的两路射频信号。精准的反相激励可以将平面偶极子天线的辐射功率提高 3dB。

八木天线和平面偶极子天线有许多优点,但它们在实际的毫米波应用中也经常受到性能下降的困扰。其中一个主要问题是因天线模块下方存在的各种金属层所致。对智能手机和可穿戴设备等小型移动终端来说,天线模块的占地面积非常有限,并且周围布满各种密集的电路。端射毫米波天线靠近其他信号导线,以及作为参考地面和散热器的金属层。而八木天线和平面偶极子天线从原理上需要去除天线下方的金属层以便以端射模式工作。如图 40.32 所示,在毫米波八木天线和平面偶极子天线下面存在金属地的情况下,远场辐射方向图可能会产生严重的失真。在下面的“毫米波天线典型应用”一节中将详细讨论减轻这种影响的方法。

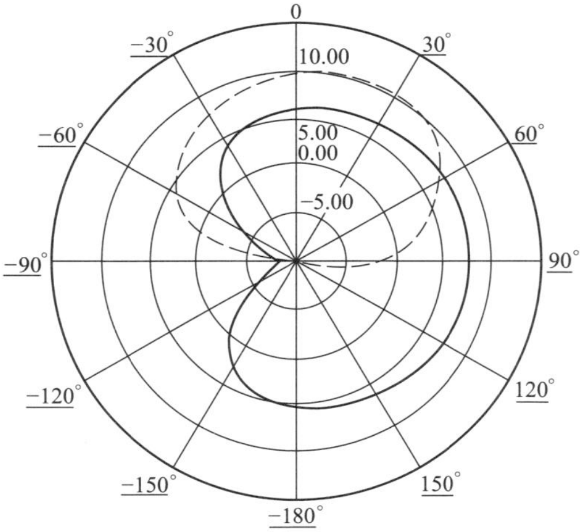

图 40.32　八木天线和平面偶极子天线下面存在金属层时端射下的远场辐射方向图畸变

实线——自由空间中的俯仰面方向图;虚线——存在金属层时的俯仰面方向图。

3. 方向图可重构毫米波天线

随着移相器、开关、PIN 二极管和微机电系统(MEMS)等耐用、高效有源器件的出现,可重构天线在毫米波通信中的实用性日益提高。在 Yang 等(2005)的文献中,可重构贴片天线由印制在天线基板上的两个正交八木天线组成。可以通过 MEMS 开关控制电磁带隙(EBG)结构的状态。

Marnatet 等(2013)提出了另一种先进的方向图重构技术。他们通过重新构建天线的几何形状来控制天线的辐射特性,如图 40.33 所示。当毫米波蝶形天线与天线基板平行放置时,天线工作于边射状态。通过控制扣式悬臂板(BCP),该天线可以机械旋转 90°,变为端射状态。在低时延 Gb/s 通信中,需要进一步研究提高切换速度的方法,并解决整体结构的脆弱性。对于大批量应用,方向图可重构天线必须小型化,并实现高效封装。因此,未来的毫米波方向图可重构天线所需的有源器件很可能需要集成在 RFIC 内部,而不是使用现有的离散的芯片外有源器件。这意味着毫米波天线必须与整个射频前端同步设计。

图 40.33　方向图可重构毫米波蝶形天线(Marnat et al.,2013)

40.4　毫米波天线典型应用

本节详细介绍两种毫米波天线方案,它们可分别用于全球无线联网和消费电子行业的 Gb/s 毫米波通信。这些天线方案已被广泛集成或计划运用到当前和未来的各种无线移动终端。读者可从 Hong 等(2012、2013、2014b)的论著中获得更详细的介绍。

40.4.1　用于 WiGig/IEEE 802.11ad 的 60GHz 相控阵天线

1. 简介和背景

无线局域网(WLAN)和高质量多媒体数据的爆炸性增长要求 Gb/s 无线数据通信达到 1μs 以下的极低时延。在众多的 IEEE 无线电标准中,WiGig/IEEE 802.11ad 定义了在 60GHz 开放波段实现近距离通信的超高速数据传输和音视频文件无缝数据流格式。

有关研究机构和高校在 20 多年前便提出了 60GHz 通信的设想,并进行了充分的概念验证(PoC)研究。在此期间,60GHz 天线也得到飞速发展,并且随着天线单元技术日益成熟,研究重点渐渐转移到高性能、小型化 60GHz 天线模块上,以实现更高的费效平衡。

2. 天线模块配置

为降低使用先进天线材料和焊球阵列封装(BGA)组件产生的高成本,当前的先进 60GHz 天线设计均采用了"毫米波天线设计关键技术"一节中介绍的两步无线模块集成方案。图 40.34 是其分层配置图。60GHz 阵列天线全部采用 HDI FR-4 PCB 基板设计。天线模块均匀地嵌入在 12 层 FR-4 载板内,实现简便的单片制造和组装。60GHz RFIC 倒装芯片连接到天线模块的底层(M12),集总元件使用 SMT 方法装配。两个装配过程的顺序可以互换。天线模块每层由一个板芯和相应的浸料层组成。板芯位于每层的中心。使用 0.254mm 厚的环氧树脂将 5 个浸料层黏合在一起并覆盖在板芯上表面。类似地,另外 5 个浸料层黏合在板芯下表面。从 M2 到 M11 的金属层是 20μm 厚的铜箔。M1 和 M12 的金属层是 25μm 厚的镀金层,阻焊剂厚度为 20μm。在层压前,分别用激光和机械等微加工工艺生成各层的通孔、埋孔和过孔等。

PCB 供应商一般不会给出天线板材 10GHz 以上的电特性参数。在设计 60GHz 天线前,必须获得介电常数和损耗角正切等材料参数的频率变化特性。根据 FR-4 供应商报告,板芯和浸料层两者的电气特性差异在高达 10GHz 时仍小于 1%。因此,为简单起见,本小节在 60GHz 频率内将 FR-4 基板整体看作均匀、各向同性材料。为推算 FR-4 基板介电常数,设计了若干个弱耦合的共面波导(CPW)馈电环形微带谐振器。位于 M1 上的环形谐振器结构俯视结构如图 40.35 所示。优化后的设计参数如下:w_r = 0.2mm, s_r = 0.1, t_r = 0.2mm,

$s_{tr}=1.1\text{mm}$,$D_r=5.18\text{mm}$。M4 层作为接地层。图 40.36 给出一组 S_{21} 幅值的测量和仿真结果。测量结果表明,3 个相同的环形谐振器样品计算出的 58.3GHz 平均介电常数 $\varepsilon_r=3.92\pm0.13$。由于多层结构中存在导体和辐射损耗,无法计算 60GHz 处的损耗角正切。因此,将仿真得到的损耗角正切与传输线法测量结果校验后作为真值使用。60GHz 时其损耗角正切 $\tan\delta=0.027\pm0.07$。

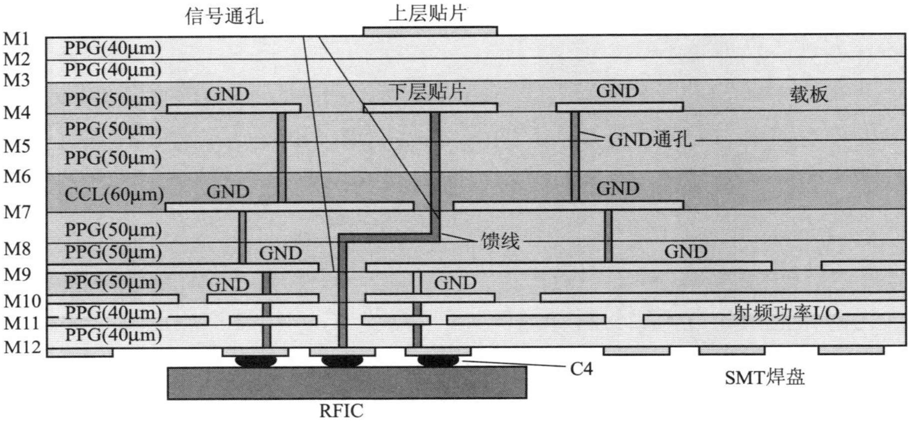

图 40.34 60GHz AiP 天线多层结构示意图(Hong et al.,2013)

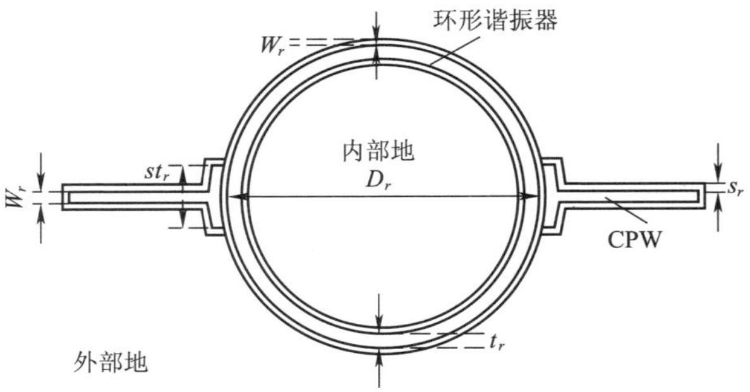

图 40.35 环形微带谐振器俯视图(Hong et al.,2013)

天线模块按功能可分为 3 个不同部分。天线设置在模块上部,位于 M1 ~ M7 层,以避免 RFIC 干扰。从 RFIC 端口到天线单元的 60GHz 馈线位于天线模块的中间部分 M7 到 M9 层。最后,供电网络(PDN)、控制线、RFIC 高低速接口以及数字模块位于 M10 和 M11 层。在天线模块底部的 M12 层,设计了倒装组件,实现 RFIC 端口和天线端口的互连。M7 和 M9 层被设定为射频地,以最大限度地将天线和天线馈线与杂散干扰隔离,避免与 RFIC 集成后在天线模块底部产生互扰。

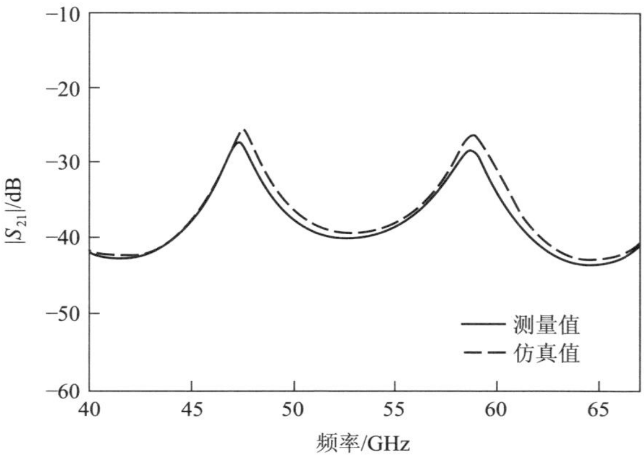

图 40.36　环形微带谐振器 S 参数幅值测量和仿真结果(Hong et al.,2013)

3. 60GHz 天线单元设计

在"毫米波天线设计关键技术"一节中讨论的圆形叠层贴片天线模型,在保持横向面积最小的同时,实现了 57~66GHz 的−10dB 宽带 S_{11} 和边射方向图。图 40.37 是其详细结构。分别在 M1 和 M4 层上设计了两个独立的圆形贴片,即所谓的顶部贴片和底部贴片。顶部贴片和底部贴片垂直对齐,圆心坐标在 xy 平面上重合。通过在距离底部贴片圆心 d_p 处构造一个信号通孔实现对底部贴片的探针馈电,在底部贴片激发第一个谐振模。顶部贴片位于底部贴片上方,间距为 M1 和 M4 之间的总厚度。两个贴片不产生物理上的接触。这样的结构可产生取决于顶部贴片尺寸的次级寄生谐振模。与 LTCC 和 LCP 等先进天线板材相比,FR-4 板材的杨氏模量和 CTE(热膨胀系数)等机械和热性能较差,层压时容易产生厚度变化。这些制造过程中的意外变化,特别是浸料层厚度的减小,将直接影响顶部贴片和底部贴片之间的耦合电容。因此,需要使用数值模拟器对信号通孔位置(d_p)、顶部贴片半径 r_{top} 和底部贴片半径 r_{bottom} 等进行参数研究,找到最佳的设计参数组合,可以允许浸料层产生±30μm 的厚度变化。在设计指标中还要提出最小带宽要求,以应对由各种可能因素引起的频率偏离,包括制造误差、测量误差和数值误差等。圆形叠层贴片天线的最终设计参数为:d_p = 0.42mm,r_{top} = 0.61mm,r_{bottom} = 0.64mm。

本设计还围绕天线单元布设了一圈由接地通孔构成的围栏,紧凑易行。首先,环绕底部贴片设计一个半径 r_{clear} = 1.03mm 的圆形间隙,将 M4 层间隙以外的区域金属化,作为射频参考地。研究发现,当 r_{clear} >0.95mm 时,间隙的加入对天线反射系数几乎无影响。然后,在半径 r_{fence} = 1.15mm 的圆环处,构造一圈从 M4 到 M7 层的接地通孔,形成一个包围天线单元的圆形围栏,通孔间距 d_{pitch} =0.344mm 。本小节中所有通孔直径 d_{via} = 75μm 。彩图 40.38 给出有无接地通孔围栏时天线单元的仿真电场分布和三维辐射方向图。可见,存在接地通孔围栏时,FR-4 板材边缘绕射场的幅度相对较小。此时,仿真得到的三维辐射方向图起伏波纹减小,进一步证明接地通孔围栏在起作用。

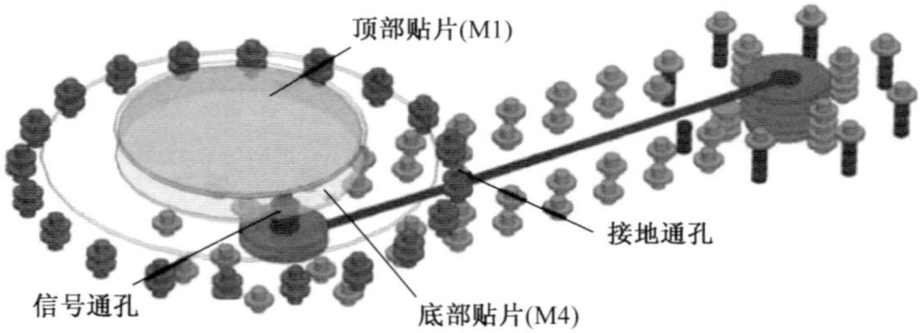

(a)

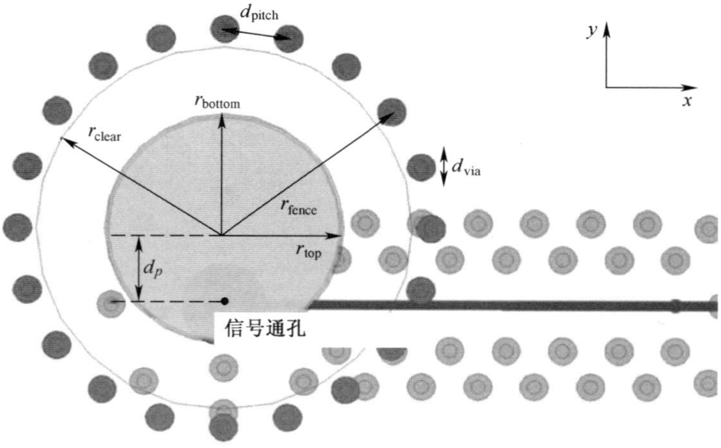

(b)

图 40.37 天线单元示意图(Hong et al.,2013)(彩图见书末)

(a)3D 视图;(b)顶视图。

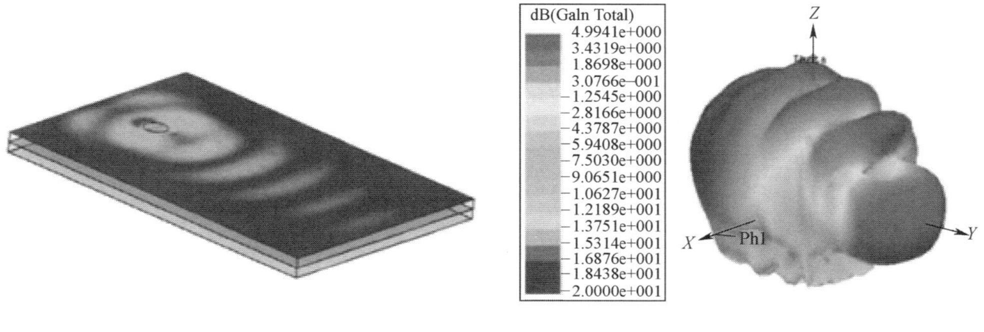

(a)

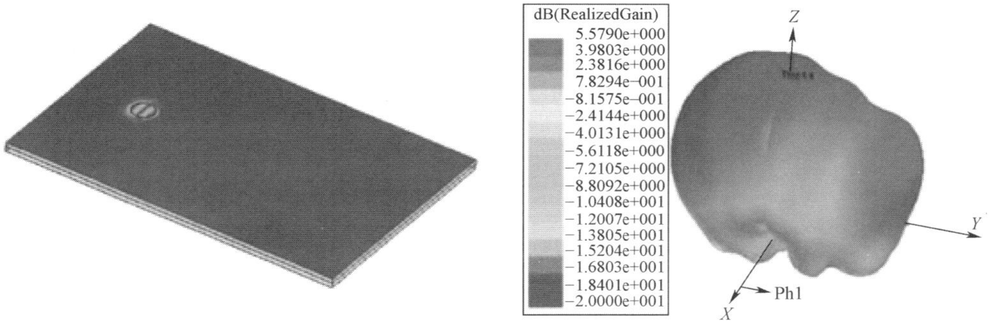

(b)

图 40.38　模拟电场分布和 3D 方向图(Hong et al.,2013)(彩图见书末)

(a)不设置地面通孔围栏;(b)设置地面通孔围栏。

FR-4 板材在毫米波频率下的损耗角正切较大,是限制其在 60GHz 波段广泛使用的主要因素。天线馈线引起的信号损耗过大可能会对整个系统链路估算产生不利影响,对 RFIC 提出更高的设计要求。因此,集成天线单元之前,要认真评估天线馈线结构的阻抗匹配和插入损耗特性。

彩图 40.39 设计了一个独立的天线馈线来评估其特性。天线馈线包含两个垂直同轴转换器,每个转换器分别连接到位于 M8 层的带状线两端。优化后的带状线宽度 W_{st} = 50 μm ,阻抗为 50Ω 。沿着带状线两侧配置接地通孔围栏,围栏距离带状线两侧边缘 d_{strip} = 150 μm ,最小通孔间距 d_{pitch1} ≤ 310 μm 。围绕带状线的接地通孔围栏经过精密设计,以避免两个常见劣化因素的影响:①异常共振(“吸出”);②互耦和信号串扰。两个垂直同轴转换器使用 75μm 直径的信号过孔为内芯,位于信号过孔周围 d_{pitch2} = 452 μm 的一圈接地通孔为外导体。计算可得这种转换结构的输入阻抗小于 26.5Ω。由于垂直转换的电气高度较小,计算得到的插入损耗约为 0.3dB。两个 GSG(地—信号—地)端口分别在 M1 和 M12 连接垂直转换器。当两个 GSG 端口位于同一层(如 M12)时,计算显示其差异可以忽略不计。共加工了 4 个长度 L = 5、10、15、20mm 的馈线试样。因为两个 GSG 端口位置相反,无法使用常规射频探头进行测试。因此,还设计并加工了一个内置多端口的射频探头,可以在 DUT(被测器件)的正面和背面同时进行 S 参数测量。在测量馈线 S 参数前,先进行短路-开路-负载-直通(SOLT)校准。

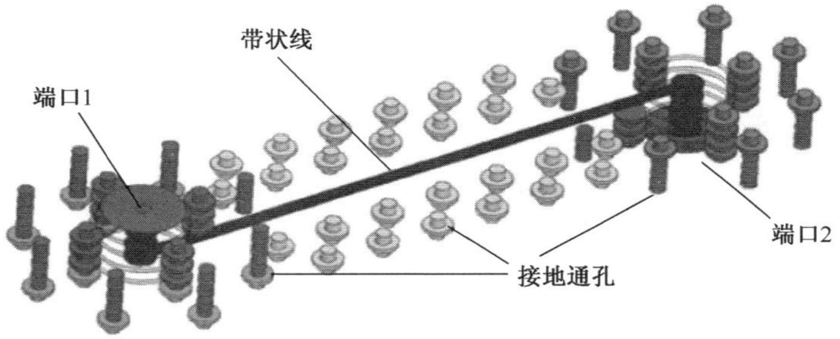

(a)

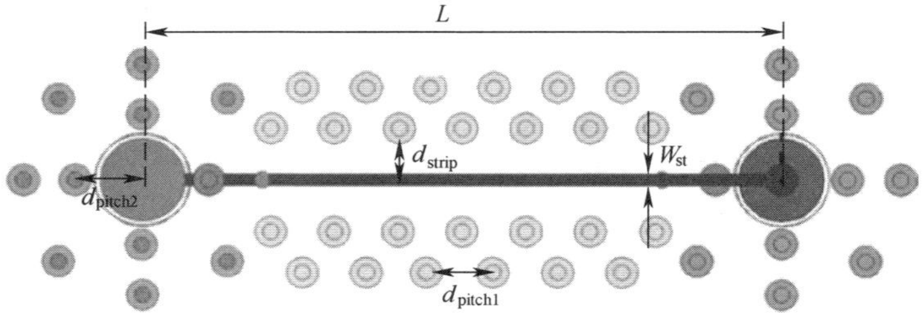

(b)

图 40.39 天线馈线 S 参数振幅的测量(Hong et al.,2013)(彩图见书末)

(a)3D 视图;(b)俯视图。

图 40.40 是所加工天线馈线试样的 S 参数幅值测量结果。可见,在设计频率内,馈线两端的输入反射系数(S_{11} 和 S_{22})均小于 10dB。根据 4 个试样插入损耗(S_{21} 和 S_{12})的测量结果,计算得到的平均单位损耗为 0.55dB /mm。与基于

LTCC 或 LCP 制造的天线馈线相比，相对较高的单位损耗主要来源于 FR-4 较大的损耗角正切。

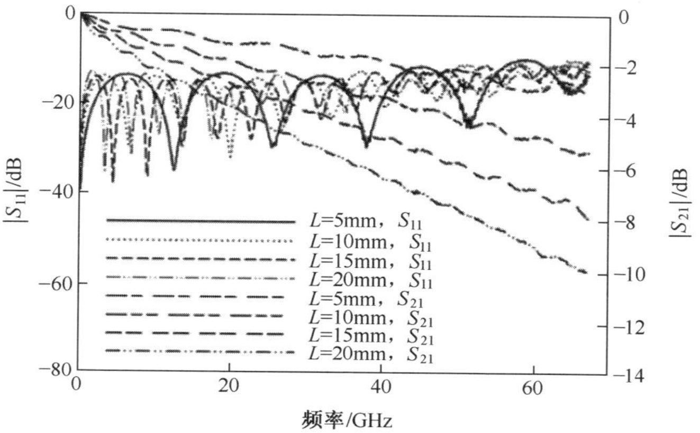

图 40.40　天线馈线试样 S 参数测量结果

图 40.41 是天线单元的测量和仿真远场方向图。受天线测量设备机械结构限制，在俯仰平面内只测量了±90°的辐射方向图。与 HFSS 仿真结果一致，天线单元在 E 面和 H 面的共极化辐射是全向的。交叉极化方向图的测量结果和仿真结果差别很大，因为：①由于计算能力限制，仿真模型中忽略了射频电缆、连接器和卡盘等天线部件；②射频电缆、卡盘和射频探头等各种散射体可能引入测量误差；③测量动态范围有限。研究了一些措施以提高两个结果之间的一致性。使用一对相同的 V 波段标准增益喇叭测量天线单元的主波束增益。首先，TX 喇叭发射连续波信号，RX 喇叭记录接收功率。然后，用待测天线（AUT）替换 RX 喇叭，记录相同状态下的接收功率。从而在增益计算中去除射频探头、电缆和连接器的损耗影响。但是，天线馈线插入损耗仍无法避免。测量得到的平均增益为 4.8dBi。使用仿真得到的远场辐射方向图计算，该天线单元 57～66GHz 波段内的平均辐射效率约为 71%。

4. 相控阵天线模块

利用上述天线单元和馈线结构设计一个 4×2 天线阵列，构建一个工作于 60GHz 的八元相控阵天线模块。每个天线单元独立地与位于 M12 层的相应 GSG 端口连接。因此，该阵列有 8 根独立的天线馈线。FR-4 载板中心位置的 20mm×20mm 区域用于集成天线阵列。如图 40.42 所示，在 60GHz 阵列天线建

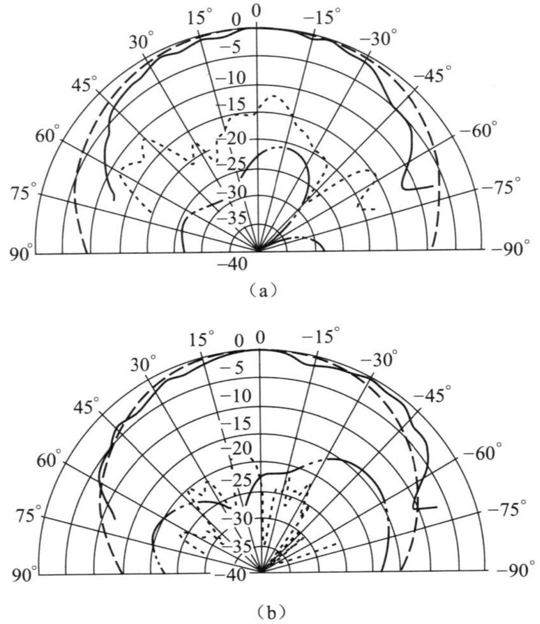

图 40.41　天线单元远场方向图测量和仿真结果(Hong et al.,2013)

(a)E 面;(b)H 面。

实线—共极化测量值;虚线—共极化仿真值;点线—交叉极化测量值;双点画线—交叉极化仿真值。

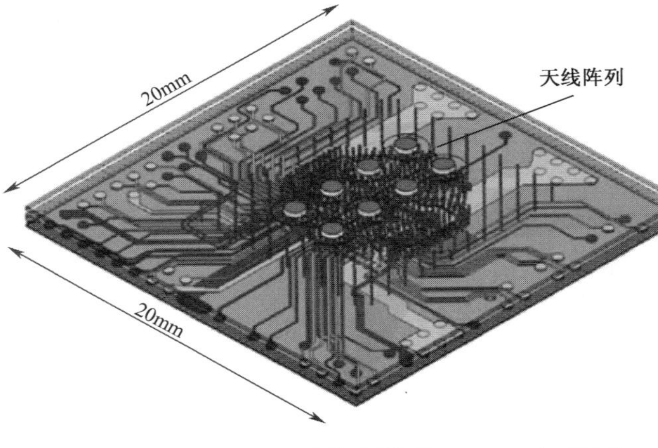

图 40.42　八元阵列天线仿真模型(Hong et al.,2013)

(为简洁起见,隐藏了 FR-4 载板)

模和仿真时包含了 PDN 以及低速和高速接口的所有结构。天线单元在 x 和 y 方向的间距均配置为 $d_{ant}=2.5\text{mm}$，在实现最小互耦的同时，避免波束扫描时产生有害的栅瓣。组成阵列天线的各个天线单元物理尺寸一致。

阵列馈线被设计成具有相同的相位特性和最小的插入损耗。图 40.43 给出了天线阵列模型的馈线剖面俯视图。阵列馈线使用商业 CAD 程序按象限对称布置，馈线最大偏差为 14μm。周围密集配置接地通孔围栏，最大的通孔到过孔间距为 310μm。接地通孔的设计以有效屏蔽阵列馈线为目标，以隔离 FR-4 载板上各种有源部件产生的杂散发射。仿真和测量结果表明，阵列馈线在 57～66GHz 之间有 $|S_{11}|<-9.6\text{dB}$、$|S_{21}|<2.2\text{dB}$，不同馈线的最大相位偏差测量值小于 7.1°。各个天线单元的输入反射系数幅值测量结果如图 40.44 所示，每次测量其中一个天线单元，其余单元的 GSG 端口设为开路。可见，天线阵列所有 8 个单元的-10dB 带宽均大于 9GHz，即 57GHz 到 66GHz 满足全球 WiGig/IEEE 802.11ad 应用的带宽要求。分析发现，射频测量过程会引入一定的误差，不同单元端口的差异主要源于馈线不同。

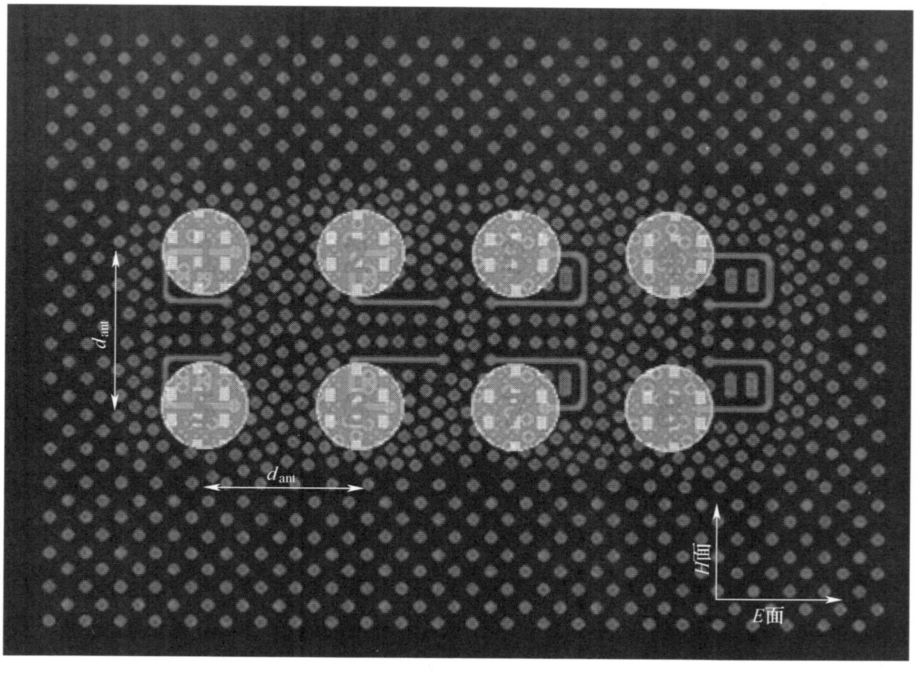

图 40.43　阵列天线剖面俯视图(Hong et al.,2013)(M1 和 M8 层重合显示)

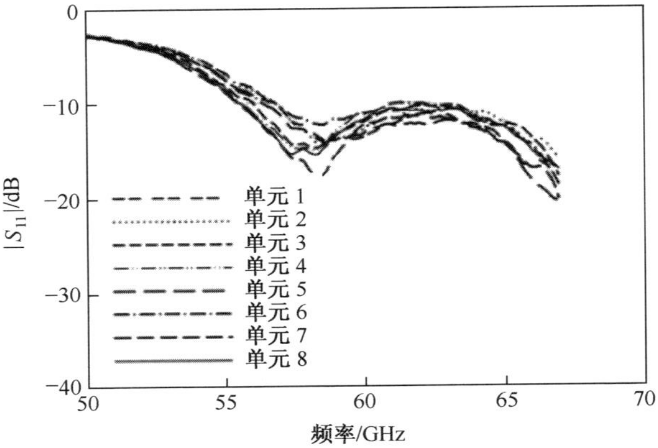

图 40.44 阵列单元 S_{11} 幅值测量结果(Hong et al.,2013)

在远场测试暗室对阵列天线的相位控制和波束扫描特性进行了测量。增强型串行接口(ESI)控制板以有线的形式连接到天线模块。与 ESI 板连接的计算机上安装了模拟 60GHz 收发系统数字功能的定制软件。控制输入每个天线单元的 60GHz 等幅信号的相位分布来实现波束转向。RFIC 中的 8 个二位移相器产生预定波束指向所需的相移。使用 V 波段标准增益喇叭向待测天线发送或接收 57~66GHz 连续波信号。在发送端和接收端,不同频率的连续波信号均被上变频或下变频为 54 MHz 中频(IF)。天线模块的归一化测量和仿真远场方向图分别如图 40.45 和图 40.46 所示,其中,图 40.45 是 E 面轴向和 45°偏转方向图,图 40.46 是 H 面轴向和 30°偏转方向图。可见,所设计的 60GHz 天线模块在 E 面和 H 面的轴向波束 3dB 宽度分别为 28°和 50°。两个主平面的最大扫描范围均约为 50°。在 61.5GHz 频率,−45°和 30°扫描角处测得的增益分别为 11.3dBi 和 11.6dBi。

40.4.2 用于 5G 蜂窝电话的毫米波天线

1. 简介和背景

国际电信联盟(ITU)在 2013 年的世界移动通信大会(MWC)表示,得益于显著的技术进步,蜂窝市场领域将继续保持较高的增长率。到 2014 年,全球手机用户将超过世界人口总数。目前,全世界都在探讨和研究创建未来蜂窝网络的方法,以期替换现有的 4G/LTE 网络。虽然 4G/LTE 服务的数据处理能力持

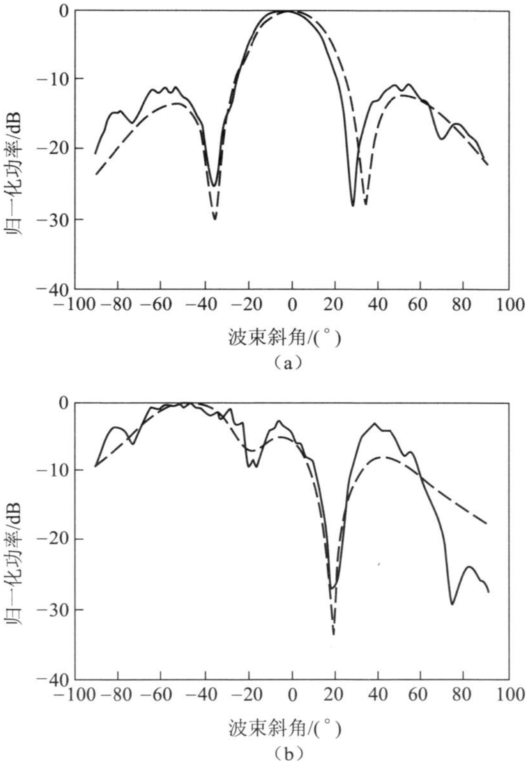

图 40.45　归一化 E 面远场方向图(Hong et al.,2013)

(a)轴向波束;(b)45°偏转波束。

实线—测量值;虚线—模拟值。

续提高,但 Claude Shannon 和 Ralph Hartley 建立的经典信息理论显示,蜂窝网络实现 Gb/s 数据速率的瓶颈主要在于当前日见拥堵的频谱带宽。显然,采用更高频率构建全新的蜂窝技术,可以获得更大的信号带宽。被称为微蜂窝和纳蜂窝的小型基站技术的广泛应用,可降低极高频率下由大气吸收和穿透引起的高自由空间损耗。基于前面"理论"一节讨论的自适应波束控制技术,则可以有效克服障碍物、信号盲点以及其他非视线(NLOS)传播条件。Roh 等(2014)的文章详细介绍和讨论了一个 5G 毫米波网络的理论和测量结果。在他们的研究中,一台 28GHz 多天线阵列样机产生极窄的辐射波束,波束在空间连续扫描以建立最强的连接信道。

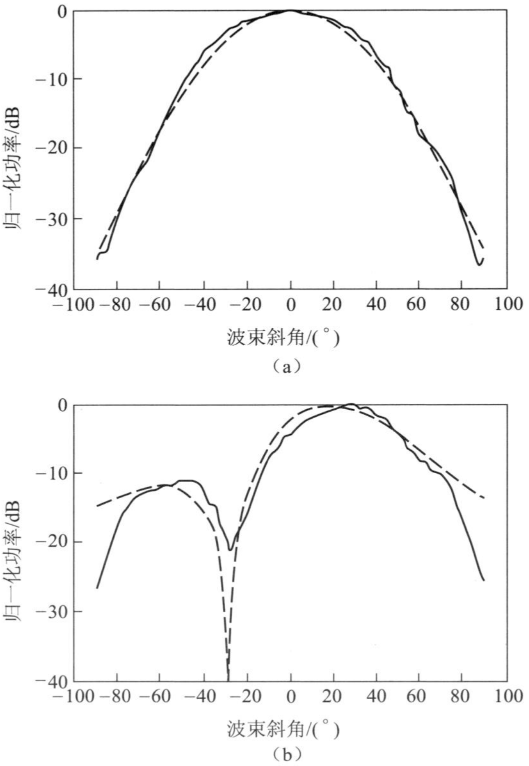

图40.46 归一化 H 面远场方向图(Hong et al.,2013)

(a)轴向波束;(b)30°偏转波束。

实线—测量值;虚线—模拟值。

在蜂窝电话中实现毫米波信号收发面临前所未有的挑战。蜂窝电话用户场景的影响使这一任务越发艰难。与便携式计算机和无线基站相比,蜂窝电话的尺寸更加紧凑,而且由于智能手机的普及,用户场景高度多样化。5G手机必须保证安全可靠的Gb/s速度链接可随时随地访问。在构建5G毫米波应用的关键要素中,天线是其中最费设计心思的一个,因为现有的蜂窝标准均在3GHz频率以下运行。现有蜂窝天线都可以归为电小尺寸天线,并且本质上是全向的。这些天线的增益通常为−8~0dBi。在毫米波波段,为了补偿较高的信号衰减,要求天线的增益更高。为此,人们在无线通信史上首次在蜂窝电话中引入了天线阵列的概念。下面介绍一个应用于5G蜂窝模型的32单元28GHz阵列天线。

首先,详细讨论适应毫米波特性的一些关键天线设计因素;然后,基于这些考虑,设计并实现了一个新颖实用的 28GHz 相控阵。值得注意的是,虽然 28GHz 载波频率尚未被批准用于 5G 通信,但这种设计方法不难迁移到未来的其他毫米波应用频率。

2. 毫米波 5G 天线的关键设计因素

确定蜂窝手机内 28GHz 天线的最佳位置是实施设计前要考虑的重要因素。虽然很难准确地将未来的蜂窝手机结构细化,但可以设想其无线功能与现有手机相似。如图 40.47 所示,考察经典蜂窝电话结构,可将其分解为几大部分,主要包括后壳、电池盖和主 PCB 板等部件,材料成分以聚碳酸酯和 FR-4 为主。这些材料的损耗角正切与频率的关系可参见 Hong 等(2013)的研究报道。可以预见, 28GHz 天线放置在蜂窝手机内部前后会产生明显的增益变化。数值仿真结果显示,把 28GHz 贴片天线放置在上述手机内左上角时,增益损失约 1.4dB。手机内 LCD 支架、LCD 和电池等包含的金属材料,在 28GHz 时相当于有限导电层。因此,5G 天线设计时必须避开这些区域。

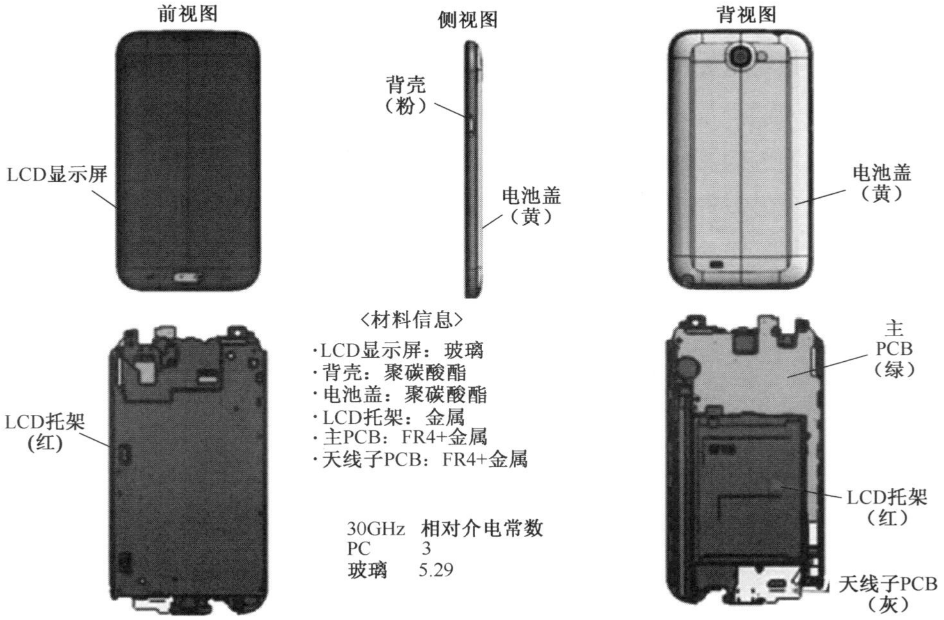

图 40.47　传统蜂窝手机主要部件和材料属性示意图(Hong et al.,2014a)

用户手握方式的不确定性,使28GHz天线位置设计更复杂。在28GHz,用户身体相当于一个强吸收体,对天线增益、方向图和回波损耗都会产生不利影响。图40.48给出了常规宽边布置的28GHz天线阵列因手握所致的性能下降模拟。当用户手掌完全包围28GHz阵列天线时,估算的增益下降可达9.5dB以上。在蜂窝设备内设计多个天线是减轻因用户手握所致天线性能下降的一种方法。

手机的移动性要求可以在任何地方进行操作,从而无法静态地或凭经验预测最强信号的到达角(AoA)。从这一点来看,3G/4G蜂窝天线的全向方向图更有利。在毫米波波段,入射到手机天线的电磁波可能来自任意方向。但是,在能量有限的情况下向所有方向都产生很强的辐射是自相矛盾的,违反了物理学基本定律。因此,人们提出了前一小节中介绍的相控波束扫描方法。

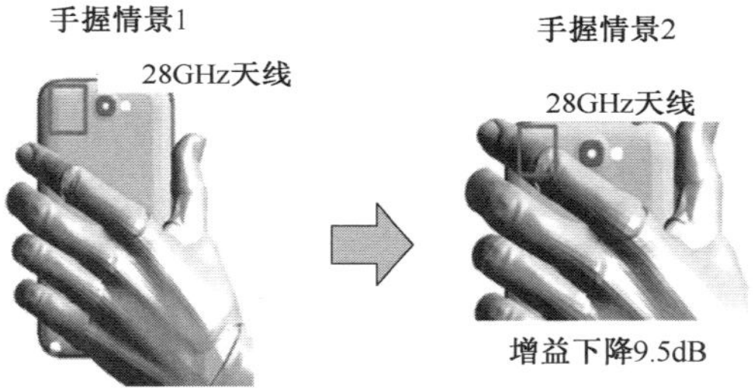

图40.48　用户手握对蜂窝手机28GHz阵列天线影响模拟(Hong et al.,2014a)

这里将分别使用笛卡儿直角坐标系(x,y,z)以及球坐标系θ(变化范围$0\sim\pi$,定义为俯仰角)和φ(变化范围$0\sim2\pi$,定义为方位角)来研究相控阵天线主瓣的最大扫描角。考虑前述蜂窝电话天线位置,这里只分析二维(平面)相控阵列。除非另有说明,天线阵元间隔小于半波长,以避免产生空间混叠,即栅瓣。

对$1\times N$阵列,扫描方向是θ或者φ的函数。对$N\times M$阵列,扫描方向是θ和φ的函数。并且主瓣扫描范围与阵元数量(即天线阵列增益)成反比。由于28GHz信号的高衰减特点,天线必须非常靠近RFIC和前端模块。因此,直接在5G蜂窝设备的PCB板上实现天线阵列将使天线与RFIC之间的插入损耗最小。这意味着,在5G终端内中频(IF)以前的RF模块必须紧靠28GHz天线阵列放置。综合考虑上述设计要求,为毫米波5G蜂窝电话设计了最低配置要求的两个28GHz天线阵列。如图40.49所示,两个天线阵列分别放置在蜂窝电话的顶部和底部。与 3G/4G 天线类似,因为大型 LCD 面板和电池的存在使天线阵列无法放置在蜂窝电话的中心区域,所以这是一个必然的设计。此结构同时适用于单入单出(SISO)和多入多出(MIMO)系统。位于手机顶部和底部的每个 5G 天线阵列被设计成以空间分集的形式分别覆盖各自的半球。对 SISO,当主天线阵列无法建立可靠链路时,可以使用辅助天线阵列。

蜂窝电话的 PCB 厚度一般小于 1mm。在竞争激烈的消费电子领域,增加 PCB 厚度会直接增加生产成本和设计复杂度。在 28GHz 时,自由空间中的半波长略大于 10mm。这种尺寸差异排除了在俯仰面(zx 平面)调控波束的可能,只须考虑 $1 \times N$ 天线阵列的一维波束控制拓扑即可。同时,俯仰面要使用宽波束,以补偿波束无法扫描的欠缺。

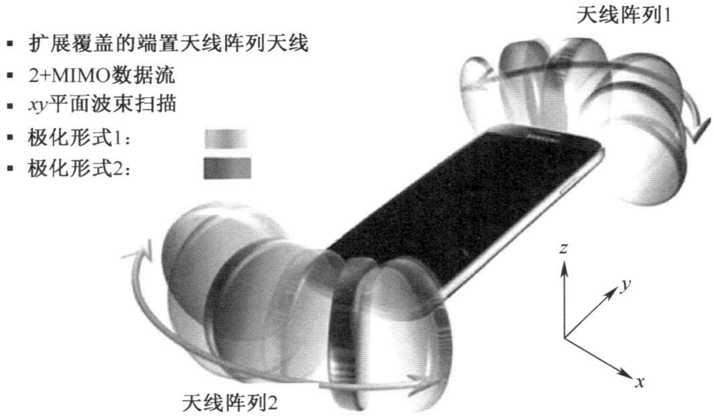

蜂窝标准	4G	5G(本书工作)
天线类别	亚波长天线	相控阵天线
辐射方向图	全向辐射	扇形波束扫描
导构和 MIMO 能力	有	有
极化形式	恒定单极化	可重构多极化

图 40.49　28GHz 天线阵列在 5G 蜂窝电话中的配置及其与 4G 的比较(Hong et al.,2014b)

3. 毫米波 5G 网格阵列天线设计

为了合成极窄的扇形波束,必须使蜂窝电话内的天线单元数量足够多。在毫米波波段,避免不必要的天线辐射损失至关重要,因为这与无线链路预算直接相关,最终影响手机能耗。因此,每个天线单元被设计成不小于 $\lambda_g/4$,这是天线近场储能上升而致辐射效率恶化的最小阈值。在“毫米波天线设计关键技术”一节中曾经提到,毫米波平面偶极子天线是当今无线电行业最受欢迎的扇形波束天线。然而,正如在“毫米波天线设计关键技术”中所讨论的那样,平面偶极子仅在移除其结构下面的金属图案和导线时才能保证产生扇形波束。随着 PCB 集成度的提高,特别是智能手机的出现,金属图案很难完全消除。因为不到 1mm 厚的蜂窝电话 PCB 通常由厚度为几十微米的 6~12 层组成,其中布设了包括高、低速接口和供电网络等各种信号迹线。去除半波平面偶极子结构附近的信号线会对 PCB 布线造成严重压力。作为一种替代,下面给出一种可以与信号迹线共存但仍然具有扇形波束辐射特性的小型天线设计方案。

如图 40.50 所示,与跨越 xy 平面的平面偶极子天线不同,新设计的天线位于 zx 平面,将平面天线所占区域从原来的半个 λ_g 减少到几百分之一个 λ_g。天线在 xy 平面的实际尺寸仅取决于两根信号馈线的长度,即 d_p。这一天线的辐射体由紧密排布的通孔组成,从 zx 平面观察时呈网格状。因此,作者把它命名

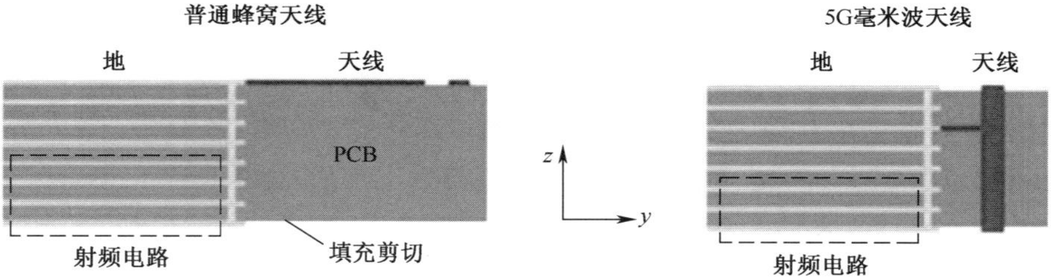

(a)

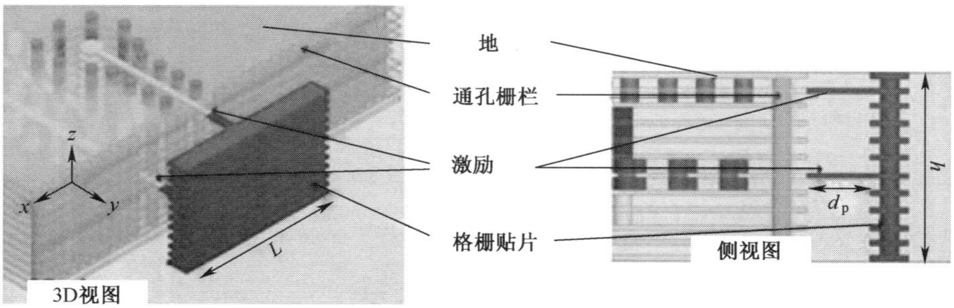

(b)

图 40.50 传统蜂窝天线与新型毫米波 5G 天线比较(Hong et al.,2014b)

(a)传统蜂窝天线与新型毫米波 5G 天线结构比较;(b)网格贴片天线结构。

为网格贴片天线。网格贴片天线沿 x 轴的物理尺寸是 $(1/4\sim1/2)\lambda_g$。天线高度 h 决定网格贴片天线设计所需的 PCB 层数，并影响 θ 方向的俯仰角波束宽度。网格天线可用于垂直、水平和圆极化任意组合的多极化 MIMO，如图 40.51 所示。两根天线馈线分别实现水平和垂直极化激励。表 40.2 总结了实现不同极化的配置方法。图 40.52 给出了网格贴片天线俯仰角平面的仿真和测量远场方向图。测得的-10dB 回波损耗带宽约为 1GHz，中心频率为 27.9GHz。

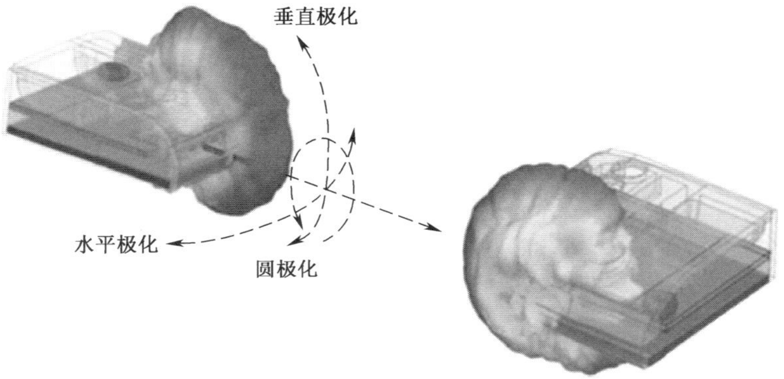

图 40.51　毫米波蜂窝电话天线瞄准偏差产生的极化失配示意图

表 40.2　双端口馈电网格贴片天线极化配置

天线极化	水平极化馈电状态	垂直极化馈电状态
水平极化	开	关
垂直极化	关	开
斜角线极化	开	开
圆极化	开	开+90°

网格天线可以用分别位于蜂窝电话 PCB 板顶部和底部的两组 1×16 相控阵来分析和模拟，如图 40.53 所示。由 16 个天线单元组成的可重构、可扩展阵列具有较高的天线增益，完全符合 5G 放大器的线性度和功耗约束。处于 PCB 边角处的网格天线以约 50°弯折布置。此共形设计进一步扩大了天线在方位面的波束扫描范围。而且，弯折设计更符合蜂窝设备外形，并使设计的毫米波天线阵列具有低剖面特点，呈现为围绕 PCB 边缘的非常薄的金属线条。这些线条宽度小于 0.2mm，比传统表面贴装技术（SMT）在 PCB 板上的 1mm 边缘留空还小。从硬件布局看，包含总共 32 个毫米波天线单元的阵列空间占位基本可以忽略不

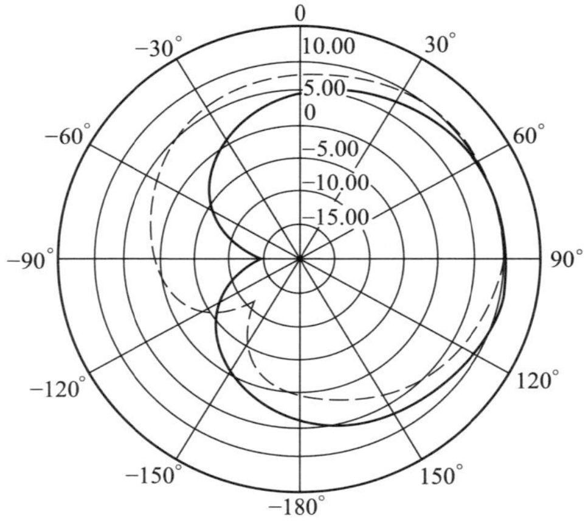

图 40.52　毫米波网格平面天线俯仰面的仿真和测量方向图

实线—仿真值;虚线—测量值。

计。从长远看,基于这种天线解决方案,毫米波5G技术完全可以实现真正的大规模 MIMO 天线系统。

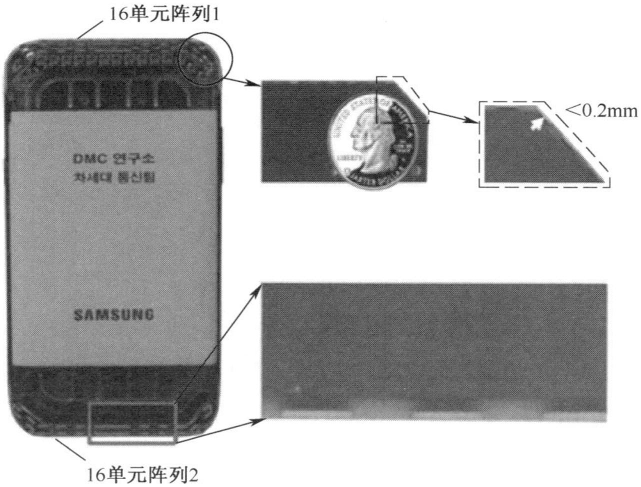

图 40.53　手机内的毫米波5G天线照片及其局部放大图(Hong et al.,2014b)

图 40.54 给出网格天线阵列在不同波束扫描方向时的方位面归一化测量方向图。天线阵列首先在独立状态下测量,结果记为"自由空间"。之后,将被测天线(AUT)集成到蜂窝电话模型中进行相同的测量,结果记为"集成状态"。测

量结果显示,天线波束扫描范围可达±70°。用两个天线阵列组合配置,可获得接近完整球面的辐射覆盖。自由空间与集成状态之间的辐射方向图存在差异,说明天线阵元和蜂窝电话机壳之间的电波绕射和折射可导致辐射方向图发生畸变。畸变程度与蜂窝设备的结构和材料有关。产生无零陷波束扫描覆盖的方位面 3dB 波束宽度约为 12°。蜂窝设备内的天线阵列峰值增益计算值大于 10. 5dBi,主要损耗包括从网格天线馈电点到 K 型同轴连接器之间的 2. 8dB 损耗、从 K 型同轴连接器到射频组件之间的 2. 2dB 电缆损耗以及约为 1. 8dB 的手机聚碳酸酯外壳的电损耗。

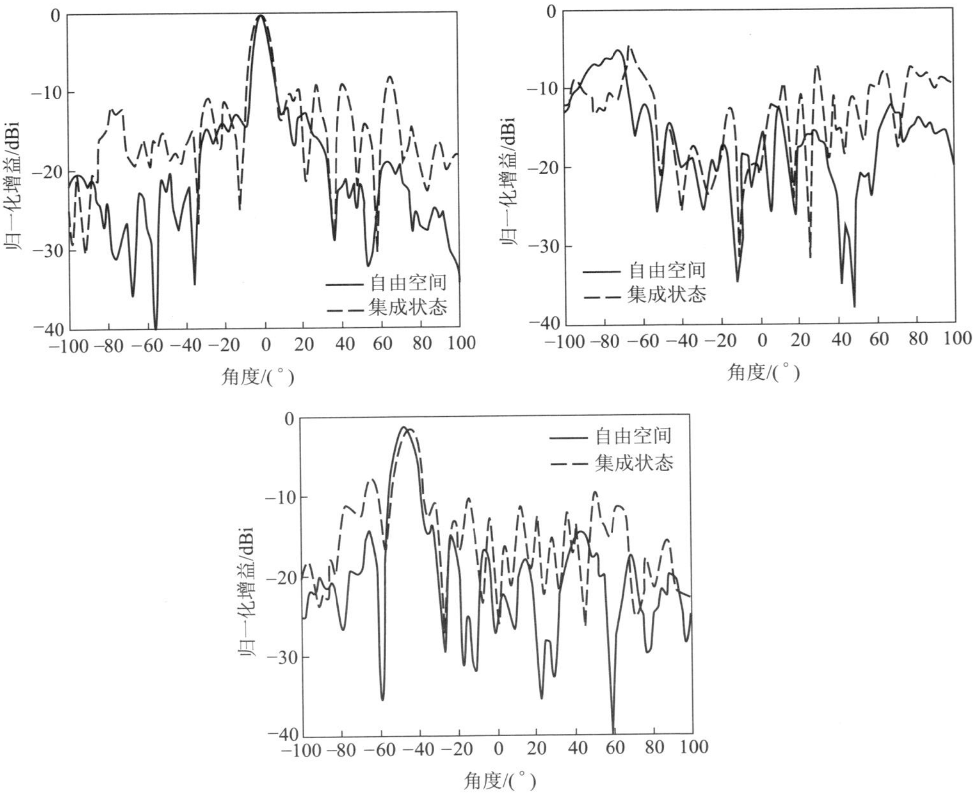

图 40. 54　水平极化时 16 元网格天线阵列的归一化测量方向图(Hong et al.,2014b)

4. 生物学影响和考虑

对使用者的生物学影响可能是未来毫米波 5G 蜂窝设备的最重要参数之

一。政府机构对人体的电磁吸收水平有普遍且严格的管理要求,比吸收率(SAR)是最重要的指标。每个蜂窝设备在获得认证之前必须通过规定的SAR测试。尽管目前还没有毫米波段的SAR标准,仍可以对毫米波SAR水平与3G/4G蜂窝电话SAR水平进行比较分析。为此,将两组网格天线阵列的测量方向图导入到商用数值模拟器中。

结合一个人类头部模型,可计算出其平均SAR水平。从图40.55可以看出,与3G/4G蜂窝波段相比,在28GHz时使用者对电磁场的吸收具有局域化趋势。被吸收的28GHz信号穿透深度仅约为3mm。相比之下,1.9GHz时的穿透深度超过45mm。这意味着在毫米波波段,主要的能量吸收发生在表皮。计算表明,位于蜂窝电话底部区域的28GHz天线阵列的平均SAR值仅为1.9GHz时的1/18。预计新的波束控制技术将进一步降低SAR水平。

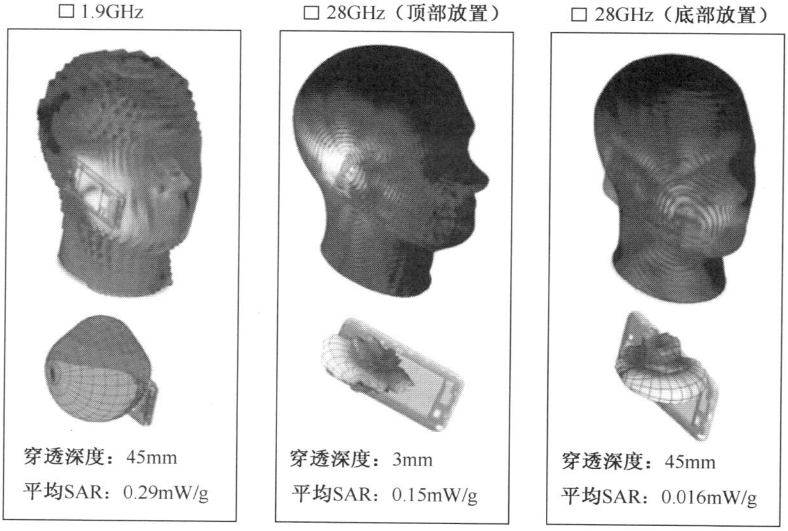

图40.55　毫米波5G和传统4G天线的SAR分析和比较(Hong et al.,2014b)

40.5　总结

正如本章所讨论,毫米波波段的利用将是未来移动网络的支柱。毫米波无线通信可有效提高公众的接入能力,实现前所未有的用户体验。然而,值得强调的是,毫米波波段的使用并不意味着目前使用的微波频率已完全过时和可以抛弃。毫米波信号的固有局限性意味着其将与传统无线架构长期并存。随着毫米波通信应用的不断增长,系统融合将成为一个非常重要的问题。在恶劣传播条件下,毫米波无线系统应设计成可切换到传统的无线系统,以确保无线网络的整体服务质量(QoS)。随着移动电话和小型接入点等无线移动终端内部所需的天线数量逐年递增,预计毫米波天线的装配空间限制将成为主要问题。研究更容易与传统无线射频系统和微波频率天线集成的新型毫米波天线将是一个重要领域。另外,随着可穿戴通信设备的激增以及三维打印技术的进步,预计对三维可重构毫米波天线的需求也随之增加。同时,进行毫米波天线设计时必须以链路可靠性和功耗效率等无线系统性能为优先项。

毫米波天线技术发展的另一个关键领域与多节点/大规模 MIMO 发射和接收有关。为提高无线容量,大规模 MIMO 天线由多个天线单元组成。有利于简化 MAC 层,减小时延,提高信道容量。实现高效的三维、同时多波束控制仍然是毫米波天线设计的技术难题。未来的大规模 MIMO 天线技术必须充分适应由多载波频率组成的多重异构网络(multi-HetNeT)需求。无线硬件与无线网络研究者之间的相互影响和相互依赖日益增加,技术复杂性不断提高,对未来毫米波天线的研究提出了多学科要求。即将到来的物联网(IoT)时代将进一步促进各种形式各异无线设备的出现。作者预测,毫米波天线将从目前的平面多层 PCB 结构进一步发展成为基于新型材料和集成概念的共形结构。

交叉参考:

▶第 76 章 天线先进制造技术
▶第 71 章 手持设备天线
▶第 39 章 波束扫描漏波天线
▶第 22 章 介质透镜天线
▶第 27 章 栅格天线阵列
▶第 53 章 终端 MIMO 系统与天线
▶第 50 章 毫米波亚毫米波天线测量
▶第 34 章 片上天线
▶第 24 章 相控阵天线

▶第69章 面向无线通信的可重构天线

▶第35章 基片集成波导天线

▶第30章 波导缝隙阵天线

▶第44章 宽带磁电偶极子天线

参考文献

Abbaspour-Tamijani A, Sarabandi K(2003)An affordable millimeter-wave beam-steerable antenna using interleaved planar subarrays. IEEE Trans Antennas Propag 51:2193-2202

AlHenawy M, SchneiderM(2011)Integrated antennas in eWLB packages for 77 GHz and 79 GHz automotive radar sensors. In: 41st European microwave conference(EuMC)41st. Manchester, United Kingdom, pp 1312-1315

Alhalabi RA, Rebeiz GM(2009)High-gain Yagi-Uda antennas for millimeter-wave switched-beam systems. IEEE Trans Antennas Propag 57:3672-3676

Artemenko A, Maltsev A, Maslennikov R, Sevastyanov A, Ssorin V(2011)Beam steerable quartz integrated lens antenna for 60GHz frequency band. In: Proceedings of the 5th European conference on antennas and propagation(EUCAP). Rome, Italy, pp 758-762

Baek KH, Hong W(2013)Highly miniaturized vertical end-fire antenna array for mmWave wireless communication. In: Antennas and propagation society international symposium(APSURSI). Orlando, Florida, USA, pp 992-993

Behdad N, Shi D, Hong W, Sarabandi K, Flynn MP(2007)A 0.3 mm^2 Miniaturized X-band on-chip slot antenna in 0.13um CMOS. In: IEEE radio frequency integrated circuits(RFIC)symposium. Honolulu, Hawaii, USA, pp 441-444

Bereka D, Gopinath A, Sainati B(2014)Design of a 60GHz integrated antenna on silicon substrate. In: IEEE antennas and propagation society international symposium (APSURSI). Memphis, Tennessee, USA, pp 1063-1064

Black DN, Wiltse JC (1987) Millimeter-wave characteristics of phase-correcting Fresnel zone plates. IEEE Trans Microwave Theory Tech 35:1122-1129

Chen J,Niknejad A(2011) A compact 1V 18.6dBm 60GHz power amplifier in 65nm CMOS. In: IEEE solid-state circuits conference(ISSCC). San Francisco, California, USA, pp 432-443

Chin WH, Fan Z, Haines R(2014)Emerging technologies and research challenges for 5G wireless networks. IEEE Wirel Commun Mag 21:106-112

Chu H, Guo Y, Lin F, Shi XQ(2009) Wideband 60GHz on-chip antenna with an artificial magnetic conductor. In: IEEE international symposium on radio-frequency integration technology, pp 307-310

Cohen E, Ruberto M, Cohen M, Pan H, Ravid S(2013) Antenna packaging of a 32 element TX/RX phased array RFIC for 60GHz communications. In: 2013 I. E. international conference on microwaves, communications, antennas and electronics systems(COMCAS). Tel Aviv, Israel, pp 1-5

El Sabbagh MA, Kermani MH, Omar MR(2004) Accurate broad-band measurement of complex permittivity using striplines. In: Antennas and Propagation Society international symposium, 2004, vol 1. IEEE, Monterey, pp 233-236

Emami S, Wiser R, Ali E, Forbes M, Gordon M, Guan X, Lo S, McElwee P, Parker J, Tani J, Gilbert J, Doan C(2011) A 60GHz CMOS phased-array transceiver pair for multi-Gb/s wireless communications. In: IEEE solid-state circuits conference(ISSCC). San Francisco, California, USA, pp 164-166

Fang X, Linton D, Walker C, Collins B(2004) A tunable split resonator method for nondestructive permittivity characterization. Instrum Meas IEEE Trans 53(6):1473-1478

Fratticcioli E, Dionigi M, Sorrentino R(2004) A simple and low-cost measurement system for the complex permittivity characterization of materials. Instrum Meas IEEE Trans 53(4):1071-1077

Ghosh A, Thomas T, Cudak M, Ratasuk R, Moorut P, Vook F, Rappaport T, MacCartney G, Sun S, Nie S(2014) Millimeter-wave enhanced local area systems: a high-data-rate approach for future wireless networks. IEEE J Sel Areas Commun 32:1152-1163

Harrington RF(1961) Time-harmonic electromagnetic fields McGraw-Hill HongW, Baek KH, Goudelev A(2012) Multilayer antenna package for IEEE 802. 11 ad employing ultralow-cost FR4. IEEE Trans FR4 Antennas Propag 60:5932-5938

Hong W, Baek KH, Goudelev A(2013) Grid assembly-free 60-GHz antenna module embedded in FR-4 transceiver carrier board. IEEE Trans Antennas Propag 61:1573-1580

Hong W, Baek K, Lee Y, Kim YG(2014a) Design and analysis of a low-profile 28GHz beam steering antenna solution for Future 5G cellular applications. In: IEEE international microwave symposium(IMS). Tampa Bay, Florida, USA, pp 1-4

Hong W, Baek KH, Lee Y, Kim Y, Ko ST(2014b) Study and prototyping of practically large-scale mmWave antenna systems for 5G cellular devices. IEEE Commun Mag 52:63-69

Hristov HD, Herben MH(1995) Millimeter-wave Fresnel-zone plate lens and antenna. IEEE Trans

Microwave Theory Tech 43:2779–2785

Jo O, HongW, Choi S, Chang S, Kwon C, Oh J, Cheun K(2014) Holistic design considerations for realization of environmentally adaptive 60GHz beamforming technology. IEEE Commun Mag 52: 30–38

Katehi P, Alexopoulos N(1983) On the effect of substrate thickness and permittivity on printed circuit dipole properties. IEEE Trans Antennas Propag 31:34–39

Kong L, Seo D, Alon E(2013) A 50mW-TX 65mW-RX 60GHz 4-element phased-array transceiver with integrated antennas in 65nm CMOS. In: IEEE solid-state circuits conference(ISSCC), San Francisco, California, USA, pp 234–235

Lin F, Ooi BL (2009) Integrated millimeter-wave on-chip antenna design employing artificial magnetic conductor. In: IEEE international symposium on radio-frequency integration technology. Nanyang Executive Centre, Nanyang Technological University Singapore, Singapore, pp 174–177

Liu D, Pfeiffer U, Grzyb J, Gaucher B(2009) Advanced millimeter-wave technologies: antennas, packaging and circuits. Wiley, New York

Liu D, Akkermans JA, Chen HC, Floyd B (2011) Packages with integrated 60-GHz aperture coupled patch antennas. IEEE Trans Antennas Propag 59:3607–3616

Marcus M, Pattan B(2005) Millimeter wave propagation; spectrum management implications. IEEE Microwave Mag 6:54–62

Marnat L, Carreno AA, Conchouso D, Martinez MG, Foulds IG, Shamim A(2013) New movable plate for efficient millimeter wave vertical on-chip antenna. IEEE Trans Antennas Propag, 61: 1608–1615

Natarajan AS (2007) Millimeter-wave phased arrays in silicon. California Institute of Technology. Pasadena, CA, USA

Natarajan A, Tsai MD, Floyd B(2009) 60GHz RF-path phase-shifting two-element phased-array front-end in silicon. In: 2009 symposium on VLSI circuits. Kyoto, Japan, pp 250–251

Okada K, Minami R, Tsukui Y, Kawai S, Seo Y, Sato S, Kondo S, Ueno T, Takeuchi Y, Yamaguchi T, Musa A, Wu R, Miyahara M, Matsuzawa A(2014) A 64-QAM 60GHz CMOS transceiver with 4-channel bonding. IEEE solid-state circuits conference(ISSCC). San Francisco, California, USA, pp 346–347

Pozar DM(1985) Microstrip antenna aperture-coupled to a microstripline. Electron Lett 21:49-50 Millimeter-Wave Antennas and Arrays 1849

Pozar DM(1992)Microstrip antennas. Proc IEEE 80:79-91

Roh W, Seol JY, Park J, Lee B, Lee J, Kim Y, Cho J, Cheun K, Aryanfar F(2014)Millimeter-wave beamforming as an enabling technology for 5G cellular communications: theoretical feasibility and prototype result. IEEE Commun Mag 52:106-113

Ryan CG, Chaharmir MR, Shaker J, Bray JR, Antar YM, Ittipiboon A(2010)A wideband transmitarray using dual-resonant double square rings. IEEE Trans Antennas Propag 58:1486-1493

Shannon CA(1948)Mathematical theory of communication. Bell Syst Tech J 27:379-423

Sun S, MacCartney G, Samimi M, Nie S, Rappaport T(2014)Millimeter wave multi-beam antenna combining for 5G cellular link improvement in New York City. In: 2014 I. E. international conference on communications(ICC). Sydney, Australia, pp 5468-5473

Talwar S, Choudhury D, Dimou K, Aryafar E, Bangerter B, Stewart K(2014)Enabling technologies and architectures for 5G wireless. In: IEEE international microwave symposium(IMS). Tampa Bay, Florida, USA, pp 1-4

Taori R, Sridharan A (2014) In-band, point to multi-point, mm-Wave backhaul for 5G networks. In: 2014 I. E. international conference on communications workshops(ICC). Sydney, Australia, pp 96-101

Tsukizawa T, Shirakata N, Morita T, Tanaka K, Sato J, Morishita Y, Kanemaru M, Kitamura R, Shima T, Nakatani T, Miyanaga K, Urushihara T, Yoshikawa H, Sakamoto T, Motozuka H, Shirakawa Y, Yosoku N, Yamamoto A, Shiozaki R, Saito N(2013)A fully integrated 60GHz CMOS transceiver chipset based on WiGig/IEEE802. 11ad with built-in self calibration for mobile applications. In: IEEE international solid-state circuits conference(ISSCC). San Francisco, California, USA, pp 230-223

Valdes-Garcia A, Natarajan, A, Liu D, Sanduleanu M, Gu X, Ferriss M, Parker B, Baks C, Plouchart JO, Ainspan H, Sadhu B, Islam M, Reynolds S(2013)A fully-integrated dual-polarization 16-element W-band phased-array transceiver in SiGe BiCMOS. In: IEEE radio frequency integrated circuits symposium(RFIC). Kyoto, Japan, pp 375-378

Vogler LE(1982)An attenuation function for multiple knife-edge diffraction. Radio Sci 17:1541-1546, Wiley Online Library

Wang Y, Low K, Che F, Pang H, Yeo S(2003)Modeling and simulation of printed circuit board drop test. In: 2003 5th conference on electronics packaging technology, (EPTC 2003). Singapore, pp 263-268

Willmot R, Kim D, Peroulis D(2009)High-efficiency wire bond antennas for on-chip radios. IEEE international microwave symposium(IMS). Boston, MA, USA, pp 1561-1564 Yang XS, Wang BZ, WuW (2005) Pattern reconfigurable patch antenna with two orthogonal quasi-Yagi arrays. IEEE Antennas Propag Soc Int Symp 2:617-620

Yngvesson KS, Korzeniowski T, Kim YS, Kollberg EL, Johansson JF(1989)The tapered slot antenna-a new integrated element for millimeter-wave applications. IEEE Trans Microw Theory Tech 37:365-374

第 41 章

共形阵列天线

Lars Josefsson, Patrik Persson

摘要

本章讨论了当今共形阵列天线（非平面阵列天线）产生的历史，包括理论和技术。由于这些天线的孔径是弯曲的（通常为凸面的），所以不能使用传统的平面阵列分析和设计方法。一个重要的方面是导致沿着弯曲表面衍射的辐射元件之间的相互耦合。介绍了波束形成、相位模式、测地线和极化等一些概念。

列举了共形阵列天线的几个应用，包括用于移动基站的广角（360°）覆盖天线、内置于诸如飞机和卫星外壳中的天线、多方向同步跟踪信号的球形阵列等。与平面阵列相比，共形阵列的转向和控制更为复杂。然而，计算机能力（软件和硬件）的快速发展为新的解决方案开辟了道路，特别是数字波束成形（DBF）具有广阔的应用前景。

L. Josefsson(✉)

拉尔斯微波，瑞典

e-mail：lars. josefsson@ ieee. org

P. Persson

爱立信研究院天线系统技术部，瑞典

e-mail：patrik. c. persson@ ericsson. com

关键词

圆形阵列;换向;DBF;数字波束合成;测地线;20面体;多输入多输出;相位模式;极化;球形阵列;UTD;乌兰韦伯(Wullenweber)阵列

41.1 引言

41.1.1 定义

共形阵列天线符合特定形状,如球体、圆柱体、抛物面等。这与通常为平面且不弯曲的大多数阵列天线不同。

在 IEEE 标准(IEEE Std 145—1993)天线术语定义中给出了天线以下定义。

(1)共形天线(共形阵列)。天线(阵列)的表面形状和物体外形保持一致,这里的物理外形由电磁以外的其他因素决定,如空气动力学或流体动力学。

(2)共形阵列(参见:共形天线)。阵列天线的形状可由特定的电磁要求确定,如角度覆盖或波束形状特征,从而导致圆柱形或其他特定形状。术语"共形"也用于这种情况,尽管它不是严格意义上的 IEEE 定义,但这从技术上讲没有什么区别。

41.1.2 动机

在许多实际应用中,共形天线比传统的平面天线能提供更好的解决方案。书中将简要介绍部分应用。

飞机天线:一架现代飞机,其机身上有多种天线,如用于雷达、导航、通信、机控降落系统、高度计等的天线。典型飞机上可以有多达 20~70 个天线,其中一些天线从飞机外壳突出,造成相当大的阻力并会增加燃料消耗。将这些天线集成到弯曲的飞机表面势在必行(Hopkins et al.,1997)。

移动基站:得益于使用具有 360°覆盖范围的圆柱阵列布置,代替了每个阵列覆盖固定扇区的平面阵列。为与地面站的飞机和卫星进行通信,甚至可能需要球面或半球形天线装置。

同样在人口稠密的城市环境中，也越来越多地使用天线。通常希望将这些天线集成到现有的结构（如灯柱、烟囱、旗杆等）中，使其不那么突出显眼，更容易被公众所接受。

甚至现代汽车也可以从集成到车身的天线功能中获益（如导航、互联网、广播、电视、防撞等）。

卫星上的通信系统有时需要很大的角度覆盖，从而需要弯曲的阵列。低轨道、自旋稳定的卫星就是一个例子。

共形阵列天线在军事应用（如雷达、通信和告警系统）领域也受到关注。这些系统通常需要大的角度覆盖而且要同时处理许多的目标，并且可将阵列天线集成在各种车辆的表面。对于共形阵列，可能不需要单独的天线罩。

41.1.3　历史

在 20 世纪 30 年代，一个排列成圆形的环形偶极子阵列系统作为一种抗衰减广播天线被提出（Chireix，1936）。通过顺序相位激励，在水平面获得全向辐射，同时减小在较高仰角（导致干涉和衰落）时电离层信号反射。第一个系统在法国实施，由于成本原因只安装了 4 个散热器，因此，围绕“圆”的阵元相位激励为 0°、90°、180°、270°。这是相模式激励的一个例子（后面会在“阵列天线”一节详细说明）。

20 世纪 50 年代提出圆形偶极子阵列，即所谓的 Wullenweber 阵列，用于智能采集和测向（Gething，1966）。这些阵列相当大，直径达几百米。于是他们大部分现在已被拆除，其功能已被星载系统所取代。

41.1.4　技术发展

圆形（或环形）阵列有吸引力缘于诸多原因：它是相对简单和合适的激励方案，能够使指示光束有 360°的方位角。Knudsen 在 1953 年就发展了基于相位理论和波束导向方案的模式综合方法（Knudsen，1953；Davies，1983）。这类天线在广播、通信、导航、测向搜索和雷达中已有应用。1989 年 Dorey 等已经描述了使用圆形阵列和接收波束形成的雷达概念。

为了加强方向性，可以将多个圆形阵列层叠放置。电子扫描 TACAN（战术导航）天线是个很好的例子。天线辐射出旋转相位编码信号，用来协助飞机确定相对位置,如相对机场的位置(Christopher,1974)。

许多上述圆形阵列由偶极子单元构成,基本的双重结构由金属圆柱体中的孔元件或槽组成(Wait,1959)。已经使用模态展开技术和高频衍射技术(包括相互耦合效应)对这类天线阵列进行了研究(Hessel,1970;Pathak et al.,1980)。

从圆柱阵列到圆锥阵列的步骤可能看起来很简单。装在飞机或导弹的鼻翼区域中的这种阵列将是非常有意义的,但是,阵列中靠近尖端的阵元排布困难(Munger et al.,1974)。对飞机而言,另一个有吸引力的排布是与机翼前缘形状保持一致的阵列(Steyskal,2002)。1975 年 Liebman 等也提出了球形阵列。

配备相关电子电路的阵列元件(包括馈电和冷却系统等)可能难以在弯曲表面上安装,尤其是对弧度大且曲率变化的表面。但是在许多情况下,采用平面刻面近似弯曲表面能获得很好的效果。每个刻面形成具有少量模块化元件的平面子阵列(Tomasic et al.,2003)。

在过去几十年中,已经开发了功能强大的复杂电磁结构分析和优化软件工具。这种发展得益于性能先进的高速计算机的出现和应用,没有这种计算机,许多共形阵列不可能被严格分析。已经建立了有限元方法以及高频衍射方法,并将均匀绕射理论(UTD)与曲面上的测地线理论进行了结合(参见“分析方法”一节)。

对于集成到各种结构表面的共形阵列的转向和控制,必须通过发送和接收信号的适当处理来匹配。阵列校准是另一个关键方面。波束形成功能可能通过数字方式最有效地完成。因此,DBF 或数字波束成形与共形阵列技术密切相关,至少对于更复杂的系统来说确是如此。当然,模拟波束成形仍然会找到它的位置(参见“共形阵列天线的波束成形”一节)。

共形阵列天线技术一直是一些研讨会、会议和出版物的重点话题;可参阅本章末尾的参考文献列表。

41.2 阵列天线

41.2.1 ULA 与 UCA

均匀线阵(ULA)可以看作平面阵列天线的基本构件。同样地,均匀圆形阵列(UCA)是共形旋转对称阵列天线(包括圆柱形和圆锥形)的基本构造块。两种阵列如图 41.1 所示。圆形阵列的大部分理论也适用于圆柱阵列。

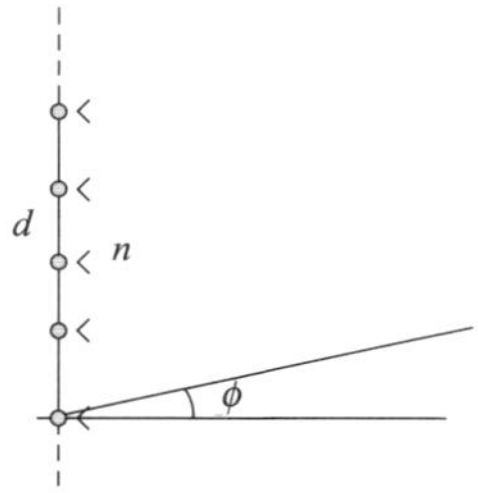

(a)

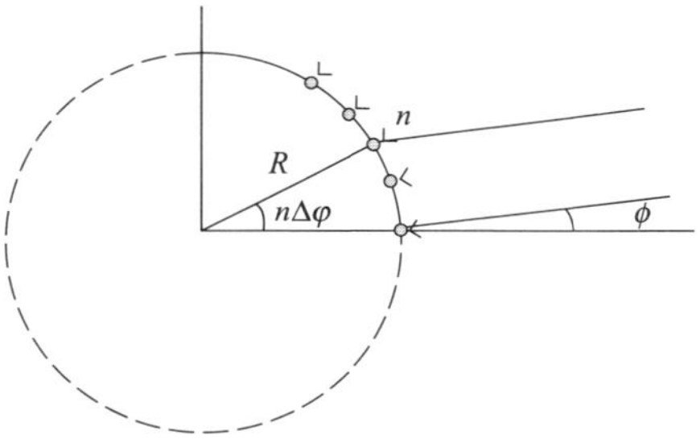

(b)

图 41.1　两种阵列

(a)均匀线阵;(b)均匀圆形阵。

应该注意的是,“圆形阵列”一词有时被理解为圆形平面阵列(参见矩形阵列、椭圆阵列等)。但是,在这里它不是这个意思。UCA 的另一种叫法是圆环阵。

关于单元方向图的影响,线性阵和圆形阵之间存在重要区别。在线阵中,所有阵元都指向同一方向。圆形阵的辐射方向图函数可以写成阵元因子和阵列因子的乘积,即

$$E(\phi)=\mathrm{EL}(\phi)\sum_{n}V_{n}\mathrm{e}^{\mathrm{j}nkd\sin\phi} \tag{41.1}$$

式中:$\mathrm{EL}(\phi)$ 为单元方向图函数(阵元因子);V_n 为阵元激励;d 为阵元间距;$k=2\pi/\lambda$。

对于圆形阵,阵元因子一般不能被分解出来。因此,有

$$E(\phi) = \sum_{n} V_n \mathrm{EL}(\phi - n\Delta\varphi) \mathrm{e}^{\mathrm{j}kR\cos(\phi - n\Delta\varphi)} \tag{41.2}$$

式中：$\Delta\varphi$ 为阵元角间距；R 为圆形阵列的半径。

假设阵元是各向同性的，即阵元方向图在所有方向上都满足 $\mathrm{EL}(\phi) = 1$。如果阵元激励方向全部相等，如 $V_n = 1$，则只要元件间距 d 小于波长，线阵的辐射模式类似 $\sin x/x$ 函数，具有窄波束特点。对于圆形阵列的相同假设导致阵列平面中或多或少的全向方向图。两个阵列可能会出现两个问题，即线阵 ULA 的栅瓣和圆形阵 UCA 的方向图失真（纹波）。常见的原因是阵元间隔太大，导致出现不期望的高阶模式。

下面的重点是圆形阵列天线 UCA，线性和平面相控阵天线会在其他章节中进行讲解。

41.2.2 相位模式理论

图 41.2 给出了一个圆形阵列的实用示例，其中提出了垂直偶极子形式的辐射阵元。图 41.2 中的垂直偶极子在水平面上是全向的。由于阵元对于阵列中的所有位置具有相同的方向图，所以单元方向图可以在方向图函数中被分解出来。更为重要的是，极化在所有方向上保持垂直，并且没有交叉极化。这种通用类型的阵列通常用于无线电通信和测向搜索系统。

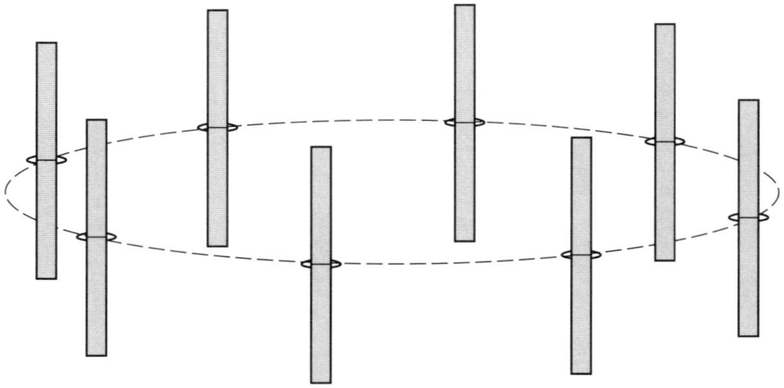

图 41.2 垂直偶极子阵元组成的均匀圆形阵

理想情况是圆形阵列 UCA 具有连续的环激励，从而逼近具有密集间隔各向同性阵元的阵列。该理想环的第一相位模式激励 $V(\varphi)$ 如表 41.1 所列。

表41.1　前几种相位模式的定义

模式0	相位=常数	绕环一圈
模式±1	相位变化±1×2π	″
模式±2	相位变化±2×2π	″
⋮	⋮	⋮
模式$\pm m$	相位变化$\pm m$×2π	″

环的一般激励可以表示为具有幅度 C_m 的几个相位模式的总和,即

$$V(\varphi) = \sum_{-\infty}^{\infty} C_m \mathrm{e}^{\mathrm{j}m\varphi} \tag{41.3}$$

这是周期函数 $V(\varphi)$ 的傅里叶级数表示,周期为 2π,围绕环一圈。傅里叶系数 C_m 为

$$C_m = \frac{1}{2\pi}\int_{-\pi}^{\pi} V(\varphi)\mathrm{e}^{-\mathrm{j}m\varphi}\mathrm{d}\varphi \tag{41.4}$$

此外,远场必须也是周期性的,可以将其展开为傅里叶级数,即

$$E(\phi) = \sum_{-\infty}^{\infty} A_m \mathrm{e}^{\mathrm{j}m\phi} \tag{41.5}$$

同样地,参考等式(41.2),远场也可以写为

$$E(\phi) = \frac{1}{2\pi}\int_{-\pi}^{\pi} V(\varphi)\mathrm{e}^{\mathrm{j}kR\cos(\phi-\varphi)}\mathrm{d}\varphi \tag{41.6}$$

结合等式(41.3)和式(41.6)可得到

$$E(\phi) = \sum_{-\infty}^{\infty} \frac{1}{2\pi}C_m \int_{-\pi}^{\pi} \mathrm{e}^{\mathrm{j}m\varphi}\mathrm{e}^{(\mathrm{j}kR\cos(\phi-\varphi))}\mathrm{d}\varphi \tag{41.7}$$

将此式与等式(41.5)比较可发现,远场相位模式幅度 A_m 和激励相位模式幅度 C_m 可通过下述表达式关联,即

$$A_m = C_m \frac{1}{2\pi}\int_{-\pi}^{\pi} \mathrm{e}^{\mathrm{j}m(\varphi-\phi)}\mathrm{e}^{\mathrm{j}kR\cos(\varphi-\phi)}\mathrm{d}\varphi \tag{41.8}$$

也可写为

$$A_m = j^m C_m J_m(kR) \tag{41.9}$$

式中:函数 $J_m(z)$ 是 m 阶第一类贝塞尔函数。因此,贝塞尔函数对方向图和激

励之间的关系,即 A_m 和 C_m 系数之间的关系有重大影响。图 41.3 给出了前几阶贝塞尔函数的图。

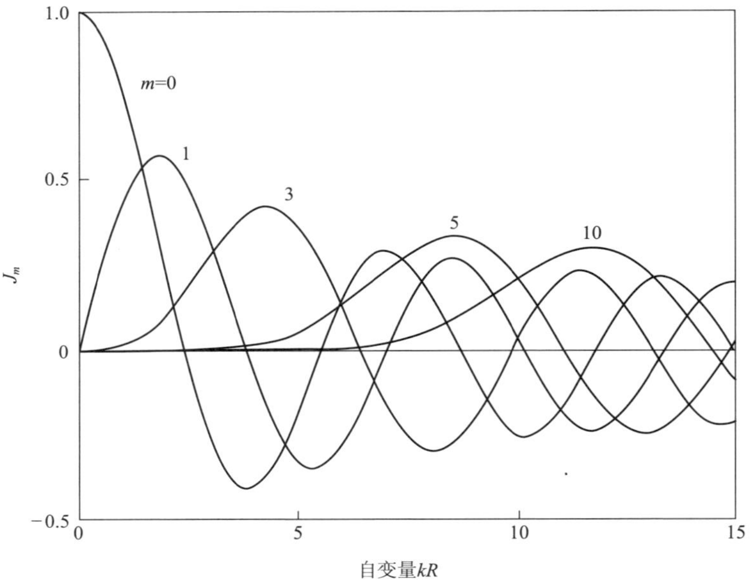

图 41.3　第一类贝塞尔函数(阶数 1~10)

从 $J_m(kR)$ 的大小显然可见,对于给定的大小 kR,只有阶数 m 达到 $m = kR$ 才能实现有效辐射。这种“模式截止”问题在小尺寸上并不明显,但是对于更大尺寸,如 $kR = 100$,该问题更为明显。界限 $m = kR$ 对应的是沿圆周方向每个波长 2π 的相位变化。如果还包括负 m 值,则可以使用 2 倍的模式数。

由图 41.3 看出的第二个情况是,贝塞尔函数一旦无效将严重减弱接近这些零点的参数 kR 的辐射。这个问题可以根据模式稳定性 $|A_m/C_m|$ 进行研究。结果表明,当使用指令元时,模式稳定性会显著提高。

1. 离散单元

上面研究的连续环阵列近似于具有密集间隔的辐射阵元的真实阵列。但更实际的情况是带有均匀间隔的离散单元的阵列。首先,假设辐射单元是各向同性的辐射体。

考虑环阵列的模式 $m = 0$ 的最简单情况,即连续且恒定的激励 $V(\varphi) = V_0$。傅里叶展开式(41.4),将只有一个频谱分量 C_0,即“直流分量”。但是,对应于 N

个离散单元位置的 N 点采样，这个激励将产生一个直线频谱，这些直线间隔为 N/T，其中 T 是周期 2π。如果考虑相位斜率 $m > 0$，则在采样之后将产生相同的模式频谱，频谱将移位 m/T。

具有多种模式的更复杂的激励将形成所使用的模式的频谱，在采样之后以 N/T 的周期重复。这些波谱不应重叠（无混叠），即需要 $|m_{max}| < N/2$。这意味着单元的数量应该足够大，以便避免频谱重叠。同时阵列尺寸应足够大，以便所需数量的模式可以自由辐射。最后，"贝塞尔窗口"应该阻止不需要的高次谐波。下列数学表达式将体现要求，即

$$N > 2|m_{max}| \tag{41.10}$$

$$kR > |m_{max}| \tag{41.11}$$

$$\alpha kR < N - |m_{max}| \tag{41.12}$$

这里假设期望的模式频谱延伸至 $\pm|m_{max}|$ 的范围。注意式（41.12）中引入的因子 α，这个名义上应该是统一的，但在某些情况下可能需要达到它的 1.5 倍。

图 41.4 示出了频谱延伸至 $\pm M$ 模式的情况。相关的谐波不重叠，"贝塞尔窗"允许了大部分期望的相位模式。在这种情况下，假设 $M \approx kR$，通常需要沿周向单元间隔 $d/\lambda < 0.5$。

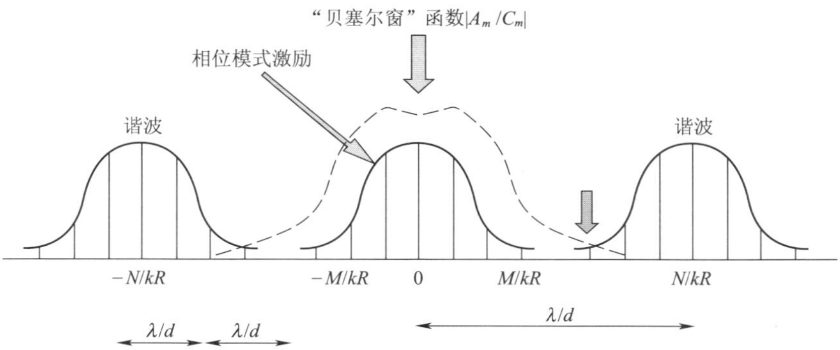

图 41.4　模式频谱（所需频谱（中心箭头）和部分谐波频谱（见右箭头）造成的一些干扰）

2. 具有全向方向图的圆形阵列 UCA

假设以下参数：8 个各向同性单元，均匀幅度，同一模式 $m = 0$，单元间距 $d/\lambda = 0.65$。这使 $kR = Nd/\lambda = 5.2$。根据式（41.2）给出了以下方向图函数。

图 41.5 中的“全向”模式表现出约 8dB 的相当严重的纹波。原因是两个不被“贝塞尔窗口”充分衰减的高级模式 $m=\pm 8$ 的干扰(图 41.4)。模式相对幅度(辐射)可得−0.215、1.0 和 0.215。

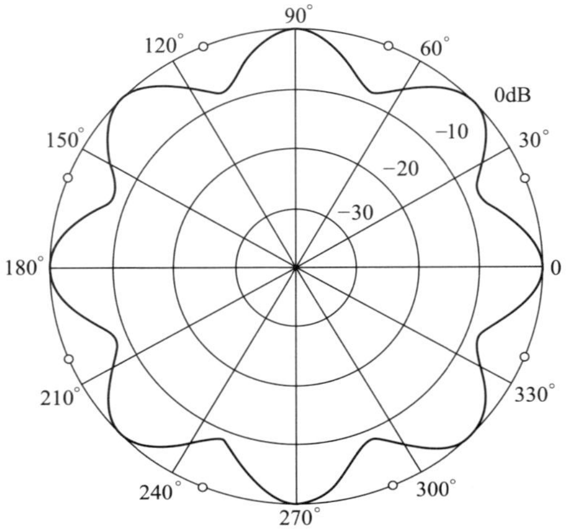

图 41.5　使用 8 元、$kR=5.2$、各向同性单元的圆形阵列方向图
(Josefsson and Persson,2006)(IEEE 版权所有)

3. 定向波束

第二个例子是具有各向同性单元的圆形阵列,均匀幅度,聚焦于在 $\phi=0$ 方向辐射的窄波束。这意味着这些单元被赋予了一个“同相的”激励。在连续的情况下,将产生一个具有−8dB副瓣的理想方向图,即

$$E(\phi)=J_0\left(2kR\sin\frac{\phi}{2}\right) \tag{41.13}$$

该理想方向图在图 41.6 中示出,图中还示出了具有相同 kR 值的离散阵列天线方向:16 阵元, $d/\lambda=0.6$。

4. 定向单元

对于各向同性单元,没有阵元因子,见式(41.6)。加入阵元因子后,获得的远场方向图为

$$E(\phi)=\frac{1}{2\pi}\int_{-\pi}^{\pi}V(\varphi)\mathrm{EL}(\phi-\varphi)\mathrm{e}^{\mathrm{j}kR\cos(\phi-\varphi)}\mathrm{d}\varphi \tag{41.14}$$

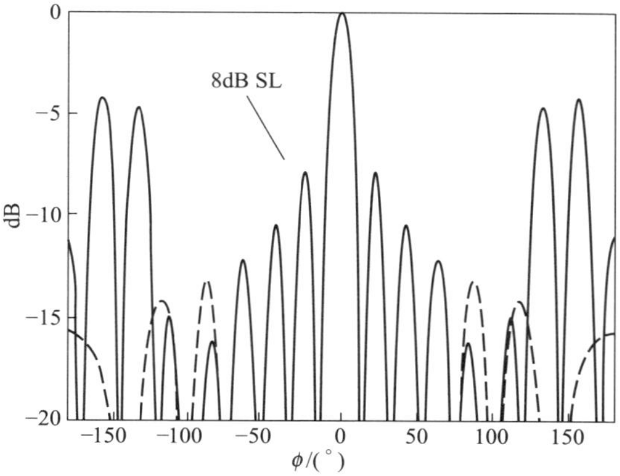

图 41.6　连续圆环形源天线方向图（虚线）及其对应的 16 单元、间距 0.6λ 的离散阵列天线方向图（Josefsson and Persson，2006）（IEEE 版权所有）

尽管阵元指向不同的方向，但单元方向图对于所有阵元是相同的。由于它是周期性的，周期为 2π，单元方向图可以写为

$$\mathrm{EL}(\alpha)=\sum_{p=-\infty}^{\infty}D_p\mathrm{e}^{\mathrm{j}p\alpha}\tag{41.15}$$

代入式（41.14）中得

$$E(\phi)=\frac{1}{2\pi}\int_{-\pi}^{\pi}V(\varphi)\sum_{p=-\infty}^{\infty}D_p\mathrm{e}^{\mathrm{j}p(\phi-\varphi)}\mathrm{e}^{\mathrm{j}kR\cos(\phi-\varphi)}\mathrm{d}\varphi\tag{41.16}$$

此时，激励 $V(\varphi)$ 可以以傅里叶级数（式（41.3））扩展。用相位模式 m 来表示，结果为

$$E_m(\phi)=C_m\mathrm{e}^{\mathrm{j}m\phi}\sum_{p=-\infty}^{\infty}D_p\frac{1}{2\pi}\int_{-\pi}^{\pi}\mathrm{e}^{\mathrm{j}(m-p)(\varphi-\phi)}\mathrm{e}^{kR\cos(\varphi-\phi)}\mathrm{d}\varphi\tag{41.17}$$

或者

$$E_m(\phi)=C_m\left[\sum_{p=-\infty}^{\infty}j^{m-p}J_{m-p}(kR)\right]\mathrm{e}^{\mathrm{j}m\phi}=A_m\mathrm{e}^{\mathrm{j}m\phi}\tag{41.18}$$

因此，C_m（激发）和 A_m（辐射）的一个新的关系产生了（参照式（41.9））。模式稳定比 $|A_m/C_m|$ 在这里更好。由于式（41.18）的方括号内的表达式在最感兴趣的区域内没有零值，这使得设计不太苛刻，并且可以获得更多的带宽。

UCA 即均匀的圆形阵列的大部分结果，也适用于圆柱阵列。

41.2.3 相位模式阻抗

与任何相控阵天线一样,单元之间的相互耦合起着重要作用。在"天线设计"一节中将给出几个例子。在均匀圆形阵列UCA中,存在对称结构,并且可以定义相模阻抗,即特定相模 m 激励的有源阻抗:

$$Z^m = \sum_{k=1}^{N} Z_{ik} e^{2\pi j(k-1)m/N} \tag{41.19}$$

式中:Z_{ik} 为单元 i 和 k 之间的互阻抗。由于对称性,阻抗 Z^m 与 i 无关,并且对于所有单元都是相同的。

图41.7所示为阵元间隔是 $d = \lambda/6$ 的平行偶极子的16阵元阵列。偶极子互阻抗 Z_{ik} 可以由众所周知的公式计算出来,如Elliott(1981)和Kraus(1988)。由于 $kR = Nd/\lambda \approx 3$,在这种情况下,可以期望辐射到大约 $m=3$ 的模式,这也反映在图中。对于更高的模式,随着电阻接近零,失配增加。图41.3给出了与贝塞尔函数 J_m 进行比较。

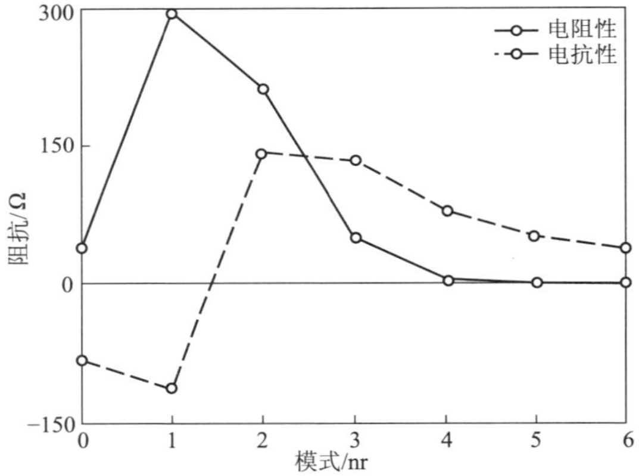

图41.7 相模阻抗与模式顺序(UCA具有16个半波长偶极子,$kR = 2.67$)

41.2.4 双曲阵列

最终的共形阵列天线是安装在飞机机身的一部分上或其他一些给定结构上的"智能皮肤"。如果表面仅略微弯曲,则设计过程可遵循平面阵列的设计步骤(由于曲率而导致一些相位校正)。辐射元必须是定向的,方向指向表面的法线方向。随着曲率的增加，显而易见的是，所有辐射元都不会在所有扫描方向上有效地辐射。当波束方向改变时，通常会有一个激活区域被移动（即换向）。

许多系统需要半球覆盖，如地面监视雷达或通信系统，其中期望的覆盖范围是从顶点到地平线。其中可行的共形阵列形状是半球体、锥体、抛物面以及三面体或四面体金字塔。但是三面体及四面体具有平面表面，不如曲面方案那样有效。

在双曲线阵列上，不可能布置一个完美的周期性辐射元网格。但合理的准周期网格却是可能的，图 41.8 展示了辐射元分布在表面的抛物面天线阵。

图 41.8　旋转对称的抛物面上的阵元位置（Josefsson and Lanne，2003）

该示例显示环形分布的圆形阵列（每个环都为一个 UCA）。每个辐射元的实际最大可用视线方向距表面法线约为±60°。假定波束方向与顶点夹角为 30°，这意味着在这种情况下，只有大约一半的元素可以在该方向上做贡献。

另一个有趣的形状是半球体，可以认为它非常符合半球面覆盖的要求。可以基于正多面体形状之一开发适当的构造，包括八面体、12 面体和 20 面体。这些形状分别近似于具有 8、12 和 20 个相等平面的球体。最后一个具有 20 个三角形面的形状可以修改为由 12 个五角形和 20 个六边形面（截顶 20 面体）构成的近似球体。

小平面可以细分为投影到球体周围的三角形，它们可以进一步细分等。结果是辐射元间距存在些许变化的一个周期网络（图 41.9）。所有这些双曲阵列将必须使用某种偏振控制系统或圆极化。

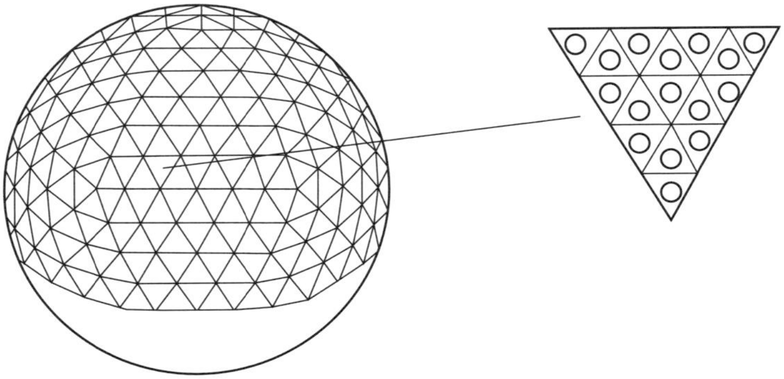

图41.9　由三角形小平面构成的球面(Bondyopadhyay,2002)(IEEE版权所有)

41.3　分析方法

41.3.1　引言

在41.2节中介绍了UCA以展现共形天线背后的基本原理。到目前为止,所考虑的天线单元均已经定位在自由空间中,但是在许多应用中也存在支撑结构。想要充分预测特征,支撑结构也应该纳入分析。

这不是一个简单任务,因为共形阵列天线可以采取许多形状。此外,表面通常是电大尺寸(相对于波长),且可能是凸的、凹的或凹凸不平的。如图41.9所示,刻面表面也是一种替代方案,这引入边缘或其他不连续性。根据天线设计,除了PEC(理想电导体)表面外,还可能需要考虑电介质层。总地来说,表面可以非常复杂。

在一定程度上,解析方法可以用来导出求解电磁问题所需的方程,但是需要采用数值方法进行最终分析。通常使用组合办法,即使用分析方法来完成第一步,随后也需要使用数值方法。本章中提出的许多结果都是基于这样的分析。不过应该注意的是,今天许多商业可用的代码,如HFSS和CST可以分析非常复杂和较大的表面。因此,利用当今可用的计算机能力,现在对计算机的内存需求和运算的时间消耗并不像几年前那么多,大表面并不难分析。然而,这里的重点是简要概述一些分析传统的共形天线的方法,了解这些方法和理论,使我们更容易理解结果。

需注意,本节的重点不是详细描述不同的分析方法,而是在分析共形天线时的一些关键方面。

41.3.2　电磁问题

首先,了解要解决的问题和相关的电磁问题是很重要的。当找到一种求解电磁问题的方法后,就可以开始分析共形(阵列)天线了。对于辐射问题,当考虑远场区域时,可以用一些近似方法进行分析。上一节中对圆形阵列天线理论进行了简要回顾,以了解基本原理。此外,辐射单元之间的相互耦合对于预测(共形)阵列天线的特性是至关重要的。该问题的电磁解决方案也提供了研究这一点的工具,即单元表面场或近场,以便发现辐射元件之间的相互耦合。这种分析通常是困难的,不像远场分析那么容易。

图 41.10 阐述了要解决的电磁问题,这是一个边界值问题,即 S 表面外的场表征要与天线单元的假定已知的场或电流分布相匹配。当问题求解后,就可以得到天线问题的格林函数($\bar{\bar{G}}$)了。这样 S 表面外的场与辐射单元表面电流($\bar{J}$)之间的关系可简述为

$$\bar{E} = \sum_{n=1}^{N} \int \bar{\bar{G}} \cdot \bar{J} \mathrm{d}S \qquad (41.20)$$

式中:N 为辐射单元的数目。遗憾的是,能够得到 S 表面外部解析场的几何结构是非常有限的,在多数情况下,需要用渐近表达式来分析,在有些情况下,数值计算方法是唯一能进行求解的方法。

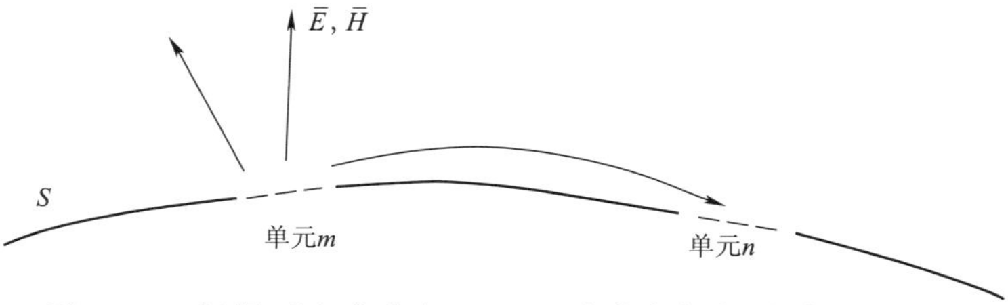

图 41.10　问题:求解弯曲表面 S 上一个或多个单元辐射的外部场
(Josefsson,Persson 2006)(IEEE 版权所有)

$$Y_{12} = \frac{1}{V_1 V_2} \int_{S_2} \overline{E_2} \times \overline{H_2}(1) \mathrm{d}\bar{S} \qquad (41.21)$$

考虑这种大型阵列中的两个辐射单元,阵列中其他单元的缝隙是短路(对于偶

极子型单元为开路)。式(41.21)表示单一阵列单元互导纳(阻抗)矩阵。从该矩阵可以推导出整个环的散射矩阵,即

$$\boldsymbol{S} = (\boldsymbol{I} - \boldsymbol{Y})(\boldsymbol{I} + \boldsymbol{Y})^{-1} \text{ 或 } \boldsymbol{S} = 2(\boldsymbol{I} + \boldsymbol{Y})^{-1} - \boldsymbol{I} \tag{41.22}$$

41.3.3 模式解:经典解

分析共形天线的典型方法是通过分离变量法,将解表示成模式展开形式,即矢量谐波级数表达式。但是该方法仅适用于一些特殊形状,如理想导体圆柱体、椭圆柱体、圆锥体和球体。J. R. Wait(1959)在《Electromagnetic Radiation from Cylindrical Structures》一书对早期有关圆柱体的大量工作做了总结。

为了简要说明分离变量法的使用,利用圆柱体给出一个示例。假设该圆柱体为无限长的理想导体,此例中的天线单元为缝隙天线,假设表面上的切向电场分布是已知的,如图41.11所示。

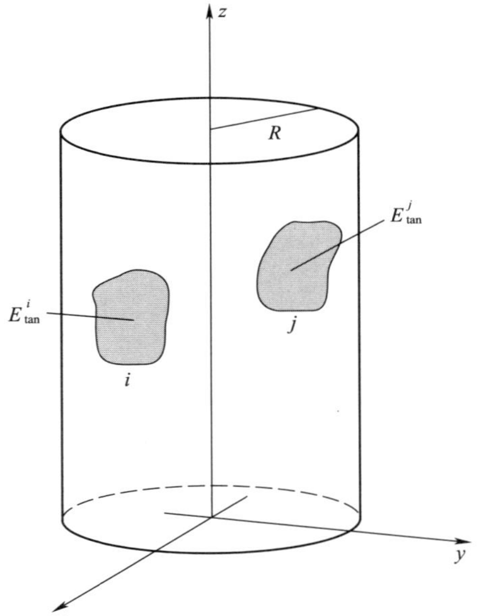

图41.11 导体圆柱体表面上的两个面天线(i和j)
(Josefsson and Persson,2006)(IEEE版权所有)

解决问题的第一步是分析轴对称(这里指圆柱或z轴)结构,采用傅里叶变

换将三维问题简化为二维问题，这样定义电场 $\overline{E}$ 切向分量的傅里叶变换 $\widetilde{E}_{\tan}$ 为

$$\widetilde{E}_{\tan}(n,k_z)=\frac{1}{2\pi}\int_0^{2\pi}\int_{-\infty}^{\infty}E_{\tan}(r,\varphi,z)\mathrm{e}^{-\mathrm{j}(n\varphi+k_z z)}\mathrm{d}z\mathrm{d}\varphi \tag{41.23}$$

其逆变换为

$$E_{\tan}(r,\varphi,z)=\frac{1}{2\pi}\sum_{-\infty}^{\infty}\int_{-\infty}^{\infty}\widetilde{E}_{\tan}(n,k_z)\mathrm{e}^{\mathrm{j}(n\varphi+k_z z)}\mathrm{d}k_z \tag{41.24}$$

谐波函数 A_z 和 F_z 可以采用类似式(41.24)的形式构造，但其按照二阶 Hankel 函数的展开式表示了向外传输的行波。应用边界条件，发现根据缝隙处已知的切向电场傅里叶变换关系，得到圆柱体的场表达式是可行的。圆柱体的外电场和相应的磁场表达式为

$$E_\varphi(r,\varphi,z)=\frac{1}{2\pi}\sum_{n=-\infty}^{\infty}\int_{-\infty}^{\infty}\left[g_n(k_z)k_r H'^{(2)}_n(k,r)+\frac{nk_z}{\mathrm{j}\omega\varepsilon r}f_n(k_z)H^{(2)}_n(k,r)\right]\mathrm{e}^{-\mathrm{j}k_z z+\mathrm{j}n\varphi}\mathrm{d}k_z \tag{41.25}$$

$$E_z(r,\varphi,z)=\frac{1}{2\pi}\sum_{n=-\infty}^{\infty}\int_{-\infty}^{\infty}\frac{k_r^2}{\mathrm{j}\omega\varepsilon}f_n(k_z)H^{(2)}_n(k_r r)\mathrm{e}^{-\mathrm{j}k_z z+\mathrm{j}n\varphi}\mathrm{d}k_z \tag{41.26}$$

$$H_\varphi(r,\varphi,z)=\frac{1}{2\pi}\sum_{n=-\infty}^{\infty}\int_{-\infty}^{\infty}\left[-f_n(k_z)k_r H'^{(2)}_n(k_r r)+\frac{nk_z}{\mathrm{j}\omega\mu r}g_n(k_z)H'^{(2)}_n(k_r r)\right]\mathrm{e}^{-\mathrm{j}k_z z+\mathrm{j}n\varphi}\mathrm{d}k_z \tag{41.27}$$

$$H_z(r,\varphi,z)=\frac{1}{2\pi}\sum_{n=-\infty}^{\infty}\int_{-\infty}^{\infty}g_n(k_z)H^{(2)}_n(k_r r)\mathrm{e}^{-\mathrm{j}k_z z+\mathrm{j}n\varphi}\frac{k_r^2}{\mathrm{j}\omega\mu}\mathrm{d}k_z \tag{41.28}$$

其中，

$$f_n(k_z)=\frac{\mathrm{j}\omega\varepsilon\,\widetilde{E}_z(n,k_z)}{k_r^2H^{(2)}_n(k_r R)} \tag{41.29}$$

$$g_n(k_z)=\frac{1}{k_r H'^{(2)}_n(k_r R)}\left[\widetilde{E}_\varphi(n,k_z)-\frac{k_z}{k_r^2}\frac{n}{R}\widetilde{E}_z(n,k_z)\right] \tag{41.30}$$

以及 $k_r^2=k^2-k_z^2$。

如果圆柱体是电大尺寸($kR\gg 1$)，上面的求解是弱收敛的，这可以从谐波序列看成环绕圆柱的一系列驻波来理解，因此所需的求和项数目 n 直接与圆柱

体尺寸相关。对于电大尺寸的圆柱体,需要更多的求和项。

另外,为了从谱域的二维解中获得三维解,必须求解逆变换的积分(关于 k_z)。除了远区($r\rightarrow\infty$)辐射场可由 k_z 积分的渐近公式获得以外(Harrington,1961),通常情况下,必须采用数值方法求解。这样从式(41.25)和式(41.26),得到相当简单的远场表达式(采用球坐标重写)为

$$\begin{pmatrix}E_\theta\\E_\varphi\end{pmatrix}=\begin{pmatrix}\mathrm{j}\omega\mu\\-\mathrm{j}k\end{pmatrix}\frac{\mathrm{e}^{-\mathrm{j}kr}}{\pi r}\sin\theta\sum_{n=-\infty}^{\infty}\mathrm{e}^{\mathrm{j}n\varphi}\mathrm{j}^{n+1}\begin{pmatrix}f_n(-k\cos\theta)\\g_n(-k\cos\theta)\end{pmatrix}\tag{41.31}$$

如果上述(缝隙)天线涂有单层或多层介质,该处理方法可以通过扩展同样适用,尽管增加了求解的复杂度和数值计算的负担。单层介质的表达式可以在文献中找到(Persson and Rojas,2003; Thorsa and Rojas,2003),多层介质的处理,见 Sipus 等(1998)的文献。

41.3.4 高频方法

如前所述,由于数值问题,当表面为电大尺寸时,可能需要一些特殊技术。避免这些问题的一个方法是使用高频分析方法。这意味着渐近技术被用来找到一个近似解。众所周知的高频分析方法是均匀绕射理论(UTD),它是一种基于射线的理论。这项工作主要由 Kouyoumjian 团队完成(Pathak and Wang,1981;Pathak et al.,1980、1981;Pathak,1992)。读者可以通过查阅这些文献得到光滑凸 PEC 表面上源产生的表面场和辐射场的显式方程。

当施加涂层时,用于非涂层表面的一些近似值得到不令人满意的结果。目前已经做了多种尝试,在分析中实际取得成功的考虑微带贴片天线的求解发表于 Ertürk 和 Rojas(2000)以及 Ertürk 等(2004)的文献中,涂层面天线的求解发表于 Persson 和 Rojas(2003)以及 Thors 和 Rojas(2003)的文献中。在 Alisan 和 Ertürk(2010)以及 Akyuz 等(2011)的文献中可以看到一些后来高频方法发展的进展。

41.3.5 测地线

在总结本部分之前,重点介绍基于射线的高频分析方法的一个关键部分——测地线。为了找出电磁场如何在曲面上从一个位置传播到另一个位置,测地线是关键并且必需的。然而,应该清楚地说明,测地线不仅是连接表面两点

的最短线或任意线,测地线还需要满足某些要求。总之,基于长度的测地线的定义并非一种有效的定义方式。测地线更一般的定义在 Struik(1988)的文献中给出,其中测地线被定义为“零测地曲率曲线”,这个定义也可以表述为:“包含表面法向的测地线的密切平面,或沿着测地线的主法向 $\hat{n}$ 和曲面的法向 $\hat{N}$ 相重合”。图 41.12 表示一条沿曲面的曲线而非测地线表面射线的一种情况。

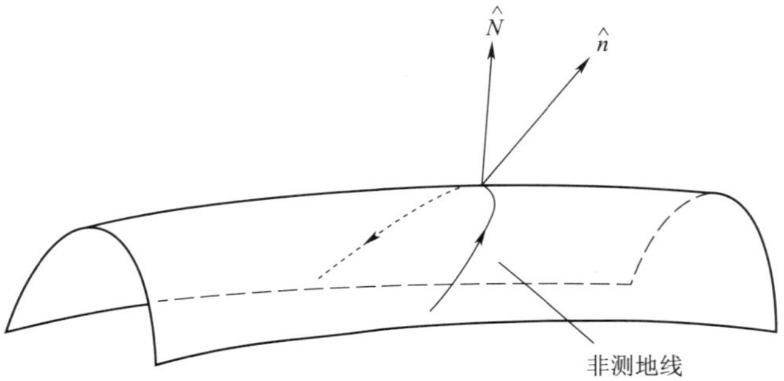

图 41.12　一条沿曲面的曲线而非测地线表面射线
(Josefsson and Persson,2006)(IEEE 版权所有)

注意,对于表面(平面)上的直线,法向特性完全失效,因为此时主法向 $\hat{n}$ 不确定。但是直线仍是测地线! 这一事实被一些学者用来作为不采纳上述一般测地线定义的理由。这里还是采用这种一般性定义,因为它可以以直观的方式定义曲面上的测地线。

利用使用微分几何,可以导出求解任何类型表面问题的测地线方程(Struik,1988)。为了解决这个方程,需要进行广泛的数值分析,幸运的是,可以通过将分析限制在某些类型的表面,如圆柱体、球体、抛物面和双曲面上来降低数值复杂性。这些表面实际上是非常有用的,并且可以用作要考虑的真实表面的有效近似值。这样假设以后,测地线方程可以简化,事实上是解析求解。

为了更好地理解这一点,首先从单曲面开始。单曲面也可以称为可展表面,因为它们可以展开并分解为平整表面,并且关键参数是从二维分析获得的(图 41.13)。于是总能找到任意单曲面上的测地线,至少可以数值求解。因此,可以在不求解测地线微分方程的情况下研究单曲面。

然后考虑双曲面,特别是旋转对称表面。求解双曲面的测地方程显然比单

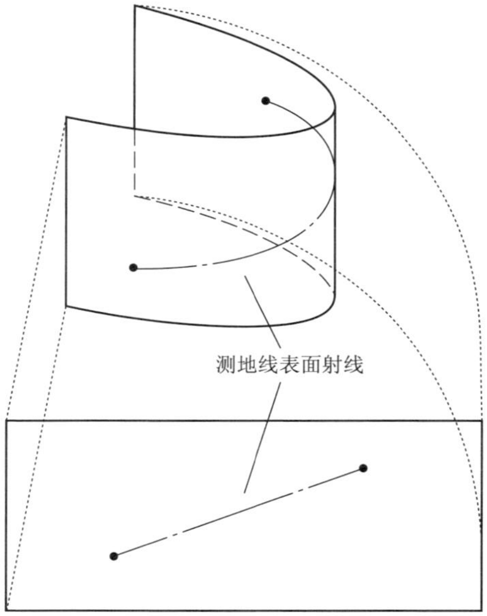

图 41.13 一个展开的柱面(Josefsson and Persson,2006)(IEEE 版权所有)

曲面更困难,通常这个方程必须采用数值求解,结果是分析起来费时费力。然而,接下来将说明在很多场合,旋转对称双曲面的测地线方程都能以封闭形式解出,从而简化了双曲面的分析,并且使利用基于射线的理论来研究复杂双曲面共形阵列天线成为可能。

这里再次从测地线坐标系下表面的参数方程描述开始,对旋转对称表面有参数方程

$$x = f(u)\cos v, y = f(u)\sin v, z = g(u) \tag{41.32}$$

旋转对称双曲面测地线方程的解为

$$v(u) = \int \frac{\pm\alpha\sqrt{(f'(u))^2 + (g'(u))^2}}{f(u)\sqrt{(f(u))^2 - \alpha^2}}\mathrm{d}u + \beta = \Im(u,\alpha) + \beta \tag{41.33}$$

和单曲面情况一样,经过给定点 A 和 B 的一条特定测地线对应唯一的一组 α 和 β,可以通过与前面所述的相同方法求解得到,即求解

$$\begin{cases} v_A = \Im(u_A,\alpha) + \beta \\ v_B = \Im(u_B,\alpha) + \beta \end{cases} \tag{41.34}$$

现在任意双曲旋转对称面上的测地线就能通过正交求解了,但对于许多旋

转对称双曲面，尤其是属于 Eisenhart 坐标系下的双曲面，若式(40.33)中的积分可以以闭合形式解出，那么分析这种双曲面会更有意思。其实，式(40.33)实际上也可以用于一些非 Eethenhart 表面，只要它们在测地线坐标系中定义，也就是参数化，使得参数线是正交的(Jha and Wiesbeck，1995)。非 Eethenhart 表面的一个例子便是尖顶拱形(Jha et al.，1989)。

要记住的一件事是，对于一个封闭的单曲面，连接两点的测地线数量是无限的。另外，对于双曲面而言，测地线的数量可以多于一个，但它是有界的。为了说明在双曲面上找到测地线的复杂性，图41.14显示了一个一般的旋转抛物面

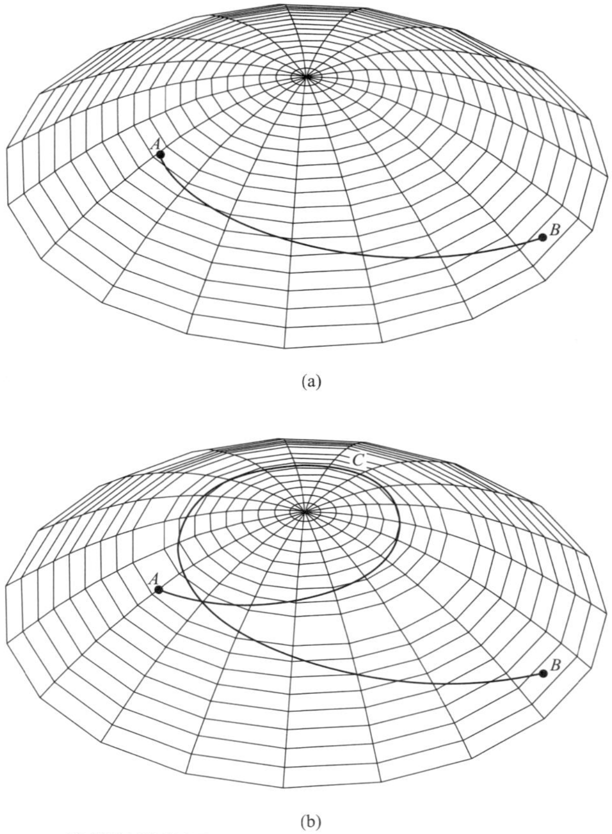

图41.14　$a = 1.6$ 的旋转抛物面(GPOR)($u_A = 4, \varphi_A = 20°; u_B = 6.5, \varphi_B = 140°$)(Josefsson and Persson，2006)(IEEE 版权所有)

(a)沿 $+\varphi$ 方向的一阶测地线($\alpha = 4.4581, \beta = -165.218°$)；

(b)沿 $+\varphi$ 方向的非平凡二阶测地线($\alpha = 3.4, \beta = -217.4338°$)。

(GPOR),其中在+ φ 方向上找到一条一阶测地线,并且在沿+ φ 方向上还找到一条非平凡二次测地线。

41.3.6 混合方法

在总结这章前,值得一提的是很少单独使用单一的方法(变量分离、高频方法等)。通常使用混合方法,结合几种方法的优点来分析复杂的问题。一个非常好的组合是使用数值方法(MoM)和高频方法。用UTD等高频分析方法可以分析电大的物体,使用起来非常简单,并且可以融合其他解决方法。MoM法对于小物体非常有用,因为未知数在数值上非常小,它可以处理任意形状的物体,并且可以提供有关天线参数的信息。主要缺点是对于某些具体的结构,仍然要寻找它的渐进公式。虽然如此,结合UTD和MoM方法可能是分析共形天线最常使用的混合解决方案。

混合使用UTD-MoM方法的主要思想是从确定的外部和内部区域之间的边界处形成一个积分方程,从而获得一个精确的公式。这个积分方程的核心是确切的格林函数,现在用渐进版本来代替。需要注意的是,绿色的渐进函数对于天线的近场是无效的(即源和观测点之间的距离较小时)。通常使用相应平面情况下的格林函数来克服这个限制。这一步之后,积分方程的解和用MoM过程解传统积分方程并没有什么区别。

41.4 天线设计

41.4.1 引言

本节将举例说明共形天线的一些特性。除特别说明外,本章所有的结果都是采用UTD-MoM混合方法求解的。本章的目的是提供关于共形天线特性的一些基本知识,以便读者在进一步深入研究该主题时,可以使用这些知识,也许在分析更加先进的共形阵列天线时就能用到。

本章举了两个共形天线作为例子,其缝隙式的辐射单元分别嵌在导电圆柱体和旋转抛物面体上,这两种曲面是共形天线两种重要的表面类型。通过对这两种典型的曲面共形天线的分析,能够为分析各种单曲面和双曲面共形天线的特性提供思路。

41.4.2　圆柱面上的缝隙天线

在下面的例子中，假设圆柱为无限长，轴向和周向方向的缝隙口径都是矩形。

缝隙场由矩形波导模式组合而成。在许多情况下，单模近似就足够了，但在本书中针对需要精确结果的情况，将使用几个波导模式来演示它们的作用和重要性。

天线的几何结构和所有相关参数的定义如图 41.15 所示。圆柱半径用 R 表示，在书中所述的大多数例子中都等于 5λ，缝隙口径的尺寸以宽度 w 和高度 h 表示，s 表示口径中心之间的测地线长度，角 α 的定义如图 41.15 所示。

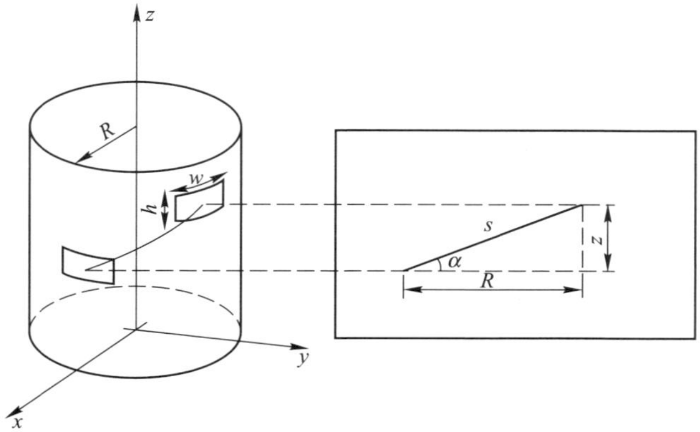

图 41.15　用于圆柱体上周向口径天线单元（垂直极化）特性研究的几何模型
（Josefsson and Persson，2006）（IEEE 版权所有）

缝隙天线的极化方式为线极化（由主模 TE_{10} 激励）。图 41.15 给出的是 $w>h$、轴向（垂直）极化的典型情况，$w<h$ 代表的是轴向缝隙天线在周向（水平）极化情况。

41.4.3　隔离互耦

从分析隔离耦合开始，即只分析两个单元之间的互耦合。缝隙口径尺寸为 $0.27\lambda\times0.65\lambda$。图 41.16 给出了关于圆柱半径 R 的隔离 E 面互耦，其中 R 分别

为 $R=2\lambda$、5λ、10λ、20λ 和 50λ。结果是互耦与口径之间测地线长度的关系,图中也给出了平面情况的结果($R\rightarrow\infty$)以进行对比。

图 41.16 中的数据表明,当圆柱半径增加到无限大时,圆柱解接近于平面解,这和预期的一样。另一个有趣的结果是平面解在小间距情况下是异常精确的(这同样在隔离 H 面互耦中可以看到,可以查看(Josefsson and Persson,2006)

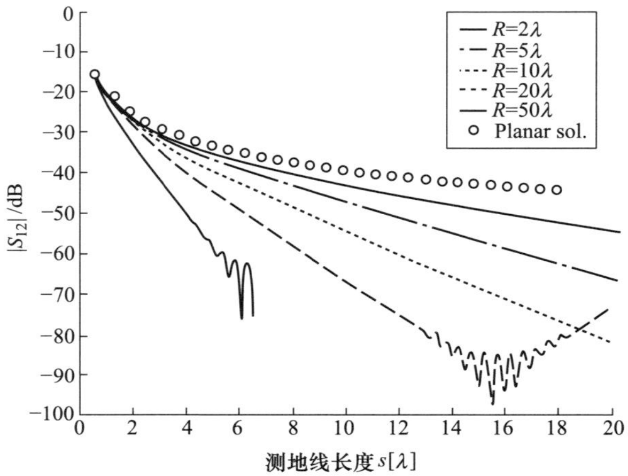

(a)

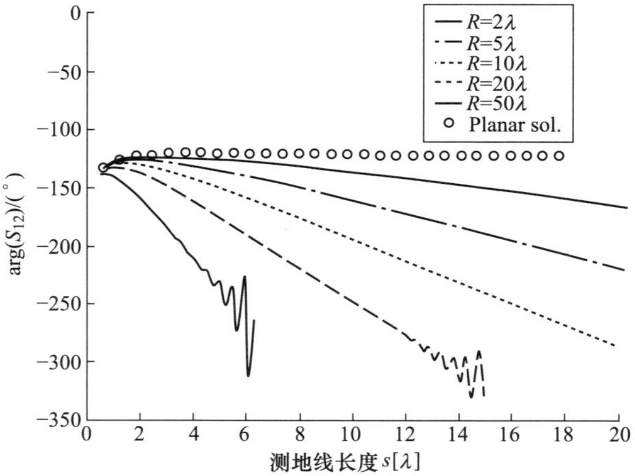

(b)

图 41.16 沿不同半径圆柱周向的隔离 E 面互耦

(Josefsson and Persson,2006)(IEEE 版权所有)

(a)幅度;(b)相位。(去除自由空间波影响)。

的文章来获得更多的结果和细节)。这是分析曲面上阵列时经常利用的特点。使用平面解,可很容易获得相邻单元(包括轴向相邻单元)之间互耦的近似值。然而,表面曲率对较大距离情况造成的影响非常强烈,如半径为 50λ 的情况,在间距近似为(6~8)λ 后,平面解和柱面解之间的差别就变得相当明显。

41.4.4　阵列互耦

接下来将研究阵列互耦,即考虑所有单元都存在且单元端接匹配负载情况下阵中单元间的耦合。此时将采用高阶模式进行计算,以提高缝隙场求解精度,继而也提高了其他结果(如互耦)的精度。下面将对计算结果和测试数据(Lindgren and Josefsson,1998)进行比较,其中测试数据源自瑞典默恩达尔爱立信微波系统公司的实验天线,该天线被用作单曲面共形天线的测试床,其表面是由 3 行矩形缝隙天线构成的圆柱面。主要尺寸如表 41.2 所列。

表 41.2　圆柱面主要尺寸

单元缝隙尺寸	39mm×16mm
单元栅格	矩形,3×18 单元覆盖约 120°
单元间距	37.1mm 圆周方向、41mm 轴线方向
极化方向	圆周方向
圆柱半径	300mm
频率间隔	4.3→6.8GHz
2 阶模截止频率	$f_{c,20} \approx 7.6$ GHz
测试频率	$f = 5.65$GHz

在计算中,由于实际原因,圆柱后部被截断,因此无须考虑环绕圆柱的表面射线,在所有边缘处都放置吸波装置以最小化边缘效应,使用的缝隙编号方法为:图 41.17 左下角的为缝隙 1,右上角的为缝隙 54。

图 41.18 给出了 $f = 5.65$GHz 的阵列互耦。其他频率的结果可以参阅 Persson and Josefsson(2001)的文献。在图 41.18 中给出了使用单模近似的第一行单元(1→18)和第二行的单元(19→36)的 E 面阵列互耦。可以观察到第一行和第二行之间由于不同单元环境而存在一些差别。此外,即使使

用单模近似,互耦测量结果和计算结果保持了较好的一致性,而耦合电平至少下降到-60dB左右。对远端单元而言,虽然一致性并不太好,但耦合电平却非常低。

为了进一步提高计算精度,在分析中引入高阶波导模式。当计入4个最低的TE模式(按截止频率递增顺序为-TE_{10}、TE_{20}、TE_{01}、TE_{11})时,仅仅会有微小差异。但是,当同时计入TE_{11}模式时,计算结果会得到明显的改善(图41.19)。现在的仿真结果和测量结果吻合得很好,其耦合电平可以低至-80dB。同时,相位的一致性也得到改善。但当考虑更多模式时(最多尝试到20个模式),对计算结果改善不大(Persson and Josefsson,2001)。

TE_{11}模式之所以重要,可能是因为它是具有平行于传播方向场分量的第一个模式,显然,该分量对缝隙场的精确模拟非常重要。

图41.17　实验天线(瑞典哥德堡爱立信微波系统公司授权)

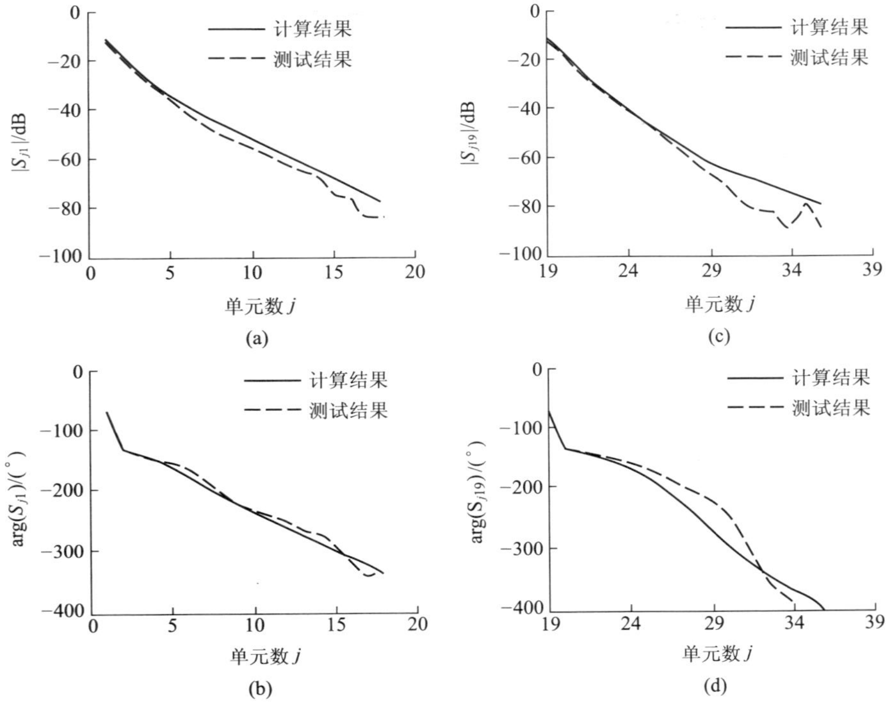

图 41.18 第一行(单元 1→18)与第二行(单元 19→36)的 E 面阵列互耦(单模近似,f = 5.65GHz)(Josefsson and Persson,2006)(IEEE 版权所有)
(a)第一行相位;(b)第一行幅度;(c)第二行幅度;(d)第二行相位。

41.4.5 嵌入式单元方向图

如前所述,曲面上单元间的互耦幅值小于与其对应的平面情况。但是,互耦对阵中单元方向图的影响在曲面情况下仍然相当大。阵中单元方向图反映了阵列全部激励时的性能,因此可以将其作为阵列设计过程中的一个有效工具。在这里将研究一个环形阵列的阵中单元方向图,该阵列单元沿圆周方向均匀排列且完全覆盖整个圆周。因此,在方位角上不存在边缘效应,且方位角上所有单元的方向图都是相同的。这与无限平面阵列情况类似,我们将对这两种情况进行比较。

在图 41.20 中,给出了在不同圆柱半径下,周向极化矩形缝隙天线的单环阵列 E 面阵中单元方向图的增益,单元间距保持常数(为 0.6λ),并与其相对应的

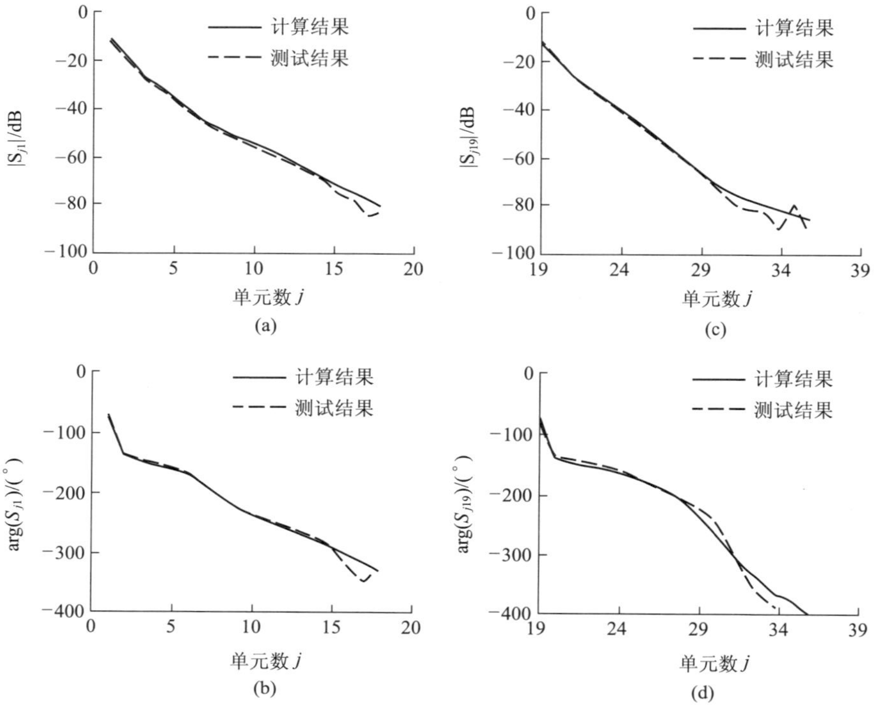

图 41.19　第一行(单元 1→18)与第二行(单元 19→36)的 E 面阵列互耦(五模近似,f = 5.65GHz)(Person and Josefsson,2001)(IEEE 版权所有)

(a)第一行幅度;(b)第一行相位;(c)第二行幅度;(d)第二行相位。

平面情况的方向图进行对比。可以看出,对较大半径的圆柱,在照射区内,其方向图与平面情况没有显著的区别,在 ϕ = 42° 附近,两个方向图都有一个清晰可见的陡坡。在平面情况下,这个陡坡是由 ϕ = 41.8° 方向上存在的端射栅瓣造成的。而对于圆柱阵列,则同样存在一个"圆柱端射栅瓣"(Mailloux,1994)。需要注意的是,虽然曲面造成的圆柱栅瓣不如平面情况那么明显。但是两种情况下产生这种现象的机理却是相同的。

由于圆柱情况下的栅瓣比较分散,所以其方向图的下降程度没有平面(无限大平面)情况那么深。在圆柱情况下,只有有限个单元参与工作,且单元数目随着圆柱半径的减少而减少,互耦幅度也小于曲面情况。

另一个有趣的发现是,在圆柱照射区内(侧边区)出现了波纹,而在(无限平面)平面阵列中并没有观察到此波纹。该波纹并非由于边缘效应而引起的,而是由非平

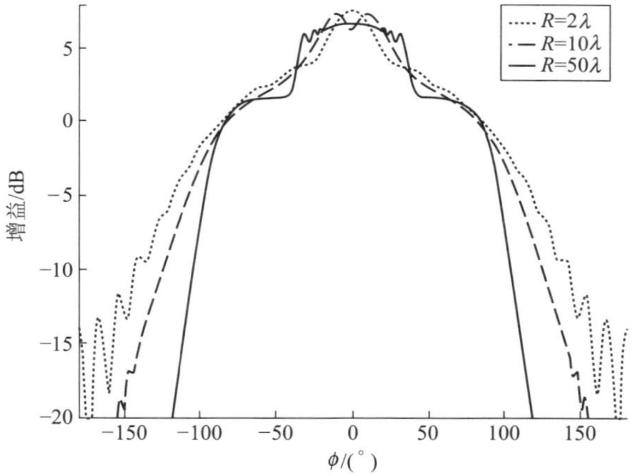

(a)

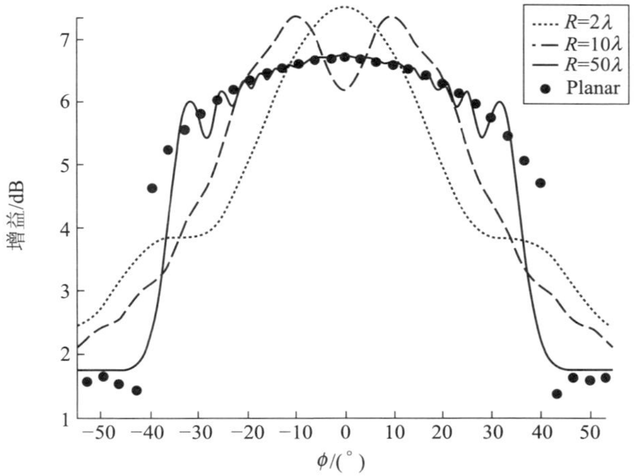

(b)

图 41.20　方位面上固定单元间距($d=0.6\lambda$)的单环阵列的 E 面阵中单元方向图增益与圆柱半径的关系曲线

(a)$R=2\lambda$、10λ、50λ 时的示意图;(b)相应的平面情况示意图(点线)。

面结构上单元间的互耦造成的。阵中单元方向图是由通过互耦激励的所有单元的孤立单元方向图叠加而成。叠加时,不同贡献之间的干涉会导致振荡特性。

41.4.6　阵列综合

本节将详细阐述一个既简单又典型的包含互耦情况的方向图综合实例,我们所考虑的几何结构模型是之前所提到过多次的圆柱阵列天线(图41.17),在这里采用的综合方法为交替投影法(Bucci et al.,1990)。预设目标包括副瓣区域和主波束形状,且在综合中计入互耦影响,并忽略互耦引起的其他造成结果恶化的因素,尤其是成形波束区域(Josefsson and Persson,1999)。

为了简化,假定辐射单元具有 $\cos\phi$ 的孤立方向图,研究半径为 4.3λ 圆柱中约120°扇区内单元间距为 0.53λ 的波导缝隙中的一行天线阵列。计算互耦数据在本章前面已经给出。

我们将按下面的例子来进行操作:合成一个余割平方型,具有不等副瓣的主波束,具体说明如表41.3所列。

表41.3　示例说明

-180°~0°	最大-20dB副瓣
0°~35°	±1dB以内余割平方型(cosec^2)
0°~180°	最大-30dB副瓣

方向图会在指标不满足的区域内反复迭代,经过100次迭代后的综合波束极坐标方向图如图41.21所示。同时,18个辐射单元所在的位置用小圆圈标注了出来。

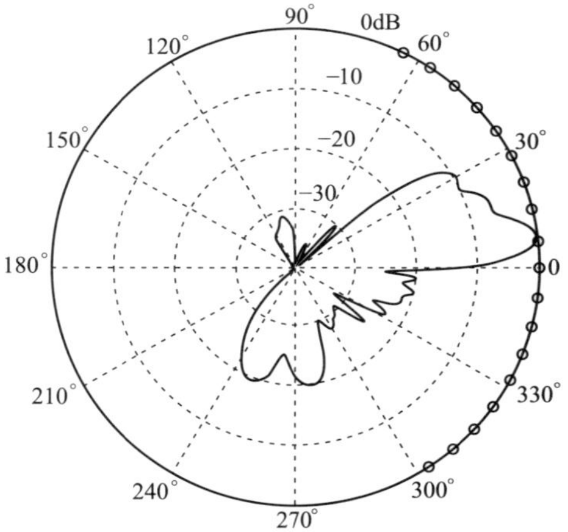

图41.21　100次迭代后的综合方向图(同时给出了单元位置)

(Josefsson and Persson,2006)(IEEE版权所有)

如果现在重复综合过程,但忽略互耦影响,会发现方向图发生了变化。图 41.22(b)给出的是在分析中计入互耦但综合中不计互耦的主波束放大视图。显然,互耦扮演了很重要的角色,在综合过程中计入互耦是必不可少的。

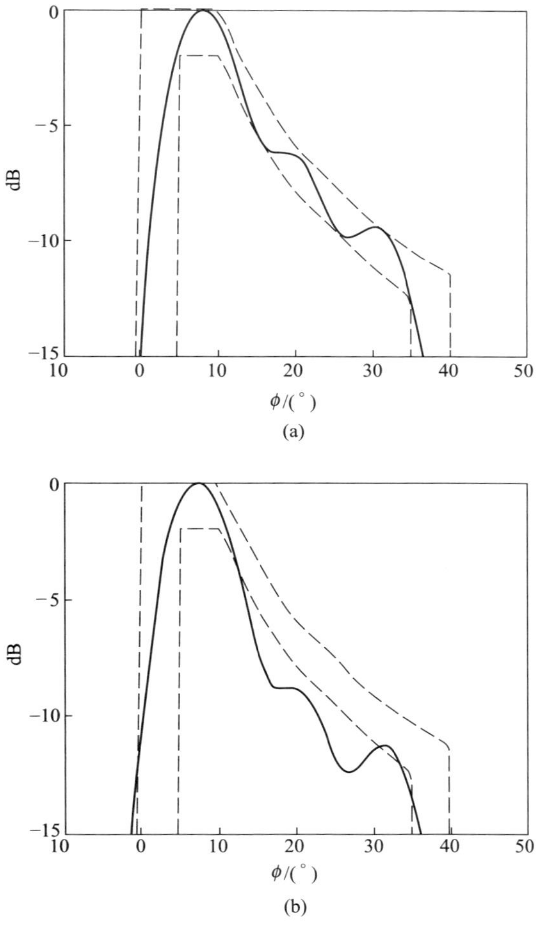

图 41.22　包含互耦情况的综合示例

(a)采用耦合进行方向图合成;(b)如果在合成中不包括互耦效应时的方向图。

41.4.7　双曲面天线

从测地线的讨论中可以了解到,对双曲面的分析比圆柱面的分析要更富有挑战性,但同时更具有趣味性。和单曲面相比,双曲面能更精确地模拟现实中的机载或航天器天线。然而,在很多应用中,在双曲面天线设计初级阶段,单曲面方法的设计精度足以满足设计要求。不过,在双曲面共形天线设计中产生的一些新特点,且这些新特点能够以一种新的方式来凸显其重要性,所以必须加以说明。其中一个特点就是在辐射方向图的共极和交叉极方面,因为双曲面上的所有天线单元指向不同。

本节将会给出几个例子来阐述双曲面阵列天线的性能。本书的分析都是基于 PEC 理想传导的一般旋转抛物面的(GPOR)天线,部分结果已经通过实际测试进行了验证。多数结果都是使用混合 UTD-MoM 方法计算得到的。天线单元都是使用圆波导馈电,采用单模近似,即在仿真中只考虑主模式TE_{11}。图 41.23 中给出了分析的曲面,同时也建造了一个实验天线。

图 41.23 所示的双曲面实验天线是瑞典摩恩达尔爱立信微波系统公司于 2000 年制造的,该实验天线采用旋转抛物面,表面直径约为 600mm,其深度约为 175mm,$f/d \approx 0.22$,如图 41.23(a)所示。表面用锥形金属板展开,以获得边缘处吸波装置的额外空间。将直径为 14.40mm 的圆波导馈电缝隙用相对介电常数为$\varepsilon_r = 2.53$的介质材料(聚苯乙烯,Rexolite)填充,主模式 TE_{11} 的截止频率为 7.65GHz,最接近截止频率的模式为 TM_{01} 模式,其截止频率为 9.99GHz,单个孤立单元约有-8dB 的回波损耗(s_{11})。

41.4.8 隔离互耦

为了说明双曲面天线中的典型互耦情况,下面一个例子使我们更清楚地看到结果与单元极化有很大的依赖关系。图 41.24 给出了圆弧上的单元和沿$+y$轴方向的单元间隔离互耦,可见这里的结果主要受极化影响。为了说明这一点,图 41.24 中计入测地线长度,并考虑(R,R)极化情况,也就是说,源点位置和观测点位置都是 R 极化。

Persson 等的研究中展示了更多的成果,单元方向图也被 Josefsson 和 Persson 于 2006 年测量并仿真出来了。

41.4.9 双曲阵列中的极化

从图 41.24 中可以明显看出,与圆柱阵列相比,双曲面阵列的极化问题要更加重要和复杂(Josefsson et al.,2002)。一般而言,由于辐射单元的指向不同,每

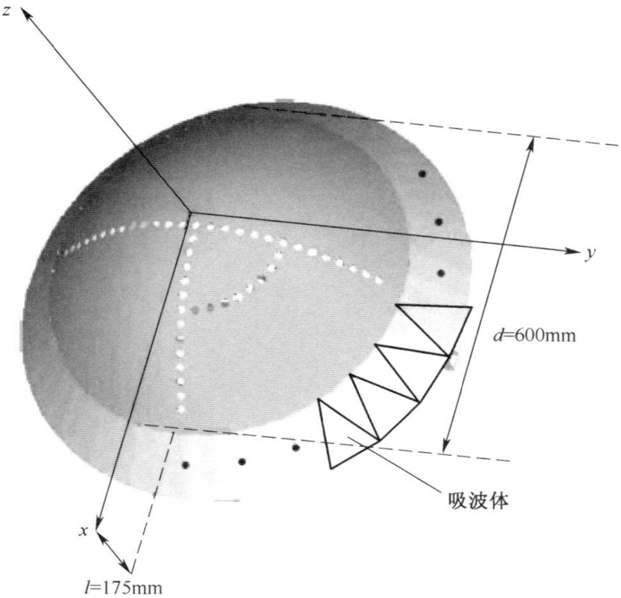

（a）

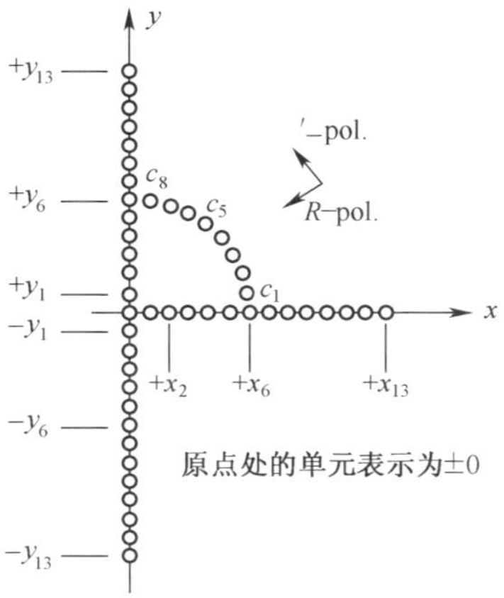

（b）

（c）

图 41.23　曲面分析及实验天线（瑞典哥德堡爱立信微波系统公司授权）

（a）实验双曲面天线及分析中使用的坐标；

（b）阵元的编号（Josefsson and Persson，2006）（IEEE 版权所有）；（c）现场天线互耦测试图片。

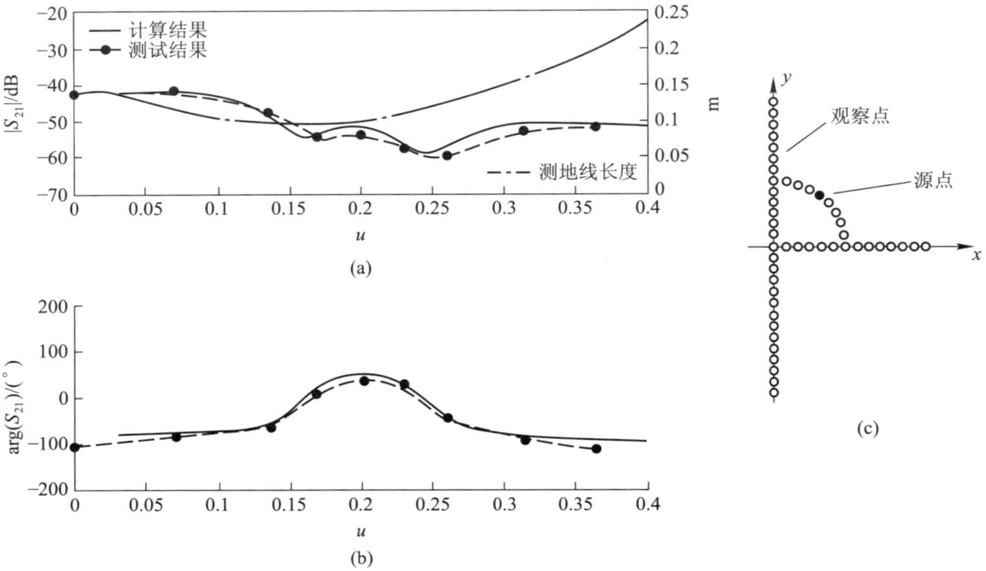

图 41.24 隔离互耦((R,R)极化,源点为阵元 C_5)

(a)幅度;(b)相位;(c)空间排布。

个辐射单元必须具有单独的极化以便产生期望的主波束的极化。但是对于圆极化而言,由于旋转不会改变极化特性,所以旋转并不是必要的。如果辐射单元没有采用正确的指向方向就会产生相位误差,这可以通过相位控制加以补偿。但是无论什么情况下,相位控制都必须应用于每个辐射单元上。

为了简化模型,假设辐射单元是短偶极子型,即单元方向图为 $E_0\sin\theta$,其中 θ 是与偶极子轴的夹角,单元不会“穿过”抛物线,但偶极子和曲面是相切的,且初始排列方向位于垂直平面内,如图 41.25(a)所示。在考虑弯曲阵列天线时,引入一个有源激活区域也很重要,因为许多单元可能不会在期望的波束方向辐射,因此应该关闭,以避免向空间的其他部分发送不想要的信号。激活区由期望的法向波束方向 $\hat{r}$ 和表面的法向 $\hat{n}$ 定义,激活区域为包含所有单元的区域:

$$\hat{r} \cdot \hat{n} \geqslant \cos\theta_{\text{smax}} \tag{41.35}$$

式中:θ_{smax} 为已选择的最大有用局部扫描角,典型值为 45°~60°。图 41.25(b)说明了其激活区域的范围。

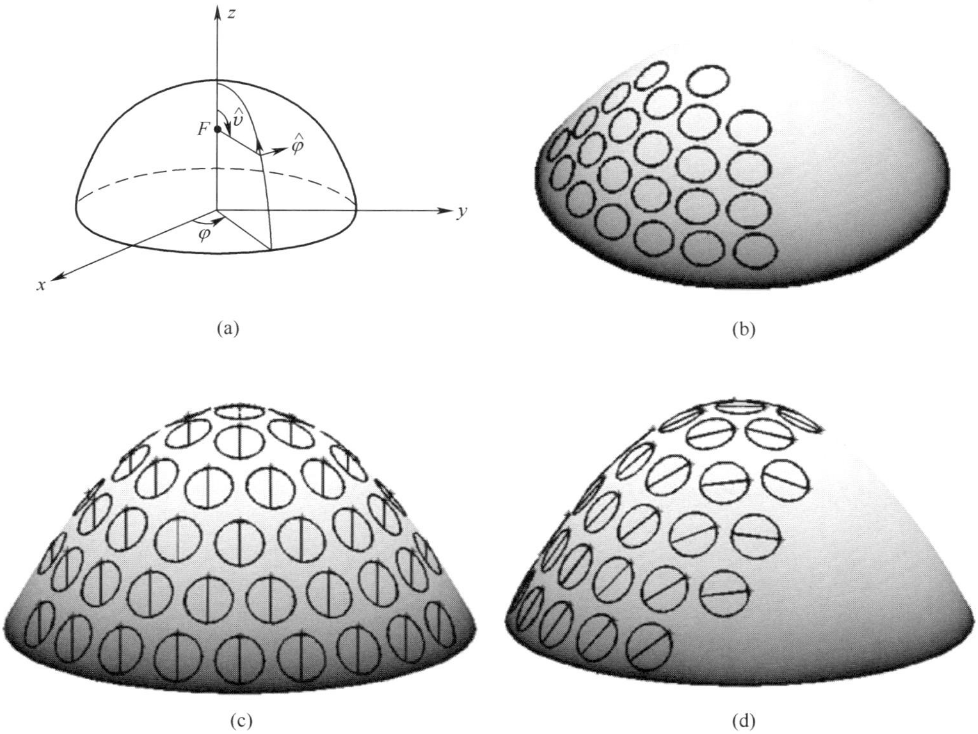

图 41.25　简化模型实验

(a)坐标系(θ,ϕ)下的偶极子单元(F 为抛物面的焦点);

(b)从定点看 60°扫描角和最大 45°单元扫描角的激活区域;

(c)和(d)辐射单元旋转以使极化指向主波束(图示阵列为 0°和 90°方向角时的阵列)。

为了适当安排远场贡献,每个偶极子都绕着表面法线旋转,直到主光束方向上的远场贡献有正确的极化为止。另外,对每个偶极子的相位进行调整,以便使得它们能够贯续加到平面相位前沿。然而,一般不太可能获得遍及整个方向图的相同极化,因此,肯定将就会有部分交叉极化,图 41.25(c)说明了辐射单元在主波束方向如何排列以获得相同(垂直)极化。若从另一个角度观察图 41.25(d),很显然,交叉极化的某个角度方向将在副瓣区域内辐射。这些是与共形阵列波束形成有关的一些方面,将在下一节中讨论。

41.5 共形阵列天线的波束形成

41.5.1 引言

仅由辐射元件组成的阵列并不构成共形天线系统,至少需要阵面曲率的某种相位补偿以及求和网络。此外,还可能需要围绕阵列的有源扇区(换位)移动、振幅控制、极化控制。这些听起来都是复杂而造价高昂的。但是,从共形解的额外灵活性中可以获得更多好处,如多波束能力、覆盖角度广、高带宽、减小雷达散射截面(Radar Cross Section,RCS)等。一些波束形成系统,尤其是环形阵列和圆柱阵列发展历程在后文会有所介绍。

模拟波束形成系统的原理如图41.26(a)所示,通过对每个阵元信号施以合适的幅度和相位权重,然后求和来获得最终的接收信号。

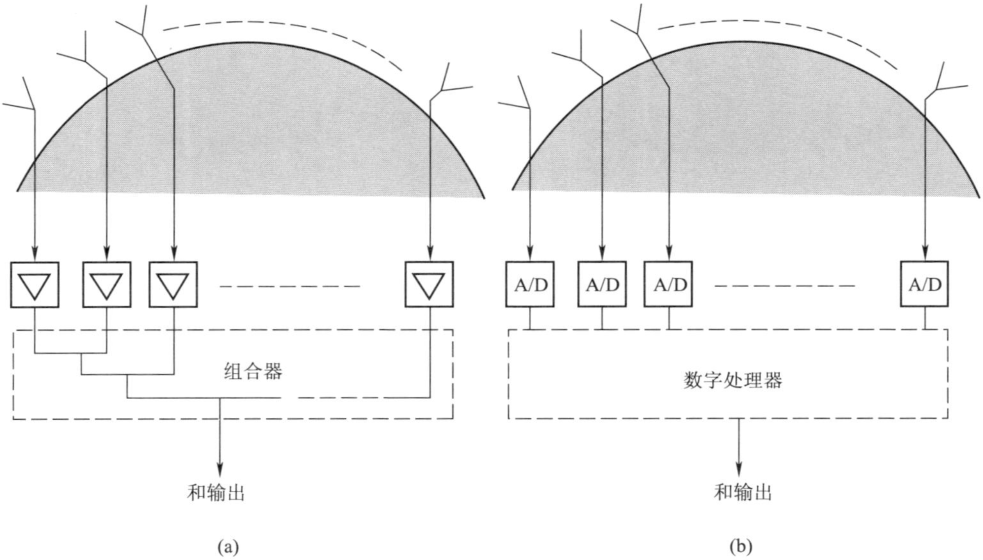

图41.26 模拟波束形成系统的原理(Josefsson and Persson,2006)(IEEE版权所有)
(a)模拟波束形成系统;(b)数字波束形成系统。

图41.26(a)是模拟波束形成系统的接收模式示意图。然而,从原理上讲,它同样可以被设计成传输模式。数字波束形成系统则更加灵活,数字处理器能

同时产生几个波束。相应地,在传输模式下的数字波束形成系统理论上也是可行的,但这并不意味着它很容易实现。

41.5.2　巴特勒矩阵系统

巴特勒矩阵系统是一个带有 N 个输入端和 N 个输出端的无源馈电网络。每一个输入端馈电都会产生相等的幅度和一个输出端口间线性渐变的相位。相位渐变的斜率取决于哪个输入端被激励。因此,就可以产生一组(线性)相位渐变模式,将输出端口连接到线阵天线将产生 $\sin x/x$ 型方向图,连接到圆环阵列(UCA)将会产生相位模式激励,这个已经在"相位模式理论"部分讨论过。

巴特勒阵列系统的一个有趣的应用是扫描多模式阵列(图 41.27)。

在这个系统中通过给相位模式端口施加一个线性相移来实现控制任意方向的波束形成,这种线性相移仅仅简单地由功分器和固定相移器产生,即实现了换向功能。

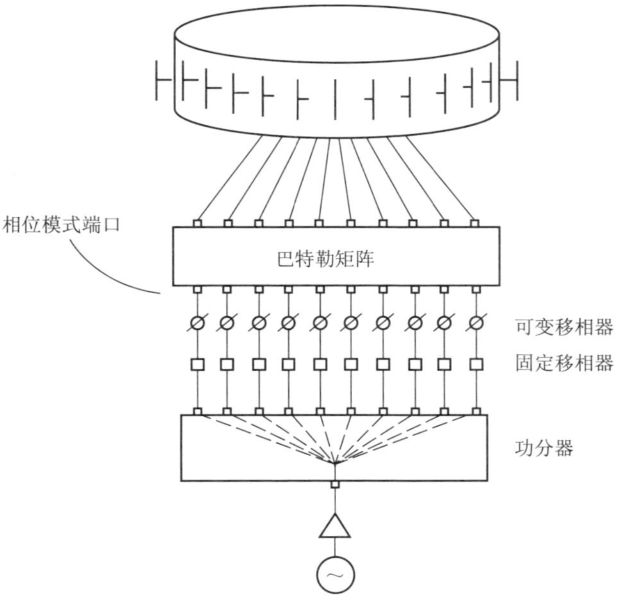

图 41.27　使用可变相移器扫描波束的巴特勒矩阵馈电阵列(Sheleg,1968)

带有巴特勒矩阵的圆环阵列可用于数字方位鉴频器,通过在相位模式端口提取几个相位数值,接收信号的波达方向(Direction Of Arrival,DOA)就能被唯一确定。

41.5.3 RF 透镜馈电系统

RF 透镜的原理跟光学类似,可用于波束形成、波束赋形和波束转向。通过这种方式,可以显著减少矩阵馈电系统中离散阵元数目。龙伯透镜就是一个例子(Luneburg,1944)(图 41.28)。

在龙伯透镜中,折射系数 n 随半径的变化函数为

$$n(r) = \sqrt{\varepsilon_{\mathrm{r}}} = \sqrt{2 - \left(\frac{r}{a}\right)^2} \tag{41.36}$$

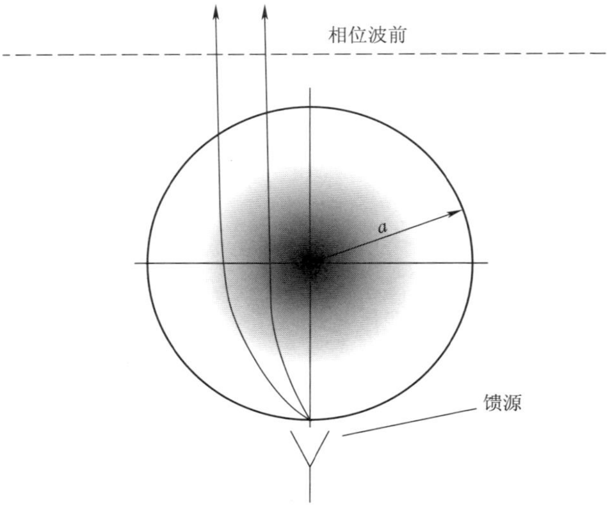

图 41.28　径向变化折射系数的龙伯透镜

用几个反馈角来布阵就可实现不同方向的波束聚焦。

$R-2R$ 透镜和 $R-kR$ 透镜是两种带有平行板结构的透镜。后者要求在圆形透镜内使用介电常数至少为 4 或者更高的介质材料来填充。图 41.29 给出了介电常数为 $\varepsilon_{\mathrm{r}} = 10.2$ 的相同基板上使用微带透镜和锥形切口辐射单元的 $R-kR$ 透镜馈电阵列,该阵列可得到 10 个波束,且其波束间隔为 10°。

圆顶天线的优点是只需要一个可控阵就能获得半球覆盖,原理如图 41.30 所示。圆顶天线中,一个平面阵就可以覆盖整个无源球形透镜的内表面,如椭圆形的其他形状也可以做到。为了实现期望中的高度覆盖性,可以对透镜的相位偏转进行优化。然而圆顶的概念却并没有被广泛应用,这是由于其成本高、带宽

有限以及稍差的副瓣性能所致。

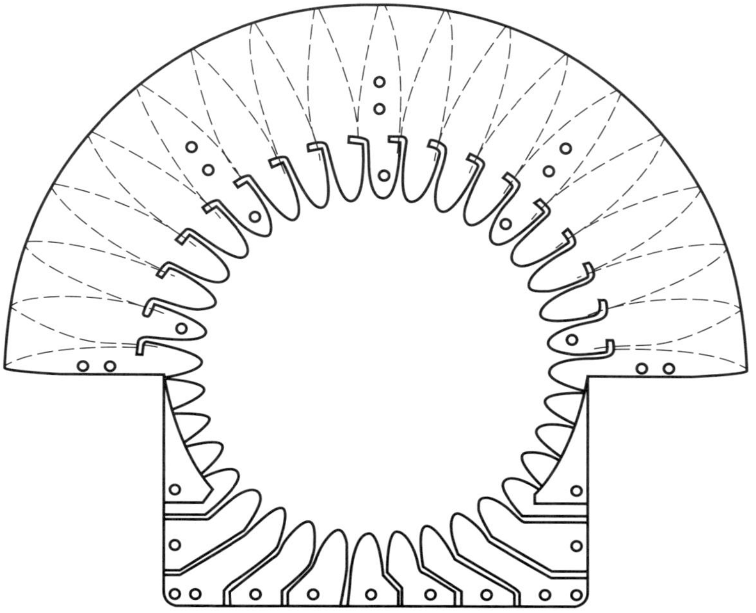

图 41.29　在印制电路技术中使用微带 R-kR 透镜馈电的宽带半环形阵列

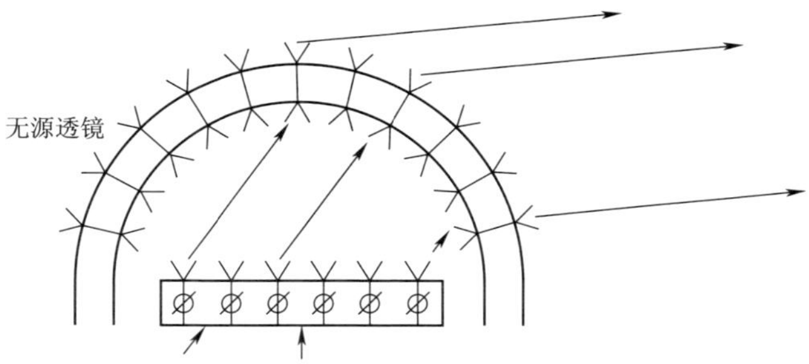

图 41.30　用于半球覆盖的单平面阵和无源透镜的圆顶阵列

41.5.4　数字波束形成

如前面的图 41.26 所示，用模拟波束形成能做的任何事情似乎都可以用数字方式实现。数字方法对数据传输、存储、信号处理提出了极高的要求，尤其是对于大型阵列。然而，这些问题今天已经很容易解决，这归功于快速发展的计算机功能,包括软件和硬件。在模拟接收波束形成中,单元信号是和通过馈电网络或/和相位及幅度控制的接收模块确定的权重相结合。在数字计算机内对模/数转换后的单元信号也可以采用同样的操作。值得注意的是,Butler 矩阵在空间域中执行的变换与在时频域中经常使用的 FFT(快速傅里叶变换)是相同的。数字方法允许形成同时接收波束,甚至部分重叠波束而没有模拟系统中产生的馈电损耗。数字化情况下,单元模块在模/数转换前端有低噪声放大器(LNA),信噪比由低噪声放大器设置,因此,在后续操作中不会受传输损耗的影响,继而形成"无损波束形成"。

数字波束形成主要应用于线阵和平面阵。但是,下面的示例显示了一个应用于具有单元间距 0.5λ、数量 16 个的圆形阵列的情况。这些单元是径向指向的,每个单元都有一个 cosα 模式。在这个例子中假定期望信号噪声在 10dB 以上,两个干扰信号噪声在 40dB 以上。为抑制干扰,采用了一种基于阿普勒鲍姆(1976)研究的自适应调零算法(Sample Matrix Inversion,SMI)。阵元排布和结果方向图如图 41.31 所示。结果表明,干扰信号至少被抑制了 25dB。

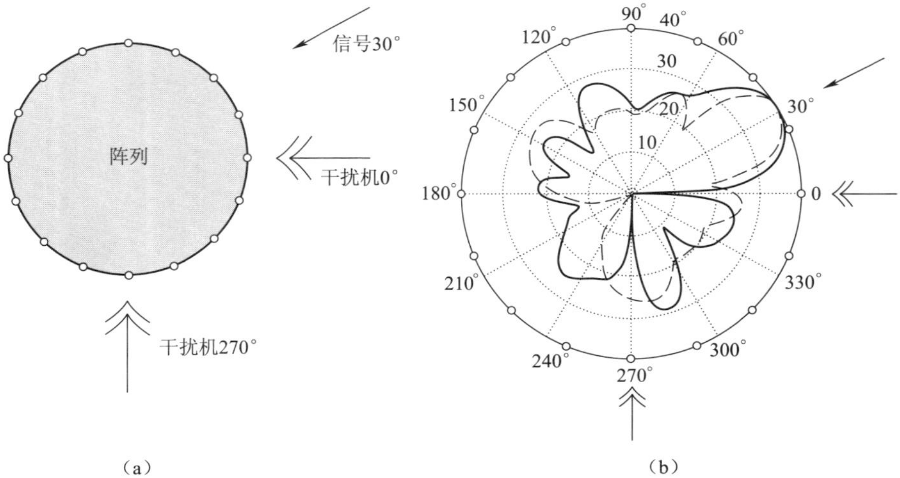

图 41.31 阵元排布及结果方向图

(a)一个信号和两个干扰信号之间的竞争测试示意图;

(b)使用干扰抑制前(实线)后(虚线)的圆柱阵列方向图

(信号方向为 30°,干扰信号方向为 0°和 270°)。

Steyskal 在 1989 年做了一个有关数字波束形成的有趣实验,用 64 个单极化圆环阵列综合成一个低副瓣方向图。他使用了 $2M+1=35$ 个相位模式综合的方向图实现了-30dB 的副瓣电平和超过 40%的带宽(相应地,$2kR$ 的值在 41~62 之间)。然而,随着更多的相位模式增加到方向图综合里面,方向图开始恶化,即 $2M+1=51$ 个相位模式远远超过了贝塞尔窗所能容纳的最低频率。

41.6 总结

共形天线技术使得新的天线形状成为可能,不仅局限于线阵和平面阵。可行方案里面包括飞行器的结构集成、广角覆盖、RCS 衰减,有时甚至不需要雷达罩。

曲面上的电磁波传播问题现在已经得到了很好的分析和发展,可用的分析和设计工具也有了很多。但精度校准、波束控制和极化控制在某些情况下仍然是需要克服的难题。然而,包括数字波束形成在内,把模拟或数字接口转移到离辐射单元较近的位置上有助于找到新的解决方案。新的信号处理方案如稀疏阵列、雷达中的多输入多输出(Dorey et al., 1989)和压缩感知(Migliore and Pinchera,2011)带来了新的希望。与此同时,在城市的环境中,圆环阵列和圆柱阵列的小型系统在通信和传感系统中的作用也会愈加突出。

交叉参考:

▶第 41 章　共形阵列天线
▶第 22 章　介质透镜天线
▶第 42 章　多波束天线阵列
▶第 24 章　相控阵天线
▶第 30 章　波导缝隙阵列天线

参考文献

Akyuz MS, Ertürk VB, Kalfa M (2011) Closed-form Green's function representations for mutual coupling calculations between apertures on a perfect electric conductor circular cylinder covered with dielectric layers. IEEE Trans Antennas Propagat 59(8):3094-3098

Alisan B, Ertürk VB (2010) A high frequency based asymptotic solution for surface fields on a source excited sphere with an impedance boundary condition. Radio Sci 45:1-14, RS5008

Applebaum SP (1976) Adaptive arrays. IEEE Trans Antennas Propagat AP-24(5):584-598

Bondyopadhyay PK (2002) New phased array antenna architecture for the X-band radar. IEEE AP-S Int Symp 3:360-363, San Antonio, 2002

Bucci O, Franceschetti G, Mazzarella G, Panareillo G (1990) Intersection approach to array pattern synthesis. IEE Proc H 137:349-357

Butler J, Lowe R (1961) Beamforming matrix simplifies design of electronically scanned antennas. Electron Des 9:170-173

Chireix H (1936) Antennes a rayonnement zénithal réduit. L' Onde Êlectrique 15:440-456 Christopher EJ (1974) Electronically scanned TACAN antenna. IEEE Trans Antennas Propagat AP-22(1):12-16

Davies DEN (1983) Circular arrays. In: Rudge AWet al (eds) The handbook of antenna design, 2nd

edn. Peter Peregrinus, London 1890 L. Josefsson 和 P. Persson

Dorey J, Garnier G, Auvray G (1989) RIAS, synthetic impulse 和 antenna radar. In: Proceedings of international conference on Radar, Paris, 24-28 Apr 1989, p 556-562

Elliott RS (1981) Antenna theory and design. Prentice-Hall, Englewood Cliffs

Ertürk VB, Rojas RG (2000) Efficient computation of surface fields excited on a dielectric coated circular cylinder. IEEE Trans Antennas Propagat AP-48:1507-1516

Ertürk VB, Rojas RG, LeeKW(2004) Analysis of finite arrays of axially directed printed dipoles on electrically large circular cylinders. IEEE Trans Antennas Propagat 52(10):2586-2595

Gething PJD (1966) High-frequency direction finding. Proc IEE 113(1):49-61

Harrington R F (1961) Time harmonic electromagnetic fields. Prentice-Hall, New York

Hessel A (1970) Mutual coupling effects in circular arrays on cylindrical surfaces - aperture design implications 和 analysis. In: Proceedings of phased array symposium, Polytechnic Institute of Brooklyn, New York 1970

Hopkins MA, Tuss JM, Lockyer AJ, Alt K, Kinslow R, Kudva J N (1997) Smart skin conformal load-bearing antenna and other smart structures developments. American Institute of Aeronautics Astronaut (AIAA), structures, structural dynamics & materials conference, Kissimmee, FL USA, vol 1, pp 521-530

Jha RM, WiesbeckW (1995) The geodesic constant method: a novel approach to analytical surfaceray tracing on convex conducting bodies. IEEE Antennas Propagat Mag 37(2):28-38

Jha R M, Bokhari SA, Sudhakar V, Mahapatra PR (1989) Closed form surface ray tracing on ogival surfaces. In: 1989 I. E. AP-S international symposium, San Jose, CA USA, 26-30 June 1989, pp 1294-1297

Josefsson L, Lanne M (2003) Shape optimization of doubly curved conformal array antennas. 3rd European workshop on conformal antennas, 22-23 Oct 2003, Bonn

Josefsson L, Persson P (1999) Conformal array synthesis including mutual coupling. Electron Lett 35(8):625-627

Josefsson L, Persson P (2006) Conformal array antenna theory 和 design. IEEE Press/Wiley, Hoboken, NJ USA

Josefsson L, Persson P, Lanne M (2002) The polarization problem in singly 和 doubly curved conformal array antennas. In: IEEE international symposium AP-S/URSI, San Antonio TX, 17-21 June 2002

Knudsen HL (1953) The field representation by a ring quasi-array of an infinite number of tangential or radial dipoles. Proc IRE 41(6):781-789

Kraus JD (1988) Antennas, 2nd edn. McGraw-Hill, New York

Liebman PM, Schwartzman L, Hylas AE (1975) Dome radar - a new phased array system. In: Proceedings of IEEE international Radar conference, Washington D. C. pp 349-353

Lindgren S, Josefsson L (1998) Konforma antenner, m€atrapport. Technical report SR/R-1998:033, Ericsson microwave systems AB, Mölndal, Nov 1999. In Swedish

Luneburg RK (1944) Mathematical theory of optics. Brown University Press, Providence, RI USA

Mailloux RJ (1994) Phased array antenna handbook. Artech House, Boston, MA USA

Migliore M, Pinchera D (2011) Compressed sensing in electromagnetics: theory, applications, 和 perspectives. EuCAP, Rome

Munger AD, Vaughn G, Provencher JH, Gladman BR (1974) Conical array studies. IEEE Trans Antennas Propagat AP-22(1):35-43

Pathak PH (1992) High-frequency techniques for antenna analysis. Proc IEEE 80(1):44-65

Pathak PH, Wang N (1981) Ray analysis of mutual coupling between antennas on a convex surface. IEEE Trans Antennas Propagat AP-29(6):911-922

Pathak PH, Burnside WD, Marhefka RJ (1980) A uniform GTD analysis of the diffraction of electromagnetic waves by a smooth convex surface. IEEE Trans Antennas Propagat AP-28 (5):631-642

Pathak PH, Wang N, Burnside WD, Kouyoumjian RG (1981) A uniform GTD solution for the radiation from sources on a convex surface. IEEE Trans Antennas Propagat AP-29(4):609-622

Persson P, Josefsson L (2001) Calculating the mutual coupling between apertures on a convex circular cylinder using a hybrid UTD-MoM method. IEEE Trans Antennas Propagat AP-49 (4): 672-677

Persson P, Rojas RG (2003) High-frequency approximation for mutual coupling calculations between apertures on a perfect electric conductor circular cylinder covered with a dielectric layer: nonparaxial region. Radio Sci 38(4):1079

Persson P, Josefsson L, Lanne M (2003) Investigation of the mutual coupling between apertures on doubly curved convex surfaces: theory 和 measurements. IEEE Trans Antennas Propagat 51(4): 682-692

Rehnmark S (1980) Instantaneous bearing discriminators with omnidirectional coverage 和 high accuracy. Proc IEEE MTT Symp 120-122

Sheleg B, Juarez F, Alcaraz JA (1968) A matrix fed circular array for continuous scanning. IEEE AP-S Int Symp Dig 6:7-16

Sierra M, Bernal JC (1989) Multibeam antenna array. IEEE AP-S Int Symp Dig 1:150-153

Sipus Z, Kildal P-S, Leijon R, Johansson M (1998) An algorithm for calculating Green's functions of planar, circular cylindrical,和 spherical multilayer substrates. Appl Comput Electromagn Soc J 13:243-254

Steyskal H (1989) Circular array with frequency-invariant pattern. IEEE AP-S Int Symp Dig 3: 1477-1480

Steyskal H (2002) Pattern synthesis for a conformal wing array. In: IEEE aerospace conference, Big Sky, MT, Mar 2002

Struik DJ (1988) Lectures on classical differential geometry, 2nd edn. Dover, New York

Thors B, Rojas RG (2003) Uniform asymptotic solution for the radiation from a magnetic source on a large dielectric coated circular cylinder: non-paraxial region. Radio Sci 38(5):1-14

Tomasic B, Turtle J, Liu S, Schmier R, Bharj S, Oleski P (2003) The geodesic dome phased array antenna for satellite control 和 communication - subarray design, development 和 demonstration. In: IEEE international symposium on phased array systems 和 technology, Boston,14-17 Oct 2003, pp 411-416

Wait JR (1959) Electromagnetic radiation from cylindrical structures. Pergamon Press, London

第 42 章

多波束天线阵列

Bybi P. Chacko ,Gijo Augustin, Tayeb A. Denidni

摘要

本章首先简要介绍天线阵中的基本概念,包括智能天线和相关系统等一些先进概念。这有助于读者获得必要的基本知识,了解后面章节中的多波束天线和各种波束合成网络。本章也论述了已成为重要研究领域的工程材料领域相关概念,能够扩展读者的知识面。本章总结了一些最近的、基于超材料技术的多波束天线设计实例。

关键词

天线阵列;多波束天线阵;定向天线阵;圆柱形天线;扇形天线;波束扫描;波束合成器;智能天线系统;灵巧辐射模式;多功能波束

B. P. Chacko(✉) · G. Augustin · T. A. Denidni

加拿大国家科学研究所能源,材料与电信中心,加拿大

e-mail:bybichacko@ emt. inrs. ca; gijo@ ieee. org; augustin@ emt. inrs. ca; denidni@ emt. inrs. ca

42.1 引言

通常,天线阵被定义为一组在空间中以特定形式排列的天线,可以改变所产生的辐射特性。根据 IEEE 对天线的标准定义(IEEE 145—1993),阵列天线可以定义为:“由许多具有相同辐射单元按照矩形阵列组成的天线,通过激励获得一种预期的方向图”。正如 Randy Lhaupt(2010)所解释的,天线阵可以被想象成一个收集雨水的系统。为了收集更多的雨水,有必要使用非常大的木桶或使用大量的木桶,并将它们组合在一起。同理,为了接收更多的电磁辐射,就需要大口径天线,如波多黎各的阿雷西博射电望远镜(305m 宽)或一个包含更多单元的天线阵列,就像图 42.1 所示的平方公里阵列。

(a)　　　　　　　　　　　　(b)

图 42.1　波多黎各阿雷西博射电望远镜及天线阵列

(a)波多黎各阿雷西博射电望远镜;(b)平方公里阵列。

天线可以由两个或多个独立单元组成,这些单元的辐射特性可以完全相同,也可以不同。然而,在大多数的简单天线阵列设计中,每一个单独的单元被设计成具有相同的辐射特性。在具有相同单元的阵列中,辐射方向图的形状由以下参数确定(Balanis,2005)。

① 空间中各单元物理排列的形状(线性、矩形、环形等)。

② 单元之间的距离。

③ 对单个单元激励信号的振幅。

④ 对单个单元激励信号的相位。

⑤ 单个单元的辐射方向图。

在现代无线通信领域,天线阵列的概念受到高度关注,在表 42.1 中列举的各种场景中获得应用。本节在继续论述之前,先熟悉与天线阵列有关的定义。

表 42.1　天线阵的应用

目　标	应　用
提高增益	卫星天线
便利的波束转向	雷达相同
天线多样性	移动电话
提高信杂比	卫星接收器
定向	雷达系统

辐射方向图:天线辐射方向图是在距天线恒定距离处估计的天线周围的辐射变化图。

各向同性天线:在各个方向上辐射相等能量的天线。在现实中,这种物理意义上的天线并不存在。各向同性天线被用作参考天线,与实际天线的特性进行比较。

全向天线:在一个平面内具有各向同性方向图,而在正交平面具有指向性方向图的天线。

定向天线:向一个特定方向上、角域辐射或者将集中能量的天线。

主瓣:天线最大波束指的方向。

波束合成:将天线阵不同单元的信号组合在一起的处理过程称为波束合成。阵列最大增益的方向是波束指向方向。如果来自于天线单元的信号在合成时,振幅或相位上没有任何变化,就产生了宽带波束。波束合成一般分为两类,即模拟波束合成和数字波束合成。顾名思义,在模拟波束合成方法中,各天线单元的振幅和相位都受到系统模拟部件的控制。通常在模拟波束合成相控阵结构中使用移相器,以控制每个天线单元的相位和主波束转向。另外,在数字波束合成方法中,在系统数字部件中控制信号的振幅和相位。

波束控制:IEEE 标准(IEEE 145-1993)将波束控制定义为:“改变天线主波束的方向”。通过机械运动,任意给定阵列的主波束都可以指向任意方向,这被称为机械控制。电子波束控制是在合成前通过适当的延迟信号来完成,即可以通过改变不同天线单元的相位差来控制波束指向方向或主波束方向。

42.1.1 天线阵因子

通过图 42.2 所示的简单均匀阵列实例可以更好地理解天线阵的概念。它由 N 个相同的天线单元组成,以相等的距离排列在 x 轴上。每个天线单元具有相同的辐射特性,并通过不同的移相器进行馈电,因此,每个单元是利用可编程移相器激励。

线性阵列的辐射方向图是基于方向图相乘的概念产生的,可表示为

$$E_{\text{Total}} = E_{\text{Single element}} \cdot \text{ArrayFactor}$$

式中:E_{Total} 为天线阵的总辐射场;$E_{\text{single element}}$ 为单个单元(A-1、A-2 等)的辐射场。

阵列因子:它是由阵列物理排列形成的数学表达式,同时具有激励信号的特性。阵列因子随着阵列类型的改变而改变,这清楚地表明,天线阵列的总辐射方向图可以与天线单元的辐射方向图完全不同。

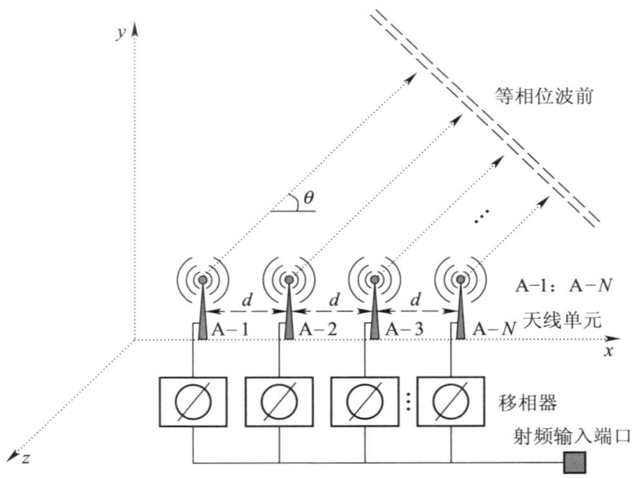

图 42.2　N 个单元均匀线性阵列

图 42.2 中描述的天线阵列因子定义为

$$\text{AF} = \frac{\sin\left(\dfrac{N}{2}\varphi\right)}{\sin\left(\dfrac{\varphi}{2}\right)} \tag{42.1}$$

$$\varphi = kd\cos\theta + \beta \tag{42.2}$$

式中:β 为连续单元之间激励的相位差分(步进相移);d 为单元之间的距离; $k = 2\pi/\lambda$;θ 为极角。

42.1.2　阵列的结构/不同类型阵列

(1) 对天线阵分类有许多种方法。基于天线单元在三维表面上的排列方式,阵列可分为以下几种。

① 线性或一维阵列。在这种结构中,每个天线单元都是在一维的直线上排列。应注意,不是单个天线单元的形状都需要在一个方向上,而是每个单元的位置排列在一个方向上。这些单元可以是从简单的偶极子到 3D 共形结构,完全取决于通信系统的设计目标。图 42.3 展示了两种天线例子,其中天线单元分布排列在平行于 x 轴和 z 轴的一条线上。在线性阵列设计过程中,需要考虑预期的辐射特性。

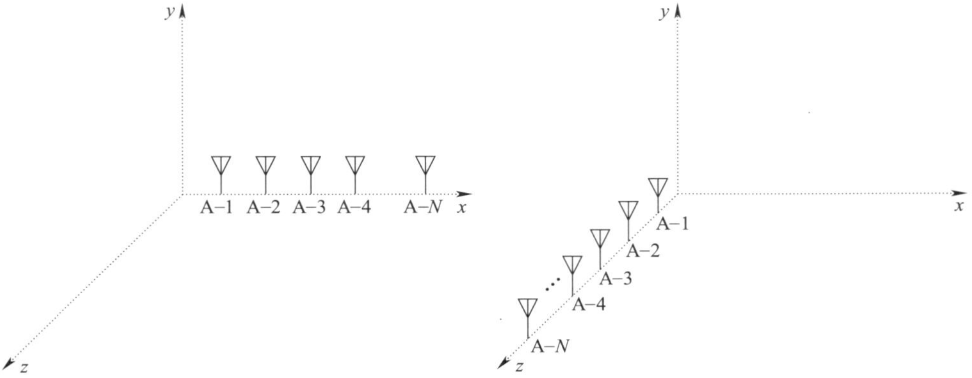

图 42.3　位于 x 轴和 z 轴的线性阵列

例如,利用全向辐射方向图的单元设计以 y 轴为方向的线性阵列时,副瓣将是有方向性的,来自邻近单元的干扰将是最小的。这种类型的阵列适用于定向波束的应用场合,当需要在一个平面内广泛覆盖而在正交平面内形成窄波束时是有用的。

② 平面或二维阵列。平面阵列或二维阵列是利用单独单元在二维平面内设计的,如图 42.4 所示。由于这种结构有利于高性能波束合成,它被广泛应用于雷达。

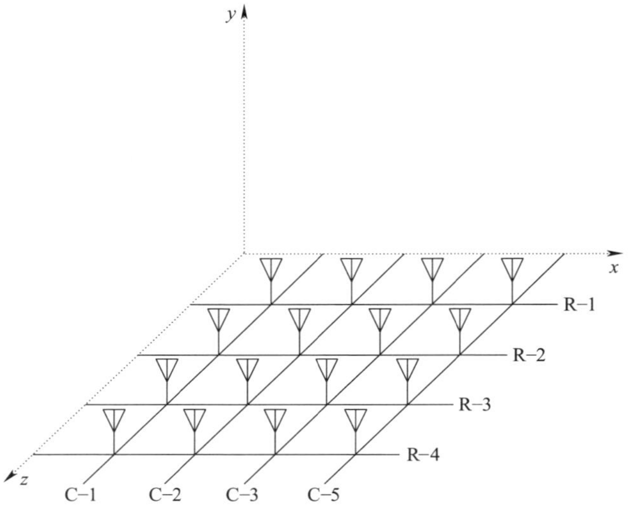

图 42.4　xz 平面排列的平面阵列

③ 立体或三维阵列。在这种结构中,阵列单元的排布被设计,构成了图 42.5所示的三维空间。共形天线阵也被定义为一种立体天线阵列。与早期的天线阵列设计相比,立体阵列需要相对复杂的设计方法。

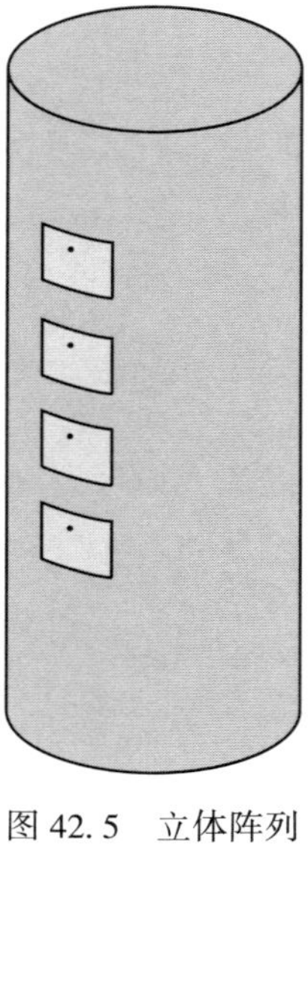
图 42.5　立体阵列

(2) 基于辐射模式,阵列可分为以下几种。

① 边射天线阵。在垂射天线阵(图 42.6)中,主波束的方向是垂直于排列阵列单元的轴。IEEE 术语对垂射天线阵的标准定义是:“最大辐射方向分别垂直于阵列排列直线、平面的线性或平面阵列天线”。“垂射天线阵的辐射方向图可以通过将完全相同的单元以线性方式排列,利用等幅度和等相位激励获得”。

② 端射天线阵。在这些天线阵中(图 42.7),波束最大辐射方向集中在阵列的轴线方向。通过利用等幅度和步进移相器激励每一个天线单元,大多数平面或线性阵列可以构造为有一个指向阵列轴的最大辐射波束。

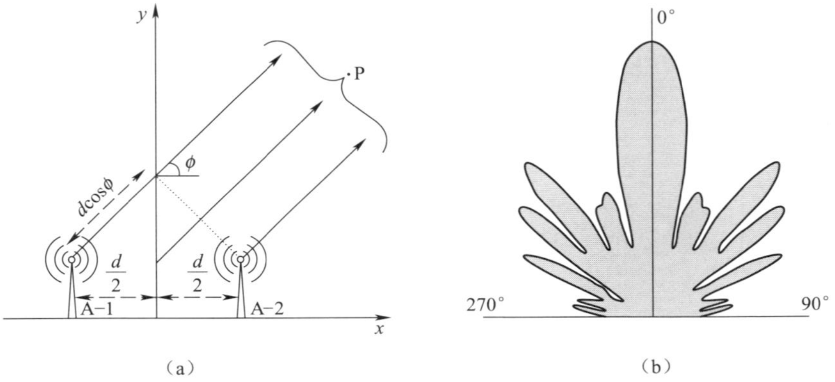

图 42.6　垂射天线阵
(a)结构;(b)辐射模式。

③ 共线天线阵。共线一词表示单个天线单元被首尾相连,沿着图 42.8 所示的一条线排列。在垂射天线阵中,这个结构产生的波束最大辐射方向垂直于线阵的轴。然而,在这种共线天线阵中,扇形波束集中于每一个垂直于阵列轴的点,产生一个“甜甜圈”形状的辐射方向图,如图 42.9 所示。为了得到这种辐射方向图的阵列,可采用等幅度和等相位的电流对单元进行激励。

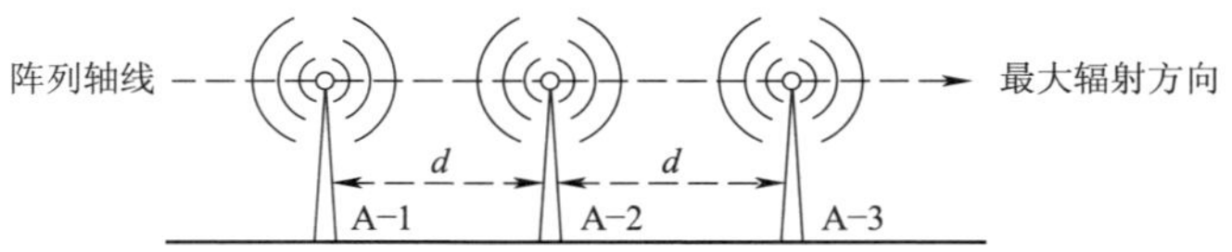

(a)

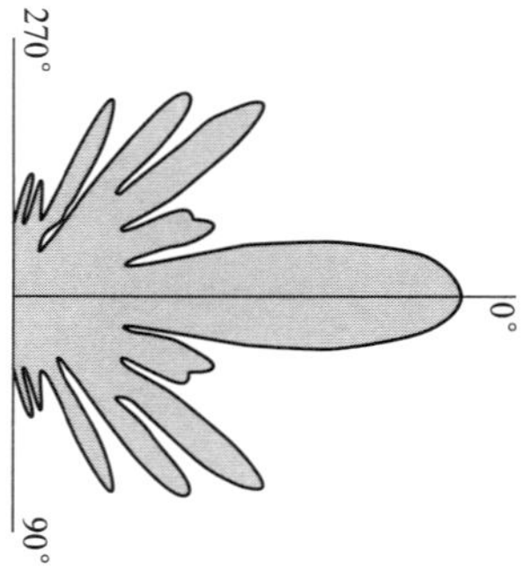

(b)

图 42.7　顺射天线阵

(a)结构;(b)辐射方向图。

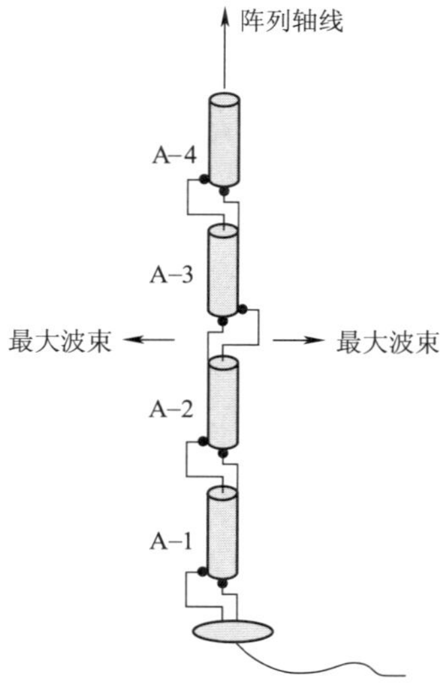

图 42.8　共线天线阵

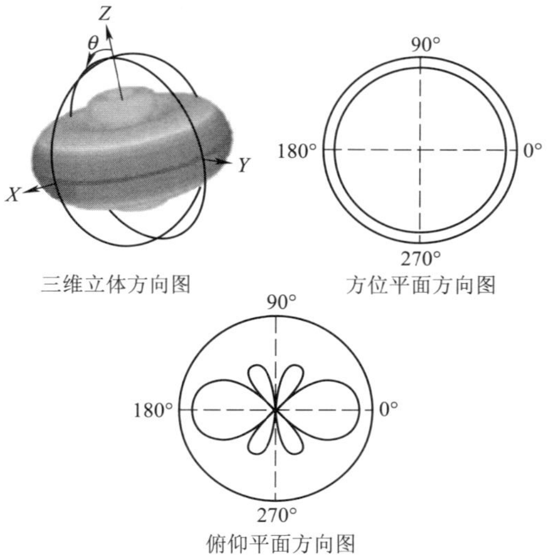

图 42.9　共线天线阵辐射模式

42.2　智能天线

事实上,天线并不是智能的;天线与其相关系统一起使天线系统变得智能。基本上,智能天线是一种多单元天线,每个天线单元接收到的信号被智能组合到一起,以提高无线系统的性能。正如 Balanis 和 Ioannides(2007)所展示的,通过考虑两个人在一个单独的房间里进行转换,可以更好地理解智能天线的工作。人的听觉系统具有区分和专注于人群中某一个特定的人声音的能力。同样地,在智能天线中,任何不需要的信号都被衰减。更好的范围/区域覆盖性、增强的无线系统能力、多路径抑制和费用降低是智能天线系统的主要优势。

智能天线系统的两种基本结构如下。

① 开关-多波束天线。在许多波束中,有一个波束被打开指向所期望的信号,或者只有一个波束(仅仅通过相位调整)被指向所期望的信号。

② 自适应天线阵列。多天线单元阵列,其中主天线波束是在所需信号的方向上,而在干扰方向上保持零。

42.3 多波束天线阵列

本节讨论各种用于产生多波束的天线系统。从广义上讲,多波束天线被定义为同时产生多个波束或者在多个方向上切换波束的天线。IEEE 天线的标准术语(IEEE STD 145—1993)将多波束天线定义为:“通过在输入端口和孔径之间采用一一对应关系,利用多端口馈电,能够从一个固定孔径产生一系列主要波束的天线,其特点是有独特的主波束指向方向。”

一些早期的设计使用传统的透镜或改进的反射器产生多个辐射波束。然而,如由一组馈电产生的阴影等挑战促使研究人员专注于开发相控阵天线,使整个天线系统变得更加“智能”。与单波束天线相比,多波束天线系统有以下优点:

① 能够将辐射聚焦到预期方向。

② 提高无线系统的能力。

③ 通过抑制干扰信号使战斗信号消失。

④ 在雷达系统中便于跟踪目标。

与不太复杂的机械扫描或切换设计概念相比,这些关键的好处是通过相对较高的系统复杂性获得的。下面首先讨论经典设计,主要包括由各种阵列馈源喇叭馈电的透镜、被不同的馈源照射的反射面、相控阵概念等。在本节的后面部分将讨论利用工程材料形成多波束天线阵列的新概念。

42.3.1 多波束天线阵的历史回顾

1. 早期历史(1906—1970年)

尽管第一个天线阵列设计的概念已经在20世纪20年代建立起来(Fleming,1919),从这个阵列概念到多波束天线或波束扫描天线的蓬勃发展花了差不多10年的时间,才达到能够成功实验的水平。事实上,早在1906年Marconi 就报道了马可尼利用他的无线通信系统天线做了几个实验来增强接收器在特定方向上的性能。在第二次世界大战中,为雷达应用开发一种高效的机电扫描天线系统得到广泛关注。一个经典的例子是美军开发的SCR-270(图42.10),它在第二次世界大战偷袭珍珠港战役中,安装在夏威夷,提供了日军信息。最早利用机电系统扫描波束的方法在 20 世纪 40 年代获得成功，并得到了广泛的应用。这项技术的限制造成了一些关键的难题，如阵列单元之间的相互耦合，是这个时期设计优化的主要障碍(Brown，1937)。

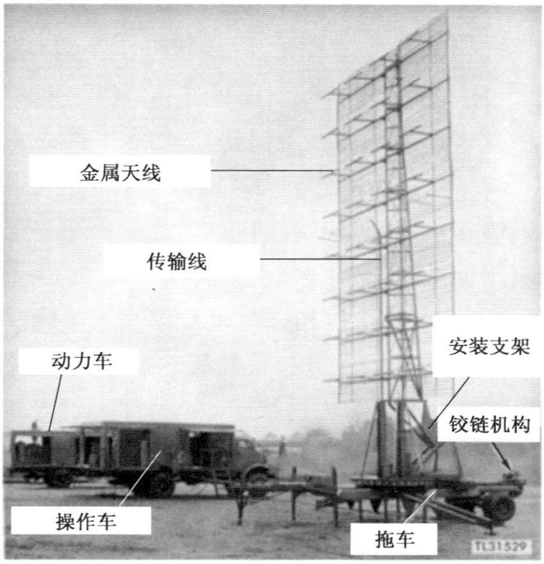

图 42.10　SCR-270 天线阵与机械旋转器

在 20 世纪 50 年代，第二次世界大战后的特殊形势和数量可观的资金资助，推动了与军事应用相关的科学研究。从 1954 年到 1955 年，铁氧体移相器的发明(巴顿 1984)为电子扫描天线系统领域发展埋下了技术种子(Sarkar et al.，2006)。其原理是通过改变信号相位对天线单元进行激励(Braun，1925；Friis et al.，1934)来实现天线阵列波束转向，并通过了实验验证。这些机械扫描阵列的最初发现导致了许多高级的设计改进，包括大型地面对船雷达和复杂机载雷达阵列。由于各种系统级的限制，这些最初的发现大部分分布在 HF 波段，然后扩展到 EHF 波段。战争后期全球大量发展的其中一项被称为“微波扫描天线”，(Hansen，1964、1966)。直到 20 世纪 60 年代，用于非军事应用，系统成本是阻碍雷达系统进一步发展的主要因素。20 世纪 60 年代后期印制电路技术的发展在降低整体系统费用方面起了关键作用，因此加快了工程物理领域的研究与发展。即使 G. A. Deschamps 是在 1953 年，提出了微带贴片天线理论(Deschamps，

1953),经过了很多年,直到1970年,罗伯特·尤金·穆森(Robert Eugene Munson)才成功地在短程导弹数据链中实现了同样的目标(Munson,1972)。

2. 计算挑战和早期算法

在对全球研究人员所面临的挑战表示同情的时候,重要的是要注意到20世纪50年代末,即使已经建立了电磁理论,但是利用计算机来解决这些理论问题是完全不现实的。很有趣的是,在20世纪50年代,NASA的喷气推进实验室使用了“计算机”一词,代表一个人而不是机器,其中某一特定人群被指定手动进行数学计算。到20世纪60年代,大型计算机的发明能够基于早期算法完成复杂的电磁计算(Mei,1965)。这些初始计算很多都是采用Hallen积分方程的点匹配解(矩量法的早期版本)对金属线框模型进行运算(Harrington and Harrington,1996)。Hallen公式足以精确地模拟偶极子天线阵。基于几何绕射理论的算法引入(GTD)是20世纪60年代的另一个突破(Albertsen et al.,1975;Keller,1962)。这使研究人员能够利用基于几何光学的成熟理论来精确计算主流形状的辐射特性,如边缘和尖角。与目前提供频率和时域解决方案的工具相比,大多数早期的计算技术是基于格林函数,大部分是属于频域解法。Schelkunoff和Dolph对相控阵天线分析的贡献是另一个里程碑。在20世纪40年代后期,这些贡献采用静态加权方案(Dolph,1946;Schelkunoff,1943),加速了低副瓣水平天线阵列的发展。在20世纪60年代后期,P. Applebaum(1966)的另一个主要工作为改变阵列权重做出了关键贡献,这是自适应和可重构天线阵列的基本概念之一。逆向阵列的概念起源于20世纪50年代末,它是接收一个方向的电磁信号并在镜像方向重新传输,Van Atta(1959)由此获得了美国的专利。

先进时代(1970年至今):将先进时代从有计算工具可用的历史时期分类是合乎逻辑的,当时许多基本思想已经足够成熟,可以实际实施。在此期间,随着技术的发展,多波束天线的应用范围越来越广。随着更有效的计算电磁算法和硬件的出现,使这个过程领域研究更加丰富。这些科学的进步使研究人员能够采用更多数量的单元提高多波束天线阵列的性能,能够用于更高的频率。20世纪70年代初,采用无源电子扫描阵列(PESA)实现比机械旋转天线更有效的扫描是早期的尝试之一。在这个时期,另一个研究重点是共形多波束天线阵列的发展,应用于广播、导航和定向发现等。冷战时期(1962—1979年)一个值得关注的发展是实验性的乌伦韦伯阵列,它设计成圆形阵列,用于定向发现。其中,伊利诺伊大学(Gething,1966)开发的一个原型,具有 300m 直径阵列,120 个辐射单元。自适应阵列的最初想法是来源于控制接收模式,这样就能有效地将来自不需要方向的干扰信号最小化。20 世纪 60 年代末,P. W. Howells(1965)的一项发明引发了全球范围的研究,产生了波束扫描天线阵列激励场的各种关键贡献。在此期间也进行了许多相关领域的研究,包括多波束天线领域许多经典概念的巨大发展。一些早期形成多波束的概念是采用数字/模拟波束合成器。除了这些技术外,基于 Butler 矩阵的天线硬件概念也从那时起得到发展(Butler,1961、1965)。各种产生多波束的透镜实现,如 Rotman 透镜和 Gent bootlace 透镜,也是在 20 世纪 60 年代引入的(Gent,1957;Rotman and Turner,1963),这为一个扫描平面提供了多个聚焦。10 年后,一些技术被扩展应用于基于微带技术的各种应用(Archer,1984)。在此期间,PIN 二极管和变容二极管的发明吸引了世界各地的研究人员,将他们的研究重点放在了采用该技术的微波移相器发展上(White,1968、1984)。甚至在发明了 PIN 二极管和变容二极管之后的 10 年里,对于高功率的应用,技术发展得还不够成熟。目前,有基于 PIN 二极管的微波相移器,可以处理千瓦级的峰值功率。20 世纪 70 年代中期的另一个重要事件是,Munson 对微带天线阵列的发展。这一发展与 Y. T. Lo 等(1978)提出的腔体理论加速了工程激励场的发展。20 世纪 80 年代末,随着低成本制造技术的发展,促进了基于印制技术的多波束天线阵列的研究。当今世界,无线通信领域有很多学科技术的天才,这加速了该工程领域的迅猛发展。现代世界,多波束天线研究的一些令人兴奋的焦点领域包括可重构反射阵列(Hum and Perruisseau-Carrier,2014)、平面超宽带模块阵列(Logan et al.,2013)以及具有宽角域扫描能力的相控阵(Kavitha and Jacob,2013)。

42.3.2　多波束天线的类型

总之,多波束天线被分类为基于透镜天线、反射面天线、相控阵天线和混合设计的天线。这些分类是基于产生多波束的关键系统组件。各种设计将在下述内容中详细论述。

1. 透镜天线

透镜天线的基本工作原理是基于任意光学透镜的准直特性形成聚焦的电磁辐射。这些天线可以配置为单馈电或多馈电单元。一种常用的、基于透镜的多波束天线的结构如图42.11所示。在单馈电配置中,单独一个源照射天线孔径,产生基于透镜特性的波束。多馈电配置或离散透镜阵列(DLA)激励透镜孔径,形成一个合成波束。通过同时激励这些波束,基于叠加原理可以形成多个波束。基于透镜特性,在空间的某一特定点,都能够发生有利的或者不利的相互作用,从而导致波束指向一个特定的方向。基于透镜系统的操作原理,有各种不同类型的透镜天线;从广义的角度来看,这些透镜被分为以下两类。

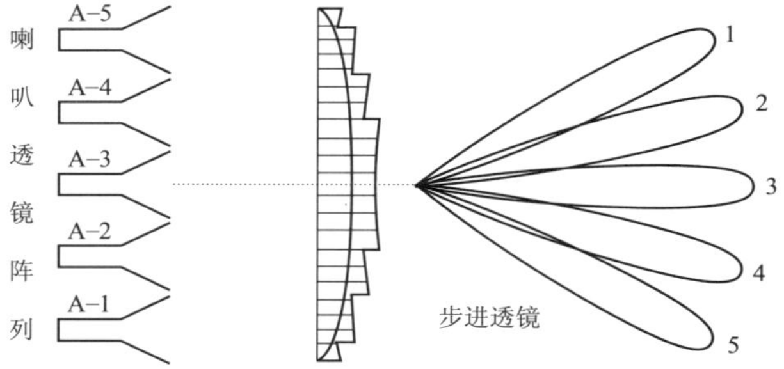

图42.11　基于透镜的多波束天线

① 快波透镜(折射率小于1)。

② 慢波透镜(折射率大于1)。

顾名思义,这些项与波通过透镜介质传播的相速度有关。这两种结构如图42.12所示。在快波透镜中,透镜介质降低了电路径长度,因此介质中波的相速度将会相对较高。

如图42.12(a)所示,电磁波通过透镜介质时,随着波的传播,电长度越来越短。快波透镜天线也称为E平面透镜天线。相比之下,延迟透镜天线就是一种介质波长增大的透镜,这将导致相速度减小,如图42.12(b)所示。慢波透镜天线也称为介质透镜天线或H平面透镜天线,还可进一步分类如下。

① 利用传统电介质加工的透镜,如透明合成树脂或聚苯乙烯。

② 利用人造介质部件、陶瓷或金属部件制成的透镜。

有各种各样的透镜拓扑,适用于各种应用,包括增益增强和波束形成。在下面的章节将讨论各种用于多波束天线的透镜拓扑。Lee(1988)详细分析了其他的透镜结构。在多波束天线中使用的关键透镜拓扑是波导透镜、靴带透镜、Rotman透镜和龙伯格透镜。

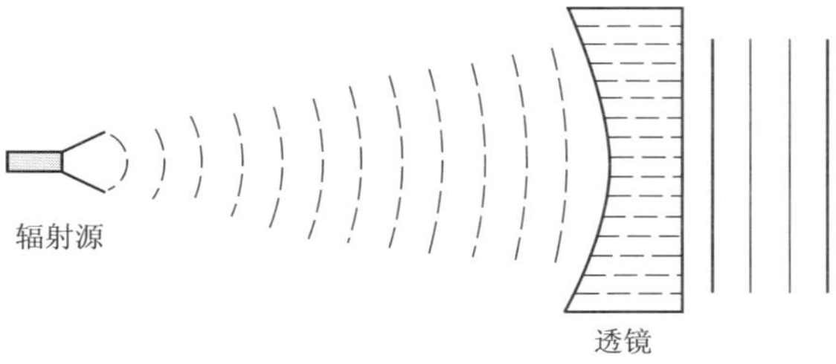

（a）

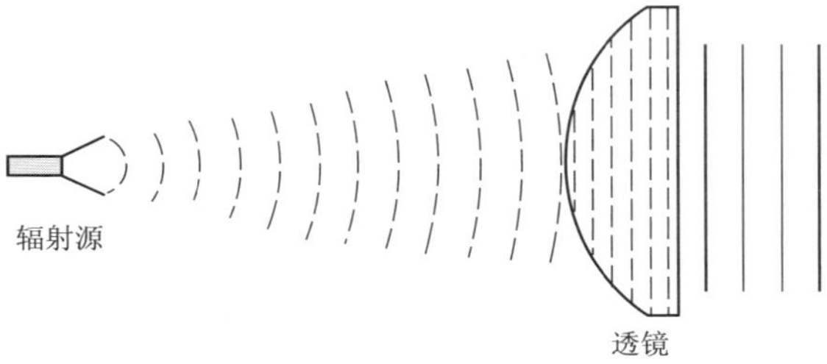

（b）

图 42.12　两种透镜结构

(a)快波透镜;(b)慢波透镜。

1）波导透镜

波导透镜的基本拓扑结构如图 42.13 所示。它主要是由不同尺寸的波导连接组成。这个概念是基于电磁波的相速度超过了波导内光速的实际情况。波导的形状是为了提供相应的相速度而设计的。更具体地说,中心射线从位于透镜一侧的源传输到透镜另一侧垂直平面上的距离等于普通射线穿过其他波导块的路径。该条件满足式(42.3)到式(42.5),即

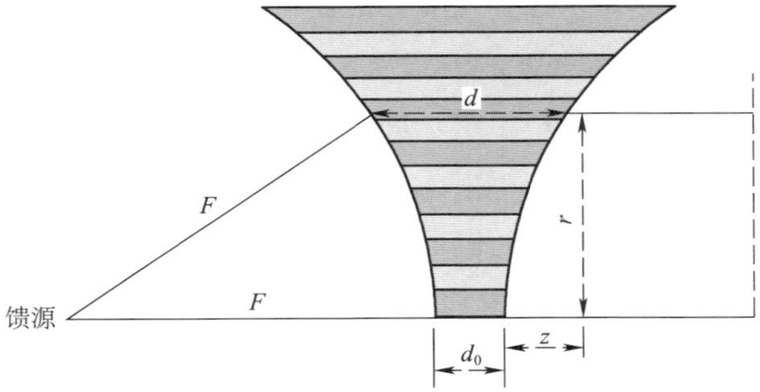

图 42.13　波导透镜的拓扑结构

$$d = d_0 + \sqrt{\frac{z}{1-n}} \tag{42.3}$$

式中:d_0为透镜的最小尺寸。

$$n = \left[1 - \left(\frac{\lambda}{\lambda_c}\right)^2\right]^{1/2} \tag{42.4}$$

式中:n 为基于自由空间波长 λ 和波导截止波长 λ_c 的透镜折射率。

$$z = F - (F^2 - r^2)^{\frac{1}{2}} \simeq \frac{r^2}{2F} \tag{42.5}$$

式中:F 为透镜的焦距;r 为从单元到透镜轴线的距离。

图 42.14 显示了一种波导透镜天线的经典应用,它是由圆形或球形截面的波导阵列组成的卫星通信系统。当电磁信号传播通过波导时,波导长度产生相应的相位延迟。

图 42.14 用于 DSCS-Ⅲ卫星波导透镜阵列天线的经典应用

基于波导的天线阵技术设计面临的挑战之一是有限的带宽。这主要是因为波导介质的色散性。也就是说,电磁波在波导内部的相速度随频率而变化。这个挑战的经典解决方案之一是采用步进设计,如图 42.15 所示,其中的一个步长是在透镜中进行的。作为一般规则,当透镜厚度超过 $\lambda/(1-\mu)$ 时,可以这样做。即使可以在波导的一侧或两侧同时进行步进,建议避免在波导阵列的馈电端步进,以避免阴影效果。

2)靴带透镜

靴带透镜以其具有多个焦点的能力而闻名,从而提供广角扫描能力。它由两

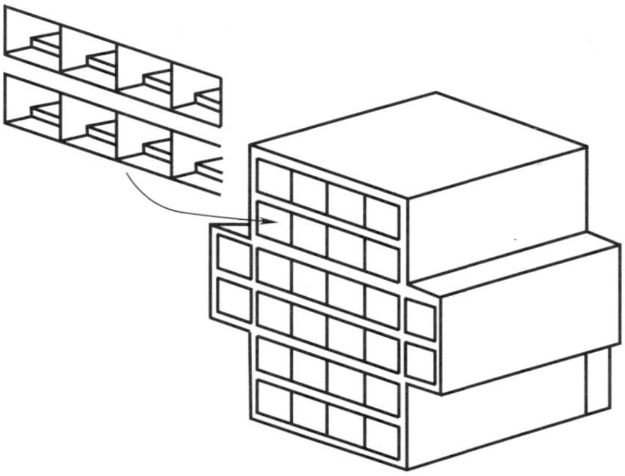

图 42.15　步进波导阵列

个阵列组成,这些几何图形被排列形成一个组合的透镜系统。一边的阵列单元通过一个处理电路连接到另一边,该电路由放大器和传输线组成。靴带透镜的波束特性取决于传输线的长度、接收和传输单元之间的振幅和相位。连接内部和外部表面辐射器的传输线是通过传输线与同轴电缆连接。由于其外观像靴子,因此命名为靴带透镜。图 42.16 显示了一个靴带透镜的几何图形。通过采用靴带透镜,在不同的焦点上放置多个源天线,可形成多波束天线。尽管最初的设计只能提供二维扫描(Kales ,1964),但后来的设计提供了多焦点三维扫描设备(Rao,1982)。

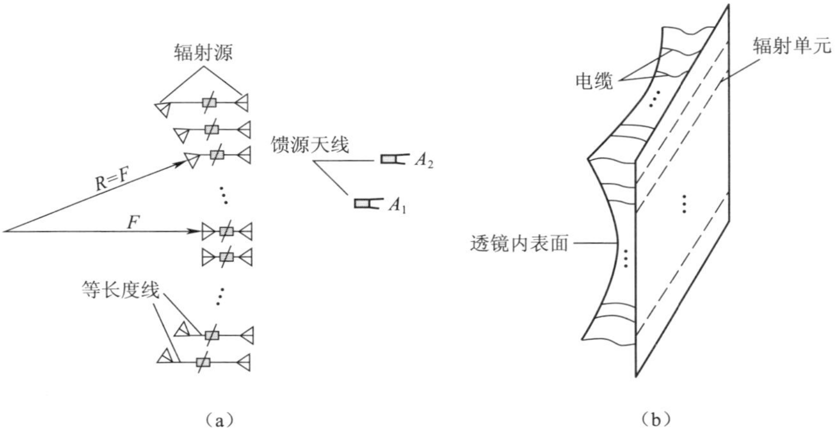

图 42.16　靴带透镜的几何图形(Jaganmohan B. L. Rao 1982)

(a)靴带透镜;(b)一种早期多焦点靴带透镜的几何图形(具有三维扫描功能)。

1957 年 Gent 提出的一种基本理论认为,如果透镜半径为 $2R$,其焦点落在半径为 R 的圆上(Gent,1957)。一般来说,靴带透镜具有以下关键特征。

① 设计的三维自由度。

② 在两个透镜表面之间嵌入的微波组件便于外部表面的照射控制,从而提供波束扫描。

③ 在没有阴影效应的情况下实现步进功能。

3) Rotman 透镜

当采用阵列结构时,Rotman 透镜能够同时产生多个波束。图 42.17 所示为 Rotman 透镜,是靴带透镜的一种改进版(Gent,1957)。与靴带透镜不同,Rotman 透镜可以提供更广阔的扫描覆盖范围,其扫描角度大于 50°(Rotman and Turner,1963)。在图 42.17 所示的最简配置中,传输或接收天线元件被安装在一个弯曲的曲面上,它可以辐射或从透镜的另一个弯曲部分接收。阵列单元在透镜外排列为一条直线,并垂直于透镜几何平面。这产生了能够朝着预先设定方向转动的多波束,并且不需要表面发生任何运动。与其他透镜拓扑相比,Rotman 透镜本质上具有相对宽的带宽。图 42.17(a)的右侧显示的馈电部分也可以使用微带或带状线实现;与此同时,左侧显示的靴带透镜可采用同轴电缆实现。图 42.17(b)列举了关键的设计参数,包括:焦角度 α;焦距 f_1;波束角与射线角的比率 γ;焦比 β;单元间距 d;峰波束角 ψ_m。

设计过程是互耦减少与制造限制之间的折中。基于汉森(2009)的详细分析,设计准则列举如下。

① 焦比 β 可以利用上面和下面的焦距 f_1 和 f_2 计算获得,即

$$\beta = \frac{f_2}{f_1} \tag{42.6}$$

波束角比率 γ 由下列公式计算获得,即

$$\gamma = \frac{\sin\psi}{\sin\alpha} \tag{42.7}$$

式中:ψ 为波束角;α 为焦距角。

② 另一个参数 ζ 与 f_1 和距离 γ_3 相关,控制一定比例的相位和振幅误差,透镜光程可以计算获得,即

$$\zeta = \frac{\gamma_3 \gamma}{f_1} \tag{42.8}$$

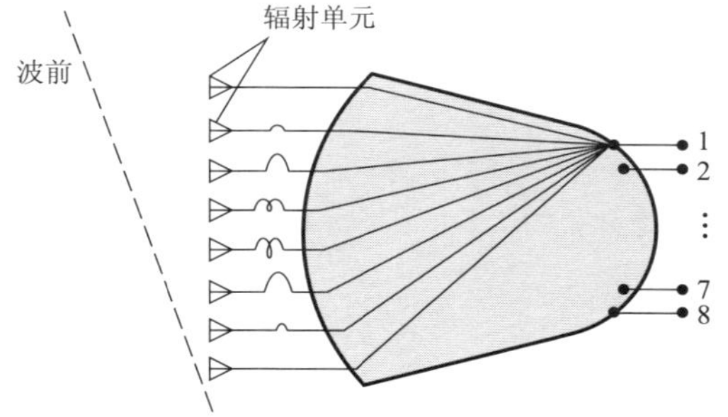

(a)

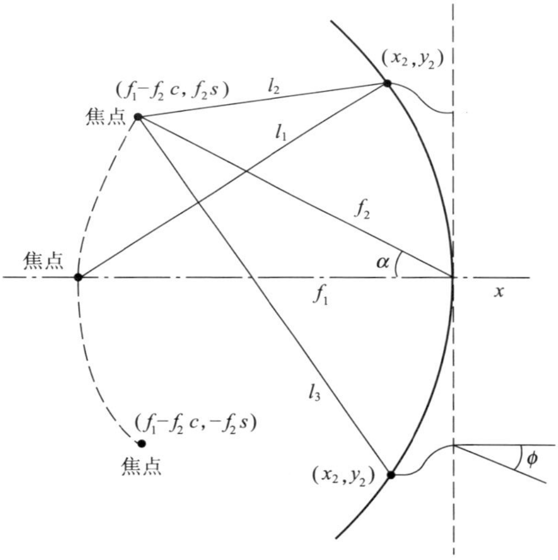

(b)

图 42.17　Rotman 透镜

(a)Rotman 透镜;(b)Rotman 透镜的射线几何形状。

最大波束角 ψ_m 是一个关键设计参数,可以利用下述公式获得,即

$$\zeta_{\max} = \frac{(N_E - 1)\gamma d}{2f_1} \tag{42.9}$$

式中:N_E 为单元数量。

③ 二次透镜方程,即

$$a\left(\frac{w}{f_1}\right)^2 + \frac{bw}{f_1} + c = 0 \tag{42.10}$$

这些系数能够由下式计算获得,即

$$a = 1 - \frac{(1-\beta)^2}{(1-\beta C)^2} - \frac{\zeta^2}{\beta^2} \tag{42.11}$$

$$b = -2 + \frac{2\zeta^2}{\beta^2} + \frac{2(1-\beta)}{1-\beta C} - \frac{\zeta^2 S^2(1-\beta)}{(1-\beta C)^2} \tag{42.12}$$

$$c = -\zeta^2 + \frac{\zeta^2 S^2}{1-\beta C} - \frac{\zeta^4 S^4(1-\beta)}{4(1-\beta C)^2}$$

其中:

$$C = \cos\alpha$$

$$S = \sin\alpha \tag{42.13}$$

单元间距是关键参数,因为它对栅瓣有很大的影响,其中,栅瓣可以由下式计算获得,即

$$\frac{d}{\lambda} = \frac{1}{1+\sin\psi_{\mathrm{m}}} \tag{42.14}$$

4) 龙伯(Luneburg)透镜

与早期的透镜拓扑不同,龙伯透镜是一个球对称的梯度折射率透镜,其折射率从中心到外表面逐渐减小(图42.18),该理论是由Luneburg(1944)提出。这个透镜的几何形状包括两个球体,其中一个有无限的半径,另一个球体是透镜表面。

单位长度半径龙伯透镜的折射率 n 由下式确定,即

$$n = (2 - r^2)^{1/2} = \sqrt{\varepsilon_r} \tag{42.15}$$

式中:r 为透镜的半径。

当馈电点位于球表面的一个区域时,龙伯透镜产生一个平面波。依次类推,当将馈电点在球体表面移动,或者通过激励球体表面上的多个馈电时,龙伯透镜将产生多个波束。

麦克斯韦的鱼眼透镜(图42.19)是广义龙伯透镜的经典例子,折射率的变化取决于

$$n = \sqrt{\varepsilon_r} = \frac{n_0}{1+\left(\frac{r}{R}\right)^2} \tag{42.16}$$

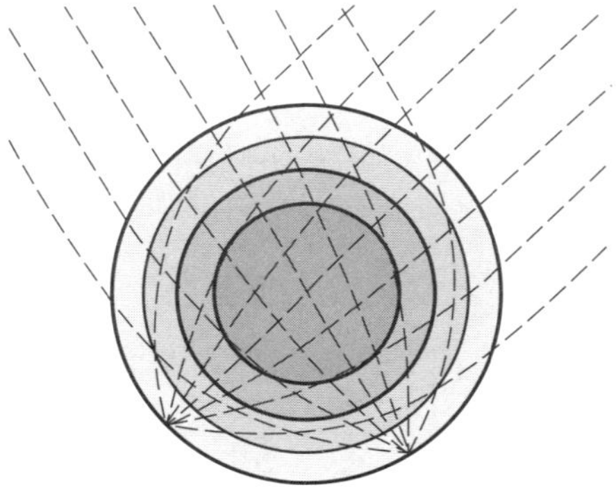

图 42.18　龙伯透镜的横截面图(其中灰色阴影与折射率 n 成正比)

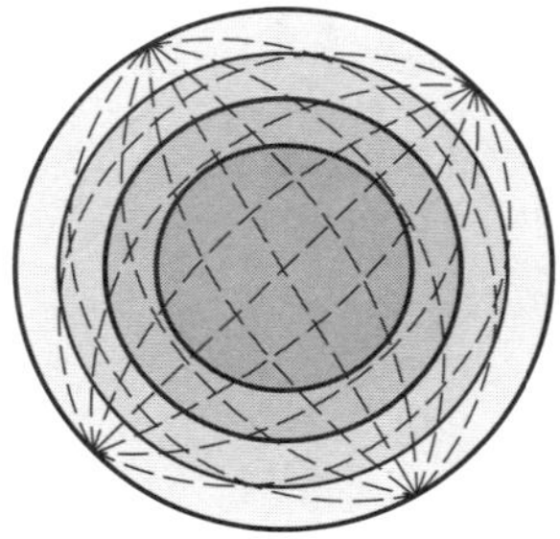

图 42.19　麦克斯韦的鱼眼透镜横截面(灰色阴影表示折射率增大)

2. 反射面天线

在一个简单的形式中,反射面天线由反射面和天线馈源组成。这些类型的天线广泛用于长距离高增益应用中,如通信卫星、军事卫星、高分辨率雷达等。在设计时,反射面表面可以采取任意常见的形状,如抛物面、双曲面、球体、椭圆体、圆柱等。反射面天线的基本工作原理是反射面将发射的球面波转换为平面波;反之亦然。图 42.20 显示了一种最常用的焦点-抛物面反射面天线。在接收模式中,当一束平行射线入射抛物面反射面时,反射面将所有射线聚焦到焦点上。在发射模式下同样类似,位于焦点上的天线馈电发射波束,经过反射面形成并行的波束。

通过利用天线阵作为主要的辐射源,这些天线也可以产生多个波束。反射面多波束天线的性能与透镜天线相似。基于这个概念,一些最常用的多波束天线配置如图 42.21 所示。

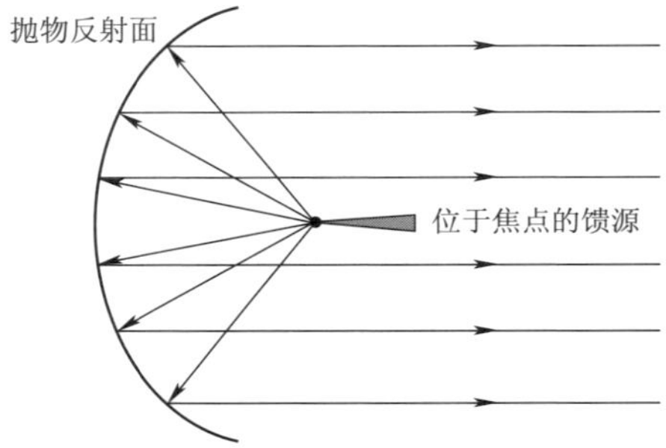

图 42.20 反射面天线

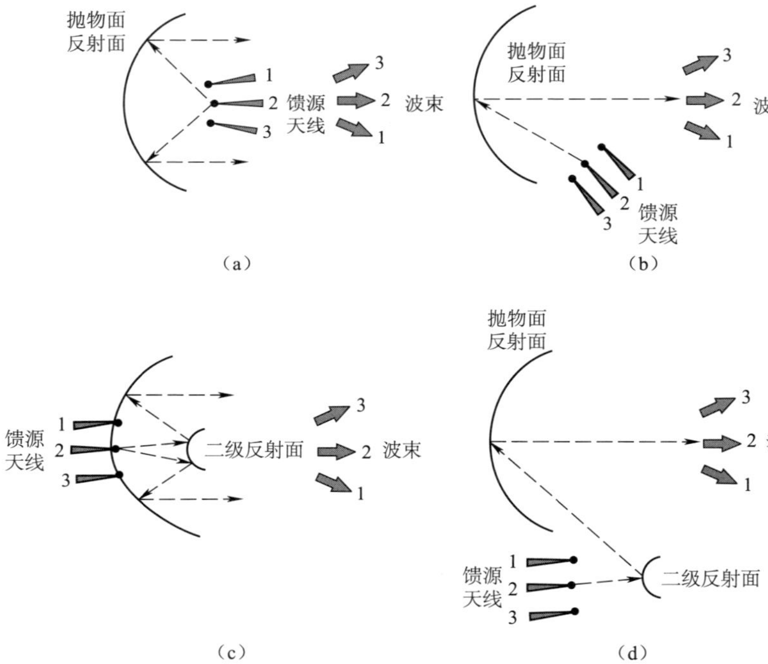

图 42.21 最常用的多波束天线配置

(a)抛物面反射面多波束天线;(b)偏置馈电反射面天线;

(c)焦点馈电卡塞格伦反射面天线;(d)偏置馈电卡塞格伦反射面天线。

在反射面天线中,为了获得理想辐射模式,反射面的孔径大小、反射面的类型、焦距、偏移距离、表面公差是主要设计参数。孔径尺寸是决定天线增益和带宽的关键设计参数。在多波束天线应用中，大口径反射面的应用十分普遍。

馈源对天线的局部遮挡是一个焦点馈电反射面天线的主要缺点。减少这种遮挡的一个解决方法是利用偏置馈源反射面天线。卡塞格伦馈电是另一种解决方法，它有助于克服孔径遮挡和对主要反射面照射缺乏控制的缺点。如图 42.21(b)所示，从次级双曲面反射面反射的波照射到抛物面主反射面。在这个设计机理中，反射面和馈源天线位于主要反射面的焦点，二级反射面的轮廓控制着照射主要反射面。电磁学中，这样的系统和具有更长焦距的单一反射面天线是相同的。因此，它比单反射式天线提供了更好的扫描性能。卡塞格伦焦点馈电的反射面天线也受到孔径遮挡的影响，可以通过选择与馈源相同的二次反射面直径对孔径遮挡最小化。另一个减小孔径遮挡的解决方案是采用图 42.21(d)所示的补偿式卡塞格伦馈电。

3. 相控阵天线

相控阵天线是由一系列相等间隔的单个天线或单元组成的指令天线。在这样的设计中，辐射模式的形状和方向是由单个单元电磁信号的相对振幅和相位决定的。与反射面或透镜天线类似，带有波束合成网络的相控阵天线也可以用来产生多波束。当天线单元的数量在几个到几百之间时，这种配置通常是首选的。相控阵天线系统中的波束合成网络主要是将阵列中所有单元的信号组合成接收波束，或相反地将传输的信号分配给阵列中的不同单元，从而形成发射波束。波束合成一般分为模拟波束合成和数字波束合成。顾名思义，在模拟波束合成中，每个天线单元的振幅和相位由系统中的模拟电路控制，包括模拟相移器，通过控制每个天线元件的激励相位提供平滑的波束合成。大多数现代相控阵系统采用了数字波束合成电路先进技术，其中阵列单元的振幅和相位可以由数字硬件控制。

1) 巴特勒矩阵

巴特勒矩阵是最受欢迎的多波束合成网络之一，它是由 Jesse Butler 和 Ralph Lowe 于 1961 年首次引入到均匀间隔的天线阵。它是一个有 $N=2^n$ 个输入端口和 $N=2^n$ 个输出端口的馈电网络，其中 n 是一个整数。因此，当天线单元的数量为 2 的幂次方时，巴特勒矩阵网络可以提供线性相位分布。换句话说，如果一个信号在一个输入端被引入，那么这个矩阵就会在所有输出端口上产生等幅度激励，并具有固定的相位差，从而在空间的一个特定方向产生辐射。在另一个端口引入的信号同样会产生另一个指向不同方向的波束。关于矩阵的结构,混合耦合器和移相器是巴特勒矩阵网络的基本组成部分,包括与巴特勒矩阵一起设计的90°和180°的混合耦合器,如产生宽瓣波束的设计可以使用180°混合耦合器。

一个有 $N=2^n$ 个输入和输出端口的巴特勒矩阵,包括 $Nn/2$ 倍的混合耦合器和 $(N-1)N/2$ 相移器。在此矩阵中对于第 i 个波束,辐射单元之间的相位差为 $(2i-1)180°/N$。

类似地,当在矩阵的第 i 个输入端口中引入信号时,波束角可以由下列方程计算,即

$$\theta_i = \sin\left(\frac{N+1-2i}{2N}\frac{\lambda}{d}\right) \quad i=1,2,3,\cdots,N \tag{42.17}$$

图42.22展示了使用90°混合耦合器的4×4巴特勒矩阵的基本功能框图。在网络拓扑结构中,上、下两行共排列了4个混合耦合器和两个相移器。表42.2显示了在特定输入端口引入信号时矩阵产生的相位分布。同时给出了天线阵相应的主波束方向。

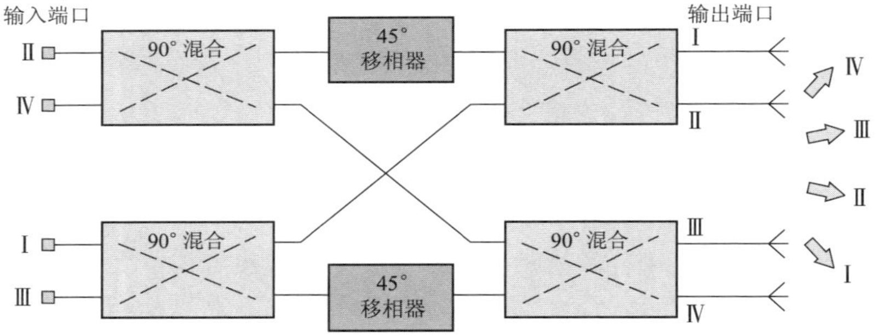

(a)

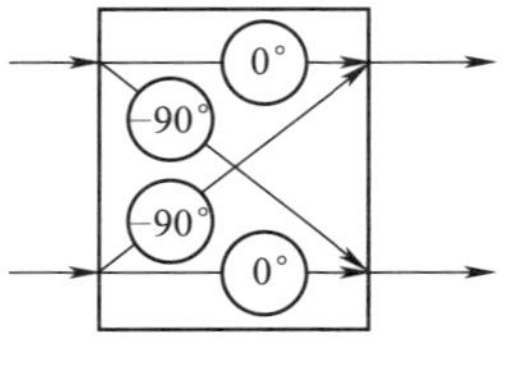

(b)

图42.22　使用90°混合耦合器的4×4巴特勒矩阵基本功能框图

(a)4×4巴特勒矩阵;(b)90°混合耦合器。

这个网络另一个令人兴奋的特点是，天线可以通过同时激励两个输入端口产生多个波束。例如，如果端口 1 和端口 4 同时被激励，那么相位阵列将同时产生两个波束，其倾斜度为 48.59°和 48.59°。由于该网络可任意形成单波束，因此它的一个局限性是缺乏产生相邻的两个波束的能力。

表 42.2　4×4 矩阵的相位分布和波束方向

输入端口		Ⅰ	Ⅱ	Ⅲ	Ⅳ
输出端口	Ⅰ	-90°	-45°	-180°	-135°
	Ⅱ	-225°	-90°	-135°	0°
	Ⅲ	0°	-135°	-90°	-225°
	Ⅳ	135°	-180°	-45°	-90°
波束方向		48.59°	14.47°	-14.47°	-48.59°

2）布拉斯（Blass）矩阵和诺兰（Nolen）矩阵

（1）布拉斯矩阵。该矩阵设计如图 42.23 所示，称为布拉斯矩阵。它是一种多波束馈电网络，其中 N 个天线阵元馈线通过定向耦合器连接到 M 个波束端口。在接收配置中，每个天线借助串联馈线，每一对天线都接收到一对信号。在这个馈电网络中，沿传输线均匀排列耦合器，从而在单元之间产生一种固定的相位转换，使波束转向到期望的角度。为了抑制反射，波束和单元传输线在终端进行负载匹配。这种终端的后果之一是降低了整个系统的效率。如果 $\psi_{m,n}$ 是从第 m 个端口到第 n 个单元的相位长度，那么任意两个相邻单元的相位差表示为

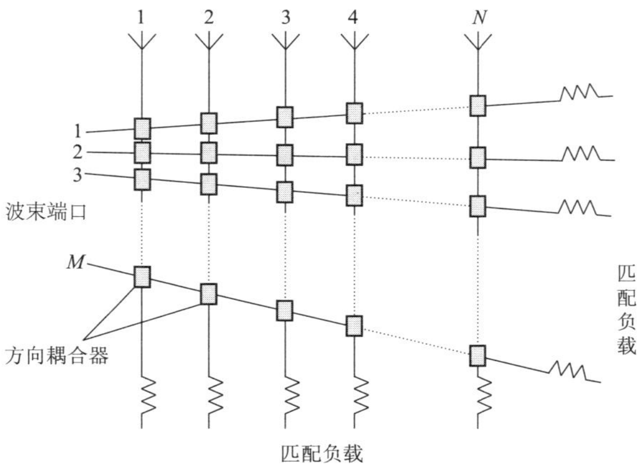

图 42.23　巴特勒矩阵示意框图

$$\Delta\psi_m = \psi_{m,n+1} - \psi_{m,n} = \psi_{m,n} - \psi_{m,n-1} \tag{42.18}$$

相应地,输出波束 m 被转向一个角度,即

$$u_s = -\frac{\Delta\psi_m}{kd} \tag{42.19}$$

(2) 诺兰矩阵。这是一个由巴特勒矩阵和布拉斯矩阵相结合的组合设计,其中的设计利用一个一元耦合矩阵电路,如图 42.24 所示。就像布拉斯矩阵一样,诺兰矩阵也有不同数量的天线单元和波束端口。在基本配置中,图 42.25 显示了第 m 个端口与第 n 个天线单元的耦合。当天线单元数为 2 的幂次方时,可将诺兰矩阵简化为一个简单的巴特勒矩阵。

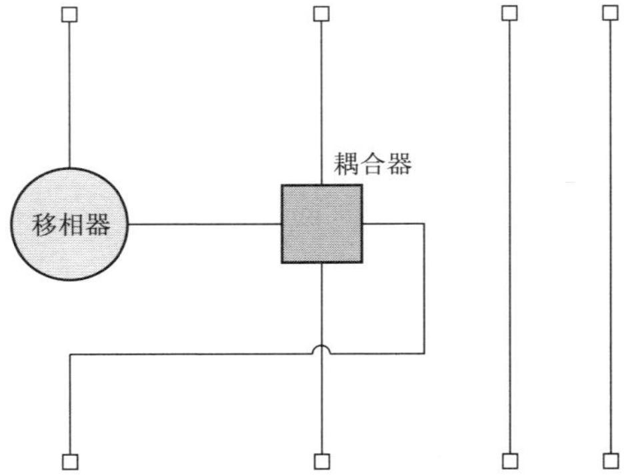

图 42.24　一元耦合矩阵

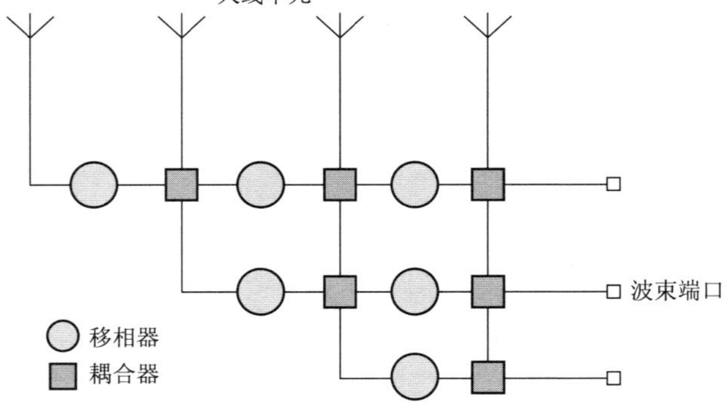

图 42.25　诺兰矩阵

42.4 超材料及其在多波束天线阵中的应用

42.4.1 概述

在过去的 20 年里,超材料一直是科学界一个令人感兴趣的研究领域。超材料这个术语起源于希腊“meta”一词,意思是“之外”或“超越”,意味着“超材料”有一些特殊的特性,超出了自然界存在的自然物质。因此,超材料是一种人工结构,它表现出通常情况下没有被发现的电磁特性。“超材料”一词最初是由美国奥斯汀大学的 Rodger M. Walser 于 1999 年提出的。它最初被定义为:“具有合成的、三维的、周期性元胞结构的宏观复合材料,通过设计在特定激励下产生自然界不存在的两种或更多的响应。”在文献中发现的其他一些定义是:“基于结构推导获取磁导率和介电常数的材料”和“具有自然界不存在的非常规性质的人工均匀电磁结构,”(Caloz and Itoh,2006)。基于这些材料传输电磁辐射入射场的方式,可将超材料分类为双负材料(DNG)、电磁带隙(EBG)或光子带隙材料(PBG)和频率选择性表面(FSS)。一般来说,它们是由一个、两个或 3 个维度的介电或金属单元组成。这些材料的电磁特性与多个设计参数相关,包括单元形状、阵列结构、材料的电参数以及阵列中单元之间的距离。

当电磁波照射 DNG 材料时,它呈现出负介电常数和负磁导率特性。这些类型的材料已经应用于波束转向天线、透镜天线和微波滤波器。然而,像 PBG 或 EBG 这样的超材料在一个频率范围内能够阻止入射波的传输。一般来说,这些材料的周期长度在半波长范围内。这些材料在天线工程中也具有重大的应用价值,能够提高增益和抑制表面波,在微波滤波器中产生带阻响应以及电磁屏蔽作用。FSS 是一种平面超材料,它是由一系列金属贴片或开孔导体组成。顾名思义,这些材料在某些频带内反射、吸收或重定向到其他物体时是透明的。这些材料在天线、滤波器、极化器、天线罩和电磁屏蔽方面都有重要应用。基于 FSS 的 EBG 曲面是由多层 FSS 形成的,也应用于天线。

如图 42.26 所示,根据介电常数和磁导率,材料一般分为 4 类。介电常数和磁导率大于零的材料称为双正超材料或右手材料,支持波的正向传播。介电常数小于零、磁导率大于零的材料称为负介电常数介质。类似地,一种磁导率小于零和介电常数为正的材料称为负磁导率超材料。介电常数和磁导率均小于零的材料称为双负材料或 LHM,能支持波的反向传播。

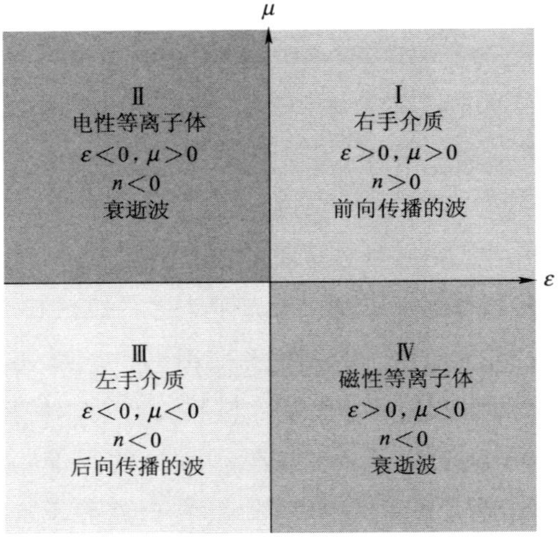

图 42.26　根据介电常数和磁导率的材料分类

42.4.2　在天线工程中的应用

超材料的历史始于 1968 年,当时 Vaselago(1968)提出了一种同时具有负介电常数和磁导率的材料。然而,由于缺乏实验验证,他的发明被忽视了 30 多年。超材料的第一次发展高峰期发生在 20 世纪 90 年代末(Pendry et al.,1996),当时 Pendry 演示了一种电介质,其介电常数为负。然后,在 1999 年,Pendry 等(1999)发现了具有负磁导率的开裂环谐振器。另一个重要的里程碑是 2001 年 Smith 博士等利用电线和 SRRs 的组合制造了第一个人工左手材料。在这一事件之后的一年,3 个研究组(Caloz and Itoh,2002;Iyer and Eleftheriades,2002;Oliner,2003)利用传输线方法同时研制出了 LHM。任何一维的 RHM 都可以被表示为或等效为由串联电感和并联电容组成的传统传输线,而 LHM 可以被表示为一个由串联的电容和电感组成的传输线。事实上,通过这种结构的电流传输情况可以表示成串联的电容和电感以及并联的电容。因此,最终,一个合成的右、左手传输线模型就被发展成为能够表示 RHM 和 LHM(Caloz and Itoh,2006)。

随着 2005 年利用梯度折射率介质弯曲电磁波(Smith et al.,2005)以及 2006

年隐形斗篷(Leonhardt,2006;Pendry et al.,2006)等概念的提出,超材料进入了第二次发展高峰期。在这些实现之后,对超材料的研究得到了广泛关注,已经发表了许多科学论文。由于其特殊的特性,超材料已经被认为是各种工程应用的潜在备选材料。特别是在天线工程方面,超材料被广泛应用,可提高其性能。例如,这些应用包括微型化的天线基片、带宽增强、增益增强和控制辐射方向。超材料作为天线超板,可以用来提高阻抗和方向性带宽,改变极化,增加增益和波束倾斜。与传统的传输线不同,超材料传输线路可以在相对更高效的馈电网络中使用。与传统的基于输电线路的馈电网络相比,基于超材料的馈电网络具有较小结构外轮廓和宽带宽的优点。在相控阵天线中,采用超材料可提高阻抗匹配和波束扫描范围。另一个感兴趣的领域是军事应用领域,在天线罩设计时其基座平面可以用超材料来实现。此外,由于这些工程材料具有可设计性,能够应用于 Luneburg 透镜天线和反射面天线。

42.5　设计例子

本节概述了基于超材料的多波束天线阵列的最新研究进展,目的是为这一宏伟的工程领域提供一个实验性的演示。

42.5.1　利用有源圆柱形 FSS 结构的高增益可重构扇形天线

扇形天线已被广泛报道,并在各种经典应用中流行,如基站天线和点对多点通信,以覆盖特定区域。它是一种方向性天线,在一个平面上有窄波束宽度,在另一个平面上具有宽波束宽度。带有辐射模式可重构的扇形天线提供了更多的设计灵活性,进而提高了整个系统的性能。此外,由于波束指向了特定用户,它能够节省能量,从而提高系统效率。

基于超材料的波束扫描天线实物如图 42.27 所示。它是由有源圆柱形 FSS 结构围绕一个全向电磁耦合同轴双极阵列组成。在不连续的条带单元之间插入 PIN 二极管组成的阵列构成了有源 FSS 单元。这些单元排列呈圆柱形,周期的角度为 $\theta_{FSS}=30°$,半径为 50mm,衬底介质的介电常数等于 3,厚度为 0.254mm,损耗正切角为 0.0013。在原型中使用了高频 PIN 二极管 GMP-4201。在条带的两侧使用两条窄的直流馈线,用于给二极管加电。为了在所有的二极管中产生相同的电流,在条带和直流馈线之间的每条线的顶部采用大电阻。如图 42.27(b)所示,ECCD 阵列也是由微同轴电缆和 UT-141B 半刚性同轴电缆制作而成。

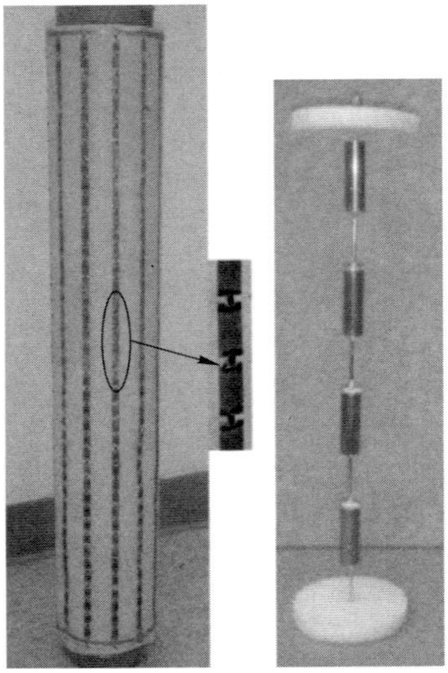

(a) (b)

图 42.27 基于超材料的波束扫描天线原型(Edalati and Denidni,2011)

(a)天线系统;(b)源天线阵。

为了产生可重构的辐射模式,圆柱形 FSS 结构分为两个半圆柱体部件,其中一个接通二极管,另一个关闭二极管。接通二极管的半圆柱体是一组具有高反射特性的连续条带阵列,而关闭二极管的半圆柱体具有 FSS 阵列的功能,具有谐振频率,能够使入射电磁波在其中传播。因此,FSS 结构将源的全向辐射方向图转换成指向性方向图。通过开关二极管状态,高反射、低反射区域的辐射方向发生变化。因此,天线的辐射方向图可以在整个 360°方位平面上扫描。

在测量过程中,有 5 列的二极管处于关闭状态,有 7 列二极管处于接通状态。电压为 0V 时,代表二极管为关闭状态;而加载电压为 37V 时,二极管处于接通状态。可重构天线的 S_{11}(图 42.28)显示了在中心频率周围 2 : 1 VSWR 带宽大约为 6%。

在 E 平面和 H 平面上的天线归一化辐射模式如图 42.29 所示。天线提供

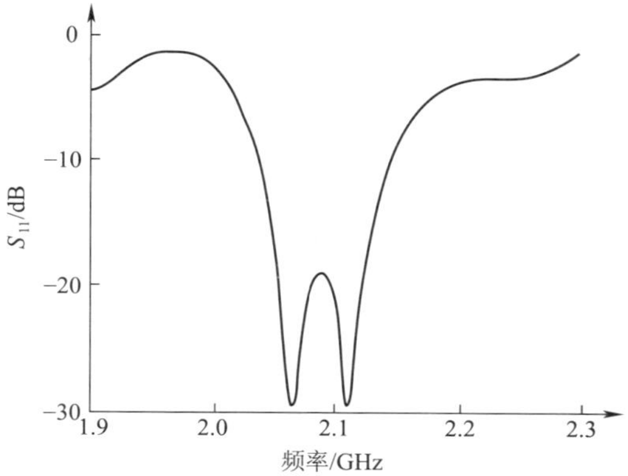

图 42.28　基于 FSS 的波束扫描天线反射系数

了一种定向辐射方向图,在 E 平面和 H 平面中,半功率波束宽度为 20°和 70°,副瓣为 13dB。天线的 H 平面辐射方向图,用于将波束转向到 0°、30°的不同重构场景,如图 42.30 所示。辐射特性显示出大约有 13dBi 的增益。

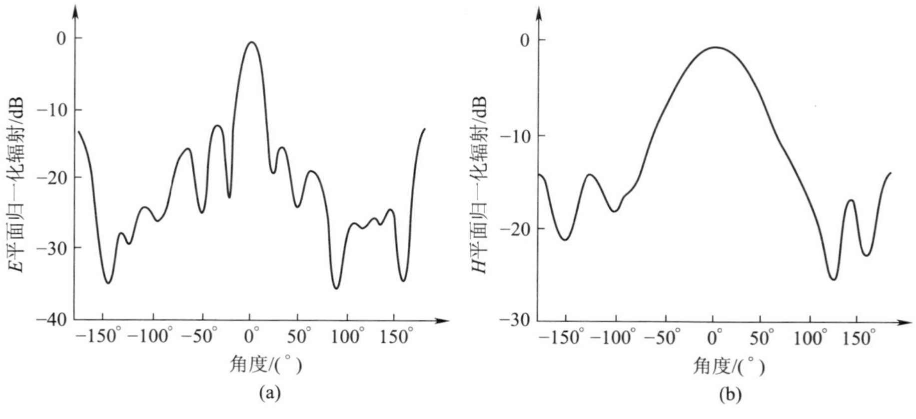

图 42.29　两个基准平面内天线的归一化辐射方向图

42.5.2　采用有源频率选择表面的辐射方向图电可控天线

与传统的、采用移相器的智能天线系统相比,现代通信时代对电子可控天线的要求是相当苛刻的。其优点包括更灵活的设计和全向波束的形成。图 42.31 显示了一个有趣的设计实例,能够实现辐射方向图的电子转向控制。

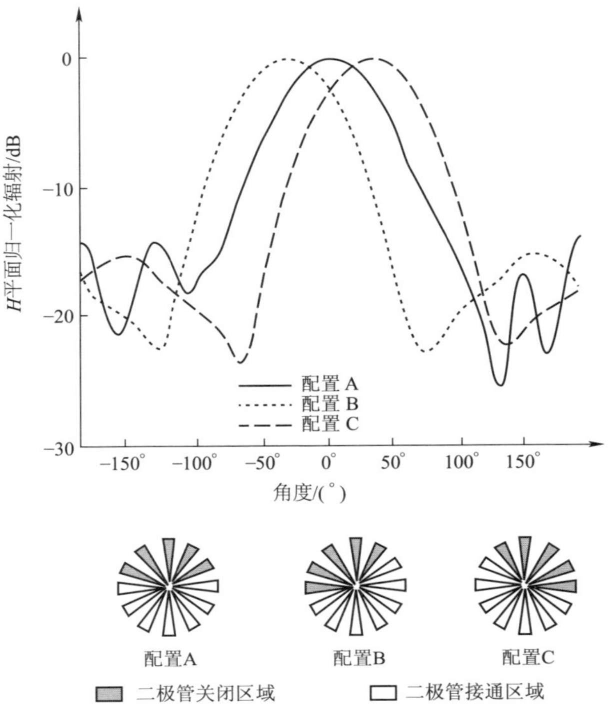

图 42.30　不同二极管重配置场景的 *H* 平面波束扫描

它由 10 列基于有源 FSS 单元的圆柱形阵列组成,圆柱半径为 50mm。圆柱阵列的每一列有 17 个单元。在天线系统的底部采用特殊的设计方案。最后,双斜线与可编程多通道电压控制器相连。该中心的全向同轴共轴源天线是由 LMR-195 同轴电缆组成。

天线在 3 种单模式配置中运行,即情况 1、情况 2 和情况 3,如图 42.32 所示。在情况 1 中,圆柱形 FSS 的 5 列单元被设置为反射模式,其他 5 列是传输模式。反射式 FSS 阵列屏蔽了电磁能量,传输的 FSS 阵列允许波的透过。情况 2 也与情况 1 模式相同,它有一个额外的屏蔽层,从而导致了波束的转向。在情况 3 中,圆柱 FSS 的一列被设置为部分屏蔽,透过适当的偏置二极管,产生了 0°~18°的扫描波束。通过改变不同扇区,这种特殊的天线可以在 *H* 平面上提供 360°的主波束。采用相同的波束控制方法,能够产生多波束(两束)。

图 42.33 显示了有源 FSS 单元在高频介质平板板上的布局,介质平板的介

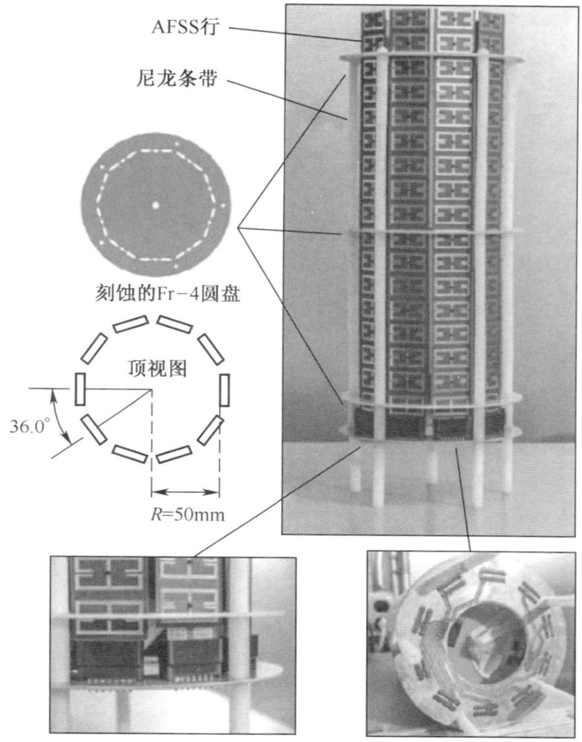

图 42.31　电扫波束可重构天线(Liang et al.,2013)

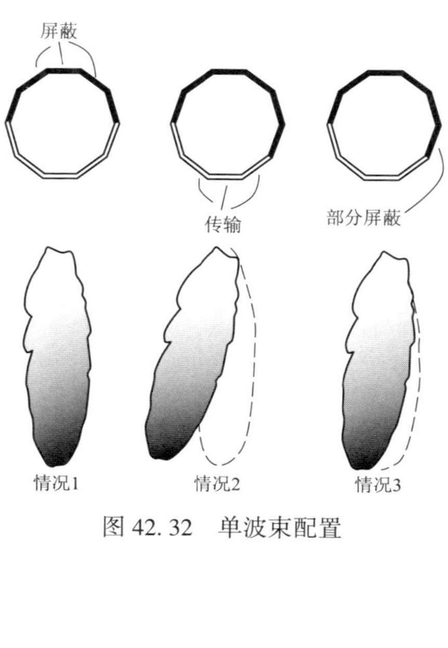

图 42.32　单波束配置

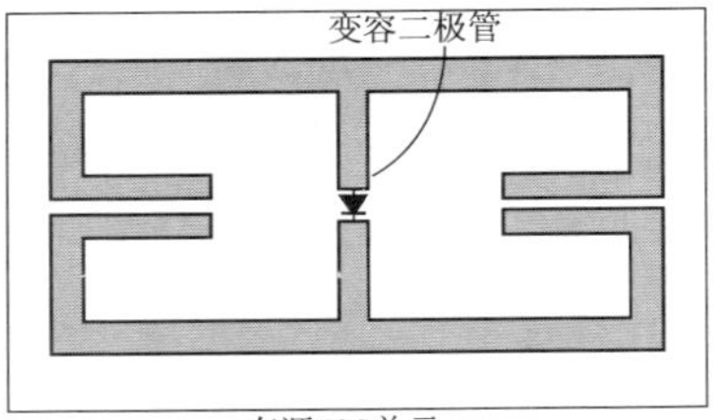

图 42.33　单元布局

电常数为 3.5、损耗正切为 0.0007 和厚度 0.8mm。单元的顶部由一对垂直的锚状金属条和一个安装在中间的变容二极管组成。单元沿垂直方向重复排列，形成一个阵列。底面包括直流偏压网络。采用通孔将前面的条带连接到偏压网络。在两个单元之间以及通孔附近还采用了扼流环。BB857(Infineon)和 22nH 高 Q 电感(Murata)的变容二极管被使用。在 1.78GHz，6V 和 30V 设定为圆柱 FSS 反射和传输模式的电压，而传输模式的电压是 12V。

图 42.34 显示了各种重构天线的 H 面辐射方向图。在情况 1 中，主波束方向为 178°，3dB 宽度为 77°。对于情况 2，主波束方向为 196°，3dB 宽度为 84°。对于情况 3，主波束方向为 192°，3dB 宽度为 88°。此外，情况 1 也显示出一个零点比主波束峰值小 51.9dB，这是孤立噪声源的一个令人感兴趣的特性，尤其是在抗干扰系统中。天线也能显示 20dB 的极坐标曲线图。源天线增益为 3.6dBi。

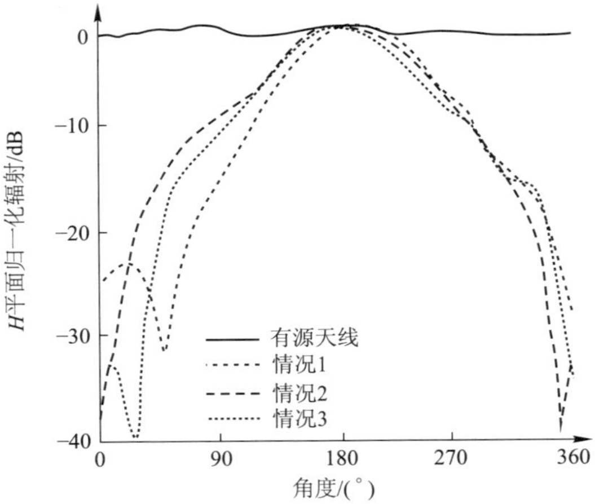

图 42.34　各种 PIN 二极管配置中天线的 H 平面辐射方向图

对于情况 1,设计的 AFSS 天线增益为 7dBi,情况 2 的天线增益为 6. 9dBi,情况 3 的天线增益为 6. 6dBi。天线的 E 平面辐射方向图如图 42. 35 所示。E 平面方向图主要由内部全向有源天线决定。

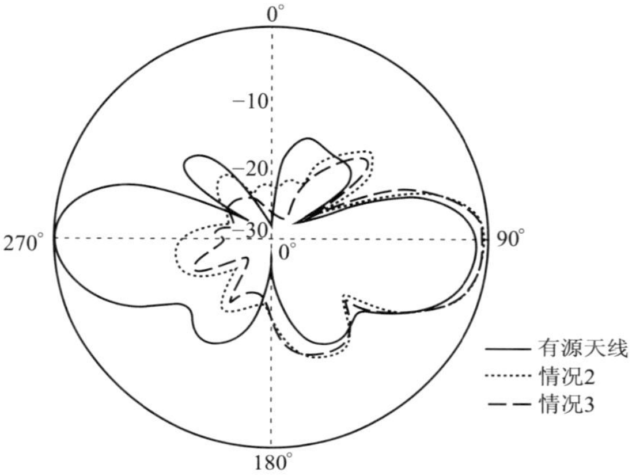

图 42. 35　不同重构状态下可重构天线的电子平面辐射方向图

双波束配置如图 42. 36 所示。图 42. 37 显示了相应的辐射模式。配置 C 的这两个波束指向 54°和 206°。按照预期,它们应该是 54°和 206°。此外,由于两列的宽度不够宽,难以阻止信号,而另外两个波束发出的信号也会对辐射产生影响,因此波瓣的指向大约为 120°。辐射方向和振幅都可以控制。

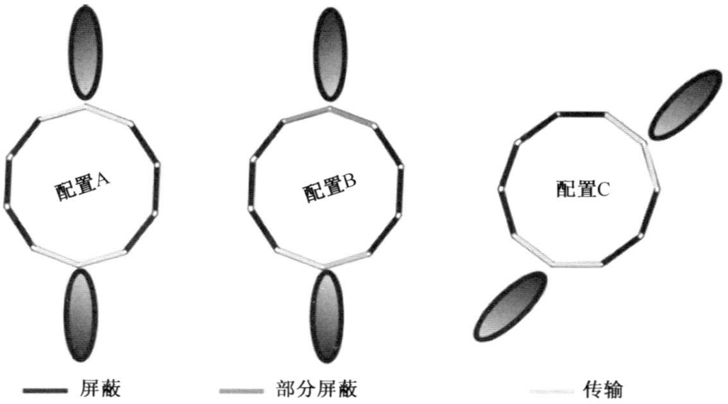

图 42. 36　双波束模式配置

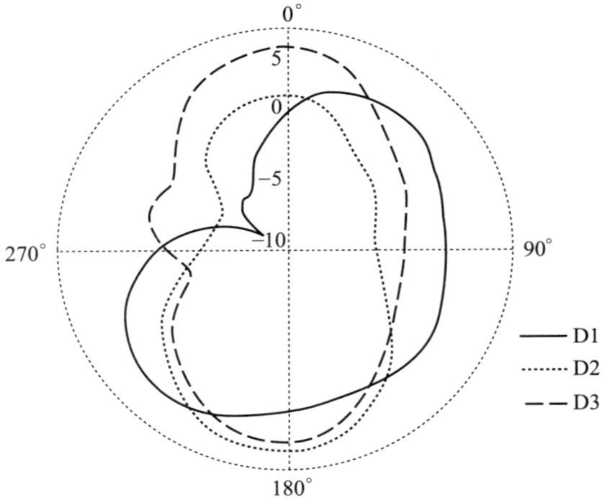

图 42.37　各种波束转向配置的 H 面增益方向图

42.6　结论

在这个科技时代,无线通信每时每刻都发挥着关键作用。现代无线通信系统及其相关技术是工程领域跨学科的协同产物。本章主要目的是介绍多波束天线阵经典和最新设计概念。为了实现这一目标,首先介绍了天线阵列和智能天线概念的基本原理。重点论述了经典多波段天线设计及其波束形成电路。为了阐述多波束天线技术的最新进展,介绍了超材料的概念及其应用,最后还论述了一些基于超材料的多波束天线设计。

交叉参考:

▶第 56 章　汽车雷达天线

▶第 68 章　射电望远镜天线

▶第 72 章　反射面天线的相控阵馈源

▶第 37 章　波束扫描漏波天线

▶第 41 章　共形阵列天线

▶第 24 章　相控阵天线

▶第 69 章　面向无线通信的可重构天线

▶第 28 章　反射阵天线

参考文献

Albertsen N, Bach H, Balling P, Jensen F, Pontoppidan K, Solymar L, ... Jensen N (1975) A study on radiation pattern prediction for high frequency satellite antennas. Final report. Technical University of Denmark, Lyngby Institute of Electromagnetics 1 Applebaum S (1966) Adaptive arrays, Syracuse University Research Corporation. SPL TR66-1, August

Archer D (1984) Lens-fed multiple beam arrays. Microw J 27:171

Balanis CA (2005) Antenna theory: analysis and design, 3rd edn. Wiley, Hoboken

Balanis CA, Ioannides P (2007) Introduction to smart antennas. Morgan & Claypool Publishers, San Rafael

Braun F (1925) Directed wireless telegraphy. Electrician 57:222

Brown G (1937) Directional antennas. RadioEng, Proc Inst 25(1):78-145

Butler J (1961) Beam-forming matrix simplifies design of electronically scanned antennas. Electron Des 9(8):170-173

Butler J (1965) Digital, matrix and intermediate-frequency scanning. Paper presented at the antennas and propagation society international symposium, New York

Button KJ (1984) Microwave ferrite devices: thefirst ten years. Microw Theory Tech, IEEE Trans 32(9):1088-1096

Caloz C, Itoh T (2002) Application of the transmission line theory of left-handed (LH) materials to the realization of a microstrip "LH line". Paper presented at the 2002 I. E. antennas and propagation society international symposium, San Antonio

Caloz C, Itoh T (2006) Electromagnetic metamaterials: transmission line theory and microwave applications. Wiley, Hoboken

Deschamps GA (1953) Microstrip microwave antennas. Paper presented at the third USAF symposium on antennas, Illinois

Dolph C (1946) A current distribution for broadside arrays which optimizes the relationship between beam width and side-lobe level. Proc IRE 34(6):335-348

Edalati A, Denidni TA (2011) High-gain reconfigurable sectoral antenna using an active cylindrical FSS structure. Antennas Propag IEEE Transac 59:2464-2472

Fleming JA (1919) The principles of electric wave telegraphy and telephony. Longmans, Green, London

Friis H, Feldman C, Sharpless W (1934) The determination of the direction of arrival of short radio

waves. RadioEng, Proc Inst 22(1):47-78

Gent H (1957) The bootlace aerial. Royal Radar Establishment J (40):47-58

Gething PJD (1966) High-frequency direction finding. Paper presented at the proceedings of the institution of electrical engineers, London 113:49-61

Hansen RC (1964) Microwave scanning antennas: apertures, vol 1. Academic, New York

Hansen RC (1966) Microwave scanning antennas: array systems, vol 3. Academic, New York

Hansen RC (2009) Phased array antennas, vol 213. Wiley, Hoboken

Harrington RF, Harrington JL (1996) Field computation by moment methods. Oxford University Press, New York, NY, USA

Haupt RL (2010) Antenna arrays: a computational approach. Wiley, Hoboken

Howelss PW (1965) Intermediate frequency side-lobe canceller: Google Patents

Hum SV, Perruisseau-Carrier J (2014) Reconfigurable reflect arrays and array lenses for dynamic antenna beam control: a review. IEEE Trans Antennas Propag 62 (1): 183 - 198. doi: 10. 1109/ TAP. 2013. 2287296

IEEE Standard 145-1993 (R2004) IEEE standard definitions of terms for antennas

Iyer AK, Eleftheriades GV (2002) Negative refractive index metamaterials supporting 2 - D waves. Paper presented at the IEEE MSS-S international microwave symposium digest, Seattle

Kales M (1964) Design considerations for two-dimensional symmetric bootlace lenses: DTIC document

Kavitha BS, Raglend IJ (2013) A wide-scan phased array antenna for a small active electronically scanned array: a review. Paper presented at the Circuits, Power and Computing Technologies (ICCPCT), India, pp. 1008-1016

Keller JB (1962) Geometrical theory of diffraction. JOSA 52(2):116-130

Lee JJ (1988) Lens antennas. In: Antenna handbook. Springer, New York, pp 1073-1131

Leonhardt U (2006) Optical conformal mapping. Science 312(5781):1777-1780

Liang Z, QunW, Denidni TA (2013) Electronically radiation pattern steerable antennas using active frequency selective surfaces. Antennas Propag, IEEE Trans 61:6000-6007

Lo YT, Solomon D, Richards WF (1978) Theory and experiment on microstrip antennas. In: Proceedings of the 1978 antenna applications symposium, Illinois

Logan JT, Holland SS, Schaubert DH, Kindt RW, Vouvakis MN (2013) A review of Planar Ultra-wideband Modular Antenna (PUMA) arrays. Paper presented at the Electromagnetic Theory (EMTS), Proceedings of 2013 URSI international symposium on, Orlando, Florida.

Luneberg R (1944) Mathematical theory of optics, Brown Univ, Providence, RI, USA

Marconi G (1906) On methods whereby the radiation of electric waves may be mainly confined to certain directions, and whereby the receptivity of a receiver may be restricted to electric waves emanating from certain directions. Proc R Soc Lond, Ser A 77(518):413-421

Mei K (1965) On the integral equations of thin wire antennas. AntennasPropag, IEEE Trans 13 (3):374-378

Munson R (1972) Microstrip phased array antennas. Paper presented at the proceedings ofwentysecond symposium on USAF antenna research and development program

Oliner AA (2003) Invited - a planar negative-refractive-index medium without resonant elements. Paper presented at the 2003 I. E. MTT - S international microwave symposium digest, Philadelphia

Pendry JB, Holden AJ, Stewart WJ, Youngs I (1996) Extremely low frequency plasmons in metallic mesostructures. Phys Rev Lett 76(25):4773-4776

Pendry JB, Holden AJ, Robbins DJ, Stewart WJ (1999) Magnetism from conductors and enhanced nonlinear phenomena. IEEE Trans Microw Theory Tech 47(11):2075-2084

Pendry JB, Schurig D, Smith DR (2006) Controlling electromagnetic fields. Science 312 (5781): 1780-1782

Rao J (1982) Multifocal three-dimensional bootlace lenses. AntennasPropag, IEEE Trans 30(6): 1050-1056

Rotman W, Turner R (1963) Wide-angle microwave lens for line source applications. Antennas Propag, IEEE Trans 11(6):623-632

Sarkar TK, Mailloux R, Oliner AA, Salazar-Palma M, Sengupta DL (2006) History of wireless, vol 177. Wiley, Hoboken

Schelkunoff SA (1943) A mathematical theory of linear arrays. Bell Syst Tech J 22(1):80-107

Shelby RA, Smith DR, Schultz S (2001) Experimental verification of a negative index of refraction. Science 292(5514):77-79

Smith DR, Mock JJ, Starr AF, Schurig D (2005) Gradient index metamaterials. Phys Rev E 71:036609

Van Atta LC (1959) Electromagnetic reflector: Google Patents

Veselago VG (1968) The electrodynamics of substances with simultaneously negative values of ε

and υ. Sov Phys Usp 10:509

White JF (1968) Review of semiconductor microwave phase shifters. Proc IEEE 56(11):1924-1931

White JF (1984) Origins of high-power diode switching. IEEE Trans MTT 32(9):1105-1117

第 43 章

表面波抑制微带天线

David R. Jackson

摘要

表面波抑制(RSW)微带天线是微带天线中的一类,与传统的微带天线相比,它激发的表面波场要少得多。此外,其横向(水平)辐射的数量大大减少,并沿着地基平面的天线向外传播。这就减少了地基平面或支撑结构边缘的边缘绕射,从而产生更平滑的前向辐射模式和更少的反向辐射。由于表面波场和横向辐射的减少,当天线的间距较大时,RSW 天线的互耦较弱。本章介绍了 RSW 天线的设计和实现等的不同方法,并叙述了它们的主要性能特点。

关键词

微带天线;表面波抑制天线;表面波;横向波;相互耦合;边缘绕射;GPS

D. R. Jackson(✉)
休斯敦大学卡伦工程学院,美国
e-mail:djackson@ uh. edu

43.1 引言

大部分微带天线的一个共同特性是,除了辐射到空间的场以外(彩图 43.1),天线会在接地衬底上激发出主 TM_0 表面波模式。表面波是一种波导模式,波数为 β_{TM0},在水平面内传播辐射,按 $1/\rho^{1/2}$ 缓慢衰减,其中,ρ 是圆柱坐标系下到天线的距离。物理上,当距离 ρ 足够远,表面波的行为像一个平面波,在介质衬底内以超过临界角的角度上下反射,同时由于 $\beta_{TM0} > k_0$(Pozar 1998; Harrington 2001),在上面的空气区域呈指数规律衰减(图 43.1 中利用缩减尺寸的水平线表示)。因为表面波随距离 ρ 缓慢衰减,它可能在距天线相当远的距离位置产生耦合和其他不良影响,如果衬底延伸到远距离,在表面波中发射的能量最终会消失,至少对于无限大的衬底来说是这样。对于有限大尺寸的衬底,表面波场将在衬底的边缘进行反射和绕射,从而引起辐射模式的扰动。此外,TM_0 表面波的激发也导致了远距离天线单元间互耦的增强,因为与空间波场相比,表面波场的衰减速度要慢得多。由于上述原因,不希望出现微带天线表面波的激发。由于接地介质层的主 TM_0 表面波具有零截止频率,因此,微带天线通常总是能激发一些表面波的能量,除非使用一些抑制技术。为了将激发的表面波最小化,设计了一种表面波抑制(RSW)微带天线。本章介绍了 RSW 微带天线的设计与性能。

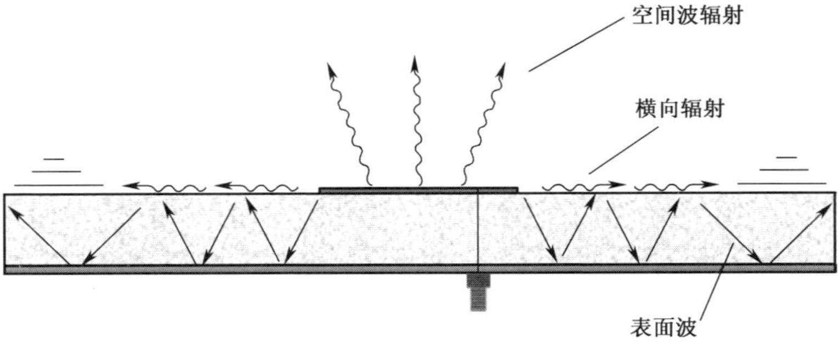

图 43.1　微带天线辐射不同类型波的示意图(彩图见书末)

除了表面波激发外,微带天线产生横向辐射,即从天线水平(横向)向外传播的辐射。横向辐射存在于介质界面和界面附近的空气中区域,波数与自由空间的波数相同(图 43.1)。在衬底内,对于远距离 ρ,这个场具有平面波场的特征，它在介质和基底平面之间以临界角反射。由于没有衬底，横向辐射最初以 $1/\rho$ 规律衰减。在极远的距离，横向辐射场演变成一个“横向波”，由于界面效应以 $1/\rho^2$ 规律衰减，假设衬底延伸到无限远的距离（King 1992）。根据衬底的介电常数和厚度，横向辐射场往往比表面波场更大。例如，对于一个典型的微带基板，在约 10 个波长的范围内、横向辐射场可能是界面上最主要的场，在此之后，表面波场逐渐占主导地位。此时空间波辐射形成了天线的辐射方向图，这是所期望的，但在基底和地面平面上的横向辐射是不希望产生的。横向辐射会从地面平面或支撑结构的边缘产生绕射，而这种边缘绕射通常会引起辐射方向图的严重扭曲，包括沿前向方向图的波纹和地基平面后的后向辐射。横向辐射也会导致天线之间、天线和其他元件之间产生显著的相互耦合。

用于设计 RSW 天线的设计原理也可以用于设计抑制横向波（RLW）天线（“横向波”一词在这里用来表示一般的横向辐射，与天线距离、是否存在衬底都没有关系）。幸运的是，在大多数实际情况下，TM_0 表面波的波数 β_{TM0} 非常接近于自由空间的波数 k_0（除非介质电厚度大）。这意味着一个 RSW 天线被设计用于明显抑制 TM_0 表面波的激发，也会自动地抑制横向辐射。

本章首先基于“短路环”（SAR）概念，介绍 RSW 天线的基本设计概念，这可能是制造 RSW 天线最简单的方法（Jackson et al.，1993）。SAR-RSW 天线设计是基于一块半径 b 的圆形贴片，有短路环位于内部的一个半径圆环内，形成一个环形腔的有源内腔地区 $a<\rho<b$。内部腔体区域（$\rho<a$）是一个固定区域，可以删除形成一个环形微带天线结构，它的内部边界短路（因此命名为 SAR）。其他设计变量使用一块圆形贴片，它在介质中间有一个圆柱区域，取而代之的是一个低介电常数材料，或一块圆形贴片，整个衬底内腔区域替代了比周围衬底介电常数低的介质。结果表明，相对于传统的微带天线，在相同基底上，这些天线的辐射方向图得到了改善，并降低了这些天线之间的相互耦合（Khayat et al.，2000）。

通过利用两个 90°馈电端口对 SAR-RSW 天线进行馈电，可获得一个圆极化（CP）RSW 天线。CP-RSW 天线的一个应用是产生低的横向辐射和相应边缘绕射的应用实例；否则会导致不期望产生的、来自于后向区域或低角度的多路径信号接收。常规的天线系统（如 GPS）采用扼流圈抑制横向辐射，减少边缘绕射。RSW 天线是一种可选择的替代产品，它是平面的，并且体积要小得多（Basilio et al.，2005）。

本节还讲述了另一种 SAR 天线的设计衍生物，称为“逆短环孔”（ISAR）天线。在这个设计衍生物中,环形微带天线在外边界上被短路,环孔的内边缘成为辐射边缘(Basilio et al.,2008)。环的内部是开放空间,其他部件可以插入这个区域。通过在该区域插入 SAR-RSW 天线,得到合成 SAR /ISAR RSW 天线。通过设计不同频率 SAR 和 ISAR 天线的谐振,可以得到一个双波段 RSW 天线(Basilio et al.,2007)。

然后讨论了一般的“RSW 定理”,给出了构造 RSW 天线的一般方法,该方法不必像 SAR 和 ISAR 那样基于圆形设计 (Komanduri et al.,2013)。该定理指出,如果选择的腔填充材料的有效相对介电常数与 TM_0表面波的归一化波数的平方相同,如 $\varepsilon_r^{\mathrm{eff}} = (\beta_{\mathrm{TM0}}/ k_0)^2$,那么任意形状的微带天线将成为 RSW 天线。这概括了基于其他形状的 RSW 天线设计,而不只是基于圆形几何的设计。

尽管 SAR-RSW 天线性能良好,但其主要限制是尺寸大于常规微带天线的尺寸。而且,RSW 天线的大小与衬底介电常数不成比例,就像传统的微带天线那样。RSW 天线的直径大约是 $0.59\lambda_0$,与衬底介电常数无关。而且,只有当天线中心之间的间距大于 $0.75\lambda_0$时,RSW 天线相互之间的耦合变得小于传统微带天线,这意味着 RSW 天线不适合大扫描角度范围的相控阵应用。然而,它可能适用于有限扫描范围的阵列,这里检验了该阵列中 RSW 天线的性能(Chen et al.,2005)。

43.2 RSW 设计准则

本节中讨论的 RSW 天线都是基于同样的原理,即如果环半径选择正确,接地衬底内的磁电流环按照 $\cos\phi$ 规律变化,不会激发 TM_0表面波。这里介绍了该原理。

下一节介绍的设计都是基于改进的圆形贴片,它有一个圆形的辐射边缘。如果考虑工作在 TM_{mn}模式的圆形贴片天线,$m = 1$,贴片边缘的电场的随 $\cos\phi$ 变化。贴片边缘的电场谐振模式由 $E_z = \cos\phi$ 给定。基于等效原理(Harrington 2001),在微带天线(Jackson 2007)的磁流模型中,这相当于在贴片边缘的一个磁表面电流,即

$$M_{s\phi} = \cos\phi \qquad (43.1)$$

因为磁表面电流 $M_{s\phi}$的贴片可以被认为是圆环的叠加,通过检查磁电流环

半径 b 的规范化问题，距离地面高度 z_0 的位置电流为 $K = \cos\phi$，如图 43.2 所示，可更好地理解这个磁表面电流的表面波激励。目前的环形天线模型只是一个环形贴片天线的近似模型，因为在现实中孔隙并不是一个完美的磁导体。此外，式(43.1)的简化电流函数忽略了所有的高阶 TM_{mn} 模式，其中 $m \neq 1$ 是由馈电探针激励的。随着贴片天线的质量因子 Q 的增加，即介质基体变薄，式(43.1)中磁表面电流的贴片近似变得更准确。

首先考虑单一无穷小(Hertzian)偶极子位于 x 方向上磁电流在沿 z 轴的高于地平面 z_0 处的辐射。这个无穷小偶极子激励 TM_0 表面波场，有

$$\Psi^{\text{SW}} = A(z,z_0)\ H_1^{(2)}(\beta_{\text{TM0}}\rho)\sin\phi \tag{43.2}$$

式中：Ψ 为感兴趣的场分量，如沿着接地平面电场 E_z。一旦确定了衬底厚度、介电常数和工作频率，就可以利用数值方法确定 TM_0 表面波的波数 β_{TM0}(如使用二分法或割线法在 $k_0 \sim k_1$ 之间的实轴上搜索)。振幅因子 $A(z,z_0)$ 取决于源的高度和地基平面上的观察点。在频域解法中，利用表面波极点的残差可以确定这一因子(Pozar 1982)，尽管目前的讨论不需要用到这个值。在远离偶极子的位置，表面波场的近似公式为

$$\Psi^{\text{SW}} = A(z,z_0)\sqrt{\frac{2}{\pi}}\,\mathrm{e}^{\mathrm{j}3\pi/4}\,\frac{\mathrm{e}^{-\mathrm{j}\beta_{\text{TM0}}\rho}}{\sqrt{\beta_{\text{TM0}}\rho}}\sin\phi \tag{43.3}$$

接下来，考虑磁电流 $K = \cos\phi$ 环激励的表面波，如图 43.2 所示。结合环的电流，在水平偶极子的场中，可以发现环的表面波场。如果观测点离环足够远，可以利用环上每一点辐射的表面波相位的远场近似，可写成

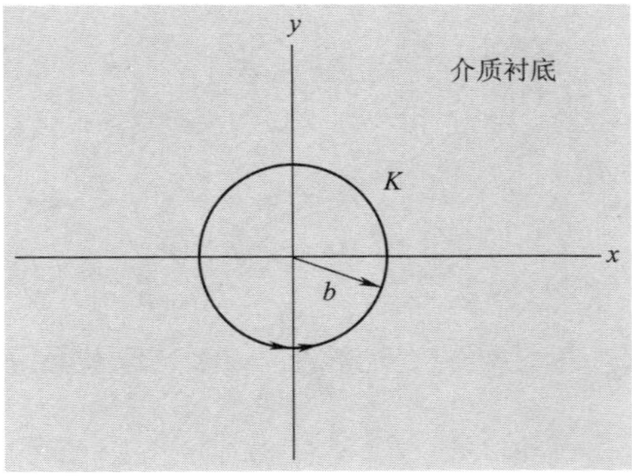

图 43.2　磁电流 $K = \cos\phi$ 的圆环位于接地衬底内部(顶视图)

$$e^{-j\beta_{TM0}|r-r'|} \approx e^{-j\beta_{TM0}\rho}\, e^{+j\beta_{TM0}(x'\cos\phi+y'\sin\phi)} = e^{-j\beta_{TM0}\rho}\, e^{+j\beta_{TM0}b\cos(\phi-\phi')} \tag{43.4}$$

式中:ϕ 为观察角度;ϕ' 为环上源点的角度。从环上激励得到的表面波场可表示为

$$\begin{aligned}\Psi^{SW} &= A(z,z_0)\sqrt{\frac{2}{\pi}}\, e^{\frac{j3\pi}{4}} \frac{e^{-j\beta_{TM0}\rho}}{\sqrt{\beta_{TM0}\rho}} \\ &\cdot \int_0^{2\pi} \cos\phi' \sin\left(\phi-\left(\phi'+\frac{\pi}{2}\right)\right) e^{+j\beta_{TM0}b\cos(\phi-\phi')}\, b\, d\phi'\end{aligned} \tag{43.5}$$

利用 $\alpha=\phi-\phi'$ 和偏移角度范围到$(0,2\pi)$,表达式可写成

$$\begin{aligned}\Psi^{SW} &= A(z,z_0)\sqrt{\frac{2}{\pi}}\, e^{\frac{j3\pi}{4}} \frac{e^{-j\beta_{TM0}\rho}}{\sqrt{\beta_{TM0}\rho}} \\ &\cdot \int_0^{2\pi} (\cos\phi\cos^2\alpha + \sin\phi\sin\alpha\cos\alpha)\, e^{+j\beta_{TM0}b\cos\alpha}\, b\, d\alpha\end{aligned} \tag{43.6}$$

为了计算式(43.6)中的积分,使用了 Jacobi - Anger 展开表达式(Abramowitz,Stegun 1970),即

$$e^{j\beta_{TM0}b\cos\alpha} = J_0(\beta_{TM0}b) + 2\sum_{n=1}^{\infty} j^n J_n(\beta_{TM0}b)\cos(n\alpha) \tag{43.7}$$

然后利用三角恒等式

$$\cos^2\alpha = \frac{1+\cos(2\alpha)}{2},\ \sin\alpha\cos\alpha = \frac{1}{2}\sin(2\alpha) \tag{43.8}$$

利用正交性,可使式(43.7)中只保留 $n=0$ 和 $n=2$ 的项。使用标号

$$J_1'(x) = \frac{1}{2}(J_0(x) - J_2(x)) \tag{43.9}$$

则式(43.6)可写成

$$\Psi^{SW} = -A(z,z_0)(2\pi b)\sqrt{\frac{2}{\pi}}\, e^{\frac{j3\pi}{4}} \frac{e^{-j\beta_{TM0}\rho}}{\beta_{TM0}\rho}\cos\phi J_1'(\beta_{TM0}b) \tag{43.10}$$

式(43.10)表示,如果选择的半径满足下述公式,则磁流环不会激发 TM_0 表面波,即

$$J_1'(\beta_{TM0}b) = 0 \tag{43.11}$$

这意味着

$$\beta_{TM0} b = x'_{11} = 1.8412 \tag{43.12}$$

式中：x'_{11} 为 $J'_1(x)$ 贝塞尔函数的第一个(最小)根。任何其他根 x'_{1n} 也可以在式(43.12)中使用,但是如果要有最小的可能的环,则选择值 $x'_{11} = 1.8412$。这对应着一个半径最小的 SAR-RSW 天线。

根据式(43.12)选择的圆形贴片半径,一般不符合谐振尺寸。根据空腔模型,在 TM_{11} 模式下工作的共振圆形贴片的半径可利用下列公式确定,即

$$k_1 b = x'_{11} \tag{43.13}$$

式中:k_1 衬底的波数,与传统的圆形贴片的波数相同。由于 $k_0 < \beta_{TM0} < k_1$,圆形贴片的半径不能同时满足式(43.12)和式(43.13)。根据式(43.12)选择的圆形贴片半径太大,在工作频率上产生谐振(在该频率上计算 β_{TM0})。因此,必须对贴片进行修改,使其谐振,同时根据方程保持辐射边缘的半径固定。有各种方法来改变圆形贴片的共振频率,这将导致下面讨论的几种不同的 RSW 设计。

43.3　RSW 设计

43.3.1　短路环(SAR)

SAR-RSW 天线如图 43.3 所示。它由一块半径 b 的圆形贴片和位于半径 a 的短路环组成,利用位于半径 ρ_0 的探针进行馈电。根据式 (43.12)选择天线的半径 b。然后选择短路系统的内半径,使天线谐振出现在工作频率上(计算 β_{TM0} 的频率)。贴片内 $\rho<a$ 的区域是一个"死的"区域,其中的场等于零。因此,可以从这个圆形区域删除该贴片金属,在内部边界 $\rho=a$ 上创建一个短路环孔 (因此得名"短路环")。用"短路环"来表示图 43.3 所示的结构,不管其内部金属区域是否存在。

通过一个简单的空腔模型分析,可以确定图 43. 3 中的环半径 a,从而使 SAR-RSW 结构共振。在这个近似分析中,假设在外半径 b 处有一个完美的磁导体(PMC)壁,在内半径 a 处假设有一个完美的短路电路,假设腔内的电场有下述形式,即

$$E_z(\rho,\phi) = \cos\phi(A J_1(k_1\rho) + B Y_1(k_1\rho)) \tag{43.14}$$

在内部和外半径的边界条件下,强制电场在内边界上为零,并且在外边界上

法向导数为零。对于内半径 a,这就产生了一个超越方程,即

$$\frac{J_1(k_1 a)}{Y_1(k_1 a)} = \frac{J_1'\left(x_{11}' \dfrac{k_1}{\beta_{\mathrm{TM0}}}\right)}{Y_1'\left(x_{11}' \dfrac{k_1}{\beta_{\mathrm{TM0}}}\right)} \tag{43.15}$$

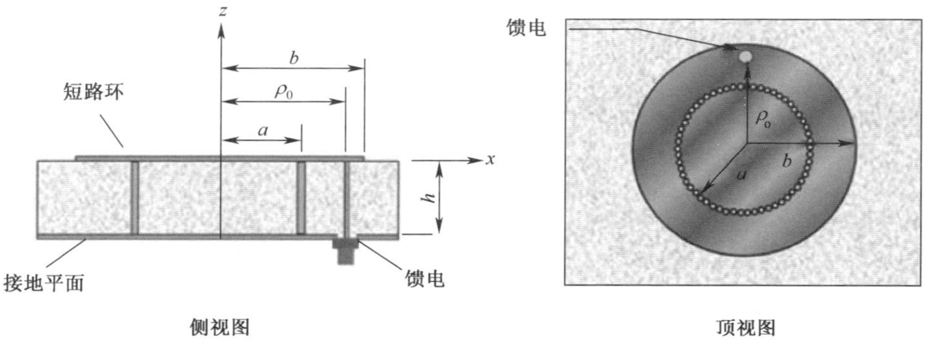

图 43.3 表面波抑制短路环的几何形状(SAR-RSW)

这很容易用数值方法求解。对于所期望的半径 a,式(43.15)总是能够获得一个解。如果衬底的介电常数足够大,也会存在第二个解(a 的值较小)。当 k_1 大于对应着解 $a = 0$ 的某个特定值时,就会出现这种情况,所以式(43.15)中 J_1' 项的参数是 J_1' 函数的根,即根 x_{12}'。这就产生了存在第二个解的条件,即

$$k_1 > \beta_{\mathrm{TM0}}\left(\frac{x_{12}'}{x_{11}'}\right) \tag{43.16}$$

如果 TM_0 表面波的波数近似为 k_0(对于薄衬底这种近似更准确),那么这个条件就会降低到 $\varepsilon_r > 8.38$。

SAR-RSW 天线的设计过程首先是根据给定的衬底厚度、介电常数和选择的工作频率计算 TM_0 表面波的波数 β。其次,利用式(43.12)确定外半径 b,利用式(43.15)确定内半径 a。

如果需要,可以将 SAR 结构设计为“抑制横向波”(RLW)的天线,而不是抑制表面波的天线,从而减少由天线向外水平传播的横向辐射,其在自由空间中的波数为 k_0。RLW 天线的设计原理与 RSW 天线非常相似,利用 k_0 替代 β_{TM0}。为了看到这一点,在不存在衬底的条件下,首先考虑地基平面上 z_0 高度的 z 轴上 x

方向磁偶极子产生的空间波场。空间波场的形式为

$$\Psi^{SP} = B(z,z_0)\frac{e^{-jk_0\rho}}{\rho}\sin\phi \tag{43.17}$$

采用振幅系数 $B(z,z_0)$。比较式(43.17)和式(43.3),可以看到公式的表达形式是相似的,利用 k_0替代了 β_{TM0}。重复上述推导过程,可以发现图 43.2 中半径为 b 的环在接地平面上辐射出一个空间波场,即

$$\Psi^{SP} = -B(z,z_0)(2\pi b)\frac{e^{-jk_0\rho}}{\rho}\cos\phi\, J_1'(k_0 b) \tag{43.18}$$

因此, SAR-RLW 天线的外半径可以选择为

$$k_0 b = x_{11}' = 1.8412 \tag{43.19}$$

该天线沿着接地平面将不产生任何空间波场,至少是在主要阶数上(高阶空间波场会存在,并以快于 $1/\rho$ 的速度衰减)。

如果衬底是无限大的,式(43.17)中的 $1/\rho$ 项被函数 $F(\rho)$替代,并根据横向辐射确定半径,偶极子会产生一个横向辐射场。对于小的和中等大的 ρ 值,这个函数将随着 $1/\rho$ 改变。对于极端远的距离,它将随着 $1/\rho^2$改变。横向辐射场的表达式为

$$\Psi^{LW} = -B(z,z_0)(2\pi b)\, e^{-jk_0\rho}F(\rho)\cos\phi\, J_1'(k_0 b) \tag{43.20}$$

考虑式(43.19),当存在衬底时,天线不会产生任何横向辐射(主阶)。基于式(43.19),在没有衬底的情况下,同样的设计将会尽量抑制接地平面上的空间波辐射,并且当存在一个无限大的衬底层时,会尽量抑制衬底内的和附近的横向辐射。选择 RLW 天线内半径 a 的公式为

$$\frac{J_1(k_1 a)}{Y_1(k_1 a)} = \frac{J_1'\left(x_{11}'\dfrac{k_1}{k_0}\right)}{Y_1'\left(x_{11}'\dfrac{k_1}{k_0}\right)} \tag{43.21}$$

它来自于式(43.15),利用 k_0替代 β_{TM0}。

幸运的是,对于大多数衬底,TM_0表面波的波数 β_{TM0}与自由空间波数 k_0非常接近。因此,SAR-RSW 和 SAR-RLW 的设计将会非常接近。在实践中,SAR-RSW 设计既抑制了表面波的激发,又抑制了横向辐射的量。

43.3.2 空心衬底设计

在这个设计中,半径 a 的圆柱形区域被从衬底腔中取走,取而代之的是具有较低相对介电常数 ε_{rc} 的材料,如图 43.4(Jackson et al.,1993)所示。选择 ε_{rc} 的值小于衬底介电常数,但对于其他参数则是任意的。核心区域可选为空气区域,其中 $\varepsilon_{rc}=1$。核心区域的低介电常数可以通过在衬底上钻孔得到,从而在核心区域内产生一个人工电介质,其介电常数比周围衬底低(Gauthier et al.,1997;Papapolymerou et al.,1998)。因此,圆贴片下面的空腔区域是由一个半径$\rho<a$的核心区域和 $a<\rho<b$ 区域内具有 ε_r 的衬底组成。根据基本的 RSW 设计式(43.12)选择外半径 b,就像 SAR 设计那样。选择核心区域内半径 a,使贴片在工作频率上产生谐振。

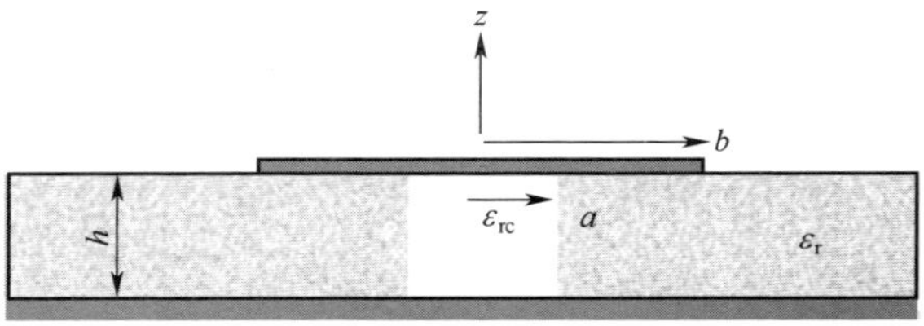

图 43.4 表面波抑制天线的衬底几何尺寸

利用空腔模型的分析可以预测出必要的内半径 a。在核心区域,设置电场为

$$E_{z1}(\rho,\phi)=A\cos\phi\, J_1(k_c\rho) \tag{43.22}$$

而贴片下方衬底区的电场设置为

$$E_{z2}(\rho,\phi)=\cos\phi(BJ_1(k_1\rho)+CY_1(k_1\rho)) \tag{43.23}$$

波数 k_c 和 k_1 分别对应核心区域和衬底区域。在 $\rho=a$ 和 $\rho=b$ 边界上强制实施边界条件,产生用于确定内半径 a 的超越方程,即

$$\begin{aligned}&\frac{\eta_1}{\eta_c}J_1'(k_ca)[J_1(k_1a)\,Y_1'(k_1b)-J_1'(k_1b)\,Y_1(k_1a)]\\&=J_1(k_ca)[J_1'(k_1a)\,Y_1'(k_1b)-J_1'(k_1b)Y_1'(k_1a)]\end{aligned} \tag{43.24}$$

式中:η_c 和 η_1 分别为核心区域和衬底区域的固有阻抗(或者,如果半径 a 被指定,这将成为确定核心区介电常数 ε_r 的超越方程。)

43.3.3　人工介质贴片

该设计与在贴片腔内使用的人工衬底设计相似。在此设计中，贴片腔内的整个衬底被一种人工衬底所取代，该衬底在该腔体区域内具有 ε_{rp} 的相对介电常数。人工介质现在占据了整个腔体区域 $\rho<b$，如图 43.5 所示。这个贴片将会引起谐振，则

$$k_p b = x'_{11} \tag{43.25}$$

在贴片腔区域中的波数是 k_p。由于希望贴片成为 RSW 天线，式(43.12)也被强制执行。两个公式都满足

$$k_p = \beta_{TM0} \tag{43.26}$$

暗示腔区域的填充材料必须与 TM_0 表面波的填充材料具有相同的波数。这意味着

$$\varepsilon_{rp} = \left(\frac{\beta_{TM0}}{k_0}\right)^2 \tag{43.27}$$

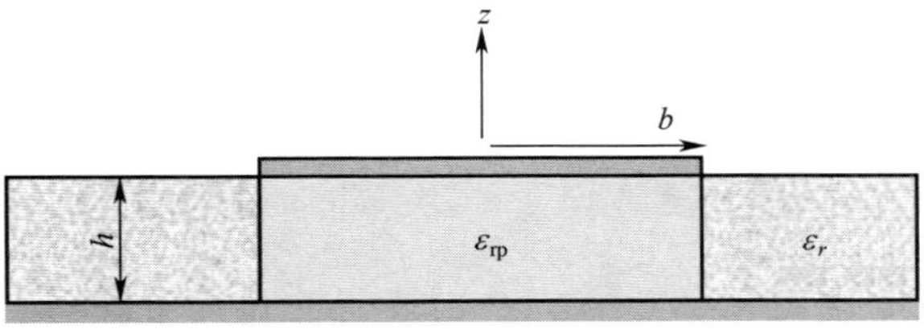

图 43.5　内部有人工衬底的圆形贴片的几何形状

由于 $\beta_{TM0} < k_1$，因此 $\varepsilon_{rp}<\varepsilon_r$。为实现这种低介电常数，可以通过在贴片腔内的衬底上钻孔来降低介电常数(Gauthier et al., 1997; Papapolymerou et al., 1998)，或通过在贴片腔内添加密集的垂直期间阵列，以创建具有较低有效介电常数的人工衬底(Nikolic et al., 2005)。

43.3.4　反向短路环(ISAR)

之前的 RSW 设计都是基于一个圆形结构，利用外边缘辐射，根据式(43.12)选择外辐射边缘的半径。一种改进设计是使用圆形结构，利用内边缘辐射。(ISAR)RSW 天线的反向短环孔是基于这个改进设计的(Basilio et al.,

2008)。ISAR 天线如图 43.6 所示。它由一个在外边缘短路的环孔结构（利用短路器件)和产生辐射的内边缘组成,根据式(43.12)选择内边缘半径,用 a 代替 b。选择外半径使天线在工作频率谐振。对于外半径 b,这就产生了一个超越方程,即

$$\frac{J_1(k_1 b)}{Y_1(k_1 b)}=\frac{J_1'(k_1 a)}{Y_1'(k_1 a)} \tag{43.28}$$

ISAR 贴片比 SAR 贴片大,因此对于大多数应用来说,SAR 贴片可能更适合。然而,使用 ISAR 贴片的一个优点是,它有一个大的内部区域 $\rho<a$,它属于空区域,可以在其中放置另一个 RSW 天线,如一个 SAR-RSW 天线。内部的 SAR-RSW 天线必须在比 ISAR 天线更高的频率上谐振,因此其外辐射边缘的半径小于 ISAR 贴片的内半径。在这种情况下,可以实现平面的双波段 RSW 天线(采用不同尺寸的 RSW 天线,是获得双波段结构的另一种方式)。

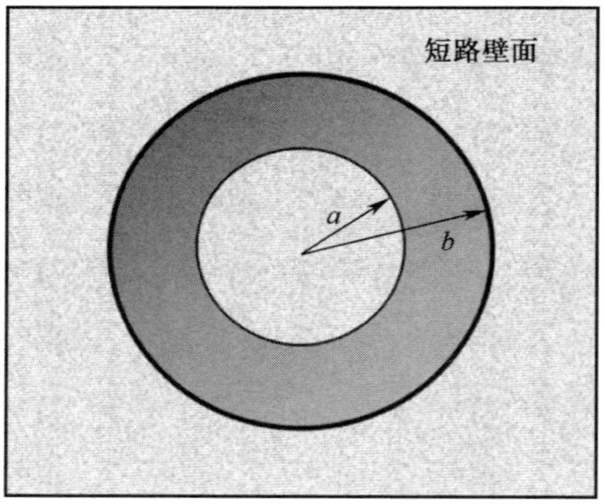

图 43.6 反向短环孔(ISAR)贴片的几何形状

43.3.5 环孔

先前的设计都是一个环形的改进形状,它的一条边缘被短路,即内边缘或者外边缘。另一个概念设计是使用带有两个开放边缘的环形微带天线,从两个边缘辐射(Hagerty,Popovic 2002)。几何图形与图 43.6 所示的 ISAR 的几何形状相同,没有外边界的短路。它在临界半径处没有一个辐射边缘,会激发 TM_0 表面波,通过对环形的两个边缘定位,这样两个边缘的表面波场就会抵消。Hagerty 和 Popovic(2002)的文献中使用了环形的 TM_{12} 模式。这种模式有一个 $\cos\phi$ 变

化曲线,在两条边缘上电场方向相反,造成磁电流方向的反向相同(即适用于传统圆形贴片的宽瓣方向图)。

考虑到式(43.10),可以从边缘处磁电流的振幅中找到两个边缘的 TM_0 表面波场的激发,表达式为

$$K(\phi) = \pm E_z(\phi) h \tag{43.29}$$

式中:E_z 为对应边的电场;"+"符号代表的是外边缘;"-"符号代表的是内边缘。然后给出了表面波场

$$\begin{aligned}\Psi^{SW} = &- A(z, z_0)(2\pi h) \\ &\times \sqrt{\frac{2}{\pi}} e^{\frac{j3\pi}{4}} \frac{e^{-j\beta_{TM0}\rho}}{\sqrt{\beta_{TM0}\rho}} \cos\phi(-aE_z(a)J_1'(\beta_{TM0}a) + bE_z(b)J_1'(\beta_{TM0}b))\end{aligned} \tag{43.30}$$

贴片内的电场由式(43.14)给出。在两个边缘上强制径向导数等于零(假设近似的开放电路或 PMC 边界),该贴片内的电场被描述为

$$E_z = \cos\phi(J_1(k_1\rho) Y_1'(k_1 a) - Y_1(k_1\rho) J_1'(k_1 a)) \tag{43.31}$$

其中

$$J_1'(k_1 b) Y_1'(k_1 a) - Y_1'(k_1 b) J_1'(k_1 a) = 0 \tag{43.32}$$

在给定的频率下,如果选择了内半径 a,则式(43.32)给出相应的外半径 b,以使环谐振。为了使圆环不引起 TM_0 表面波,式(43.30)暗示必须选择内半径,以满足

$$-aE_z(a) J_1'(\beta_{TM0}a) + bE_z(b) J_1'(\beta_{TM0}b) = 0 \tag{43.33}$$

因此,替代式(43.31),得到

$$\begin{aligned}&-a(J_1(k_1 a) Y_1'(k_1 a) - Y_1(k_1 a) J_1'(k_1 a)) J_1'(\beta_{TM0}a) \\ &+ b(J_1(k_1 b) Y_1'(k_1 a) - Y_1(k_1 b) J_1'(k_1 a)) J_1'(\beta_{TM0}b) = 0\end{aligned} \tag{43.34}$$

对于一个给定的内半径 a,利用式(43.32)确定外半径 b,即 b 是 a 的函数。因此,式(43.34)可以看作未知内半径 a 的超越方程。

注意,如果环的内半径或外半径是短路的,则式(43.33)简化为 SAR 或 ISAR 设计公式,用于确定辐射边缘的半径。

由于环形的内部是开放的衬底空间,所以可以将元件放置在其中。在一个 X 波段的振荡器(Hagerty, Popovic 2002)中,使用一个类 E 放大器插入到环内,

以构成空间能量组合的辐射单元。同样,组件也可以被放置在ISAR天线内(组件也可以放置在SAR天线内,尽管它的内半径是短路的,所以如果组件要连接到天线,则必须小心)。

43.3.6 非圆形设计

除了上面的基于圆形的几何图形,其他基于非圆形几何图形的RSW天线设计,也已经被探索研究。Hickey (2001)提出了双弧槽设计。这个设计使用了两个相反的凹槽,它位于圆的弧线上,凹槽位于接地的衬底平面上。圆的直径和槽的长度可以独立变化,以便在保持谐振的同时将激发的表面波最小化。虽然表面波的激发没有完全消除,但却也明显减少了。这些槽是由共面波导进行馈电,衬底具有电厚尺寸,大约等于介质衬底的$\lambda/4$。这种设计大大抑制了表面波的激发;否则对于这样厚的衬底来说,表面波是相当严重的。当需要实现一个槽天线时,双弧插槽设计是一种有用的备选结构。

Amendola (2005)提出了SAR的一种改进设计,即环形的内边缘和外边缘具有椭圆边界而非圆形边界。天线被称为短路环形椭圆贴片(SAEP)。使用椭圆边界允许双波段工作。随着椭圆度的增加,两个波段之间的分离增加。在两种波段内,表面波的激发不能完全消除,因此必须在频带分离和表面波数抑制之间做出权衡。只要频带分离不大,两个波段的表面波激励都很小。

还可以设计一个矩形贴片,它可以抑制表面波的激发。如果矩形贴片的两个辐射边缘分隔距离为L(贴片的谐振长度),假设$\beta_{TM0}L=\pi$,那么在E平面内将消除表面波激发,因此,这两条边的表面波激发在E平面方向上消失。在H平面上,表面波的激发也为零,因为辐射边缘磁流场的TM表面波场模式在这个方向上为零。因此,表面波场激发模式具有4个波瓣的形状,在E平面和H平面上为零,大约在4个对角线方向上为最大值。虽然表面波的激发没有消除,但却大大减少了。该贴片不会谐振(除非衬底介电常数满足式(43.27)),所以必须改变贴片的内部,使贴片谐振,这可以通过多种方式完成。Papapolymerou (1995)在矩形贴片内部使用了一个带芯的衬底。Boccia (2005)使用短路电线用于创建一个长方形的短路空腔区域,类似于SAR设计的短路圆环腔体区域($\rho<a$)。

43.4 RSW 定理

之前的 RSW 天线都是圆形的，是基于式(43.12)的基本设计条件。只要正确选择贴片天线内部的空腔区域，设计出任意形状的、更通用的 RSW 天线是可行的。引入了一个“RSW 理论”(Komanduri et al., 2013)，允许这样的设计。RSW 定理适用于任意形状的平面微带贴片天线，根据式(43.27)，其在贴片下方的空腔区域已经被一个相对介电常数 ε_{rp} 的人工材料所取代。一般的贴片配置如图 43.7 所示。

应注意，该设计将填充人工材料的圆形贴片通用化，如图 43.5 所示。RSW 定理表明，可以使用任意形状的贴片，当相应的腔内充满式(43.27)所规定的相对介电常数时，贴片不会激发 TM_0 表面波。

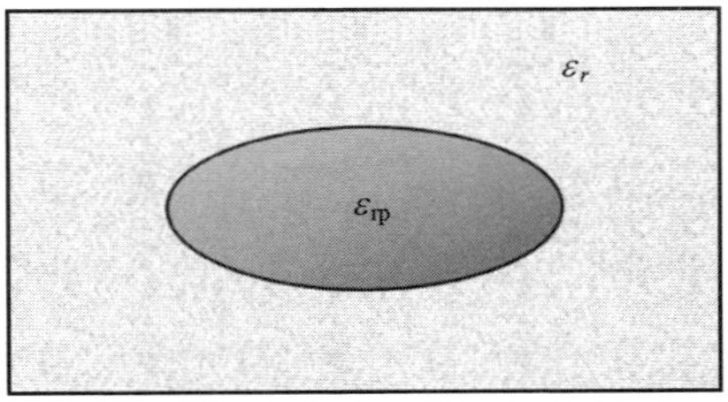

图 43.7　任意贴片的几何形状的腔内填充有相对介电常数为 ε_{rp} 的材料

一个 RSW 定理的证明是基于这样一个事实：在贴片边界的一个磁表面电流上对贴片进行建模，根据磁流模型可以发现贴片产生的辐射。为简单起见，这里考虑随着介质衬底 $K(\phi_0)$ 变化的一个磁电流环，其沿着贴片的边界 C 流动。由这样一个环在某坐标位置 z 辐射的表面波场(如在 $z = 0$ 处)的振幅为

$$\Psi^{SW} = A_1\left(\frac{e^{-j\beta_{TM0}\rho}}{\sqrt{\rho}}\right)I \tag{43.35}$$

其中

$$I = \int_C K(\ell')\ e^{j\beta_{TM0}(\underline{\rho}'\cdot\hat{\underline{\rho}})}\sin(\phi - \alpha(l'))\,dl' \tag{43.36}$$

式中：α 为环内磁流相对于 x 轴的局部倾角，A_1 都是常数。我们希望证明，当满足状态式(43.27)时，在式(43.36)中的积分 I 是零。为了做到这一点，考虑一

个场景,接地平面上方的整个半空间(在贴片腔内和外面)都充满了具有有效相对介电常数 ε_{rp} 的材料。根据空腔模型,这种情况下的贴片具有(近似)与腔内相同的场,与实际的贴片结构具有相同的谐振频率(在贴片腔内有材料 ε_{rp},衬底介电常数为 ε_r 和贴片腔体外的厚度为 h)。由相同的磁电流环产生的空间波场(沿着接地平面的 $1/\rho$ 场)具有下述形式(即现在在这个新的场景中对贴片建模),即

$$\Psi^{SP} = A_2\left(\frac{e^{-j\beta_{TM0}\rho}}{\rho}\right) I \tag{43.37}$$

式中:A_2 为另一个常数。

当接地平面上方的整个介质是均匀介质 $\varepsilon_r = \varepsilon_{rp}$ 时,在新场景中贴片的空间波场也可以利用电流模型计算,即该平面的表面电流在接地平面上方的高度 h 位置辐射。利用图像理论,它可以显示出水平电流在均匀介质中无限接地平面上方辐射的空间波场将按照 $1/\rho$ 衰减。因此,式(43.37)中出现的积分必须是零。由于该项与式(43.36)出现的 I 相同,因此式(43.36)中的 I 也是零,因此,Ψ^{SW} 是零。这就完成了证明。

作为 RSW 定理的一种改进,也可以提出 RLW 定理。对于一个任意形状的贴片,如果贴片腔充满了空气,那么该贴片将用作一种抑制横向波的天线,沿着衬底和接地平面产生最小的横向辐射。这与 RSW 定理的前一个证明相似。沿衬底或接地平面的横向辐射场 Ψ^{LW} 具有如下形式

$$\Psi^{LW} = B_1 e^{-jk_0\rho} F(\rho) I \tag{43.38}$$

其中

$$I = \int_C K(\ell') e^{jk_0(\underline{\rho}'\cdot\hat{\underline{\rho}})} \sin(\phi - \alpha(l')) dl' \tag{43.39}$$

在极端远的距离(如果衬底是无限大的),$F(\rho)$ 项从 a/ρ 转变为 a/ρ^2。在证明过程中,现在考虑一个新的场景,在接地平面上方有自由空间,即自由空间出现在贴片内部和外面,而不仅仅是半空间的材料。在这个新的场景中,预测的沿着地面的空间波辐射表示为

$$\Psi^{SP} = B_2\left(\frac{e^{-jk_0\rho}}{\rho}\right) I \tag{43.40}$$

在这个场景中,空间波辐射随着距离衰减,衰减速度大于 $1/\rho$,因为接地平面上的区域具有均匀介质,所以式(43.40)中的积分项 I 必须为零。式(43.38)

中的相同积分项由此也是 0。因此,填补空腔的原始贴片将会有一个沿衬底或接地平面上的横向辐射场,与传统的微带天线相比,该横向辐射场是一个很弱的、高阶的场。

Nikolic (2005)首次观测到一个充满空气腔的任意形状的贴片不会沿着接地平面产生横向辐射,证明了相应 RLW 天线的相互耦合减少了。对于薄衬底,由于β_{TM0}接近k_0,RLW 天线也变成了 RSW 天线。对于厚的和更高介电常数的衬底,由于衬底β_{TM0}不是很接近k_0,因此能够区分这两个设计。在这种情况下,如果我们的目标是为了减少远距离放置天线的相互耦合,那么将天线设计成 RSW 天线将是可行的,因为表面波可能比横向辐射更重要。然而,这将取决于天线之间的分离情况。

43.5　RSW 天线结果

本节给出了不同类型的 RSW 天线的结果,包括单一单元和一组单元互耦两种类型。结果也显示了一系列 RSW 天线。

43.5.1　SAR-RSW 天线的方向图

彩图 43.8 和彩图 43.9 比较了为 2.0GHz 设计的两种微带贴片天线 E 面方向图,常规环形贴片天线(图 43.8)和 SAR-RSW 天线(图 43.9)(Khayat et al.,2000)。这些贴片位于厚度为 0.1524cm 的衬底上,相对介电常数为 2.94,损失正切为 0.0012。在仿真中,选择的铜贴片和接地平面的电导率为 3.0×10^7 S/m。传统的贴片半径为 2.66cm。SAR-RSW 贴片的内径为 2.42cm,外半径为 4.39cm。天线都是由位于 x 轴上标准的 50ΩSMA 连接器进行馈电。对于每个贴片,馈电与 50Ω 匹配,给定 0.61cm 常规贴片和 2.95cmSAR-RSW 天线贴片的馈电位置。这些模式是在直径 1m 的圆形接地平面上测量的。测量模式结果也与假设的一个无限大接地平面的理论解进行了对比。

图 43.8(a)中传统贴片的 E 面方向图显示了在前向传播方向上存在明显的背向辐射和扇面(振荡)。这两种效应都是由贴片辐射的空间波到达接地平面边缘时,由边缘绕射造成的。根据几何绕射理论(GTD)(Mcnamara 1990;Balanis

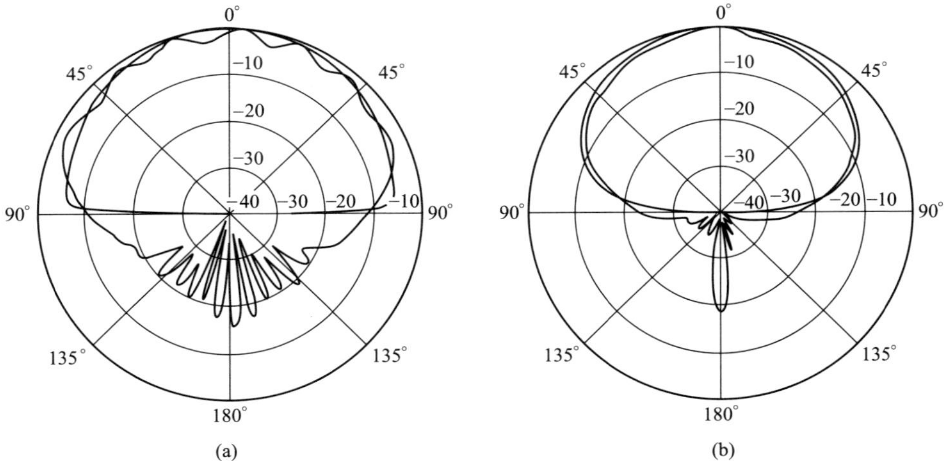

图 43.8　常规环形贴片天线(彩图见书末)

(a)E平面辐射方向图的对比图(无限接地平面上传统圆形贴片的理论解(红色曲线),1m直径接地平面上常规圆形贴片的2.0GHz实测结果(蓝色曲线));(b)H平面辐射方向图的对比图(无限接地平面上传统圆形贴片的理论解(红色曲线),1m直径接地平面上常规圆形贴片的2.0GHz实测结果(蓝色曲线))。

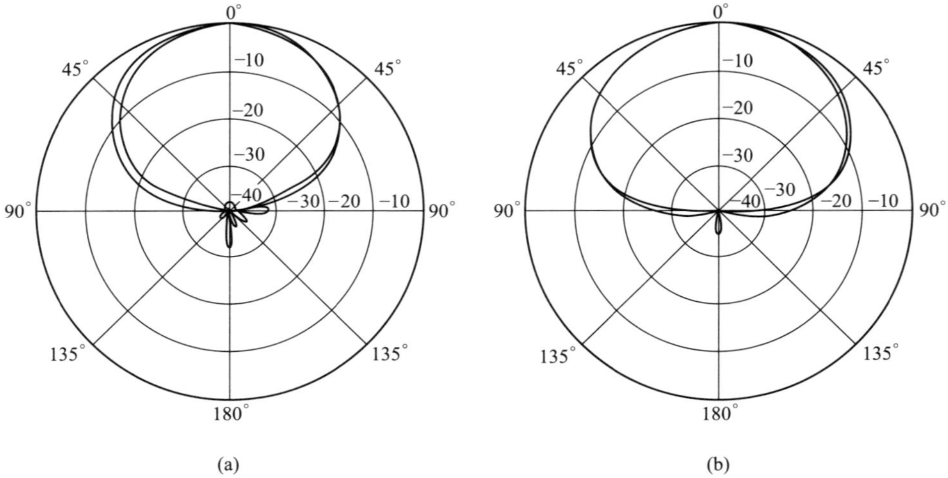

图 43.9　SAR-RSW 天线(彩图见书末)

(a)E平面辐射方向图的对比图(无限接地平面上 SAR-RSW 贴片的理论解(红色曲线),1m直径接地平面上 SAR-RSW 贴片的2.0GHz实测结果(蓝色曲线));(b)H平面辐射方向图的对比图(无限接地平面上 SAR-RSW 贴片的理论解(红色曲线),1m直径接地平面上 SAR-RSW 贴片的2.0GHz实测结果(蓝色曲线))。

2005)，E 面方向图包含了无限大接地平面上的天线方向图，和在接地平面的 E 面边缘的两个绕射点构成的方向图组成($\phi = 0^\circ \sim 180^\circ$，假设探针馈电是沿着 x 轴方向)。这两个绕射点是作为辐射源，这种辐射产生了背向辐射，也产生了对天线主方向图(无限大接地平面的天线方向图)的干扰辐射。

从图 43.9(a)中可以看出，SAR-RSW 天线的 E 平面模式的背向辐射强度大大减小，而且前向模式的扇面减小很大。由于边缘绕射大大减少，与传统的贴片相比，测量的方向图结果与理论解吻合得更好。与常规贴片相比，SAR-RSW 天线的 E 面波束宽度更小。这是由于 SAR-RSW 贴片的尺寸更大，引入了一个阵列因子效应。由于贴片的外半径近似满足式(43.19)，$\beta_{TM0} \approx k_0$，这个阵列因子在水平面内近似为零($\theta = 90^\circ$)。因此，SAR-RSW 天线也比传统的圆形贴片有更大的方向性，与传统圆形贴片的增益 7dBi 相比，SAR-RSW 天线大约有 10dBi。研究发现，其辐射效率与传统环形贴片的辐射效率非常相似，约为 75%(虽然 SAR 天线只产生少量的表面波功率，但总体效率由导体和介电损耗为主，这与传统贴片差不多)。因此，SAR-RSW 天线的增益(约 9dBi)比传统的圆形贴片的增益(约 6dBi)高出 3dB。同时发现两个天线具有相同的带宽(根据 SWR < 2 的定义，约为 1%)。

图 43.8(b)和图 43.9(b)显示了相同两个贴片的 H 面方向图。根据 GTD，可知 H 平面模式的两个绕射点位于沿 H 面的接地平面边缘上。由于远场辐射方向图分量 E_θ 随着 $\cos\phi$ 变化，这个分量在 H 面有一个零。因此，即使是对于传统贴片，在 H 面上有最小的绕射。因此，传统贴片的 H 面方向图(图 43.8(b))显示了低的背向辐射和前向扇区。两个特殊点是 $\theta = 0^\circ$ 和 180°；在这些方向上，E 面和 H 面重合。一个大量的辐射发生在 $\theta = 180^\circ$，同时在 $\theta = 0^\circ$ 可观察到电磁波的照射。这些效应在 SAR-RSW 贴片的 H 面方向图消失了(图 43.9(b))。

观察到一个有趣的现象是，SAR-RSW 贴片的 E 面和 H 面方向图几乎是相等的，E 面方向图稍微窄一点。SAR-RSW 贴片与传统贴片有几乎相同的 H 面方向图，而 E 面方向图较窄，使得 SAR-RSW 贴片的两层比传统贴片更加接近。这使它有可能获得一个圆极化贴片，它在相当大的角度范围内具有好的轴比。

43.5.2 SAR-RSW 天线之间的相互耦合

图 43.10 显示了一对天线之间相互耦合的几何图形。对于 E 面耦合，$\Delta y = 0$，而 H 平面耦合，$\Delta x = 0$。

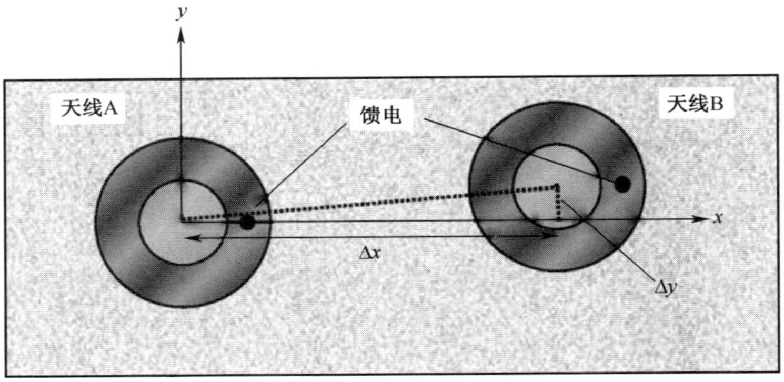

图 43.10 传统或 SAR-RSW 天线之间相互耦合的几何设置
(这里显示了 SAR-RSW 天线)

图 43.11 显示了一对传统圆形贴片和一对 SAR-RSW 天线在 E 平面上的相互耦合参数 S_{21}，其天线与图 43.8 和图 43.8 相同。图中显示了耦合和归一化的中心隔离度 $\Delta x / \lambda_0$。对比显示了测量结果和计算结果，测量结果与计算结果吻合得很好(Khayat et al.,2000)。传统贴片的 E 平面耦合随着隔离度衰减，衰减曲线近似为 $1/\rho$，而对于 SAR-RSW 贴片的 E 平面耦合，衰减曲线近似为 $1/\rho^3$，所以随着分离距离的增大，它变得非常弱 (Khayat et al.,2000)。当中心分离距离超过约 $0.75\lambda_0$时，SAR-RSW 天线之间的互耦要比传统圆形贴片之间的互耦弱。

彩图 43.12 显示了在 E 面和 H 面上传统和 SAR-RSW 贴片之间计算的相互耦合。图 43.12 显示了传统贴片之间的相互耦合 E 面比 H 面衰减慢得多，就像预期的那样(Pozar 1982)。由于辐射场的 E_θ分量在远离天线的接地平面内按照 $\cos\phi$ 曲线规律变化。因此，常规贴片之间的 E 面耦合随着 $1/\rho$ 衰减，而 H 面耦合随着 $1/\rho^2$ 衰减。SAR-RSW 天线之间的 H 面耦合仅略低于传统的天线，也随着 $1/\rho^2$ 衰减。对于大的分离距离，SAR-RSW 天线之间的 E 面耦合是所有耦合中最小的，随着 $1/\rho^3$ 衰减。

彩图 43.13 显示了对传统圆形贴片天线计算的 E 面相互耦合的各个分量，

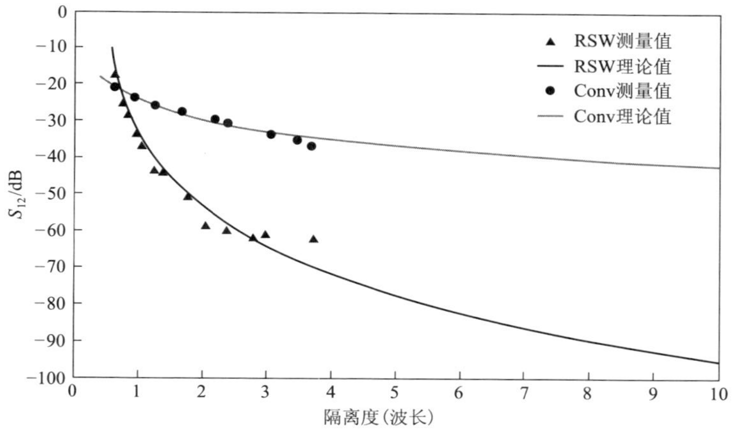

图 43.11　一对传统圆形贴片和一对 SAR-RSW 贴片的 *E* 面在 2.0GHz 相互耦合对比图

包括表面波分量、横向辐射分量(称为“横向波”)和总辐射(两个量的复值相加)(Khayat et al.,2000)。由图可见,对于这个典型的衬底($\varepsilon_r = 2.94, h/\lambda_0 = 0.010$),在大于 $9.5\lambda_0$ 的距离以外,横向辐射场在耦合机制中占主导地位。在此距离范围外,表面波场在耦合机制中成为主导。这证实了对于不太大的分离,抑制横向辐射比表面波更重要。

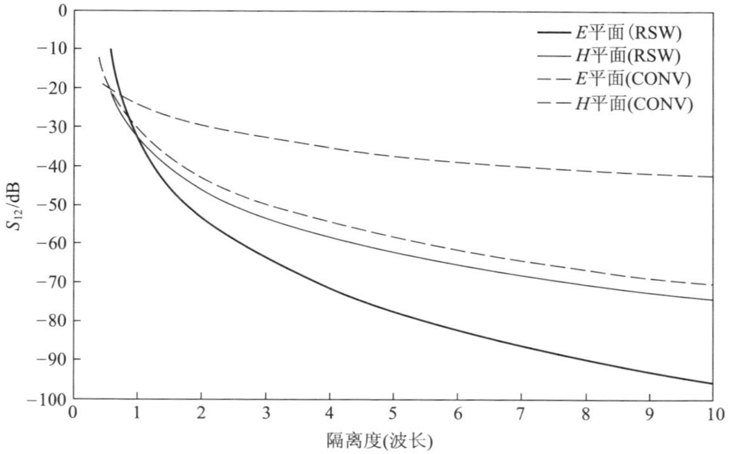

图 43.12　2.0GHz 频率时一对传统圆形贴片和一对 SAR-RSW 贴片相互耦合在不同平面上的对比(这些贴片形状如图 43.8 和图 43.9 所示)(彩图见书末)

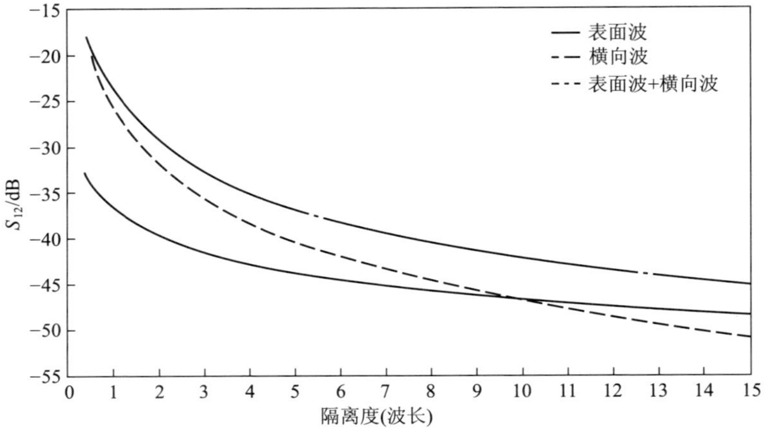

图 43.13 2.0GHz 频率时一对传统圆形贴片的 E 面相互耦合的组成部分
(这些贴片与图 43.8 和图 43.9 中的传统贴片相同)(彩图见书末)

43.5.3 圆极化 SAR-RSW 天线

在两个正交的馈电端口之间以90°相位差的方式馈电,可以将 SAR-RSW 天线制成圆极化(CP)天线。设计了一种 RHCP 版本的 SAR-RSW 天线,其 GPS L1 频率为 1.575GHz,厚度为 0.1524cm,相对介电常数为 2.94,损失角正切为 0.0012。该区域内半径为 3.03cm,外半径为 5.58cm。SAR-RSW 的短路内边界使用二极管实现,间隔为 10mils(0.0254cm),相互间隔为 25mils (0.0635cm)。这足以保证在内半径范围内形成一个好的短路边界。在每个馈电端口,天线都是由一个标准 50ΩSMA 连接器进行馈电。对于每个天线,馈电被定位与 50Ω 进行匹配,对应着距离贴片中心 3.70cm 的径向馈电位置。在两个正交的馈电点上,利用标准 90°的正交混频器对贴片进行馈电。

彩图 43.14 显示了在直径为 1m 的圆形接地平面上的天线 RHCP 和 LHCP 远场辐射分量。有微量的背向辐射,LHCP 的交叉极化水平低于 30dB。低水平的背向辐射和在水平面上的零值降低了天线从地面反射的低角度多径和多路径的敏感性。

由于横向辐射水平较低,相对于传统微带天线而言,其接地平面尺寸可以减小,同时保持了可接受的模式。当图 43.14 中的天线安装在较小的接地平面上

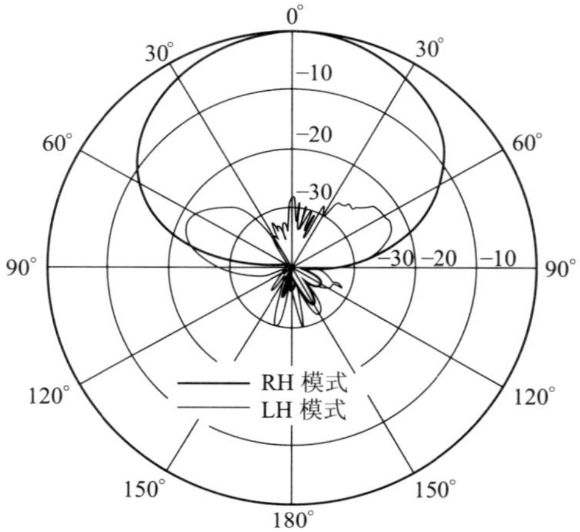

图 43. 14　CP SAR-RSW 天线的 RHCP(红色)和 LHCP(蓝色)方向图(彩图见书末)
(该天线被设计在 1. 575GHz 辐射 RHCP。在直径 1m 的接地平面上进行测量)

时,彩图 43. 15 显示了其模式图。在图 43. 15(a)中,天线安装在直径为 35. 5cm(14in)的圆形地面上。在图 43. 15(b)中,天线安装在一个边长 12. 7cm(5in) 的正方形平面上。在这两种情况下,由于接地平面变小,产生的模式也最小化,尽管在图 43. 15(b)中背向辐射已经超过了 20dB。

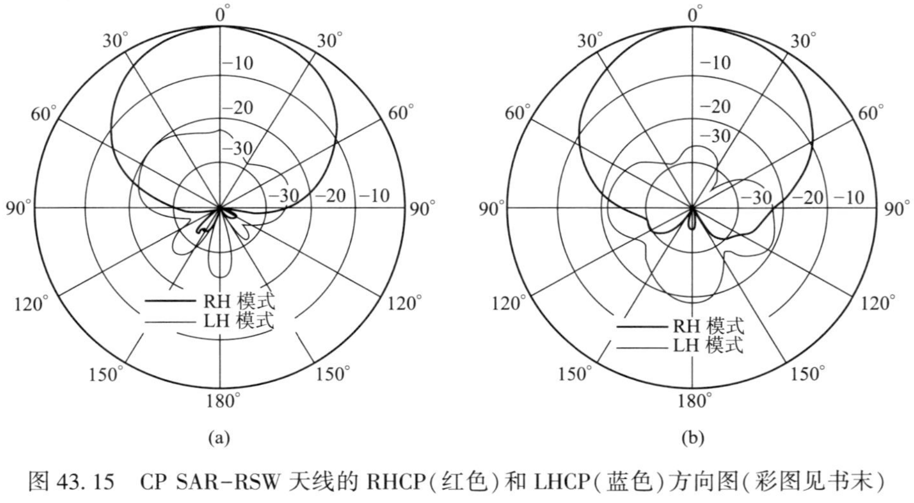

图 43. 15　CP SAR-RSW 天线的 RHCP(红色)和 LHCP(蓝色)方向图(彩图见书末)
(该天线被设计在 1. 575GHz 辐射 RHCP。在直径 1m 的接地平面上进行测量)
(a)直径为 35. 5cm(14in)的圆形接地平面;(b)直径为 12. 7cm(5in)的正方形接地平面。

43.5.4 双波段 SAR/ISAR-RSW 天线

如前所述,通过在 ISAR 内插入 SAR,SAR 和 ISAR 设计可以组合成双波段 RSW 天线。内部的 SAR 天线有较低的频率谐振,而外层的 ISAR 天线有较高的频率谐振。SAR 和 ISAR 的设计程序分别在“短路环”(SAR)和“反向短路环形环”(ISAR)部分给出。正如上节所讨论的那样,一种正交混频器也可以和每个贴片上的两个馈电端口一起使用,以获得圆极化,设计如图 43.16 所示。

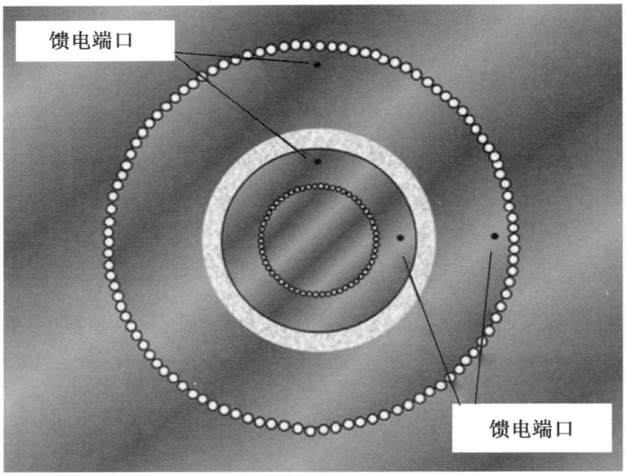

图 43.16 双波段 CP SAR/ISAR RSW 天线及其馈电端口的俯视图

作为一种应用,双波段 RHCP 天线为 L1(1.575GHz)和 L2(1.227GHz)频率设计的。衬底厚度为 0.1524cm,相对介电常数为 2.94,损耗角正切为 0.0012。SAR 天线的尺寸与 43.5.3 小节相同,而 ISAR 的内径为 5.577cm,外半径为 8.727cm。SAR 的内半径和 ISAR 的外半径用二极管进行了短路,间隔为 10mils (0.0254cm),直径为 25mils (0.0635cm)。

彩图 43.17 显示了在 L1 和 L2 频率测量的模式图。这些模式在两个频率上都有很好的性能,几乎和上节的 CP SAR 天线一样好。

43.5.5 基于 RSW 理论的天线

“RSW 定理”这一章节中的 RSW 定理表明,构建 RSW 天线的一般方法是用一种人工材料来填充该贴片的空腔区域,并根据公式(43.27)选择人工材料的

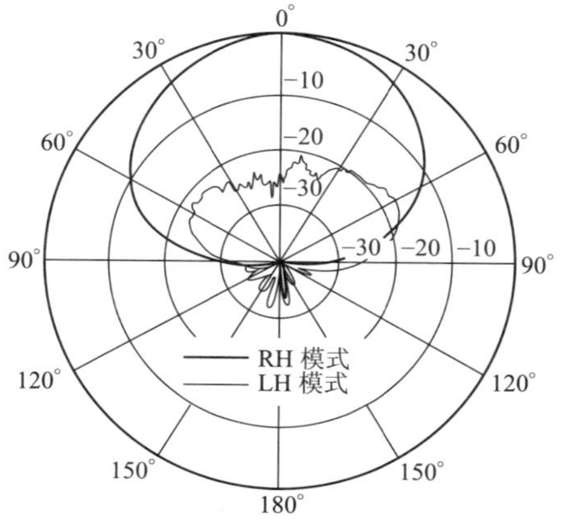

(a)

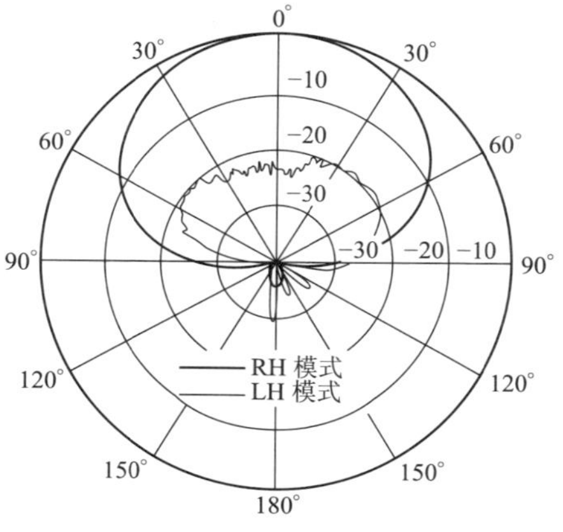

(b)

图 43.17　双波段 CP SAR/ISAR RSW 天线的 RHCP 和 LHCP 模式方向图(彩图见书末)

(a) 1.575GHz 模式图;(b) 1.227GHz 模式图。直径 1 米的圆形接地平面上测量的模式图。

有效介电常数。贴片本身可以采用任意形状。为了测试这一点,我们采用三层结构设计了一个矩形贴片和一个圆形贴片,如图 43.18(a)所示(Komanduri 等,2013)。注意,上层是一个电厚($h_3 = 0.062\lambda_0$)高介电层($\varepsilon_{r3} = 9.8$),当被微带源激励时,这将会产生一个明显的表面波激励。然而,这引入了底层,并将第二层空气间隔层放置在底层之上,贴片之下。通过选择空气间隔层的厚度,使贴片腔内有效的介电常数满足公式(43.27)。通过对该三层结构求解一个超越方程,可获得三层结构的 TM_0 表面波波数是 $\beta_{TM0} = 1.180k_0$。该波数与贴片腔内有效相对介电常数 $\varepsilon_{rp} = 1.393$ 相对应。为了便于比较,图 43.18(b)展示了一个贴片设计,该贴片上层采用相同的结构层叠加,并保持贴片下方相同的复合厚度。然而,下层的衬底层已经被空气取代。这个贴片设计被称为“非 RSW”设计。在这两种情况下贴片谐振频率为 4GHz,与 50Ω 馈源匹配。

彩图 43.19(a)显示了两个 RSW 贴片(矩形和圆形)和非 RSW 矩形贴片之间的 E 平面耦合。由图可见,对较大的分隔距离,RSW 天线的 E 平面耦合远小于非 RSW 矩形贴片的耦合,验证了 RSW 贴片对抑制表面波激励的作用,RSW 的特性与贴片形状无关。图 43.19(b)显示的是 RSW 和非 RSW 天线的 H 平面耦合,与 SAR-RSW 天线的趋势一致,如图 43.12 所示。

如果贴片天线是印在一个衬底层上,而不是使用多个层,那么必须使用一种

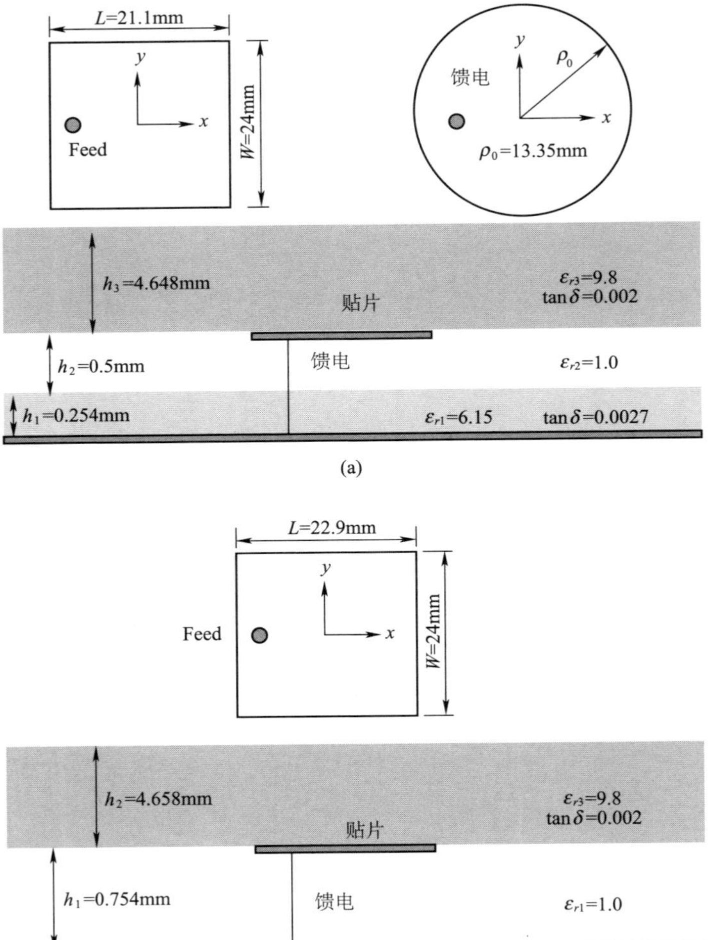

图 43.18　测试 RSW 定理的多层天线几何图形

(a)为 RSW 天线设计的三层结构。图示为矩形和圆形贴片;

(b)两层结构,与(a)有相同的上层结构,但不是为 RSW 天线设计的,这些贴片是矩形结构。

材料填充贴片,该材料满足公式(43.27),并且填充材料的介电常数比周围的衬底要低。降低衬底区域有效介电常数的一种方法是在其上钻孔(Gauthier et al.,1997;Papapolymerou et al.,1998)。另一种方法是在贴片腔内加上短路用的二极管。短路二极管在微波频率下作为电感器,这样当它们在并联电容区域内被添

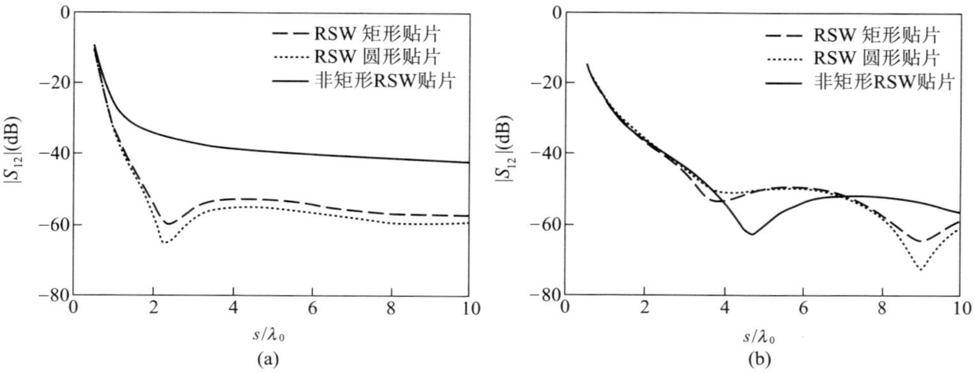

图 43.19　相互耦合随图 43.18 所示天线贴片中心之间的归一化距离 s/λ_0 变化曲线(彩图见书末)

(a)E 平面耦合;(b)H 平面耦合。

加时,它们就降低了电容器的有效电容。(如果二极管排布非常紧密,它们也可以用来创建一个短路墙,就像对 SAR 和 ISAR 设计所做的那样)。从另一个角度看,电磁场的感应电流部分抵消了介电材料内部电场建立的电容极化电流(Nikolic et al.,2005)。如果选择二极管,贴片下方的人工衬底的介电常数应满足公式(43.27),该贴片将是一个 RSW 天线。如果人工衬底具有自由空间的介电常数,那么该贴片将是一个 RLW 天线。

图 43.20 显示了一个矩形的 RSW 天线,它含有一个二极管阵列(Komanduri et al., 2013)。贴片位于一电厚衬底,与 $\varepsilon_r=9.2$,和 $\tan\delta=0.002$,厚度 $h=3.25$mm。衬底的电厚度(波长介质)为 $h/\lambda_d=0.073$,谐振频率为 2.14GHz。几何尺寸分别为 $r_1=0.3$mm,$s_1=3$mm,$s_2=6$mm,$s_3=5.5$mm,$d_1=22$mm,$d_2=27$mm,$d_3=32$mm。短路二极管的半径为 $r_1=0.3$mm。两个 SMA 馈电探针的半径为 0.635mm。由于采用电厚衬底,SMA 馈电探针产生明显辐射,因此采用平衡双探针馈电系统,将探针辐射降至最低,其中两个 SMA 为 180°,对称地位于距离贴片中心 5.5mm 的位置。

在设计过程中,首先根据公式(43.27),计算贴片空腔的有效相对介电常数和波数 β_{TM0}。基于该介电常数,计算出贴片的长度,使贴片在设计频率上产生谐振。然后将二极管添加到贴片中,直到模拟的谐振频率是期望的设计频率。并保证二极管不要碰到馈电探针,以避免与探针产生不必要的与干扰。贴片的

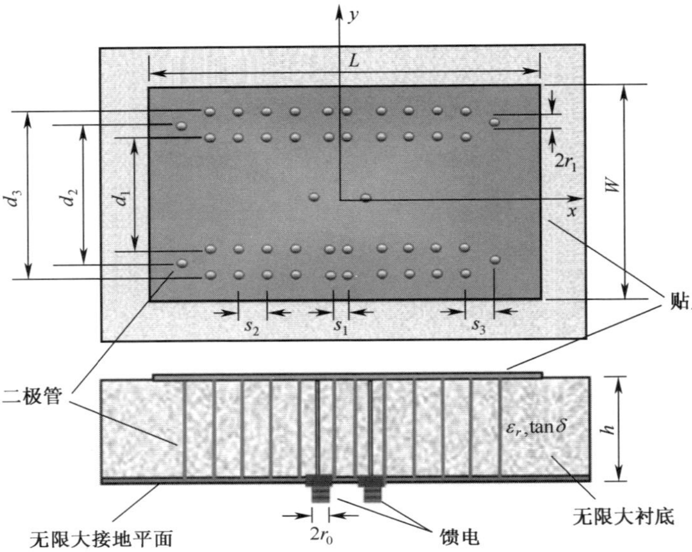

图 43.20 加载二极管的矩形贴片。该贴片位于一个带有二极管的电厚衬底上。采用平衡的双探针馈电系统(使用两个相位差为 180°的探针)改善对称性

长度(谐振尺寸)为 63mm,宽度为 45mm。

为便于比较,对相同衬底上的传统矩形贴片进行仿真,长度(谐振尺寸)为 22.4 mm,宽度为 13.75 mm。传统天线也被设计成在 2.14 GHz 发生谐振,并利用平衡的 SMA 探针进行馈电。

图 43.21 显示了一对二极管加载的 RSW 天线和一对传统矩形贴片天线之间的相互耦合仿真结果,随着贴片中心之间的间隔距离的变化曲线。通过使用 Ansys 软件,采用矩量法(MoM)完成了仿真分析。对于 E 平面耦合(图 43.21(a)),也采用有限元法(Ansys HFSS)进行验证。与传统天线相比,E 平面耦合与传统天线相比要低得多。对于两个天线来说,H 平面耦合近似是相同的,与 SAR-RSW 天线的相互耦合结果一致(图 43.22)。

43.5.6 RSW 天线阵列

当天线之间的间隔距离增大时,RSW 天线之间的相互耦合就会变小,就像以前的结果一样。这是因为表面波的激发明显降低,同时地面上的横向辐射也

减少了。正因为如此,利用 RSW 天线阵列来抑制扫描盲区是它的一个潜在优势,因为在阵列中,来自微带天线的表面波场发生相干积累,并且增加了从一个单元到下一个单元的复杂性(Pozar and Schaubert ,1984)。扫描盲区在阵列的 E 面上是最严重的,因为表面波在这个方向上是最强烈的。然而,与传统的微带天线相比,在阵列中使用 RSW 天线的一个限制是需要有更大的尺寸。SAR-RSW 天线的直径大约是 $0.59\lambda_0$,这与空气衬底上的传统圆形贴片尺寸相同。因此,SAR-RSW 单元之间的间隔必须大于 $0.59\lambda_0$,实际使用中要大于 $0.75\lambda_0$,为了避免在相邻单元之间产生太强的耦合。在栅瓣出现之前,这种大的单元间隔会限制阵列的扫描范围(Balanis,2005)。$0.75\lambda_0$ 的间隔距离,假设采用正交单元排布,E 平面的扫描范围将限制在大约 20°。下面给出了一系列与常规圆形贴片阵列(Deshpande and Bailey,1989)相比较的 SAR-RSW 天线阵列。

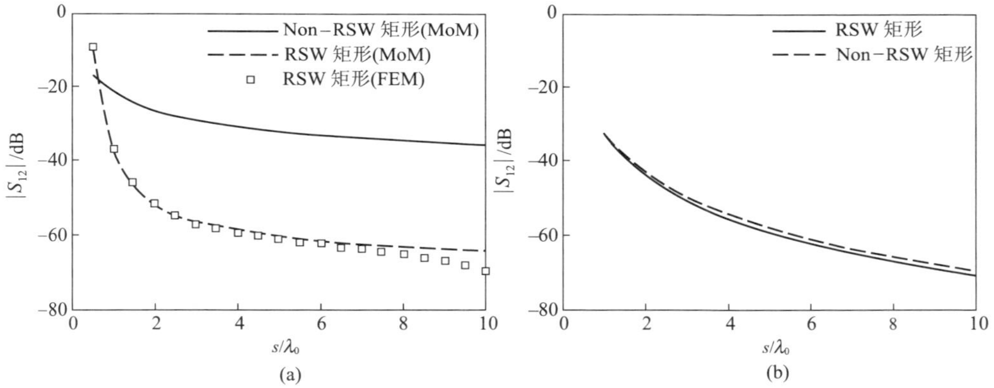

图 43.21　两个垂直加载的矩形贴片与两个传统矩形贴片之间的相互耦合随中心分离距离的变化曲线

(a)E 平面;(b)H 平面。

图 43.22 显示了二维天线单元阵列的副瓣扫描阻抗。当中心单元被孤立、没有其他单元存在时,中心单元被假设与馈线(零反射系数)相匹配。所有天线的相位馈电都是一样的。阵列中单元的总数量随单元中心间隔距离变化(奇数,因为单元是中心对称的)其中,单元中心的间隔为 $0.75\lambda_0$。结果表明,SAR-RSW 单元和传统圆形微带天线的结果显示如下。衬底的相对介电常数为 ε_r = 2.94,损耗角正切为 $\tan\delta$ = 0.0012,厚度为 h = 0.1524cm。

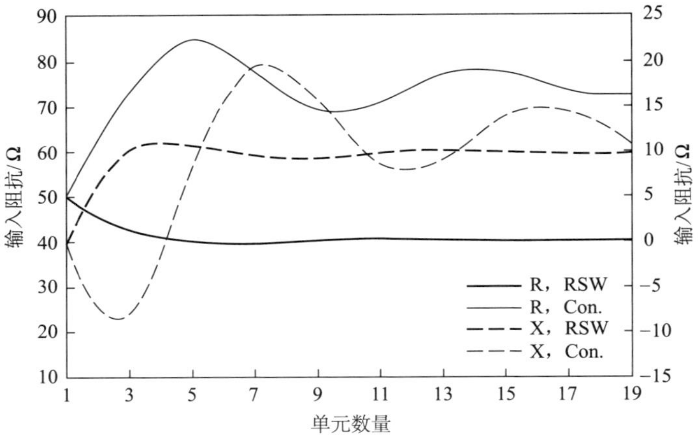

图 43.22　副瓣扫描阻抗随二维 $N\times N$ 阵列单元数量 N 的变化曲线，单元间隔距离为 $0.75\lambda_0$。传统圆形贴片阵列和 SAR-RSW 天线阵列扫描阻抗的实部和虚部如图所示

对于 SAR-RSW 天线，内半径为 2.39cm，外半径为 4.38cm。每个天线在半径 $\rho_0 = 2.91$cm 处进行馈电，使 50Ω 匹配，并且天线是孤立的。SAR-RSW 天线在 1.99GHz 谐振。传统圆形贴片半径为 2.64cm，在半径 $\rho_0 = 0.63$cm 处进行馈电，使 50Ω 匹配，并且天线是孤立的。传统圆形贴片天线在 1.88GHz 谐振。在仿真中，所有的天线都是由铜材料构成，假定电导率为 $\sigma = 3.0\times 107$S/m。在这两种情况下，在工作频率单元间的间距是 $0.75\lambda_0$。

从图 43.22 中可以看出，在 SAR-RSW 天线阵列中，扫描阻抗快速稳定，而阵列尺寸仅为一侧 3 个单元(共 9 个单元)。这是因为相互耦合衰减的速度很快，它对超过一个单元间隔的单元的影响可以忽略不计。无限阵列的结果收敛到大约 40 + j10Ω，与孤立贴片的 50 + j0Ω 明显不同。传统圆形贴片阵列的扫描阻抗随着单元数量的增加而呈现出很大的变化，即使是 19×19 个单元阵列，也没有得到收敛结果。收敛结果似乎是大约 75 + j12Ω，这明显不同于孤立单元的输入阻抗，即 50 + j0Ω。

图 43.23 显示了 19×19 个单元相同阵列的反射系数，因为扫描角的变化是通过改变 E 平面或 H 平面内的相移实现的。由于各单元之间存在较大的间隔距离，所以在 E 平面上出现了扫描盲区，大约为 20°。在这个扫描角度上，反射系数的大小增大到略大于 0.5，这是由于周期结构表面波在相位上与

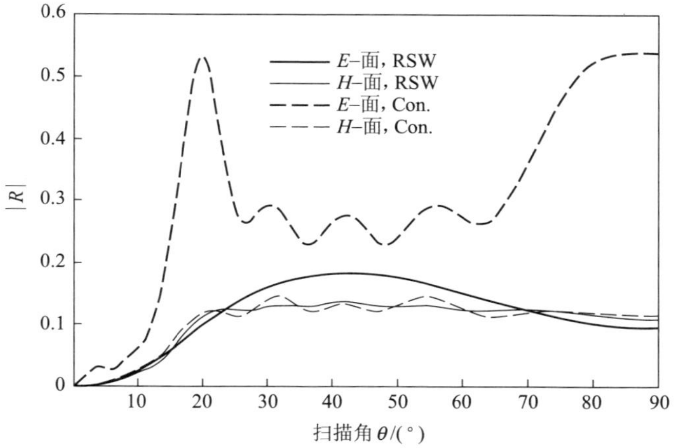

图 43.23　反射系数的大小随 19 ×19 二维阵列扫描角的变化曲线，单元间隔为 0.75λ_0。显示了常规圆形贴片和 SAR-RSW 天线的反射系数

$n=-1$ 空间谐波(Floquet 波)相一致。随着贴片阵列尺寸的增大,反射系数甚至会更大(Pozar, 1986)。对于 SAR-RSW 天线阵列,由于每一个天线单元的表面波场都非常小,所以没有明显的扫描盲区。对于传统圆形贴片阵列,H 平面不会显示扫描盲区,由于在 H 平面内不会激励 TM_0 表面波,其磁电流环在远处按照 $\cos\phi$ 变化。这可以从公式(43.10)中看到。在 H 平面上,SAR-RSW 和传统天线的 H 平面扫描阻抗几乎是相同的,这与传统天线和 RSW 天线之间的 H 平面互耦一致,由于横向辐射的在 H 平面内按照 $1/y^2$ 随距离快速衰减(Khayat et al.,2000)。

当然,传统贴片阵列扫描盲区的问题是可以避免的,只要选择一个间距较小的单元,如 0.5λ_0。由于它们的尺寸更大,所以不能用这种较小的间距来排列 SAR-RSW 天线阵列。然而,如果一个人希望有一个更大的单元间距,例如 0.75λ_0,保持阵列单元数量最少,使用 SAR-RSW 天线为避免扫描盲区问题提供了一个机会。在这种情况下,阵列扫描角度不受扫描盲区效应的限制,而是通过栅瓣。对于阵列间距 0.75λ_0,栅瓣会出现,在 E 平面或 H 平面内阵列被扫描的角度超过了 19.5°。因此,在相控阵中使用 SAR-RSW 天线只局限于在一个小的扫描范围内应用。对于相同的单元间距,使用六角形排布可以使扫描范围在栅瓣出现前增加大约 30°。

43.6 结论

表面波抑制(RSW)微带天线是一种微带天线,它比相同衬底上的传统微带天线激励的表面波场要少得多。通过天线的设计,由磁环激励的TM_0表面波场不占主导地位,因此表面波激发的数量非常小,主要是由于高阶效应例如贴片产生的高阶模式。设计RSW天线的相同概念也可以用来设计一个抑制横向波(RLW)天线,在这种情况下,横向辐射(沿基底和地面水平传播辐射)被抑制,但是TM_0表面波不会被抑制。在大多数实际情况下,衬底与波长相比属于薄层结构,TM_0表面波的波数β_{TM_0}相当接近自由空间的波数k_0。这意味着设计用来抑制TM_0表面波的天线也会大大抑制横向辐射。

一类RSW天线的概念是如果根据$\beta_{TM0}b = x'_{11} = 1.8411$,正确选择了环半径$b$,基于在接地衬底内按照$\cos\phi$变化的磁电流环不会激发表面波,这里的$x'_{11}$是第一个$J_{10}$贝塞尔函数的根。基于这个概念可以实现各种设计,它们都是一个圆形贴片的改进,具有圆对称性,主要模式随着$\cos\phi$变化。这些设计都有一个圆形的辐射边缘,并具有适当的关键半径b。

一种设计是短路环式RSW(SAR-RSW)天线。这个设计包含一个环孔微带天线,它的内半径$\rho=a$,并使用了短路用的二极管。选择外半径$\rho=b$,以降低表面波激励,同时选择内半径使天线在工作频率产生谐振。另一个改进的设计是采用一块临界半径b的圆形贴片,和内核圆形贴片空腔半径为a,利用较低介电常数的材料替代它,其值是根据半径a选择的。还有一个改进的设计是采用临界半径b的一块圆形贴片,利用有效介电常数$\varepsilon_{\text{reff}} = (\beta_{TM0}/k_0)^2$填充贴片空腔区域。另一个改进设计,叫做反向短路环RSW(ISAR-RSW)天线,使用一个短路环孔,外半径为$\rho=b$,在内部边缘$\rho=a$产生辐射。现在,内半径满足$\beta_{TM0}a = x'_{11} = 1.8411$,选择外缘$\rho=b$,使天线产生谐振。在ISARRSW天线的内部放置一个SAR-RSW天线,在较低的频率下使用SAR-RSW天线,可以构造一个双波段RSW天线。

另一类RSW天线是基于"RSW定理",该定理表明如果贴片内腔充满了有效介电常数$\varepsilon_r^{\text{eff}} = (\beta_{TM0}/k_0)^2$的材料,任意形状的谐振平面微带天线不会激发$TM_0$表面波。(或者,如果选择填充材料为空气,天线将会抑制横向辐射。)利用这种有效介电常数材料填充圆形贴片是 RSW 天线的一个特例。

RSW 天线的优点包括具有改善的辐射方向图，这是由于支撑接地平面的边缘绕射更少，天线单元之间（或天线和其他电路单元之间）之间的相互耦合更少。RSW 天线的辐射方向图也比传统的微带天线更有更好的方向性（由于体积更大）。与传统的微带天线相比，E 和 H 面方向图更类似于 RSW 天线（具有更宽的 E 面方向图）。这使得在使用 RSW 天线的圆极化设计方案时，可以获得一个具有良好轴向比的大角度范围（使用两个相位相差 90°的馈电）。

RSW 天线的主要缺点是它们比传统的微带天线大。SAR-RSW 天线的直径约 $0.59\lambda_0$，并且不能通过增加衬底的介电常数减小尺寸，但是对于传统的微带天线可以通过改变介电常数调整尺寸。

结果表明，在支撑接地平面边缘绕射较少的情况下，SAR-RSW 天线有一个 E 面辐射方向图，其前端的扇面较少，背面的总辐射较少。当天线分隔距离很大时，与传统的微带天线相比，SAR-RSW 天线之间的 E 平面相互耦合也要小得多。这是由于表面波被抑制了，也由于横向辐射也抑制了，因为对于 SAR-RSW 天线在 E 平面上的分离距离为 $1x^3$，而传统的微带天线则仅为 $1/x$。SAR-RSW 和传统的微带天线在 H 平面侧向辐射场均为 $1/y^2$。当单元间隔大于 $0.75\lambda_0$时，SAR-RSW 天线之间的互耦开始变得比传统微带天线小。

由于 RSW 天线的表面波场非常小，所以天线阵列不会显示出扫描盲区，这与表面波的激发产生的效应有关。然而，由于 RSW 天线的尺寸较大，阵列间的间距也需要大于传统微带天线的允许范围。这限制了栅瓣出现前的扫描范围。例如，单元间的间距 $0.75\lambda_0$，采用正方形排布方式，扫描范围仅限于从副瓣前的 20°。对于这种有限的扫描应用，RSW 天线可能更适用。

交叉参考：

►第 23 章　圆极化天线
►第 41 章　共形阵列天线
►第 33 章　低剖面天线
►第 18 章　微带贴片天线
►第 24 章　相控阵天线

参考文献

Abramowitz M,Stegun IE (1970) Handbook of mathematical functions. Dover, New York

Amendola G, Boccia L, Di Massa G (2005) Shorted elliptical patch antennas with reduced surface waves on two frequency bands. IEEE Trans Antennas Propag 53:1946-1956

Balanis CA (2005) Antenna theory: analysis and design. Wiley-Interscience, Hoboken

Basilio LI, Williams JT, Jackson DR, Khayat MA (2005) A comparative study of a new GPS reduced-surface-wave antenna. IEEE Antennas Wirel Propag Lett 4:233-236

Basilio LI, Chen RL, Williams JT, Jackson DR (2007) A new planar dual-band GPS antenna designed for reduced susceptibility to low-angle multipath. IEEE Trans Antennas Propag 55:2358-2366

Basilio LI, Williams JT, Jackson DR, Chen RL (2008) Characteristics of an inverted shorted annular-ring-reduced surface-wave antenna. IEEE Antennas Wirel Propag Lett 7:123-126

Boccia L, Amendola G, Di Massa G (2005) Rectangular patch antennas with reduced surface wave excitation. In: IEEE international symposium antennas and propagation, Washington, DC

Chen RL, JacksonDR,Williams JT, Long SA (2005) Scan impedance of RSW microstrip antennas in a finite array. IEEE Trans Antennas Propag 53:1098-1104

Deshpande MD, Bailey MC (1989) Analysis offinite phased arrays of circular microstrip patches. IEEE Trans Antennas Propag 37:1355-1360

Gauthier GP,Courtay A, Rebeiz GH (1997) Microstrip antennas on synthesized low dielectricconstant substrate. IEEE Trans Antennas Propag 45:1310-1314

Hagerty JA, Popovic Z (2002) A 10 GHz integrated class-E oscillating annular ring element for high-efficiency transmitting arrays. In: IEEE international microwave symposium, Seattle Harrington RF (2001) Time harmonic electromagnetic fields. Wiley-IEEE Press, Hoboken

Hickey MA,Qiu M, Eleftheriades GV (2001) A reduced surface-wave twin arc-slot antenna for millimeter-wave applications. IEEE Microwave and Wireless Components Letters 11:459-461

Jackson DR (2007) Microstrip antennas, Chapter 7. In: Volakis JL (ed) Antenna engineering handbook. McGraw Hill, New York

Jackson DR, Williams JT, Bhattacharyya AK, Smith RL,Buchheit SJ, Long SA (1993) Microstrip patch designs that do not excite surface waves. IEEE Trans Antennas Propag 41:1026-1037

KhayatMA,Williams JT, Jackson DR, Long SA (2000) Mutual coupling between reduced surface-wave microstrip antennas. IEEE Trans Antennas Propag 48:1581-1593

King RWP (1992) Electromagnetic field of dipole and patch antennas on microstrip. Radio Sci 77:71-78

Komanduri VR, Jackson DR, Williams JT, Mehrotra A (2013) A general method for designing reduced surface wave microstrip antennas. IEEE Trans Antennas Propag 61:2887-2894

Mcnamara DA (1990) Introduction to the uniform geometrical theory of diffraction. Artech House, Norwood

Nikolic MM, Djordjevic AR, Nehorai A (2005) Microstrip antennas with suppressed radiation in horizontal directions and reduced coupling. IEEE Trans Antennas Propag 53:3469-3476

Papapolymerou I, Drayton RF, Katehi LPB (1995) Surface wave mode reduction for rectangular microstrip antennas. In: IEEE international symposium antennas and propagation, Newport Beach

Papapolymerou I, Drayton RF, Katehi LPB (1998) Micromachined patch antennas. IEEE Trans Antennas Propag 46:275-283

Pozar DM (1982) Input impedance and mutual coupling of rectangular microstrip antennas. IEEE Trans Antennas Propag 30:1191-1196

Pozar DM (1986) Finite phased arrays of rectangular microstrip patches. IEEE Trans Antennas Propag 34:658-665

Pozar DM (1998) Microwave engineering. John Wiley & Sons, Hoboken

Pozar DM, Schaubert DH (1984) Scan blindness in infinite phased arrays of printed dipoles. IEEE Trans Antennas Propag 32:602-610

第 44 章

宽带磁电偶极子天线

Mingjian Li , Kwai-Man Luk

摘要

电磁(ME)偶极子天线是一种互补天线。它由一个平面电偶极子和一个垂直短路 $\lambda/4$ 贴片天线组成。通常采用邻近耦合馈电的方式激励由电偶极子和磁偶极子组合成的天线。它的特点是带宽较宽,带内增益和方向图稳定,且交叉极化和后瓣辐射较低。书中在讲述了磁电偶极子设计的基本原理后,又研究了如何降低天线高度和选择馈电方式的方法,然后阐述了如何设计不同极化的磁电偶极子天线。书中还给出了改良的磁电偶极子天线应用于 UWB 和 60GHz 无线通信天线的实例。除了磁电偶极子天线外,书中还介绍了一些其他类型的互补型天线。

关键词

磁电偶极子天线;电偶极子;$\lambda/4$ 短路贴片;双极化天线;圆极化天线;分集

M. Li(✉) · K. -M. Luk
Mingjian Li,Kwai-Man Luk
香港城市大学电子工程系毫米波国家重点实验室,中国
e-mail:mingjiali2@ um. cityu. edu. hk; eekmluk@ cityu. edu. hk

天线;超宽带天线;60GHz 天线;互补天线

44.1　引言

1954 年,Clavin 提出了一种新的辐射单元,如图 44.1 所示。这个天线由一个电偶极子和一个终端开路的同轴线构成,这就是互补天线。实际上互补天线是由一对互补源构成的合成天线。如果两个振幅相等的源在适当的相位合成,就可以获得在 E 面和 H 面近乎相等的方向图,同时也能很好地抑制后瓣辐射。由此引申,很多天线设计都推荐采用偶极子/缝隙天线(King,Owyang 1960)或者是单极/缝隙天线(Mayes et al.,1972)组合。微带天线还不成熟的时候通常用缝隙天线作为磁偶极子。虽然天线方向图和带宽都很好,但是因为体积庞大,磁电偶极子天线并不适合移动通信的基站使用。

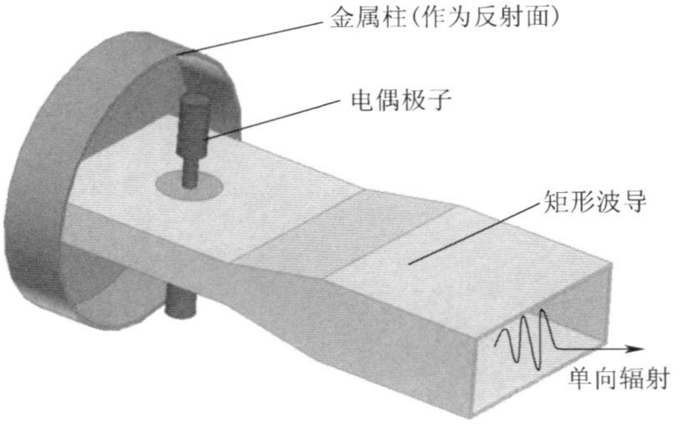

图 44.1　Clavin(1954)设计的互补天线

2006 年,Luk 和 Wong 提出了利用偶极子/短路贴片相结合组成的宽带互补天线,也就是后来特指的磁电偶极子天线,如图 44.2 所示。结果表明,该天线各方面性能优良,可用于移动通信宽带基站天线的研制。与传统的天线(如电偶极子天线和微带天线)相比,磁电偶极子天线以阵列的形式排布,就能形成在带内有稳定增益、波束宽度和方向图的宽带基站天线。表 44.1 列出了电偶极子、微带贴片和磁电偶极子的优、缺点。

随后,磁电偶极子天线发展出不同的形式,如双极化、圆极化或方向图和极化分集,以满足移动、超宽带和毫米波通信等各种应用。

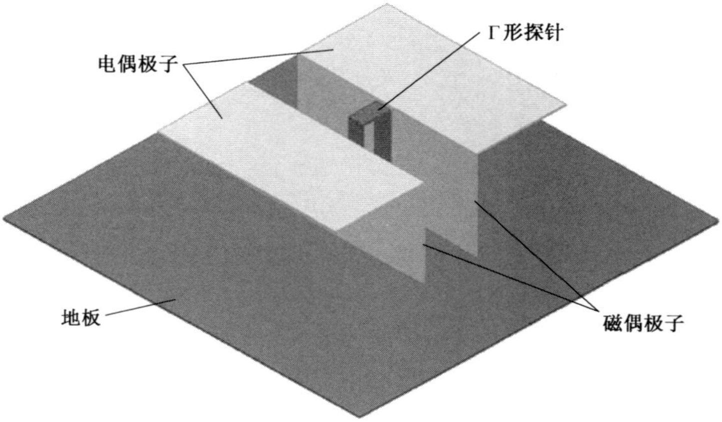

图44.2　磁电偶极子天线的基本结构

表44.1　电偶极子天线、微带天线和磁电偶极子天线之间的对比

类型	优　点	缺　点
电偶极子天线	带宽宽	①剖面高 ②带内增益不稳定 ③带内波束宽度不稳定 ④交叉极化和后瓣辐射高
微带天线	①剖面低 ②易于赋形 ③易于制造	①带宽窄 ②交叉极化和后瓣辐射高
磁电偶极子天线	①带宽宽 ②带内增益稳定 ③带内波束宽度稳定 ④交叉极化和后瓣辐射低	剖面高

本章的“互补天线理论”一节探讨了互补天线理论。“磁电偶极子天线的基本形式”一节主要介绍了电磁偶极天线的基本结构,降低天线高度的设计方法以及其他的馈电方式。“磁电偶极子天线不同极化形式”一节给出了双极化和圆极化的实例,还研究了方向图和极化分集的磁电偶极子天线。在“UWB的设计实例”和“60GHz天线的设计实例”节中给出了磁电偶极子天线在超宽带和毫米波方面的应用。“其他互补天线的设计”一节给出了一些其他互补型天线的

设计案例。“结论”一节对本章进行了总结。

44.2　互补天线理论

44.2.1　辐射特性

典型的互补天线由正交放置的电偶极子和磁偶极子构成，工作时同时激励。互补天线的辐射原理如图 44.3 所示。电偶极子在 E 面的方向图呈 8 字形，在 H 面呈 O 形；而磁偶极子在 E 面呈 O 形，在 H 面呈 8 字形。如果两个源合成时幅度相等、相位适当，就可以形成在 E 面和 H 面相同的、对称的心形方向图。更重要的是，它的后瓣辐射是零，这一点对蜂窝通信非常重要。

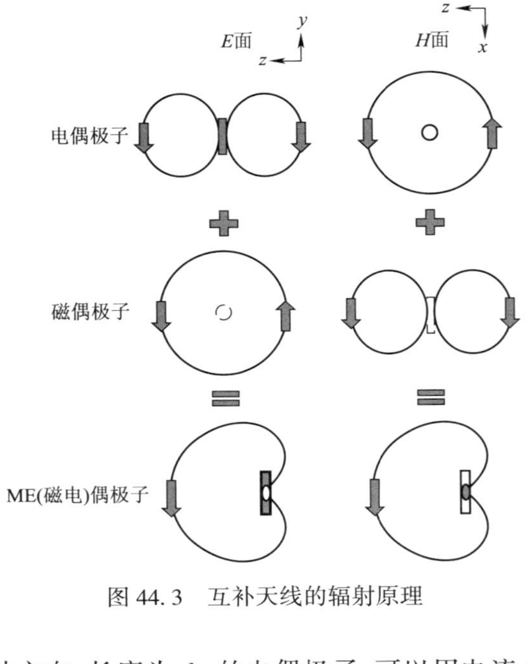

图 44.3　互补天线的辐射原理

一个沿着 y 轴方向、长度为 dy 的电偶极子，可以用电流 $I=H_x\mathrm{d}x$ 表示。因此，远场的电场可以表示为

$$\boldsymbol{E}=\mathrm{j}\frac{I\mathrm{d}y}{2\lambda r}\eta(\boldsymbol{e}_\theta\cos\theta\sin\varphi+\boldsymbol{e}_\varphi\cos\varphi)\,\mathrm{e}^{-\mathrm{j}kr}\tag{44.1}$$

而一个沿着 x 轴方向、长度为 dx 的磁偶极子，可以用磁流 $I_m=E_y\mathrm{d}y$ 表示。

因此,远场的电场可以表示为

$$\boldsymbol{E} = -\mathrm{j}\frac{\mathrm{I}_m \mathrm{d}x}{2\lambda r}(\boldsymbol{e}_\theta \sin\varphi + \boldsymbol{e}_\varphi \cos\theta\cos\varphi)\,\mathrm{e}^{-\mathrm{j}kr} \tag{44.2}$$

两个同时激励、强度相同的电偶极和磁偶极子可以构成一个互补天线(或惠更斯源)。因此,式(44.1)和式(44.2)相加可得到远场电场,即

$$\boldsymbol{E} = \mathrm{j}\frac{E_y \mathrm{d}x\mathrm{d}y}{2\lambda r}[\boldsymbol{e}_\theta \sin\varphi(1+\cos\theta) + \boldsymbol{e}_\varphi \cos\varphi(1+\cos\theta)]\,\mathrm{e}^{-\mathrm{j}kr} \tag{44.3}$$

归一化后的方向图在任何 φ 相位面都是相同的,可以表示为

$$F(\theta) = \frac{\sqrt{\sin^2\varphi\,(1+\cos\theta)^2 + \cos^2\varphi\,(1+\cos\theta)^2}}{2} = \frac{(1+\cos\theta)}{2} \tag{44.4}$$

当 $\theta=180°$,$F(\theta)=0$,说明没有后瓣辐射。因此,互补天线的这一特性可以用于定向天线。

44.2.2 阻抗特性

本书还研究了互补天线的阻抗特性。众所周知,微带贴片天线可以作磁流源,因此,书中没有采用传统互补天线使用的缝隙天线,而是选用贴片天线充当磁偶极子。互补天线的等效电路如图 44.4 所示。贴片天线的谐振基模可以用一个并联谐振电路表示(电阻 R_p、电容 C_p和电感 L_p),而电偶极子的基模可以用一个串联谐振电路表示(电阻 R_d、电容 C_d和电感 L_d)。当两个电路并联时,输入导纳可表示为(Luk,Wu 2012)

$$\begin{aligned}
Y_{\mathrm{in}} &\approx \left[\frac{1}{R_d + \mathrm{j}\left(\omega L_d - \dfrac{1}{\omega C_d}\right)}\right] + \left[\frac{1}{R_p} + \mathrm{j}\left(\omega C_p - \frac{1}{\omega L_p}\right)\right] \\
&\approx \left[\frac{1}{R_d} - \mathrm{j}\left(\omega L_d - \frac{1}{\omega C_d}\right)\frac{1}{R_d^2}\right] + \left[\frac{1}{R_p} + \mathrm{j}\left(\omega C_p - \frac{1}{\omega L_p}\right)\right] \\
&= \left[\frac{1}{R_d} + \frac{1}{R_p}\right] - \mathrm{j}\left[\left(\omega L_d - \frac{1}{\omega C_d}\right)\frac{1}{R_d^2} - \left(\omega C_p - \frac{1}{\omega L_p}\right)\right]
\end{aligned} \tag{44.5}$$

可以看出,如果式(44.6)成立,则互补天线的输入导纳的虚部可以消掉,即

$$\begin{cases} C_d L_d = C_p L_p \\ R_d^2 = \dfrac{L_d}{C_p} \end{cases} \tag{44.6}$$

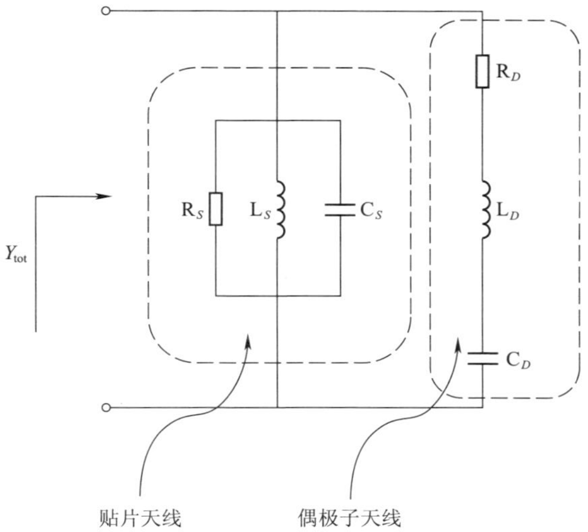

图 44.4　互补天线的等效电路

如果电偶极子和贴片天线具有相同的谐振频率，且电偶极子的输入阻抗与电偶极子和贴片天线的电抗满足一定关系时，两个等式就能同时成立。虽然没有严格的证明，但这一结果显示，如果天线的尺寸选择适当，互补天线是可以实现宽带的。

44.3　磁电偶极子天线的基本形式

44.3.1　天线结构

根据 44.2 节介绍的互补天线的概念，电偶极子和磁偶极子可以合成磁电偶极子天线。它的基本形式：电偶极子部分由一个平面的半波偶极子构成，如图 44.5(a)所示；磁偶极子的部分是由一个短路 $\lambda/4$ 贴片天线构成，如图 44.5(b)所示。根据经典腔模理论，作为磁流源，短路 $\lambda/4$ 贴片天线主要从开路终端的部位辐射。把两个天线组合，将平面电偶极子放在距地板 $\lambda/4$ 处，内边通过两个垂直金属壁与地板短路，如图 44.5(c)所示。金属壁连同它们之间的地板组成一个垂直的短路 $\lambda/4$ 贴片天线，厚度约为工作波长的 10%。该天线采用 Γ 形探针激励，包括 3 个部分：第一部分和其相邻的垂直金属壁相连，共同构成空气微带线，特征阻抗为50Ω；由同轴发射的电信号通过微带线传输到Γ形探针的第二部分，该部分将信号耦合到磁电偶极子；Γ形探针的第三部分与垂直金属壁一起构成开路微带线，补偿第二部分引入的电感。

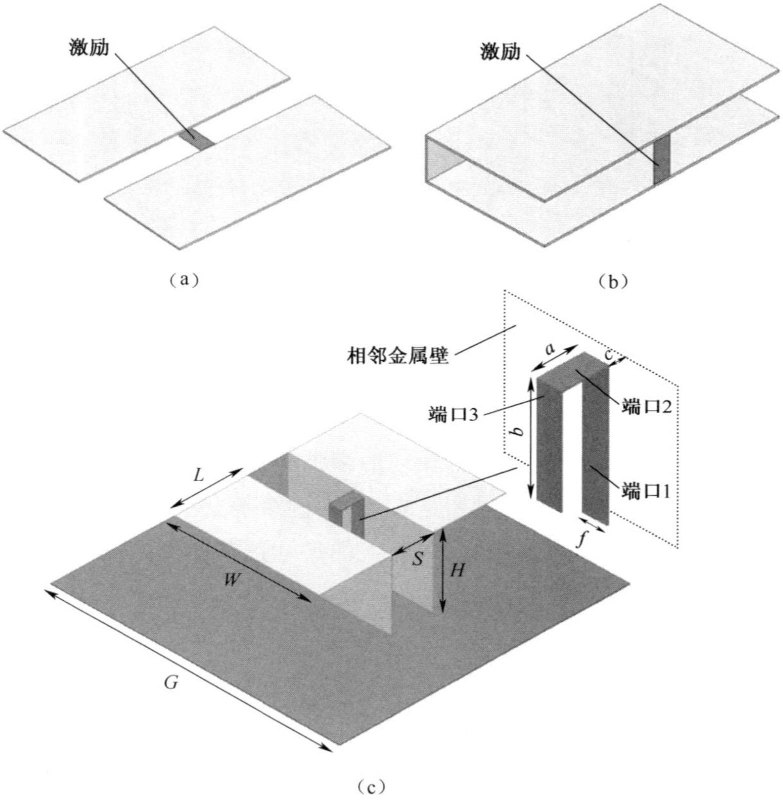

图44.5 磁电偶极子天线的基本形式
(a)平面偶极子天线；(b)短路λ/4贴片天线；(c)磁电偶极子天线。

1. 电磁偶极天线的实例

Luk和Wong(2006)已经通过实验验证了天线的性能。2.5GHz的磁电偶极子的尺寸见表44.2。天线的阻抗特性和辐射特性见图44.6和图44.7。1.80~2.97GHz范围内天线的阻抗带宽($S_{11} \leqslant -10$dB)为49.1%。增益约为7.9dBi，在7.54~8.14dBi范围内变化。带内天线方向图稳定。E面和H面的波束宽度基本相等。在整个工作带宽中，交叉极化和后瓣辐射水平非常低。

表44.2　磁电偶极子的尺寸

参　　数	L	W	S	H	G
值/mm	30 $0.25\lambda_0$	60 $0.50\lambda_0$	17 $0.14\lambda_0$	30 $0.25\lambda_0$	160 $1.33\lambda_0$
参　　数	a	b	c	f	
值/mm	9.5 $0.08\lambda_0$	22 $0.18\lambda_0$	1	4.91 $0.04\lambda_0$	

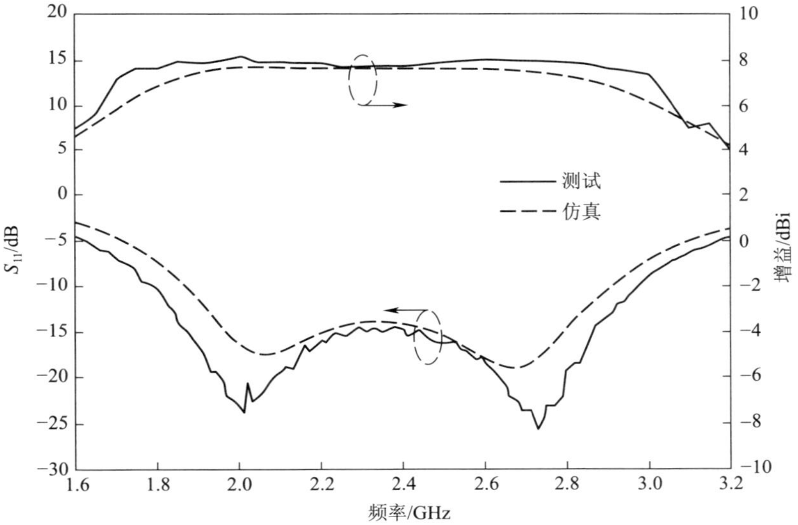

图44.6　SWR(驻波比)和增益的仿真与测量结果

2. 磁偶极子

从几何结构上看,该天线和传统的由巴伦激励的反射型电偶极子天线没有多大的差别。但是,垂直金属壁和Γ形探针改变了天线的性能。这里研究了3种情况,如彩图44.8所示,即磁电偶极子、平面电偶极子和电偶极子。仿真结果表明,如果垂直壁的宽度降低到$W_1=10$mm,H面的波束宽度变得比E面大,且背瓣增加。其原因是,没有磁偶极子的配合,天线就成了反射型电偶极子。

垂直短路贴片天线的高度为$\lambda/4$。使用IE3D对不同高度天线的驻波比和增益进行了仿真,如彩图44.9所示。可以看出,随着H的降低,短路$\lambda/4$贴片天线的谐振长度减小,第二谐振频率上移而第一谐振频率固定在2GHz。这证明了第二谐振频率是由$\lambda/4$天线的尺寸决定的。

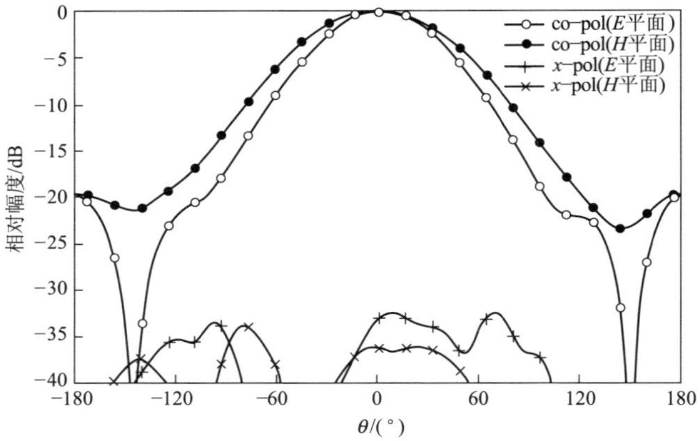

(a)

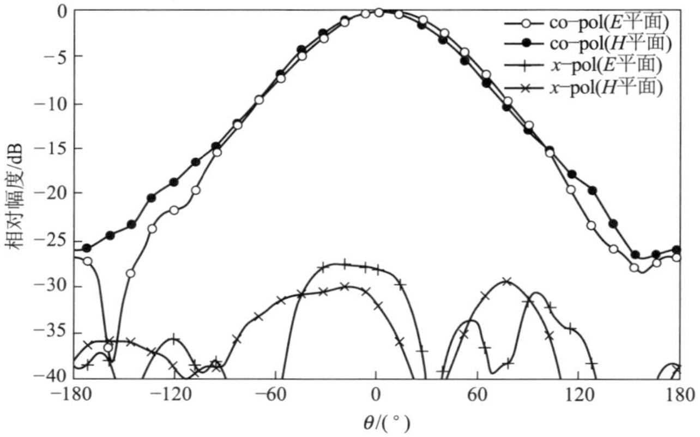

(b)

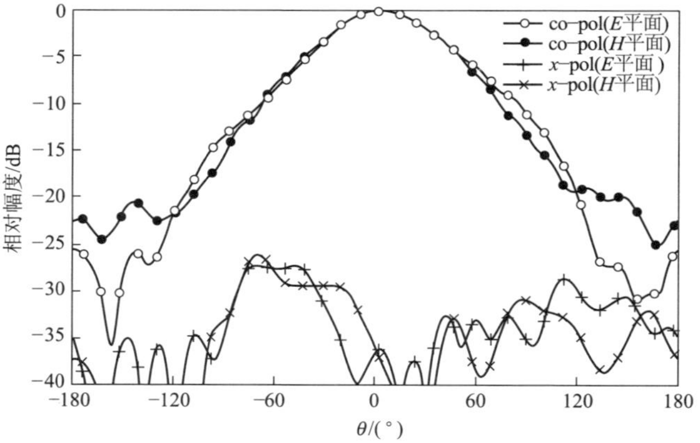

(c)

图 44.7　1.75GHz、2.5GHz 和 3GHz 天线方向图的测量结果

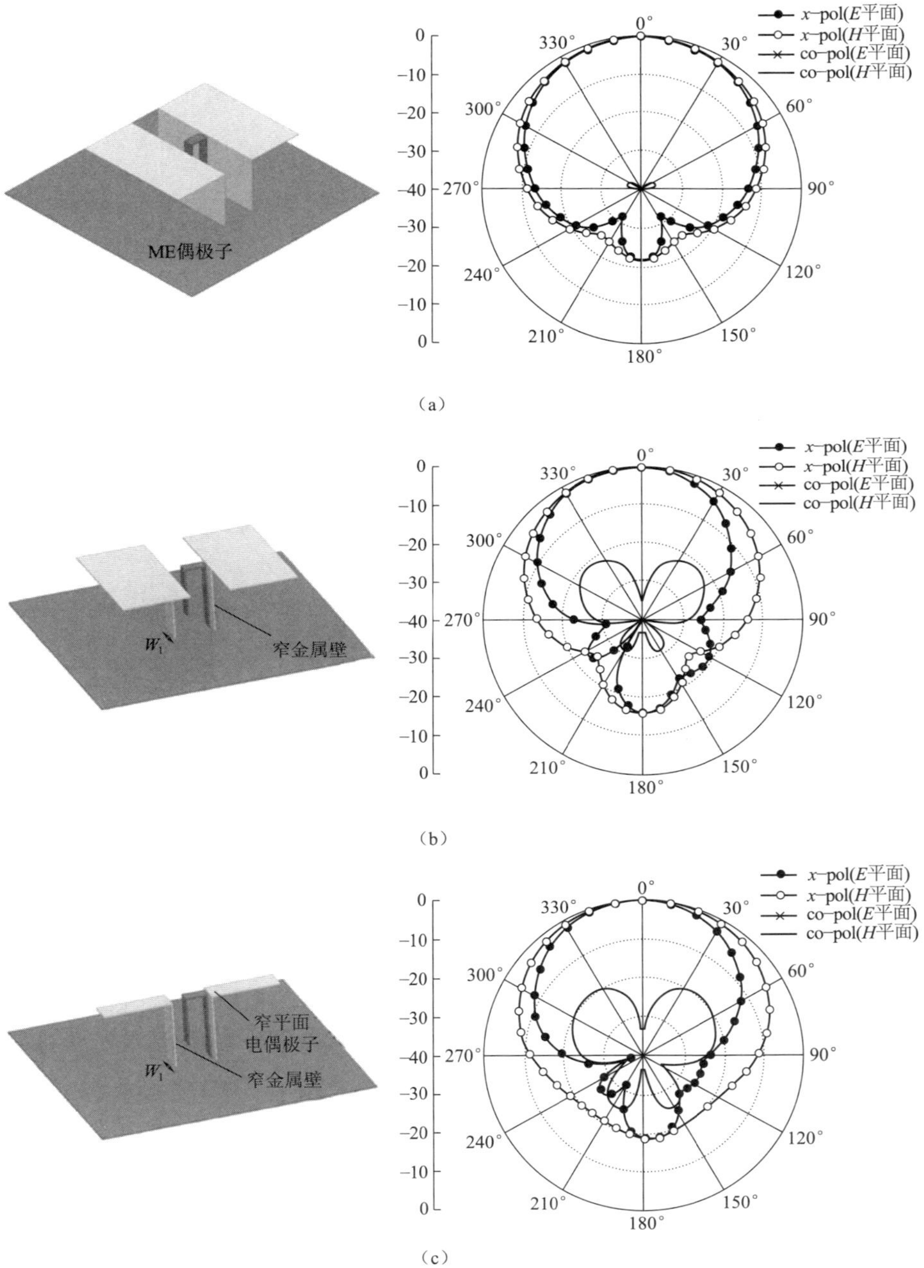

图 44.8　几种磁电偶极子天线及其方向图(彩图见书末)

(a)磁电偶极子及其方向图;(b)平面电偶极子及其方向图;(c)细导线电偶极子及其方向图。

3. 电偶极子

通常情况下,平面电偶极子长度约为半波长。对各种长度偶极子的驻波比和增益进行了分析,如彩图 44.10 所示。如果 L 增加,电偶极子增大,第一谐振频点向低频移动,而第二谐振点固定在 2.7GHz。这证实了第一谐振点主要受电偶极子的影响。

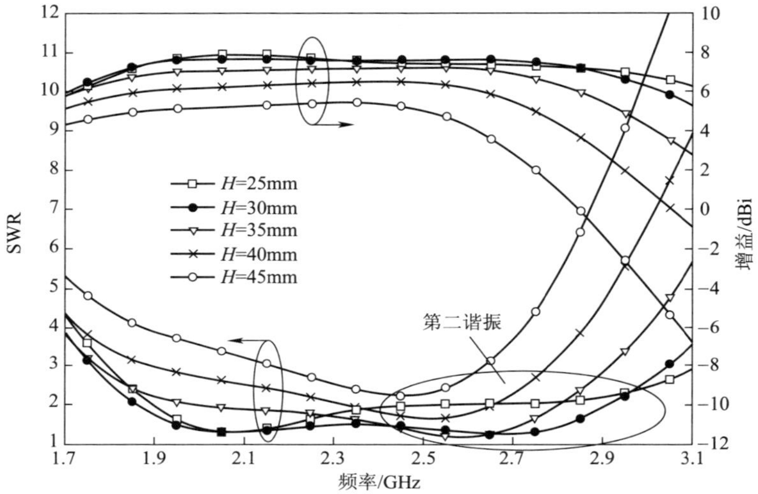

图 44.9 天线 H 高度的影响(彩图见书末)

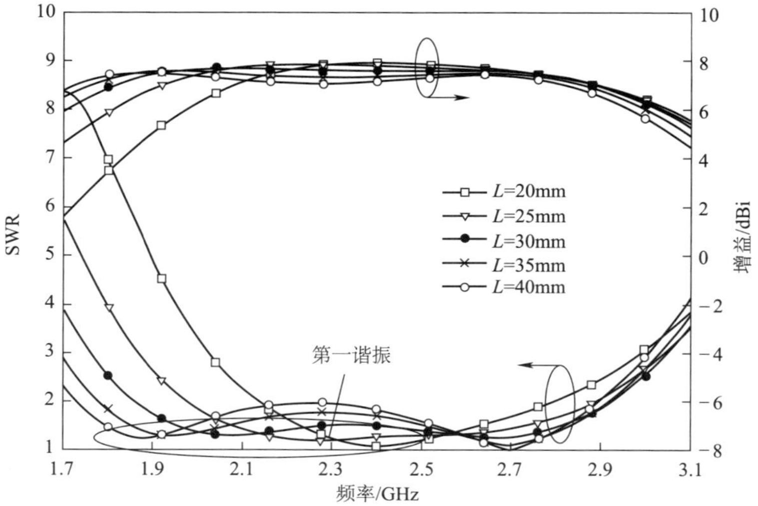

图 44.10 平面电偶极子 L 长度的影响(彩图见书末)

4. Γ 形探针

一般地，Γ 形探针充当空气微带线，和一个 L 形探针相连。它对天线的阻抗匹配的贡献明显。Γ 形探针的长度 a 的影响如彩图 44.11 所示。减小 a，第一谐振频率向下移，第二谐振频率固定，带内驻波比增加。Γ 形探针的长度 b 对阻抗匹配来说也是一个关键参数。结果如彩图 44.12 所示。当 b 减小时，第二谐振频率上移，第一谐振频率固定，低频阻抗匹配恶化。

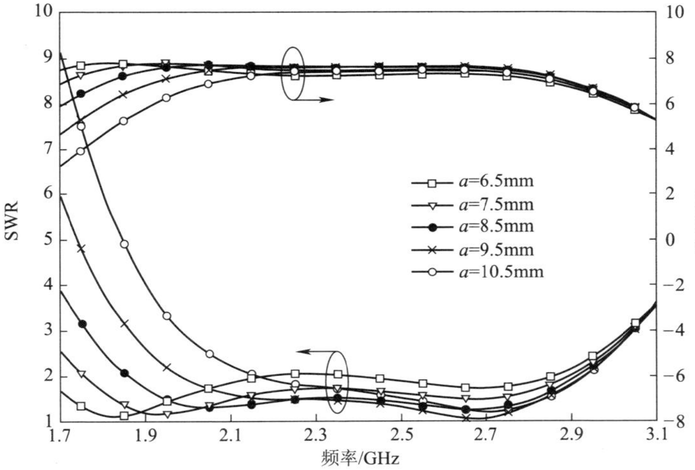

图 44.11　Γ 形探针第二部分长度的影响（彩图见书末）

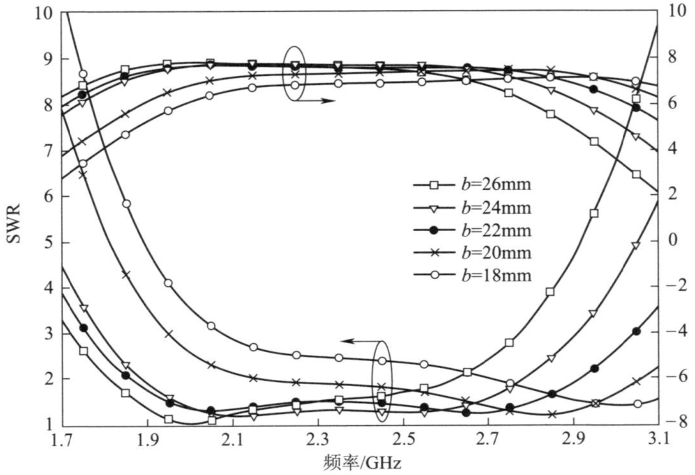

图 44.12　Γ 形探针第三部分长度的影响（彩图见书末）

5. 接地板

接地板作为天线的反射面,对天线的性能有着重要的影响,因此必须仔细研究接地板尺寸效应。一种极端的情况,磁电偶极子没有接地板。中心频率的方向图如彩图44.13(a)所示。根据前面提到的互补天线的概念,理想的互补天线没有后瓣辐射。在设计磁电偶极子天线时,天线和接地板作为一个整体统一考虑。如果没有接地板,磁电偶极子会有一个大约-7dB的后瓣。实际上如果没有接地板,磁电偶极子天线是无法安装的。因此,垂直壁面之间的接地板是$\lambda/4$贴片天线必需的组成部分,不能去掉。如彩图44.13(b)~(d)所示,G降低时后瓣增加。分析了不同G值情况下驻波比和增益的变化,如彩图44.14所示。仿真结果表明,随着G的增大,天线增益也随之提高。但是接地板的尺寸对天线阻抗匹配没有影响。

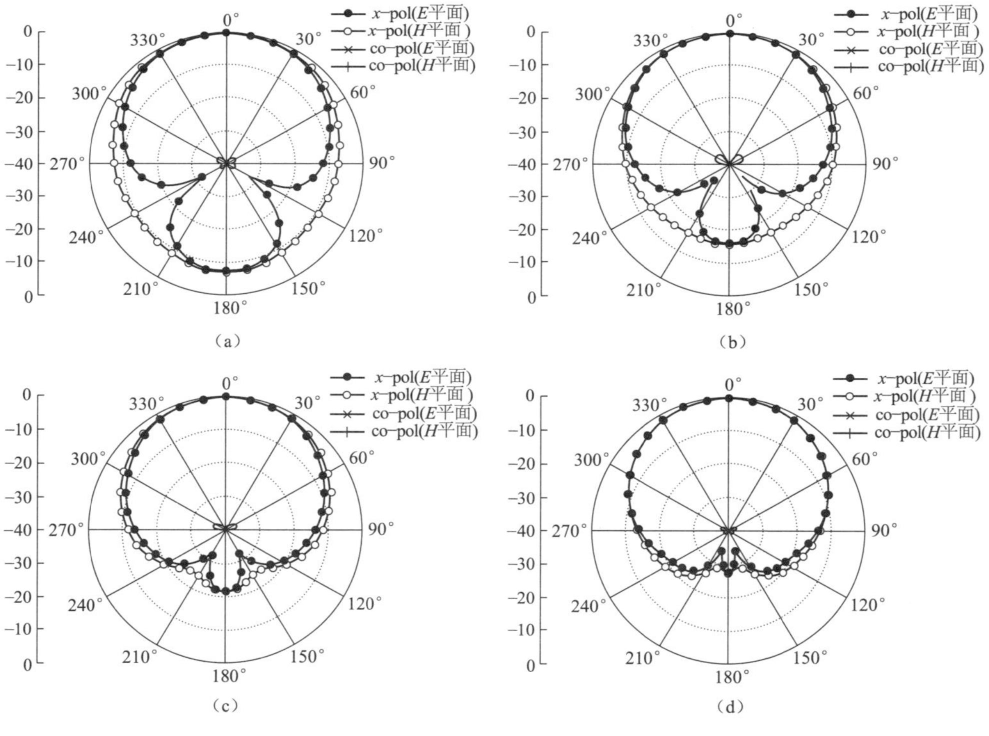

图44.13 不同长度接地板上偶极子的方向图(彩图见书末)

(a)无接地板;(b)G=80mm;(c)G=120mm;(d)G=160mm。

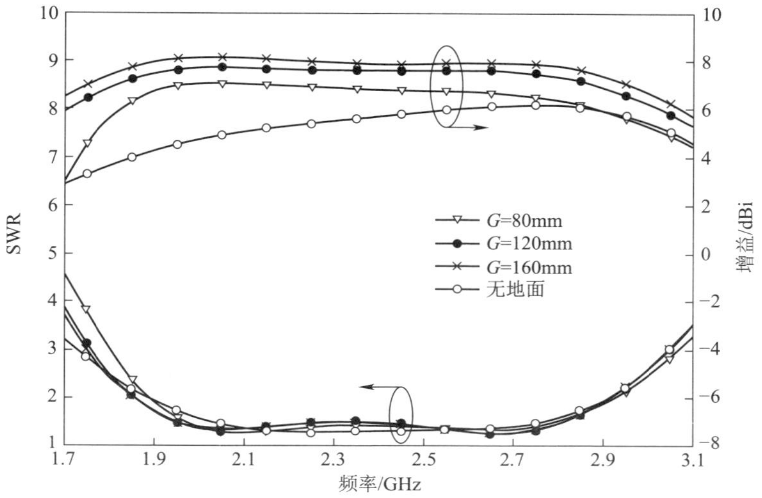

图 44.14　接地板长度 G 的影响(彩图见书后)

6. 设计指南

根据前面的研究结果,推荐按以下方法设计。

(1) 根据所需的工作频带中心频率(λ_0),确定平面电偶极天线的尺寸,$L=0.25\lambda_0$,$W=0.5\lambda_0$。

(2) 确定短路 $\lambda/4$ 贴片天线的尺寸,$H=0.25\lambda_0$,$W=0.5\lambda_0$,$S\approx0.14\lambda_0$。

(3) 选择适当大小的接地板与 $G\geqslant\lambda_0$。

(4) 设计一个 Γ 形探针,空气微带线部分特性阻抗为 50Ω。最后调整 a 和 b 达到良好的阻抗匹配。

44.3.2　降低高度的方法

与微带贴片天线相比,磁电偶极子天线具有许多优良的电性能。然而,一个显著的缺点是磁电偶极子天线尺寸较大,高度约 $0.25\lambda_0$,这可能是影响它实际应用的主要原因。因此,下面介绍几种降低天线高度的方法。

1. 折叠磁电偶极子

一个比较直接的降低磁电偶极子高度的方法是折叠垂直金属壁,如图 44.15所示。折叠磁电偶极子天线由平面电偶极子、折叠的短路 $\lambda/4$ 贴片天线和一个折叠 Γ 形探针组成。天线高度 $H=2h_1+h_3$,而短路贴片天线的电长度

为 $2h_1+2h_2+h_3$。因此,该方法在保持短路贴片天线 $\lambda/4$ 的物理长度的同时,有效降低了天线的高。原来的Γ形探针是经过改良设计的。

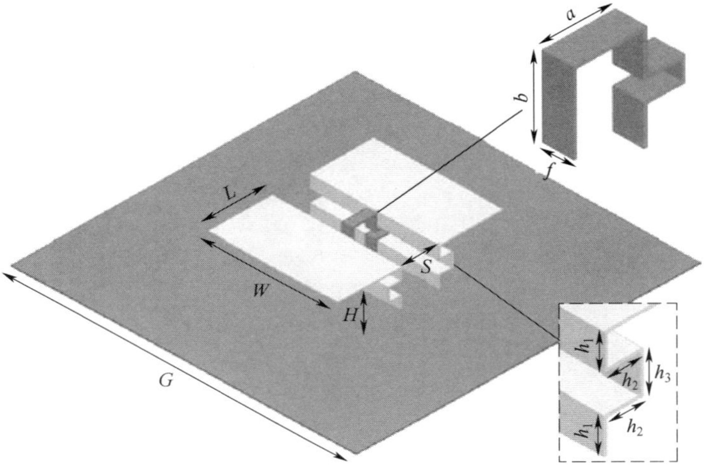

图 44.15 折叠磁电偶极子天线的结构示意图

探针 50Ω 的空气微带线部分也经过了折叠,沿着折叠的垂直金属壁放置。工作在 2.95GHz 的折叠磁电偶极子天线的尺寸见表 44.3。设计一个高度为 $0.176\lambda_0$ 的天线(即 18mm, $h_1=h_2=h_3=6$mm),并对其性能进行测试。图 44.16 显示了 SWR 和增益的仿真及测试结果。可以看出,在 2.3~3.66GHz 的频带内,该天线的阻抗带宽(SWR≤2)较宽,占 46%,且带内增益约为 7.7dBi。2.8GHz 的天线方向图如图 44.17 所示。使用这种方法可以进一步降低天线的高度。随着天线高度的降低,工作频带变窄,频率向上偏移。

表 44.3 折叠磁电偶极子天线的尺寸

参数	L	W	S	H	G	
值/mm	30 $0.29\lambda_0$	60 $0.59\lambda_0$	17 $0.17\lambda_0$	18 $0.17\lambda_0$	160 $1.5\lambda_0$	
参数	h_1	h_2	h_3	a	b	f
值/mm	6 $0.06\lambda_0$	6 $0.06\lambda_0$	6 $0.06\lambda_0$	11.5 $0.11\lambda_0$	13 $0.13\lambda_0$	4.91 $0.05\lambda_0$

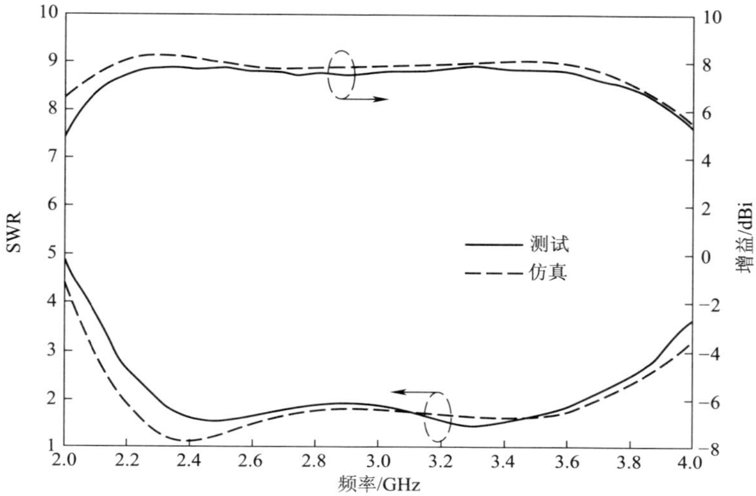

图44.16　SWR和增益的仿真及实测结果

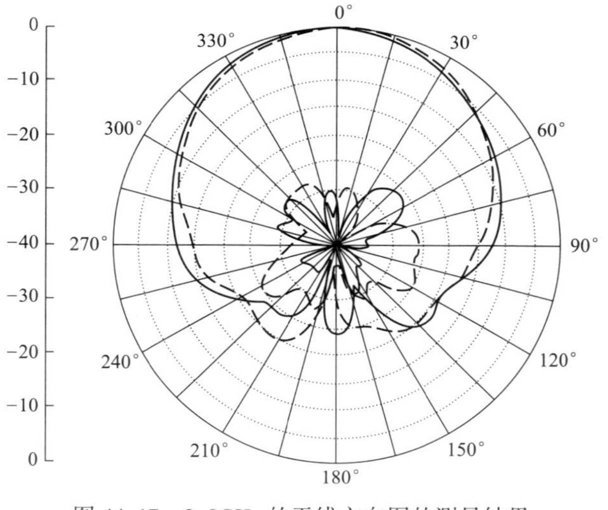

图44.17　2.8GHz的天线方向图的测量结果

黑色实线—共极化在E面的结果；黑色虚线—共极化在H面的结果；灰色实线—交叉极化在E面的结果；灰色虚线—交叉极化在H面的结果。

推荐按以下方法开展折叠天线设计。

(1) 根据所需的工作频带中心频率(λ_0)，确定平面电偶极子天线的尺寸，

$L=0.29\lambda_0$,$W=0.59\lambda_0$。

(2) 根据要求的天线高度,将短路贴片天线折叠起来,取短路贴片天线的物理长度约为 $\lambda/4$。

(3) 选择适当大小的接地板($G \geqslant \lambda_0$)。

(4) 设计一个折叠的Γ形探针,空气微带线部分特性阻抗为50Ω,沿折叠的垂直金属壁放置。最后调整 a 和 b 以达到良好的阻抗匹配。

2. 介质加载的磁电偶极子天线

另一种降低磁电偶极子高度的技术是在短路 $\lambda/4$ 贴片天线中使用高介电常数介质基板替代空气基板。Siu 等(2009)开展了介质加载磁电偶极子天线的试验研究。天线的结构如图44.18所示。该天线由平面电偶极子、介质加载短路 $\lambda/4$ 贴片天线和Γ形探针构成。两垂直金属壁之间充满了介电常数为2.65的介质材料;天线的高度因此降到了 $0.16\lambda_0$,选用介电常数更高的基片,天线高度还可以降得更多。工作在2.67GHz的介质加载偶极子天线的尺寸见表44.4。如图44.19所示,在2.0~3.3GHz的频带内,该天线的阻抗带宽($S_{11} \leqslant -10$)较宽,占49%,且带内增益约为8.1dBi。2.5GHz的天线方向图如图44.20所示。

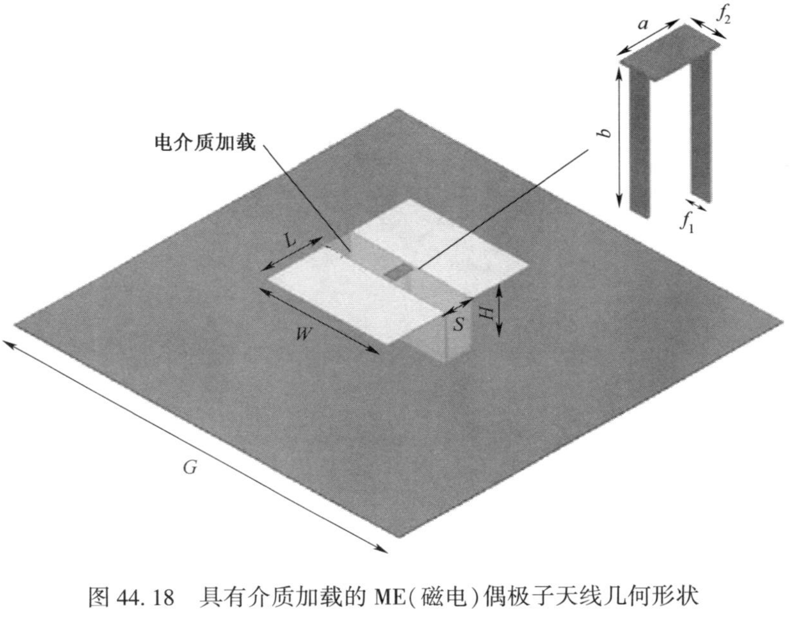

图44.18 具有介质加载的ME(磁电)偶极子天线几何形状

表 44.4　带介质加载的 ME 偶极子天线的尺寸

参数	L	W	S	H	G
值/mm	23 0.20λ_0	47 0.42λ_0	10 0.09λ_0	18 0.16λ_0	150 1.34λ_0
参数	a	b	f_1	$f_2$①	
值/mm	7.7 0.1λ_0	15 0.13λ_0	4 0.02λ_0	2 0.01λ_0	

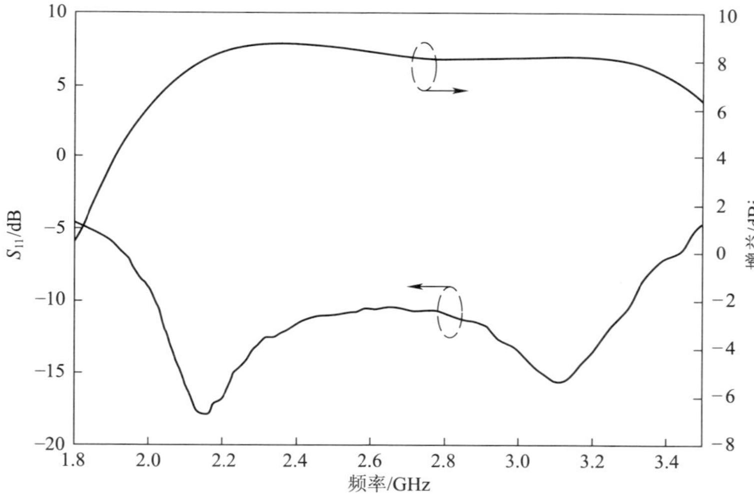

图 44.19　S_{11}和增益的测量结果

交叉极化电平约-18dB，与原来的磁电偶极子设计相比高出很多，这可能是由于$\lambda/4$贴片天线激发高次模引起的。

3. 使用不同的磁偶极子

使用前面所述的方法，磁电偶极子天线的高度可以有效降低。但是，天线结构变得更复杂，而且工作带宽也降低了。事实上，磁电偶极子的高度主要取决于磁偶极子，在之前的电子偶极子天线设计中选用的磁偶极子是一个短路$\lambda/4$贴片天线。可以选用其他类型的磁偶极子，在保持天线良好的电气特性的同时，降低天线高度。本节给出了两个用环形天线作为磁偶极子的电磁偶极天线的

①表中f_2原书中误为f_1——译者注。

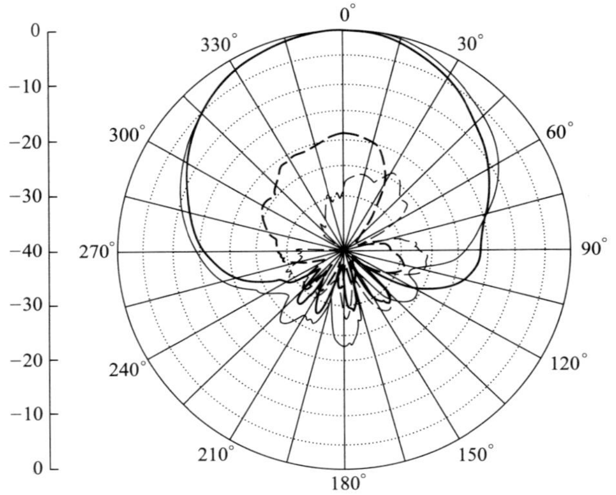

图44.20 2.5GHz的天线方向图的测量结果

黑色实线—共极化在E面的结果;黑色虚线—交叉极化在E面的结果;灰色实线—共极化在H面的结果;灰色虚线—交叉极化在H面的结果。

(引自(Siu et al.,2009。IEEE转载许可)

实例。

4. 三角环形天线

Luk和Wu(2012)首次把三角环形天线用于磁电偶极子天线。如图44.21所示,该天线包括平面电偶极子、三角形环形天线和一个直接相连的馈源。环形天线是通过将短路$\lambda/4$贴片天线的截面改为三角形构成的。若想获得良好的性能,环形天线的截面形状应接近等边三角形($\theta=60°$),总长度约$\lambda_0/2$。使用环形天线作磁偶极子,天线高度可降到$0.16\lambda_0$,且平面偶极子臂之间的缝隙只有$0.02\lambda_0$,可以直接和馈源连接。该馈源包括一段同轴电缆和一个位于三角环形天线顶角上的小贴片,后续在"其他馈电机制"中详细阐述。工作频率在2.28GHz的典型天线模型,其尺寸如表44.5所列。天线SWR和增益随频率变化的情况如图44.22所示。仿真的阻抗带宽(SWR≤1.5)在1.83~2.71GHz之间,占39%,实测的阻抗带宽(SWR≤1.5)在1.83~2.73GHz之间,占40%。仿真和实测的结果吻合良好。在工作频率范围内,实测的增益为8.4dBi,变化范围约0.2dB,仿真的增益比实测高0.2dB左右。2.4GHz的天线方向如彩图

44.23 所示。

推荐按以下方法开展天线设计。

（1）根据所需工作频带的中心频率（λ_0），确定平面电偶极子的尺寸，$L=0.23\lambda_0$，$W=0.5\lambda_0$。

（2）确定三角环形天线的尺寸，$H=0.16\lambda_0=60°$。

（3）选择适当大小的接地板（$G\geqslant\lambda_0$）。

（4）设计直连馈源。

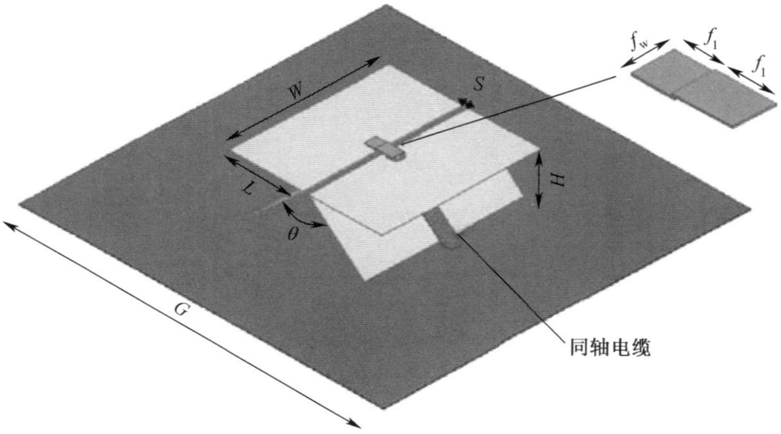

图 44.21　三角环 ME（磁电）偶极子的几何形状

表 44.5　三角环 ME（磁电）偶极子天线的尺寸

参数	L	W	S	H
值/mm	30 $0.23\lambda_0$	65 $0.5\lambda_0$	2.6 $0.02\lambda_0$	21 $0.16\lambda_0$
参数	G	θ	f_1	
值/mm	150 $1\lambda_0$	60°	5 $0.03\lambda_0$	

5. 矩形环形天线

随后，GE 和 Luk（2012）又把矩形环形天线用于磁电偶极子天线。图 44.24 显示了该天线的几何结构。它由平面电偶极子、矩形环形天线、直连馈电和盒子形反射底板组成。采用矩形环天线，天线的高度可以降低到 $0.164\lambda_0$。采用盒

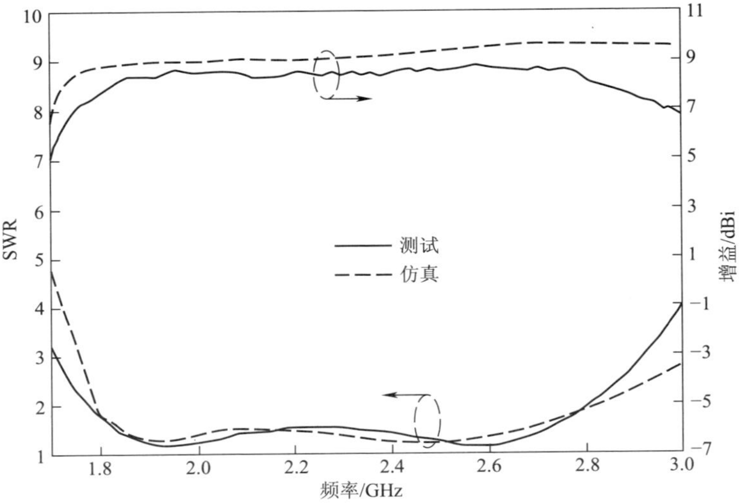

图 44.22　仿真和实测的 SWR 及增益(引自(Luk 和 Wu)# IEEE 2012,转载许可)

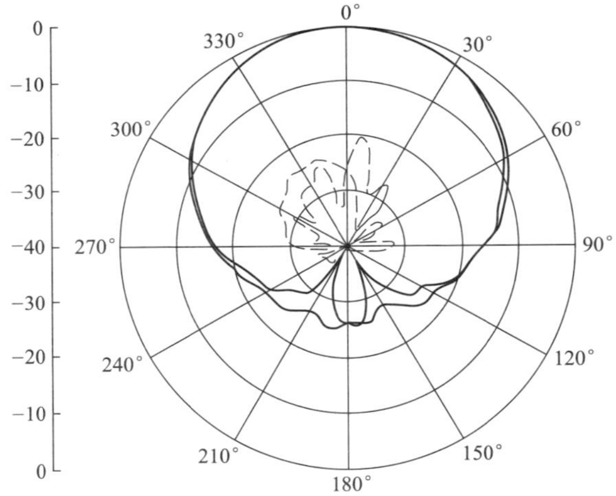

图 44.23　2.4GHz 的天线方向图(引自 Luk 和 Wu 的文献 IEEE 2012,转载许可)(彩图见书后)

黑色实线—共极化在 E 面的结果;黑色虚线—交叉极化在 E 面的结果;

灰色实线—共极化在 H 面的结果;灰色虚线—交叉极化在 H 面的结果。

子形的反射底板可以进一步降低后瓣,获得稳定的方向图。直连馈电包括一段同轴电缆、一段沿偶极子臂分布的空气微带线,跨越间隙 $S=0.05\lambda_0$ 的裂缝,直接连接到偶极子的另一个臂。加工了工作频率为 2.59GHz 的天线,装配尺寸见

表 44.6。图 44.25 显示了仿真和实测的天线 SWR 及增益。实测的阻抗带宽（SWR≤1.5）在 1.83~2.71GHz，占 54.8%，比三角环磁电偶极子天线的带宽更宽。实测的增益约为 8.6dBi，0.8dB 的变化范围。2.6GHz 的方向图如图 44.26 所示。推荐按以下方法开展天线设计。

（1）根据所需的工作频带中心频率（λ_0），确定平面电偶极天线的尺寸，$L=0.259\lambda_0$ 和 $W=0.518\lambda_0$。

（2）根据所需的天线高度，在确保 $2(M_1+M_2)=0.5\lambda_0$ 的条件下确定 M_1 和 M_2。

（3）选择适当大小的接地板（$G\geqslant\lambda_0$）。

（4）设计直连馈源，调解 f 获得较好的阻抗匹配结果。

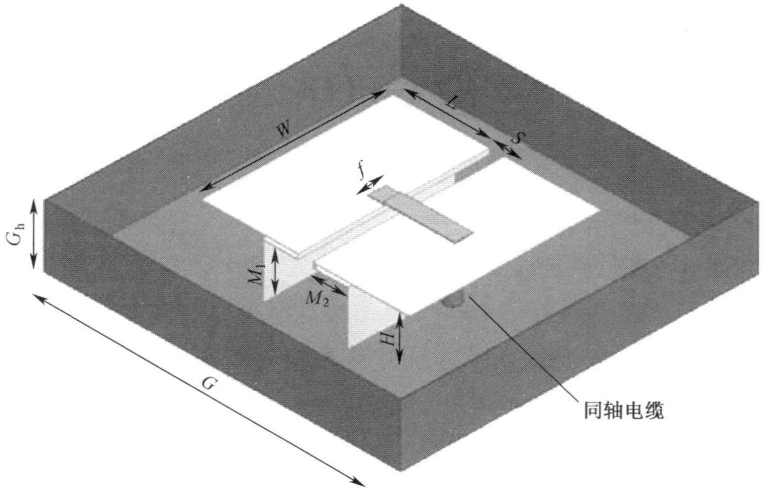

图 44.24　矩形环 ME（磁电）偶极子天线的几何形状

表 44.6　矩形环 ME（磁电）偶极子天线的尺寸

参数	L	W	S	H	
值/mm	30 $0.26\lambda_0$	60 $0.52\lambda_0$	5.4 $0.05\lambda_0$	19 $0.16\lambda_0$	
参数	G	G_h	M_1	M_2	f
值/mm	112 $1\lambda_0$	20 $0.17\lambda_0$	17.2 $0.15\lambda_0$	11 $0.1\lambda_0$	5.7 $0.05\lambda_0$

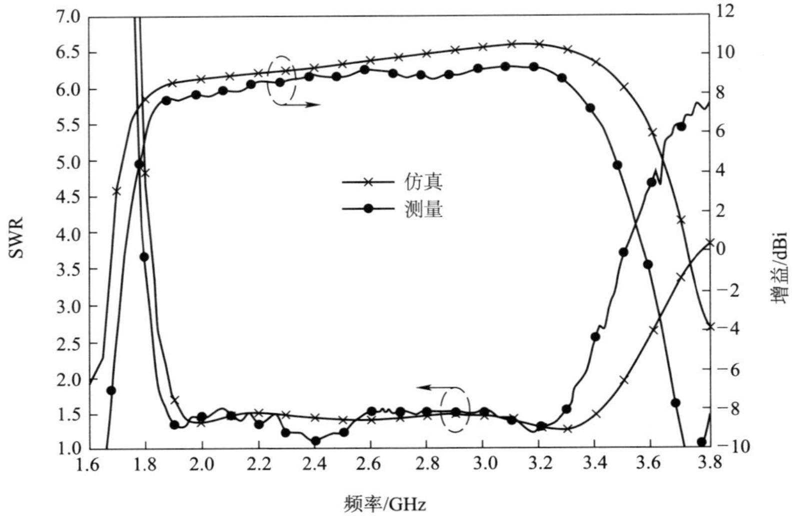

图 44.25　仿真和实测的 SWR 及增益(引自(Ge,Luk)# IEEE 2012,转载许可)

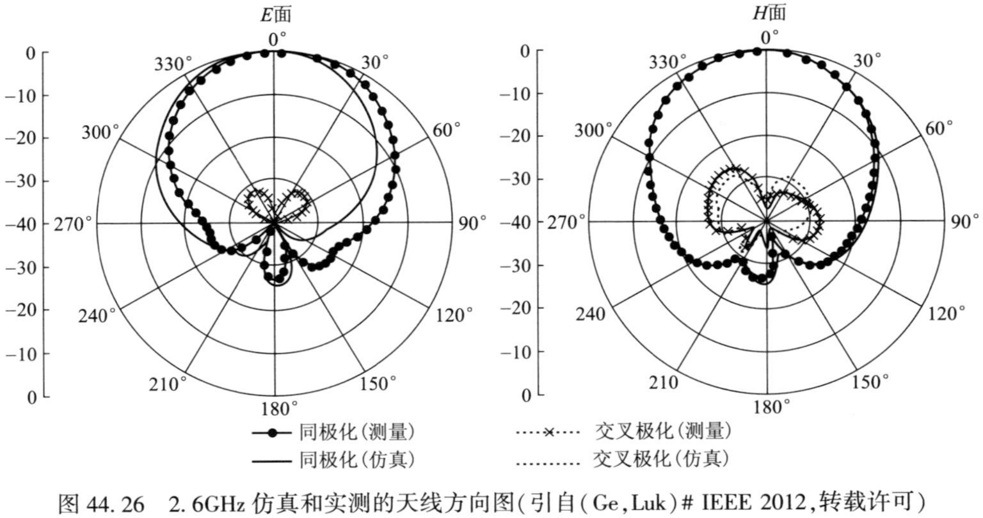

图 44.26　2.6GHz 仿真和实测的天线方向图(引自(Ge,Luk)# IEEE 2012,转载许可)

44.3.3　其他馈电机制

在传统的磁电偶极子中,采用图 44.5(c)所示的 Γ 形探针进行馈电。但在实际使用中,该探针的第三部分可以变形为不同的形状来弥补第二部分引入的感抗。图 44.27 显示了两种馈电形式，即 T 形探针和方形贴片偶极子。图 44.27(a)显示探针的第三部分是一个水平贴片。在设计毫米波天线时，该部分可以印在单层印制板上，后续将在“60GHz 天线的设计实例”中详细介绍。图 44.27(b)所示的探针比传统的 Γ 形探针更短，该探针的第三部分是一个方形贴片。尽管天线无论选用哪种馈电形式，都比采用传统的 Γ 形探针阻抗带宽更宽，但后瓣辐射和交叉极化的水平也变高了。

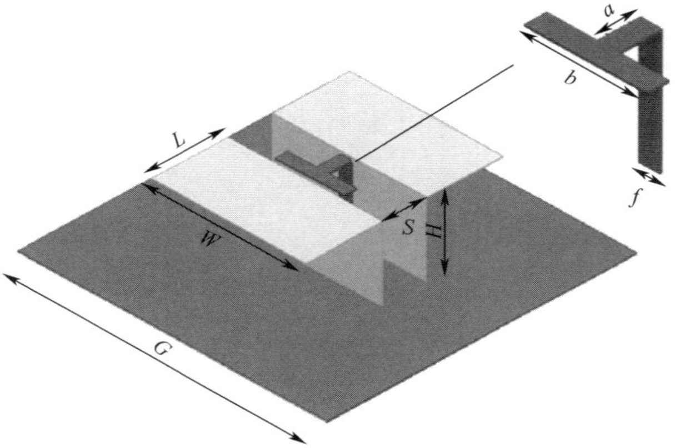

(a)

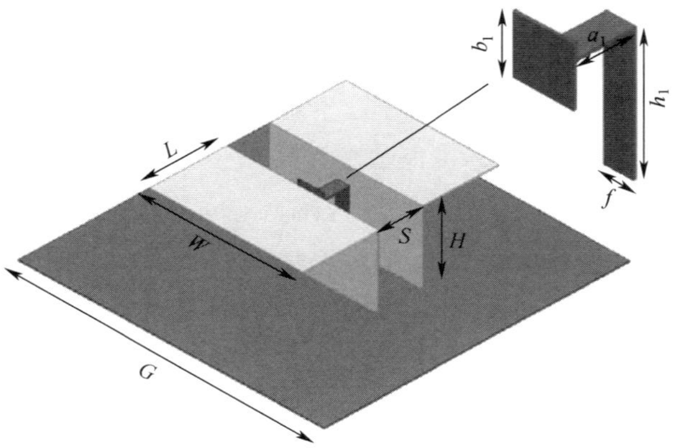

(b)

图 44.27　磁电偶极子的其他馈电形式

(a)T 形探针；(b)方形贴片偶极子。

此外，上述类型的探针都是和馈源连接，而不是直流接地，因此不能满足在户外应用中的防雷要求。因此,正如在“降低高度的方法”小节中研究的结果,磁电偶极子天线可以选用环形天线作为磁偶极子(Luk,Wu 2012;GE,Luk 2012a;GE,Luk 2013a)。直连馈源可用于激励天线。直连馈源和环形天线都可以充当折叠巴伦,获得更宽的带宽。然而,由于没有部件补偿馈电部分穿过偶极臂之间的裂缝而产生的电感,所以要求裂缝非常小,这无疑增加了天线结构的复杂性。此外,由于折叠的巴伦没有Γ形探针匹配性那么好,高频时,最大增益点不会刚好只出现在宽边方向。

44.4 磁电偶极子天线不同极化形式

44.4.1 双极化天线

1. 总论

极化分集技术由于其突出的特点和优势,已被广泛应用于移动通信基站。在实际应用中,α±45°双极化天线用于接收和组合两个不相关的信号,以补偿多径衰落现象(Vaughan,1990)引起的信号退化,从而提高信号可靠性。相比于空间分集,极化分集技术只需要一个天线,从而降低了安装成本和空间(Turkmani et al.,1995)。

文献中,许多双极化天线,都是基于缝隙天线(Paryani et al.,2010)、偶极子天线(Cui et al.,2013)、介质谐振器天线(Sun and Leung,2013)或微带贴片天线(Wong et al.,2004;Lai and Luk,2007;Caso et al.,2010)提出的。然而,这些设计中均有缺点,如交叉极化高、后瓣辐射高或端口隔离差等。随着无线通信技术的迅速发展,传统的天线已不能满足基站天线的要求。

2. 多Γ形探针

Siu等(2009)在同一篇论文中首次提出了基于线极化设计的双极化磁电偶极子天线。如图44.28所示,天线由4个方形板组成,这些金属板通过垂直金属壁与地板短路。正方形平板充当平面电偶极子,金属壁构成短路贴片天线,贴片天线填充介质板以降低天线高度。两对Γ形探头置于垂直金属壁之间,激励天线的±45°极化。这种天线的接地板下需要馈电电路,因此增加了制造成本。馈电网络包括两个功分器。每个功分器将输入的电信号分别传送给并排分布的一对探针,进一步激发天线的一个极化。

原本在“介质加载的磁电偶极子天线”内容中提到的线极化天线,1.65~2.12GHz 范围内的阻抗带宽为 48%;而双极化天线的阻抗带宽只有很窄的 24%,带内两个端口的隔离度大于 29dB。两端口的平均增益约 8.2dBi。

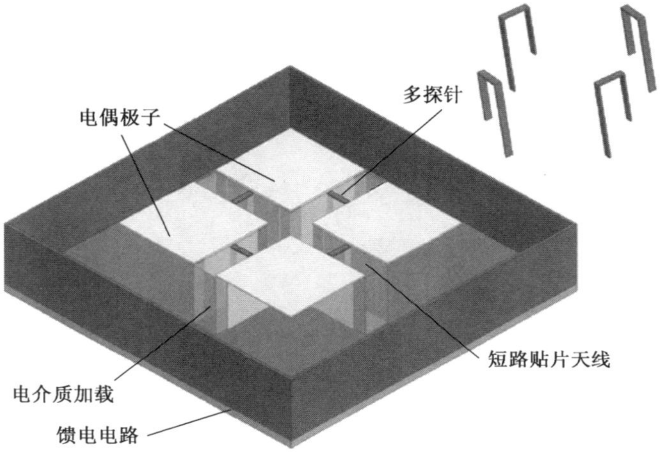

图 44.28　多 Γ 形探针双极化磁电偶极子天线的结构

3. 正交 Γ 形探针

文章发表后不久,Wu 和 Luk(2009a)又提出了另一种双极化电磁偶极天线。如图 44.29 所示,设计中仍然包括 4 块方形板,通过垂直金属壁与地板短路,这与前面所述的 Siu 等(2009)设计的天线非常相似。但是这次只用了两根单个的 Γ 形探针激励±45°极化,因此不需要馈电电路。每个 Γ 形探针由 3 部分组成。探针的第一部分与相邻的垂直金属壁形成一个锥形空气微带线,由同轴发射的电信号通过微带线传输到 Γ 形探针的第二部分,第二部分为馈线,从偶极子的一个臂上的小孔伸出来,穿过臂间的裂缝,进入其他偶极子臂上的小孔。第二部分将电信号耦合进天线,但同时也引入了电感,该电感可以由第三部分补偿。应该指出的是,探针与天线间并没有电气连接。

极化激励形式如图 44.29 所示,一对正交且相对的金属板充当了电偶极子。一对相邻的金属壁与它们之间接地板,构成短路的 λ/4 贴片天线;共形成了 4 个短路的贴片天线。每一对并排排列的短路贴片天线都相当于一个磁偶极子,4 个短路贴片天线可以等效为两个磁偶极子天线,磁偶极子的矢量和与电偶极子

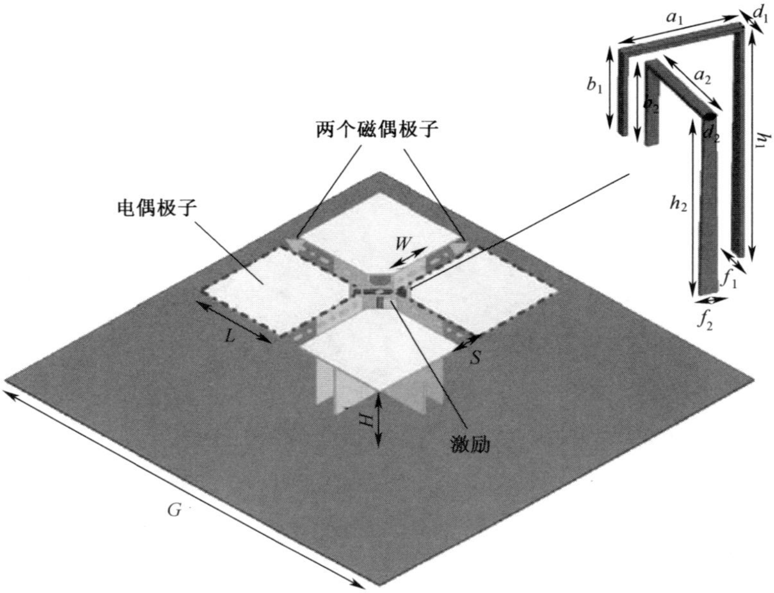

图 44.29　正交 Γ 形探针双极化磁电偶极子天线的结构

垂直,从而可以激励磁电偶极子天线。工作在 2.67GHz 的天线尺寸如表 44.7 所列。加工了天线原理样机并进行了测试。从图 44.30 中可以看出,在 1.7185~3.409GHz 范围内,端口 1 和端口 2 处实测的阻抗带宽(SWR≤2)分别为 69.7%和 74.6%。两个端口的公共带宽为 65.9%,两个端口之间的隔离度超过 36dB,如图 44.31 所示。天线的增益约为 9dBi。图 44.32 显示了在 2.701GHz 实测的天线方向图。很明显,与 Siu 等(2009)的设计相比,采用正交 Γ 形探针,在没有馈电电路的情况下,天线也实现了较宽的工作带宽。然而,馈电探针的复杂性给加工和制造带来了很大的难度。

表 44.7　双极化天线尺寸(Wu 和 Luk(2009a)的文献,IEEE 转载许可)

参数	L	W	S	G	H	a_1	a_2	
值/mm	29.2 $0.23\lambda_0$	14 $0.10\lambda_0$	6.2 $0.05\lambda_0$	149.6 $1.28\lambda_0$	28 $0.23\lambda_0$	13.6 $0.12\lambda_0$	13.6 $0.12\lambda_0$	
参数	b_1	b_2	f_1	f_2	d_1	d_2	h_1	h_2
值/mm	4.5 $0.05\lambda_0$	4.0 $0.03\lambda_0$	2.0 $0.02\lambda_0$	2.0 $0.02\lambda_0$	1.18 $0.01\lambda_0$	1.31 $0.01\lambda_0$	27 $0.23\lambda_0$	21 $0.18\lambda_0$

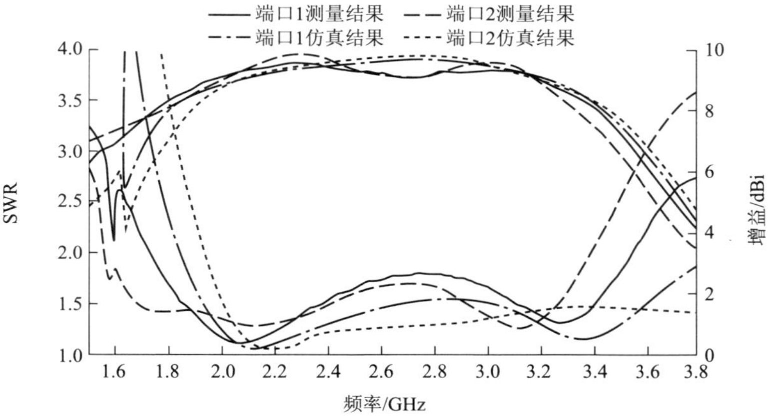

图 44.30　仿真和实测的 SWR 及增益(引自 Wu 和 Luk(2009a)的文献,IEEE 转载许可)

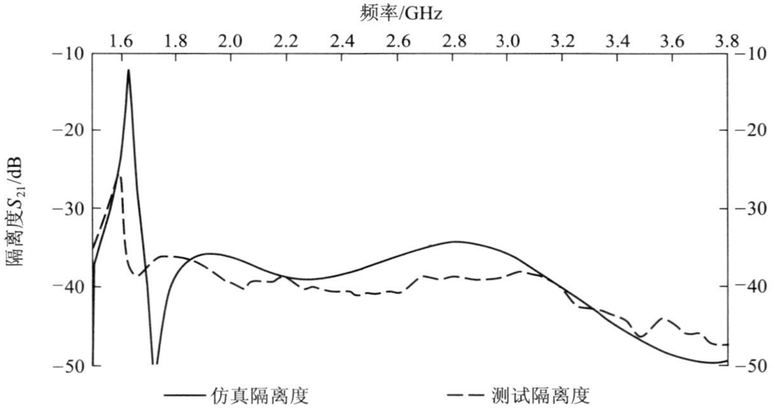

图 44.31　仿真和实测的隔离度(引自 Wu 和 Luk(2009a)的文献,IEEE 转载许可)

4. Γ 形正交探针的简化

随后,Li 和 Luk(2012)通过在垂直金属柱之间放置两正交 Γ 形探针简化了馈电方式。最近,Xue 等(2013)将馈电模式改为两对差分馈电,以提高工作带宽,进一步抑制两种极化之间的耦合。在 0.95～1.92GHz 范围内,该天线获得了较宽的阻抗带宽(SWR≤2),占 68%。差分端口隔离度优于 36dB。在 1.09～2.08GHz 范围内,−3dB 增益带宽为 62%。接下来详细介绍简化正交 Γ 形探针(Li and Luk,2012)的设计方法。

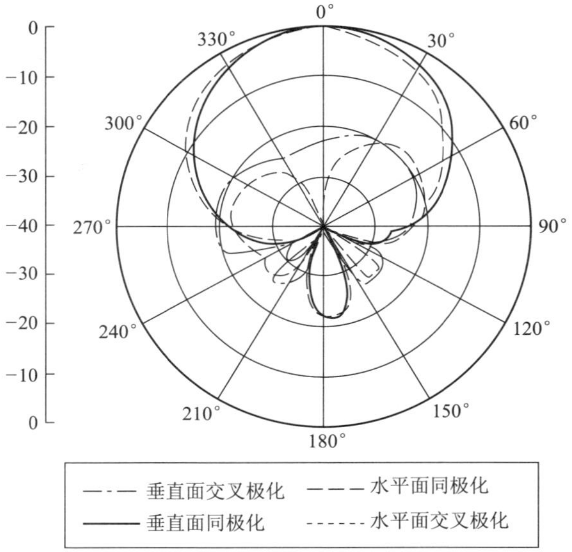

图 44.32　2.701GHz 实测的天线方向图(引自 Wu 和 Luk(2009a)的文献,IEEE 转载许可)

如图 44.33 所示,该天线由 4 个金属片、4 个与之垂直的金属柱、两个正交 Γ 形探头和一个盒子形的反射板构成。每个金属片都通过一个大的金属柱和地板短接。它们之间的缝隙均为 $S=0.05\lambda_0$。两个 Γ 形探针在金属柱之间的缝隙中正交放置。Γ 形探针由三部分组成。为了保证隔离,两个探针需设计成不同的高度。工作时,信号通过两个 SMA 连接器发射到正交 Γ 形探针。对于每个探针来讲,铜带线和两个相邻的短路金属柱构成改良的带状线结构。相邻的金属柱表面充当接地板,中间的铜带线传输信号。由于金属柱在两个正交的间隙中等间隙分布,位于两个缝隙交点部位的水平带线部分负责将信号耦合到天线单元。

极化激励形式如图 44.33 所示,一对平面电偶极子和一对短路 $\lambda/4$ 贴片天线被同时激励。4 块金属板构成两个平面电偶极子。每对相邻的金属柱和之间的接地板充当了短路 $\lambda/4$ 贴片天线。每两短路贴片天线并排放置,可以等效为磁偶极子,与电偶极子垂直。所以,可以实现磁电偶极子天线。应该指出的是,这种天线和前一节中所述的天线(Wu and Luk,2009)工作原理不同。

实验时,加工了一个 2.2GHz 的天线原理样件。端口 1 和端口 2 分别为:1.69~2.83GHz,天线的带宽为 50%(SWR≤1.5);1.68~2.76GHz,天线带宽为

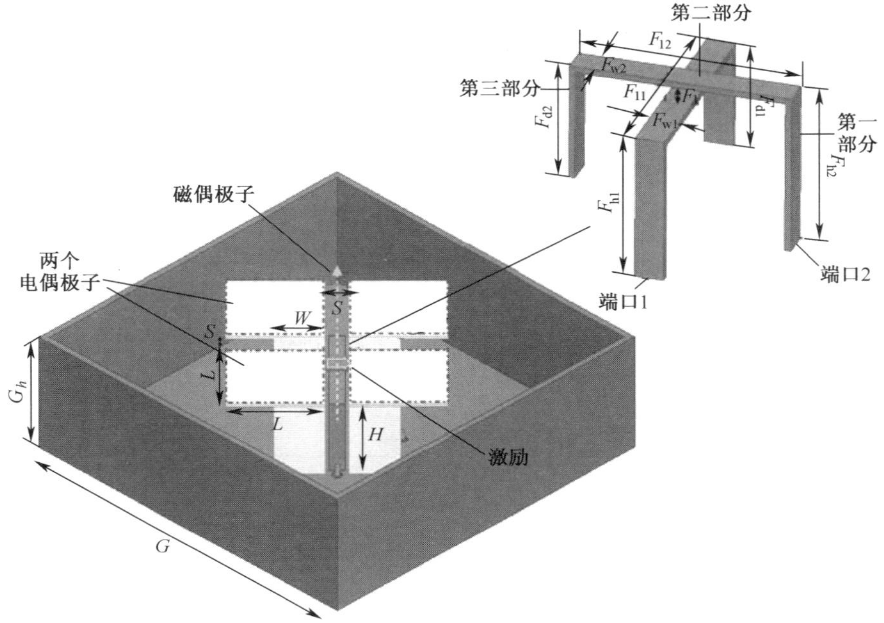

图 44.33　简化正交 Γ 形探针的双极化磁电偶极子天线的结构

49%(SWR≤1.5)。两个端口的工作频率范围稍有不同,主要是因为两个正交探针的高度不同。这两个端口的带宽通常为 48%。在工作频率范围内,端口 1 和端口 2 宽边增益的实测值分别约为 8.45dBi 和 8.5dBi。由于该天线结构对称,两个端口的增益几乎相同。在工作频带内,两个端口之间的隔离度实测值大于 30dB,前后比大于 29dB。推荐按以下方法开展天线设计。

(1) 根据所需的工作频带中心频率(λ_0),确定平面电偶极天线的尺寸 $L=0.20\lambda_0$。

(2) 确定短路 λ/4 贴片天线(金属柱)的尺寸:$H=0.25\lambda_0$,$W=0.10\lambda_0$,$S=0.05\lambda_0$。

(3) 设计一个盒子形的反射器,$G=0.8\lambda_0$和 $G_h\approx0.25\lambda_0$。

(4) 设计一对正交 Γ 形探针,通过调节 f_Δ 获得高隔离度和满意的相对阻抗带宽。

该天线和前面介绍的 Wu 和 Luk(2009a)设计的天线的对比结果见表 44.8。可以发现,与 Wu 和 Luk(2009a)的设计相比,Li 和 Luk(2012)设计的天线工作带宽较宽(SWR≤1.5),交叉极化和后瓣电平低,但是波束宽度不稳定,隔离度低。

表44.8 该天线与Wu和Luk(2009a)设计的天线对比

参数	Li和Kuk(2012)	Wu和Luk(2009a)
尺寸(λ_0^3)	0.8×0.8×0.26	1.28×1.28×0.23
阻抗带宽	48%(SWR≤1.5)	65.9%(SWR≤2)
隔离度/dB	>30	>36
增益/dB	~8.5	~9
交叉极化电平/dB	<-21	<-18
后瓣电平/dB	<-29	<-18
波束宽度/(°)	57~79	58~64.5

44.4.2 圆极化天线

1. 总论

圆极化(CP)辐射有利于抑制多径干扰和极化失配。由于这些特性,圆极化在雷达、卫星和毫米波系统等许多领域获得广泛应用。圆极化天线的基本工作原理是产生两个振幅相等、相位正交的场分量。Pan等(2012)和Nakano等(2011)提出了很多性能优良的全向CP天线。然而,对于一些无线通信系统,考虑到安全和效率等原因,需要单向CP天线,因此也值得仔细研究。

对于双极化天线,增加一个馈电电路就能实现圆极化。文献中已经研究了许多类型的双极化天线,如双馈交叉偶极子天线(Zhang et al.,2013)、正交馈电的介质谐振器天线(Li et al.,2009)、环形微带天线(Guo et al.,2009)。在"正交Γ形探针的简化"内容中讨论的双极化磁电偶极子天线也可以发展一个CP天线(Li and Luk,2013c)。增加的馈电电路包括宽带的90°移相器和Wilkinson功分器。

天线原理样机的实测结果显示,在1.23~3.23GHz范围内,天线具有较宽的阻抗带宽(SWR≤2),占90%,覆盖了1.28~3.05GHz范围,3dB轴向比(AR)的82%。在工作频带,天线在1.45GHz的宽边增益大于5dBic。通常情况下,叠加(重叠)带宽受限于阻抗、轴向比和增益,天线大约有71%的有效带宽。

与双馈 CP 天线相比,单馈 CP 天线不需要馈电电路,因而结构简单。因此,Li 和 Luk(2014)提出了一种单馈圆极化磁电偶极子天线。下面详介绍其设计方法。

2. 单馈设计

图 44.34(a)显示单馈圆极化磁电偶极子天线。对“简化的正交 Γ 形探针”内容中所述的双极化偶极子天线进行改进设计,将其中一对斜对的金属板截掉一个角以提高谐振频率。而另一对金属板增加钩形条带以降低其谐振频率。在 4 个缝隙中,其中两个填充小金属块,以提高等效垂直 $\lambda/4$ 短路贴片天线的谐振频率。因此,改进设计的 CP 天线由一对加了钩形条带的金属板、一对截掉一个角的金属板、一对 U 形柱、一个 L 形馈电探针和一个平面反射器构成。图 44.34(b)给出了该天线的顶视图和侧视图。金属板通过 U 形柱接地。这个使用了 L 形探针的改进型天线安装了一个平面反射器。反射器下面有一个 SMA 连接器,给 L 形探针传输信号。天线的详细尺寸见表 44.9。图 44.35 显示了仿真及实测的 SWR 和增益。仿真结果显示,在 1.58～2.7GHz 范围内,阻抗带宽为 52.3%(SWR≤1.5),1.48～2.77GHz 阻抗带宽为 60.7%(SWR≤2)。测量结果表明,天线原理样机的带宽较宽,在 1.68～2.7GHz 范围内,阻抗带宽为 46.6%(SWR≤1.5),在1.32～2.85GHz,阻抗带宽为 73.3%(SWR≤2)。在 SWR 为 1.5∶1 的波段,天线宽边增益变化范围在 5～8.6dBic。图 44.36 显示了天线的轴向比的实测和仿真结果。可以看出,在 1.69～2.75GHz 范围内(SWR≤1.5),实测的 3dB 轴向比为 47.7%。2.1GHz 实测和仿真的方向图如图 44.37 所示。

表 44.9　单馈圆极化磁电偶极子天线的尺寸
(引自 Li 和 Luk(2014),IEEE 转载许可)

参数	L_1	L_2	S_1	S_2	H	W_1	W_2
值/mm	48 $0.33\lambda_0$	28 $0.19\lambda_0$	14 $0.10\lambda_0$	8 $0.06\lambda_0$	42 $0.29\lambda_0$	18 $0.13\lambda_0$	11 $0.08\lambda_0$
参数	P_1	P_2	P_3	C_1	C_2	C_3	C_4
值/mm	9 $0.06\lambda_0$	16 $0.11\lambda_0$	6 $0.04\lambda_0$	13 $0.09\lambda_0$	6 $0.04\lambda_0$	18 $0.13\lambda_0$	18 $0.13\lambda_0$
参数	M	F_w	F_h	F_1	F_{gap}	G	
值/mm	24 $0.17\lambda_0$	12 $0.08\lambda_0$	40 $0.28\lambda_0$	30 $0.21\lambda_0$	1	160 $1.11\lambda_0$	

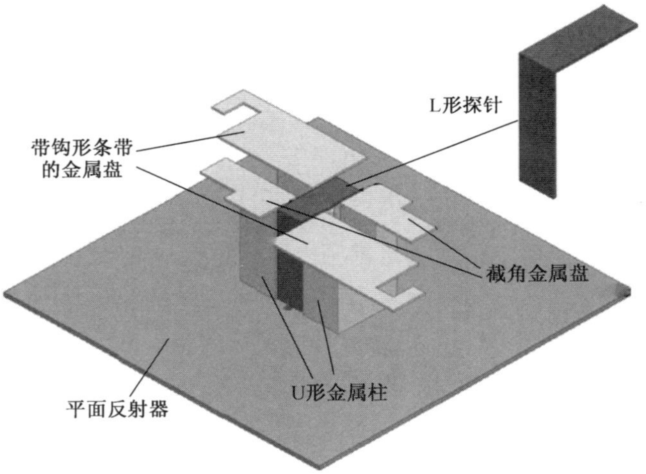

(a)

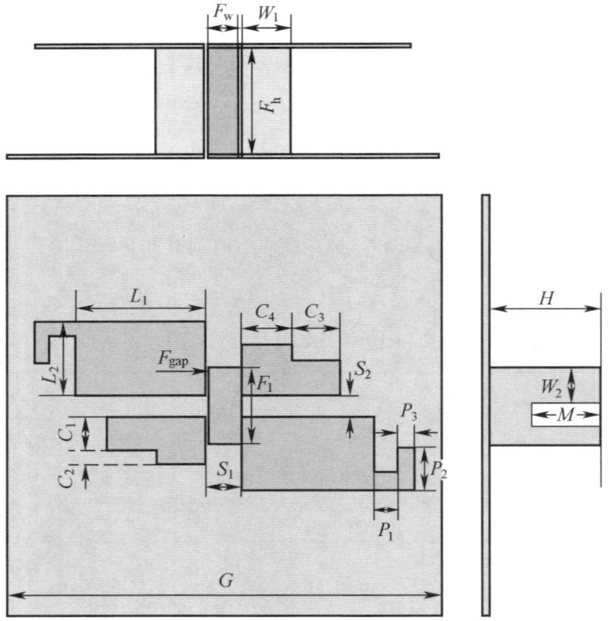

(b)

图 44.34　单馈圆极化磁电偶极子天线的结构

(引自 Li 和 Luk(2014)的文献,IEEE 转载许可)

(a)透视图;(b)顶视和侧视图。

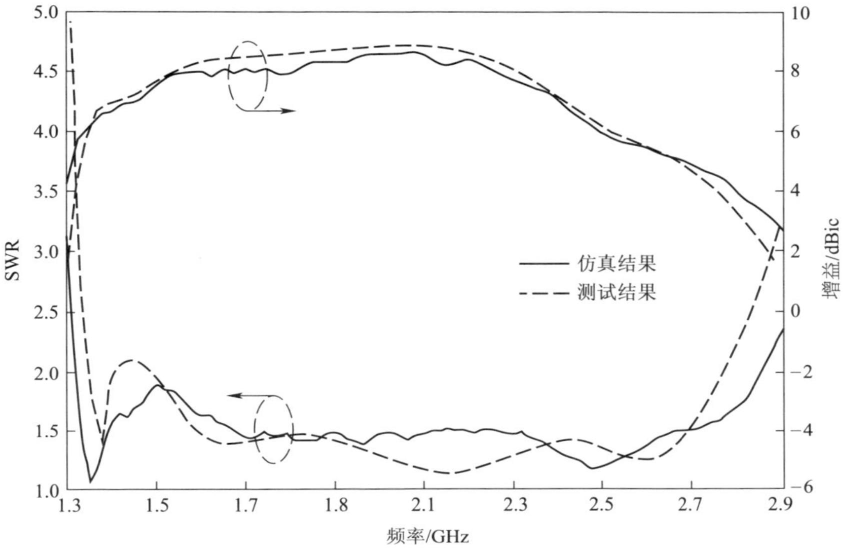

图 44.35　仿真和实测的单馈圆极化天线 SWR 与增益
（引自 Li 和 Luk（2014）的文献，IEEE 转载许可）

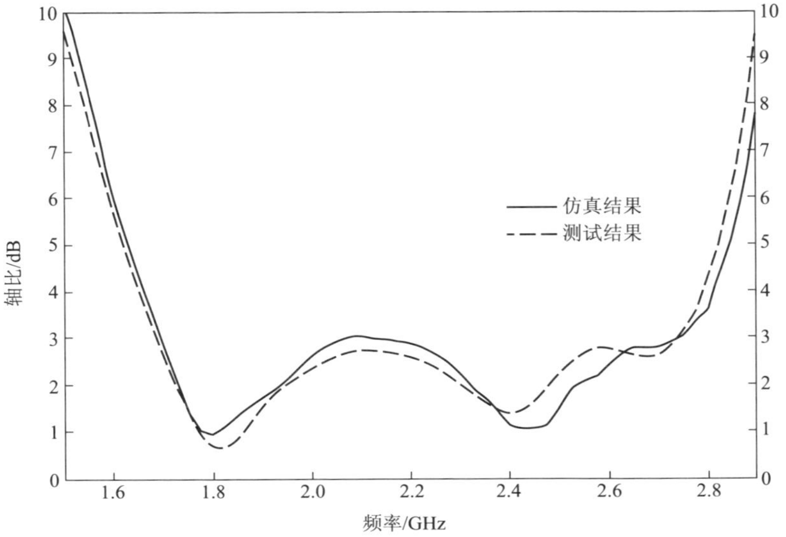

图 44.36　仿真和实测的单馈圆极化天线的轴向比
（引自 Li 和 Luk（2014）的文献，IEEE 转载许可）

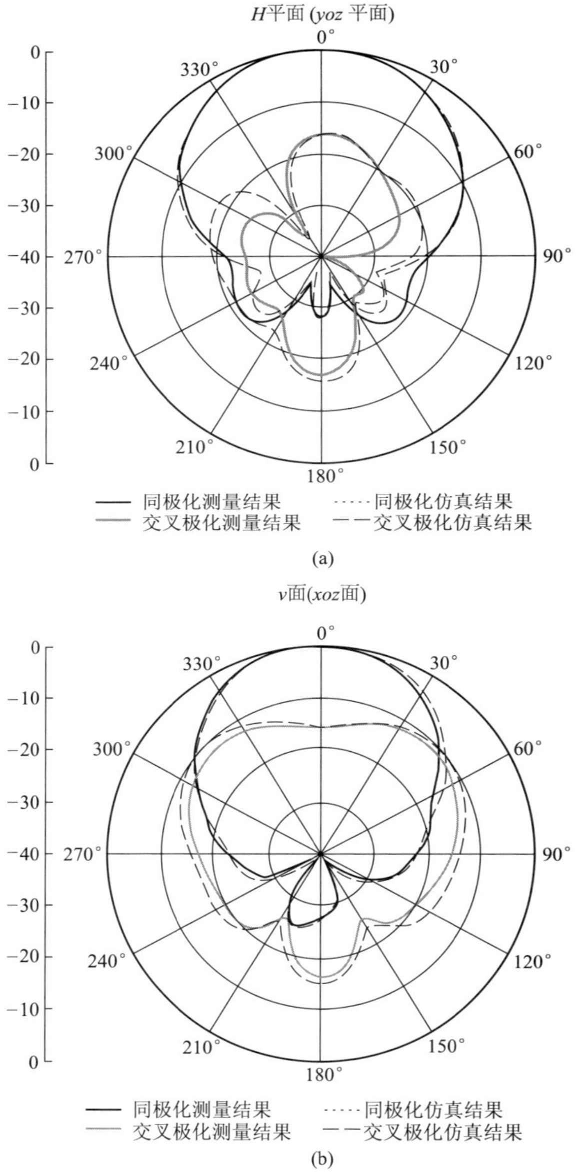

图 44.37　2.1GHz 仿真和实测的天线方向图

(引自 Li 和 Luk(2014)的文献,IEEE 转载许可)

44.4.3 方向图和极化分集天线

1. 总论

近年来,普遍认为分集天线可以提高通信系统的性能。分集天线有各种类型,包括空间分集天线、频率分集天线、极化分集天线和方向图分集天线(Yang,Luk 2006)。如“双极化天线”内容所述,双极化天线是两个端口极化分集的。为了进一步解决复杂环境中多径衰减的影响,提高无线系统的性能,推荐一种极化和方向图分集的四端口天线。这种分集天线能够同时通过不同的辐射样式发射和接收信号,因此在维持相同的安装空间不变的同时,具有更高的有效增益。Yang 等(2008)首次论证了基于微带贴片天线方式实现该种天线。但是,该天线有一个缺点,即激励端口的叠加(重叠)带宽较窄。随后,Wu 和 Luk(2011a)将磁电偶极子用于开发这种宽带分集天线。Wu 和 Luk(2009c)首次提出了磁单极子的设计。

2. 分集天线的设计

分集天线的结构如图 44.38 所示。它由环形排列的 4 个磁电偶极子和一个线状电单极组成。每个磁电偶极子都是对“磁电偶极子的结构”内容提到的传统磁电偶极子的变形。一对扇形平板充当电偶极子,内径为 R_1,外径为 R_2。两个垂直金属壁以及它们之间的地板构成的短路 $\lambda/4$ 贴片天线充当磁偶极子。Γ 形探针用于激励磁电偶极子。4 个相同的磁电偶极子排成一个环形结构,分别位于 0°、90°、180°和 270°。

线状的电单极位于 4 个磁电偶极子的中心,辐射出一个垂直极化的锥形波束(即电单极子的锥形模)。如图 44.39 所示,安装在接地板下面的馈电网络由两个混合环和一个威尔金森功分器组成。分两阶段进行激励:第一阶段,两个混合环的输出端口和磁电偶极子的 Γ 形探针相连,混合环的两个相互隔离的输入端口用于激励水平极化下宽边辐射的两种模式(即±45°宽边模式);在第二阶段中,每个混合环的输入端口和威尔金森功分器的输出端口连接,功分器的输入端口产生水平极化的锥形波束(即磁单极子锥形模)。为了进一步理解天线工作过程,彩图 44.40 描绘了天线在 $t=0$ 和 $T/4$ 时的电流分布。

天线的详细尺寸列于表 44.10 中。如图 44.41 所示,实测的阻抗带宽(SWR≤2)在电单极子、磁单极子、+ 45°宽边辐射和−45°宽边辐射模式下分别为

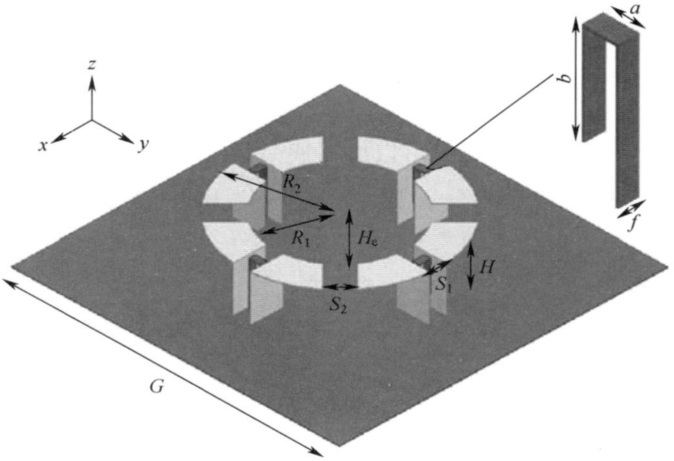

图 44.38　方向图和极化分集的天线结构示意图

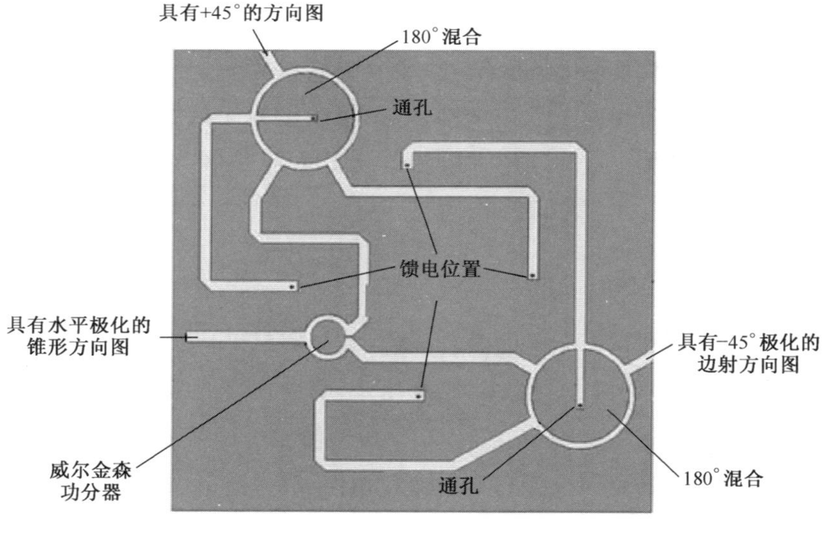

图 44.39　天线的馈电网络

38.6%(1.90~2.81GHz)、22.2%(2.12~2.66GHz)、43.1%(1.87~2.90GHz)和 39.2%(1.95~2.90GHz)。实测的天线增益,电单极和磁单极模式约为 6dBi,±45°宽边模式约 11dBi。因此,在 2.12~2.66GHz 范围内,重叠带宽为 22.2%,隔离度大于 26dB。2.4GHz 的不同模式下测得的方向图如彩图 44.42 所示。

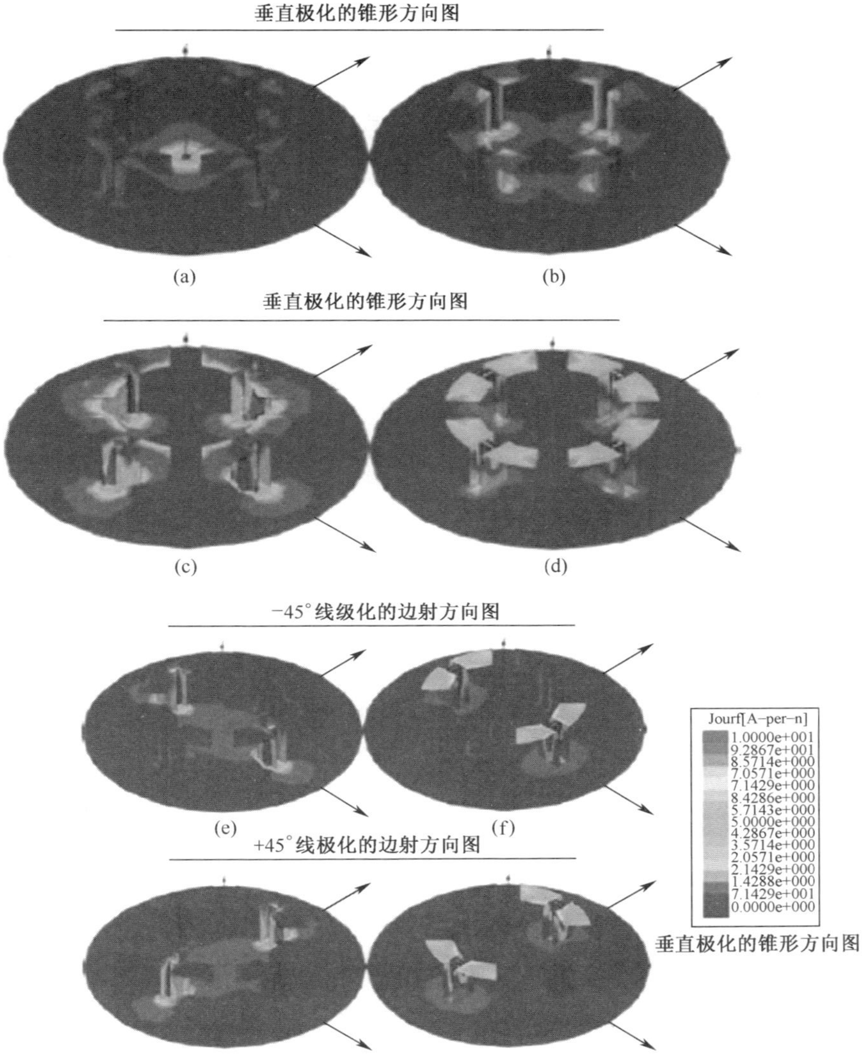

图 44.40　4 种辐射模式的天线电流分布(彩图见书末)

(a) $t=0$;(b) $t=T/4$;(c) $t=0$;

(d) $t=T/4$;(e) $t=0$;(f) $t=T/4$;(g) $t=0$;(h) $t=T/4$。

(引自 Wu and Luk(2011a)的文献,IEEE 转载许可)

表 44.10 单馈磁电偶极子天线的尺寸

参数	R_1	R_2	S_1	S_2	H
值/mm	40 $0.32\lambda_0$	60 $0.48\lambda_0$	10 $0.08\lambda_0$	15 $0.12\lambda_0$	29 $0.23\lambda_0$
参数	H_e	f	a	b	c
值/mm	30 $0.24\lambda_0$	4 $0.03\lambda_0$	7 $0.06\lambda_0$	20 $0.16\lambda_0$	200 $1.6\lambda_0$

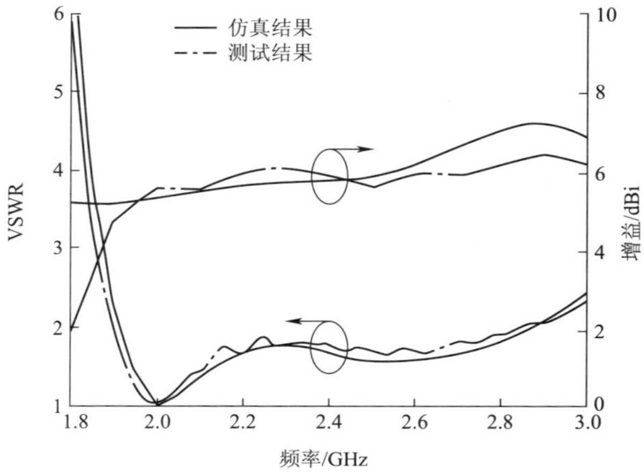

(a)

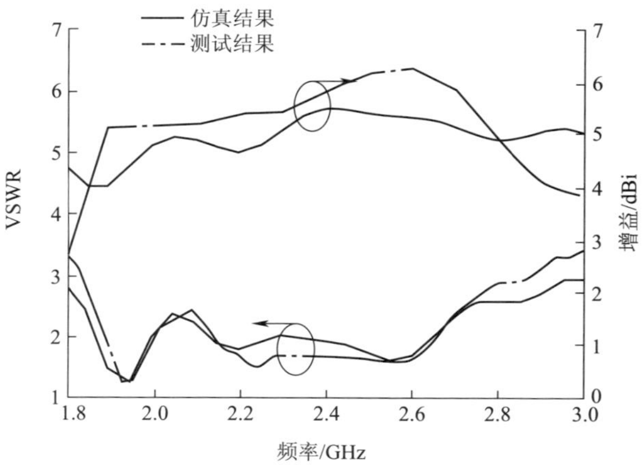

(b)

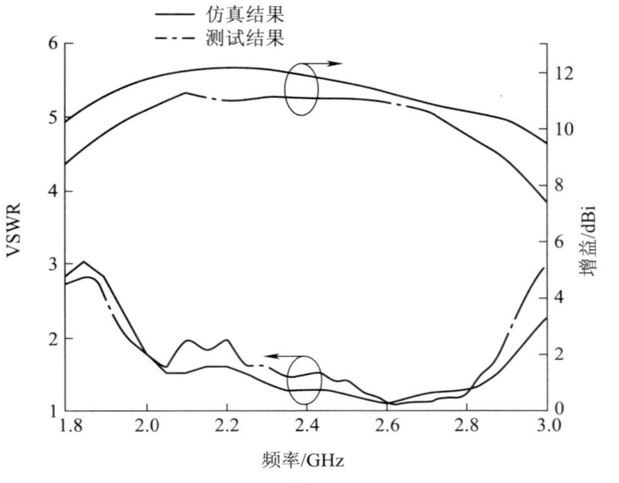

(c)

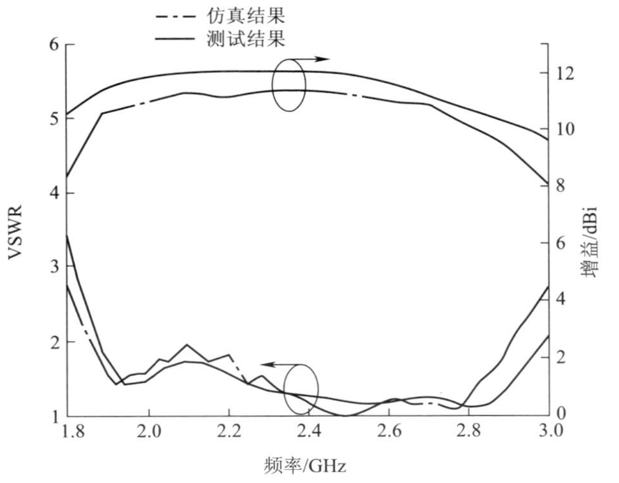

(d)

图 44.41　仿真和实测的 SWR 和增益

（引自 Wu 和 Luk（2011a）的文献，IEEE 转载许可）

（a）电单极子锥形模式；（b）磁单极子锥形模式；（c）+ 45°宽边模式；（d）-45°横向模式。

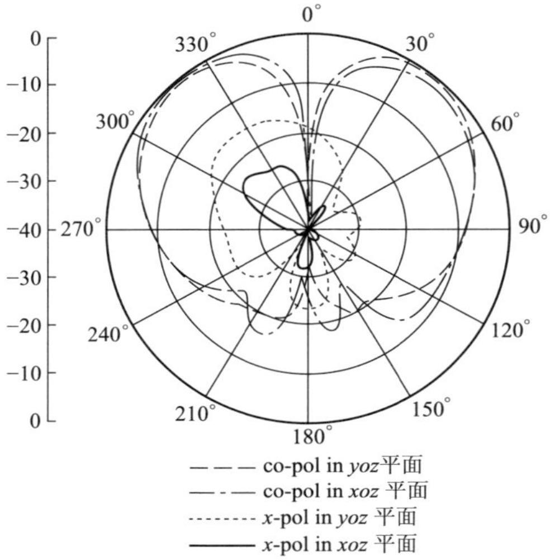
0°
30°
60°
90°
120°
150°
180°
210°
240°
270°
300°
330°
0
−10
−20
−30
−40
−30
−20
−10
0
co-pol in yoz平面
co-pol in xoz 平面
x-pol in yoz 平面
x-pol in xoz 平面

(a)

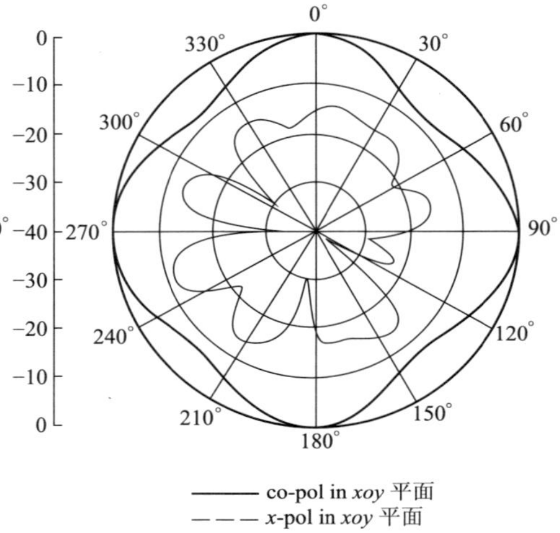
0°
30°
60°
90°
120°
150°
180°
210°
240°
270°
300°
330°
0
−10
−20
−30
−40
−30
−20
−10
0
co-pol in xoy 平面
x-pol in xoy 平面

(b)

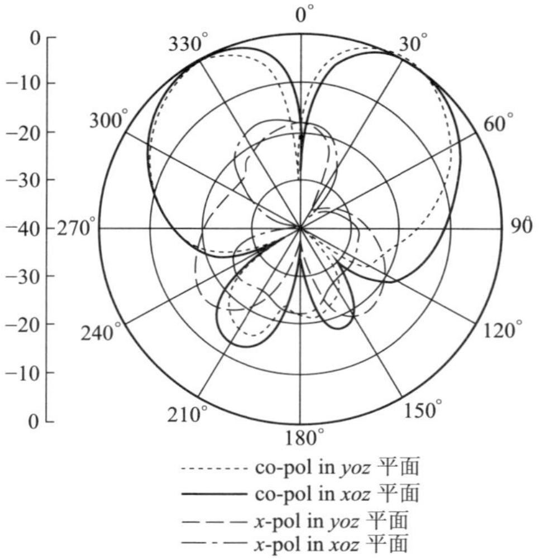
0°
30°
60°
90
120°
150°
180°
210°
240°
270°
300°
330°
0
−10
−20
−30
−40
−30
−20
−10
0
co-pol in yoz 平面
co-pol in xoz 平面
x-pol in yoz 平面
x-pol in xoz 平面

(c)

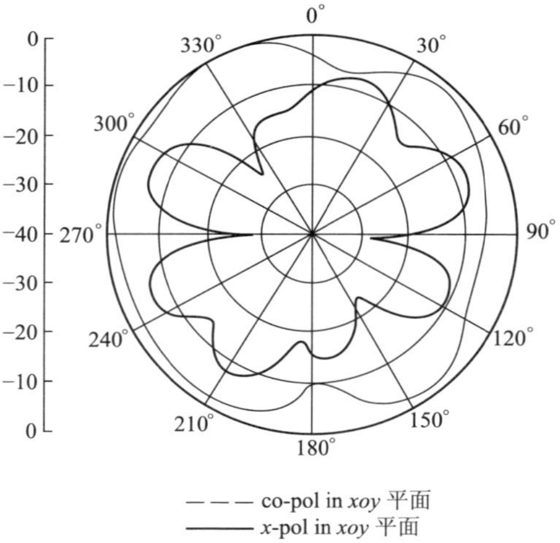
0°
30°
60°
90°
120°
150°
180°
210°
240°
270°
300°
330°
0
−10
−20
−30
−40
−30
−20
−10
0
co-pol in xoy 平面
x-pol in xoy 平面

(d)

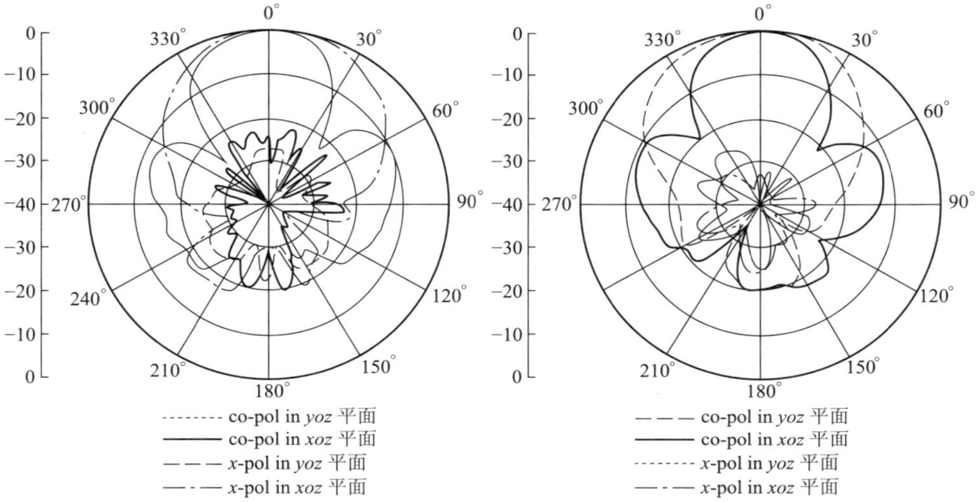

(e)　　　　(f)

图 44.42　2.4GHz 不同模式下实测方向图(引自 Wu 和 Luk(2011a)的文献,IEEE 转载许可)

(a)俯仰平面的电单极锥形模式;(b)方位平面电单极锥形模式;(c)俯仰平面的磁单极锥形模式;(d)方位平面磁单极锥形模式;(e)+45°俯仰平面宽边模式;(f)−45°宽边模式。

44.5　UWB 的设计实例

自从美国联邦通信委员会(FCC)分配了 7.5GHz 的带宽(3.1~10.6GHz)不需要使用许可证,超宽带(UWB)无线通信技术引起了人们的极大兴趣。发展了许多 UWB 应用技术,包括医疗成像系统、地面穿透雷达和高数据率通信系统等。

通常,磁电偶极子天线的带宽只能做到 40%~50%,不能满足 UWB 通信的带宽要求。通过改良天线结构,可进一步扩展带宽。Wu 和 Luk(2009b)第一次尝试开发了一个基于磁电偶极子的 UWB 天线,如图 44.43 所示。它由一对通过直角壁接地的梯形平板和一个改进的盒子形反射器组成。用一个类似于图 44.28 所示的 Γ 形探针激励天线。该天线在 3.05~8.2GHz 范围内,阻抗带宽较宽(SWR≤2),为 91.6%。实测的平均增益约为 9.3dBi。不过,这种天线的工作频带并不能覆盖整个 UWB 允许的频带范围。后来,Wu 和 Luk(2011b)提出了双极化 UWB 天线。他们分别使用一个蝶形天线和一个环形天线作为电偶极子和磁偶极子。该天线的工作带宽为 2.4~10.6GHz,覆盖了整个 UWB 波段。

这些成果发表后,Ge 和 Luk(2012b)提出了另一种 UWB 磁电偶极子天线。天线的几何结构如图 44.44 所示。它由一个蝶形的平面电偶极子和折叠短路 λ/4 波长贴片天线构成。在 1.65~4.65GHz 范围内,天线的阻抗带宽(SWR≤2)为 95.2%。天线的增益约为 7.9dBi,变化范围为 0.9dBi。随后,Ge 和 Luk(2013b)对该天线进行了改进,增加了带宽,实现对整个 UWB 波段的覆盖。改进的天线如图 44.45 所示,采用印制的巴伦取代了折叠 Γ 形探针激励天线。在新的设计中一对金属圆柱充当磁偶极子。3.08~10.6GHz 实测的阻抗带宽(SWR≤2)大约为 110%,天线增益为 6.8~10.6dBi,有 3.8dBi 的变化范围。另一种增加磁电偶极子带宽的方法是利用一对差分馈电激励天线。Li 和 Luk(2013a)完成了实验和参数设计。图 44.46 显示了该天线的结构。与图 44.5 所示的磁电偶极子原始形态类似,该天线由平面电偶极子和短路贴片天线组成。在电偶极子中加了两个裂缝抑制高次模辐射,进一步降低高频旁瓣电平。磁电偶极子安装在一个矩形的盒子形反射器上,取代了原来的平板反射器,可以降低反辐射,使天线增益更加稳定。该天线的阻抗带宽从 2.95~10.73GHz 为 114%,覆盖整个 UWB 频段。更重要的是,天线宽边增益为 8.25,变化范围很小,仅为 ±1.05dBi,比其单向 UWB 天线更加稳定。

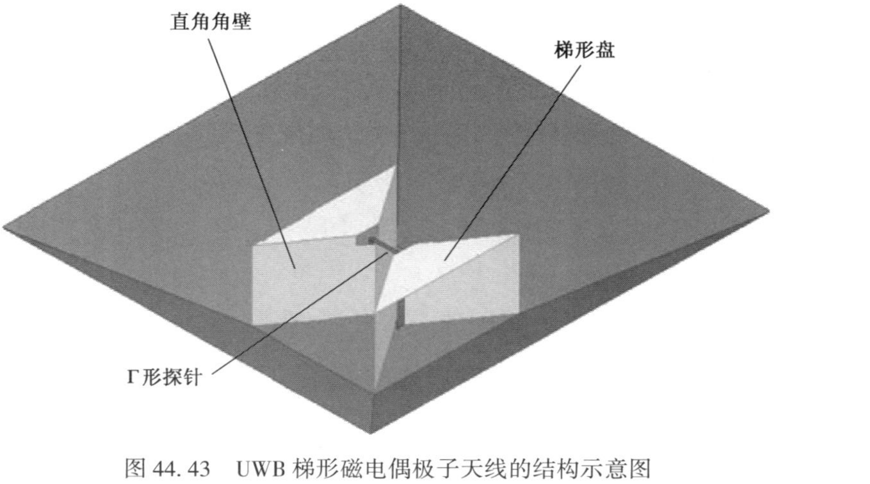

图 44.43　UWB 梯形磁电偶极子天线的结构示意图

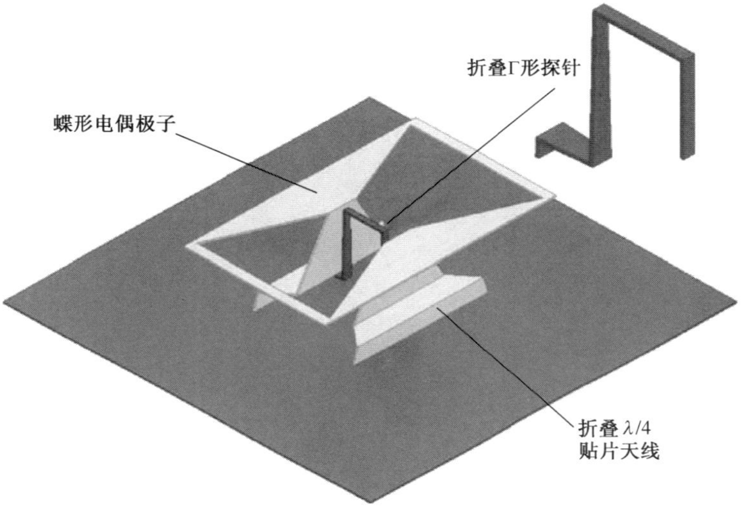

图 44.44　UWB 蝶形磁电偶极子的结构示意图

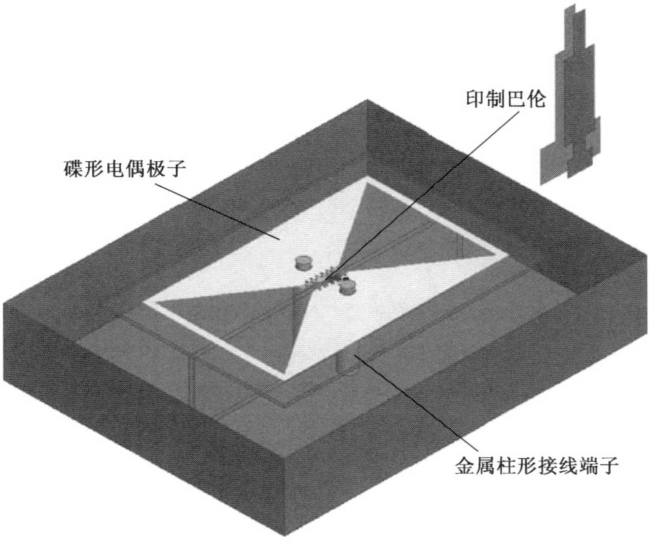

图 44.45　改进的 UWB 蝶形磁电偶极子天线结构示意图

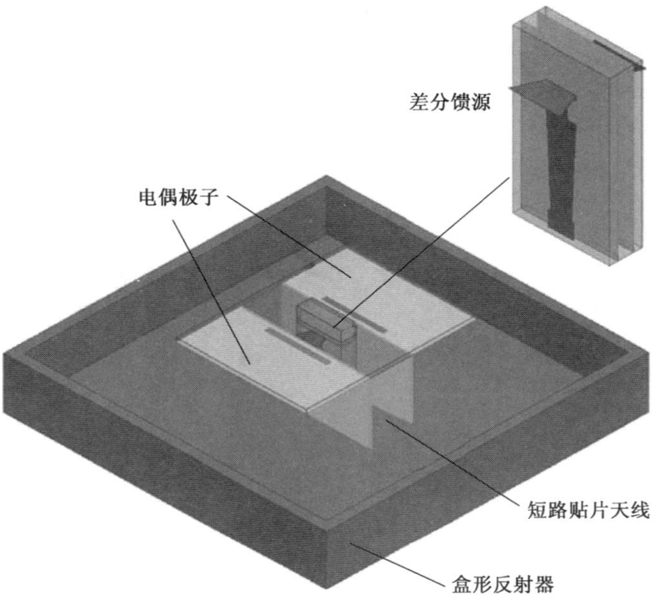

图 44.46　差分馈电 UWB 磁电偶极子天线结构示意图

44.6　60GHz 天线的设计实例

在毫米波频段,由于氧的吸收峰在 60GHz 频段,所以这个波段通常用于短距离通信、高频复用和安全通信。60GHz 无线通信支持高数据速率多吉比特,被广泛应用,如高清晰多媒体界面、未压缩的视频流媒体、移动分布式计算、快速大文件传输、高速互联网、遥感、雷达等。因此,60GHz 无线技术代表了一个新的发展方向,特别是世界范围内的联邦机构在 60GHz 的频带分配达成共识之后,更加吸引了人们的广泛兴趣。

Ng 等(2012)首次在单层印制板上实现了 60GHz 磁电偶极子天线设计。Duroid 5880 基板的厚度为 0.787mm,金属厚度 1/2oz,$\varepsilon_r = 2.2$,$\tan\delta = 0.004$,在 60GHz 被选为其低损耗约 $\lambda_g/4$ 厚度。天线的结构如图 44.47 所示。可以看出,平面电偶极子通过 5 个金属化通孔和地短路。这些通孔和它们之间的接地平面

形成一个短路的 λ/4 贴片天线。用 T 形探针取代了图 44.5 所示的传统的 Γ 形探针，因为 T 形探针可以印制在 PCB 板上。如“其他馈电模式”内容中所述，T 形探针激励的磁电偶极子后瓣辐射和交叉极化水平较高。该天线在 48～75GHz 频带内，阻抗带宽（$S_{11} \leqslant -10$）为 43%，而平均增益约为 7.5dBi。方向图稳定，在 *E* 面和 *H* 面相等。然而，在 50～70GH 的工作带宽内，天线的交叉极化水平没有传统的磁电偶极子低，在 -15～-21dB 范围内变化。

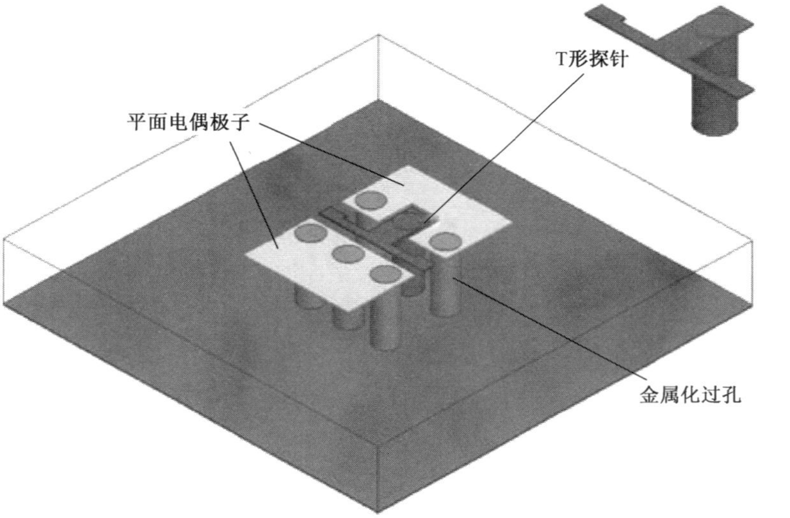

图 44.47　带 T 形探针的 60GHz ME 偶极子天线

随后，Luk 和 Li（2013）又设计了另一种 60GHz 磁电偶极子天线。该天线同样采用 Duroid 5880 基板设计。天线结构如图 44.48 所示。该天线由 4 个矩形金属贴片、4 组通孔和一个 L 形探针组成。金属片充当两个平面电偶极子。每组通孔由 3 个镀金属的通孔组成，位于靠近矩形金属片内角的位置。通孔与它们之间的接地板形成一个短路的 λ/4 贴片天线。L 形探针由镀金属的通孔和一个小贴片构成。相邻的通孔构成传输线，将信号传输到小贴片。小贴片放置在两个平面偶极子之间，作为其电气的地。这些合起来形成共面波导（CPW）传输线，其中横跨两个偶极臂的部分负责将电信号耦合到天线单元。因此，L 形探针可以同时激励平面偶极子和短路贴片天线。位于天线固定端下面的 W 形连接器（Anritsu：W1-103 F）向 L 形探针发射信号。天线基板通过 4 个金属螺钉固定。该天线在41.5~69.5GHz频带内的阻抗带宽为50.5%,SWR≤2。天线增益约8.1dBi,变化范围为1.1dBi。在整个工作频带内,交叉极化水平小于-20dB,比T形探针激励得要低。

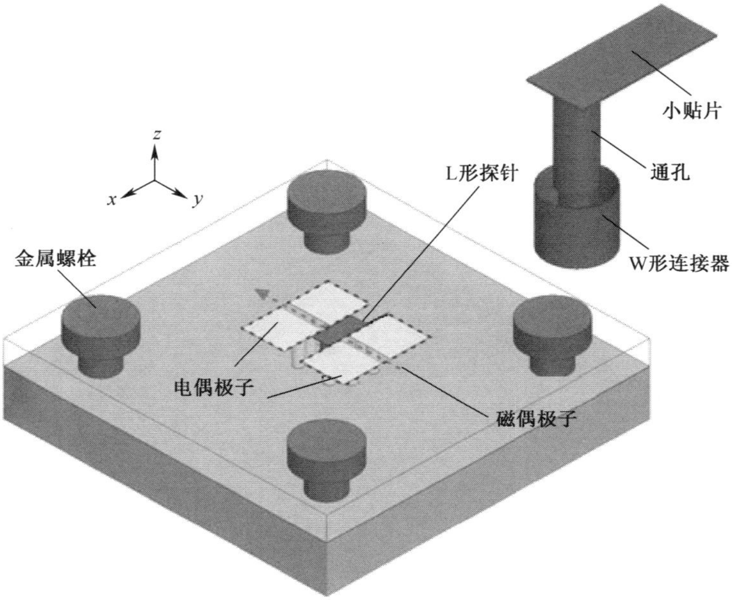

图44.48　L形探针的60GHz磁电偶极子天线的结构示意图

44.7　其他互补天线设计

除了磁电偶极子天线,文献中还介绍了许多其他互补天线。电偶极子和短路蝶形贴片天线构成的宽带互补天线,如图44.49所示(Wong et al.,2008)。该天线具有63%的阻抗带宽。需要指出的是,在没有电偶极子的情况下,天线也可以达到62%的阻抗带宽。因此,电偶极子只起到提高增益、抑制后瓣辐射、稳定增益和方向图的频率响应的作用。基于这种思路,Mak等(2007)提出了一种双极化天线。天线的结构如图44.50所示。该天线的工作带宽为1.71~2.17GHz,增益和波束宽度稳定,增益为6.6dBi,波束宽度为80°,前后比大于19dB,隔离度超过28dB。后来,Li和Luk(2013b)试图进一步降低天线高度,如

图 44.51 所示。在短路蝶形贴片天线相邻部位放置两对电偶极子,天线的高度可以减为小于 0.1λ_0,这一高度已经接近宽频带的微带贴片天线了。同时,它还保持互补天线所有优点。

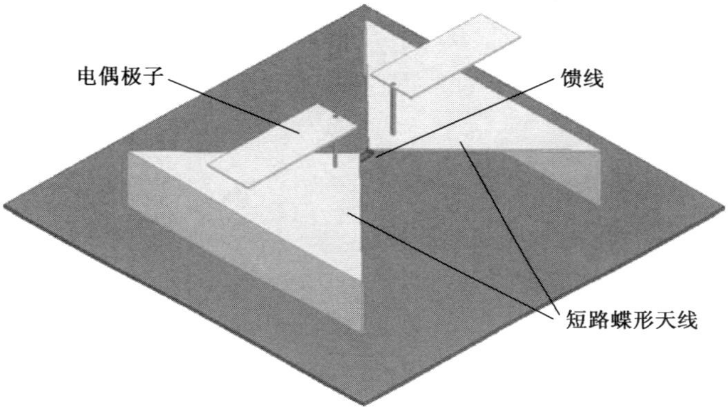

图 44.49　由短路的蝶形天线与电偶极子构成的宽带互补天线

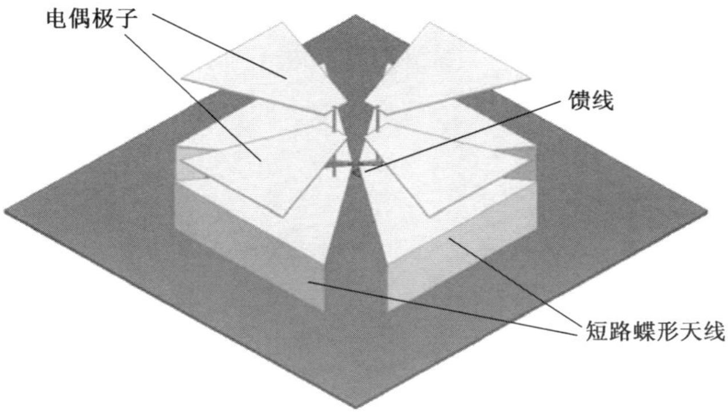

图 44.50　由双极化短路蝶形贴片天线与电偶极子构成的互补天线

另一种互补天线是由印制电偶极子和印制线圈组成的。该种天线首次由 Chanet 等(2007)提出。这是一种没有用反射板的单向天线,阻抗带宽很窄,只有 7.4%。在接地板上放一个半环,充当磁偶极子,代替环形天线,可以增加天线的带宽(Tang and Xue,2013;Wang et al.,2014)。

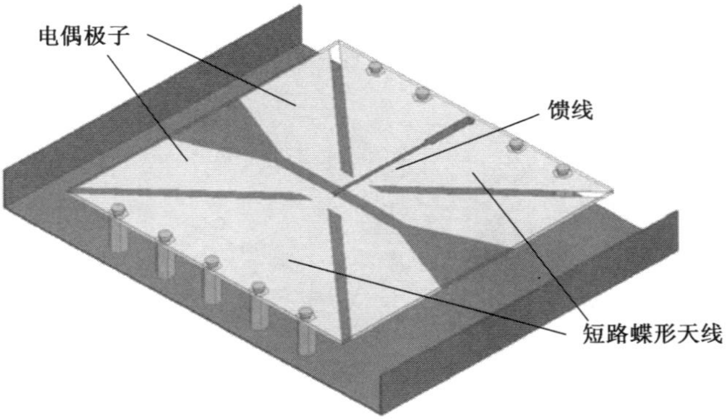

图 44.51　由短路的蝶形天线与电偶极子构成的低高度互补天线

随后,Ng 等(2014)利用缝隙天线和寄生偶极子实现了一个 60GHz 互补天线。天线的结构如图 44.52 所示。可以看出,传统的共面波导馈电缝隙天线作为磁源,寄生电偶极子位于裂缝的两端,起到电源的作用。最近,由 Li 和 Luk(2015)提出了一种单极/裂缝/微带组合天线。如图 44.53 所示,该设计天线剖面低,仅有 $0.035\lambda_0$;阻抗带宽较宽,大于 20%;宽边增益稳定,约 6.11dBi;方向图单向性好,后瓣辐射低(小于-16dB);交叉极化低(小于-25dB)。

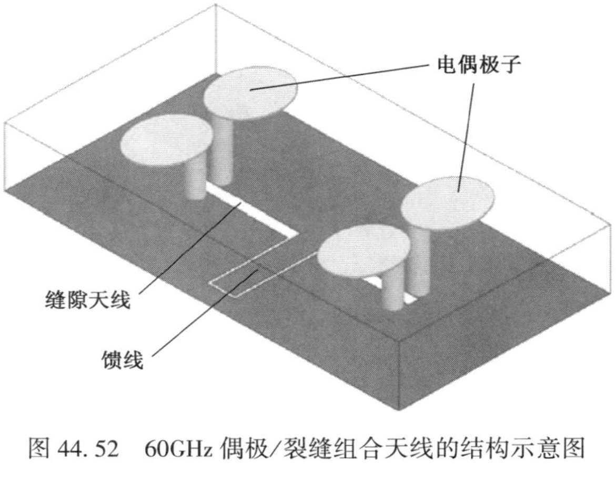

图 44.52　60GHz 偶极/裂缝组合天线的结构示意图

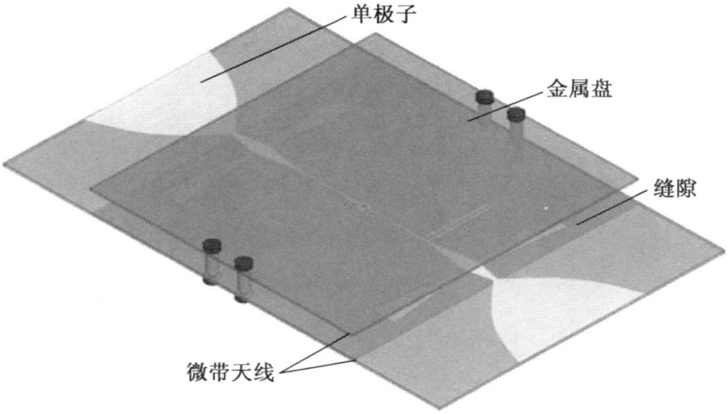

图 44.53　低抛面的单极/槽/微带组合天线的结构示意图

44.8　结论

本章讨论了互补天线的理论、磁电偶极子天线的基本结构、降低高度的方法、馈电方式等,在此基础上还研究了具有双极化、圆极化和极化分集模式磁电偶极子天线。这些设计可用于解决多径衰落效应,提高无线系统的性能。最后,本章提出了几种 UWB 和 60GHz 无线通信天线的解决方案,还介绍了一些其他类型的互补天线。

磁电偶极子天线是在 2006 年提出的,文献中已介绍了许多研究成果,大多集中在如何发展不同极化的磁电偶极子天线,以及研究磁电偶极子天线的各种应用方式。但是,仍然存在一些问题。例如,大多数的设计可以实现宽频带,但双波段或多波段的磁电偶极子设计还不成熟。我们知道,移动基站通常工作在多波段、双极化环境下,但设计双波段或三波段的双极化天线对我们来说仍很困难。此外,宽带低剖面的磁电偶极子天线仍处于研究探索阶段。截至目前,磁电偶极子天线在更高的频率,如 120GHz,甚至太赫兹领域的研究也尚未开展。

致谢:这部分工作是由香港研究基金理事会资助(项目号 CityU 119511(9041677))。

交叉参考：

▶第 52 章　移动通信基站天线系统

▶第 23 章　圆极化天线

▶第 18 章　微带贴片天线

▶第 40 章　毫米波天线与阵列

▶第 36 章　超宽带天线

参考文献

Caso R, Serra AA, Pino M, Nepa P, Manara G (2010) Awideband slot-coupled stacked-patch array-for wireless communications. IEEE Antennas Wirel Propag Lett 9:986-989

Chan PW, Wong H, Yung EKN (2007) Unidirectional antenna composed of dipole and loop. Electron Lett 43(22):1176-1178

Clavin A (1954) A new antenna feed having equal E-and H-plane patterns. IRE Trans Anntenas Propag 2(3):113-119

Cui YH, Li RL, Wang P (2013) A novel broadband planar antenna for 2G/3G/LTE base stations. IEEE Trans Antennas Propag 61(5):2767-2774

Ge L, Luk KM (2012a) A low-profile magneto-electric dipole antenna. IEEE Trans Antennas Propag 60(4):1684-1689

Ge L, Luk KM (2012b) Awideband magneto-electric dipole antenna. IEEE Trans Antennas Propag 60(11):4987-4991

Ge L, Luk KM (2013a) A magneto-electric dipole antenna with low-profile and simple structure. IEEE Antennas Wirel Propag Lett 12:140-142

Ge L, Luk KM (2013b) A magneto-electric dipole for unidirectional UWB communications. IEEE Trans Antennas Propag 61(11):5762-5765

Guo YX, Bian L, Shi XQ (2009) Broadband circularly polarized annular-ring microstrip antenna. IEEE Trans Antennas Propag 57(8):2474-2477

King RWP, Owyang GH (1960) The slot antenna with coupled dipoles. IRE Trans Anntenas Propag 8(2):136-143

Lai HW, Luk KM (2007) Dual polarized patch antenna fed by meandering probes. IEEE Trans Antennas Propag 55(9):2625-2627

Li MJ, Luk KM (2012) Awideband dual-polarized antenna with very low back radiation. In: 2012 Asia-Pacific microwave conference proceedings (APMC), IEEE, Kaohsiung, pp 61–63

Li MJ, Luk KM (2013a) A differential-fed magneto-electric dipole antenna for UWB applications. IEEE Trans Antennas Propag 61(1):92–99

Li MJ, Luk KM (2013b) A low-profile wideband planar antenna. IEEE Trans Antennas Propag 61(9):4411–4418

Li MJ, Luk KM (2013c) A wideband dual-fed circularly polarized antenna. In: 2013 international workshop on electromagnetics proceedings (iWEM), IEEE, Hong Kong, pp 112–114

Li MJ, Luk KM (2014) A wideband circularly polarized antenna for microwave and millimeterwave applications. IEEE Trans Antennas Propag 62(4):1872–1879

Li MJ, Luk KM (2015) A low-profile, low-backlobe, and wideband complementary antenna for wireless application. IEEE Trans Antennas Propag 63(1):7–14

Li B, Hao CX, Sheng XQ (2009) A dual-mode quadrature-fed wideband circularly polarized dielectric resonator antenna. IEEE AntennasWirel Propag Lett 8:1036–1038

Luk KM, Li MJ (2013) Magneto-electric dipole antennas for millimeter-wave applications. In: Asia-Pacific microwave conference proceedings (APMC), IEEE, Seoul, pp 304–306

Luk KM, Wong H (2006) A new wideband unidirectional antenna element. Int J Microgr Opt Technol 1(1):35–44

Luk KM, Wu B (2012) The magnetoelectric dipole-a wideband antenna for base stations in mobile-communications. Proc IEEE 100(7):2297–2307

Mak KM, Wong H, Luk KM (2007) A shorted bowtie patch antenna with a cross dipole for dual polarization. IEEE Antennas Wirel Propag Lett 6:126–129

Mayes PE, Warren W, Wiesenmeyer F (1972) The monopole slot: a small broad-band unidirectional antenna. IEEE Trans Antennas Propag 20(4):489–493

Nakano H, Oyanagi H, Yamauchi J (2011) A wideband circularly polarized conical beam from a two-arm spiral antenna excited in phase. IEEE Trans Antennas Propag 59(10):3518–3525

Ng KB, Wong H, So KK, Chan CH, Luk KM (2012) 60 GHz plated through hole printed magneto-electricdipole antenna. IEEE Trans Antennas Propag 60(7):3129–3136

Ng KB, Chan CH, Zhang H, Zeng G (2014) Bandwidth enhancement of planar slot antennas using complementary sources technique in millimeter wave applications. IEEE Trans Antennas Propag 62(9):4452–4458

Pan YM, Leung KW, Lu K (2012) Omnidirectional linearly and circularly polarized rectangular die-

lectric resonator antennas. IEEE Trans Antennas Propag 60(2):751–759
Paryani RC, Wahid PF, Behdad N (2010) A wideband, dual-polarized, substrate-integrated cavity-backed slot antenna. IEEE Antennas Wirel Propag Lett 9:645–648
Siu L, Wong H, Luk KM (2009) A dual-polarized magneto-electric dipole with dielectric loading. IEEE Trans Antennas Propag 57(3):616–623
Sun YX, Leung KW (2013) Dual-band and wideband dual-polarized cylindrical dielectric resonator-antennas. IEEE Antennas Wirel Propag Lett 12:384–387
Tang C, Xue Q (2013) Vertical planar printed unidirectional antenna. IEEE Antennas Wirel Propag Lett 12:368–371
Turkmani AMD, Arowojolu A, Jefford PA, Kellett CJ (1995) An experimental evaluation of the performance of two-branch space and polarization diversity schemes at 1800 MHz. IEEE Trans Veh Technol 44(2):318–326
Vaughan RG (1990) Polarization diversity in mobile communications. IEEE TransVeh Technol 39(3):177–186
Wang H, Liu SF, Chen L, Li WT, Shi XW (2014) Gain enhancement for broadband vertical planar printed antenna with H-shaped resonator structures. IEEE Trans Antennas Propag 62(8):4411–4415
Wong H, Lau KL, Luk KM (2004) Design of dual-polarized L-probe patch antenna arrays with high-isolation. IEEE Trans Antennas Propag 52(1):45–52
Wong H, Mak KM, Luk KM (2008) Wideband shorted bowtie patch antenna with electric dipole. IEEE Trans Antennas Propag 56(7):2098–2101
Wu BQ, Luk KM (2009a) A broadband dual-polarized magneto-electric dipole antenna with simple-feeds. IEEE Antennas Wirel Propag Lett 8:60–63
Wu BQ, Luk KM (2009b) A magneto-electric dipole with a modified ground plane. IEEE Antennas Wirel Propag Lett 8:627–629
Wu BQ, Luk KM (2009c) A wideband, low-profile, conical-beam antenna with horizontal polarization-for indoor wireless communications. IEEE Antennas Wirel Propag Lett 8:634–636
Wu BQ, Luk KM (2011a) A 4-port diversity antenna with high isolation for mobile communications. IEEE Trans Antennas-Propag 59(5):1660–1667
Wu BQ, Luk KM (2011b) A UWB unidirectional antenna with dual-polarization. IEEE Trans Antennas Propag 59(11):4033–4040
Xue Q, Liao SW, Xu JH (2013) A differentially-driven dual-polarized magneto-electric dipole anten-

na. IEEE Trans Antennas Propag 61(1):425–430

Yang SLS, Luk KM (2006) Design of a wide-band L-probe patch antenna for pattern reconfiguration or diversity applications. IEEE Trans Antennas Propag 54(2):433–438

Yang SLS, Luk KM, Lai HW, Kishk AA, Lee KF (2008) A dual-polarized antenna with pattern diversity. IEEE Antennas Propag Mag 50(6):71–79

Zhang ZY, Liu NW, Zhao JY, Fu G (2013) Wideband circularly polarized antenna with gain improvement. IEEE AntennasWirel Propag Lett 12:456–459

第 5 部分

设计:单元和阵列—天线测量及装置

第 45 章

天线测量装置概论

Xianming Qing,ZhiNing Chen

摘要

测量是表征天线性能和验证天线设计重要且必要的方法。本章旨在给出天线测量装置的简要概览,但不针对每个天线参数详细讨论其测量技术。本章对典型的远场和近场天线测量装置以及各种天线测试场进行了综述,还特别介绍了不同天线的阻抗测量装置、天线在片测量装置以及比吸收率(SAR)测量装置。

关键词

天线测量;天线测试场;近场;远场;阻抗;微波暗室;自由空间;在片天线测

X. Qing (✉)
新加坡信息研究所,新加坡
e-mail:qingxm@ i2r. a-star. edu. sg
Z. N. Chen
新加坡国立大学电气与计算机工程系,新加坡
e-mail:eleczn@ nus. edu. sg; znchen@ ieee. org

量;比吸收率(SAR)

45.1 引言

天线工程中,表征天线性能基本而关键的测量方法步骤,可用来确保天线满足指标要求,验证理论仿真或设计,以及校验所设计天线的构建和制造过程等。远在第二次世界大战前,人们就提出了许多表征天线的基本测量方法。但是,近年来,随着现代移动通信的快速发展,天线测量的新方法、新技术不断涌现(Hollis,Lyon 1972;Kummer,Gillespie 1978;IEEE 1979;Balanis,Birtcher 2008)。天线计量不但要有充分的天线理论背景知识和丰富的天线工程经验,还要有能够提供可接受精确度测量数据的成熟设备。20世纪60年代以来,主要基于航天、空间及国防工业的强烈需求,出现了多种专门设计的商业天线测量系统。

在天线工程中,阻抗、增益、辐射方向图、效率及极化是天线性能评估需要测量的最基本参数。在有些特定应用中,其他参数可能更重要和更被设计者所关注。例如,对望远镜系统天线而言,天线温度是决定性的;对消费电子产品天线而言,比吸收率(SAR)最关键。

45.2 阻抗测量

为实现源或源-传输线与天线之间(或者天线与接收机或接收机传输线之间)的最大功率传输,共轭阻抗匹配是基本要求。大多数无线系统中,馈电传输线的特征阻抗是50Ω,以便大多数实际天线按50Ω的输入阻抗设计即得到良好的阻抗匹配。

在失配系统中,失配度决定了反射功率与入射或天线输入端可用功率之比。失配度是待测天线(AUT)输入阻抗与馈线特征阻抗的函数。它们通过标准传输线关系式直接与天线输入端的输入反射系数和输入电压驻波比(VSWR)相关,该关系式为

$$\frac{P_{\text{refl}}}{P_{\text{in}}} = |\Gamma|^2 = \left|\frac{Z_{\text{ant}} - Z_c}{Z_{\text{ant}} + Z_c}\right|^2 = \left|\frac{\text{VSWR} - 1}{\text{VSWR} + 1}\right|^2 \tag{45.1}$$

式中：P_{refl} 为天线的反射功率；P_{in} 为天线的输入功率；Γ 为天线输入端的电压反射系数；Z_{ant} 为天线的输入阻抗；Z_c 为馈线的特征阻抗。

重写式(45.1)，天线的输入阻抗可以表示为

$$Z_{ant} = Z_c \frac{1 + \Gamma}{1 - \Gamma} \tag{45.2}$$

对于单端天线或不平衡天线，即天线带有一个接地面，如微带天线和单极子天线，可以用加载阻抗 Z_{ant} 的单端口网络表示，如图 45.1 所示。反射系数 Γ 等于等效单端口网络的 S_{11}，可以使用矢量网络分析仪(VNA)(图 45.2)测量，其中测试端口通常为同轴线。

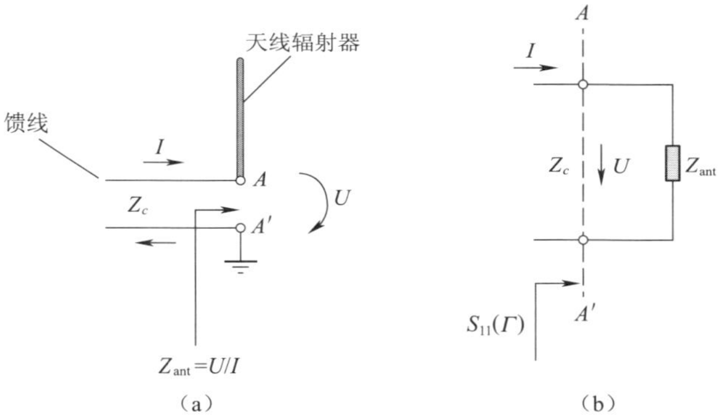

图 45.1　单端天线和等效单端口网络

(a)天线原理图；(b)单端口等效网络。

平衡或差分天线的阻抗不能用具有不平衡端口的矢量网络分析仪直接测量。如图 45.3 所示，当将平衡天线连接到不平衡测试端口时，因为部分电流在馈电电缆外导体上的原因，流进天线两个辐射体的电流是不相等的，因此不能正确地表征平衡天线。按惯例，这种平衡天线的阻抗可以通过增加一个强制流经天线辐射体各部分电流相等的巴伦进行测量。但是，这种测量的精度取决于巴伦的性能，特别是在较宽频带上测量时。对称平衡天线的阻抗也可以使用镜像法测量，即在接地面上安装天线辐射体的一半，而接地面则提供另一半的镜像辐射体。用等效单极子测得的阻抗乘以 2，即为原天线的阻抗。然而，这种测量精度极大地受限于接地面尺寸，该方法只对对称平衡天线有效(Meier and Summers，1949)。

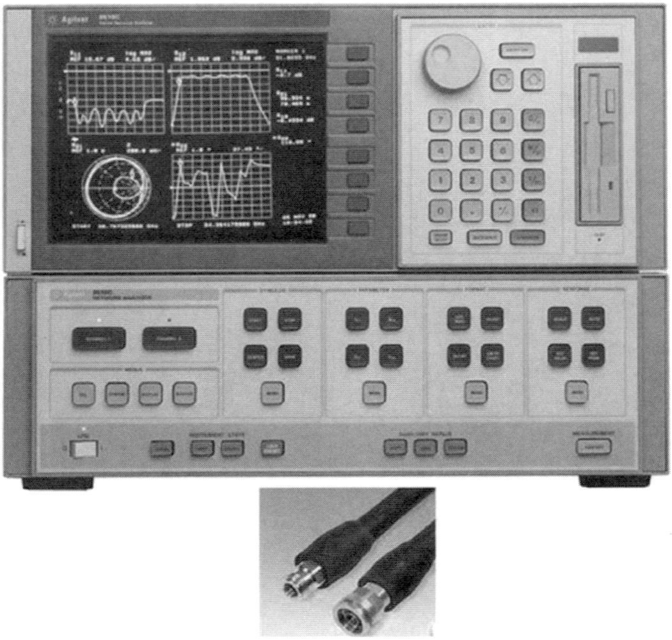

图 45.2　具有单端型同轴测试端口的矢量网络分析仪(VNA)(是德/安捷伦科技提供)

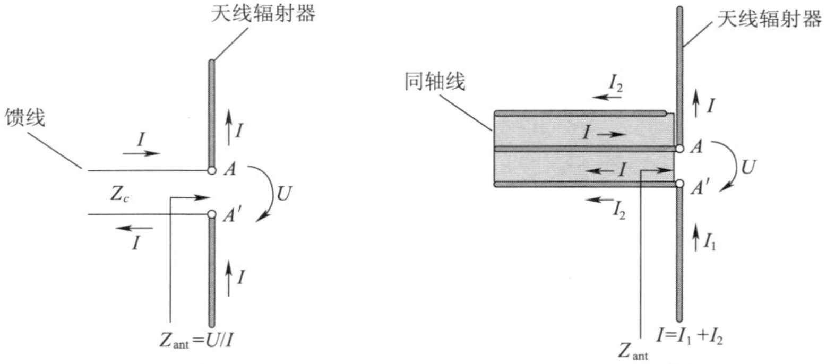

图 45.3　平衡天线上的电流分布

(a)理想情形;(b)单端同轴线馈电。

可以使用单端型两端口矢量网络分析仪测量平衡天线的阻抗,其中使用了整套两端口网络的 S 参数而不是仅仅 S_{11} (Meys and Janssens,1998;Qing et al. ,

2009)。如图 45.4(a)所示,电压为 U 的信号源的正、负端口分别连接到平衡天线辐射体的输入端;驱动电压可分为带虚拟地平面的 U_1 和 U_2,对天线上的电流分布没有干扰。因而,天线辐射体和地平面的每一端都可以视为一个“端口”。可以认为天线等效于一个“二端口”网络,如图 45.4(b)所示。天线阻抗 Z_d 因而与等效二端口网络的参数相关,并可由二端口网络的 S 参数表征,即

$$Z_d = \frac{2Z_0(1 - S_{11}S_{22} + S_{12}S_{21} - S_{12} - S_{21})}{(1 - S_{11})(1 - S_{22}) - S_{21}S_{12}} \tag{45.3}$$

式中:Z_0 为馈电传输线的特征阻抗,在大多数测量系统中为 50Ω。

对于对称平衡天线,有 $S_{11} = S_{22}$ 且 $S_{12} = S_{21}$,式(45.3)可以简化为

$$Z_d = \frac{2Z_0(1 - S_{11}^2 + S_{21}^2 - 2S_{12})}{(1 - S_{11})^2 - S_{21}^2} \tag{45.4}$$

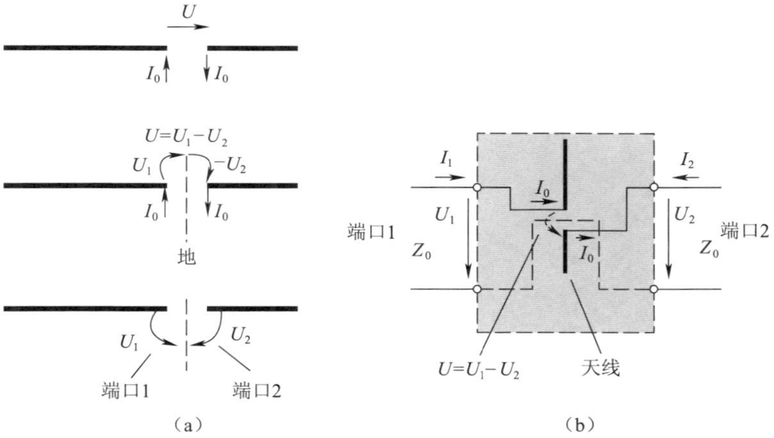

图 45.4　平衡天线与等效两端口网络

(a)激励与端口定义;(b)平衡天线的网络表示。

这种测量装置的配置示意图如图 45.5 所示。使用两端口 VNA(是德/安捷伦 N5230A)和测试夹具进行测量。其他任何具备端口扩展功能的 VNA 也适用于这一测量。测试夹具由两个外导体焊接在一起的半刚性同轴电缆制成。夹具的一端带有两个超小型 A 型(SMA)连接头,并通过测试电缆连接到 VNA。夹具的另一端保持开路,内导体向外延伸一小段,以形成连接 AUT 的两个尖端。

建议在微波暗室或环境反射可控的地方进行上述测量。其主要测量步骤

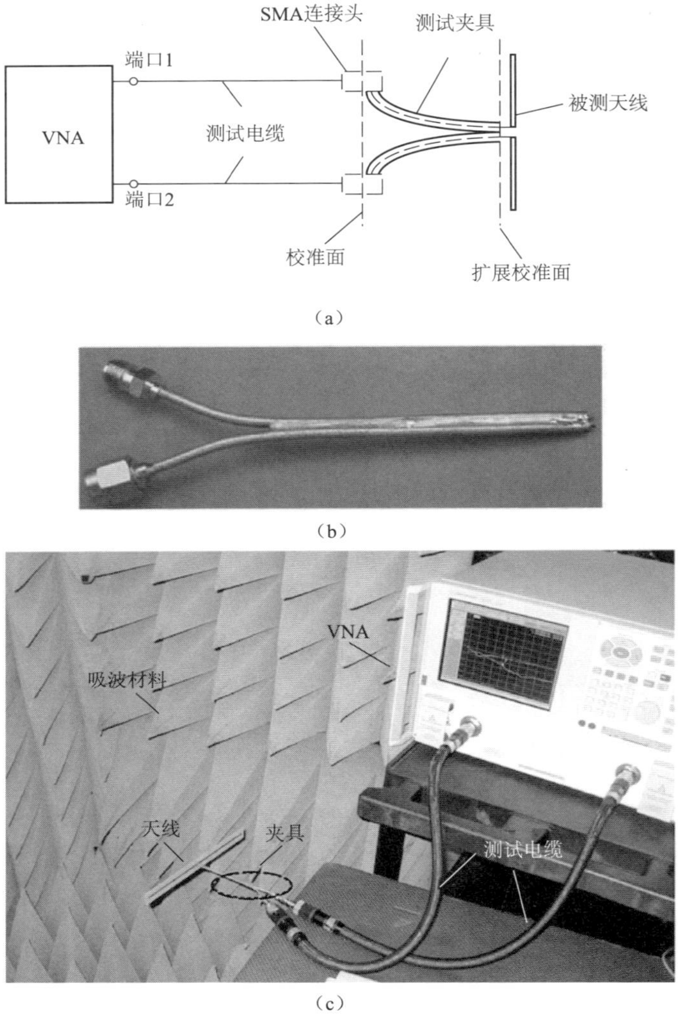

图45.5 平衡天线输入阻抗测量装置

(a)配置示意图;(b)夹具原型;

(c)使用是德/安捷伦 N5230A 矢量网络分析仪的测量装置。

如下。

① 完成标准的 VNA 参数设置和校准。

② 通过端口扩展技术偏移校准平面,将测试夹具连接到测试电缆,然后执行端口扩展,将校准平面移动到夹具的尖端,以排除测试夹具的影响。进行端口

扩展时，要求夹具开路或短路。建议使用短路配置(将夹具的尖端和同轴电缆的外导体焊接在一起)，因为，特别是在较高频率下，完美的“开路”条件非常难以实现。

③ 将AUT连接到夹具并记录 S 参数。

④ 使用式(45.3)和式(45.4)计算AUT的阻抗。

为验证此测量方法，制作了不对称偶极子天线和对称迂回线偶极子天线两种平衡天线原型并进行测量。

图45.6给出了天线原型及其详细尺寸。所有天线原型都印制在介电常数为4.4、损耗角正切为0.02、厚度为0.504mm的FR-4印制电路板上。

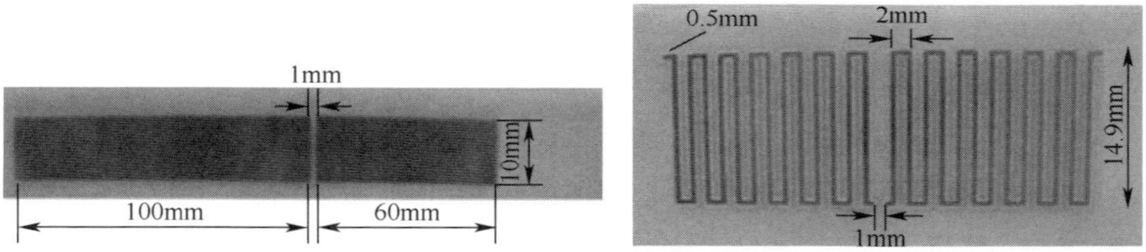

(a)　　　　(b)

图45.6　被测天线

(a)不对称偶极子天线；(b)对称迂回线偶极子天线。

图45.7给出了不对称偶极子天线在500~1500MHz频率范围内的测量和仿

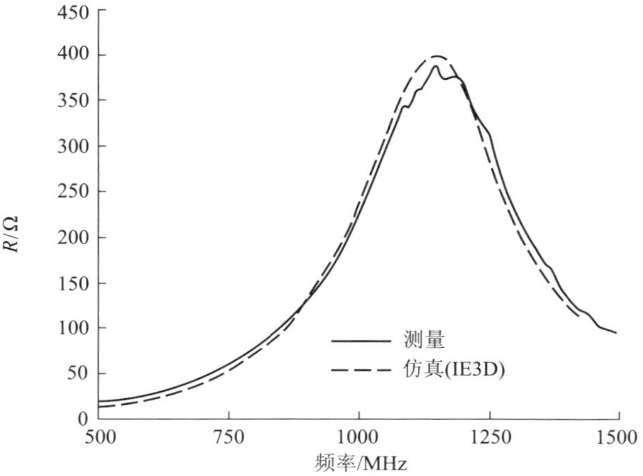

(a)

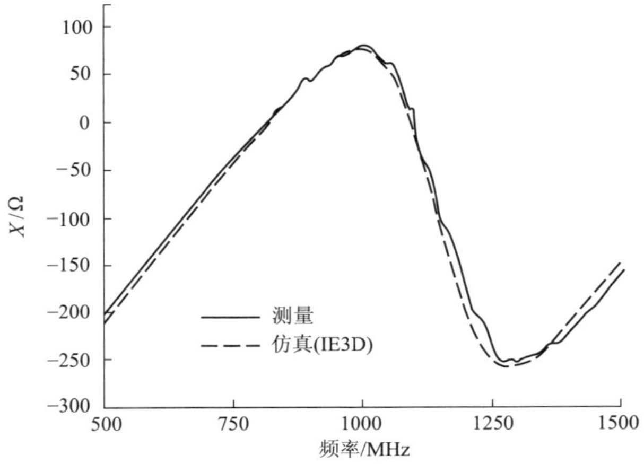

(b)

图45.7　不对称偶极子天线的测量和仿真阻抗
(a)实部;(b)虚部。

真的阻抗。偶极子天线的一臂长100mm,另一臂长60mm,臂宽10mm。使用基于矩量法的IE3D软件进行仿真。可见,阻抗实部和虚部的测量结果与仿真结果的一致性很好。图45.8比较了图45.6(b)所示的对称迂回线偶极子天线测量和仿真的阻抗。在800~1000MHz频率范围内,测量的阻抗实部和虚部与仿真结果有良好的一致性。

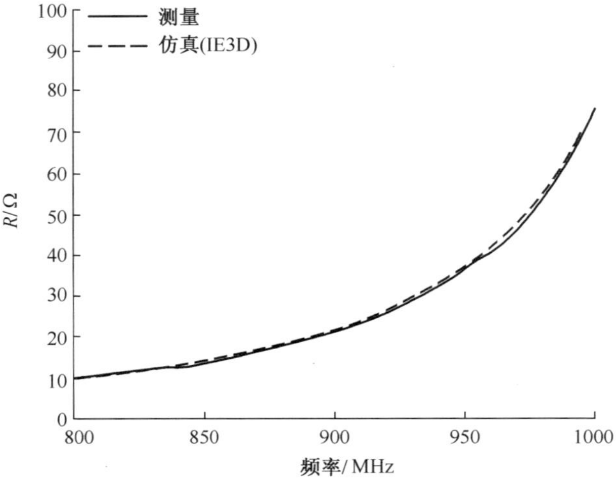

(a)

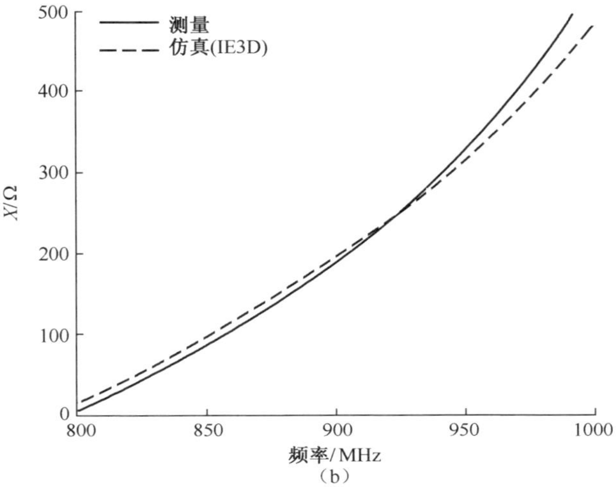

图 45.8 对称迂回线偶极子天线的测量和仿真阻抗

(a)实部;(b)虚部。

45.3 辐射测量

天线辐射场在不同径向距离上的幅度(或相位)方向图并不相同,会随着与天线之间距离的增加而演变。如图 45.9 所示,根据场分布的发展变化(Balanis 2005),天线周围可以明确划分成 3 个区。

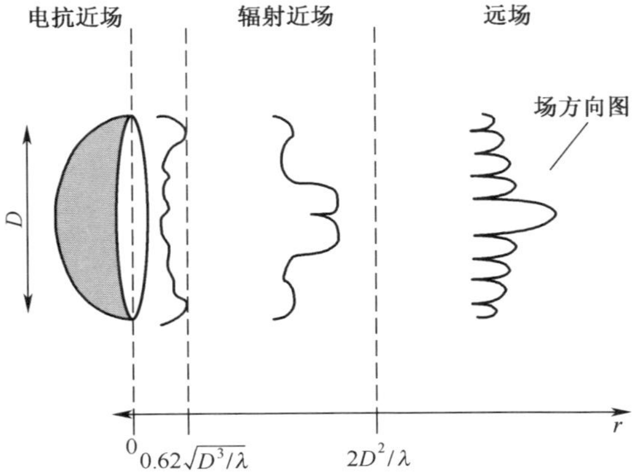

图 45.9 天线远场方向图与径向距离的函数关系

(1) 感应近场区。紧邻天线周围距天线小于 $0.62\sqrt{D^3/\lambda}$(或对电小天线而言 $\lambda/2\pi$)的空间区域,其中 D 是天线的最大尺寸,λ 是波长。在该区域,电场或磁场沿径向无传播,能量主要是感应产生,衰减速度大于 $1/r$。

(2) 辐射近场区。在紧邻感应场区之外的空间,此时,辐射场占主导。该区域的范围是 $0.62\sqrt{D^3/\lambda} < r < 2D^2/\lambda$。该区域可分为两个子区域:当 $0.62\sqrt{D^3/\lambda} < r < D^2/4\lambda$ 时,场衰减速率大于 $1/r$,辐射方向图取决于 r(标量)。当 $D^2/4\lambda < \boldsymbol{r} < 2D^2/\lambda$ 时,场随 $1/\boldsymbol{r}$ 衰减,但辐射方向图取决于 $\boldsymbol{r}$(矢量)。在这一辐射近场区,辐射方向图的主瓣通常是宽化和分叉的。

(3) 辐射远场区。在辐射近场区外,$r > 2D^2/\lambda$(或对于电小天线$>10\lambda$)。场按 $1/r$ 衰减,辐射方向图与 r 无关。辐射方向图形状接近于在无限远处观测到的方向图。

总体而言,天线测量技术可以分为远场天线测量和近场天线测量。在远场天线测量系统中,采用均匀平面波照射,直接测量天线参数。在近场天线测量系统中,使用探针测量天线的近场分布,通过近、远场变换得到天线的远场特征。

45.3.1 天线远场测量装置

对于远场天线测量而言,要用均匀平面波照射 AUT,因而需要有信号源及合适辐射特性的发射天线。远场天线测量系统框图如图 45.10 所示。系统主要包括以下部分。

(1) 信号源。必须选择具有输出频率可调、频率稳定性高、频谱纯度好、功率水平可控以及能进行波形调制的信号源。

(2) 发射天线。用以产生平面波并照射 AUT,应该具有已知的方向图,且极化可变。一些常用的发射天线如图 45.11 所示。

(3) 接收机。接收机决定 AUT 能接收到多少功率,其中最好选择具有高灵敏度和大动态范围的接收机。

(4) 定位系统(可旋转)。实现 AUT 相对于发射天线旋转,以测量辐射方向图随角度的变化。一些定位系统如图 45.12 所示。

(5) 记录系统/数据处理系统。现代天线测量设备使用计算机和软件来协调定位和测量仪器的动作,存储和处理采集的数据,显示或绘制测量结果。由通信总线将计算机连接到定位器控制器和仪器设备。常用的是 IEEE-488 GPIB (通用仪器总线)。

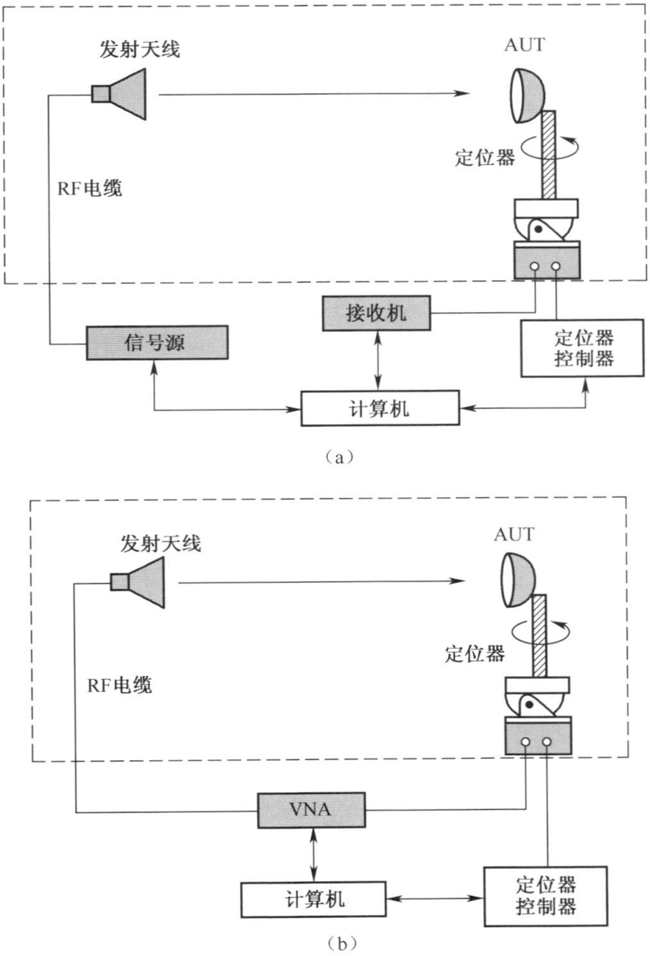

图 45.10　远场天线测量设备框图

(a)具有独立信号源和接收机的测量系统;(b)采用 VNA 的测量系统。

除了独立的信号源和接收机配置外,由于天线方向图测量在概念上可视为发射天线的输入连接器与 AUT 之间的 S_{21},所以多年来人们也把 VNA 应用到天线测量系统中。VNA 具有出色的相位稳定性、频谱纯度、灵敏度和动态范围(远远超过 100dB),非常适合天线测量。

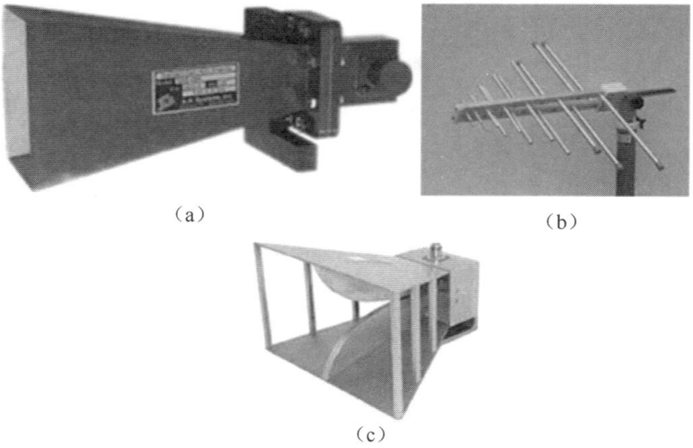

图 45.11　常用的发射天线

(a)喇叭天线;(b)对数周期天线;(c)双脊天线。

45.3.2　天线远场测试场

远场天线测量可以在室外场或室内场中进行。一般而言,有两种基本形式的远场天线测试场,即反射测试场和自由空间测试场。在地面反射测试场中,使用地面的镜面反射来得到 AUT 上均匀的相位和幅度分布。在自由空间测试场中,环境的反射被降低到最小。典型的自由空间测试场有高架测试场、倾斜测试场、微波暗室和紧缩场。

1. 地面反射测试场

在图 45.13 所示的地面反射测试场中,利用来自地面的镜面反射来获得天线测试区或静区中的均匀相位和幅度分布(Hemming and Heaton,1973)。通过合理的场地设计,使地面的镜面反射波与空间直射波有机结合来实现。测试场长度需满足 $r > 2D^2/\lambda$ 的远场准则,并按 AUT 中心处于直射波和反射波的第一干涉波瓣处为约束来选择发射天线和 AUT 的高度。通常在超高频段(UHF)采用室外型地面反射测试场,实现中等宽波束天线测量。当然,这类测试场也可以用于更高频率 AUT 的测量。

2. 高架测试场

高架测试场是室外场。在这一装置中,发射天线和 AUT 安装在地面之上,

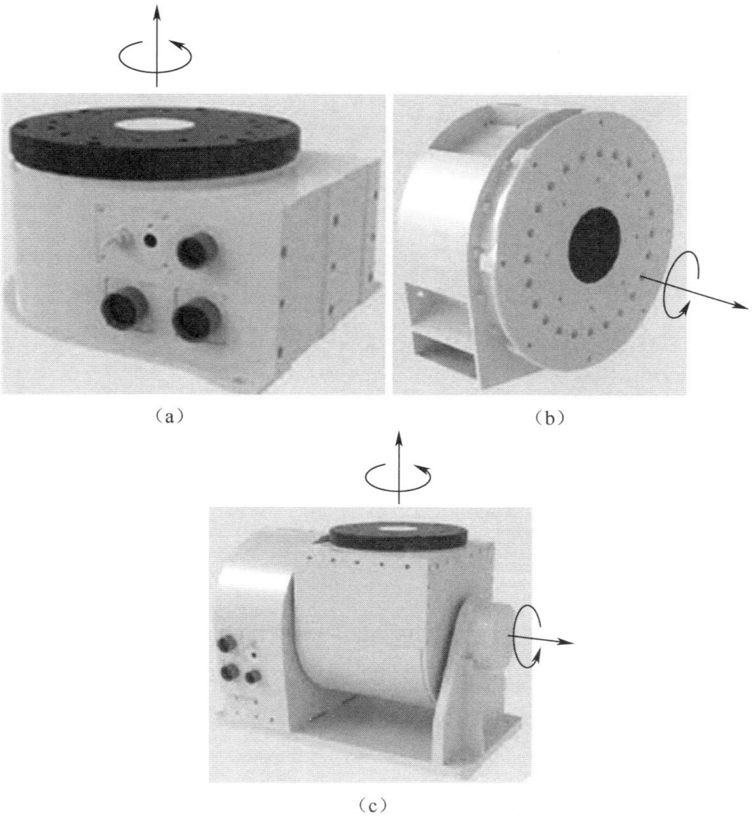

图 45. 12　天线测量定位器(可旋转)

(a)一维定位器;(b)极化定位器;(c)二维定位器。

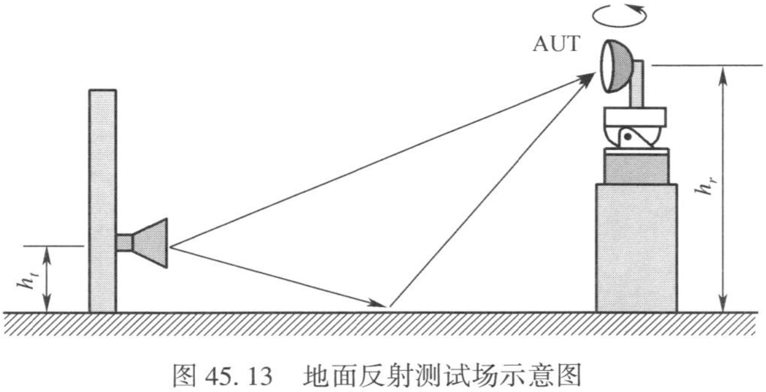

图 45. 13　地面反射测试场示意图

可以是山上、塔上、建筑物上或任何适合的地方。对极大尺寸或极低频率(VHF

及以下,小于 100MHz)天线,很难在室内测量,采用高架测试场是个合理选择。高架测试场的基本框图如图 45.14 所示。测试场长度 r 也要满足远场准则 $r > 2D^2/\lambda$ 。AUT 的高度 h_r由与发射天线相关的两个准则确定。发射天线的选择应使 AUT 上的振幅锥度不大于 0.25dB,以确保均匀照射。此外,为了使测试场的反射最小,其第一零深应该指向测试塔的底部,以确保测试场地面仅截获旁瓣能量。这两个准则决定了 AUT 的高度 $h_r>4D$。在高架测试场中,有时以某种方式使用衍射栅栏来进一步使地面的反射最小。有两点警告需要强调:首先,衍射栅栏不应该截获发射天线的主波束信号;其次,栅栏的上边缘不应该是直的刀刃状,而应该是锯齿状,以减少边缘绕射。

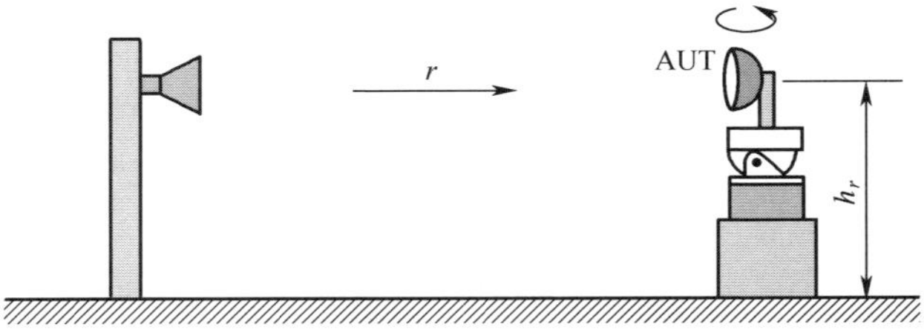

图 45.14 室外高架测试场示意图

3. 倾斜测试场

如图 45.15 所示,倾斜测试场(Arnold,1966)的发射天线靠近地面,AUT 安装在塔上。定位发射天线,使方向图最大值朝向测试天线的中心第一零点通常指向地面镜面反射点,以抑制反射信号。安放 AUT 的塔架最好由非导电材料构成以减少反射。一般来说,倾斜测试场比高架测试场需要的场地更少。

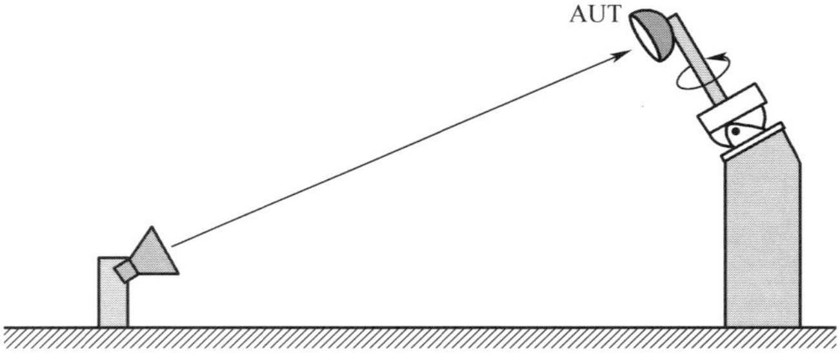

图 45.15 倾斜测试场示意图

4. 微波暗室

微波暗室是最受欢迎的天线测量场地。与室外场相比，微波暗室能够为天线测量提供受控的环境、全天候的测试能力以及安全性，并尽可能地减小天线测量时可能出现的电磁干扰。如图 45.16 所示，微波暗室是一个大房间，其墙壁、地板和天花板都内衬有金属板（通常为钢板），并且所有的内表面内衬有射频/微波吸收体（Hemming，2002）。测试区域（静区）能够通过合适的排布吸收体而产生。在测试区内，由发射天线产生的入射平面波的幅度和相位变化很小，如分别低于 0.2dB 和 0.5°。微波暗室主要应用于微波段的频率，但也有一些吸波材料在低至 100MHz 频率处的垂直入射反射率可达−40dB。一般来说，随着工作频率的降低，吸波材料的厚度必须增加以保持一定的反射率（Emerson，1973）。满足较低频率最小电性能要求的 RF 吸收器通常在较高频率下的性能更好。

有两种类型的微波暗室，即矩形暗室和锥形暗室。这两种暗室都是基于几何光学原理设计的，目标是使静区处的镜面反射最小。矩形暗室通常用来模拟自由空间条件并使静区的体积最大化。锥形暗室具有通过将发射天线移近（在较高频率）或远离（在较低频率）锥形顶点而进行调谐的优点。因此，可调整反射射线以使其在测试位置处与直射线同相干涉。

本书的“微波暗室设计”一章详细讨论了微波暗室技术。

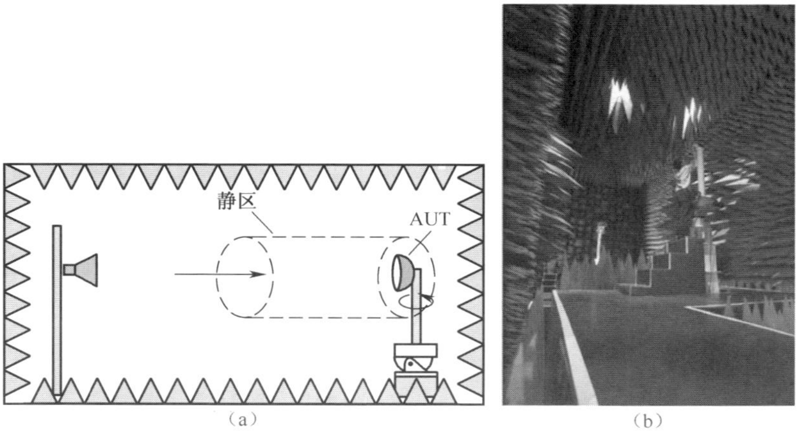

图 45.16　微波暗室（经新加坡信息通信研究所同意）

（a）矩形微波暗室的几何形状；（b）微波暗室照片。

5. 紧缩场

微波暗室的主要缺点是尺寸限制。因为暗室要足够大以满足远场条件,所以人们希望微波暗室尽可能大。但是,特别是对于电大型天线而言,成本和实际限制往往限定了微波暗室的尺寸。这个问题的解决方案是通过图45.14所示的紧缩场实现。紧缩场天线测试场(Johnson,1969;Johnson,1986)是一个在很短距离(典型值为10~20m)产生平面波前的准直装置,相比之下,使用图45.16所示的标准测试系统产生相同尺寸的测试区域,需要$2D^2/\lambda$的距离。

如图45.17所示,在紧缩场中使用发射天线作为偏置的主馈源,照射将入射的球面波转换成平面波的抛物面反射器。这与碟形天线(抛物面天线)的工作原理非常相似。通常,根据类似的反射面天线构型来描述紧缩场的构型,包括抛物线、卡塞格伦、格里高利等(Burnside et al.,1987;Pistorius and Burnside,1987;Sanad and Shafai,1990;Gupta et al.,1991)。如果抛物面反射器具有完美的表面、无限大的尺寸,并且馈源是具有补偿空间衰减方向图的点源,则通过紧缩场可产生完美的平面波。当然,这样的理想条件是不可能实现的,实际紧缩场静区的场分布会与均匀平面波有偏差。一般来说,要使这一偏差在可接受的参数范围内,静区的尺寸一般为反射器孔径的50%~60%。静区中场的不完美度可用相位误差、幅度波纹偏差和幅度锥削偏差等参数来度量。对于大多数紧缩场,可接受的偏差为小于10%的相位误差和小于1dB的纹波和幅度锥削偏差。

简而言之,地面反射测试场使用地面反射来获得沿着AUT的均匀场分布。然而,这对测试场平整度(与最高可用频率相关)提出了非常严格的要求,对成本和维护有很大的影响。虽然倾斜测试场中由地面反射造成的测量误差低于与之相当的高架测试场的测量误差,但是,其接收塔通常高于高架测试场的接收塔。这一事实限制了安装在塔顶的最大天线尺寸。高架测试场通常用于中等尺寸天线的微波测量。在这种类型测试场中遇到的地面反射误差,通过使用衍射栅栏或测量技术来精确确定反射波大小,并从测量中将其减去(对消),实现误差最小化。在几种远场天线测试场中,最精确的一个是室内紧缩场,因为所有的反射都可以控制并使其最小。与其他测试场相比,其尺寸也最小。

45.3.3 天线近场测量装置

可以通过在AUT的近场进行测量,然后使用分析方法将测量的近场数据转

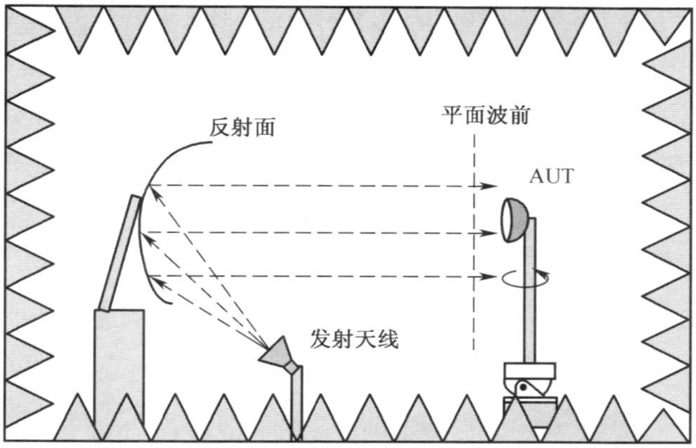

（a）

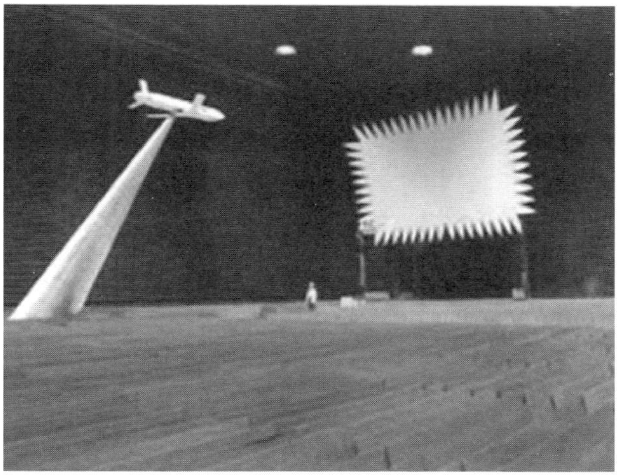

（b）

图 45.17　紧缩场天线测试场
(a)紧缩场构型;(b)紧缩场照片。

换成远场辐射特性来减小常规天线测试场的尺寸(Johnson et al.,1973;Paris et al.,1978;Joy et al.,1978;Yaghjian,1986)。这种类型的测试场使用小型射频探针天线,在 AUT 周围的表面进行扫描。

通常,探针和天线结构之间的间隔为 4~10 个波长量级。测量期间,在离散的矩阵点位置上收集近场相位和振幅的信息,然后使用傅里叶变换将数据变换为远场。在近场测试中,AUT 通常与扫描探针的坐标系对齐,然后移动探头或测试天线。实际中,在线性轴上扫描射频探针或在角度轴上扫描 AUT 更容易、更经济。原则上,须在一个表面上完成测量,该表面可以在6个正交坐标系中的任何一个中定义矩面形、柱面形(圆柱面形)、球面形、椭圆柱面形、抛物面柱面形和圆锥形。然而,只有前3种被认为是方便数据采集的,它们之中,近远场变换的复杂度从平面到圆柱面再到球面逐渐增加。

1. 平面近场测量装置

利用图45.18所示的平面近场扫描装置,在位于 AUT 前方的平面内移动探针天线,并记录所接收到的信号(振幅和相位)。探针的位置由 AUT 的 xyz 坐标系中的坐标(x,y,z_0)表示。在扫描期间,z_0保持不变,而 x 和 y 都在变化。距离 z_0为 $4\lambda \sim 10\lambda$,以避免在 AUT 的无功能量区采样。近场扫描孔径$(a\times b)$的尺寸必须足够大,以接收来自 AUT 的所有有意义的能量。

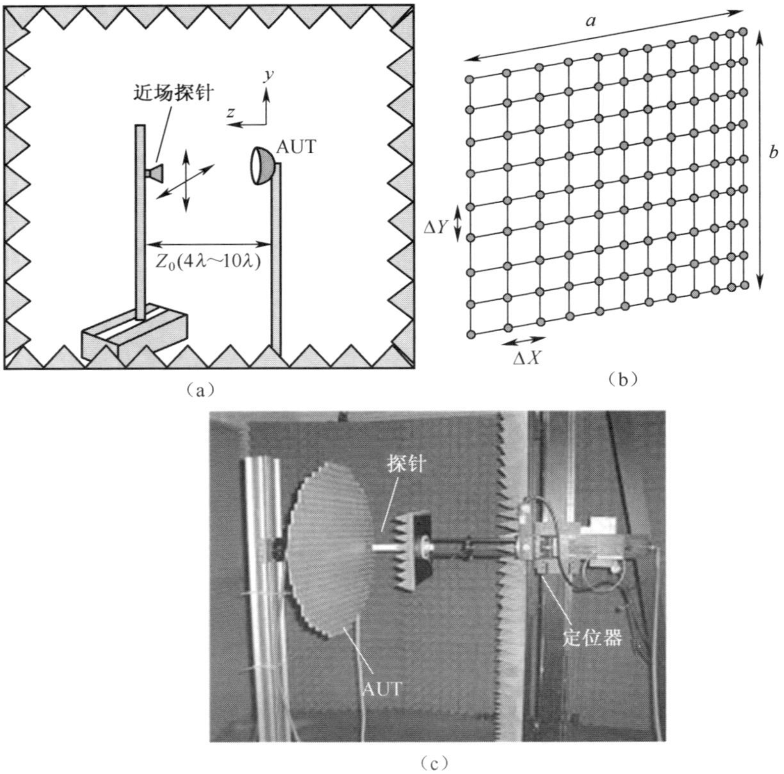

图45.18 平面近场扫描天线测量装置

(a)框图;(b)矩形扫描表面;(c)平面扫描近场天线测量系统照片。

2. 柱面近场测量装置

在柱面扫描技术中,AUT 以步长 $\Delta\phi$ 绕 z 轴旋转,而探针以步长 Δz 在圆柱表面不同高度上移动,如图 45.19 所示。探针位于距离 a 处,其值是包围 AUT 的最小圆柱半径。柱面扫描使得获得精确方位向方向图变得可能,但是,由于沿 z 方向扫描孔径的截断,只能获得有限空间的俯仰向方向图。根据采样理论,采样间隔由 $\Delta\phi=\lambda/2a$ 和 $\Delta z=\lambda/2$ 确定。近场数据的二维傅里叶变换给出了确定测试辐射方向图的柱面矢量波函数。

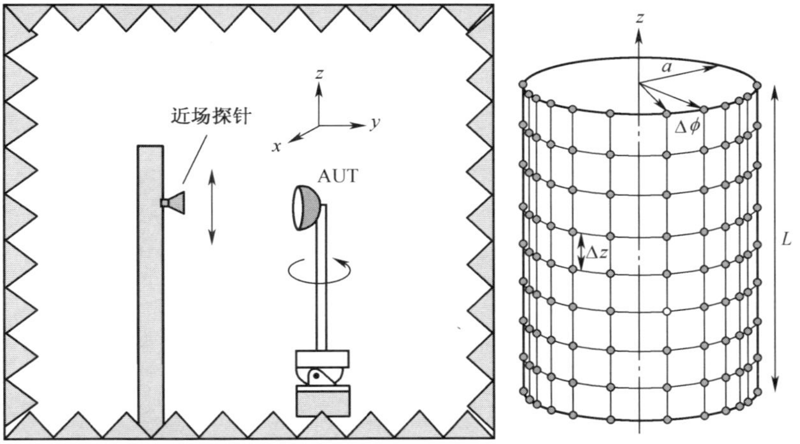

(a)　　(b)

图 45.19　柱面近场天线测量装置

(a)框图;(b)柱面扫描表面。

3. 球面近场测量装置

在图 45.20 所示的球面近场天线测量系统中,探头通常是静止的,并且用球形扫描定位器以步长 $\Delta\phi$ 和 $\Delta\theta$ 移动 AUT。在被测天线周围的球形包络上收集辐射场数据。旋转半径是包围 AUT 的最小可用半径 a。这种近场系统可以实现被测天线辐射场的全覆盖或近乎全覆盖测量,以获得三维方向图。采样间隔由采样理论决定,即 $\Delta\phi=\Delta\theta=\lambda/2a$。

4. 多探针球面近场测量装置

与传统的近场天线测量系统在测试点使用一个探针收集幅度和相位响应不同,人们开发了多探针球形近场测量系统用于“实时”测量(Iversen et al. ,2001;

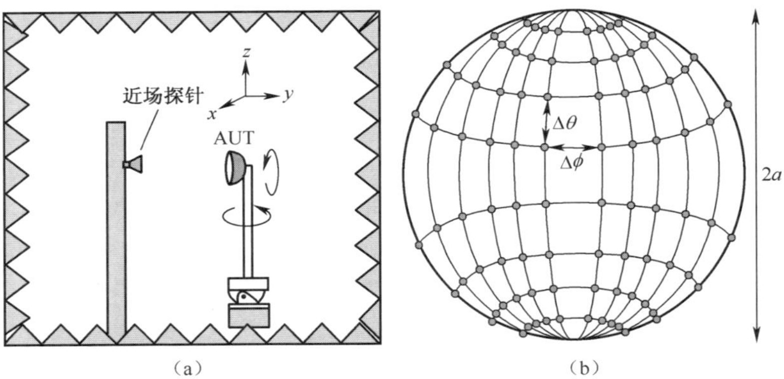

图 45.20　球面近场天线测量装置

(a)框图;(b)球面扫描表面。

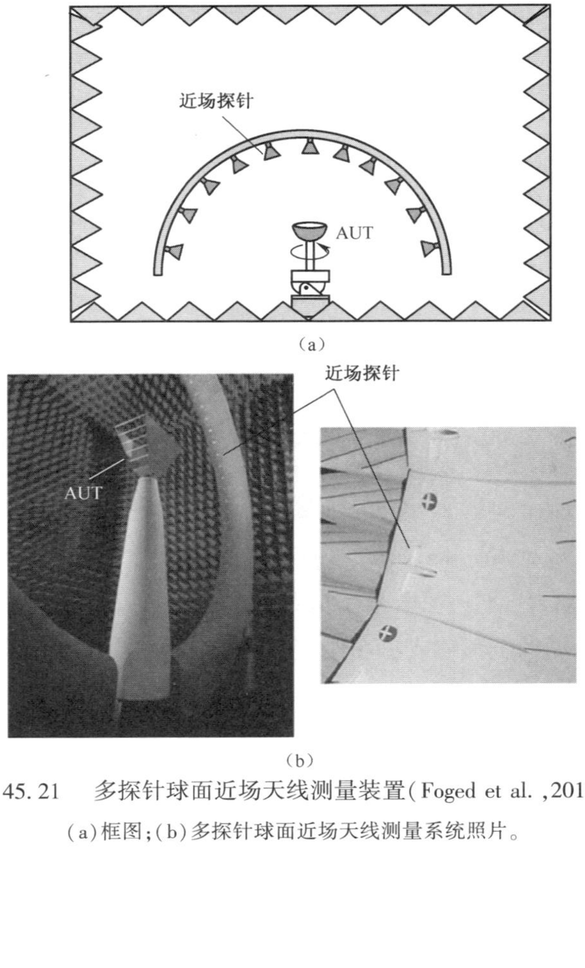

图 45.21　多探针球面近场天线测量装置(Foged et al. ,2010)

(a)框图;(b)多探针球面近场天线测量系统照片。

Duchesne et al. ,2004)。多探头球面近场测量系统的简化框图如图 45.21 所示。其测量概念是基于这样一种技术,通过扰动探针的电磁特性来识别来自探针阵列中每个探针的信号(Lasserre et al. ,1995;Bolomey and Gardiol,2001)。该扰动的结果是输出信号中的调制频率分量,该分量与探针位置上入射场的幅度和相位直接相关。通过顺序调制每个探针,就可以"实时"测量每个探针位置的幅度和相位,而不需要昂贵的高频复用网络。使用基于球面波展开的数值技术将近场测量数据转换为远场辐射方向图。

在本书"近场天线测量技术"部分中将更详细深入地讨论近场天线测量技术。

45.4　特殊天线测量装置

45.4.1　在片天线测量

为实现高水平集成、整体设备尺寸小型化和低制造成本,已经投入大量努力致力于片上系统(SoC)或板上系统(SoB)的开发以及封装内系统(SiP)的开发。片上天线的实现提供了巨大的优势,因为它降低了芯片到电路板设计的复杂性和相关成本。然而,由于缺乏精确的表征方法,系统中片上天线的适应性受到了阻碍。为使用具有嵌入式天线的全集成收发器来设计稳健的无线链路,确定片上天线增益和辐射方向图的系统方法至关重要。

已经报道了许多在片天线测量装置(Zwick et al. ,2004;Farinelli et al. ,2006;Van Caekenberghe et al. ,2008;Tsai et al. ,2013;Qing and Chen,2014)。图 45.22(a)给出了典型的基于 VNA 的在片天线测量装置。探针台包括抗振平台和用于在片测量的附件,使探针和 AUT 之间能够稳定而可靠地接触。具有三维运动结构的探针定位器为探针与 AUT 的接触提供了极大的方便。旋转臂上的喇叭天线用于信号发送与接收,并连接到 VNA 的另一个端口。将 AUT 放置在抗振台的平台上,要求喇叭天线与 AUT 之间的距离大于远场准则;测量主剖面的半空间(180°)方向图。图 45.22(c)所示的探针是另一个关键部件;带有同轴或波导结构的探针一端连接到 VNA 的一个端口,而带有共面波导(CPW)尖端的另一端连接到 AUT。CPW 尖端的典型配置是信号-地(SG)、地-信号-地(GSG)和地-信号-地-信号-地(GSGSG)。

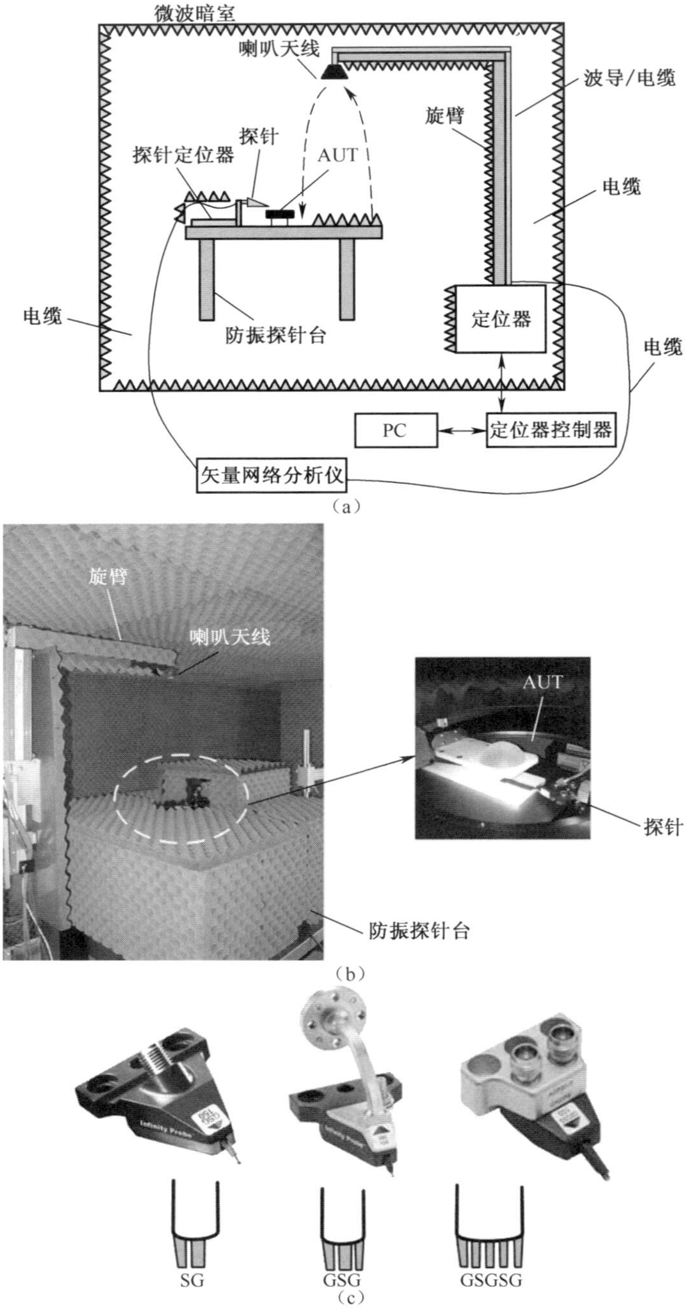

图45.22　在片天线测量装置

(a)框图;(b)在线测量装置照片(经新加坡信息通信研究所同意);(c)探针。

45.4.2　比吸收率(SAR)测量

SAR 是衡量人体组织吸收发射射频能量的一项指标。SAR 是电导率、来自辐射源的感应电场和组织质量密度的函数。SAR 是通过在特定体积上(通常是 1g 或 10g 组织)进行平均(或积分)来计算的,即

$$\mathrm{SAR}=\frac{\iiint_V \sigma(v)\left|E(v)\right|^2}{\rho(v)\,\mathrm{d}v} \tag{45.5}$$

式中:σ 的单位为 S/m;E 的单位为 V/m;ρ 的单位为 $\mathrm{kg/m^3}$。

SAR 的单位是 W/kg 或相当于 mW/g。各国政府已经定义了移动设备发射射频能量的最大 SAR 水平。例如,美国规定手机的 SAR 极限值为 1.6W/kg,取 1g 组织平均。在欧洲,SAR 的极限值是 2.0W/kg,取 10g 组织平均。

SAR 值主要取决于暴露于天线的身体部分的几何形状以及天线的确切位置和几何形状。因此,必须针对每个具体的辐射源进行 SAR 测量,如特定的手机型号以及假定的使用位置。SEGAG(Speag,2014)的 DASYS 系统是 SAR 测量中最常用的测量装置。如图 45.23 所示,该系统由人体形状的中空桶、近场探针、

图 45.23　SAR 测量系统

控制机器人、接收机和计算机组成。人体形状的中空桶中充满了与人体组织性质相似的液体,AUT位于中空桶正下方靠近头部的位置。机器人控制的近场探针浸入桶中的液体中,以收集特定区域内电场的幅度和相位。测量的数据随后发送到计算机进行后处理和SAR计算。

45.5 结论

天线测量对于确保天线达到所需的规格指标、验证理论仿真结果或验证天线结构和设计至关重要。在不同的天线测量装置和测试场中,正确的选择取决于很多因素,如工作频率范围、AUT的方向性、天线的机械特性(尺寸、重量和体积)等。此外,随着技术的进步,对无线通信系统和天线的要求也将越来越严格,这将推动天线测量技术和设备向越来越高的精度和越来越强大的测量能力发展,以满足即将到来的高级天线系统需求。

交叉参考:

▶第46章　微波暗室设计

▶第47章　EMI/EMC暗室设计、测量以及设备

▶第50章　毫米波亚毫米波天线测量

▶第48章　近场天线测量技术

▶第49章　小天线辐射效率测量

参考文献

Arnold PW (1966) The "slant" antenna range. IEEE Trans Antennas Propag 14(5):658-659

Balanis CA (2005) Antenna theory analysis and design. John Wiley & Sons, Hoboken

Balanis CA, Birtcher C (2008). Modern antenna handbook, Chapter 20. John Wiley & Sons, Hoboken

Bolomey JC, Gardiol FE (2001) Engineering applications of the modulated scatterer technique. Artech House, Boston

Burnside WD, Gilreath M, Kent BM, Clerici G (1987) Curved edge modification of compact range-reflector. IEEE Trans Antennas Propag 35(2):176-182

Duchesne L, Garreau P, Robic N, Gandois A, Iversen PO, Barone G (2004) Compact multiprobe antenna test station for rapid testing of antennas and wireless terminals. The 5th international symposium on multi-dimensional mobile communications, pp 553–557

Emerson WH (1973) Electromagnetic wave absorbers and anechoic chambers through the years. IEEE Trans Antennas Propag 21(4):484–489

Farinelli P, Vaha-Heikkila T, Saily J, Sorrentino R, Tuovinen J (2006) A Novel Method for Millimeter-Wave On-Wafer Characterization of Reflect Patch Antennas. IEEE Antennas Wireless Propag Letters 5(1):556–558

Foged LJ, Duchesne L, Rosa A, Belot D, Lopez JM (2010) High gain P-band antenna measurements in multi probe spherical near field range. 14th international symposium on antenna technology and applied electromagnetics & the American electromagnetics conference, 1–4

Gupta IJ, Brown DG, Burnside WD, Lin W (1991) A serrated edge Gregorian subreflector for dual-chamber compact range systems. IEEE Trans Antennas Propag 39(8):1258–1261

Hemming LH (2002) Electromagnetic anechoic chambers: a fundamental design and specifications-guide. IEEE Press/Wiley, Piscataway/New York

Hemming LH, Heaton RA (1973) Antenna gain calibration on a ground reflection range. IEEE Trans Antennas Propag 21(4):532–537

Hollis JS, Lyon TJ (1972) Microwave antenna measurements. Scientific-Atlanta, Atlanta IEEE (1979) IEEE standard test procedures for antennas. IEEE Std:149

Iversen PO, Garreau P, Burrell D (2001) Real-time spherical near-field handset antenna measurements. IEEE Antennas Propag Mag. 43(3):90–94

Johnson R (1986) Some design parameters for point-source compact ranges. IEEE Trans Antennas Propag 34(6):845–847

Johnson RC, Ecker HA, Moore RA (1969) Compact range techniques and measurements. IEEE Trans Antennas Propag 17(5):568–576

Johnson RC, Ecker HA, Hollis JS (1973) Determination of far-field antenna patterns from near-field measurements. Proc IEEE 61(12):1668–1694

Joy EB, Leach WMJr, Rodrigue GP, Paris DT (1978) Applications of probe compensated near-field measurements. IEEE Trans Antennas Propag 26(3):379–389

Kummer WH, Gillespie ES (1978) Antenna measurements. Proc IEEE 66(4):483–507

Lasserre, J. L., Serafin, D., Bolomey, J. C., Lucas, F. &Therond, F. (1995). Characterization of portable communication systems by means of near-field techniques. Proc. SPIE 2556, Wireless

Communications, 50 (September 18, 1995); doi:10.1117/12.220888.

Meier AS, Summers WP (1949) Measured impedance of vertical antennas overfinite ground planes. Proc IRE 37(6):609–616

Meys R, Janssens F (1998) Measuring the impedance of balanced antennas by an S-parameter method. IEEE Antennas Propag Mag 40(6):62–65

Paris DT, Leach WM Jr, Joy EB (1978) Basic theory of probe compensated near-field measurements. IEEE Trans Antennas Propag 26(3):373–379

Pistorius CWI, Burnside WD (1987) An improved main reflector design for compact range applications. IEEE Trans Antennas Propag 35(3):342–347

Qing X, Chen ZN (2014) Measurement setups for millimeter-wave antennas at 60/140/270GHz bands. IEEE Intl Work Ant Technol (iWAT):281–284

Qing X, Goh CK, Chen ZN (2009) Impedance characterization of asymmetrical balanced antennas and application in RFID tag design. IEEE Trans Microwave Theory Techniq 57(5):1268–1274

Sanad MSA, Shafai L (1990) Dual parabolic cylindrical reflectors employed as a compact range. IEEE Trans Antennas Propag 38(6):814–822

Speag (2014) http://www.speag.com/products/dasy/dasy-systems/. Accessed 5 July 2015

Tsai ZM, Wu YC, Chen SY, Lee T, Wang H (2013) A V-band on-wafer near-field antenna measurement system using an IC probe station. IEEE Trans Antennas Propag 61(4):2058–2067

Van Caekenberghe K, Brakora KM, Hong W, Jumani K, Liao D, Rangwala M, Wee YZ, Zhu X, Sarabandi K (2008) A 2-40GHz probe station based setup for on-wafer antenna measurements. IEEE Trans Antennas Propag 56(10):3241–3247

Yaghjian AD (1986) An overview of near-field antenna measurements. IEEE Trans Antennas Propag 34(1):30–45

Zwick T, Baks C, Pfeiffer UR, Liu D, Gaucher BP (2004) Probe based MMW antenna measurementsetup. IEEE IntSymp Ant Propag:747–750

第 46 章
微波暗室设计

Boon Kuan Chung

摘要

一个微波暗室通常涉及经费和场地两个方面的大量投入。因此,人们对于利用低投入获取所需技术性能产生了较大的兴趣。通过设计,屏蔽方面必须提供无额外信号的自由环境。必须选择合适的射频吸波材料来覆盖屏蔽室的整个内表面,以模拟没有墙壁、天花板和地板反射的自由空间环境。结合能够反映吸波材料散射特性的准确模型,采用合适的计算机仿真工具进行优化暗室的几何结构,有望实现效费比的目标。在结构完成之前,微波暗室的性能需要采用标准认证测试方法进行预估。

关键词

微波暗室;电磁场;射频;天线;辐射方向图;静区;电磁兼容;雷达散射截面

B. K. Chung(✉)
拉曼大学工程与科学学院,马来西亚
e-mail:chungbk@ utar. edu. my; bkchung1429@ gmail. com

46.1 引言

自由空间电磁波通过具有很低的信号电平,量级为-100dBm 或者 3μV,从而很容易被外界能量淹没。因此,电磁波的测量必须在能够提供与外部电磁环境高度隔离的实验设施中进行。屏蔽体能够提供的隔离性能超过 100dB。但是,电磁波在屏蔽体中传播时,会在侧墙、天花板、地板之间来回反射。正因为如此,被测天线放置的测试区域内的电磁波前被扭曲,与所需的均匀平面波相去甚远。为了创造无反射的自由空间环境,使电磁波从源到接收机的传播过程简单而明确,屏蔽体所有的内表面必须安装合适的吸波材料阻止电磁波的反射。这一实验设施就是微波暗室。没有回波和外部能量,微波暗室为电磁波测量提供了“静区”环境。

第二次世界大战对测试射频器件、天线、雷达特征提出了不断增长的需求。微波暗室正是在这一需求的牵引下,作为改善室内射频测试能力的新方法。该设施提供可控的环境、全天候兼容以及最小电磁干涉。20 世纪 80 年代,移动电话和卫星通信工业的激增,带动了许多不同测量功能暗室的设计,包括天线增益、辐射方向图、极化、雷达散射截面(RCS)、辐射危害、电磁兼容(EMC)等。此外,还设计了特定测量功能的暗室。

46.2 吸波材料

微波暗室的工作频率由侧墙、天花板和地板采用的吸波材料决定。频带较窄的吸波材料会限制暗室的能力。现代微波暗室通常采用低垂直反射率、宽角域内低前向、后向散射、更低的最小工作频率、宽频带以及更薄的高性能吸波材料,改善微波暗室“安静”水平、效费比以及所需房间尺寸。平坦表面和损耗性能(低阻抗)将会反射大量的入射波并且吸收剩余的电磁能量。自由空间和吸波材料阻抗的不连续会引起更多的反射和更少的传输。当材料具有高阻抗时,在空气-吸波材料分界面具有较小的不连续性,更多的能量能够传输到吸波介质中,但是需要更厚的材料充分耗散电磁能量。减少材料厚度的一个方法是利用锥形,从与自由空间阻抗(377Ω)接触的前表面逐渐过渡到损耗介质的后表面。这就意味着具有递增损耗角正切的多层碳浸渍材料从前层到后层堆叠起来。另一种选择是与平面前表面不同,将损耗材料切成角锥形状(图46.1(a))。角锥的顶部材料的填充因子低,基底材料的填充因子高,因此能够实现所需的阻抗锥削特性。该方法能够在很宽的频率范围产生良好的吸收特性或者低反射特性。但是,为了达到有效的吸收效果,角锥的高度必须大于 $\lambda/4$。因此,短的角锥吸波材料用于更高频率的微波暗室内。频率范围的上限由吸波材料的表面质量和碳负载决定。一个24英尺的角锥泡沫吸波材料能够在1~40GHz频率范围内提供低于-40dB的反射电平。如果暗室的最低工作频率为30MHz,材料长度必须大于8ft。巨大的尺寸带来材料的高成本、难以安装和需要更大的厂房空间,因此限制了所需低频测量的一些应用。

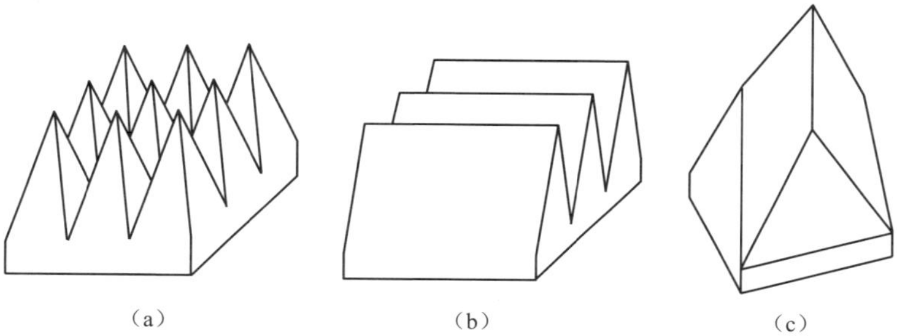

图46.1 吸波材料形状
(a)角锥;(b)楔形;(c)扭曲角锥。

楔形吸波材料如图46.1(b)所示,相比于角锥形吸波材料在垂直入射情况下,反射水平较低。但是,这种材料能够在宽入射角范围提供更好的性能,甚至是几乎平行于楔形边缘的情况。因此,在微波暗室的特定区域使用这种材料,能够提高暗室的静区性能。

用于低频微波暗室的长角锥形吸波材料随着时间会弯曲。采用扭曲角锥结构能够提高机械强度。角锥相对于基底扭曲45°,如图46.1(c)所示。这种妥协的后果就是其反射性能没有标准角锥好。

空心角锥形衬底(某些为纸质材料)涂覆特定阻抗材料,可以形成轻质宽带吸波材料。金属微粒子在非传导矩阵中扩散,用于调节阻抗材料的电导率。

长度小于 $\lambda/4$ 的材料可以通过采用合适的碳加载角锥泡沫吸波材料获得

所需的低反射水平。如果碳加载太高,阻抗锥削就过于陡峭,并且入射波在角锥顶部直接反射,而不是传播到角锥底部(因此降低可用的频率上限)。另外,如果碳加载太低,入射电磁波可以传播到角锥基底,但是不能得到有效的耗散(因此降低吸波材料反射性能)。通过在频率为200~1000MHz范围内,反射率-20dB(EMC测试暗室)对碳加载进行优化,在天线和雷达散射截面测试所需微波暗室设计-40dB的反射率典型应用中,短的角锥吸波材料在高频可能无法提供足够的性能。

在最低工作频率为30MHz的EMC测试暗室中,需要具有宽带性能的薄吸波材料以减小暗室尺寸。0.25ft厚的铁氧体吸波材料在30~600MHz频带范围内可以提供小于-15dB的反射率。优化得到的工作在200~1000MHz频带内的碳加载的角锥泡沫可以结合铁氧体,从而能够覆盖所需频率范围30~1000MHz。该类型的吸波材料称为混合吸波材料。

在关心微波暗室设计时,吸波材料最重要的技术特性为使用频率范围、垂直入射反射率、斜入射反射率。为了衡量吸波材料的质量,目前采用的最简单方法为弓形架法,即在RF吸波材料表面上部的弓形架上采用发射和接收天线。发射天线照射RF吸波材料,接收天线接收反射。反射系数通过比较RF吸波材料的反射与位于相同位置金属表面反射得到。不同角度下的反射系数通过移动弓形架上的发射天线和接收天线得到。通过调节线极化天线的方向,能够获得平行和垂直两种极化特性。弓形架法通常用于1GHz以上频率的测量。由于必须在远场进行采样,所以需要较大的弓形半径。采样尺寸必须足够大,并且为了获得精确结果,天线的波束宽度也不能太窄。采样的边缘绕射效应、发射接收天线的直接耦合、环境的外部反射等因素必须减小到低于被测吸波材料典型反射率水平。

设计微波暗室时选用的吸波材料,首先要考虑的因素就是设施的用途。如前所述,天线和雷达散射截面测试所需微波暗室吸波材料的反射率水平低于-40dB。该性能通常在1GHz以上得到。实际上,反射性能随着频率的增大而变好,大约为每倍频提高6dB。因此,工程师应当确定微波暗室最低工作频率所需的最小反射率水平。在高频,反射性能接近峰值时,就开始随着频率的增加而快速下降,这是因为吸波材料尺寸相对于波长很大时,入射波前开始散射。需要优化碳加载和宽窄比来扩展吸波材料的工作频率。

46.3　微波暗室的几何形状

矩形暗室是一种易于建造的形状,并且易于安装吸波材料。该形状的缺点是位于侧墙和天花板的吸波材料可能反射大量的电磁波到测试区域。吸波材料在电磁波宽角度入射时无法达到足够的性能,如图 46.2 所示。因此,由反射波和直接信号的相消和相长,干涉在测试区域形成具有尖峰和零陷的复杂波前。非均匀场分布在多种电磁波测量中引起误差。

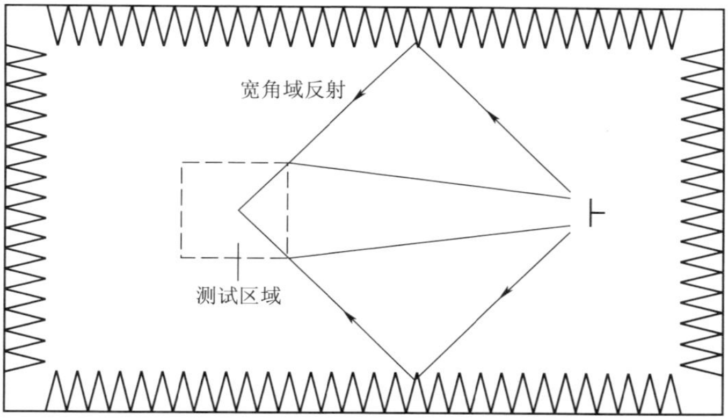

图 46.2　简单矩形微波暗室的平面图

宽角度反射问题能够通过采用锥削形暗室消除,如图 46.3 所示。最大的好处是在锥削区域能够使用较为便宜的吸波材料,从而减小成本。锥削形微波暗室总表面积的减小意味着需要更少的吸波材料,从而能够进一步减小成本。但是,该形微波暗室存在一些缺陷。首先,仅能够使用位于锥削顶部的单一馈源天线。涉及多源、移动源或者双站雷达散射截面的测量无法在该形状的微波暗室中进行;其次,由于电磁场和分离暗室墙壁之间的耦合,路径损耗与自由空间不同。因此,暗室不适合测量绝对场强。在高频区,锥削形微波暗室相对于矩形微波暗室没有任何优势,主要是因为宽角度反射能够通过采用高增益天线克服(如照射到墙的辐射能量较少)。此外,在这些频率上,吸波材料具有更好的吸收性能。因此,尽管是宽角度反射,反射水平仍然足够低。

锥削形微波暗室的缺点能够通过采用准锥削形几何形状克服。该形状包括

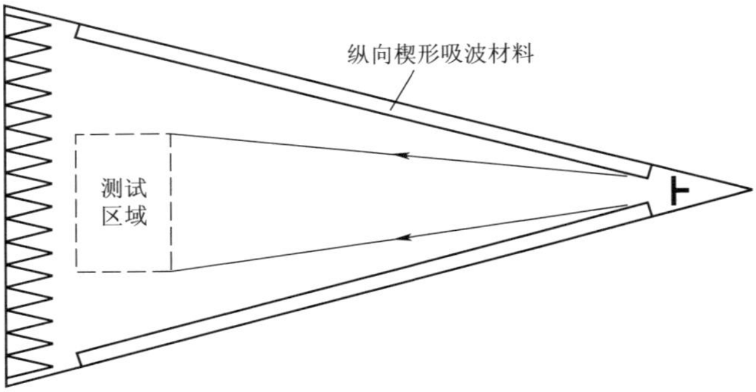

图 46.3　锥削形暗室的扩散结构

一个小的矩形方面,连接一个锥削形区域,然后连接包括测试区域的一个更大的矩形房间。该设计结合了全锥削形微波暗室在低频的性能优势和矩形微波暗室的灵活性。在锥削形区域可以采用楔形吸波材料提高暗室静区性能,这是由于在电磁波由较小的矩形房间向较大的矩形房间传播时,其传播方向几乎平行于墙面,因此楔形吸波材料相对于角锥吸波材料有更好的吸收性能。

微波天线和 RCS 测量通常需要被测目标处于平面波照射环境。平面波的幅度和相位特性仅能够在远场区实现,通常意味着很大的距离。采用偏馈抛物面反射器将球面波前转换为平面波能够缩减这一距离,如图 46.4 所示。缩减后的厂房尺寸就是紧缩场微波暗室。该技术所形成的平面波在测试区域具有非常平坦的相位波前以及很小的幅度锥削,使紧缩场等效于非常大的传统天线测试场。偏焦点消除了馈源和馈源支架的散射和遮挡。

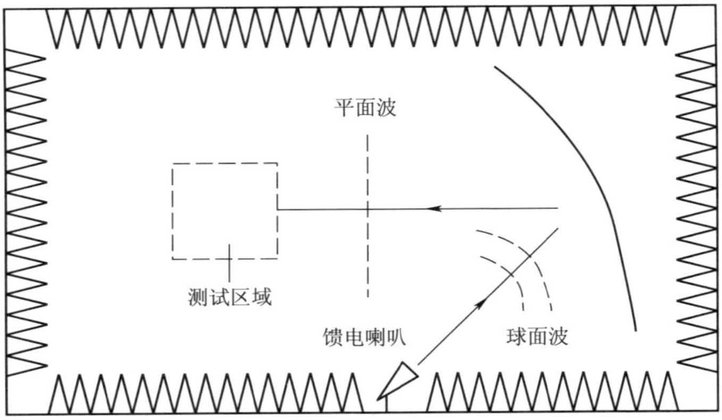

图 46.4　紧缩场微波暗室结构

某些研究机构为了特殊用途采用圆形微波暗室。该类型的微波暗室适用于在特定距离进行多种单站及双站 RCS 测量,如图 46.5 所示。在微波暗室内部圆形表面上安装多个天线接收位于球心位置的雷达目标的散射电磁波。

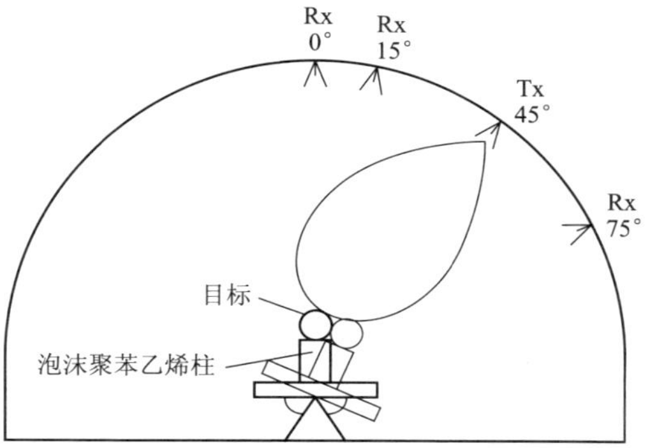

图 46.5 用于单站和双站 RCS 测量的圆顶形微波暗室

由于多媒体和通信工业的快速发展,自 1980 年起,建立了大量低频(30~1000MHz)无反射或者半无反射测试暗室。电磁兼容(EMC)标准强制规定有意和无意电磁辐射器在上市之前必须满足电磁兼容要求。通常采用完整的微波暗室来确定产品是否不受入射电磁场的影响。在辐射标准方面,电磁产品辐射出的电磁干扰(EMI)的测量在具有理想无限大导电地板的理想开域测试场(OATS)进行。典型的测试结构如图 46.6 所示。导电地板不覆盖吸波材料的半微波暗室能够作为该项测试的另一种测试场,它证明了能够满足定义在 CISPR16-1-4 和 ANSI C63.4 中的归一化场地衰减(NSA)。场地衰减定义为匹配平衡无损耗的调谐偶极子发射天线的输入电压与类似的匹配平衡无损耗调谐偶极子接收天线的输出电压比值。除了将被测设备(EUT)换成已知的发射源外,设备配置与产品的 EMC 兼容符合性测试一致。垂直极化和水平极化方式下 NSA 测试数据与理想场地计算结果进行对比。对于辐射发射测量,如果测试结果与理想场地理论 NSA 相差在±4dB 以内,就认为该测试场可以被接收。±4dB 的容差包括设备标校误差、测量方法误差以及场地异常引起的误差。如果测量距离为 3m,测量结果必须引入调谐偶极子天线的互阻抗修正因子。

自 2010 年 10 月起,运往欧洲的信息技术设备同样要求满足 EN55022:2010

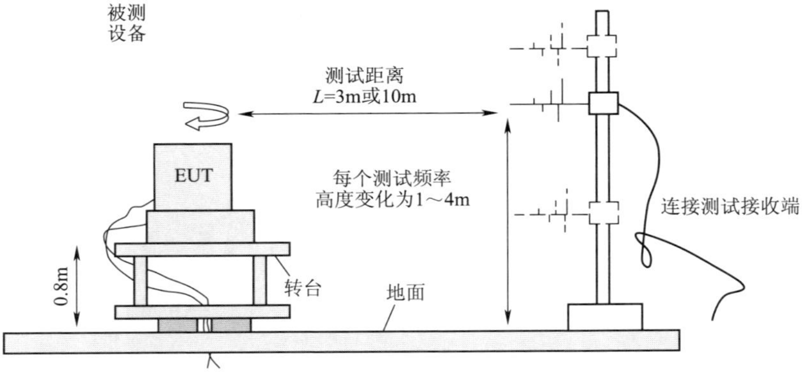

图 46.6　OATS 中 EMC 射频发射测试配置

标准的 1GHz 以上 EMC 辐射发射测量。规定完整微波暗室测量频率须达到 400GHz。对于 US 市场,FSS 同样要求 1~40GHz 的辐射发射测量。在微波暗室可用于 EMC 符合性测量之前,测试场地必须通过 CISRP 16-1-4 规定的场地电压驻波比(SVSWR)方法并且/或者 ANSI C63.4 规定的时域反射方法(TDR)验证。

专门用于 EMC 测试建造的微波暗室不适合雷达散射截面和天线测量。类似地,采用小于 1m 角锥泡沫吸波材料的微波暗室也不适合 1GHz 以下的 EMC 测量。不同测试需求的技术背景和所需的场地性能将在 46.4 节介绍。马来西亚多媒体大学设计并建造了一个多功能的微波暗室(Chung,et al. ,2003),开发了一种创新技术,在非对称结构的微波暗室中采用不同测量需求所需的低成本材料。该设施可以用于 EMC 测试、天线测试、单站和双站 RCS 测试、RF 发射机测试、散射计的校准以及其他电磁研究实验。图 46.7 给出了微波暗室地面平面图。图 46.8 给出了微波暗室的内部场景。RF 吸波材料粘贴在侧墙和天花板用于吸收暗室中的电磁波。两个侧墙及侧墙与天花板之间吸波材料需要进行特殊处理,12ft 角锥吸波材料和平板泡沫吸波材料用于匹配拐角的角度,如图 46.9 所示。由于非对称的微波暗室几何形状中部分侧墙平行于电磁波的传播方向,因此可以缩减宽角度反射。在暗室的两端,需安装额外的墙板使电磁波反射到测试区域外。非对称微波暗室侧墙和天花板的设计须使一次和二次反射(除了地面反射)不传播到接收区域。当电磁波射线在具有吸波特性的侧墙和天花板多次弹射后进入测试区域，电磁波能量已经获得足够的衰减。因此，尽管吸波材料反射性能在低频较差（由于在 100MHz 频率以下，吸波材料的高度小于达到 $\lambda/4$），但是静区性能可以扩展到低频。所需的 NSA 性能在不适用巨大和昂贵的吸波材料情况下仍然可以达到要求。

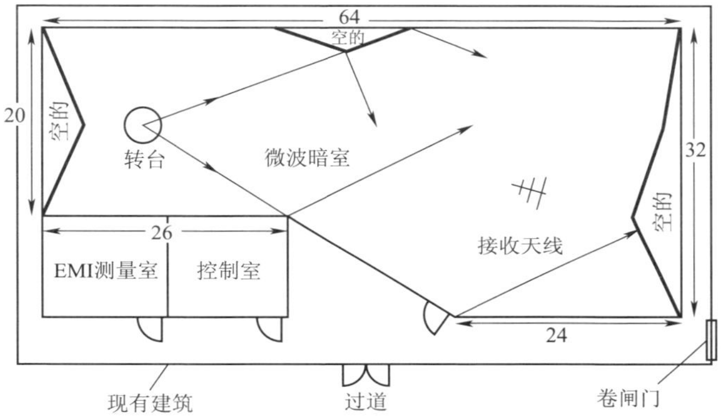

图 46.7　非对称结构微波暗室的平面图（单位：英尺）

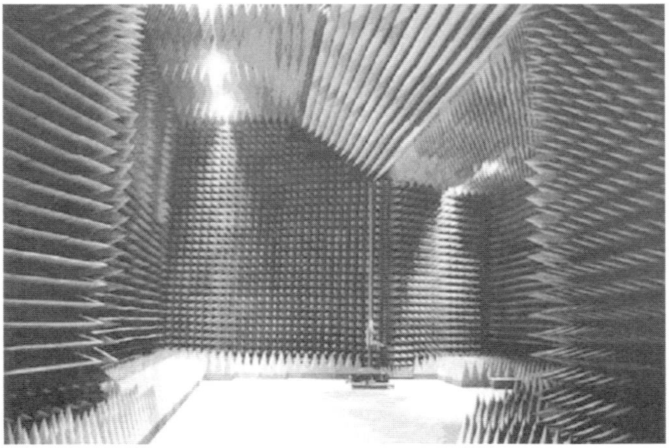

图 46.8　非对称结构微波暗室的内部视图

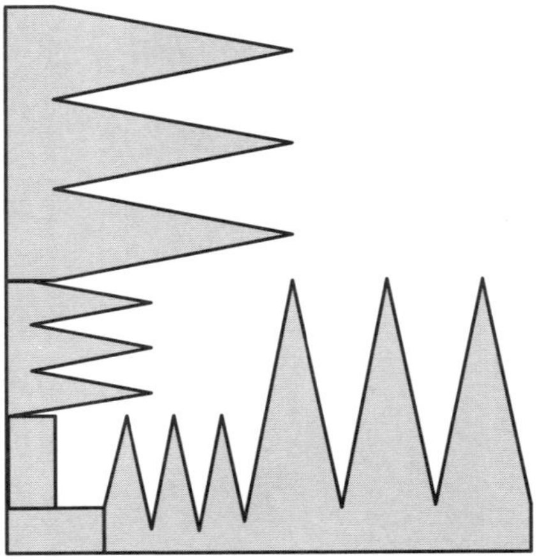

图 46.9　微波暗室拐角处吸波材料的处理

46.4　微波暗室尺寸

在典型天线测量中,发射天线和接收天线的间距由瑞利距离准则或者夫琅禾费距离确定。假设发射天线是点源,且接收天线最大横向尺寸为 D,那么间距必须大于 $2D^2/\lambda$,λ 为波长。这是为了确保边缘场和接收天线中心场的相位差小于 22.5°,从而能够提供一个近似均匀的平面波前。雷达散射截面测量也需要满足同样的准则。如果 D 是半波长量级,夫琅禾费距离仅有 $\lambda/2$,通常无法认为它是远场距离。但是,该间距能够有效避免不期望的发射天线和接收天线之间近场耦合或者感应场耦合(容性或者感性),仅支撑所需的辐射耦合(因为场强随着距离 r 下降为 $1/r$)。但是,如果 D 像天线阵列或者较大的雷达目标那样为数倍波长,那么需要的夫琅禾费距离呈指数增长。当时间距大于 2λ 时,如果满足瑞利距离,就认为是远场距离。

在微波暗室的设计中,测试场地必须足够大以满足发射天线和接收天线间距的瑞利距离准则。在如 30MHz 或者 10m 波长的低频,当所需测试体积的横向尺寸小于半波长时,5m 的间距是可接受的。如果间距为 3m,如 3m 距离的 EMC 暗室,可能会引入一定程度的近场感应耦合。在 30GHz 或者 10mm 波长的微波波段,所需测试体积横向尺寸为 1m 时,需要的夫琅禾费距离将为 200m。大多数情况下，微波暗室无法满足该尺寸要求。如果 10m 距离满足瑞利距离准则，那么所需测试体积的尺寸必须减小到 22m。另外，工作频率的上限被限制到 1.5GHz（测试体积宽度为 1m）。如果所需测试体积宽度或者目标更小，就可以工作在更高的频率。因此，在微波暗室的设计中，确定测试体积的大小并不一定意味着静区的大小可以用于天线或雷达散射截面测量的需要。

对于具有大孔径（大 D）的天线，在高的微波频率（小 λ）上工作时，所需的远场距离将非常大。近场测量技术可以用来测试大型天线。一个小型的射频探测天线在包围被测天线（AUT）的一个虚拟表面上移动，典型距离为 $(4\sim10)\lambda$ 范围。近场的振幅和相位是通过一个离散的点矩阵来测量的。然后使用傅里叶变换技术将这些数据转换为远场值。远场天线方向图可以通过传统的格式表示。

吸波材料被设计用于在辐射源的菲涅尔辐射区工作，是为了吸收 377Ω 的固有波阻抗（E/H）的电磁波。偶极子类型源的近场波阻抗大于 377Ω，电流回路类型源的近场波阻抗小于 377Ω。因此，辐射源和吸波材料的距离必须大于 $\lambda_{max}/2\pi$（其中 λ_{max} 为最低工作频率对应的最大波长），从而使吸收率满足要求。由于角锥吸波材料的厚度必须大于 $\lambda_{max}/4$ 才有效，因此微波暗室的长度必须比测试距离大 λ_{max}，并且宽度必须比测试体积宽 λ_{max}。当 2m 测试体积距离为 10m 且最低工作频率为 30MHz 时，且暗室侧墙和天花板采用 2.5m 长的角锥吸波材料，微波暗室必须大于 20m（长）×12m（宽）×10m（高）。

46.5 暗室设计

RF 波测量应当在没有与测量相关的电磁能量的环境中进行。通常 RF 屏蔽体阻止外部电磁能量到测试区域，从而实现隔离，并且保护有用的低电平信号。与此同时，隔离也保护了附近的系统不受辐射源所产生的电磁辐射的干扰。

RF 屏蔽体是一个被金属平板包围的房间。但是，通风孔和进入屏蔽体的门以及电缆穿透屏蔽体以进行信号/电力连接，将会导致电磁波的泄漏。屏蔽效能常常由于这些缺陷而降低，并且受到通风器和门的屏蔽性能的限制。一般来说，金属表面的任何不连续性，包括金属到金属的接头和重叠的金属接触，都将被电磁场穿透。高导电性的金属垫圈（如金属丝织网或铍铜“指状铜”）通常被用来填充门附近的缝隙。由大量的小空心波导管组成专业的“蜂窝式”排气口，以

“蜂巢”状焊接在一起,通常安装在屏蔽室中作为通风口。在大多数实际情况下,屏蔽效果超过 120dB 是很难做到的。屏蔽门、通风口、过滤器和管道必须经过仔细的设计和建造,以保持屏蔽的完整性。

模块化的组合结构通常被用于建造更小的屏蔽房间。由钢板制成的预制板,用金属板连接在一起,形成了六面独立的房间。焊接结构通常在要求的房间尺寸超过 240 平方英寸时使用。它提供了所需的结构强度和长期的高性能屏蔽。

暗室的几何结构不能太复杂,以便于屏蔽房间的建造以及屏蔽效能的控制,并且 RF 吸波材料也能够适当地安装于暗室侧墙、天花板和地板。为了优化包括几何结构和吸波材料贴覆等暗室设计,通常进行包括计算直接路径信号和反射信号矢量和的电磁波仿真。仿真的目标是评估测试区域的静区水平,指标包含在纵向和横向上的振幅波纹的幅度。

为了计算由侧墙和天花板贴覆的吸波材料的反射,必须建立能够描述包括入射角度、频率以及极化的吸波材料的散射特性模型。计算直接波和反射波的总和,必须知道电磁波的幅度和相位。

照射到吸波材料的电磁能量会向各个方向散射,类似于粗糙面。一种几何光学建模方法是假定在墙壁、天花板和地板上为镜面反射,它可以追踪从发射机到接收机的电磁波的传播。计算获得的场的质量无法与测量结果相比。唯一可靠的建模方法就是在暗室内部计算完整的三维麦克斯韦方程。Luebbers 等(1991)利用时域有限差分法(FDTD)分析了紧缩场微波暗室。这种方法在详细说明暗室结构、固定装置和吸波材料结构的精确尺寸和材料性能方面是非常费力的,而且需要非常长的计算时间。在实际情况下,性能测量的结果将不同于预期,原因为暗室固定装置的简化模型(如天线桅杆、转盘、照明、闭路电视摄像头、“蜂窝”波导通风口、透过板等)以及吸波材料的缺陷的忽略。因此,利用几何光学方法和一个合理的模型来描述内表面贴覆吸波材料的性能,就足以在暗室建造前近似预测暗室的性能。

Holloway 和 Kuester(1996)利用几何光学(GO)法预估了半微波暗室(SAC)的场地衰减。采用均一法(Holloway,Kuester 1994)建立了 RF 吸波材料的模型。考虑了矩形微波暗室结构,并且对侧墙、天花板的吸波性能利用射线的一次反射计算了总的场强。假设忽略吸波材料表面的多次反射。该假设仅在高质量的吸波材料应用时才能够验证。两个分别贴覆 4 英尺和 5 英尺角锥吸波材料的微波暗室场地衰减测量结果与计算值相差较大,在水平和垂直计划差异均超过了 4dB。在 80MHz 以下频率,水平极化具有更大的差异(Mayer et al. ,1998)。这些差异形成的原因是不同体积的角锥吸波材料性能会发生变化。通常理论分析中采用部分采样材料的平均介电系数和电导率。另一些误差的来源有天线之间的互阻抗、近场效应(每个天线和导电地板之间)、吸波材料低频性能差(必须考虑多于一次反射)以及房间的谐振。

GO 是模拟电磁波传播特性最流行的技术。利用射线代表电磁波,并追踪其从发射机发出,在传播过程中由于反射和衍射改变射线方向以及这些射线的场的数量,直到确定发射机接收端电磁波特性。几何绕射理论(GTD)和一致性绕射理论(UTD)是包含绕射效应的对 GO 射线法的一种扩充。电磁波在边缘和拐角的散射特性由简单经典问题的精确解近似确定。例如,尖锐边缘的绕射特性可以通过无限大斧劈的近似形式得到。几何光学仅在目标尺度相对于目标而言较大时才能获得精确结果。

有两种基本射线追踪模型,即弹跳射线追踪法(SBR)(Yang et al. ,1998)和图像法(Kimpe et al. ,1999)。传统的 SBR 方法由于采用接收球面而具有较大的动力学误差。图像法没有该问题。但是,如果没有有效的图像生成算法,则不容易处理复杂场景。Chen 和 Jeng(1997)提出了一种改善图像生成效率的混合 SBR-图像法算法。SBR 的选择应当控制混合模型的性能。基本的 SBR 方法采用射线、管道或者波束方法。

在使用射线方法时,发射并追踪独立的射线。从发射端发射的各种射线之间的间距是至关重要的。射线的间距必须足够小,从而确保两个相邻的射线不会穿越并且错过一个可能的散射源或者接收端。另外,两个相邻射线的间距也不能太小,大量的射线会导致很长的计算时间。由于射线间距随着传播距离增大,很难确定最优射线间距。不同场景必须采用不同的射线间距。接收必须通过逆向跟踪过程来验证。大量的逆向跟踪可能会以无效的接收和忽略而终止。这种琐碎的工作随着接收端或者观察点数量的增加而增加。

Chen 和 Jeng 提出了一种射线管的方法,用简单的多边形横截面(如三角形或者矩形)形成由若干射线组成的管道。该方法通过消除无效射线路径的逆向射线追踪,增强了接收验证过程。一个更加复杂的管道跟踪算法是必需的。射线间距或者管道大小仍然非常重要,同时也是最优射线间距的关注点。

波束追踪法(Fortune,1998)提供了一种使用大射线管的改进,使用了具有不规则横截面表示无数射线的波束,射线间距不是问题,波束尺寸也不重要。理想情况下,一个波束表示一个射线路径,与在射线或者射线管方法中跟踪一条射线路径所需的大量射线或者射线管不同。通过消除无效射线路径的简单逆向追踪,这些波束也有助于接收测试。但是,波束追踪也同样是SBR技术中编程最为复杂的一种方法。

Teh和Chuah(2003)提出了波束追踪方法的变体形式。利用通用的多边形代替了波束。因此,该方法也称为多边形追踪方法。一个通用多边形可能包含一个或者多个凹或凸多边形,并且是自交或者包含孔。利用多边形面元目标对散射体建模。接收球面不是必需的,因此导致了非常低的动力学误差。在涉及大量接收端的问题中,最小数量的波束可以覆盖所有接收端位置。因此,可以大量地减少需要的计算时间。该方法在典型的RF测试场验证方法计算不同位置接收天线电场强度中特别有用。

多边形追踪法从发射端到其镜像发射并弹跳多边形投影。射线多边形在任意观察平面的投影可能变为另一种多边形,如图46.10所示。每个观察平面的选择与计算场景中平面目标相对应。观察平面的轨迹表示了由发射端或者镜像源所照射的区域。

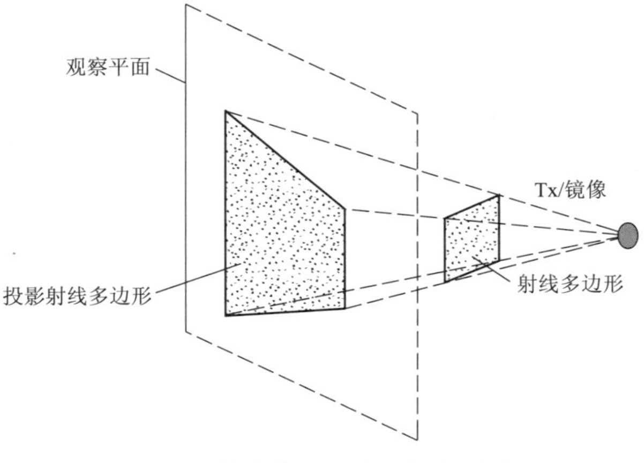

图46.10　射线多边形到观察平面的投影

为了在所有方向上覆盖射线,发射端起始射线多边形可能由包围发射端矩形盒子的 6 个面表示。在开始追踪一个射线多边形前,靠近源的实体(散射体或接收端)投射到包含射线多边形的平面上。投影的中心(COP)是源的位置。如果接收端的投影位于射线多边形内,那么接收端能够接收由源发出的一条射线。然后,根据 GO 和 UTD 计算逆向射线追踪,从而确定电磁场计算的精确路径信息。对于散射体而言,目标投影与射线多边形平面的重叠区域意味着在该区域波束能量被截止。反射和传输射线多边形的形状由目标的照射区域创建,并在场景中排队等待追踪下一个散射体或者接收端。目标的其他区域会被相邻的射线多边形照射。图 46.11 给出了多边形追踪机理的原理示意图。

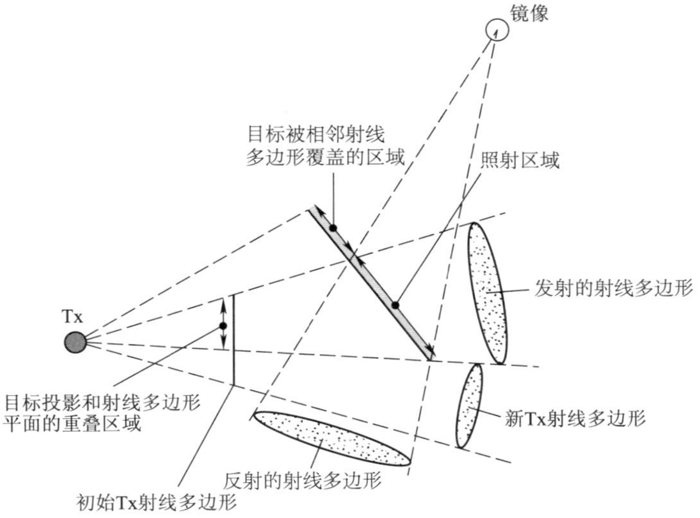

图 46.11 发射和反射射线多边形的形成

为了包含衍射,考虑位于射线多边形投影内的多边形目标平面的边缘,便于随后反射和传输创建和追踪衍射射线多边形。但是,基于衍射定理的射线多边形投影非常复杂。直线的投影可能变为曲线。由于衍射波的幅度通常很小,因此随后的反射、传输及衍射可以忽略。由于衍射波的幅度通常很弱,因此相应地反射、传输及衍射可能能够忽略。

在 GO 或者多边形追踪方法中,自由空间(没有地面反射)中距离发射天线 r 的电场强度 $|E_r|$ 可以表示为

$$|E_r| = \frac{|E_1|}{r} \tag{46.1}$$

式中：$|E_1|$ 为距离发射天线 1m 处的辐射电场强度。在微波暗室的静区或者测试区域内，接收端位置观测到的电场强度 $|E_{obs}|$ 是直达信号和多个反射信号的矢量和。

获取测试区域内多个 $|E_{obs}|$ 的幅度。在计算仿真中，偶极子天线发射一个脉冲信号，并且以射线多边形模式向所有方向传播。对于吸波侧墙的每次弹射，电场强度乘以反射系数。对斜入射情况下的吸波材料反射率必须小心，需要采用适当的吸波材料模型。在时域给出由多个路径(具有不同的时间延迟)形成的接收脉冲信号的脉冲响应，从而无需计算大量离散频率点的 $|E_{obs}|$。

如果暗室具有矩形形状，多个一次反射和二次反射会干涉接收天线处的直达波，如图 46.12 所示。为了提高静区性能，微波暗室形状可以对暗室形状进行设计，使一次和二次反射无法传播到测试区域。电磁射线在吸波侧墙弹跳数次后，最终达到接收天线时，电磁能量就获得足够的衰减。

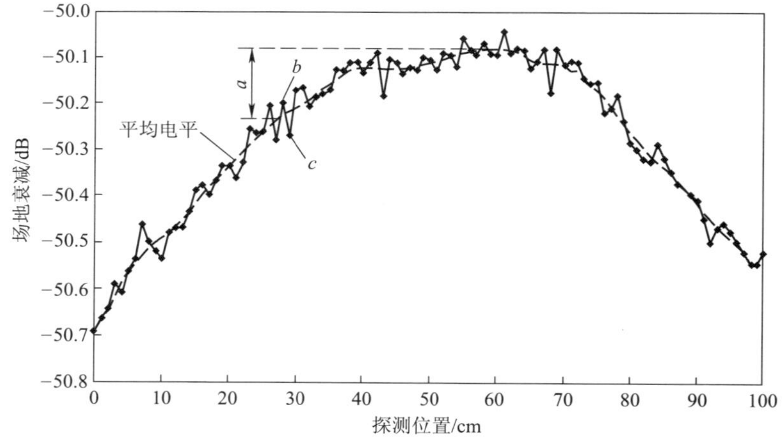

图 46.12　静区内幅度变化

图 46.7 和图 46.8 给出了建造于多媒体大学的一个非对称结构的微波暗室(Chung et al. ,2003)。由于结构非对称，从侧墙的反射具有不同长度的路径，因此，两个幅度相同的电磁波同相叠加的可能性很低。所需的静区性能无需采用很长和很贵的吸波材料就可能实现。

46.6 静区场的一致性

全微波暗室通常用于 1GHz 以上微波频率的天线和雷达散射截面(RCS)测量。暗室的性能定义为静区照射场的一致性。静区就是被测天线或者雷达目标放置的区域。静区的尺寸可以通过场的幅度和相位由静区中心向边缘变化确定。由于区域表面的各种安装结构、电缆和障碍物的反射以及区域表面的不规则特性,静区内的照射场会偏离基于理想几何区域的计算结果,可能会形成振幅波纹和交叉极化。

在微波暗室中,可用的静区指标由瑞利距离准则确定。直达波的相位从静区中心到边缘的变化必须小于 22.5°(等于 $\lambda/16$)。更大的相位变化会导致测量的天线方向图与真实远场方向图有很大的偏离。当距离 R 固定为 10m 时,静区的直径随着频率升高而减小,从 1GHz 下的 1.22m 减小到 18GHz 下的 28.9cm。

必须使静区中心到边缘的幅度锥削最小,从而不对电磁波测量精度产生明显影响。当发射天线 3dB 波束宽度远宽于静区时,上述要求可以实现。直达波和微波暗室侧墙、天花板、地板的反射相互干涉可能会产生幅度波纹。因此,幅度波纹取决于天线方向图,对于一个微波暗室来说,无法定义标准的品质因数。

静区的特性定义为反射能量与直达波的平均比率。“自由空间电压驻波比”场探针方法(IEEE Std. 149—1979)通常用于估计静区性能。使用具有规定方向性的天线作为探针。探针支撑用于探针沿横向线连续移动。将场的干涉方向图与探针的线性移动一并记录下来。对暗室垂直方向和水平横向都进行垂直极化和水平极化下场的测量。使用校准增益喇叭作为探针。

图 46.12 给出了信号强度变化的例子,类似于在静区测量的驻波模式。纹理幅度在图上各不相同是由不同位置的反射场幅度的复杂变化引起。同时,由于发射天线和接收天线之间的“视觉”角度以及距离的变化,驻波曲线的平均电平变化缓慢。可以把它看作天线方向图水平的复合变化。

在图 46.12 中,28cm 探针位置的方向图水平为 a,直达波 E_d 和反射波 E_r 同相和反相的探测信号电平由 b 变化到 c,那么

$$b(\text{dB}) = 20 \cdot \log \frac{E_d \cdot 10^{a/20} + E_r}{E_d} \tag{46.2}$$

$$c(\text{dB}) = 20 \cdot \log \frac{E_d \cdot 10^{a/20} - E_r}{E_d} \tag{46.3}$$

$$R_c(\text{dB}) = 20 \cdot \log \frac{E_r}{E_d} = a + 20\log \frac{10^{(b-c)/20} - 1}{10^{(b-c)/20} + 1} \tag{46.4}$$

式中:R_c 为已知的静区反射电平。在一次探测中同时收到多于一个的反射场,因此实际上利用式(46.4)建立的是照射到探针天线上所有反射波的集合的等效反射波。获得的结果依赖于天线的定向性。例如,由于等效反射波包含了微波暗室所有表面的反射波的集合,因此一个全向天线产生更高的反射电平(明显性能更差)。如果采用定向源天线并且/或者定向探针天线,探针接收到的反射波更少。因此,尽管两个结果在同一个暗室得到,后者可以获得更低的反射电平(更好的性能)。总之,标准反射电平除了用于基准测试外并没有太大用处,因为如果 AUT 定向性很高,"较低的反射率"并不会对测量精度产生明显的影响。

在分析驻波比曲线时,必须确定干涉幅度的峰峰值 $b-c$。干涉方向图的平均电平用于确定方向图电平 a。反射电平 R_c 可以通过式(46.4)或者利用图 46.13中的列表图。显然,R_c 取决于找到 $b-c$ 时的方向图电平 a。对于相同的 $b-c$ 值,反射电平 R_c 随着方向图电平增大而增大。当方向图电平 $a=-0.15$dB 且峰峰干涉幅度 $b-c=0.1$dB,微波暗室的反射电平为-45dB。如果 $b-c=0.1$dB 保持不变,方向图电平 $a=-5$dB,就表明微波暗室具有更好的反射电平-50dB。

欧洲 EMC 标准 EN61000-4-3 规定了用于辐射 RF 场抗干扰测试的低频完整微波暗室。在测试中,由发射天线辐射出的强 RF 场照射到被测设备(EUT)。标准场强度分为 1 级、2 级、3 级,分别对应 1V/m、2V/m、3V/m。应用 4 种情况的电磁场照射 EUT,包括垂直和水平两种极化。设置 EUT 为最易受影响的工作模式。在控制室监控代表 EUT 工作情况的一系列参数。记录任意工作参数的降低。标准要求在 80~2700MHz(EN61000-4-3:2006 + A2:2010)范围内 EUT 所处位置的场具有均匀幅度分布。为了验证微波暗室 RF 场抗干扰测试,通过包括距离地面 0.8m 最低点的 1.5m×1.5m 的平面上采样 16 个网格点进行场一致性测试,如图 46.14 所示。如果场强 16 个采样点中有 12 个点在 0~6dB 测试

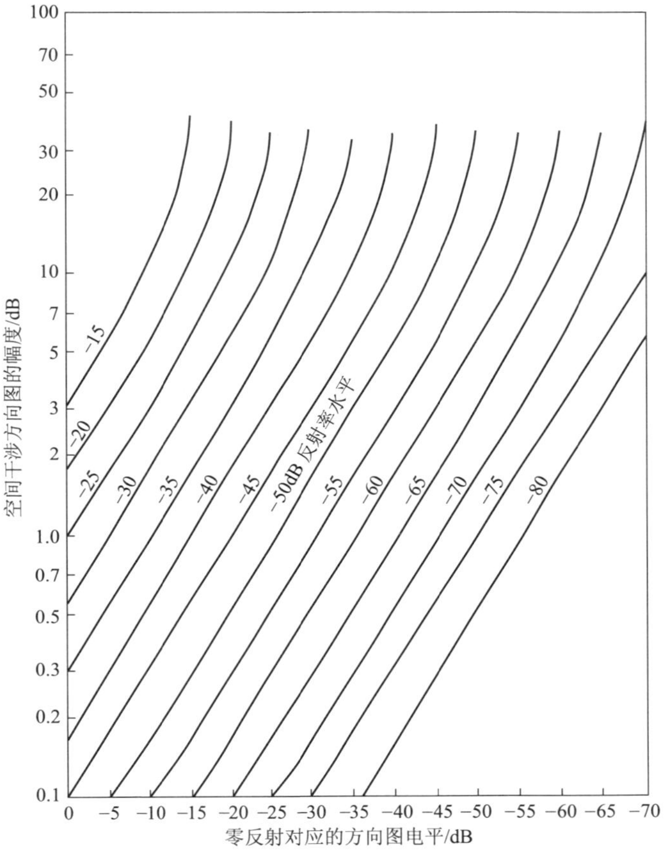

图 46. 13　确定微波暗室反射电平的列表图

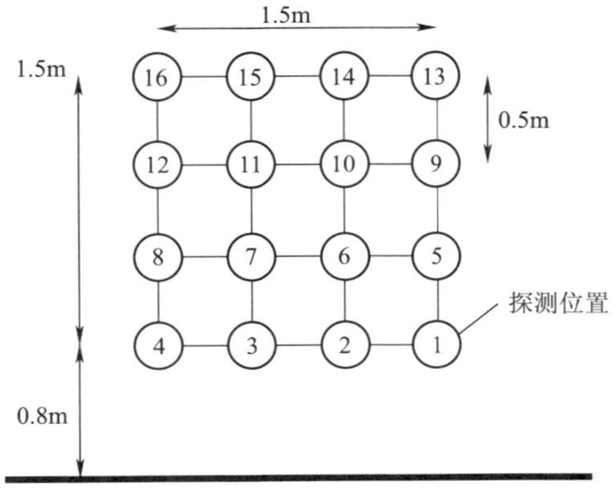

图 46. 14　场均匀性测试位置

电平允许范围内,就认为辐射RF抗干扰测试场通过验收。接收最大允许范围是因为标准考虑了一个事实,即吸波材料在低频通常具有较差的反射率性能。

46.7 RCS暗室验收测试

雷达散射截面(RCS)的σ是用来表示目标雷达特征的参数。在接收系统中给定实际目标回波,σ是在接收系统中通过各向同性再辐射产生给定回波的等效面积。该参数是材料特性(如传导性、电介质性和磁导率)、目标形状的函数,且在特定频率和极化下具有唯一性。事实表明,如果目标具有很强的反射并且/或者散射方向正对着接收系统方向,那么σ会大于目标的物理横截面。类似地,σ也会小于物理横截面。σ的测量值会受到发射波形(CW,脉冲或者调频)和波前(平面或者球面)的影响。

雷达技术的发展已经迈入毫米波和微米波波长的频谱。雷达装备的应用已经不限于观测飞机或者船。空基和天基雷达能够产生地面的像,已经在遥感方面得到广泛应用。早期成像雷达中由于地面后向散射形成的杂波提供了植被覆盖和地下材料相关的有用信息,RCS控制也从使用雷达吸波材料到赋形和阻抗加载(用分布式或者集总阻抗加载到目标表面)。有相当数量的研究是针对RCS增强的,在某些应用中,人们增强雷达散射截面,使其在一个特定观察角度范围内大于物理横截面积。这些应用的一个例子是在民用飞机的跟踪中需要一个强劲的、相对稳定的回波,使跟踪地面雷达具有良好的跟踪精度。具体方法包括使用阻抗加载、角反射器、介质透镜及反射阵列。双面和三面角反射器在极化雷达的校准中得到了广泛应用。

确定性目标的RCS通常在微波暗室中测量。用于该类测量的微波暗室需满足附加要求,能够提供低背景电平。因此,性能标准是由在测试区域中没有任何目标情况下可测量RCS决定的。背景RCS实际上是测量系统包括微波暗室和RCS测量仪器的总系统灵敏度,它决定了可测量最小的RCS。

具有时间门功能的矢量网络分析仪是典型的应用设备。平面反射金属板或者金属球等已知目标放置在目标支架上。散射信号通过发射步进频率连续波测量。图46.15给出了3英尺金属球同极化RCS测量结果的例子。注意到,测量的RCS(用dB(m^2)或者dBsm表示)围绕理论值振荡,这主要是由于目标和支架的耦合效应引起。支架到目标或者目标到支架的电磁散射具有更长的路径，并且与目标表面直接的散射相互干涉，导致有益或者无益的干涉，取决于波长。

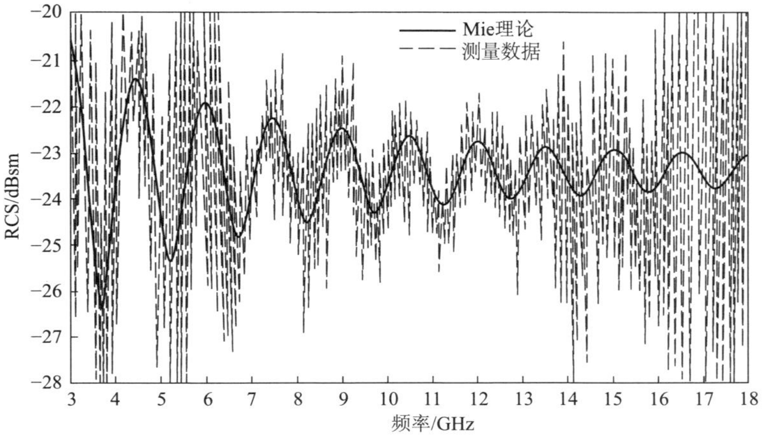

图 46. 15　不采用距离门情况下 3 英寸球体理论单站 RCS 与测量值的对比

图 46. 16 给出了利用逆离散傅里叶变换计算得到的时域等效结果。目标-支架耦合引起的误差能够明显地看到，即主脉冲到达后的第二个脉冲。目标附近的噪声电平表明最小可探测 RCS 或者暗室的名义 RCS。时间窗可用于移除不想要的信号。当利用离散傅里叶变换将时间门瞬时 RCS 变换到频域后，就能

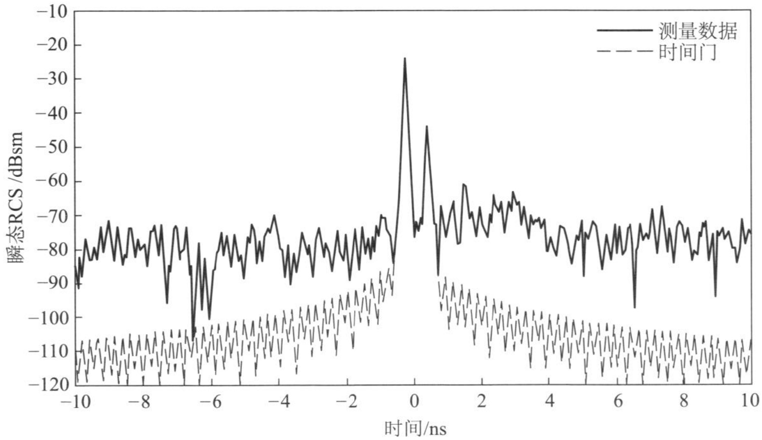

图 46. 16　采用距离门与不采用距离门 3～18GHz，3in 球的瞬态 RCS 对比

够得到目标在频域的 RCS。

在 RCS 暗室的验收测试中,金属球在静区内移动。雷达回波很大程度上取决于照射场的波纹。雷达回波的峰峰波纹与测试区域的外部信号电平相关。

46.8 结论

微波暗室的设计能够满足不同的测量需求。评估微波暗室的性能标准取决于该类设施的测量类型。相应地,在设计中需要小心地考虑暗室几何结构和吸波材料。此外,设计必须包括进入门、通风、照明、电力供应、滤波器、连接面板、电缆、流动空气供应、转台、电动天线罩等必要的功能。需要进行波传播仿真,计算直达信号和反射信号的矢量和。测试体积内静区的评估由横向和纵向幅度波纹表示。需要建立吸波材料散射特性关于入射角、频率和极化等合适的模型,用于计算铺设吸波材料的侧墙和天花板的反射波分量。在建设完微波暗室后,需要按照可用的标准进行性能的验收测试。

交叉参考:

▶第 45 章　天线测量装置概论

▶第 47 章　EMI/EMC 微波暗室设计、测试及设备

▶第 50 章　毫米波亚毫米波天线测量

▶第 48 章　近场天线测量技术

▶第 2 章　蜂窝通信中无线电波传播的物理与数学原理

参考文献

Chen SH, Jeng SK (1997) An SBR/Image approach for radio wave propagation in indoor environments with metallic furniture. IEEE Trans Antennas Propag 45(1):98-106

Chung BK, Chuah HT (2003) Design and construction of a multipurpose anechoic chamber. IEEE Antennas Propag Mag 45(6):41-47

Chung BK, Chuah HT, Bredow JW (1997) A microwave anechoic chamber for radar cross-section measurement. IEEE Antennas Propag Mag 39(3):21-26

Fortune S (1998) Efficient algorithms for prediction of indoor radio propagation. 48th IEEE Veh

Technol Conf 1:572-576

Holloway CL, Kuester EF (1994) A low-frequency model for wedge or pyramid absorber arrays-II: computed and measured results. IEEE Trans Electromagn Compat 36(4):307-313

Holloway CL, Kuester EF (1996) Modeling semi-anechoic electromagnetic measurement chambers. IEEE Trans Electromagn Compat 38(1):79-84

Kimpe M, Leib H, Maquelin O, Szymanski TH (1999) Fast computational techniques for indoor radio channel estimation. Comput Sci Eng 1(1):31-41

Luebbers R, Steich D, Ryan D, Kunz K (1991) Analysis of compact electromagnetic anechoic chamber performance using finite difference time domain methods. Southeastcon 1:4-7

Mayer F, Ellam T, Cohn Z (1998) High frequency broadband absorption structures. IEEE Int Symp EMC 2:894-899

Teh CH, Chuah HT (2003) An improved image-based propagation model for indoor and outdoor communication channels. J Electromagn Waves Appl 17(1):31-5

Yang CF, Wu BC, Ko CJ (1998) A ray-tracing method for modelling indoor wave propagation and penetration. IEEE Trans Antennas Propag 46(6):907-919

第 47 章

EMI/EMC 暗室设计、测量及设备

Boon Kuan Chung

摘要

一个电磁干扰/电磁兼容微波暗室意味着大量的投资。在微波暗室工程中，必须综合考量许多细枝末节。屏蔽房间的设计必须能够保证无外部信号。屏蔽房间的整个内表面必须采用合适类型的射频吸波材料，使侧墙、天花板和地板无反射，从而模拟自由空间环境。测试场必须满足 EMC 标准中规定的性能。当频率范围小于 1GHz 时，CISPR 16 和 ANSI C63.4 中规定的归一化场地衰减（NSA）方法用于地面不铺设射频吸波材料的半微波暗室的验证。最近又在标准中增加了参考场地方法来改进场地验证精度。当频率范围大于 1GHz 时，电磁辐射发射测量要求完整的微波暗室，地面铺设射频吸波材料。CISPR 16-1-4 中规定的场地电压驻波比（SVSWR）方法用于该类测试场的验证。ANSI C63.4 中提出的时域反射法（TDR）相对于 CISPR 提供了更多的便利。该方法能够产生 SVSWR 方法的等效值，但是并不需要对天线进行物理移动，在验证微波暗室静区性能方面具有潜在的更高的精度，并且测量过程更节约时间。

B. K. Chung（✉）
利物浦大学电气与电子工程系，英国
e-mail：Yi. Huang@ IEEE. org

关键词

电磁学;电磁干扰;电磁兼容;干涉;兼容;辐射发射;抗扰性;规则;产品认证

47.1　引言

当电荷加速时,就产生电磁辐射。因此,所有电子设备均有意或者无意辐射射频波。如果辐射足够强,就会对其周围其他电子设备产生一定影响。当这种情况无意发生时,就称为电磁干扰(EMI)。

EMI 噪声可能在空间上通过电磁场辐射耦合由源耦合到受害者。另外,如果两个装置共用一个功率源(如建筑物内的主要出口),一个电子装置在功率源上产生的 EMI 噪声能够通过传导耦合影响另一个电子装置。

电磁兼容(EMC)表示两个或更多的电子设备同时工作且相互没有干涉。一个电子设备不能发射过多的 EMI 噪声到环境中,它还必须能够在其预设的电磁环境中适当地承受一定程度的噪声和正常工作。由于电磁干扰对环境的影响越来越大,全球范围内已经建立了电磁兼容标准和规范,以规范电子设备辐射和传导发射的绝对限制,以及电子设备对电磁辐射的抗扰性。

国际电工委员会(IEC)已经成立了两个专门委员会,致力于起草 EMC 标准。TC77 对包括网络在内的设备之间的电磁兼容性的基本标准负责。国际无线电干扰专门委员会(CISPR)负责设定潜在干扰源的无线电干扰特性的限制和测量方法。

欧洲电技术标准化委员会(CENELEC)负责为欧洲国家制定 EMC 标准。对于电信设备,欧洲电信标准协会(ETSI)负责制定标准。通常,CENELEC 和 ETSI 使用 IEC/CISPR 出版物作为准备欧洲 EMC 标准的基础。例如,EN55022(限制和测量信息技术设备无线电干扰特性的方法)与 CISPR 出版物 22 是等效的。

EMC 的要求是由美国联邦通信委员会(联邦通信委员会)监管的,其技术要求在联邦法规的第 47 条、第 15 部分和第 18 部分的代码中详细说明。美国标准的电磁测量仪表和测试方法的标准是 ANSI C63。它大致相当于 CISPR 在大多数领域的出版物 16。

开放区域试验场地(OATS)在所有的电磁兼容标准中,在 30~1000MHz 的频率范围内进行辐射发射测试。OATS 是一个很大的户外区域,有一个理想的地平面,没有障碍物,也没有干扰环境。试验场地可以用不导电的材料,如帆布或空气填充的塑料,以抵御天气影响。设备示意图如图 47.1 所示。需要大的导电地板,以便向地板的辐射可以反射到接收天线上。反射波和被测设备(EUT)直接到接收天线的波的总和将被测量。当电动杆携带接收天线从 1m 移动到 4m 时,由于直接波和地反射波有相长干涉,导电地板可能会使电场振幅在一定的角度增加 1 倍。辐射的发射必须在 EUT 的各个方向进行测量。这是通过使用一种非导体旋转 EUT 转盘基座和固定位置的接收天线来实现。对于一个自动测量系统,应该使用宽带天线(如双锥形天线和对数周期天线),以便在转盘不断旋转时可以实现高速扫描,这是为了寻找在哪个 EUT 角度和天线高度上辐射发射最高。在一系列的测量中,天线极化为垂直方向。然后在另一个测量序

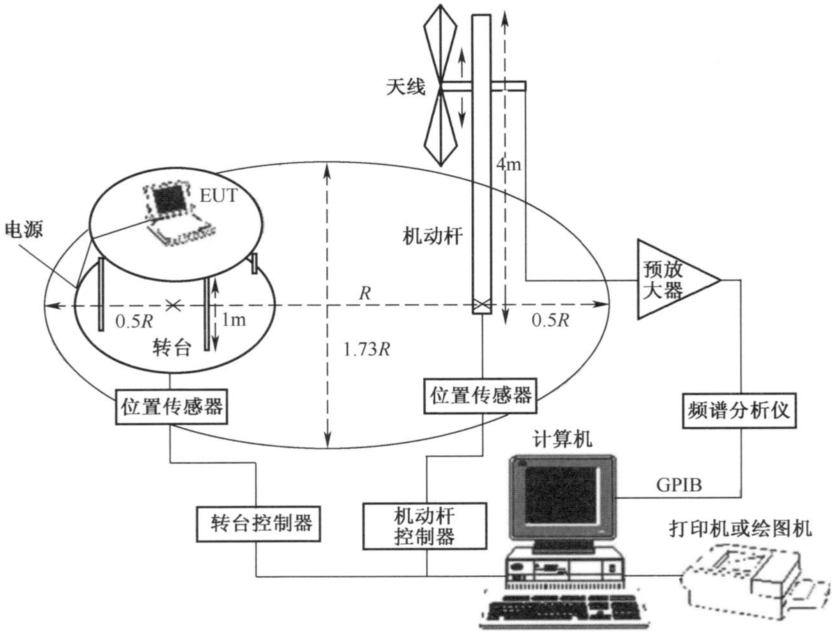

图 47.1　EMC 辐射发射测试典型设备

列中,设置为水平极化。EUT 必须在其完整的系统配置中,所有互连的外围设备连接在一起,这样就能实现最大发射。射频场振幅是由接收器测量的,基本上是一个频谱分析仪。通过计算机编程来实现自动化测量过程。

在 EUT 和接收天线之间的测量距离 R 为 3m、10m 或 30m,这取决于 EUT 的设备种类。距离是由 EUT 的最近边缘到天线的参考点的距离定义的。图 47.1 所示的椭圆规定了必须平坦且没有反射障碍的区域。测试仪表的控制室必须离场地有一定距离,或者直接在地面下建造。10m 距离是迄今为止最好的测试环境,而 3m 范围则表现出了巨大的测量不确定问题(Garn et al. ,1993)。

最小标准 OATS 的特性在 CISPR 16 和 ANSI C63. 4 中定义。所需的场地应该在 30~1000MHz 内,包括水平极化和垂直极化两种方式通过标准场地衰减(NSA)测量。仪表配置与 EUT 验证测试的设置是一样的,除了 EUT 被一个已知的发射源所替代。测量到的 NSA 数据应该与理想场地的数据进行比较。如果测量的结果与理想场地的理论值差异在 4dB 以内,那么该测试场地被认为可以用于辐射发射测量。4dB 的公差包括仪表校正误差、测量技术误差和由于场地异常引起的误差。如果测量距离为 3m,则必须将调谐偶极天线的互阻抗校正因子应用到测量结果中。

如果能满足 NSA 的要求,铺设吸波材料的半微波暗室可作为辐射发射测量的替代场地。半微波暗室是一种屏蔽体,除了地板外,侧墙和天花板上覆盖着射频吸波材料。因此,在墙壁和天花板上没有射频反射。它的设计是为了模仿来自导电地板的 RF 反射的 OATS。然而,单点的 NSA 测量不足以从侧墙和天花板上收集可能的反射,因为射频吸波材料并不理想。对于微波暗室,测试区域被定义为可容纳最大设备进行测试的体积。在验证场地时,发射天线应包括水平极化和垂直极化,并位于测试区域内的不同位置点。测量采用宽带天线。欧洲标准中,在 CISPR 的 16-1-4:2010(之前由 EN50147-2:(CENELEC 1997)定义,并在 2008 年撤销)所定义的半微波暗室的特性为一个可选择的测试场地。半微波暗室提供了一个可控的环境,具有全天候的测量能力和最小的电磁干扰。

另外,根据 EN61000-4-3,微波暗室通常用于辐射抗扰性测量。在该测量中,一个强的射频场从发射天线向 EUT 发射。该标准要求 80~2700MHz(EN61000-4-3:2006+A2:2010),在 EUT 位置上的场具有均匀的振幅分布。在一个平面区域的 16 个点中的 12 个点(1. 5m×1. 5m 距地面最小距离为 0. 8m)的场强必须在 0~6dB 的容忍范围内。反射和谐振效应会在微波暗室中引入驻波。为了满足电场均匀性的要求,通过在半微波暗室导电地面上放置额外的射频吸波材料,转换成一个完整的微波暗室。

图 47.2 给出了典型的辐射抗扰性测试配置。一个电磁场被辐射到 EUT。采用 1kHz 信号的振幅调制,在 80%的调制深度上,载波频率为 80~2700MHz。对于某些特定产品的标准,可能需要在 200Hz 和 900MHz 脉冲调制下进行额外测试。该电磁场的照射分布在 EUT 的 4 个面,包括垂直极化和水平极化。合适的电场强度取决于期望的工作电磁环境。等级 1、2 和 3 的标准场强分别为 1/m、3/m 和 10/m。最易受影响的配置和工作模式是能够建立起来的。使用闭路电视系统或其他远程监控手段从控制室监视一组表示 EUT 工作的参数。为了准确地控制电场强度,采用各向同性的场探针对电场进行监测,并据此调整发射机功率电平。探针采用电池供电,利用光纤(而不是电缆线)连接将测量数据传输到控制室,这样就可以最大程度地减少对场的干扰和对室外空间的电磁干扰泄漏。

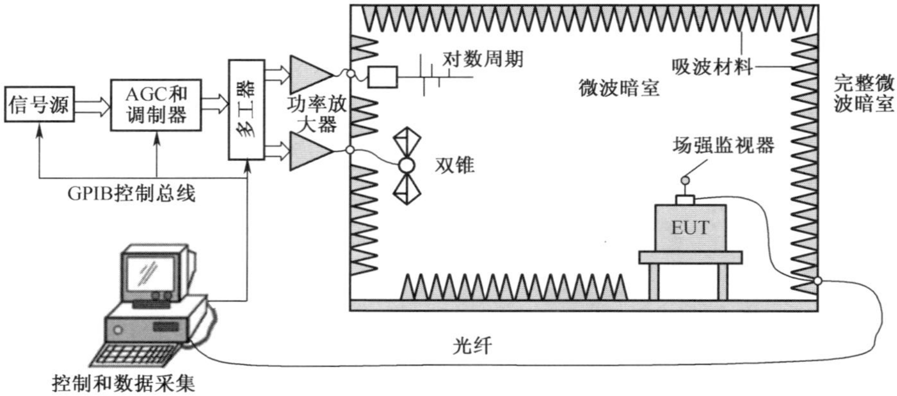

图 47.2　辐射射频抗扰性测试配置

每次将半微波暗室转换为完整微波暗室必须耗费人工和时间。因此,关于使用完整微波暗室作为半微波暗室进行辐射发射测量的替代场所的研究,是一项热门研究课题。CENELEC 开发了用于完整微波暗室的发射测量的 prEN50147-3 (CENELEC 2000)标准草案。如果该测试方法作为一种已发布的标准被接受,就可以使用一个完整微波暗室来进行辐射发射和抗扰性测试。但是,该标准草案自2012年就已被撤销。

在2011年10月以后,EN55022:2010要求向欧洲运送信息技术设备以满足EMC辐射发射的新要求。完整的微波暗室可用于不高于400GHz频率的测量。测试场地的验证使用在2007年2月发布的CISPR 16-1-4中指定的新场地电压标准波比(SVSWR)方法进行。对于美国市场来说,联邦通信委员会(FCC)也要求对超过1GHz以上的辐射发射进行测量。美国国家标准协会(ANSI)已经提出了一份63.4 C的草案,名为时间域反射率(TDR)测量方法,用于验证测试场地。

47.2　EMC测试设备

OATS必须建在平整的地面上,没有如建筑物、栅栏等的反射障碍物。OATS暴露在当地的电磁环境和天气环境中。如果频率是一致的,EUT发射可能会被背景干扰掩盖。背景干扰(来自导航信标、遥测、车辆点火、机械噪声等)通常是不稳定的或间歇性的,从而难以识别出EUT的发射。强背景信号如FM广播传播可能会导致频谱分析仪的压缩和假信号。尽管不是很有效,减少环境干扰的一个对策是在远离城市的偏远地区建造OATS。

屏蔽室可以消除环境干扰的问题。采用合适的射频吸波材料覆盖侧壁和天花板,使不理想的反射最小化,这样的半微波暗室(SAC)就可以模拟OATS。可以认为,从SAC中辐射发射的测量结果与OATS测量有直接关系。

欧洲电磁兼容标准要求辐射抗扰性测试。上述这种OATS不适合辐射抗扰性测试,因为无线电规定,禁止在室外环境中传输高功率宽带信号。对于SAC,可以将射频吸波材料放置在地板上,这样就可以达到场的一致性要求,在测试区域内场的最大变化小于6dB。所有这些情况使SAC比OATS更有吸引力,因为它是EMC的测试设备。

在电子产品开发周期中实现产品符合性的过程通常涉及预先符合性扫描,以识别可能不符合EMC规定潜在的辐射发射谱线。使用成本较低的测试设备,可能无法完全满足标准中规定符合性测试要求。基于预符合性测试结果,可以在电子产品上采取改进措施,以消除可能超过规定限制的发射,并且在预符合性测试设施中快速评估结果更方便、更容易。总测试时间可以最小化,总成本可以降低。最坏情况下,在全符合性测试实验室中,最坏的配置可以被确定为最终的测试。

在没有背景干扰的情况下,一个没有射频吸波材料的屏蔽室可以用来扫描电子设备产生的任何发射的频率。然而,两个侧墙以及和天花板与地板之间的反射会加强驻波,从而导致在屏蔽室中产生谐振。由于共振模态,在天线位置发生微小变化时,可能会引发较大的场强变化。源和接收天线之间的耦合在稍微不同的频率上可以不同,最多可达 60dB。天线阻抗和天线因子与标定值有很大的不同。因此,发射测量将是高度不可重复的,结果无法与以前的测量或其他环境中获得的结果进行比较。因此,屏蔽室不适合进行预符合性测试。

千兆赫的横向电磁(GTEM)单元被广泛用于辐射发射/抗扰性测试,它是锥形同轴结构。图 47.3 给出了一个例子。锥形顶端装有用于测量 EUT 发射电压或向 EUT 发射射频波的同轴连接器,以进行抗扰性测试。结构的另一端是电阻和射频吸波材料的宽带宽终端,有各种大小的 GTEM 单元。一个便携式 GTEM 单元测试设备长为 25ft,横截面为 11ft×13ft,在喇叭口可以提供所需的测试区域大小。

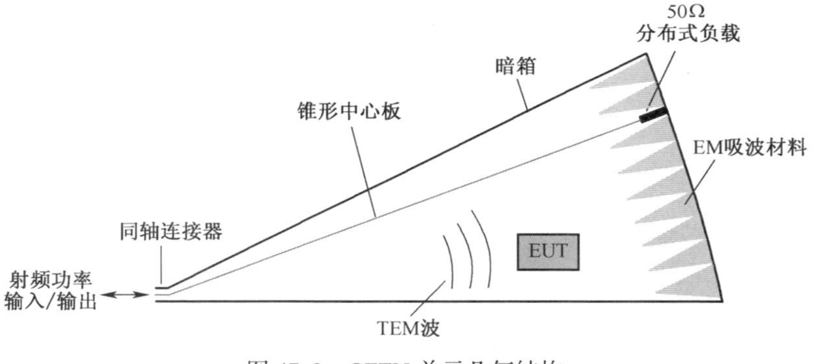

图 47.3　GETM 单元几何结构

在发射测试中,采用位于测试区电和磁偶极矩的和模拟 EUT(Brunaugh, 1991)。假设偶极矩处于同相,测量 EUT 的 3 个正交旋转对应的 3 个顶点的电压。这些电压的矢量和等于偶极矩的和。从传播常数和偶极矩的总和,可以确定由 EUT 发射的总辐射功率。分析认为,横向电磁(TEM)模式是传播模式主模。高阶 TE 和 TM 模式与 GTEM 单元耦合较弱,而且截止提供的宽带匹配抑制了高阶模式的形成。为了预测在 OATS 中测量的 EUT 的辐射发射,利用一个由顶点电压计算得到的总辐射功率馈电的共振偶极子模拟 EUT。该预测方法考虑了地面反射以及从 1m 到 4m 的高度接收天线扫描效应。联邦通信委员会(FCC)将接受此技术所产生的测试数据与 OATS 等效,并建立了相关性。作为测试例子,采用 GTEM 和 OATS 方法对特定的产品类型进行测量。这种相关性将使 GTEM 的结果在未来被接受。

许多产品的主要辐射源是电缆。在 EMC 测试中,需要确定电缆的最大发射能力。GTEM 单元的主要缺点是测量电缆的发射。在 GTEM 单元有限空间内,电缆的正交旋转是不实用的。测试装置或电缆尺寸大于 1.5m 的产品不能在一个 GTEM 单元中进行准确的测试。

模式混合暗室(MSC)或混响暗室是另一种进行辐射发射/抗扰性测试的技术(Corona et al. ,1976),它是一个没有射频吸收材料的屏蔽室,因此,MSC 就像一个高 Q 的谐振腔。MSC 的大小通常有许多波长。暗室内场分布是非常复杂的,随着探针的空间位移变化而迅速变化。在腔体一次频率的 5 倍频处,频率空间中的模式间隔非常密集。一个电动的导桨轮或叶片在暗室内激励模式混合行为,暗室中每个点处的场最大值发生在桨轮的单次旋转中。谐振模式使暗室内的场密度在暗室区域几乎是恒定的。实际上,任何天线的增益都必须是均匀的。

MSC 可用于测量当 EUT 发生变化时辐射发射的差异。由于电缆移动影响的最小化,均匀增益特性能够重复测量。相同的 EUT 在 MSC 测量的总辐射功率与在 OATS 测量的总辐射功率是不同的。因此,MSC 只对数据的统计平均值有好处,可用于改善/退化比较和辐射抗扰性测试。在 MSC 中进行的辐射测量不能用于验证。

大型半微波暗室(SAC),EUT 与接收天线的间距为 10m,是目前最好的 EMC 辐射发射测试环境。ANSI C63.4 和 CISPR 16-1-4:2010 中规定了 SAC 所需达到的特性。许多欧洲产品标准要求发射测试在 10m 距离进行。FSS 也规定 A 类器件需要在 10m 距离测试,B 类器件可在 3m 距离测试。3m 距离测试存在固有的较大的测量不确定性(Garn et al. ,1993)。除了源和接收端之间的相互耦合外,天线制造商提供的天线因子可能由于与邻近墙壁的交互作用而在低频范围内受到多达 5dB 的影响(Hansen et al. ,2000)。在频率较高时,木质转台的反射可能引起场地衰减的频率响应下降 20dB。尽管存在这些问题,但 10m 距离的高成本迫使大多数电子产品制造商投资 3 m 距离的 SAC 进行预验证测试。10m 距离完整验证的 SAC 仅能够在少数实验室内进行。

关于利用完整微波暗室(FAC)进行辐射发射测量的研究更多。人们早已认识到,OATS 和 SAC 中的地面会引入较大的测量误差,尤其是 70MHz 以下的水平极化。发展 FAC 的另一个动机是在该设施内进行辐射抗扰性测试。从 SAC 到 FAC 需要将吸波材料搬进搬出,非常耗费人工和时间,并且降低实验室的效率。

在 FAC 中,辐射发射测试中无需接收天线的高度扫描,因为没有反射路径可以在特定天线高度和频率上引入相位取消,测试时间可以显著减少。这种准自由空间环境不需要考虑测量中天线因子对高度的依赖。Ristau D. 和 Hansen D.(2000)提出了一种 FAC 测试结果与 OATS 测量的关联方法。在远场条件下,能够直接计算不同测量距离的自由空间场强。由于场强与距离成反比关系(即以 $1/r$ 因子衰减),因此 10m 距离的场强电平比 3m 距离的场强电平低 10.46dB。在导电地平面上,因为地板额外的反射,这种关系不再成立。

47.3 EM 屏蔽室设计

进行电磁波测量的理想环境是不会受到与测量直接相关电磁波的影响。隔离可以防止外来的能量淹没了有用的射频波,而使其难以测量,并保护附近的系统不受测量仪器中所使用的辐射源产生的电磁能量干扰。

对于多种类型的射频测量而言,屏蔽室被广泛用于隔离外部日益拥挤的电磁环境。完全被导电板围绕的空间能够屏蔽电磁辐射。然而,由于连到屏蔽体的通风孔和屏蔽门,以及用于将信号/电源连接到屏蔽体的穿墙电缆,电磁波泄漏是不可避免的,屏蔽效果也受到不同建造方法的影响,这些方法导致各种不同程度的不完美屏蔽。在屏蔽室的设计中,应考虑到屏蔽的目的、所涉及的设备类型、测量距离以及处理信息的灵敏度。

导电屏蔽体通过使感应电流在其表面流动来吸收和反射达到波的能量。为了提供有效的屏蔽效能,必须使电流的流动具有平滑特性。孔或槽的存在使电流分散,从而降低屏蔽效能。在所有的实际案例中,通风、布线和屏蔽门等屏蔽开口是必要的。可以将这些孔缝看作是缝隙天线来分析其影响,与电流方向垂直的长度决定了辐射泄漏量。好的屏蔽必须确保所有的槽在最高的工作频率上比电磁波的 $\lambda/4$ 波长短。没有电焊接或连续性的重叠导电片不会消除槽的影响。高导电性金属垫圈(如钢丝编织网或铍铜合金“金属簧片”)一般用于封闭缺口。一些专为静电保护而设计的导电垫圈不适合 EMI 屏蔽。任何局部阻抗的增加都将使 EM 场穿透并降低屏蔽效能。有时采用导电涂料黏合关节。

特定的“蜂窝式”通风口通常被用来确保进出屏蔽体的空气流动。这些开口是用大量的空心波导管焊接在一起形成“蜂巢”形状。波导具有高通响应。截止频率依赖于横截面的尺度。波导的横截面必须足够小,以确保截止频率远高于最高工作频率。低于截止频率时,进入波导的 EM 场在波导长度方向上以指数衰减。

任何导体都不应该通过开孔或波导(除非是非导电光纤电缆)。穿过孔的导线比孔本身造成的危害大得多。导线引导射频场通过这个孔,然后将其重新辐射到空气中。直通电容器、滤波器和共模扼流圈,通常直接安装在孔中,以避开或阻碍导线中低频信号或功率干扰电流的流动。对于高频信号的电缆来说,同轴电缆的外导体必须在孔的周围都有连接。在同轴电缆上可以安装铁磁环,以抑制共模干扰电流。

通常用于制造屏蔽室的金属是片状铜、铝或钢。24 规格的镀锌钢板压制在木板上,被广泛地应用。从理论上讲,金属板可以提供超过 120dB 的屏蔽效能。但是,在所有实际案例中,超过 120dB 的屏蔽层屏蔽效能很难实现(Hemming,1992)。主要是由孔/缝、高阻抗不连续点以及穿过屏蔽孔的线/电缆所导致。只有当门、通风口、过滤器和管道都经过仔细的设计和建造时,才能保持屏蔽完整性。另外,谐振效应可能会导致在屏蔽室的某些区域表现出较差的性能。

较小的屏蔽外壳可以采用模块化的夹式结构,使用金属板压制的预制木板。这些板连接在一起,形成了 6 面自由支撑的房间。夹紧装置提供板之间的金属-金属密封性,它由两个金属箍与许多螺钉组合而成。板之间的不连续性和板之间的裂缝或间隙会很容易地降低屏蔽性能。在安装工作中,注意细节是非常重要的。电连续性要求在板的边缘保持清洁。因为油漆可能渗透到夹紧装置下边,降低系统屏蔽性能,因此不推荐给板喷漆。

模块化的嵌套结构有一个缺点,就是人们在封闭的环境中移动会导致地板面板由于不同的负载和持续的压力而变得松散。夹缝的腐蚀也会降低屏蔽效果。它可能会导致昂贵的维护和重新认证。水可能导致木芯膨胀,破坏防护的完整性。因此,模块化的屏蔽室不适合在持续高湿度的环境下使用。

当需要的房间尺寸超过240ft^{2}时,就必须考虑焊接结构。因为需要昂贵的钢支撑结构来承载屏蔽外壳天花板的重量,因此大型模块化系统可能不实用。焊接外壳能够提供可靠的结构和长期的高性能屏蔽。如果需要降低材料成本,可以使用低碳钢。然而,该材料在接触水时容易生锈,除非它上面覆盖含有大量含锌的油漆。在焊接过程中可能产生有毒气体,因此不推荐镀锌钢板。

由于缺乏合适的屏蔽设计加之一些不良的现场实践,许多焊接的屏蔽体无法达到预期的性能。必须考虑设计的可施工性,使所有的接缝都能被正确焊接。必须有足够的通道来焊接拐角的接缝。参与工作的必须是合格的焊工,并且必须有良好的质量控制。必须使用金属惰性气体(MIG)或屏蔽金属弧焊工艺,这样才能获得高质量的电磁性能。焊缝不得含渣、夹杂物、气袋、蜗孔、裂缝或不完全熔合。

由于焊接过程中产生的热,所以难以控制屏蔽层的弯曲变形,可以用某种焊接技术来减少弯曲变形。所需的簸箕形金属板是通过切割和弯曲金属板边缘而形成的。相邻的簸箕形金属板可以临时夹在一起,在簸箕形金属板的边缘焊接。该工艺主要缺点是工厂制造的数量和成本以及运输密度的降低。

由于接焊不需要加工制造,因此可以降低材料成本。将最大可用尺寸的矩形金属板并排放置在支撑结构上,并焊接在一起。屏蔽层可以通过嵌入混凝土板的金属带或方管网络形成支撑结构。在这种焊接技术中,屈曲是最麻烦的。在进行连续焊接前,在焊缝处的一些间隔处进行焊接,可能会减轻屈曲效应。

建造屏蔽系统时,将金属箔或金属板嵌入现有或新建筑的墙体、地板和天花板中,可用于要求适中防护性能的应用。通过使用焊接和屏蔽带连接金属屏蔽层来保证电连续性。

所需的屏蔽效能首要决定因素就是设备的工作目的。外观、HVAC、物理布局和环境要求也取决于工作目的。用于微波研究和EMC测试的10m距离微波暗室最受欢迎的类型就是焊接屏蔽壳体。

屏蔽壳体屏蔽效能(SE)的测量方法在MIL-STD-285、IEEE Std 299、EN50147-1以及其他标准(如NSA 65-6、NSA 73-2A等)中有明确规定,测量方法最基本原理就是替代法。在发射装置和接收天线之间有一个规定的边缘分离,在屏蔽壳体外获得参考读数,然后在相同距离的天线之间放置的屏蔽层进行测量。SE 通过接收装置的衰减和参考读数之间的下降程度确定,如图 47.4 所示。

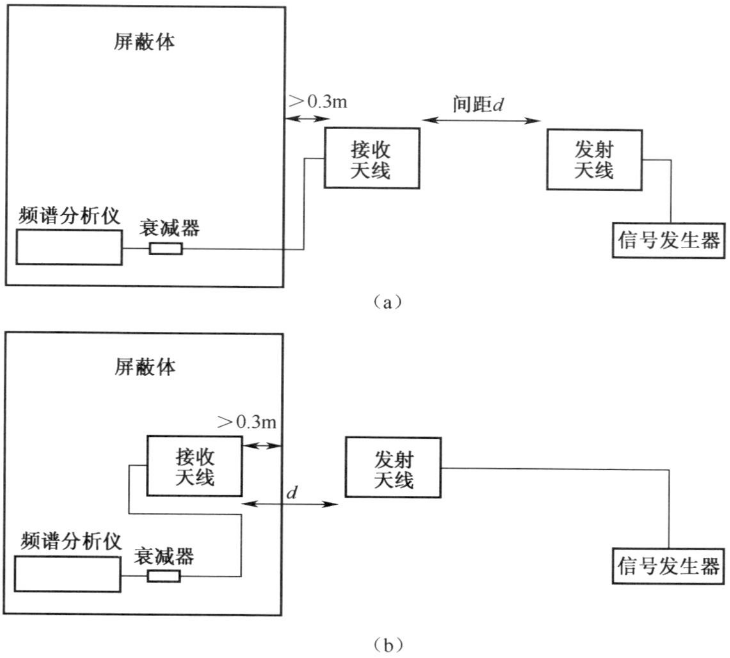

图 47.4　屏蔽效能测量方法

(a)参考测量;(b)插入损耗测量。

IEEE 299 标准将测量技术分为 3 类,即低频区(0.009~20MHz)、谐振区(20~300MHz)及高频区(0.3~18GHz)。在低频区,低阻抗磁场通过距墙 0.3m 的 0.3m 环路线圈测量。屏蔽测量的频率点由所有者选择,所需的 SE 等级由屏蔽壳体的功能决定。在谐振区,利用间距 2m 的双锥或者偶极子天线进行垂直极化和水平极化的测量。屏蔽壳体的外形和物理尺寸能够显著地影响测量,必须避免在屏蔽壳体谐振频率附近进行测试。在高频区,推荐使用偶极子、喇叭、双锥、八木、对数周期以及其他天线。平面波测试是屏蔽壳体的最重要要求,因为屏蔽主要是为了提供隔离环境电磁干扰波或来自于屏蔽外壳的 EUT 辐射发射。

进入接收机天线的射频能量必须调整,以获得所需的测量动态范围。在所有测量中,接收机必须位于包括接收机在内的屏蔽体内。该方法能够保护敏感的接收器不受发射机天线和其他环境的电场影响。铁氧体负载电缆可用于抑制寄生反射。附近物品或人员的影响应尽量减少。

采用替代法测量的插入损耗包含了屏蔽层与测量电路(天线、电缆、衰减器、信号源和接收器)的特性。通常而言,屏蔽层的特性无法从这些测量电路中分离。因此,插入损耗不能用于预估任意外部源引起的任意内部电路的电流或者电压。唯一例外是干扰源类似于 SE 测量中使用的发射器天线系统,受保护的受害者电路类似于接收天线系统。射频电路设计人员在定义滤波器、衰减器、连接器和其他射频设备时不会遇到同样的模糊性,因为这些设备是用 50Ω 终端来测量的,并在 50Ω 的电路中使用。电磁场与周围设备的寄生耦合通常不是一个值得关注的问题,特别是在同轴设备的定义中。相反,屏蔽测量中谐振和其他反射效应可能引起不同频率下 SE 测量的巨大变化。

47.4 RF 吸波材料

对于天线、雷达和 EMC 辐射发射测量,屏蔽体必须足够大,从而使接收端与辐射源的距离满足远场条件。屏蔽体的内壁必须具有最小的反射。因此,屏蔽体内表面采用具有低反射系数和足够的衰减,从而实现暗室环境。在这种情况下,屏蔽体必须具有足够的强度支撑 RF 吸波材料的重量。屏蔽体必须足够宽,使辐射源与 RF 吸波材料的距离大于电抗辐射耦合边界,吸波材料才能够有效工作。

选用 RF 吸波材料是用于实现微波暗室,必须考虑所需的电性能、吸波材料形状、厚度、高度、安装方法、成本及运输。对于 1GHz 以上频率的天线和雷达测试,24 英寸厚的角锥形吸波材料比较合适。但是,它在更低的频率无法提供足够的低反射。由两个侧墙、地板与天花板的反射引起的驻波,会在屏蔽体内形成腔体谐振。吸波材料无法对谐振模式的 Q 因子提供足够的衰减。

采用角锥形碳浸渍的聚氨酯泡沫材料制成的吸波材料能提供极宽的宽带性能。波阻抗从角锥形顶端的自由空间逐渐变到底部的有耗介质。为了使吸波材料发挥有效的作用,角锥形材料的高度必须大于 $\lambda/4$。如果最低工作频率是

1GHz,24in 的角锥形泡沫吸波材料能够在 1～40GHz 频率范围内提供正入射情况下低于-40dB 的反射电平。调整泡沫中碳的百分比能够调节材料性能并使其最优。对低于 30MHz 的频率,EMC 微波暗室建设中必须采用 6ft 的吸波材料。尽管锥削长度是 1000MHz 频率以上波长的数倍,但是在这些微波暗室中 1000MHz 附近限制了长吸波材料的应用(German,1982)。当锥削长度小于 $\lambda/4$ 时,必须采用另一种碳加载泡沫角锥形材料以实现低反射目的。如果碳加载过大,阻抗锥削会变得陡峭,会使电磁波在角锥顶部被反射,而无法进入吸波材料内部。另外,如果碳加载过低,会出现低反射和入射电磁波过多进入吸波材料,导致电磁波无法获得足够的吸收。在 200～1000MHz 频率内碳加载实现反射率 -20dB 的角锥可能无法在更高的频率提供足够的性能(Holloway et al. ,1997),对于天线设计和雷达散射截面积测量的微波暗室等典型应用,反射率必须优于 -40dB。

为了增强机械强度,在制造较厚的吸波材料时会采用弯曲角锥结构。角锥相对于基地弯曲 45°,如图 47.5 所示。该类型角锥的顶部随着时间其下垂程度会小于标准角锥结构。但是,必须在电性能方面适当妥协。DeWitt 和 Burnside (1988)研究了楔形吸波材料的散射。相对于角锥形,楔形吸波材料在电磁波几乎平行入射到吸波材料时具有更好的吸收性能。

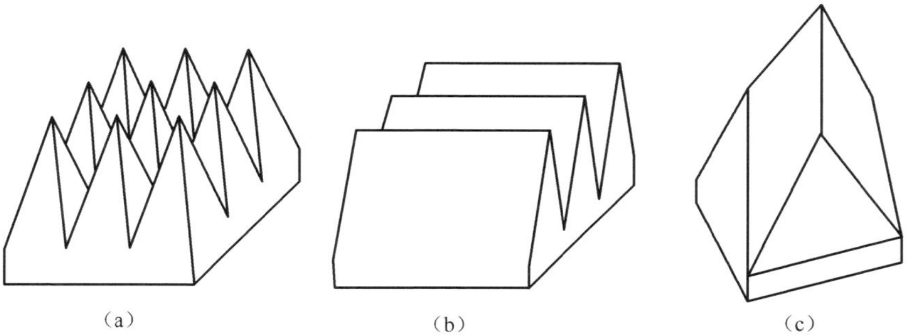

图 47.5　吸波材料形状

(a)角锥;(b)楔形;(c)扭曲角锥。

电阻材料能够通过在非导电基底中分散微小金属颗粒制造。通过将电阻材料涂敷在 $\lambda/4$ 高的空心角锥基底中制造轻质的宽带吸波材料。该类型的长角锥形吸波材料具有足够的机械强度以满足 EMC 测试微波暗室。

通过增加外表面平板深度的材料损耗角正切能够实现宽带吸波材料。一个可实践的方法就是在泡沫中加入多层碳结构。由前边层到底部层的阻抗逐渐增加,因此能够实现产生在很宽频率范围均具有两个信号反射率电平的电锥削。该类型的吸波材料可用于两个侧墙的适当角落,或者侧墙和天花板连接处长吸波材料难以安装的部位。

最近,许多EMC测试微波暗室采用铁氧体吸波材料获得低频宽带反射率性能。在30~600MHz频率范围内,0.25ft的铁氧体(ZiZn)能够提供-15dB以下的反射率电平。在更高的频率处,反射性能通常急剧降低(Holloway et al.,1997)。图47.6给出了铁氧体单元,该结构是方形空气界面和铁氧体材料看作具有等效复介电系数和磁导率的复合基底。通过选择填充因子或者铁氧体空间占比能够实现在所需频率的反射率零陷。0.75ft的铁氧体单元能够覆盖30~1000MHz频率范围(Mayer et al.,1998)。指数变化的铁氧体单元能够将频率带宽拓宽到2400MHz (Kim et al.,1996)。

图47.6 铁氧体单元吸波材料

铁氧体材料对电磁波的宽带吸收能力得益于铁氧体烧结过程中对材料介电常数和复磁导率特性的精确控制。所需关系为(Mayer,Chaumat 1992)

$$\mu'' \geqslant 3\mu' \tag{47.1}$$

$$\frac{d}{\lambda} = \frac{1}{2\pi\mu''} \tag{47.2}$$

$$\varepsilon' = 3\mu' \tag{47.3}$$

式中:λ 为波长;$\mu = \mu' - j\mu''$ 为复磁导率;$\varepsilon = \varepsilon' - j\varepsilon''$ 为复介电常数;d 为材料的

厚度。厚度远小于 $\lambda/4$。当 λ 随着频率减小时,材料的 μ'' 按照式(47.2)以相同的速率在整个所需频带内减小。由于在空气-铁氧体界面上不发生明显反射,使入射电磁波进入铁氧体,因此波阻抗接近于自由空间的阻抗。由于铁氧体具有磁损耗性质,因此进入材料的电磁波能够被吸收。电磁波在金属衬底被充分反射,并且传播到铁氧体-空气界面。

通过简单地在铁氧体和屏蔽体金属墙之间加入介质层,就能够改善铁氧体的反射率(Holloway et al. ,1997)。介电常数为 2 的商用胶合板能够用于铁氧体衬底。通过选择合适的介质厚度能够在更宽的频带内优化性能。

在 30~600MHz 范围内有效的吸波材料能够通过结合聚氨酯泡沫角锥形和楔形,优化工作在 200~1000MHz 范围。该结构称为混合吸波材料,它结合了铁氧体和角锥形泡沫吸波材料的优点,能够覆盖 30~1000MHz 的 EMC 频率。必须恰当地选择角锥形材料的碳加载,以不降低铁氧体的低频性能。

Holloway 等 (1997)给出了选择射频吸波材料的通用指导原则。对于 10m 的 SAC,在 30~1000MHz 频率范围内电磁波正入射情况下吸波材料反射率应当低于-20dB。此外,在 45°入射情况下,反射率应当低于-15dB。2. 5m 的角锥形吸波材料能够满足上述性能。由 24 英尺角锥和 0. 25 英尺铁氧体组成的混合吸波材料可以用于减小所需屏蔽体的尺寸。通常用铁氧体单元(0. 75 英尺厚)和多层铁氧体建造 3m 的 SAC。混合吸波材料和铁氧体单元/瓷砖非常昂贵。此外,它们的重量(大于 $30kg/m^2$)通常比泡沫吸波材料贵。屏蔽体的结构强度必须足够大,以承载铁氧体材料的重量。特殊的房间结构将增加微波暗室的建造费用。

小型和中型泡沫吸波材料通常使用橡胶型万能胶粘贴在暗室墙壁上。长度大于 3ft 的角锥通常利用安装在暗室墙上铁夹固定系统的金属基平板支撑,从而确保安装的可靠性。铁氧体瓷砖能够使用胶水安装。然而,由于铁氧体瓷砖的重量和锋利的边缘,必须安装顶网作为安全措施,防止掉落的瓷砖伤害进入房间的人员。一种更安全的方法是在墙上安装一个胶合板面板,然后用自攻螺钉将铁磁体瓷砖固定在夹板板上。可以精确地控制相邻的瓷砖之间的间隙,从而得到更好的反射率,与使用黏合剂相比,在瓷砖之间可能会有一些胶水。胶合板的面板也起到了介质的作用,可以提高铁磁砖的性能。

仅仅是良好的吸波材料性能还无法保证微波暗室的性能,还涉及静区特性、场一致性及场地衰减。必须小心地排列吸波材料,从而使相邻吸波材料的不连续性最小。角锥的间隙和错位可能导致反射率比制造商规定的性能更差。

除了吸波材料的电气性能和力学性能外,还必须考虑吸波材料的阻燃性能,以符合建筑安全规范。吸波材料的寿命和维护需求也可能是吸波材料选择标准的一个方面。

47.5 测试场地验证方法(1GHz以下)

辐射发射测试结果受到测试场地的任何非理想性和接收天线特性的影响。因此,在用于EMC验证测试之前,必须对测试场地进行验证。验证方法涉及水平和极化方式下,给定发射天线间距和距离导电平面高度的一系列归一化场地衰减测试(NSA)。在30~1000MHz频率内,用于场地衰减测试的天线间距必须与用于EUT辐射发射测量的天线间距相同。测量得到的NSA结果必须与理想OATS的计算值进行对比。如果测量得到的NSA结果与理想场地的理论NSA的差异在±4dB以内,就认为该测试场可用于EMC验证测试。

场地衰减是一个输入与输出电压的比值,定义为输入到匹配并且平衡无耗调谐偶极子辐射器的电压 U_T,与类似的到匹配且平衡无耗调谐偶极子接收天线的输出电压 U_R 的比值。根据Friis传输方程,场地衰减SA为

$$\mathrm{SA}=\frac{U_T}{U_R}=\sqrt{\frac{P_T}{P_R}}=\sqrt{\frac{d^2\lambda^2}{(A_{\mathrm{eff}})_T\,(A_{\mathrm{eff}})_R}} \tag{47.4}$$

式中:d 为天线间距;λ 为波长;$(A_{\mathrm{eff}})_T$ 为发射天线的等效口径;$(A_{\mathrm{eff}})_R$ 为接收天线的等效口径。

天线因子 AF_R,定义为场强 E_R 和接收天线输出电压 U_R 的比值。$(A_{\mathrm{eff}})_R$ 与 AF_R 的关系为

$$(A_{\mathrm{eff}})_R=\frac{\text{接收功率}}{\text{功率密度}}=\frac{\eta}{R_0}\cdot\frac{U_R^2}{E_R^2}=\frac{\eta}{R_0\mathrm{AF}_R^2} \tag{47.5}$$

式中:η 为波阻抗(377Ω);R_0 为参考阻抗(50Ω)。根据互易定理,发射天线也有相同的关系,即

$$(A_{\mathrm{eff}})_{\mathrm{T}}=\frac{\eta}{R_0\mathrm{AF}_T^2} \tag{47.6}$$

将式(47.5)和式(47.6)代入式(47.4),SA可以写为

$$SA = \frac{U_T}{U_R} = \frac{d \cdot \lambda \cdot R_0}{\eta} AF_T \cdot AF_R \tag{47.7}$$

归一化场地衰减(NSA)定义为

$$NSA = \frac{SA}{AF_T \cdot AF_R} = \frac{U_T}{U_R} \cdot \frac{1}{AF_T \cdot AF_R} \tag{47.8}$$

在 NSA 测试中,U_T测量通过连接器连接的两个天线的两个不连接的同轴电缆得到。U_R通过测量 1~4m 的高度扫描中接收天线的最大信号时连接到两个天线的同轴电缆得到。所有量均以 dB 表示,测量的 NSA 定义为

$$NSA = U_T - U_R - AF_T - AF_R \tag{47.9}$$

如果发射和接收天线在近场区,天线因子就会受到互耦的影响。对于 3m 天线间距,必须引入互阻抗修正因子 ΔAF_{total}。测量的 NSA 定义为

$$NSA = U_T - U_R - AF_T - AF_R - \Delta AF_{total} \tag{47.10}$$

U_T和 U_R通过频谱分析仪测量。此外,SA 或者 U_T与 U_R的比值也可以通过矢量网络分析仪得到。在线缆终端进行完整的二端口校准,通过测量连接到相应天线电缆 S21 得到的 SA 的值包括源失配、负载失配及天线跟踪误差等矢量误差修正。利用衰减器实现发射和接收天线终端额外的 6dB 衰减,以改善阻抗匹配。

OATS 验证中,基于调谐偶极子天线利用离散测量方法进行测试。半微波暗室(SAC)验证中扫频方法必须采用线极化宽带天线,从而使 NSA 频率响应中由任意谐振或者非期望反射引起的大的峰值或者零陷能够被准确刻画。频率扫描速度应当远大于接收天线的高度扫描速度。图 47.7 给出了 EMC 测试微波暗室中 NSA 测试配置的照片。一个双对数周期天线安装在非导体天线支撑杆上,用于高度扫描。另一种方法是,只要高度足够低,可以探测到最大信号,就可以在离散的天线高度进行扫频测量。

在 EMC 验证测试场景中,EUT 尺寸明显大于点源。当 EUT 随着转台转动时,应当移动源的位置。对于一个 SAC 而言,单点 NSA 测试不足以检测到微波暗室结构与暗室侧墙和天花板覆盖射频吸波材料引起的可能反射。应当规定测试区域能够测试的最大设备。立体 NSA 测试应当通过在测试区域内包括水平极化和垂直极化方式下将发射天线安放在不同位置进行。

图 47.8 给出了立体 NSA 测试中发射天线和接收天线的位置。分离间距是

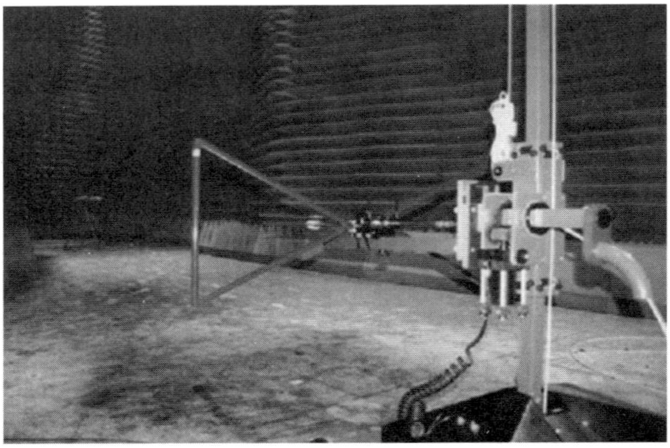

图 47.7　EMC 测试微波暗室中的 NSA 测试设置

以天线中心为准进行测量。接收天线的位置应重新定位以保持恒定距离。对于垂直极化,天线的下端应该距离地板超过 25cm。在左侧和右侧位置的水平极化测量中,天线的中心向测试区域的中心移动,从而使天线的极端尖端就在测试卷直径的边缘。对于 5 个位置(中心、左侧、右侧、前边、后边)、2 个极化以及 2 个高度(1m 和 1.5m 为垂直极化、1m 和 2m 为水平极化),最多需要 20 个独立的 NSA 测量。

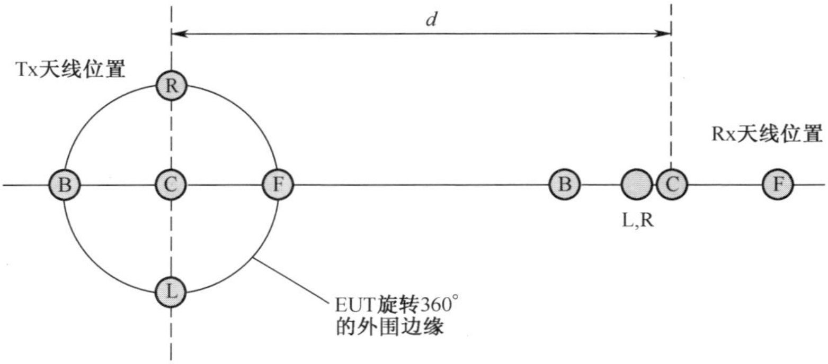

图 47.8　立体 NSA 测量的天线位置

如果测试区域后边界距离射频吸波材料最近点的距离大于 1m,就不需要对后方位置进行 NSA 测量。此外,如果包括转台的测试区域小于 1m 深、1.5m 宽及 1.5m 高,就需要在 1m 和 2m 高处中心与前边位置进行水平极化的 NSA 测量。垂直极化 NSA 测量仅需要在中心、前边、左侧、右侧位置 1m 高处进行。需要的测量次数减小到 8 次独立的 NSA 测量。

Smith 等(1982)提出了理论 NSA 模型。对于 1 皮瓦的发射功率,理论 NSA 定义为

$$\mathrm{NSA_{TH}} = -20\log f + 48.9 - 20\log |E_D|_{\max} \tag{47.11}$$

式中:f 为频率(MHz);$|E_D|_{\max}$ 为 1~4m 高度接收天线扫描得到的最大场强。对于图 47.9 所示的测量结构中,$|E_{\mathrm{DH}}|$ 和 $|E_{\mathrm{DV}}|$ 分别表示水平极化和垂直极化方式下的场强,定义为

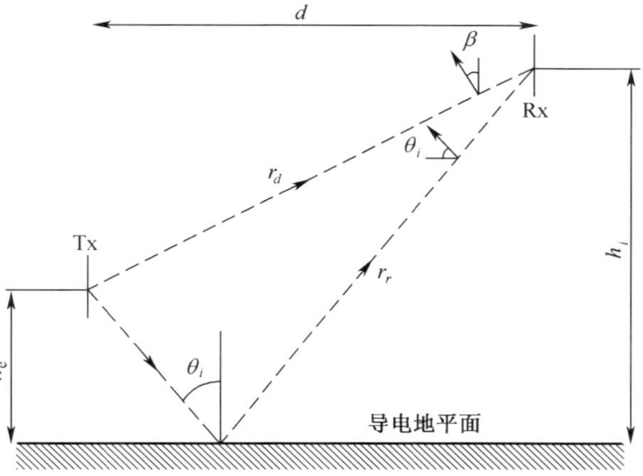

图 47.9　NSA 测量中发射和接收天线构型

$$|E_{\mathrm{DH}}| = \frac{\sqrt{49.2}\left\{r_r^2 + r_d^2 - 2r_d r_r \cos\left[\dfrac{2\pi}{\lambda}(r_r - r_d)\right]\right\}^{1/2}}{r_r r_d} \tag{47.12}$$

$$|E_{\mathrm{DV}}| = \frac{\sqrt{49.2}\,d^2\left\{r_r^6 + r_d^6 + 2r_d^3 r_r^3 \cos\left[\dfrac{2\pi}{\lambda}(r_r - r_d)\right]\right\}^{1/2}}{r_r^3 r_d^3} \tag{47.13}$$

$$r_d = \sqrt{(h_i - h_e)^2 + d^2} \tag{47.14}$$

$$r_r = \sqrt{(h_i + h_e)^2 + d^2} \tag{47.15}$$

从理论上讲,半波长偶极子的天线增益为 1.64。但是,这里假设的是各向同性辐射方向图。在接收天线的高度扫描中,能够找到大的峰值和零陷。h_i 表

示接收天线最大场强时的高度。图47.10给出了发射天线高度为1m、1.5m和2m时的理论NSA。图47.11显示了接收天线的高度,在这个高度上可以检测到最大的场强。最大信号的检测消除了由于直达信号与地面反射之间对消产生零陷的敏感度。但是,当频率低于190MHz时($h_e=1$m及$d=10$m),水平极化的最大场强仅能在接收天线距离地面高度大于4m时得到。低于4m高度时,直达信号与地面反射无法同相。因此,低频区会存在较大的测量误差。

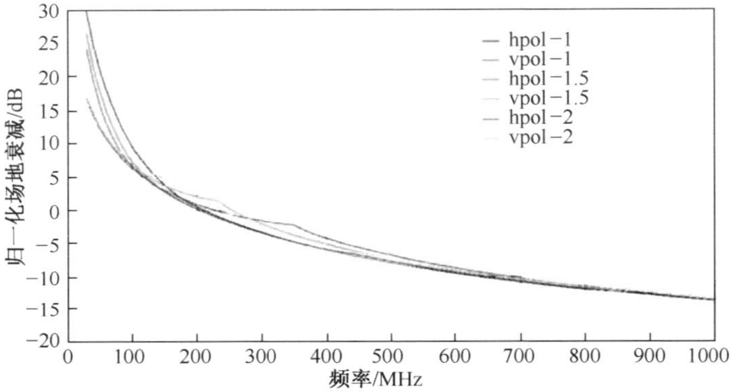

图47.10　接收天线高度为1m、1.5m、2m($d=10$m)条件下理论NSA

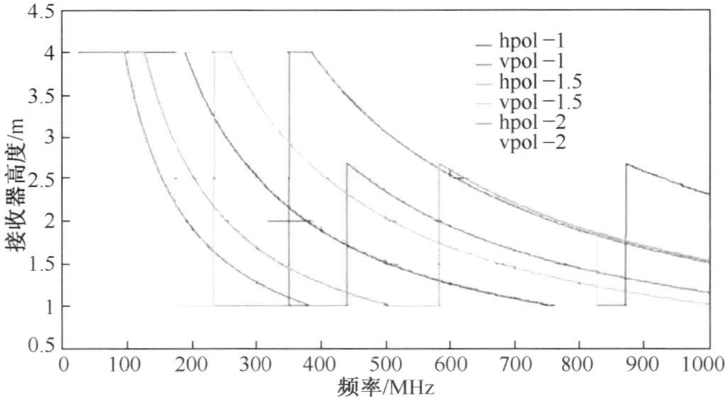

图47.11　接收天线高度为1m、1.5m、2m($d=10$m)条件下探测的最大场强接收天线高度

测量NSA中必须采用精确的天线因子。由于地面耦合,位于不同高度上不同位置的天线因子会发生改变。天线因子的高度依赖校正可用于调谐偶极天线(Sugiura,1992)。对于宽带天线,通常用自由空间天线因子。高度依赖特性还

没有完全被理解,因此在大多数情况下可以忽略,或者基于 ANSI C63.4 标准引入误差(±4dB)。Mann 和 Marvin (1994)的研究表明,天线高度高于地平面时,双锥形天线(30~300 MHz)的天线因子可能有很大的变化(1dB)。

一个好的 OATS 测量得到的 NSA 相对于理论 NSA 的典型差异在±2dB 以内。如果 OATS 作为参考场地,根据 ANSI C63.5 对天线因子校准之后,与实际值的差异在±2dB 以内(Mann,Marvin,1994),该天线就可以用于 EMI 测量。对于 NSA 测量,收、发天线对可能引起±4dB 的测量不确定度。这是已经存在的场地验证需求的总误差测算。因此,天线因子通常是不充分的。用于测试场地验证目的的发射和接收天线必须在参考场地中成对测试,以获得总的天线因子 $AF_{total} = AF_T + AF_R$,从而使误差最小(Garn et al. ,1992)。该方法称为双天线因子方法。Mullner 和 Garn (2001)的研究工作表明,宽带天线的 AF_{total} 随着测试区域内(1m、1.5m 和 2m)发射天线的极化和高度而变化。

天线因子通常仅在水平极化方式下校准(ANSI C63.5-1998)。垂直极化利用相同的天线因子设置。垂直极化下 NSA 测量与理论 NSA 值之间的差异大于水平极化。实际情况中,垂直极化的天线是不平衡的(因为天线单元的一半接近导电平面,因此与地的互耦较大)。在天线终端使用平衡-非平衡变换器或者巴伦以改善平衡性能。残差非平衡效应会在同轴线缆外圈引起不期望的电流。可以将铁氧体磁环安装在电缆上,以减少不平衡的效果。

在水平极化测量中,垂直于地面的同轴电缆与天线单元正交。在垂直极化中,天线单元与电缆平行。因此,由电缆和天线杆引起的寄生反射产生的误差在垂直极化测量中大于水平极化。天线单元和电缆之间的耦合也会引起一些误差。在电缆上安装铁磁阻环可以减少寄生反射。在电缆上安装铁氧体磁阻环可以减少寄生反射。

发射和接收天线的间距测量以天线中心为准。对于对数周期天线或者双对数周期天线而言,天线尺寸通常为 1.5m 长。天线的相位中心随着频率变化。因此,发射天线和接收天线的间距相应地随着频率变化。这可能导致一些与假设点源理论 NSA 模型的偏差。在 3m 距离会形成更大的偏差。

在均匀平面波场中校正自由空间天线因子。在 OATS 或者 SAC 中,由于地面反射,场分布不再是均匀的。宽带天线场的幅度和相位在长度和宽度上变化可能非常大。因此,在天线终端测量的电压与电场强度无关,而是天线在非均匀场分布中的响应。几何相关的天线因子与自由空间天线因子有很大的不同。

理论 NSA 模型假设发射和接收天线的远场辐射强度随着距离以 $1/d$ 因子衰减。在波长接近 10m 的低频区,必须考虑近场额外的 $1/d^2$ 因子对测量 NSA 与理论 NSA 值差异的影响。天线之间的互耦也是另一个需要修正的误差因子。精确分析互阻抗修正因子是非常复杂的,并且需要采用若干假设。3m 间距的特定长度结构下,可以获得调谐偶极子的近似值,忽略了由于接收天线高度扫描导致的变化耦合路径长度效应。对于宽带天线,互阻抗修正因子是未知的,因此,在任意场地结构中均假设为零。如果间距小于一个波长,天线因子的变化非常明显。

发射机和接收机天线应相互对齐,特别是对于对数周期天线和双对数周期天线的情况。天线倾斜到左、右、下或上的错位可能会使发射机天线波束略微偏离接收天线的端射方向。加上收、发天线极化的偏差,可能会产生一些测量误差。

理论 NSA 模型假设信号源和发射天线之间以及接收天线和频谱分析仪输入之间具有最大功率传输。在宽带 30~1000MHz 频率范围内,实际宽带天线具有变化的阻抗。由阻抗失配导致的电缆内的反射会引起超过 NSA 容忍度的测量误差。在每个发射和接收天线终端利用衰减器(6~10dB)能够减小失配效应。

影响 NSA 测量精度的另一些误差包括天线间距误差、频率误差、天线因子频率推外、电缆损耗以及设备校准误差。在标准中规定的±4dB 误差中,只有 1dB 分配给场地异常,其余的 3dB 用于设备误差和测量技术误差。因此,必须充分考虑设置细节和测试流程,以满足场地验证需求。

2012 年 7 月出版的 CISPR 16-1-4 Amd. 1 Ed. 3. 1 (2012)代替了 Ed. 2. 0 (2007)。修正中介绍了另一种场地验证方法,称为参考场地方法(RSM)(M ullner and,Garn 2001)。在该方法中,利用接收、发射宽带天线(覆盖 30MHz~1GHz 频率的双锥和对数周期天线)在一个完成性能验证的参考场地中测量场地衰减 SA_{Ref_site}。然后,利用相同的天线在待验证的微波暗室中测量场地衰减 SA_{site}。场地衰减偏差(DSA)定义为 SA_{site} 和 SA_{Ref_site} 之间的差异,能够给出两个测试场地的直接比较。偏差不超过±4dB 时就认为可以接受。由于在验证中采用了具有一致性的相同天线,因此,如极化、天线因子的高度依赖、天线辐射方向图效应以及不可追溯的互耦效应将在场地验证中不再起作用。RSM 提供了更加可靠、可追溯及节约时间的场地验证方法。

在设计半微波暗室(SAC)中,必须考虑立体 NSA 测量需求。在 SAC 建造前,需要利用建模技术预估 NSA 性能,包括测试区域内发射天线的不同安放位置、1~4m 高接收天线的扫描高度、地面的反射以及铺设吸波材料侧墙和天花板的反射。

47.6　测试场地验证方法(1GHz 以上)

CISPR 16-1-4 要求 1GHz 以上的测试采用完整微波暗室(FAC)。在地面覆盖射频吸波材料抑制任何反射,FAC 能够模拟自由空间环境。CISPR 22/EN55022 和 FCC 标准中规定的辐射发射测量的上限频率是产品工作最高频率的函数,如表 47.1 所列。由于场强与距离成反比,在 3m 距离测量的发射电平能够通过减去 10.46dB 外推得到 10m 距离测量的结果。

表 47.1　EMC 辐射发射测试距离的频率上限

产生的最高频率	FCC 第 15 部分数字器件	CISPR 22/EN55022
小于 108MHz	1000MHz	1000MHz
108~500MHz	2000MHz	2000MHz
500~1000MHz	5000MHz	5000MHz
大于 1GHz	5 倍频,但是不超过 40GHz	5 倍频,但是不超过 400GHz

CISPR 16-1-4 中规定的测试场地验证方法称为电压驻波比法(SVSWR)。在任意 VSWR 测量中,测量的目标就是测量在指定传播距离上驻波的最大值和最小值。这些值的比值为 VSWR。对于无反射波的理想自由空间环境,VSWR 应当为 1,即没有驻波。在实际的 FAC 中,非理想射频吸波材料和暗室结构导致的反射波将引起距离上场强的变化,该变化是由相干和相消的干涉导致。更大的 SVSWR 值意味着 FAC 的不理想程度更大。

CISPR 16-1-4 建议测量 SVSWR 的方法是在暗室中的直线上移动发射天线,并在用于产品测试的静止位置利用接收天线测量接收到的电压。测试的位置如图 47.12 所示。在宽带频率范围内(最大步长为 50MHz)的接收电压仅在发射天线的6个物理位置上测量,分别为4个立体位置:0cm、2cm、10cm、18cm、30cm、40cm。这是为了节约时间采取的折中。CISPR 16-1-4 规定了非均匀采样,以使扫频中某些频点驻波采样的最大值和最小值不会被完全忽略。尽管一些频率点处驻波的最大值或者最小值不会被采样,也就是说,将得到一直低于真实 SVSWR 的结果,该误差不会直接影响 EMC 产品测试的不确定度。

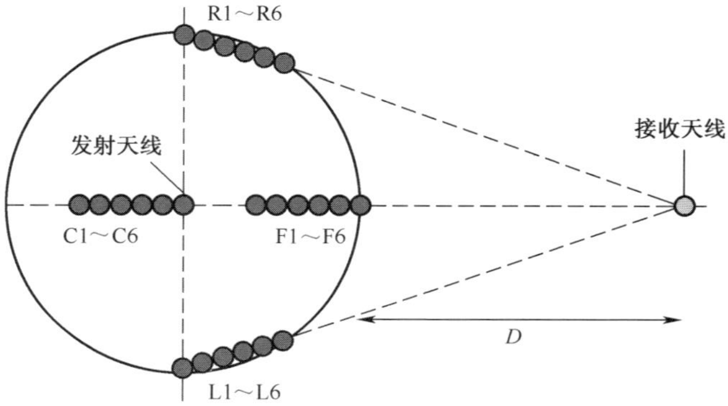

图 47.12　SVSWR 测量位置

在测试区域内的4个测试位置中的每一个位置,都必须进行两个极化和至少两个高度的测试。应当对6个位置进行采样场强的距离修正。因此,发射天线的位置精度直接影响 SVSWR 测量的重复性。采用的天线必须满足 CISPR 16-4-1中对天线方向图的要求。接收天线和发射天线的错位可能导致接收电压的变化。可接收的 SVSWR 为6dB。建议每年进行一次场验证:

$$E_{\text{relative}} = \frac{E_R}{E_D} = \frac{1 - \text{SVSWR}}{1 + \text{SVSWR}} \tag{47.16}$$

SVSWR 测量的最大值和最小值与直达信号 E_D 和反射信号 E_R 相关。式(47.16)给出了与 SVSWR 相关的反射信号和直达信号的比值 E_{relative}。在零值以上,更大的 E_{relative} 意味着更差的静区性能。6dB 的 SVSWR 等效于-10.66dB的 E_{relative}。现代矢量网络分析仪(VNA)可用于测量 E_D和 E_R,由于利用时域反射(TDR)技术,因而不需要物理移动天线。发射和接收天线连接在 VNA 两个独立的端口上,并且可以确定接收电压矢量和发射电压矢量的比值。

对频域数据进行逆傅里叶变换得到的时域数据表明，直达信号和反射信号脉冲达到接收天线的时间不同。在时域，直达信号首先到达接收天线，然后反射信号到达接收天线。通过利用时间门，能够区分开反射信号和直达信号。时间门脉冲的傅里叶变换能够产生 E_D 和 E_R 的频域数据。相应地，就可以确定测量频率范围内的 E_{relative} 和 SVSWR。该方法在 ANSI C63.4 草案中提出。

通过上述分析可见，利用空间移动的 SVSWR(CISPR 16-1-4)和时域反射(TDR)SVSWR 可以获得等效的数据。但是，由于天线方向图效应、直达波方向(与暗室非理想位置有关)、多次反射效应以及后续将要讨论的空间移动 SVSWR 的欠采样缺陷等可能导致一些差异。

TDR 方法具有很多优点。该方法不需要在一些离散位置上物理移动天线，并且在时域得到的 SVSWR 表示了场地的真实值(高于 CISPR 方法)。该方法需要更少的时间，不需要发射天线和接收天线之间精确的距离，同样也不需要对场强值进行距离修正。另外，TDR 方法是解决场地非理想问题的一个很好的工具。指向喇叭天线用于发射天线，并且它的方向能够旋转，以确定 E_R 产生最大峰值的方位角。在 VNA 屏幕上显示的距离是脉冲从传输天线到暗室缺陷，然后返回到接收天线的往返距离。在允许位置放置一个大的金属片，如果峰值增大，就可以确定暗室的缺陷位置；然后可以采取纠正措施来改善暗室的静区性能。

47.7　结论

地面区域为 20m×10m、高度为 8m 的微波暗室需要在财力和建筑空间方面有巨大的投入。一个 10m 距离的 EMC 暗室通常需要两百万美元的经费。在微波暗室项目中，重要的考虑可能包括规格、各种部件和仪表的采购过程、后勤安排(合同、运输、保险、运输、交货时间、存储空间)、施工过程和性能评估。设计必须包括门、通风、照明、电力供应、过滤器、接线板、电缆、通风供应、转盘、电动天线支撑杆等必要的功能。

微波暗室结构的几何形状不能太复杂，从而使得很容易地建造出屏蔽体，控制屏蔽效能，并且可以在侧壁、天花板和地板上适当地铺设射频吸波材料。有效利用可用的房间空间是很重要的，这样就可以在微波暗室旁边建造额外的屏蔽室，作为控制室来存放测试和测量设备。

必须基于微波暗室的使用目的(天线、雷达、发射或者抗扰性)、测量频率范围、可用室内空间、所需测试体积、性能水平(NSA、SASWR 等)、经费预算、屏蔽体结构强度以及建筑安全等方面,来选择合适类型的射频吸波材料达到所需微波暗室性能。

辐射发射测量结果可能会受到测试场地任何缺陷的影响。因此,必须对测试场地进行验证,然后才能用于 EMC 验证测试。频率低于 1GHz 时,CISPR 16 和 ANSI C63.4 中规定的 NSA 方法用于地面不覆盖吸波材料的半微波暗室的验证。建议采用双天线因子方法减小测量误差。另一个更好的方法是参考场地方法,该方法能够消除诸如极化、天线因子的高度依赖、天线方向图效应以及非可追溯互耦效应对场地验证精度的影响等因素引起的不确定度。频率高于 1GHz 时,必须使用模拟自由空间环境的完整微波暗室。CISPR 16-1-4 中规定的 SVSWR 场地验证方法涉及在一些离散位置测量接收电压。ANSI C63.4 提出的 TDR 方法相对于 CISPR 方法具有许多优点。该方法能够得到与 SVSWR 方法等效的结果值,而不需要物理移动天线,在暗室静区性能验证方法具有更高的精度,并且测量过程更加节约时间。

交叉参考:

▶第 46 章　微波暗室设计

▶第 45 章　天线测量装置概论

▶第 50 章　毫米波亚毫米波天线测量

▶第 2 章　蜂窝通信中无线电波传播的物理与数学原理

参考文献

Brunaugh EL, Osburn JDM (1991) Radiated emissions test performance of the GHz TEM cell. IEEE 1991 Int Symp EMC 1-7. Doi:10.1109/ISEMC.1991.148168

Corona P, Latmiral G, Paolini E (1976) Use of reverberating chamber for measurements of radiated power in the microwave frequency range. IEEE Trans EMC 18:54-59

DeWitt BT, Burnside WD (1988) Electromagnetic scattering by pyramidal and wedge absorbers. IEEE Trans Antennas Propag 36:971-984

European Committee for Electrotechnical Standardisation (1997) Anechoic chamber-part 2: alternative test site suitability with respect to site attenuation. CENELEC, EN50147-2

European Committee for Electrotechnical Standardisation (2000) Anechoic chambers, part 3: emission measurements in fully anechoic chambers. CENELEC prEN50147-3

Garn H, M € ullner W, Kremser H (1992) A critical evaluation of uncertainties associated with the ANSI C63. 5 antenna calibration method and a proposal for improvements. IEEE Int Symp EMC 485-490. Doi:10. 1109/ISEMC. 1992. 626151

Garn H, Zink E, Kremser R (1993) Problems with radiated emission testing at 3m distance according to CISPR 11 and CISPR 22. In: Proceedings of the 1993 I. E. EMCS symposium, Dallas, TX, pp 216-221. Doi:10. 1109/ISEMC. 1993. 473744

German RF (1982) Comparison of semi-anechoic chambers and open-field test site attenuation measurements. In: Proceedings of 1982 I. E. international symposium on electromagnetic compatibility, Santa Clara, 8-10 Sept, pp 260-265

Hansen D, Ristau D, Lilienkamp P (2000) Correcting OATS antenna factors for small fully anechoic chambers. IEEE Int Symp EMC 219-223. Doi:10. 1109/ISEMC. 2000. 875566

Hemming LH (1992) Architectural electromagnetic shielding handbook: a designer and specification guide. IEEE Press, Piscataway

Holloway CL, DeLyser RR, German RF, McKenna P, Kanda M (1997) Comparison of electromagnetic absorber used in anechoic and semi-anechoic chambers for emission and immunity testing of digital devices. IEEE Trans EMC 39(1):33-47

Kim DI, Takahashi M, Anzai H, Jun SY (1996) Electromagnetic wave absorber with wide-band frequency characteristics using exponentially tapered ferrite. IEEE Trans EMC 38(2):173-177

Mann SM, Marvin AC (1994) Characteristics of the skeletal biconical antenna as used for EMC applications. IEEE Trans EMC 36(4):322-330

Mayer F, Chaumat JP (1992) Broadband absorbers and applications in absorptive ground-mats (AOATS's) and wall coverings of absorber lined chambers (ALC's). Reg Symp EMC 6. 2. 3/ 1-6. 2. 3/8. Doi:10. 1109/ISEMC. 1992. 257561

Mayer F, Ellam T, Cohn Z (1998) High frequency broadband absorption structures. IEEE Int Symp EMC 2:894-899

Mullner W, Garn H (2001) From NSA to site-reference method for EMC test site validation. IEEE Int Symp EMC 2:948-953

Ristau D, Hansen D (2000) Correlating fully anechoic to OATS measurements. IEEE Int Symp EMC 1:219-223

Smith AA Jr, German RF, Pate JB (1982) Calculation of site attenuation from antenna factors. IEEE Trans EMC 24(3):301-316

Sugiura A (1992) Correction factors for normalised site attenuation. IEEE Trans EMC 34(4):461-470

第48章
近场天线测量技术

Flaminio Ferrara, Claudio Gennarelli, Rocco Guerriero

摘要

本章对近场天线测量技术进行了完整介绍。首先讨论该领域的现状。然后针对平面矩形、圆柱和球面3种扫描方式,以对天线辐射场表达常采用的波形展开方法的解析细节介绍为基础,分别总结了有无探针补偿条件下经典近场-远场(NF-FF)变换的主要步骤。接着介绍电磁场的非冗余采样表示技术及其在NF-FF变换中的应用。该技术与经典NF-FF变换相比,显著减少了所需的近场数据和对应的测量时间。最后介绍一种可以进一步节省测量时间的创新型螺旋扫描NF-FF变换技术。

关键词

天线测量;近场-远场变换技术;平面波展开;柱面波展开;球面波展开;探针补偿;电磁场非冗余采样表示;螺旋扫描

F. Ferrara. C. Gennarelli(✉) · R. Guerriero
萨勒诺大学工业工程系,意大利
e-mail:flferrara@ unisa. it;cgennarelli@ unisa. it; rguerriero@ unisa. it

48.1 引言

对电大尺寸天线,测量场地尺寸限制、运输和安装问题使得使用传统的远区场测量辐射方向图不可行或不现实。另外,在雷达和卫星系统使用越来越多的高性能天线要求天线辐射特性的测量更加精确。例如,用于远距离发射或接收的卫星天线对波束指向的要求极为严格,必须有精确的测量技术验证所设计的天线是否满足所有技术指标。因此,过去50年来,通过近场测量确定天线远场方向图的方法吸引了相当多的注意力(Appel-Hansen et al. 1982; Yaghjian, 1986;Gillespie,1988;Hald et al. ,1988;Gennarelli et al. ,2004;Gregson et al. ,2007;Francis and Wittmann,2008; Gennarelli et al. ,2012,Francis,2012)。

近场测量可在可控的环境中进行,如室内屏蔽暗室。受控的环境可以克服由于天气(雨、雪等)、电磁等干扰,消除其他在远场测量中无法克服的不利因素。另外,当要进行完整的辐射方向图和极化特性测量时,近场扫描技术将是更好的选择。同时,近场扫描测量提供了确定天线表面电磁场分布的必要信息。这些信息很适合用于反射面天线的表面误差诊断以及阵列天线中的故障单元检测(Yaccarino et al. ,1994)。

近场测量的另一个优点源于这样一个事实:由于通过远副瓣发射和接收,近场测量中的反射要比远场测量中的反射弱。另外,由于在接近掠入射条件使用,与远场测量相比,近场测量系统的吸波材料可以发挥更好的效能。

本书认为,在开始近场-远场变换技术这一综合章节前,须重点讨论不同位置电磁场随着到天线距离的增加而产生的变化。通常,可将天线周围的自由空间划分为3个部分,即感应近场区、辐射近场区及远场区(图48.1)。尽管这3个区域交界处的场性质不会产生突变,但它们各自的场特性完全不同。对一个焦点在无穷远处的天线来说,远场区也可以用光学术语“夫琅和费区”来表示。而这种天线的辐射近场区则可用光学术语“菲涅尔区”表示。感应近场区是非常靠近天线、电抗场占主导的区域。近场区通常是距离天线表面小于 $\lambda/2\pi$ 的区域,其中 λ 是波长。然而,近场测量经验表明, λ 可能是这一区域更合理的距离上限。在这个区域以外,电抗场迅速衰减,在距天线表面几个波长之外即可以忽略不计。辐射近场区是介于感应近场区和辐射远场区之间的区域。此区域辐射场占主导，但是场的角分布取决于距天线的距离，也不存在远场区的典型辐射因子 $e^{-j\beta r}/r$，其中 β 为波数。值得注意的是，这里隐含了时间因子 $e^{-j\omega t}$。这一做法贯穿本章。菲涅尔区是可以使用二次相位近似来进行矢量势积分的辐射近场子区。远场区是场的角分布与离天线的距离无关的一个自由空间区域，其电磁场幅度与 $e^{-j\beta r}/r$ 成正比。通常，对电大尺寸天线来说，夫琅和费区和菲涅尔区的内边界分别取为 $2D^2/\lambda$ 和 $0.63\sqrt{D^3/\lambda}$，其中 D 是天线的最大尺度。它们可通过在线性或二次相位近似的矢量势积分表达式中假定 $\pi/8$ 的最大相位差导出。

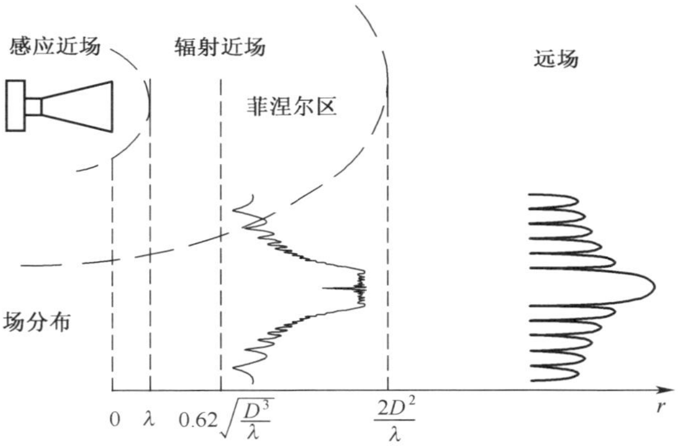

图 48.1　电大尺寸天线的场区域划分

众所周知，天线测量距离要求既取决于第一副瓣水平，也取决于期望的测量精度（Silver, 1984; Hollis et al., 1972）。只有当被测天线具有中等副瓣水平（−25dB）时，按照被广泛使用的 $2D^2/\lambda$ 瑞利距离准则才会使测量方向图误差可忽略。当被测天线是低副瓣（−30～−40dB）或超低副瓣（低于−40dB）时，需要远大于 $2D^2/\lambda$ 的测量距离（Hansen 1984; Corona et al., 1989）。如图 48.2 所示，测量低副瓣天线时，会出现副瓣电平的显著增加，以及副瓣与主瓣间零深的明显上升。因此，要在远区测试场准确测量低于−30dB 的天线副瓣，其对测量距离要求是非常苛刻的（Hansen 1984; Corona et al., 1989）。例如，为以 1dB 的精度测量副瓣比（SLR）为 50dB 的泰勒天线的第一副瓣，所需测量距离至少为 $6D^2/\lambda$。

通常，近场天线特性测量可采用复数场数据或无相位场数据，其中前者在实

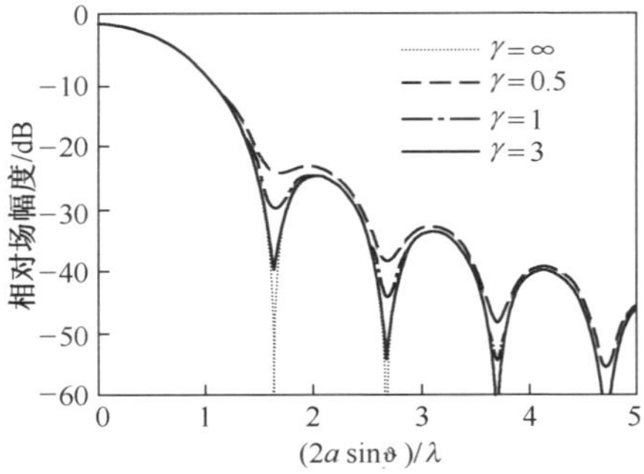

(a)

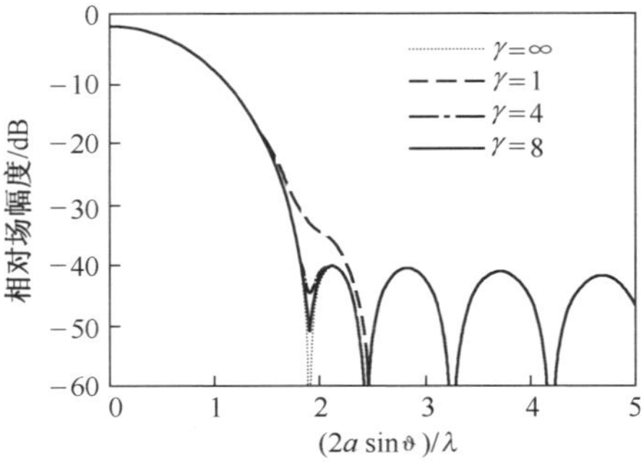

(b)

图 48.2 不同 $\gamma = r/(2D^2/\lambda)$ 归一化距离的方向图

(a)圆形口径分布,$f(\rho)=(1-\rho^2)$;(b)泰勒口径分布。

际中使用最多。

在使用复数场数据的近场测量系统中,安装在被测天线(AUT)附近的探针沿着扫描面移动,扫描面可以是平面、圆柱面或球面(图 48.3)。探针测量复数电压采样,并将其连同位置信息一起储存。以两个探针取向(在第二次测量时探针沿其自身轴旋转 90°)情况下测得的幅度和相位数据为基础,计入探针效应影响,即可计算被测天线的远场方向图。值得指出的是,推算得到的天线远场方向图包含了共极化分量和交叉极化分量。并且,在测量近场数据时,不需要预先知道被测天线的极化信息,而是通过重构远场来精确确定天线的极化特性。探针及其安装结构应对被测场的扰动最小,且其特性应稳定,不随时间、环境条件及空间取向而变化(Francis,2012)。通常,使用被测天线场模式展开将近场测量数据变换成远场方向图,即天线以外区域矢量波动方程的一套完整解。模式展开可以使用平面波、柱面波或球面波。模式展开的类型决定了近场扫描表面的种类,它们各自一一对应,为平面、柱面或球面。随后利用这些表面上模式的正交性来计算模式展开系数,有了这些系数后即可重构被测天线远场。平面、柱面或球面扫描方法各有优点,采用哪一种依据由被测天线和测量要求决定,它们都得到了很好的发展和传播。从平面、柱面到球面,场变换的复杂度顺次增加。

从分析和计算复杂度看,平面扫描的 NF-FF 变换是最简单、高效的。其主要缺点是一次测量只能在一个顶角小于 180°的圆锥体范围内重建方向图。因

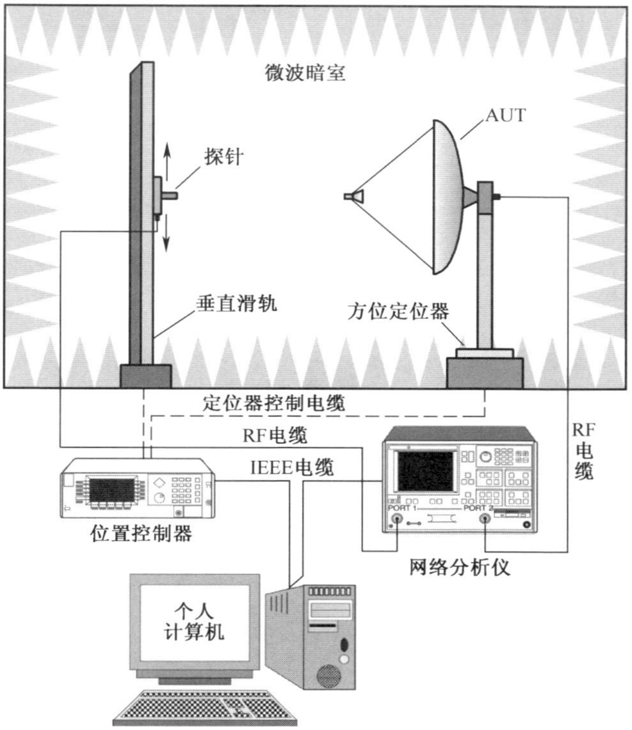

图48.3 近场测量系统——圆柱扫描

此,这种近场扫描很适合测量辐射笔形波束的高指向性天线。平面扫描的具体实现有很多种不同方法,包括平面矩形扫描(Kerns,1970、1981;Joy and Paris 1972; Paris et al.,1978;Joy et al.,1978)(图48.4)、平面极坐标扫描(Rahmat-Samii et al.,1980;Gatti,Rahmat-Samii 1988;Yaghjian and Woodworth 1996;Bucci et al.,1991a、1998a、2000)(彩图48.5)以及双极扫描(Yaccarino et al. 1994;Williams et al.,1994;D'Agostino et al.,2003)(图48.6)。

与平面扫描相比,圆柱扫描NF-FF变换以增加一定的分析和计算复杂度为代价,实现单次近场测量重建被测天线除球极角附近区域外的完整辐射方向图(Joy et al.,1978; Leach,Paris 1973;Yaghjian 1977;Appel-Hansen 1980;Bucci et al.,1998b; D'Agostino et al.,2002、2012a;Qureshi et al.,2013)(图48.7)。这种扫描方式适合测量将电磁波辐射到水平面附近区域的天线,如无线基站辐射

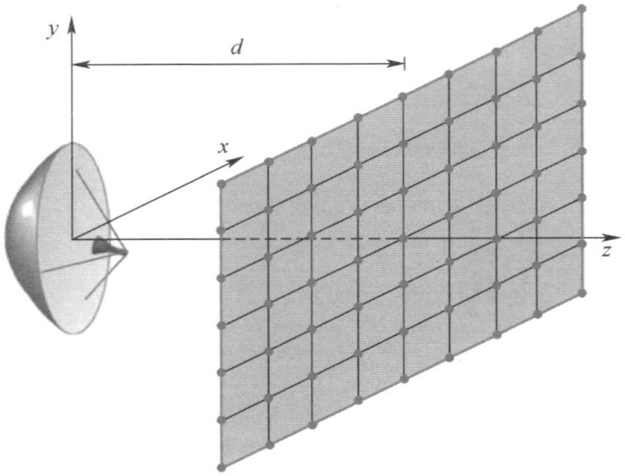

图 48.4　平面-矩形扫描

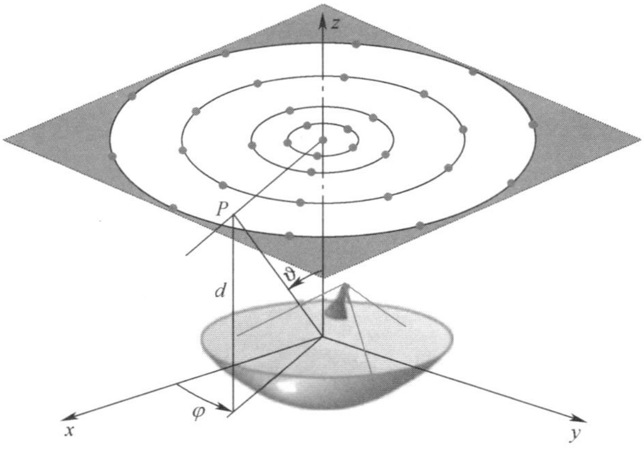

图 48.5　平面-极坐标扫描(彩图见书后)

系统。

球面扫描 NF-FF 变换系统单次近场测量就能重建被测天线全空间的完整辐射方向图(Hald et al.,1988;Qureshi et al.,2013;Wacker,1975;Larsen,1980;Yaghjian and Wittmann,1985;Hansen,2011;Bucci et al.,2001a;D'Agostino et al. ,2011、2013a)(图 48.8)。但是,外推远场的数据处理过程远比平面和柱面扫描系统复杂。近场球面扫描适合测量低增益和全向天线。

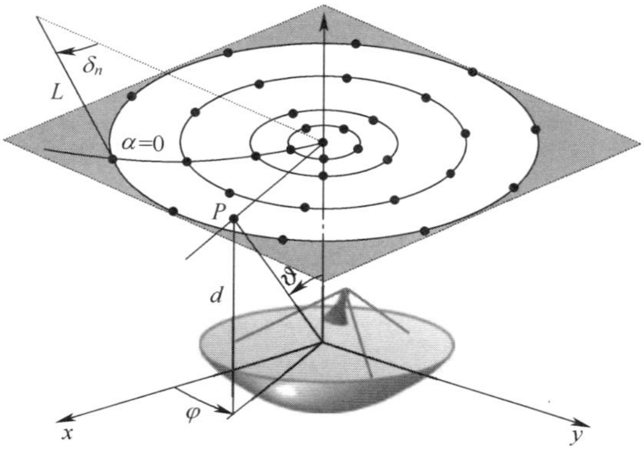

图 48.6　双极扫描

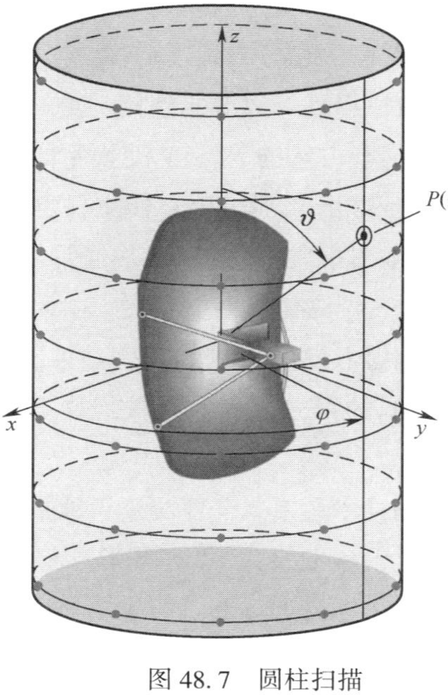

图 48.7　圆柱扫描

最近几年,基于重建一组合适等效电流的 NF-FF 变换技术已经发展起来(Petre and Sarkar,1992;Taaghol and Sarkar,1996;Sarkar and Taaghol,1999;Las-

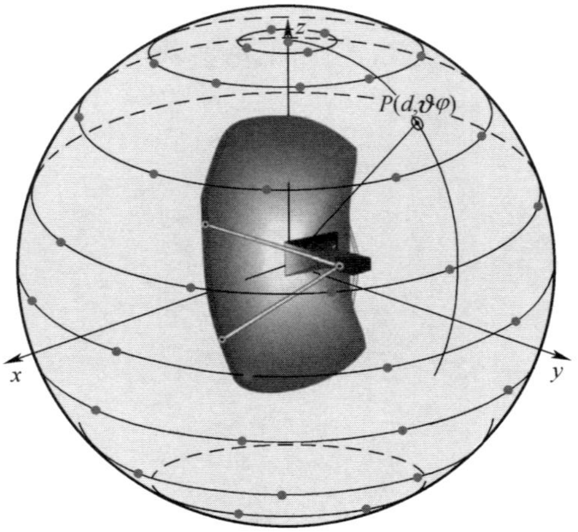

图48.8　球面扫描

Heras and Sarkar,2002;Las-Heras et al. ,2006;Alvarez et al. ,2008)。这些(未知)等效电流位于所选定的包围天线的平面上,可通过求解一组将这些电流与所要求的扫描表面近场数据关联的积分方程进行预估。根据Love等效定理,一旦确定了这些等效电流,就可以得到等效源域外任一点的场,进一步可预估天线的远场方向图。与采用模式展开方法的NF-FF变换不同,这种方法不要求使用规则的扫描表面(平面、柱面或球面),而是可以使用任意测量表面。另外,这种方法的主要缺点是计算量猛增。事实上,这一方法通常需要求解具有几千个未知量的系统方程(最终是病态的)。值得注意的是,对所有这些NF-FF变换系统,修正由于探针各向异性辐射方向图造成的畸变是可能的。通过将探针的天线方向图作为外推场与等效源的积分方程的权重函数,即可实现探针修正(Alvarez et al. ,2008)。

如早先强调的那样,近场技术通常既需要测量天线近场的幅度,又需要测量其相位。不过,为使所需测量设备更便宜,并解决在毫米波和亚毫米波波段精确测量相位的难题,最近人们对无相位近场测量产生了极大兴趣。最近几年,已产生了多种只通过近场幅度测量来确定天线远场的技术。其中的一种方法是使用干涉仪技术(Bennett et al. ,1976),这种方法需要使用一个额外的参考天线,其发射的信号与被测天线的发射信号相干,这样就能恢复缺失的相位信息。有的方法利用两个扫描表面上同一探针采集到的两套只有幅度信息的近场数据之间的函数关系(Bucci et al. ,1990、1999;Isernia et al. ,1996;Yaccarino and Rahmat-Samii,1999),或者两个探针在同一扫描面采集的两套近场数据之间的函数关系(Pierri et al. ,1999)来恢复相位信息。也有人提出了一种不必使用参考天线,而使用两个相同探针和简单微带电路的干涉来恢复相位信息(Costanzo and Di Massa,2002; Costanzo et al. ,2005)。

当前的所有天线测量技术研究团体都受益于 50 多年来人们对近场数据获取及有关 NF-FF 变换技术的研究。这些年来,人们提出了许多解决方案以满足各种各样的应用需求。在此框架下,近场测量的性能显著提升。这些方案分别基于辐射电磁场的空间带限性质(Bucci and Franceschetti,1987、1989),非冗余采样表示(Bucci et al. ,1998c;Bucci and Gennarelli,2012),以及中间类型的最佳抽样插值(OSI)展开(Bucci et al. ,1991a、b; Gennarelli et al. ,1994)。特别地,相比传统扫描方式,其所需的近场数据量及相应的测量时间显著下降。对于平面扫描,见 Bucci 等(1991a、1998a、2000)的文献;对于双极扫描,见 D'Agostino 等(2003)的文献;对于柱面扫描,见 Bucci 等,(1998b)、D'Agostino 等(2002、2012a)的文献;对于球面扫描,见 Bucci 等(2001a)、D'Agostino 等(2011、2013a)的文献。事实上,传统 NF-FF 变换技术所需的近场数据可通过最佳采样插值(OSI)数据来恢复,以实现测量时间的显著节省,使非冗余变换越来越有吸引力。因为在当前的实践中,测量时间要远大于计算时间。这些准则的数学证明完全基于上面提到的电磁场带限性质和非冗余采样表示。一个已知的事实是,假设天线辐射的电磁场封闭在一个以旋转面 Σ 为边界的凸域内,并以与 Σ 具有相同旋转对称性的面 $\mathcal{M}$ 作为观察面时,只要能够由场表达式分离出一个合适的相位因子,并用合适的参数化来描述 $\mathcal{M}$,即可由空间带限函数很好地近似这个天线的辐射电磁场(Bucci et al. ,1998c)。因为由各向同性探针所获取的电压信息具有和被测天线场相同的有限空间带限特性,所以,这些表示方法也可以应用到电压上。这些非冗余采样表示的应用也产生了一种使用平面宽网格扫描(PWMS)的创新而高效的 NF-FF 变换技术(Ferrara et al. ,2007;D'Agostino et al. ,2014a)。这种非传统的平面矩形扫描技术之所以如此命名,是因为随着离扫描中心距离的增大,采样栅格变宽(图 48.9)。

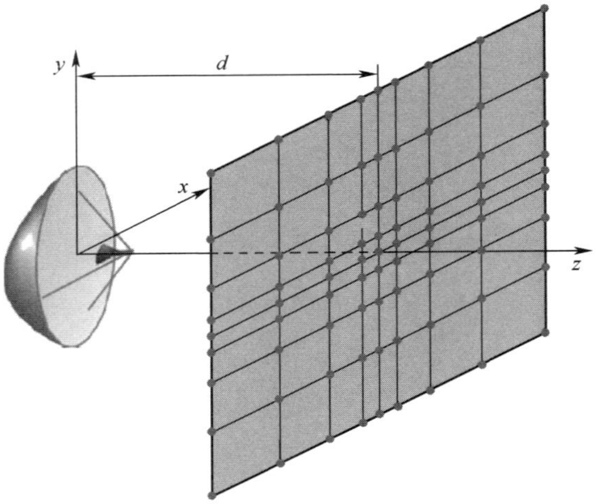

图48.9　平面宽网格扫描

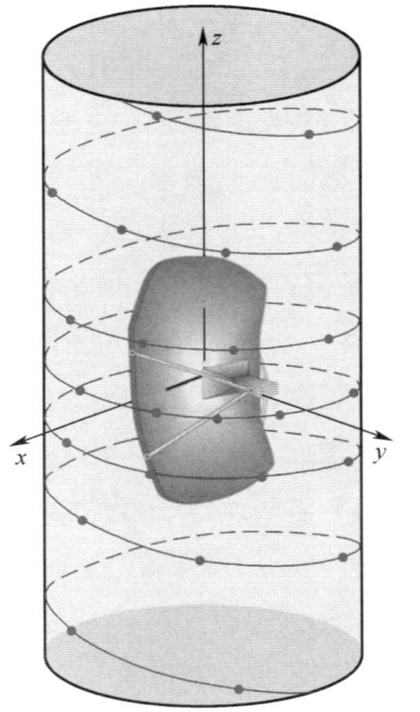

图48.10　螺旋扫描

也有人提出了一种减少获取近场数据所需时间的技术(Bolomey et al.,1988),此技术使用通过散射探针阵列实现的调制散射技术来提高扫描速度。

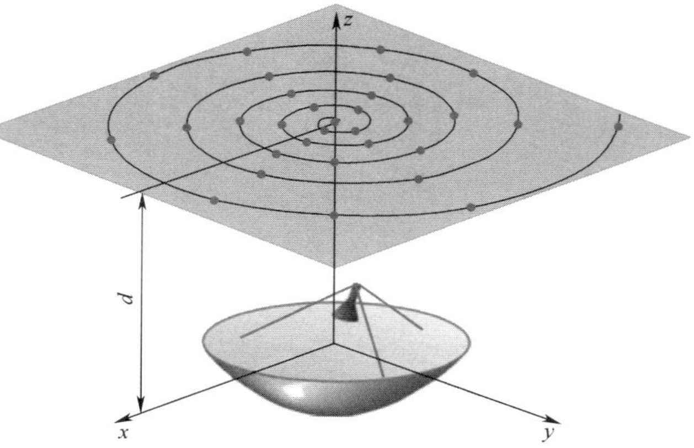

图 48.11　平面螺旋扫描

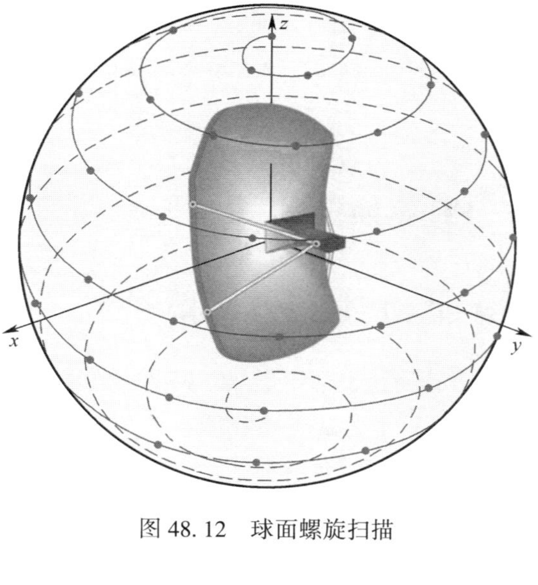

图 48.12　球面螺旋扫描

可惜的是，除了测量精度问题外，基于这一技术的测量设备结构复杂。不管怎样，非冗余采样表示的使用使所需探针个数的减少成为可能。

另一种更可行的减少近场数据获取所需时间的方案是使用新颖的螺旋扫描技术。正如 Yaccarino 等（1996）所提出的那样，可通过连续同步移动探针和被测天线，实现螺旋扫描。最近几年，发展起来的螺旋扫描技术包括螺旋面扫描

(Bucci et al., 2001b; D'Agostino et al., 2008a、2009a、2009b、2012b)(图48.10)、平面扫描(Bucci et al.,2002;D'Agostino et al.,2008b;图48.11)以及球面扫描(Bucci et al.,2003;D'Agostino et al., 2009c、2012c、2013b、2014b;图48.12)等。这些方法依赖于非冗余采样表示,通过插值获得对应经典NF-FF变换扫描面的近场数据。也有人提出了新的螺旋扫描NF-FF变换技术(Yaccarino et al.,1996;Costanzo and Di Massa,2004、2007)。然而,由于这些方法并不利用电磁场的非冗余表示,它们需要测量多到无法接受的近场数据。

本章内容安排如下。在"经典NF-FF变换技术"一节,分别针对探针未补偿和探针补偿两种情况总结了平面矩形、柱面及球面3种扫描方式下的经典NF-FF变换技术。在"非冗余NF-FF变换技术"一节介绍电磁场的非冗余采样表示技术,重点分析最佳参数化及相位因子的作用。该节还介绍了在经典NF-FF变换中应用非冗余采样表示实现测量时间缩减的方法。在接下来的"螺旋扫描NF-FF变换技术"一节中分别介绍准球面天线(D'Agostino et al.,2006、2009d)和两维天线(D'Agostino et al., 2009e;Cicchetti et al.,2014)的螺旋扫描NF-FF变换理论。

48.2 经典NF-FF变换技术

48.2.1 平面矩形扫描NF-FF变换技术

从分析及计算量的角度看,平面矩形NF-FF变换(图48.4)无疑是最简单、最有效的近场测量方法。其主要缺点是只能在顶角小于180°的锥形范围内重建天线远场。因此,这一方法可以很方便地应用到强方向性天线中,这些天线能够在由被测天线边缘和扫描区域边缘所限定的立体角范围内形成很好的笔形波束方向图。在平面矩形扫描中,探针安装在x-y定位器上,以使其能够在想要的矩形平面网格上测量近场幅度和相位数据。以探针两个不同取向下的近场测量数据为基础,即可计算被测天线的远场方向图(Kerns,1970、1981;Joy and Paris,1972;Paris et al.,1978;Joy et al.,1978)。

本小节第一部分假定使用能够在其两个方向上测量被测天线扫描面切向电场分量E_x、E_y的理想探针,推导了其NF-FF变换公式。随后,去掉理想假设,给出探针修正后的计算公式。

下面从电磁场的平面波谱表示(Clemmow,1966)出发进行推导。为方便读者,有关公式在"平面波展开"内容中进行了总结。可见,被测天线辐射电场在 $z=d$ 扫描平面上的切向分量 E_x、E_y 可以表示为一组基本平面波的叠加,即

$$E_{x,y}(x,y,d)=\iint_{-\infty}^{+\infty}[E_{x,y}(k_x,k_y)\mathrm{e}^{-\mathrm{j}k_2 d}]\,\mathrm{e}^{-\mathrm{j}(k_x x+k_y y)}\mathrm{d}k_x\mathrm{d}k_y \tag{48.1}$$

由逆傅里叶变换,得

$$E_{x,y}(k_x,k_y)=\frac{1}{4\pi^2}\mathrm{e}^{\mathrm{j}k_2 d}\iint_{-\infty}^{+\infty}E_{x,y}(x,y,d)\,\mathrm{e}^{\mathrm{j}(k_x x+k_y y)}\mathrm{d}x\mathrm{d}y \tag{48.2}$$

因此,假设在扫描平面测量区域之外的切向电场分量为零,可以通过一个二维快速傅里叶变换(FFT)算法得到平面波谱的 x 和 y 分量。波谱的另一个分量可以通过式(48.75)确定。

如 Joy 和 Paris(1972)的文献中所给出那样,近场数据的采样间隔为

$$\Delta x\ll\frac{\lambda}{2},\Delta y\ll\frac{\lambda}{2} \tag{48.3}$$

实际上,如果扫描平面位于电磁场不含消逝波的区域,那么对于 $|k_x|>2\pi/\lambda$ 和 $|k_y|>2\pi/\lambda$,平面波谱为 0。由二维奈奎斯特采样定理(Papoulis 1987),在 $z=d$ 平面上的电磁场可由其矩形点阵上的采样进行重建,而这些矩形点阵由满足式(48.3)的网格间距来分隔。

一旦确定了平面波谱,就可以用以下关系计算(见"平面波展开"内部)球坐标系 (r,ϑ,φ) 下的远场电场分量为

$$E_\vartheta(r,\vartheta,\varphi)=\mathrm{j}2\pi\beta\cos\vartheta\,E_\theta(\beta\sin\vartheta\cos\varphi,\beta\sin\vartheta\sin\varphi)\frac{\mathrm{e}^{-\mathrm{j}\beta r}}{r} \tag{48.4}$$

$$E_\varphi(r,\vartheta,\varphi)=\mathrm{j}2\pi\beta\cos\vartheta\,E_\varphi(\beta\sin\vartheta\cos\varphi,\beta\sin\vartheta\sin\varphi)\frac{\mathrm{e}^{-\mathrm{j}\beta r}}{r} \tag{48.5}$$

式中:E_ϑ、E_φ 与 E_x、E_y 的关系为

$$E_\varphi=-E_x\sin\varphi+E_y\cos\varphi \tag{48.6}$$

$$E_\vartheta=\frac{E_x\cos\varphi+E_y\sin\varphi}{\cos\vartheta} \tag{48.7}$$

已知

$$E_\vartheta = E_x\cos\vartheta\cos\varphi + E_y\cos\vartheta\sin\varphi - E_z\sin\vartheta$$

其中,考虑式(48.75),很容易得到式(48.7)。

由已获取的近场数据,很容易理解式(48.2)中计算二维傅里叶变换所用的FFT算法。记住由下式定义的离散傅里叶变换(DFT)很有用(Brigham 1974),即

$$G\left(\frac{n}{NT}\right) = \sum_{i=0}^{N-1} g(iT)\mathrm{e}^{-\mathrm{j}2\pi ni/N} n = 0,1,\cdots,N-1 \tag{48.8}$$

离散逆傅里叶变换由下式给出,即

$$g(iT) = \frac{1}{N}\sum_{n=0}^{N-1} G\left(\frac{n}{NT}\right)\mathrm{e}^{\mathrm{j}2\pi ni/N} i = 0,1,\cdots,N-1 \tag{48.9}$$

众所周知,可以通过FFT算法高效计算式(48.8)和式(48.9)。另外,这两个公式都要求函数是周期性的,即

$$G\left(\frac{n+pN}{NT}\right) = G\left(\frac{n}{NT}\right),\quad p = 0,\ \pm 1,\ \pm 2,\cdots \tag{48.10}$$

$$g[(i+pN)T] = g(iT),\quad p = 0,\ \pm 1,\ \pm 2,\cdots \tag{48.11}$$

现在考虑式(48.2)中沿 x 方向的积分。考虑到扫描平面 $2L_x \times 2L_y$ 的有限大尺寸所致的截断误差,并采用简单近似,可得

$$G(k_x) = \int_{-L_x}^{L_x} g(x)\mathrm{e}^{\mathrm{j}k_x x}\mathrm{d}x \approx \Delta x\sum_{n}^{N_x-1} g(x_n)\ \mathrm{e}^{\mathrm{j}k_x(n-N_x/2)\Delta x} \tag{48.12}$$

式中:$x_n = (n - N_x/2)\Delta x N_x = 2L_x/\Delta x$ 是沿 x 轴的测量点数(测量点总数是 N_xN_y)。当在 $k_{x_i} = i\Delta k_x = 2\pi i/(N_x\Delta x)$ 计算 $G(k_x)$ 时,有

$$G(k_{x_i}) \approx \frac{2L_x}{N_x}\mathrm{e}^{-\mathrm{j}\pi i}\sum_{n}^{N_x-1} g(x_n)\ \mathrm{e}^{\frac{\mathrm{j}2\pi ni}{N_x}} \tag{48.13}$$

因此,如果假定将所得到的结果乘以因子 $2L_x\mathrm{e}^{-\mathrm{j}\pi i}$,则可以用逆FFT算法高效计算式(48.2)中沿 x 方向的积分。同理,也可以计算 y 方向的积分。

综上所述,为计算笛卡儿坐标系的分量 $\boldsymbol{E}_x$ 和 $\boldsymbol{E}_y$,分别需要做 N_y 个长度为 N_x 的一维FFT和 N_x 个长度为 N_y 的一维FFT。这使得在由 $k_{x_i} = 2\pi i/(N_x\Delta x)$ 和 $k_{y_p} = 2\pi p/(N_y\Delta y)$ 给定的 k_x 和 k_y 值计算远场分量成为可能。需要注意的是,由于 $k_x{}^2 + k_y{}^2 > \beta^2$ 条件下对应的平面波(称为筱逝波)对远场没有贡献,仅表示近场电抗性功率储存,可忽略其对应的 k_x 和 k_y 值。

为获得更高精度的远场分量,需对近场数据进行“补零”操作,即为了增加由 N_x 到 N'_x 的输出 k_x 值数量,要在有效测量点前后的 $(N'_x - N_x)/2$ 个假想测量点都补上 0。类似地,为增加从 N_y 到 N'_y 的输出 k_y 值数量,要在有效测量点前后一共补上 $(N'_y - N_y)/2$ 个 0。

由于平面矩形扫描的测量区存在截断,重建的远场不可避免地受截断误差的影响,其影响程度取决于扫描区外所忽略的近场大小。下面分析由于扫描平面在 x 方向尺寸有限所产生的截断效应。对 y 方向,有类似结果。当扫描平面距离被测天线为 d 且沿 x 方向尺度为 $2a$ 时(图 48.13),有一个简单的经验法则可用来预测所恢复远场方向图的可信角域,如下式所示(Newell 1988),即

$$-\alpha_c \ll \vartheta \ll \alpha_c \tag{48.14}$$

其中

$$\alpha_c = \arctan\left(\frac{L_x - a}{d}\right) \tag{48.15}$$

这一可信角域准则是从大量近场测量实践中发展起来的(Yaghjian,1975),包含各种天线和探针组合情况,并用有关理论进行了推导(Newell and Crawford,1974)。须指出,即使在可信区域也可能由于扫描平面边缘的近场数据不连续而产生波动起伏(Newell,1988)。

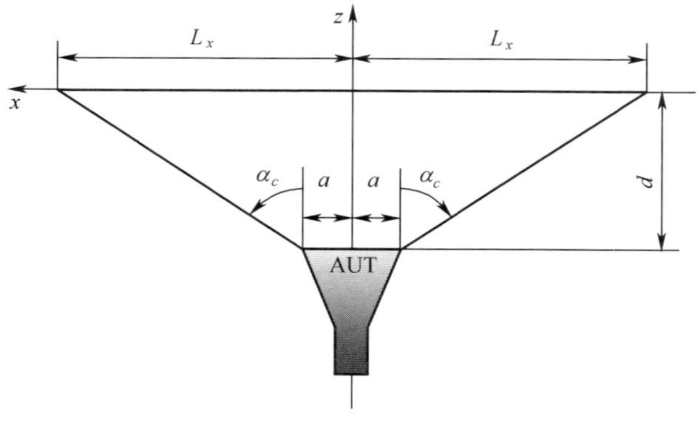

图 48.13　有效性角度评估示意图

显而易见,使用真实而非理想的探针进行测量时,得到的并不是真正的近场切向分量 E_x、E_y。实际上,当探针在扫描平面上移动时,可以从不同角度接收到被测天线中心发出的辐射信号。同时,探针在任一固定位置也能“看”到位于

不同方向的被测天线的每一部分(译注:这里是能够接收到信号的意思)。因此,使用前面描述的未经补偿的NF-FF变换是无法由近场测量数据精确恢复天线远场的。

基于洛伦兹互易定理(Paris et al.,1978;Joy et al.,1978)提出了探针补偿平面近场测量的基本理论。采用的参考系关键关系式为

$$E_{\vartheta}(\vartheta,\varphi)=\frac{(I_H E'_{\varphi V}(\vartheta,-\varphi)-I_V E'_{\varphi H}(\vartheta,-\varphi))}{\Delta} \tag{48.16}$$

$$E_{\varphi}(\vartheta,\varphi)=\frac{(I_H E'_{\vartheta V}(\vartheta,-\varphi)-I_V E'_{\vartheta H}(\vartheta,-\varphi))}{\Delta} \tag{48.17}$$

其中

$$\Delta=E'_{\vartheta H}(\vartheta,-\varphi)E'_{\varphi V}(\vartheta,-\varphi)-E'_{\vartheta V}(\vartheta,-\varphi)E'_{\varphi H}(\vartheta,-\varphi) \tag{48.18}$$

$$I_{V,H}=A\cos\vartheta \mathrm{e}^{\mathrm{j}\beta d\cos\vartheta}\iint_{-\infty}^{+\infty}V_{V,H}(x,y)\,\mathrm{e}^{\mathrm{j}\beta x\sin\vartheta\cos\varphi}\mathrm{e}^{\mathrm{j}\beta y\sin\vartheta\sin\varphi}\mathrm{d}x\mathrm{d}y \tag{48.19}$$

A 取合适的常数。即天线远场与以下因素有关:①两次独立测量(第二次测量探针旋转90°)探针输出电压 U_V 和 U_H 的二维傅里叶变换;②作为发射天线使用时,探针及旋转探针辐射的远场分量 $E_{\vartheta V}$、$E_{\varphi V}$ 和 $E_{\vartheta H}$、$E_{\varphi H}$。

下面给出平面矩形扫描探针补偿NF-FF变换技术的简单实例。不失一般性,假设互耦效应可以忽略不计,且被测天线与探针互易。将天线辐射并入射到探针上的电场展开为基本平面波的叠加(见式(48.80)),并考虑被测天线与探针坐标系之间的关系(图48.14),容易证明探针终端开路电压为

$$U(\underline{r})=\iint_{-\infty}^{+\infty}\underline{\boldsymbol{E}}(k_x,k_y)\cdot\underline{h}(k_x,-k_y)\,\mathrm{e}^{-\mathrm{j}kr}\mathrm{d}k_x\mathrm{d}k_y \tag{48.20}$$

$\underline{h}$ 代表探针的有效接收长度,符号(·)表示点积。对式(48.20)进行逆傅里叶变换,得

$$\underline{\boldsymbol{E}}(k_x,k_y)\cdot\underline{h}(k_x,-k_y)=\frac{1}{4\pi^2}\mathrm{e}^{\mathrm{j}k_2 d}\iint_{-\infty}^{+\infty}U(x,y)\,\mathrm{e}^{\mathrm{j}(k_x x+k_y y)}\mathrm{d}x\mathrm{d}y \tag{48.21}$$

互易天线接收和发射时的有效长度一致。因此,将远场区探针辐射电场 $\underline{\boldsymbol{E}'}$ 表示为探针有效长度的函数(Franceschetti,1997),有

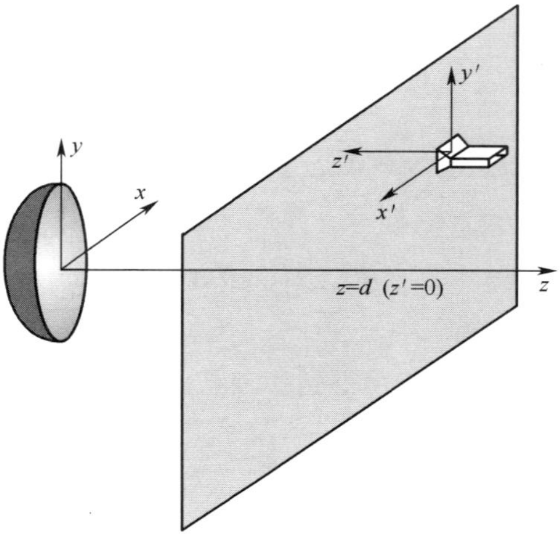

图 48.14　与探针补偿相关的几何形式

$$\underline{\boldsymbol{E}}' = \mathrm{j}\frac{\xi}{2\lambda r}I_0\mathrm{e}^{-\mathrm{j}\beta r}\,\underline{h} \tag{48.22}$$

式中:ξ 为自由空间阻抗; I_0 为天线输入电流,可得

$$\underline{\boldsymbol{E}}(k_x,k_y)\cdot\underline{\boldsymbol{E}}'(k_x,-k_y) = \frac{\mathrm{j}\xi I_0\,\mathrm{e}^{-\mathrm{j}\beta r}}{2\lambda r}\,\frac{\mathrm{e}^{\mathrm{j}k_2 d}}{4\pi^2}\iint_{-\infty}^{+\infty}U(x,y)\,\mathrm{e}^{\mathrm{j}(k_x x+k_y y)}\,\mathrm{d}x\mathrm{d}y \tag{48.23}$$

考虑到式(48.81),上式变为

$$\begin{aligned}&\underline{E}(\vartheta,\varphi)\cdot\underline{E}'(\vartheta,-\varphi)\\&=-\frac{2\pi\beta\xi I_0\,\mathrm{e}^{-\mathrm{j}2\beta r}}{2\lambda r}\,\frac{\mathrm{e}^{\mathrm{j}\beta d\cos\vartheta}}{4\pi^2}\cos\vartheta\iint_{-\infty}^{+\infty}U(x,y)\,\mathrm{e}^{\mathrm{j}(k_x x+k_y y)}\,\mathrm{d}x\mathrm{d}y\end{aligned} \tag{48.24}$$

式(48.24)还可以改写成更简单的形式,因为被测天线和探针参考系之间(图 48.14)存在以下关系,即

$$\vartheta' = \vartheta;\varphi' = -\varphi;\hat{\vartheta}' = -\hat{\vartheta};\ \hat{\varphi}' = \hat{\varphi} \tag{48.25}$$

考虑到式(48.25),以场量的球坐标分量形式改写式(48.24),可得

$$\begin{aligned}&E_\vartheta(\vartheta,\varphi)\,E'_\vartheta(\vartheta,-\varphi) - E_\varphi(\vartheta,\varphi)\,E'_\varphi(\vartheta,-\varphi)\\&=A\cos\vartheta\,\mathrm{e}^{\mathrm{j}\beta d\cos\vartheta}\iint_{-\infty}^{+\infty}U(x,y)\,\mathrm{e}^{\mathrm{j}\beta x\sin\vartheta\cos\varphi}\,\mathrm{e}^{\mathrm{j}\beta y\sin\vartheta\sin\varphi}\,\mathrm{d}x\mathrm{d}y\end{aligned} \tag{48.26}$$

其中

$$A = \frac{1}{4\pi^2} \frac{2\pi\beta\xi\ I_0\ \mathrm{e}^{-\mathrm{j}2\beta r}}{2\lambda\ r^2}$$

由式(48.26),假设进行两次独立测量(第二次测量中探针绕其 z' 轴旋转 90°),可得到以下线性方程组,即

$$E_{\vartheta}(\vartheta,\varphi)\ E'_{\vartheta V}(\vartheta,\ -\varphi) - E_{\varphi}(\vartheta,\varphi)\ E'_{\varphi V}(\vartheta,\ -\varphi) = I_V \tag{48.27}$$

$$E_{\vartheta}(\vartheta,\varphi)\ E'_{\vartheta H}(\vartheta,\ -\varphi) - E_{\varphi}(\vartheta,\varphi)\ E'_{\varphi H}(\vartheta,\ -\varphi) = I_H \tag{48.28}$$

求解这样一个方程组,最终可得到式(48.16)和式(48.17)。

48.2.2 圆柱扫描 NF-FF 变换技术

通过柱面扫描 NF-FF 变换(图 48.7),仅由单组近场测量就可以重建除球面极角区域之外的完整天线辐射方向图,因此特别适合于那种主要向以水平面为中心的角域辐射的天线。与使用平面矩形扫描相比,实现这一优势的代价是部分地增加了分析及计算的复杂度。在柱面扫描系统中,被测天线安装在转台上,探针沿着与转台旋转轴线平行的直线移动并扫描测量。合适地匹配转台及探针的运动参数,即可在一定的柱面栅格上由探针测得近场幅度与相位数据。进行两次不同探针取向的测量后,计入探针效应,即可计算远场方向图(Joy et al.,1978;Leach and Paris,1973;Yaghjian 1977)。与平面矩形扫描部分相同,下面先导出理想探针下的柱面扫描 NF-FF 变换公式,然后去掉这一假设给出探针补偿条件下的变换公式。

众所周知,在圆柱坐标系 (ρ,φ,z) 下,被测天线辐射电场的切向分量可表示为(Leach and Paris 1973)扫描圆柱面上一系列柱面波的叠加(见"圆柱波展开"内容),即

$$E_z(\varphi,z) = \sum_{v=-\infty}^{+\infty} \int_{-\infty}^{+\infty} b_v(\eta)\ \frac{\Lambda^2}{\beta} H_v^{(2)}(\Lambda d)\ \mathrm{e}^{\mathrm{j}v\varphi}\ \mathrm{e}^{-\mathrm{j}\eta z}\mathrm{d}\eta \tag{48.29}$$

$$E_{\varphi}(\varphi,z) = \sum_{v=-\infty}^{+\infty} \int_{-\infty}^{+\infty} \left[b_v(\eta)\ \frac{v\eta}{\beta d} H_v^{(2)}(\Lambda d) - a_v(\eta)\ \frac{\partial}{\partial\rho} H_v^{(2)}(\Lambda\rho) \bigg|_{\rho=d} \right] \mathrm{e}^{\mathrm{j}v\varphi}\ \mathrm{e}^{-\mathrm{j}\eta z}\mathrm{d}\eta \tag{48.30}$$

式中:d 为圆柱半径;a_v 和 b_v 为模式展开系数;$H_v^{(2)}(\cdot)$ 为 v 阶第二类汉克尔函

数，$\Lambda = (\beta^2 - \eta^2)^{1/2}$。

模式展开系数由式(48.29)和式(48.30)进行逆傅里叶变换确定，有

$$b_v(\eta)\frac{\Lambda^2}{\beta}H_v^{(2)}(\Lambda d) = \frac{1}{4\pi^2}\int_{-\infty}^{+\infty}\int_{-\pi}^{+\pi}E_z(\varphi,z)\,\mathrm{e}^{\mathrm{j}v\varphi}\,\mathrm{e}^{-\mathrm{j}\eta z}\mathrm{d}\varphi\mathrm{d}z \tag{48.31}$$

$$b_v(\eta)\frac{v\eta}{\beta d}H_v^{(2)}(\Lambda d) - a_v(\eta)\frac{\partial}{\partial\rho}H_v^{(2)}(\Lambda\rho)\Big|_{\rho=d} = \int_{-\infty}^{+\infty}\int_{-\pi}^{+\pi}E_\varphi(\varphi,z)\,\mathrm{e}^{\mathrm{j}v\varphi}\,\mathrm{e}^{-\mathrm{j}\eta z}\mathrm{d}\varphi\mathrm{d}z \tag{48.32}$$

在 Leach 和 Paris(1973)文献的经典方法中，使用 FFT 实现模式展开系数的高效计算，且近场数据的采样间隔取为

$$\Delta z \leqslant \frac{\lambda}{2};\quad \frac{\Delta\varphi \leqslant \pi}{(\beta a')} = \frac{\lambda}{(2a')} \tag{48.33}$$

式中：a' 为包围被测天线的最小圆柱的半径。实际上，如果扫描圆柱面位于电磁场中不含倏逝波的空间区域，那么对于 $|\eta| > \beta$ 和 $|\nu| > \beta a'$，柱面波系数为 0。二维奈奎斯特采样定理告诉我们(Papoulis 1987)，可由以栅格分隔开的规则格点上的采样重建柱面上 $\rho = d$ 处的电磁场，其中的栅格满足式(48.33)。

一旦确定了模式系数，球坐标系 (r,ϑ,φ) 下的电场远场分量可由下式计算(见“柱面波扩展”内容)，即

$$E_\vartheta(r,\vartheta,\varphi) = -\mathrm{j}2\beta\frac{\mathrm{e}^{-\mathrm{j}\beta r}}{r}\sin\vartheta\sum_{v=-\infty}^{+\infty}\mathrm{j}^v\,b_v(\beta\cos\vartheta)\,\mathrm{e}^{\mathrm{j}v\varphi} \tag{48.34}$$

$$E_\varphi(r,\vartheta,\varphi) = -2\beta\frac{\mathrm{e}^{-\mathrm{j}\beta r}}{r}\sin\vartheta\sum_{v=-\infty}^{+\infty}\mathrm{j}^v\,a_v(\beta\cos\vartheta)\,\mathrm{e}^{\mathrm{j}v\varphi} \tag{48.35}$$

值得注意的是，可以通过 FFT 高效计算上式中的累加项。

下面简要介绍快速计算式(48.31)和式(48.32)中二维傅里叶变换所用的 FFT 算法。对关于 φ 的积分采用直接近似，可得

$$F_v = \int_0^{2\pi}f(\varphi)\,\mathrm{e}^{-\mathrm{j}v\varphi}\mathrm{d}\varphi \approx \frac{2\pi}{N}\sum_{m=0}^{N-1}f\left(\frac{2\pi m}{N}\right)\mathrm{e}^{-\frac{\mathrm{j}2\pi vm}{N}} \tag{48.36}$$

式中：$N = 2M_1$，$M_1 = \pi/\Delta\varphi$ 是角谐波的最高阶数 v。因此，除因子 $2\pi/N$ 外，此积分可以由直接 FFT 算法快速计算。可以用与平面矩形扫描中沿 x 和 y 方向相同的方式处理沿 z 方向的积分。相应地，考虑由于测量柱面的有限高度 $2h$ 所产生的截断效应，可得

$$G(\eta_i)=G\left(\frac{2\pi i}{N_1\Delta z}\right)\approx\frac{2h}{N_1}\mathrm{e}^{-\mathrm{j}\pi i}\sum_{n=0}^{N_1-1}g(z_n)\,\mathrm{e}^{\frac{\mathrm{j}2\pi ni}{N_1}} \tag{48.37}$$

式中:$N_1=2h/\Delta z$ 为测量环数。因此,如果给上述结果乘以一个因子 $2h\mathrm{e}^{-\mathrm{j}\pi i}$,其沿 z 方向的积分可以用逆 FFT 算法高效计算。

综上,通过以下几步可以高效计算切向电场分量的二维傅里叶变换:①在每个测量环上,对近场数据直接进行 FFT 变换,然后乘上因子 $2\pi/N$;②对每个指数 v,对①中所获得的数据进行逆 FFT 变换,然后乘上因子 $2h\mathrm{e}^{-\mathrm{j}\pi i}$。

需要注意的是,通过 FFT 计算式(48.31)和式(48.32)中的傅里叶变换积分,可以得到模式展开系数 a_v 和 b_v,从而获得 ϑ 处的远场分量,即

$$\vartheta_i=\arccos\left(\frac{\eta_i}{\beta}\right)=\arccos\left(\frac{i\lambda}{(N_1\Delta z)}\right) \tag{48.38}$$

对近场数据进行充分"补零"能有效提高远场分量的 ϑ 分辨率,即为得到 $\vartheta_i=\arccos(i\lambda/(N_2\Delta z))$ 处的远场分量,必须在近场数据中对应于扫描柱面两端上的虚拟 $(N_2-N_1)/2$ 环位置补充合适数量的零。用类似的方法,为得到 2 M_2 个 φ 值下的远场分量,在用 FFT 计算式(48.34)和式(48.35)的求和之前,必须将正负角谐波各增加 M_2-M_1 个零值。

由于扫描柱面的高度必然是有限的,不可避免地会出现截断误差,其值取决于所忽略的近场数据大小。精确重建远场方向图的角域可以按与矩形平面扫描系统相同的方式确定。当沿 φ 方向的扫描没有覆盖整个 2π 角度范围时,还会产生额外的截断误差,可以采用与截断球面扫描(Hald et al.,1988)相同的方法来处理(Francis,2012)。

显然,使用真实探针进行测量时,不能得到真实的近场切向分量 E_z 和 E_φ。实际上,当探针在圆柱面上移动扫描时,能在不同方向接收到被测天线中心所发出的辐射。同时,在任意固定位置上,探针也能从不同方向上接收到被测天线每一部分所发出的辐射。因此,使用未补偿探针的 NF-FF 变换无法由近场测量数据精确重建天线远场。

基于洛伦兹互易定理,Leach 和 Paris(1973)提出了柱面扫描探针补偿。他们严格证明了被测天线辐射场的柱面波展开系数 a_v 和 b_v 与以下因素有关:①两套独立测量的探针电压的二维傅里叶变换(第二次测量时探针绕其纵轴旋转 90°);②当作发射天线使用时,探针及旋转探针辐射场的柱面波展开系数。推

导模式展开系数的主要关系式为

$$a_v(\eta) = \frac{\beta^2}{\Lambda^2\Delta_v(\eta)}\left[I_v(\eta)\sum_{m=-\infty}^{+\infty} d'_m(-\eta)\,H^{(2)}_{v+m}(\Lambda d) - I'_v(\eta)\sum_{m=-\infty}^{+\infty} d_m(-\eta)\,H^{(2)}_{v+m}(\Lambda d)\right] \tag{48.39}$$

$$b_v(\eta) = \frac{\beta^2}{\Lambda_v\Delta_v(\eta)}\left[I'_v(\eta)\sum_{m=-\infty}^{+\infty} c_m(-\eta)\,H^{(2)}_{v+m}(\Lambda d) - I_v(\eta)\sum_{m=-\infty}^{+\infty} c'_m(-\eta)\,H^{(2)}_{v+m}(\Lambda d)\right] \tag{48.40}$$

$$\begin{cases} I_v(\eta) = \displaystyle\int_{-\infty}^{+\infty}\int_{-\pi}^{+\pi} U(\varphi,z)\,\mathrm{e}^{-\mathrm{j}v\varphi}\,\mathrm{e}^{\mathrm{j}\eta z}\mathrm{d}\varphi\mathrm{d}z \\ I'_v(\eta) = \displaystyle\int_{-\infty}^{+\infty}\int_{-\pi}^{+\pi} U'(\varphi,z)\,\mathrm{e}^{-\mathrm{j}v\varphi}\,\mathrm{e}^{\mathrm{j}\eta z}\mathrm{d}\varphi\mathrm{d}z \end{cases} \tag{48.41}$$

$$\begin{aligned}\Delta_v(\eta) = &\sum_{m=-\infty}^{+\infty} c_m(-\eta)\,H^{(2)}_{v+m}(\Lambda d)\sum_{m=-\infty}^{+\infty} d'_m(-\eta)\,H^{(2)}_{v+m}(\Lambda d) + \\ &-\sum_{m=-\infty}^{+\infty} c'_m(-\eta)\,H^{(2)}_{v+m}(\Lambda d)\sum_{m=-\infty}^{+\infty} d_m(-\eta)\,H^{(2)}_{v+m}(\Lambda d)\end{aligned} \tag{48.42}$$

式中：U 和 U' 为点 (d,φ,z) 处探针及旋转探针测得的电压。也有人(Yaghjian，1977)使用辐射源散射矩阵公式得到了类似结果。实际上，(Appel-Hansen，1980)指出，除用于归一化的常量外，上述方程可导出相同的表达式。

基于以式(48.33)的间隔采样的近场数据，可通过 FFT 进行高效计算积分 I_v 和 I'_v。可以通过测量其辐射远场的幅度和相位来计算探针的模式系数 $(c_m、d_m)$ 和旋转探针的模式系数 $(c'_m、d'_m)$（Leach and Paris，1973）。一旦确定了 a_v 和 b_v，就可以通过式(48.33)和式(48.35)计算球坐标系 (r,ϑ,φ) 下的电场远场分量。

48.2.3　球面扫描 NF-FF 变换技术

虽然与平面和圆柱面扫描系统相比，其数据处理要复杂得多，球面扫描 NF-

FF 变换系统(图 48.8)可获得完整的天线辐射方向图。近年来,人们做了大量工作来研究和解决由球面扫描近场数据重建辐射远场的问题(Hald et al. ,1988;Wacker, 1975; Larsen, 1980; Yaghjian and Wittmann, 1985)。以此为基础,J. E. Hansen 出版了一本综合性书籍(Hald et al. ,1988),详细讨论了球面近场扫描测量的理论和实践两个方面的问题。

球面近场测量系统有多种不同的扫描方式(Hald et al. ,1988)。最常用的一种是滚转-方位构型(图 48.15 和图 48.16),在这一构型中,保持探针固定,而被测天线安装在滚转角定位器(φ 轴)上,该定位器通过 L 形支架固定在方位角转台(ϑ 轴)上。在俯仰-方位构型中,保持探针固定,被测天线安装在俯仰角定位器(φ 轴)上,该定位器安装在方位角转台(ϑ 轴)上。相反,在方位-俯仰构型中,天线固定在方位角定位器(φ 轴)上,该定位器安装在俯仰定位器(ϑ 轴)上。另一种可能的方案是,将被测天线安装在方位角转台上,实现子午线变换,而探针则沿子午线做弧形扫描。

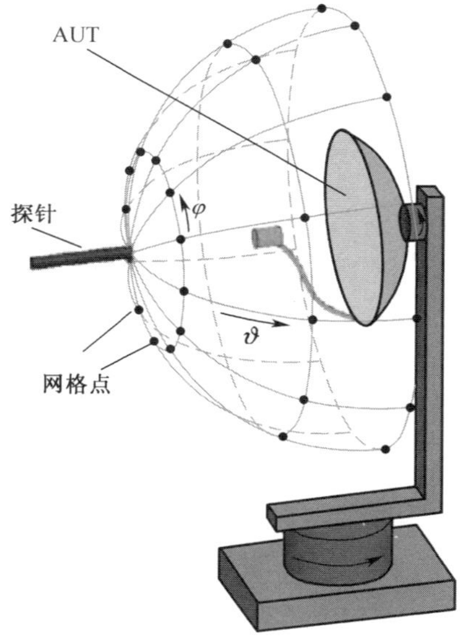

图 48.15 滚转-方位构型近场球面扫描装置

不管选择什么样的构型,探针都能够在期望的球面栅格上测得近场幅度相位数据。由这些在探针不同取向下的测量数据,并考虑探针效应,即可计算远场

图 48.16　UNISA 天线参数实验室通用近场系统照片(滚转-方位构型球面扫描装置)

方向图(Hald et al. 1988)。如同平面矩形扫描和柱面扫描中所做的那样,下面首先推导理想探针假设下未经修正的 NF-FF 变换公式,然后去掉该假设,给出探针补偿条件下的 NF-FF 变换公式。

众所周知,在球坐标系 (r,ϑ,φ) 下,被测天线辐射的横向电场可以表示为 $r=d$ 球面上一系列基本球面波的叠加(见"球面波展开"内容),即

$$\underline{E}_t(d,\vartheta,\varphi)=\beta\sum_{n=1}^{N_{\max}}\sum_{m=-n}^{n}\left[a_{1nm}\,g_{1n}(\beta d)\,\underline{F}_{1nm}(\vartheta,\varphi)+a_{2nm}\,g_{2n}(\beta d)\,\underline{F}_{2nm}(\vartheta,\varphi)\right] \tag{48.43}$$

式中:a_{1nm} 和 a_{2nm} 为球面波展开系数。

$$\underline{F}_{1nm}(\vartheta,\varphi)=\underline{f}_{1nm}(\vartheta)\,\mathrm{e}^{\mathrm{j}m\varphi};\underline{F}_{2nm}(\vartheta,\varphi)=\underline{f}_{2nm}(\vartheta)\,\mathrm{e}^{\mathrm{j}m\varphi} \tag{48.44}$$

$$\underline{f}_{1nm}(\vartheta)=\left(\frac{-m}{|m|}\right)^{m}\frac{1}{\sqrt{2\pi n(n+1)}}\left[\frac{\mathrm{j}m}{\sin\vartheta}\overline{P}_n^{|m|}(\cos\vartheta)\,\hat{\vartheta}-\frac{\mathrm{d}}{\mathrm{d}\vartheta}\overline{P}_n^{|m|}(\cos\vartheta)\,\hat{\varphi}\right] \tag{48.45}$$

$$\underline{f}_{2nm}(\vartheta)=\left(\frac{-m}{|m|}\right)^{m}\frac{1}{\sqrt{2\pi n(n+1)}}\left[\frac{\mathrm{d}}{\mathrm{d}\vartheta}\overline{P}_{n}^{|m|}(\cos\vartheta)\,\hat{\vartheta}+\frac{\mathrm{j}m}{\sin\vartheta}\overline{P}_{n}^{|m|}(\cos\vartheta)\,\hat{\varphi}\right]\tag{48.46}$$

$$g_{1n}(\beta d)=h_{n}^{(2)}(\beta d)\,;g_{2n}(\beta d)=\frac{1}{\beta d}\frac{d}{d(\beta r)}(\beta r\,h_{n}^{(2)}(\beta r))\bigg|_{r=d}\tag{48.47}$$

式中:$h_n^{(2)}(x)$ 为 n 阶第二类球面汉克尔函数。

经典方法(Hald et al. ,1988)中,最高次球面波的选择根据下述经验准则确定,即

$$N_{\max}=\mathrm{Int}(\beta a)+10\tag{48.48}$$

式中:a 为包围被测天线的最小球面半径。在(Bucci et al. ,2001a)的方法中,其值由辐射电磁场的空间带限特性严格限定(Bucci and Franceschetti,1987),结果为

$$N_{\max}=\mathrm{Int}(\chi'\beta a)+1\tag{48.49}$$

式中:χ' 为电大尺寸天线略大于 1 的放大带宽因子(Bucci and Franceschetti,1987)。

式(48.45)和式(48.46)中,$\overline{P}_n^{|m|}(x)$(见式(48.107)是由 Belousov (1962)定义的归一化连带勒让德函数。

考虑到球面矢量波函数 $\underline{F}_{1,2nm}(\vartheta,\varphi)$ 是正交的,可以由扫描球面电场的切向分量计算展开系数 a_{1nm} 和 a_{2nm}。实际上,由式(48.43)可得

$$\langle\underline{E}_t,\underline{F}_{1,2nm}\rangle=\int_0^{2\pi}\int_0^{\pi}\underline{E}_t(d,\vartheta,\varphi)\cdot\underline{F}_{1,2nm}^{*}(\vartheta,\varphi)\sin\vartheta\mathrm{d}\vartheta\mathrm{d}\varphi=\beta\,a_{1,2nm}\,g_{1,2n}(\beta d)\tag{48.50}$$

式中:* 表示复共轭,因此,有

$$a_{1,2nm}=\frac{1}{\beta\,g_{1,2n}(\beta d)}\int_0^{2\pi}\int_0^{\pi}\underline{E}_t(d,\vartheta,\varphi)\cdot\underline{f}_{1,2nm}^{*}(\vartheta,\varphi)\,\mathrm{e}^{-\mathrm{j}m\varphi}\sin\vartheta\mathrm{d}\vartheta\mathrm{d}\varphi\tag{48.51}$$

一旦确定了球面波展开系数,就可以由远场球面波展开来计算远场区中被测天线辐射的横向电场(见"球面波展开"内容)有

$$\underline{E}_t(d,\vartheta,\varphi)=\frac{\mathrm{e}^{-\mathrm{j}\beta r}}{r}\sum_{n=1}^{N_{\max}}\sum_{m=-n}^{n}\left[\mathrm{j}^{n+1}\,a_{1nm}\underline{f}_{1nm}(\vartheta)+\mathrm{j}^{n}\,a_{2nm}\underline{f}_{2nm}(\vartheta)\right]\mathrm{e}^{\mathrm{j}m\varphi}\tag{48.52}$$

下面将会提到,可使用 FFT 来高效计算模式系数。经典方法(Hald et al.,1988)中近场数据的采样间隔为

$$\Delta\vartheta \leqslant \frac{2\pi}{(2N_{\max}+1)};\Delta\varphi=\Delta\vartheta \tag{48.53}$$

如果包围被测天线并且其轴线与 z 方向一致的最小柱面半径 a' 比包围被测天线的最小球面半径 a 小,可以减少沿 φ 方向的近场数据。这种情况下,采样间隔为(Hald et al.,1988)

$$\Delta\varphi \leqslant \frac{2\pi}{(2M+1)} \tag{48.54}$$

其中,$M=\mathrm{Int}(\beta a')+10$。

在(Bucci et al.,2001a)的方法中,采样间隔由辐射电磁场的空间宽限性质严格限定(Bucci and Franceschetti,1987)。因此,可由式(48.49)给出 $N_{\max}$,其中,$\Delta\varphi$ 由式(48.54)给出。当从赤道面附近的采样纬线向极点附近的采样纬线移动时,M 会按下式给出的定律减小,即

$$M=\mathrm{Int}(\chi^{*}\beta a\sin\vartheta)+1 \tag{48.55}$$

其中

$$\chi^{*}=\chi^{*}(\vartheta)=1+(\chi'-1)\,[\sin\vartheta]^{-2/3} \tag{48.56}$$

是方位角带宽展宽因子。

下面简要介绍式(48.51)的高效计算方式。将测量球面上的切向电场分量展开成关于 φ 的傅里叶级数,得

$$\underline{E}_t(d,\vartheta,\varphi)=\sum_{k=-M}^{M}\underline{G}_k(\vartheta)\,\mathrm{e}^{\mathrm{j}k\varphi} \tag{48.57}$$

系数可以写成

$$a_{1,2nm}=\frac{2\pi}{\beta\,g_{1,2n}(\beta d)}\int_0^{\pi}\underline{G}_m(\vartheta)\cdot\underline{f}_{1,2nm}^{*}(\vartheta)\sin\vartheta\mathrm{d}\vartheta \tag{48.58}$$

可以通过 FFT 将 $\underline{G}_m(\vartheta)$ 和 $\underline{f}_{1,2nm}(\vartheta)$ 分量展开成傅里叶级数形式,快速计算式(48.58)中关于 ϑ 的积分,有

$$a_{1,2nm}=\frac{2\pi}{\beta\,g_{1,2n}(\beta d)}\sum_{l=-N_{\max}}^{N_{\max}}\sum_{i=-N_{\max}}^{N_{\max}}\underline{G}_{ml}(\vartheta)\cdot\underline{f}_{1,2nmi}^{*}\int_0^{\pi}\mathrm{e}^{\mathrm{j}(l-i)\vartheta}\sin\vartheta\mathrm{d}\vartheta \tag{48.59}$$

至此,式(48.58)中的积分变换成关于指数 ℓ 和 i 的二重求和形式,式中包含 $\underline{G}_m(\vartheta)$ 和 $\underline{f}_{1,2nm}(\vartheta)$ 的傅里叶级数系数(以 ϑ 为变量),积分式为

$$\int_0^{\pi} e^{j(l-i)\vartheta}\sin\vartheta d\vartheta$$

注意,为计算 $\underline{G}_m(\vartheta)$ 和 $\underline{f}_{1,2nm}(\vartheta)$ 分量的傅里叶级数系数,有必要将 $\underline{G}_m(\vartheta)$ 和 $\underline{f}_{1,2nm}(\vartheta)$ 分量的定义域从[0, π]扩展到[0,2π]。考虑以下两点,就很容易做到:①m 为奇数时,$\underline{f}_{1,2nm}(\vartheta)$ 的分量是关于 $\vartheta=\pi$ 的偶函数,反之亦然;② $\underline{G}_m(\vartheta)$ 具有和 $\underline{f}_{1,2nm}(\vartheta)$ 一样的奇偶性。

为利用标准 FFT 算法的数值效率,NF-FF 变换时所需考虑的近场纬线数量以及这些纬线上的采样点数,必须是分别不小于 $N_{\max}$ 和 $2M$ 的第一个 2 的幂次方。

另外,颠倒式(48.52)中的求和顺序,可将其重写成

$$\underline{E}_t(d,\vartheta,\varphi)=\frac{e^{-j\beta r}}{r}\sum_{m=-M}^{M}\sum_{\substack{n=|m|\\(n\neq 0)}}^{N_{\max}}\left[j^{n+1}a_{1nm}\underline{f}_{1nm}(\vartheta)+j^{n}a_{2nm}\underline{f}_{2nm}(\vartheta)\right]e^{jm\varphi} \tag{48.60}$$

这样,即可通过 FFT 求和高效计算所考虑的俯仰角 ϑ 处天线的远场。

不难理解,使用实际探针测量时,不能得到真正的近场切向分量 E_ϑ 和 E_φ。实际上,此时探针接收的是来自不同方向的被测天线不同部分的场。因此,无法由近场测量数据使用未经补偿的 NF-FF 变换精确恢复天线远场。

人们基于波源散射矩阵公式提出了球面扫描的探针补偿 NF-FF 变换技术。如文献(Hald et al.,1988)所示,当使用远场方向图为一阶方位角变化的探针时(如终端开路圆波导),其模式展开系数可以分别由探针和旋转探针所测的电压 U 及 U' 确定,由下式给出,即

$$a_{1nm}=\frac{2n+1}{16\pi}\frac{\int_0^{\pi}\int_0^{2\pi}\left[I_1(\vartheta)U-jI_2(\vartheta)V'\right]e^{-jm\varphi}\sin\vartheta d\varphi d\vartheta}{\sum_{v=1}^{v_{\max}}\left[a'_{1v1}A_{v1}^{n}(\beta d)-a'_{2v1}B_{v1}^{n}(\beta d)\right]} \tag{48.61}$$

$$a_{2nm}=\frac{2n+1}{16\pi}\frac{\int_0^{\pi}\int_0^{2\pi}\left[I_2(\vartheta)U-jI_1(\vartheta)V'\right]e^{-jm\varphi}\sin\vartheta d\varphi d\vartheta}{\sum_{v=1}^{v_{\max}}\left[a'_{1v1}B_{v1}^{n}(\beta d)-a'_{2v1}A_{v1}^{n}(\beta d)\right]} \tag{48.62}$$

式中：$v_{\max}$ 为探针最高阶球面波；$a'_{1,2v1}$ 为其展开系数；

$$\begin{cases} I_1(\vartheta) = [d^n_{1m}(\vartheta) - d^n_{-1m}(\vartheta)] \\ I_2(\vartheta) = [d^n_{1m}(\vartheta) + d^n_{-1m}(\vartheta)] \end{cases} \tag{48.63}$$

并且

$$d^n_{\mu m}(\vartheta) = \sqrt{\frac{(n+\mu)!\ (n-\mu)!}{(n+m)!\ (n-m)!}} \sum_{\sigma} \binom{n+m}{n-\mu-\sigma} \binom{n-m}{\sigma} (-1)^{n-\mu-\sigma} \cdot \left(\cos\frac{\vartheta}{2}\right)^{2\sigma+\mu+m} \left(\sin\frac{\vartheta}{2}\right)^{2n-2\sigma-\mu-m} \tag{48.64}$$

为旋转系数(Hald et al. ,1988;Edmonds,1974),对 σ 的求和,对于二项式,遍历所有的二项式系数不会导致出现负参数的项。另外,有

$$A^n_{v\mu}(\beta d) = \sqrt{\frac{(2n+1)(2v+1)}{n(n+1)v(v+1)}} \sqrt{\frac{(v+\mu)!\ (n-\mu)!}{(v-\mu)!\ (n+\mu)!}} (-1)^{\mu} \frac{1}{2} \mathrm{j}^{n-v} \sum_{p=|n-v|}^{n+v} \{\mathrm{j}^{-p}[n(n+1)+v(v+1)-p(p+1)]\tau(\mu,n,-\mu,v,p)\, h_p^{(2)}(\beta d)\} \tag{48.65}$$

$$B^n_{v\mu}(\beta d) = \sqrt{\frac{(2n+1)(2v+1)}{n(n+1)v(v+1)}} \sqrt{\frac{(v+\mu)!\ (n-\mu)!}{(v-\mu)!\ (n+\mu)!}} (-1)^{\mu} \frac{1}{2} \mathrm{j}^{n-v} \sum_{p=|n-v|}^{n+v} [\mathrm{j}^{-p}(2\mathrm{j}\mu\beta d)\tau(\mu,n,-\mu,v,p)\, h_p^{(2)}(\beta d)] \tag{48.66}$$

是平移系数(Hald et al. ,1988;Larsen,1980;Bruning and Lo,1971),其中 $\tau(\mu,n,-\mu,v,p)$ 是由两个未归一化的连带勒让德函数乘积的展开定义的线性系数。

$$P^{\mu}_n(x)\, P^{-\mu}_v(x) = \sum_{p=|n-v|}^{n+v} \tau(\mu,n,-\mu,v,p)\, P_p(x) \tag{48.67}$$

用作发射天线时,可以通过扫描球面上切向电场分量 $\underline{E}'_t$ 的相关信息估算式(48.61)和式(48.62)中的探针展开系数 $a'_{1,2v1}$,即

$$a'_{1,2v1} = \frac{1}{\beta\, g_{1,2v}(\beta d)} \int_0^{2\pi}\int_0^{\pi} \underline{E}'_t(d,\vartheta,\varphi) \cdot \underline{f}^*_{1,2v1}(\vartheta)\, \mathrm{e}^{-\mathrm{j}\varphi} \sin\vartheta \mathrm{d}\vartheta \mathrm{d}\varphi \tag{48.68}$$

48.2.4　天线辐射场的经典波展开

本小节选择了一些电磁波展开式的分析细节,这些电磁波展开式通常用于

表示天线外区域上的辐射场。无论如何,对这部分内容的阅读并不是理解本章所必需的,其目的是使有兴趣的读者获得关于这一主题的深入知识。

1. 平面波展开

众所周知,在线性、均匀且各向同性的介质中,电磁场

$$\underline{\boldsymbol{E}} = \underline{\boldsymbol{E}}\,\mathrm{e}^{-\mathrm{j}\underline{\boldsymbol{k}}\cdot\underline{\boldsymbol{r}}};\underline{\boldsymbol{H}} = \underline{\boldsymbol{H}}\,\mathrm{e}^{-\mathrm{j}\underline{\boldsymbol{k}}\cdot\underline{\boldsymbol{r}}} \tag{48.69}$$

表示时谐平面波,其传播方向由矢量 $\underline{\boldsymbol{k}} = k_x\boldsymbol{x} + k_y\boldsymbol{y} + k_z\boldsymbol{z}$ 指定。

对这类场,算子 ∇转换为 $-\mathrm{j}\underline{\boldsymbol{k}}$,无源区的麦克斯韦方程组变成

$$\underline{\boldsymbol{k}} \times \underline{\boldsymbol{E}} = \omega\mu\,\underline{\boldsymbol{H}} \tag{48.70}$$

$$\underline{\boldsymbol{k}} \times \underline{\boldsymbol{H}} = -\omega\varepsilon\,\underline{\boldsymbol{E}} \tag{48.71}$$

$$\underline{\boldsymbol{k}} \cdot \underline{\boldsymbol{E}} = 0 \tag{48.72}$$

$$\underline{\boldsymbol{k}} \cdot \underline{\boldsymbol{H}} = 0 \tag{48.73}$$

由式(48.70)和式(48.71),可推得 $\underline{\boldsymbol{E}}$ 和 $\underline{\boldsymbol{H}}$ 不独立,例如,$\underline{\boldsymbol{H}}$ 可以由下式与 $\underline{\boldsymbol{E}}$ 关联,即

$$\underline{\boldsymbol{H}} = \frac{1}{\omega\mu}\underline{\boldsymbol{k}} \times \underline{\boldsymbol{E}} \tag{48.74}$$

由式(48.72)可推得,对任意的 k_x 、k_y 和 k_z,$\underline{\boldsymbol{E}}(\underline{\boldsymbol{k}})$ 只有两个分量是独立的。假设 $\boldsymbol{E}_x$ 和 $\boldsymbol{E}_y$ 是独立的,于是有

$$\boldsymbol{E}_z = -\frac{(\boldsymbol{E}_x k_x + \boldsymbol{E}_y k_y)}{k_z} \tag{48.75}$$

由式(48.70),可推得

$$\underline{\boldsymbol{k}} \times (\underline{\boldsymbol{k}} \times \underline{\boldsymbol{E}}) = \omega\mu\,\underline{\boldsymbol{k}} \times \underline{\boldsymbol{H}} \tag{48.76}$$

考虑式(48.71)、式(48.72)以及矢量恒等式 $\underline{\boldsymbol{a}} \times (\underline{\boldsymbol{b}} \times \underline{\boldsymbol{c}}) = \underline{\boldsymbol{b}}(\underline{\boldsymbol{a}} \cdot \underline{\boldsymbol{c}}) - \underline{\boldsymbol{c}}(\underline{\boldsymbol{a}} \cdot \underline{\boldsymbol{b}})$,上述关系变成

$$\underline{\boldsymbol{E}}[(\underline{\boldsymbol{k}} \cdot \underline{\boldsymbol{k}}) - \omega^2\varepsilon\mu] = 0 \tag{48.77}$$

为使上述方程具有不同于平凡解 $\underline{\boldsymbol{E}} = \boldsymbol{0}$ 的解,要求

$$\underline{\boldsymbol{k}} \cdot \underline{\boldsymbol{k}} = k_x{}^2 + k_y{}^2 + k_z{}^2 = \omega^2\varepsilon\mu = \beta^2 \tag{48.78}$$

因此,在固定频率上,$\underline{\boldsymbol{k}}$ 只有两个分量可以独立指定。假设这两个独立分量是 k_x 和 k_y,那么第三分量 k_z 通过以下关系与它们关联,即

$$k_z = \begin{cases} (\beta^2 - k_x{}^2 - k_y{}^2)^{1/2}, 若 k_x{}^2 + k_y{}^2 \leqslant \beta^2 \\ -\mathrm{j}\,(k_x{}^2 + k_y{}^2 - \beta^2)^{1/2}, 若 k_x{}^2 + k_y{}^2 > \beta^2 \end{cases} \tag{48.79}$$

式(48.79)中第二式选择负号是为了确保式(48.69)中的平面波在无穷远处有界。

由于介质与场方程一样,都是线性的,$\underline{\boldsymbol{E}}$ 和 $\underline{\boldsymbol{H}}$ 的通解可由所有 k_x 和 k_y 的线性组合构造,即

$$\underline{E}(r) = \int_{-\infty}^{+\infty}\int_{-\infty}^{+\infty} \underline{\boldsymbol{E}}(\underline{k})\mathrm{e}^{-\mathrm{j}\underline{k}\cdot r}\mathrm{d}k_x\mathrm{d}k_y ; \underline{H}(r) = \int_{-\infty}^{+\infty}\int_{-\infty}^{+\infty} \frac{1}{\omega\mu}\underline{k} \times \underline{\boldsymbol{E}}(\underline{k})\ \mathrm{e}^{-\mathrm{j}k\cdot r}\mathrm{d}k_x\mathrm{d}k_y \tag{48.80}$$

即任意单色波可以表示成不同幅度不同传播方向的平面波的叠加。振幅函数 $\underline{\boldsymbol{E}}(\underline{k})$ 称为场的平面波谱。值得注意的是,虽然式(48.69)和式(48.80)中 $\underline{\boldsymbol{E}}$ 的记法相同,但其维度是不同的。

通常,很难预估式(48.80)中的二重积分。但是,通过应用驻相法,可以看出(Franceschetti,1997; Balanis,1997),在远场区可以通过渐近展开来表示这一积分,即

$$\underline{\boldsymbol{E}}(r,\vartheta,\varphi) = \mathrm{j}2\pi\ k_z\ \underline{\boldsymbol{E}}(k_x,k_y)\ \frac{\mathrm{e}^{-\mathrm{j}\beta r}}{r} \tag{48.81}$$

其中

$$k_x = \beta\sin\vartheta\cos\varphi ; k_y = \beta\sin\vartheta\sin\varphi ; k_z = \beta\cos\vartheta \tag{48.82}$$

2. 柱面波展开

柱面波展开(CWE)指场可以由横电波(TE)和横磁波(TM)的柱面模式的叠加来表示(Stratton,1941),这些模式是柱坐标系 (ρ,φ,z) 下齐次波动方程的基本解。实际上,均匀无源区的任意场都可以表示成 TE 波和 TM 波的叠加(Harrington,1961)。通过使用辅助矢量势 $\underline{\boldsymbol{A}}$ 和 $\underline{\boldsymbol{F}}$ 可以推导出这些模式的表达式,这些矢量势是矢量齐次亥姆霍兹方程组的解,即

$$\nabla^2\underline{\boldsymbol{A}} + \beta^2\underline{\boldsymbol{A}} = 0 ; \nabla^2\underline{\boldsymbol{F}} + \beta^2\underline{\boldsymbol{F}} = 0 \tag{48.83}$$

众所周知,场 $\underline{\boldsymbol{E}}$ 和 $\underline{\boldsymbol{H}}$ 与矢量势通过下式关联,即

$$\underline{\boldsymbol{E}} = -\mathrm{j}\omega\underline{\boldsymbol{A}} + \frac{\nabla\nabla\cdot\underline{\boldsymbol{A}}}{\mathrm{j}\omega\varepsilon\mu} - \frac{1}{\varepsilon}\nabla\times\underline{\boldsymbol{F}} ; \underline{\boldsymbol{H}} = -\mathrm{j}\omega\underline{\boldsymbol{F}} + \frac{\nabla\nabla\cdot\underline{\boldsymbol{F}}}{\mathrm{j}\omega\varepsilon\mu} + \frac{1}{\mu}\nabla\times\underline{\boldsymbol{A}} \tag{48.84}$$

由式(48.84)容易知道,为推导沿 z 向传播的 TE 模的场表达式,应作以下假设(Balanis,1989),即

$$\underline{\boldsymbol{A}} = 0;\underline{\boldsymbol{F}} = \boldsymbol{z}\boldsymbol{F}(\rho,\varphi,z) \tag{48.85}$$

同理,对沿 z 向传播的 TM 模,有

$$\underline{\boldsymbol{A}} = \boldsymbol{z}\boldsymbol{A}(\rho,\varphi,z);\underline{\boldsymbol{F}} = 0 \tag{48.86}$$

在这两种情况下,矢量亥姆霍兹方程组均退化成标量形式。使用分离变量法可以获得基本解(Balanis,1989)。对这里所考虑的包围被测天线的最小柱面以外空间,其解由 $H_v^{(2)}(\Lambda\rho)\ \mathrm{e}^{\mathrm{j}v\varphi}\ \mathrm{e}^{-\mathrm{j}\eta z}$ 给出,其中 v 为整数、η 为实数、$\Lambda=(\beta^2-\eta^2)^{1/2}$、$H_v^{(2)}(\Lambda\rho)$ 为 v 阶第二类汉克尔函数。

将此基本解代入式(48.84),得到 TE 模式解,即

$$\underline{\boldsymbol{E}} = \left(\frac{-1}{\varepsilon}\right)\underline{\boldsymbol{M}}_{v\eta} \tag{48.87}$$

以及 TM 模式解,即

$$\underline{\boldsymbol{E}} = \left(\frac{\beta}{\mathrm{j}\omega\mu e}\right)\underline{\boldsymbol{N}}_{v\eta} \tag{48.88}$$

其中

$$\underline{\boldsymbol{M}}_{v\eta}(\rho,\varphi,z) = \left(\frac{\mathrm{j}v}{\rho}H_v^{(2)}(\Lambda\rho)\ \hat{\rho} - \frac{\partial}{\partial\rho}H_v^{(2)}(\Lambda\rho)\ \hat{\varphi}\right)\mathrm{e}^{\mathrm{j}v\varphi}\ \mathrm{e}^{-\mathrm{j}\eta z} \tag{48.89}$$

$$\underline{\boldsymbol{N}}_{v\eta}(\rho,\varphi,z) = \left(-\frac{\mathrm{j}\eta}{\beta}\frac{\partial}{\partial\rho}H_v^{(2)}(\Lambda\rho)\ \hat{\rho} + \frac{v\eta}{\beta\rho}H_v^{(2)}(\Lambda\rho)\ \hat{\varphi} + \frac{2}{\beta}H_v^{(2)}(\rho)\ \hat{z}\right)\mathrm{e}^{\mathrm{j}v\varphi}\ \mathrm{e}^{-\mathrm{j}\eta z} \tag{48.90}$$

因此,包围被测天线最小圆柱外任一点的辐射电场可以表示成式(48.87)和式(48.88)所示基本解的线性组合(Stratton,1941),包括对所有 η 的 积分和对所有 v 的 求和,即

$$\underline{\boldsymbol{E}}(\rho,\varphi,z) = \sum_{v=-\infty}^{+\infty}\int_{-\infty}^{+\infty}[a_v(\eta)\ \underline{\boldsymbol{M}}_{v\eta}(\rho,\varphi,z) + b_v(\eta)\ \underline{\boldsymbol{N}}_{v\eta}(\rho,\varphi,z)]\,\mathrm{d}\eta \tag{48.91}$$

因此

$$E_\rho(\rho,\varphi,z) = \sum_{v=-\infty}^{+\infty}\int_{-\infty}^{+\infty}\left[a_v(\eta)\ \frac{\mathrm{j}v}{\rho}H_v^{(2)}(\Lambda\rho) - \frac{\mathrm{j}\eta}{\beta}b_v(\eta)\ \frac{\partial}{\partial\rho}H_v^{(2)}(\Lambda\rho)\right]\mathrm{e}^{\mathrm{j}v\varphi}\ \mathrm{e}^{-\mathrm{j}\eta z}\mathrm{d}\eta \tag{48.92}$$

$$E_\varphi(\rho,\varphi,z)=\sum_{v=-\infty}^{+\infty}\int_{-\infty}^{+\infty}\left[b_v(\eta)\frac{v\eta}{\beta\rho}H_v^{(2)}(\Lambda\rho)-a_v(\Lambda\eta)\frac{\partial}{\partial\rho}H_v^{(2)}(\Lambda\rho)\right]\mathrm{e}^{\mathrm{j}v\varphi}\,\mathrm{e}^{-\mathrm{j}\eta z}\mathrm{d}\eta \tag{48.93}$$

$$E_z(\rho,\varphi,z)=\sum_{v=-\infty}^{+\infty}\int_{-\infty}^{+\infty}b_v(\eta)\frac{\Lambda^2}{\beta}H_v^{(2)}(\Lambda\rho)\,\mathrm{e}^{\mathrm{j}v\varphi}\,\mathrm{e}^{-\mathrm{j}\eta z}\mathrm{d}\eta \tag{48.94}$$

由上述表达式计算球坐标系 (r,ϑ,φ) 下电场的远场分量包括以下步骤。第一步是用渐近展开替换 CWE 中的汉克尔函数及其一阶导数，即

$$H_v^{(2)}(x)\underset{x\to\infty}{\approx}\sqrt{\frac{2\mathrm{j}}{\pi x}}\,\mathrm{j}^v\,\mathrm{e}^{-\mathrm{j}x};\frac{\mathrm{d}}{\mathrm{d}x}H_v^{(2)}(\alpha x)\underset{x\to\infty}{\approx}\sqrt{\frac{2\alpha\mathrm{j}}{\pi x}}\,\mathrm{j}^{v-1}\,\mathrm{e}^{-\mathrm{j}\alpha x} \tag{48.95}$$

然后，将所得表达式写成关于球坐标 (r,ϑ,φ) 的形式。第二步是使用驻相法渐近计算所有对 η 的积分(James，1980)。最后，将柱坐标系下电场的远场分量变换成球坐标系下的形式，由此得到式(48.34)和式(48.35)。

3. 球面波展开

球面波展开(SWE)指场可以表示成横电(对径向方向)球面波模式(TE^r)和横磁球面波模式(TM^r)的叠加(Stratton，1941)，这是球坐标系 (r,ϑ,φ) 下齐次波动方程的基本解。实际上，均匀无源区中任意一个场都可以表示成 TE 模和 TM 模的叠加(Harrington，1961)。可以使用辅助矢量位 $\underline{\boldsymbol{A}}$ 和 $\underline{\boldsymbol{F}}$ 确定这些模式的表达式。特别是，为推导出沿 r 向传播的 TE 模的场表达式，可以假设(Balanis，1989)

$$\underline{\boldsymbol{A}}=0;\underline{\boldsymbol{F}}=\boldsymbol{r}F(r,\vartheta,\varphi) \tag{48.96}$$

而对沿 r 向传播的 TM 模，又有(Balanis，1989)：

$$\underline{\boldsymbol{A}}=\boldsymbol{r}A(r,\vartheta,\varphi);\underline{\boldsymbol{F}}=0 \tag{48.97}$$

需要强调的是，和柱坐标系扫描的情况不同，现在通过使用矢量亥姆霍兹方程组(式(48.83))确定辅助矢量位并不方便，这种方式只在矢量位 $\underline{\boldsymbol{A}}$ 和 $\underline{\boldsymbol{F}}$ 以及标量位 $\boldsymbol{\Phi}$ 和 $\boldsymbol{\Psi}$ 满足以下的洛伦兹条件时在无源区有效，即

$$\nabla\cdot\underline{\boldsymbol{A}}+\mathrm{j}\omega\varepsilon\mu\boldsymbol{\Phi}=0;\nabla\cdot\underline{\boldsymbol{F}}+\mathrm{j}\omega\varepsilon\mu\boldsymbol{\Psi}=0 \tag{48.98}$$

实际上，由于 $\nabla^2(\boldsymbol{r}G)\neq\boldsymbol{r}\,\nabla^2G$，矢量亥姆霍兹方程组(式(48.83))无法简化成对应的标量形式。显然，在这种情况下，将场与辅助位联系起来的表达式(式(48.84))也不再有效。下面推导不符合洛伦兹条件下的新的场和位的

关系。

首先考虑 TE^r 模的情况($\underline{\boldsymbol{A}}=0;\underline{\boldsymbol{F}}=\boldsymbol{r}F(r,\vartheta,\varphi)$)。容易知道

$$\underline{\boldsymbol{E}}=-\frac{1}{\varepsilon}\nabla\times\underline{\boldsymbol{F}};\underline{\boldsymbol{H}}=\frac{1}{\mathrm{j}\omega\varepsilon\mu}\nabla\times\nabla\times\underline{\boldsymbol{F}} \tag{48.99}$$

将式(48.99)中的前式代入麦克斯韦方程组第二式,得到

$$\nabla\times(\underline{\boldsymbol{H}}+\mathrm{j}\omega\underline{\boldsymbol{F}})=0 \tag{48.100}$$

相应地

$$\underline{\boldsymbol{H}}=-\mathrm{j}\omega\underline{\boldsymbol{F}}-\nabla\Psi \tag{48.101}$$

将式(48.101)代入式(48.99)的后式,得到

$$\nabla\times\nabla\times\underline{\boldsymbol{F}}-\beta^2\underline{\boldsymbol{F}}=-\mathrm{j}\omega\varepsilon\mu\nabla\Psi \tag{48.102}$$

将式(48.102)展开成球坐标形式,并强制 $\Psi=-\left(\frac{1}{\mathrm{j}\omega\varepsilon\mu}\right)\partial F/\partial r$,可以看出(Balanis 1989),可以通过求解以下的标量亥姆霍兹方程来确定 F,即

$$\nabla^2\Psi+\beta^2\Psi=0 \tag{48.103}$$

其中

$$\Psi(r,\vartheta,\varphi)=\frac{F(r,\vartheta,\varphi)}{r} \tag{48.104}$$

使用分离变量法可以获取式(48.103)的基本解(Balanis,1989),并且在所考虑的情形下,观察区在包围被测天线的最小球面之外,其解由下式给出,即

$$\Psi(r,\vartheta,\varphi)=h_n^{(2)}(\beta r)\,\overline{P}_n^{|m|}(\cos\vartheta)\,\mathrm{e}^{\mathrm{j}m\varphi} \tag{48.105}$$

式中: n 和 m 为整数; $\overline{P}_n^{|m|}(x)$ 为由 Belousov (1962)定义的归一化连带勒让德函数; $h_n^{(2)}(x)$ 为球面 n 阶第二类汉克尔函数,其通过下式与普通第二类汉克尔函数关联,即

$$h_n^{(2)}(x)=\sqrt{\frac{\pi}{2x}}\,H_{n+1/2}^{(2)}(x) \tag{48.106}$$

归一化连带勒让德函数 $\overline{P}_n^{|m|}(x)$ 和连带勒让德函数 $P_n^{|m|}(x)$ (连带勒让德微分方程的解(Balanis 1989))通过下式关联,即

$$\overline{P}_n^{|m|}(x)=\sqrt{\frac{2n+1}{2}\frac{(n-m)!}{(n+m)!}}\,P_n^{|m|}(x) \tag{48.107}$$

类似的求解过程可以应用到 TM^r 模情形($\underline{\boldsymbol{A}}=\boldsymbol{r}A(r,\vartheta,\varphi)$; $\underline{\boldsymbol{F}}=0$),有

$$\underline{H} = -\frac{1}{\mu}\nabla\times\underline{A}; \underline{E} = \frac{1}{\mathrm{j}\omega\varepsilon\mu}\nabla\times\nabla\times\underline{A} \tag{48.108}$$

及

$$\nabla\times\nabla\times\underline{A} - \beta^2\underline{A} = -\mathrm{j}\omega\varepsilon\mu\nabla\Phi \tag{48.109}$$

通过在球坐标系中展开式(48.109),并强制 $\Phi = -\left(\frac{1}{\mathrm{j}\omega\varepsilon\mu}\right)\partial A/\partial r$,可以看出(Balanis 1989),可以通过求解标量亥姆霍兹方程(式(48.103))来确定 A,此时有

$$\Psi(r,\vartheta,\varphi) = \frac{A(r,\vartheta,\varphi)}{r} \tag{48.110}$$

通过在球坐标系中将 $\nabla\times\underline{F}$ 展开,并考虑式(48.104)和式(48.105),可以从式(48.99)的前式推导横向电场 $\underline{E}_t$ 与基本球面波模式场 TE^r 的关系,有

$$\underline{E}_t = -\frac{1}{\varepsilon}g_{1n}(\beta r)\underline{\widetilde{F}}_{1nm}(\vartheta,\varphi) = -\frac{1}{\varepsilon}g_{1n}(\beta r)\underline{\tilde{f}}_{1nm}(\vartheta)\,\mathrm{e}^{\mathrm{j}m\varphi} \tag{48.111}$$

其中

$$g_{1n}(\beta r) = h_n^{(2)}(\beta r); \underline{\tilde{f}}_{1nm}(\vartheta) = \frac{\mathrm{j}m}{\sin\vartheta}\overline{P}_n^{|m|}(\cos\vartheta)\boldsymbol{\vartheta} - \frac{\mathrm{d}}{\mathrm{d}\vartheta}\overline{P}_n^{|m|}(\cos\boldsymbol{\vartheta})\varphi \tag{48.112}$$

采用类似的方法,通过在球坐标系中展开 $\nabla\times\nabla\times\underline{A}$,并考虑式(48.105)和式(48.110),容易从式(48.108)的前式推导横向电场 $\underline{E}_t$ 与基本球面波模式场 TM^r 的关系,有

$$\underline{E}_t = -\frac{\beta}{\mathrm{j}\omega\mu\varepsilon}g_{2n}(\beta r)\underline{\widetilde{F}}_{2nm}(\vartheta,\varphi) = -\frac{\beta}{\mathrm{j}\omega\mu\varepsilon}g_{2n}(\beta r)\underline{\tilde{f}}_{2nm}(\vartheta)\,\mathrm{e}^{\mathrm{j}m\varphi} \tag{48.113}$$

其中

$$g_{2n}(\beta r) = \frac{1}{\beta r}\frac{\mathrm{d}}{\mathrm{d}(\beta r)}(\beta r\, h_n^{(2)}(\beta r));$$

$$\underline{\tilde{f}}_{2nm}(\vartheta) = \frac{\mathrm{d}}{\mathrm{d}\vartheta}\overline{P}_n^{|m|}(\cos\vartheta)\boldsymbol{\vartheta} + \frac{\mathrm{j}m}{\sin\vartheta}\overline{P}_n^{|m|}(\cos\vartheta)\boldsymbol{\varphi} \tag{48.114}$$

将被测天线辐射的横向电场在包覆它的半径为 r 的球面上表示成基本球面波场 TE^r 和 TM^r 的叠加,可得

$$\underline{E}_t = \sum_{n=1}^{N_{\max}} \sum_{m=-n}^{n} [\widetilde{a}_{1nm}\, g_{1n}(\beta r)\, \widetilde{\underline{F}}_{1nm}(\vartheta,\varphi) + \widetilde{a}_{2nm}\, g_{2n}(\beta r)\, \widetilde{\underline{F}}_{2nm}(\vartheta,\varphi)] \tag{48.115}$$

式中：$N_{\max}$ 为所考虑的最高阶球面波的阶数。值得指出的是，对 m 的求和扩展为从 $-n$ 到 n，因为 $|m| > n$ 时，$\overline{P}_n^{|m|}(\cos\vartheta)$ 为 0，而对 n 的求和，则是从 1 开始，因为 $\widetilde{\underline{F}}_{100}$ 和 $\widetilde{\underline{F}}_{200}$ 都是 0(Hald et al., 1988)。

可以看出(Hald et al., 1988)

$$\langle \widetilde{\underline{F}}_{1nm}, \widetilde{\underline{F}}_{2\overline{n}\overline{m}} \rangle = \int_0^{2\pi}\int_0^{\pi} \widetilde{\underline{F}}_{1nm}(\vartheta,\varphi) * \widetilde{\underline{F}}^*_{2\overline{n}\overline{m}}(\vartheta,\varphi)\sin\vartheta \mathrm{d}\vartheta \mathrm{d}\varphi = 0 \tag{48.116}$$

根据式(48.116)，球面波函数 $\widetilde{\underline{F}}_{1\overline{n}m}$ 和 $\widetilde{\underline{F}}_{2\overline{n}\overline{m}}$ 在球面上总是正交的，即使 $\overline{n} = n$ 和 $\overline{m} = m$ 时也是如此。另外，可以看出(Hald et al., 1988)

$$\langle \widetilde{\underline{F}}_{1nm}, \widetilde{\underline{F}}_{1\overline{n}\overline{m}} \rangle = \langle \widetilde{\underline{F}}_{2nm}, \widetilde{\underline{F}}_{2\overline{n}\overline{m}} \rangle = 2\pi n(n+1)\,\delta_{m\overline{m}}\,\delta_{n\overline{n}} \tag{48.117}$$

其中

$$\delta_{m\overline{m}} = \begin{cases} 1 & 当\overline{m} = m \\ 0 & 当\overline{m} \neq m \end{cases} \tag{48.118}$$

是克罗内克德尔塔符号。

为得到正交球面波函数和功率归一化的球面波，有必要引入下面的新函数，即

$$\underline{F}_{1nm}(\vartheta,\varphi) = \left(\frac{-m}{|m|}\right)^m \frac{1}{\sqrt{2\pi n(n+1)}} \widetilde{\underline{F}}_{1nm}(\vartheta,\varphi) \tag{48.119}$$

$$\underline{F}_{2nm}(\vartheta,\varphi) = \left(\frac{-m}{|m|}\right)^m \frac{1}{\sqrt{2\pi n(n+1)}} \widetilde{\underline{F}}_{2nm}(\vartheta,\varphi) \tag{48.120}$$

因子 $(-m/|m|)^m$ 确保模式的相位能够与 Edmonds (1974)定义的球面谐波的相位一致。

被测天线辐射场在半径为 r 的球面上的横向电场可以重写成

$$\underline{E}_t = \beta \sum_{n=1}^{N_{\max}} \sum_{m=-n}^{n} [a_{1nm}\, g_{1n}(\beta r)\, \underline{F}_{1nm}(\vartheta,\varphi) + a_{2nm}\, g_{2n}(\beta r)\, \underline{F}_{2nm}(\vartheta,\varphi)] \tag{48.121}$$

由式(48.121),并结合下式,容易得到被测天线远场区的横向电场的表达式,即式(48.52)。

$$h_n^{(2)}(\beta r) \underset{\beta r \to \infty}{\approx} \mathrm{j}^{n+1} \frac{\mathrm{e}^{-\mathrm{j}\beta r}}{\beta r};$$

$$\frac{1}{\beta r} \frac{\mathrm{d}}{\mathrm{d}(\beta r)}(\beta r\, h_n^{(2)}(\beta r)) \underset{\beta r \to \infty}{\approx} \mathrm{j}^{n} \frac{\mathrm{e}^{-\mathrm{j}\beta r}}{\beta r} \tag{48.122}$$

值得指出的是,根据 Sommerfeld 辐射条件,远场区的径向电场分量 E_r 必须为 0。实际情况也如此。事实上,基本球面波场 TE^r 都没有径向分量,而球面波场 TM^r 的径向分量正比于 $1/r^2$(Hald et al.,1988)。

48.3　非冗余 NF-FF 变换技术

本节总结了有关电磁场非冗余采样表示的主要理论结果(Bucci et al.,1998c;Bucci and Gennarelli,2012)。为此,考虑由包围在凸域$\mathcal{D}$中的任意有限尺寸源的辐射场,该场由旋转对称表面 Σ 界定,观察点在凸域 $\mathcal{D}$ 外且与之有相同对称性的规则面 $\mathcal{M}$ 上。由于其旋转对称性,面 $\mathcal{M}$ 可以通过子午线和方位圆周(纬线)来描述,因此,下面考虑的场量位于解析参数 $\underline{r} = \underline{r}(\xi)$ 描述的规则曲线 $\mathcal{C}$ 上。另外,根据 Bucci 等(1998c)的文献,可定义简化电场为

$$\underline{F}(\xi) = \underline{E}(\xi)\, \mathrm{e}^{\mathrm{j}\gamma(\xi)} \tag{48.123}$$

式中:$\gamma(\xi)$ 为待确定的解析相位函数。如 Bucci 和 Franceschetti(1987)及 Bucci 等(1998c)所指出的,采用空间带限函数近似简化电场 $\underline{F}(\xi)$ 时产生的“带宽限制”误差在带宽超过临界值时可以忽略有

$$W_\xi = \max_\xi [w(\xi)] = \max_\xi \left[\max_{\underline{r}'} \left| \frac{\mathrm{d}\gamma(\xi)}{\mathrm{d}\xi} - \beta \frac{\partial R(\xi, \underline{r}')}{\partial \xi} \right| \right] \tag{48.124}$$

式中:$\underline{r}'$ 为源点;$R = |\underline{r}(\xi) - \underline{r}'|$。事实上,对大尺寸源区,当观察域不太靠近它们时,这种误差呈现阶跃性,当带宽超过 W_ξ 时,下降得比指数还快(Bucci and Franceschetti,1987; Bucci et al.,1998c)。因此,通过选择近似函数的带宽等于 $\chi' W_\xi$,可以有效控制误差,其中χ' 是放大带宽因子(对电大尺寸天线来说,比 1 稍大)。

为实现非冗余表示,即仅需要最少采样值的表示,首先对所有的 ξ,局域带

宽 $w(\xi)$ 都必须是最小的。通过选择 γ 使其导数由下式给出来实现,即

$$\frac{\mathrm{d}\gamma}{\mathrm{d}\xi}=\frac{\beta}{2}\left[\max_{\underline{r}'}\frac{\partial R}{\partial s}+\min_{\underline{r}'}\frac{\partial R}{\partial s}\right]\frac{\mathrm{d}s}{\mathrm{d}\xi}=\frac{\beta}{2}\left[\max_{\underline{r}'}\boldsymbol{R}\cdot\boldsymbol{t}+\min_{\underline{r}'}\boldsymbol{R}\cdot\boldsymbol{t}\right]\frac{\mathrm{d}s}{\mathrm{d}\xi}\tag{48.125}$$

即当 $\underline{r}'$ 在源区 $\mathcal{D}$ 中变化时, $\mathrm{d}\gamma/\mathrm{d}\xi$ 是 $\beta\partial R/\partial s$ 的最大值和最小值之间的平均值。式(48.125)中, s 是$\mathcal{C}$上的曲线横坐标, $\boldsymbol{t}$ 是观察点 P 与$\mathcal{C}$相切的单位矢量, $\boldsymbol{R}$ 是从源点指向观察点 P 的单位矢量。因此,所需的最佳相位因子由下式给出,即

$$\gamma(\xi)=\frac{\beta}{2}\int_0^{s(\xi)}\left[\max_{\underline{r}'}\frac{\partial R}{\partial s}+\min_{\underline{r}'}\frac{\partial R}{\partial s}\right]\mathrm{d}s=\frac{\beta}{2}\int_0^{s}\left[\max_{\underline{r}'}\boldsymbol{R}\cdot\boldsymbol{t}+\min_{\underline{r}'}\boldsymbol{R}\cdot\boldsymbol{t}\right]\mathrm{d}s\tag{48.126}$$

按式(48.125)选择 $\mathrm{d}\gamma/\mathrm{d}\xi$,容易证明

$$w(\xi)=\frac{\beta}{2}\left[\max_{\underline{r}'}\frac{\partial R}{\partial s}-\min_{\underline{r}'}\frac{\partial R}{\partial s}\right]\frac{\mathrm{d}s}{\mathrm{d}\xi}=\frac{\beta}{2}\left[\max_{\underline{r}'}\boldsymbol{R}\cdot\boldsymbol{t}-\min_{\underline{r}'}\boldsymbol{R}\cdot\boldsymbol{t}\right]\frac{\mathrm{d}s}{\mathrm{d}\xi}\tag{48.127}$$

为避免冗余,参数 ξ 的值必须通过要求局域带宽恒定来确定。实际上,如果 $w(\xi)$ 随 ξ 变化,那么在 $w(\xi)$ 小于其最大值的区域,由带宽 W_ξ 决定的采样间隔变得不必要的小,导致在采样表示中产生冗余。因此,通过强制 $w(\xi)$ 为等于 W_ξ 的常数,有

$$\xi=\frac{\beta}{2W_\xi}\int_0^{s}\left[\max_{\underline{r}'}\frac{\partial R}{\partial s}-\min_{\underline{r}'}\frac{\partial R}{\partial s}\right]\mathrm{d}s=\frac{\beta}{2W_\xi}\int_0^{s}\left[\max_{\underline{r}'}\boldsymbol{R}\cdot\boldsymbol{t}-\min_{\underline{r}'}\boldsymbol{R}\cdot\boldsymbol{t}\right]\mathrm{d}s\tag{48.128}$$

当$\mathcal{C}$为子午线曲线(图 48.17), $\boldsymbol{t}$ 在以 P 为顶点的圆锥外,并且与 $\boldsymbol{\Sigma}$ 相切时,在 $\mathcal{C}'$ (子午面与 $\boldsymbol{\Sigma}$ 的交线)上的两个切点 $P_{1,2}$ 处, $\boldsymbol{R}\cdot\boldsymbol{t}$ 为极值。考虑到这种情况下(Bucci et al. ,1998c)有

$$\left.\frac{\partial R}{\partial s}\right|_{s'_{1,2}}=\frac{\mathrm{d}R_{1,2}}{\mathrm{d}s}\pm\frac{\mathrm{d}s'_{1,2}}{\mathrm{d}s}\tag{48.129}$$

式中: $s'_{1,2}$ 为 $P_{1,2}$ 的弧长坐标; $R_{1,2}$ 是 P 到 $P_{1,2}$ 的距离(图 48.17),同时选择 $W_\xi=\beta\ell'/2\pi$ (ℓ' 是 $\mathcal{C}'$ 的长度),可得

$$\gamma=\frac{\beta}{2}\left[R_1+R_2+s'_1-s'_2\right]\tag{48.130}$$

$$\xi = \frac{\pi}{\ell'}[R_1 - R_2 + s_1' + s_2'] \tag{48.131}$$

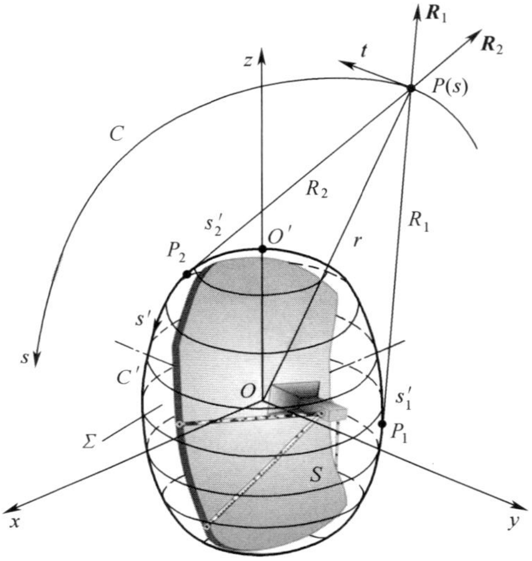

图 48.17　与子午线的相关性

注意，当 P 绕源一周时，类角参数 ξ 覆盖 2π 范围，并且在闭合子午线 C（也是无界）上的奈奎斯特间隔（$\Delta\xi = \pi / W_\xi$）样本数总是有限的并且等于 $N_\xi = \dfrac{2\pi}{\Delta\xi} = 2\ell'/\lambda$。

（Bucci et al.，1998c）的研究表明，任意子午面上，曲线 γ = 常数与曲线 ξ = 常数是正交的。

当 C 为半径为 ρ 的方位圆周（纬线）时，$\boldsymbol{R}\cdot\boldsymbol{t}$ 的极值相反，且沿着 C 为常数。由式（48.126）和式（48.128）可见，γ 为常量，且任意与弧长成比例的参数都是最优的。因此，可以使用方位角 φ 作为参量，选择与经过 C 上观测点的任意子午线相关的 γ 值。其相应带宽为（Bucci et al.，1998c）

$$W_\varphi = \frac{\beta}{2}\max_{z'}(R^+ - R^-)$$

$$= \frac{\beta}{2}\max_{z'}\left(\sqrt{(z - z')^2 + (\rho + \rho'(z'))^2} - \sqrt{(z - z')^2 + (\rho - \rho'(z'))^2}\right) \tag{48.132}$$

式中:R^+ 和 R^- 分别为从描述表面 Σ 的每个圆周到观测点 P 的距离的最大值与最小值;$\rho'(z')$ 为柱坐标系下表面 Σ 的方程。如文献(Bucci et al.,1998c)所示,在表面 Σ 上位于观察圆周相对于 Σ 最大横向圆而言,同一侧的区域内得到最大值。当观察圆的半径趋于无穷大时,有 $R^+ = R^- + 2\rho'\sin\vartheta$,因此

$$W_\varphi = \beta\rho'_{\max}\sin\vartheta \tag{48.133}$$

式中:ϑ 为圆心的极角;$\rho'_{\max}$ 为 Σ 的最大横向半径。

Bucci 等(1998c)研究表明,在源周围的任意闭合观察面(也是无界的)上的奈奎斯特采样间隔上,样本数为

$$N_s \approx \frac{(\Sigma\text{的面积})}{\left(\dfrac{\lambda}{2}\right)^2} \tag{48.134}$$

任意有限尺寸的源都可以被封闭在球面内。因此,通过选择与半径为 a 的球一致的面 Σ,对任意子午线,有

$$R_1 = R_2 = \sqrt{r^2 - a^2} \tag{48.135}$$

$$s'_1 = (\vartheta - \alpha)a;s'_2 = (\vartheta + \alpha)a;\alpha = \arccos\left(\frac{a}{r}\right) \tag{48.136}$$

因此,由于 $\ell' = 2\pi a$,有 $W_\xi = \beta a$,且

$$\gamma = \beta\sqrt{r^2 - a^2} - \beta a\arccos\left(\frac{a}{r}\right);\xi = \vartheta \tag{48.137}$$

当考虑方位圆周(纬线)时,通过令 $z' = a\cos\vartheta'$,$\rho' = a\sin\vartheta'$,可以看出(Bucci et al.,1998c),在 $\vartheta' = \arccos(a\cos\vartheta/r)$ 处式(48.132)取最大值,因此

$$W_\varphi = \beta a\sin\vartheta \tag{48.138}$$

式(48.134)强调了场源建模在最小化样本总数方面所起的作用:面 Σ 必须与天线几何尺寸良好匹配,此外,它必须是符合解析规则的,这样相应的相位因子及参数形式才容易确定。为此,下面以椭球几何形状(扁椭球和长椭球)为例进行分析。

选择旋转长椭球的表面 Σ 作为细长天线的等效模型,其主半轴长和次半轴长分别等于 a 和 b(图48.18),而准平面源则用旋转扁圆椭球来建模。Bucci 等(1998c)的研究表明,在这两种情况下,任何子午面上 γ=常数的曲线与 ξ = 常数的曲线分别是与 $\mathcal{C}'$ 共焦点的椭圆与双曲线。这说明 ξ 和 γ 分别是椭圆坐标系

$u=(r_1-r_2)/(2f)$ 和 $v=(r_1+r_2)/(2a)$ 的函数，其中，$r_{1,2}$ 是子午面上观察点 P 到 $\mathcal{C}'$ 两个焦点的距离，$2f$ 是焦距。考虑到椭圆 $\mathcal{C}'$ 的周长 ℓ' 是 $4aE(\pi/2\,|\,\varepsilon^2)$，则带宽 W_ξ 变为

$$W_\xi=\left(\frac{4a}{\lambda}\right)E\left(\frac{\pi}{2}\,|\,\varepsilon^2\right) \tag{48.139}$$

式中：$E(\cdot\,|\,\cdot)$ 表示第二类椭圆积分；$\varepsilon=f/a$ 为 $\mathcal{C}'$ 的离心率。

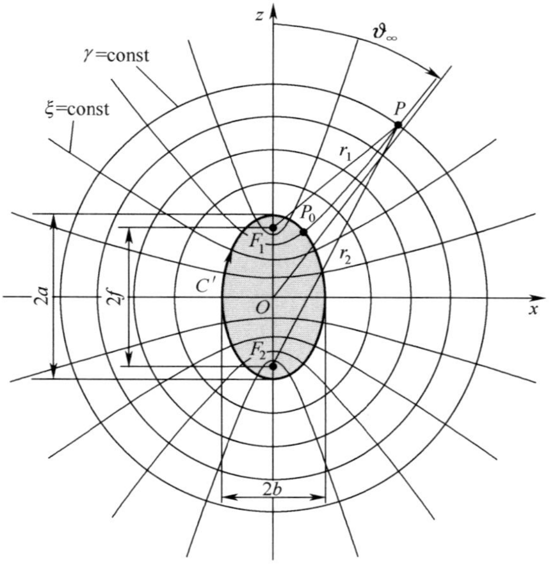

图 48.18　椭圆源建模——扁长情形

由于相同 γ 值对应于共焦点椭圆的所有点，通过考虑经过点 P 的共焦点椭圆与对称轴的交点而不是 P 点本身，可以简化 P 点处 γ 值的估算。由式(48.130)，通过直接但冗长的计算，可得(Bucci et al.，1998c)

$$\gamma=\beta a\left[v\sqrt{\frac{v^2-1}{v^2-\varepsilon^2}}-E\left(\arccos\sqrt{\frac{1-\varepsilon^2}{v^2-\varepsilon^2}}\,|\,\varepsilon^2\right)\right] \tag{48.140}$$

对照 ξ，由于相同的值对应着经过 P 点的共焦双曲线分支上的所有点，因此考虑所顾及的双曲线分支与 $\mathcal{C}'$ 的交点 P_0，而不是 P 点本身更为方便。因此，由式(48.131)，可得 $\xi=2\pi s_0'/\ell'$，其中 s_0' 是 P_0 的曲线横坐标。经直接计算，最终可得到以下表达式(Bucci et al.，1998c)，即

$$\xi=\frac{\pi}{2}\begin{cases}\dfrac{E(\arcsin u\mid\varepsilon^2)}{E\left(\dfrac{\pi}{2}\mid\varepsilon^2\right)}+1 & \text{长椭球}\\ \dfrac{E(\arcsin u\mid\varepsilon^2)}{E\left(\dfrac{\pi}{2}\mid\varepsilon^2\right)} & \text{扁椭球}\end{cases}\tag{48.141}$$

当对应于点 P 的角 ϑ 的变化范围为 $[0,\pi/2]$ 时,上述关系为有效。通过确定对应于由角 $\pi-\vartheta$ 指定的点的值,并令 $\xi=\pi-\xi'$,可以很容易地处理 ϑ 范围在 $[\pi/2,\pi]$ 时的情况。

由于由 ξ 值固定的所有属于旋转双曲面的横向圆都由同一个 W_φ 描述(Bucci et al.,1998c),可以通过将这一横向圆沿着 ξ = 常量的双曲线移动到无穷远来计算与方位圆周(纬线)相关的带宽值。因此,考虑式(48.133),可得

$$W_\varphi(\xi)=\begin{cases}\beta b\sin\vartheta_\infty(\xi) & \text{长椭球}\\ \beta a\sin\vartheta_\infty(\xi) & \text{扁椭球}\end{cases}\tag{48.142}$$

其中

$$\vartheta_\infty=\begin{cases}\arcsin u+\dfrac{\pi}{2} & \text{长椭球}\\ \arcsin u & \text{扁椭球}\end{cases}\tag{48.143}$$

是过点 P 的双曲线渐近线的极角(图48.21)。

由 Bucci 等(1998c)的文献易见,令椭圆体的偏心率 $\varepsilon=0$,可以从扁长或扁圆椭圆体得到球体模型。

长天线的另一种有效的源区建模方法是,通过选择与圆柱体重合的表面 Σ(图48.19),即高度为 h'、两端端接半径为 a' 的两个半球的圆柱体来实现(Bucci et al.,1998b; D'Agostino et al.,2011)。这种建模方式相当普遍,球体模型是其特例。对准平面天线,替代扁椭球模型的一种方便方式是双碗模型(图48.20),其中 Σ 是由两个具有相同孔径的圆形碗形成的表面,但这个圆形碗为切合实际被测天线的形状而要求其上弧和下弧具有不同两个曲率半径 c 和 c'(Bucci et al.,1998a;D'Agostino et al.,2011)。当 $c=c'=a$ 时,易知表面 Σ 与球体重合;当 $c=0$ 且 $c'=a$ 时,则表面 Σ 变成半球面;当 $c=c'=0$ 时,表面 Σ 退化成一个圆盘。

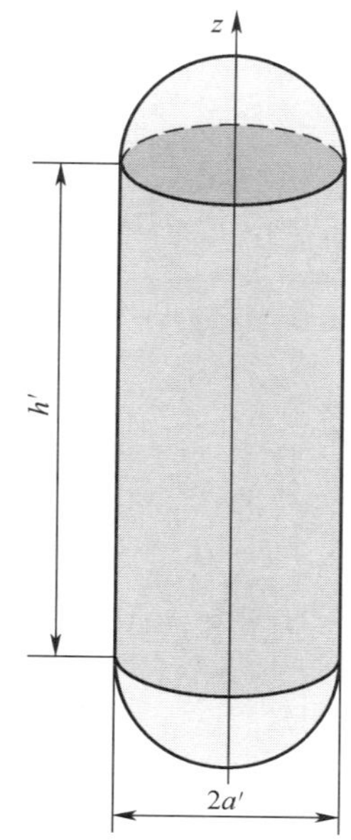

图 48.19　圆拱圆柱模型

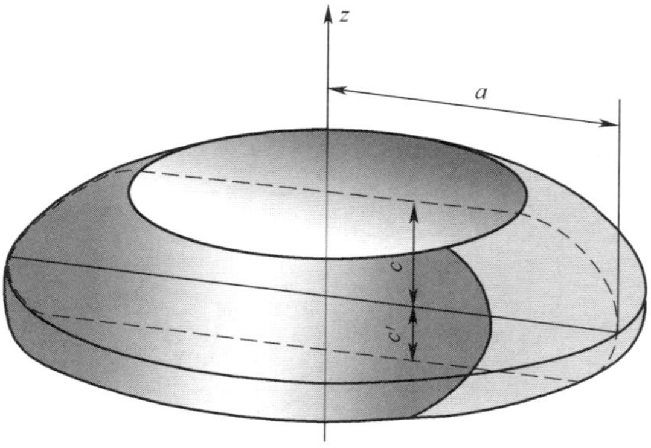

图 48.20　双碗模型

图 48.21 给出了天线沿线辐射的电场实部和衰减后电场的 y 分量,以展示场量乘以因子 $e^{j\gamma(\xi)}$ 的效果。所考虑的天线是一个半径等于 20λ,位于 $z=0$ 平面上的均匀平面圆阵,采用 $2a=40\lambda$,$2b=5\lambda$ 的扁椭球建模。阵元为沿 y 轴线极化的基本惠更斯源,径向及方位向间隔为 0.8λ。所考虑的直线阵位于距被测天线中心 12λ 的平面上,为 $y=0$ 的 x 方向取向的直线。可以看出,由于本地带宽

已经最小,衰减的电场分量的空间变化要比电场的空间变化慢。对虚部也能得出类似的结论。

为了突出在观察曲线上方便地表示最佳参数对衰减场的作用,将沿着相同直线的衰减电场 y 分量的实部绘制为 ξ 的函数,如图 48.22 所示。

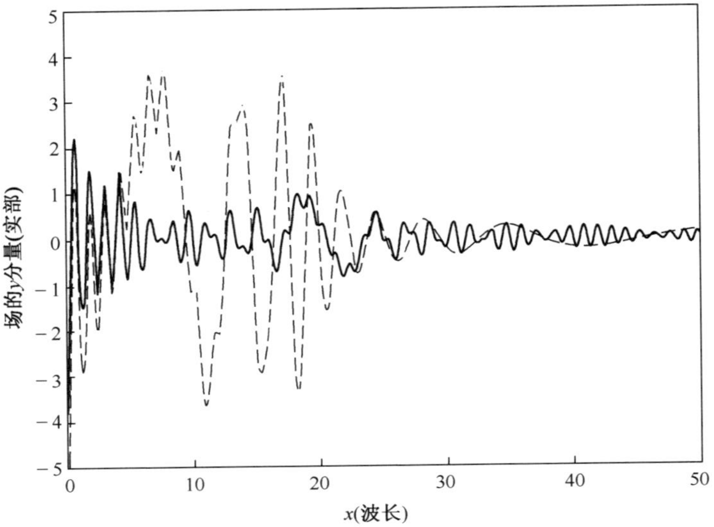

图 48.21　给定直线上近场 y 分量的实部

实线—电场;虚线—衰减场。

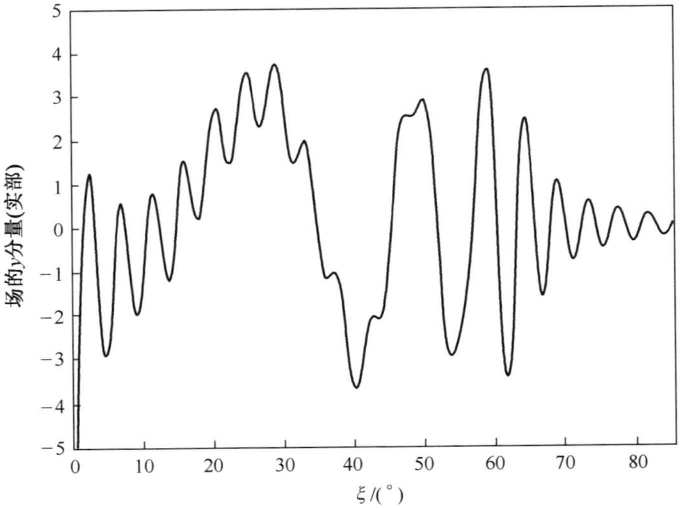

图 48.22　给定直线上衰减电场 y 分量的实部(以最佳参数 ξ 为变量)

可以看出，当使用最佳参数时，衰减电场呈现迅速变化的区域以放大比例表示，而衰减电场变化缓慢的区域以缩小比例表示。因此，对 ξ 的均匀采样，在本地带宽 w 较大时产生更密集的样本分布，在 w 较小的区域产生更稀疏的样本分布（图 48.23）。

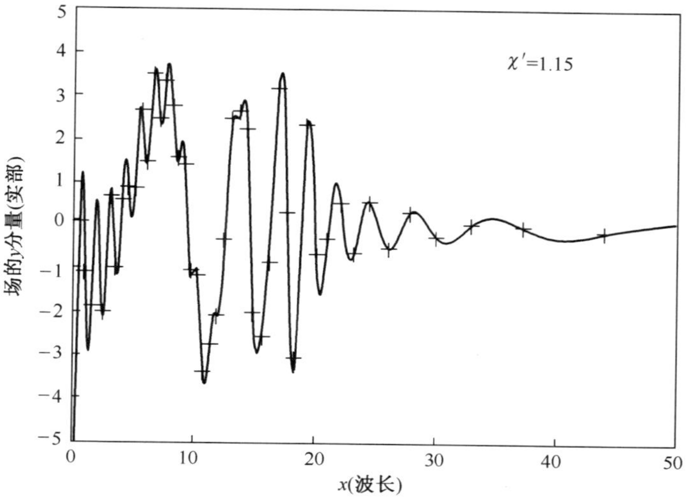

图 48.23　给定直线上的采样分布

48.4　NF-FF 变换中非冗余采样表示的应用

将天线视为包围在由旋转表面 Σ 界定的凸域中，并且通过在观察点 P 处旋转始终位于顶点锥体外部并且与 Σ 相切的子午面曲线确定全向探针扫描的曲面。由于由这种探针测量的电压 U 实际上已经具有与被测天线辐射场相同的有效空间带宽（Bucci et al.，1998d），可以将上述电磁场的非冗余采样表示应用于其中，为此，引入衰减电压 $\widetilde{U}(\xi)=U(\xi)\,e^{j\gamma(\xi)}$。

因而，使用主级数（CS）展开（Whittaker，1915）自然地成为一种简便表示它的合适工具。然而，尽管从精度的角度完全满足要求，使用 CS 表示还是有缺点：在每个输出点计算电压时必须考虑所有样本（或至少所有相关样本）；否则会由于采样函数的缓慢衰减而引入相当大的截断误差。因此，CS 的使用会导致计算时间大得不可接受。如果考虑到在任何实际情况下测量的数据都是不准确的,则这种缓慢的衰减还导致进一步的不易察觉的困难。假定其值都远高于噪声水平,测量结果通常受(近似)恒定的相对而非绝对误差的影响,因此与最高电压值对应的绝对误差可以相对较大。这种误差通过采样函数传播,没有经历明显的衰减,导致在电压电平低的区域产生更显著的相对误差(Bucci et al.,1991b)。借助OSI展开,Bucci等(1991a,b)克服了这些困难,在电场重建中只使用了输出点邻近的相对较少的几个采样点。对于给定数量的保留样本,这些算法使得截断误差最小,并且相对于影响数据的随机误差,这些算法比CS展开更稳定。

根据上述讨论,可由OSI展开高效预估由 φ 固定的子午面曲线上的点 $P(\xi(\vartheta),\varphi)$ 处的电压(Bucci et al.,1998c;Bucci and Gennarelli ,2012)为

$$\begin{aligned} U(\xi(\vartheta),\varphi) &= e^{-j\gamma(\xi)}\,\widetilde{U}(\xi,\varphi) \\ &= e^{-j\gamma(\xi)}\sum_{m=m_0-q+1}^{m_0+q}\widetilde{U}(\xi_m,\varphi)\,\Omega_M(\xi-\xi_m,\bar{\xi})\,D_{M''}(\xi-\xi_m) \end{aligned} \tag{48.144}$$

式中: $m_0=\mathrm{Int}(\xi/\Delta\xi)$ 为离点 P 最近(左边)的样本的索引号; $2q$ 是保留的中间样本 $\widetilde{U}(\xi_m,\varphi)$ 的数量,即采样方位圆周(纬线)与子午面曲线(经线)交点处的衰减电压, $\bar{\xi}=q\Delta\xi$, $M=M''-M'$,且

$$\xi_m=m\Delta\xi=\frac{2\pi m}{(2M''+1)};M''=\mathrm{Int}(\chi M')+1;M'=\mathrm{Int}(\chi' W_\xi)+1 \tag{48.145}$$

χ 是用来控制截断误差的过采样因子(Bucci et al.,1991a、1998c), $\mathrm{Int}(x)$ 表示对 x 取整。另外,有

$$D_{M''}(\xi)=\frac{\sin\left[(2M''+1)\dfrac{\xi}{2}\right]}{(2M''+1)\sin\left(\dfrac{\xi}{2}\right)};\Omega_M(\xi,\bar{\xi})=\frac{T_M\left[\dfrac{2\cos^2\left(\dfrac{\xi}{2}\right)}{\cos^2\left(\dfrac{\bar{\xi}}{2}\right)}-1\right]}{T_M\left[\dfrac{2}{\cos^2\left(\dfrac{\bar{\xi}}{2}\right)}-1\right]} \tag{48.146}$$

分别是狄利克雷采样函数和切比雪夫采样函数, $T_M(\cdot)$ 是 M 阶切比雪夫多

项式。

值得指出的是，在 Bucci 等(1991a，b)的文献中，已经通过使采样窗函数性质并行的方式获取了权重函数 $\Omega_M(\cdot,\cdot)$，这些所谓的采样窗函数由 Knab(1983)引入，(以平方模的形式)表示不确定观察域情况下的实际最佳权重函数，其中 CS 展开的核是 $\sin(x)/x$ 而不是狄利克雷函数。

中间样本 $\widetilde{U}(\xi_m,\varphi)$ 可以通过 OSI 公式确定，即

$$\widetilde{U}(\xi_m,\varphi)=\sum_{n=n_0-p+1}^{n_0+p}\widetilde{U}(\xi_m,\varphi_{n,m})\Omega_{N_m}(\varphi-\varphi_{n,m},\bar{\varphi})D_{N''_m}(\varphi-\varphi_{n,m}) \tag{48.147}$$

式中：$n_0=\mathrm{Int}(\varphi/\Delta\varphi_m)$；$\widetilde{U}(\xi_m,\varphi_{n,m})$ 为由 ξ_m 固定的方位圆周(纬线)上的简化样本；$2p$ 为保留的样本数，且

$$\varphi_{n,m}=n\Delta\varphi_m=\frac{2\pi n}{(2N''_m+1)};N''_m=\mathrm{Int}(\chi N'_m)+1;N'_m=\mathrm{Int}(\chi^*\ W_\varphi(\xi_m))+1 \tag{48.148}$$

$$\bar{\varphi}=p\Delta\varphi_m;N_m=N''_m-N'_m;\chi^*=1+(\chi'-1)\ [\sin\vartheta(\xi_m)]^{-\frac{2}{3}} \tag{48.149}$$

随 ξ 变化的方位放大带宽因子 χ^* 是用来确保相对于 ξ 的带限误差为常数。(Bucci，Franceschetti 1987)。

通过正确匹配式(48.144)和式(48.147)，可以得到二维 OSI 展开，即

$$U(\xi(\vartheta),\varphi)=\mathrm{e}^{-\mathrm{j}\gamma(\xi)}\sum_{m=m_0-q+1}^{m_0+q}\left\{\begin{array}{l}\Omega_M(\xi-\xi_m,\bar{\xi})\ D_{M''}(\xi-\xi_m)\displaystyle\sum_{n=n_0-p+1}^{n_0+p}\\ \widetilde{U}(\xi_m,\varphi_{n,m})\Omega_{N_m}(\varphi-\varphi_{n,m},\bar{\varphi})\ D_{N''_m}(\varphi-\varphi_{n,m})\end{array}\right\} \tag{48.150}$$

这使得有效且精确地重建近场数据成为可能，而这些近场数据是从非冗余(即最小数量)近场测量值进行传统近场-远场变换所需要的。

据此发展了多种有效而精确的 NF-FF 变换技术，包括极坐标平面扫描(Bucci et al.，1998a、2000)、双极扫描(D'Agostino et al.，2003)、圆柱面扫描

(Bucci et al. ,1998b;D'Agostino et al. ,2002)和球面扫描(Bucci et al. ,2001a;D'Agostino et al. ,2011、2013a)。所有这些方式的共同的特点是大幅度减少了所需的近场数据以及对应的测量时间。

OSI 算法的有效性取决于以下参数的选择,即放大带宽因子、过采样因子以及保留的采样点数。放大带宽因子χ'允许控制混叠误差,略大于 1 的值足以确保电大天线情况下误差很小(Bucci and Franceschetti, 1987、1989)。在(Gennarelli et al. ,1994)中描述了一种合理选择χ'的数值程序。至于控制截断误差参数的选择,即过采样因子χ及所保留的最近采样数p、q,可以用(Bucci et al. ,1998c)给出的数值方法获得。注意,可以通过增大p、q和/或χ,减小这种误差。增大p、q意味着插值时间的增加,而χ的增加反映在所需的近场数据量增加上,因而也反映在测量时间的增加上。在实践中,上述参数的选择是通过以下方式实现的:与插值相关的误差(混叠误差加上截断误差)一定要比测量误差(背景噪声加上测量不确定性)小。必须强调的是,由于插值函数的滤波特性,还可能剔除被测天线空间带宽之外与噪声源相关的空间谐波。

48.5 螺旋扫描 NF-FF 变换技术

下面分析沿着环绕任意旋转表面$\mathcal{M}$的合适螺旋的全向探针扫描,这一扫描是通过旋转始终在以顶点为P的锥的外部并与包围被测天线的旋转平面Σ相切的子午面曲线得到的。此螺旋上任意点的笛卡儿坐标为

$$\begin{cases} x = r(\theta)\sin\theta\cos\phi \\ y = r(\theta)\sin\theta\sin\phi \\ z = r(\theta)\cos\theta \end{cases} \tag{48.151}$$

式中:$r(\theta)$由产生面$\mathcal{M}$的子午面曲线指定;ϕ为描述螺旋线的角度参数;θ是关于ϕ的单调增函数。容易证明,当平面螺线位于距离为d的平面上时,$r(\theta)=d/\cos\theta$;当螺旋围绕半径为d的圆柱时,$r(\theta)=d/\sin\theta$;而当考虑球形螺旋时,$r(\theta)=d$。值得指出的是,不像天顶角ϑ,角θ可以假定为负值。实际上,当螺旋线描述面$\mathcal{M}$上完整的一圈,即从南极移动到北极,又回到南极时,θ在$[-\pi,\pi]$之间变化。另外,ϕ总是连续的,然而根据式(48.151),当螺旋线过

两极时,方位角 φ 呈现不连续跳变,大小为 π 。

为了从沿着螺旋线收集的样本中提取面 $\mathcal{M}$ 上探针电压的非冗余采样表示,需做以下操作(D'Agostino et al. ,2009e;Cicchetti et al. ,2014)。

① 选择合适的螺旋,使其与子午线的两个连续交点(位于 ϕ 和 $\phi+2\pi$ 处)间的投影长线等于沿曲线插值所需要的采样间隔。

② 确定螺旋的非冗余采样表示。

根据条件①,与子午线相关的最佳参数 ξ 和描述螺旋的角度参数 ϕ 间的关系为

$$\xi = k\phi \tag{48.152}$$

式中:k 必须使得对应于螺旋间距的间隔 $\Delta\xi = 2\pi k$ 等于所需的样本间距 $\Delta\xi = 2\pi/(2M''+1)$ (见式(48.145))。因此, $k = 1/(2M''+1)$ 。扫描螺旋可以看成以相同螺距绕建模表面 $\boldsymbol{\Sigma}$ 的相应螺旋,经 $\xi=$ 常数的曲线在面 $\mathcal{M}$ 上的投影。

确定沿螺旋线电压的非冗余采样表示是一项更复杂的任务,当天线由球面建模时,(D'Agostino et al. ,2006 年)通过有效并严格的程序(D'Agostino et al. ,2009e),进行了突破性的解决。因此,下面综述球形表面封闭天线螺旋扫描的主要通用理论成果(D'Agostino et al. ,2006)。

此时,用于描述子午线的最佳参数是角度 ϑ (其在范围[0,π]内与天顶角 θ 重合)并且相关带宽是 βa 。另外,获得沿螺旋的非冗余采样表示所需的最佳相位因子 Ψ 与参数 η 可以通过观察 $\boldsymbol{R}\cdot\boldsymbol{t}$ 的极值由式(48.126)和式(48.128)得到(D'Agostino et al. ,2006)。这一极值出现在建模被测天线的球和通过螺旋 Q 并在由单位向量 $\boldsymbol{t}$ (在 Q 点与螺线相切)和 $\boldsymbol{r}$ (由原点指向点 Q)限定的平面上的直线的两个切点 $P_{1,2}$ 上。由 $\boldsymbol{R}_{1,2}$ 表示相关单位矢量,用 δ 表示 $\boldsymbol{t}$ 与 $\boldsymbol{r}$ 之间的角(图 48.24),可得(D'Agostino et al. ,2006)

$$\frac{(\boldsymbol{R}_1+\boldsymbol{R}_2)}{2} = \boldsymbol{r}\sin\alpha = \boldsymbol{r}\sqrt{1-\frac{a^2}{r^2}} \tag{48.153}$$

$$\frac{(\boldsymbol{R}_1-\boldsymbol{R}_2)}{2} = \boldsymbol{n}\cos\alpha \tag{48.154}$$

式中:$\boldsymbol{n}$ 为平行于面 $\boldsymbol{r}$、$\boldsymbol{t}$ 且与 $\boldsymbol{r}$ 正交的单位矢量。因此

$$(\boldsymbol{R}_1-\boldsymbol{R}_2)\cdot\frac{\boldsymbol{t}}{2-} = (\boldsymbol{n}\cdot\boldsymbol{t})\left(\frac{a}{r}\right) = \left(\frac{a}{r}\right)\sin\delta \tag{48.155}$$

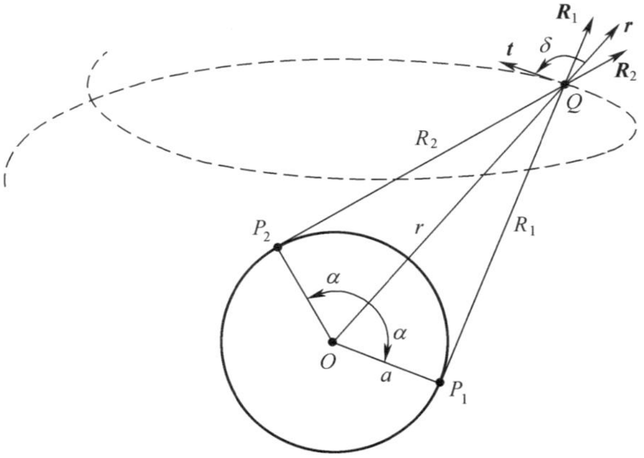

图 48.24　t、r 平面几何关系

将式(48.153)代入式(48.126),并考虑 $\mathrm{d}\boldsymbol{r}=\boldsymbol{r}\cdot\boldsymbol{t}\mathrm{d}s$,可得

$$\Psi=\beta\int_0^r\sqrt{\frac{1-a^2}{r^2}}\mathrm{d}r=\beta\sqrt{r^2-a^2}-\beta a\arccos\left(\frac{a}{r}\right)\tag{48.156}$$

即与沿螺旋采样表示相关的相位函数 Ψ 和与子午线采样表示对应的 γ 函数是一致的。

对式(48.151)取微分,容易证明:

$$\mathrm{d}s=\sqrt{r^2\sin^2\theta+k^2r^2+k^2\dot{r}^2}\,\mathrm{d}\phi\tag{48.157}$$

其中,$\dot{r}=\mathrm{d}r/\mathrm{d}\theta$。另外

$$\boldsymbol{r}\cdot\boldsymbol{t}=\frac{\mathrm{d}r}{\mathrm{d}s}=\frac{\mathrm{d}r}{\mathrm{d}\phi}\frac{\mathrm{d}\phi}{\mathrm{d}s}=\left[\frac{\mathrm{d}r}{\mathrm{d}\theta}\frac{\mathrm{d}\theta}{\mathrm{d}\phi}\right]\frac{\mathrm{d}\phi}{\mathrm{d}s}=k\dot{r}\frac{\mathrm{d}\phi}{\mathrm{d}s}=\frac{k\dot{r}}{\sqrt{r^2\sin^2\theta+k^2r^2+k^2\dot{r}^2}}\tag{48.158}$$

且

$$\sin\delta=\sqrt{1-(\boldsymbol{r}\cdot\boldsymbol{t})^2}=\sqrt{\frac{r^2\sin^2\theta+k^2r^2}{r^2\sin^2\theta+k^2r^2+k^2\dot{r}^2}}\tag{48.159}$$

将式(48.155)和式(48.157)代入式(48.128),并考虑式(48.159),得

$$\eta=\frac{\beta a}{W_\eta}\int_0^\phi\sqrt{k^2+\sin^2 k\phi}\,\mathrm{d}\phi\tag{48.160}$$

可见，描述螺旋的最佳参数 η 等于 β/W_η 乘以围绕球面 Σ 的螺旋线投影点的弧长。由于此螺线是封闭曲线，可以很方便地按下面的方式选择带宽 W_η，即描述整个螺旋线时，类角参数 η 覆盖 2π 范围。因此，有

$$W_\eta = \frac{\beta a}{\pi} \int_0^{(2M''+1)\pi} \sqrt{k^2 + \sin^2 k\phi}\,\mathrm{d}\phi \tag{48.161}$$

即带宽 W_η 等于 β/π 乘以由极点到极点绕球面 Σ 的螺线的长度。

现在考虑更一般的情况，即被测天线模型不再封闭在球面中。用于描述扫描螺线的参数 η，相关相位因子 Ψ 以及带宽 W_η 可以启发式地通过推广球面建模对应的参数得到（见式（48.160）、式（48.156）和式（48.161））得到（D'Agostino et al.，2009e）。特别地，η 等于 β/W_η 乘以围绕面 Σ 的螺旋投影点的弧长（通过曲线 ξ = 常数得到投影，在此情况下，充当球面建模中径向线的角色），对于子午线 Ψ 与相位函数 γ 一致，带宽 W_η 等于 β/π 乘以由极点到极点的绕面 Σ 的螺旋的长度。换句话说，当面 Σ 近似为球体时，螺旋、Ψ 及 η 与球面建模相关的参数一致。

根据上述结果，螺线上任一点 Q 处的衰减电压可以由以下 OSI 展开重建（D'Agostino et al.，2006、2009e；Cicchetti et al.，2014），即

$$\tilde{U}(\eta) = \sum_{n=n_0-p+1}^{n_0+p} \tilde{U}(\eta_n)\,\Omega_N(\eta-\eta_n,\bar{\eta})\,D_{N''}(\eta-\eta_n) \tag{48.162}$$

式中：$2p$ 为保留样本 $\tilde{U}(\eta_n)$ 的数量；$n_0 = \mathrm{Int}(\eta/\Delta\eta)$ 是离点 Q 最近的（左边）样本的索引号，$\bar{\eta} = p\Delta\eta$，$N = N'' - N'$，且

$$\eta_n = n\Delta\eta = \frac{2\pi n}{(2N''+1)};N'' = \mathrm{Int}(\chi N') + 1;N' = \mathrm{Int}(\chi' W_\eta) + 1 \tag{48.163}$$

需要强调的是，η 的很小变化反映为在极点（$\vartheta = 0, \vartheta = \pi$）邻域内 ϕ 的很大变化，因此，在这些区域对电压进行插值时，放大带宽因子 χ' 必须要适当地增大以避免带限误差的显著增长。

展开式（式（48.162））可以用于确定"中间样本"，即观察点 P 的子午线与螺旋交点处的衰减电压值。一旦确定了衰减电压值，可由下述 OSI 展开恢复 P 点处的电压值，即

$$U(\xi(\vartheta),\varphi)=\mathrm{e}^{-\mathrm{j}\gamma(\xi)}\sum_{m=m_0-q+1}^{m_0+q}\widetilde{U}(\xi_m)\Omega_M(\xi-\xi_m,\bar{\xi})\,D_{M''}(\xi-\xi_m)$$

(48.164)

式中：$2q$ 为保留的中间采样值 $\widetilde{U}(\xi_m)$ 的数量，$m_0=\mathrm{Int}[(\xi-\xi_0)/\Delta\xi]$ 是离点 P 最近的(左边)样本的索引号，$M=M''-M'$，$\bar{\xi}=q\Delta\xi$，且

$$\xi_m=\xi_m(\varphi)=k\varphi+m\Delta\xi=\xi_0+m\Delta\xi \tag{48.165}$$

48.6 总结

本章目的是向希望接触近场天线测量技术领域的学生、初级工程师、研究员及科学家提供有关此主题的完整描述。为此，通过提供翔实且最新的参考资料，广泛介绍了此领域的发展现状。然后，以优、缺点分析的形式，总结了平面矩形、柱面和球面扫描 3 种扫描方式在补偿探针和未补偿探针两种情况下的经典 NF-FF 变换。另外，为使感兴趣的读者对此主题有更深入的了解，介绍了一些常用表示天线外部场的电磁波展开的分析细节。随后介绍了电磁场的非冗余采样表示，重点强调了其在传统扫描方式 NF-FF 变换中的应用，以及与经典方式相比，此方式能在不损失远场重建精确度的前提下节省大量的测量时间。最后，讨论了使用创新的螺线扫描方式的 NF-FF 变换，此方式利用定位系统的连续和同步运动进一步节省了测量时间。这些方法采用高效的采样表示，由环绕天线的特定螺旋线上收集的非冗余样本精确地重建任意旋转表面上的探针电压。

交叉参考：

▶第 46 章　微波暗室设计
▶第 45 章　天线测量装置概论
▶第 47 章　EMI/EMC 暗室设计、测量及设备
▶第 50 章　毫米波亚毫米波天线测量
▶第 49 章　小天线辐射效率测量

参考文献

Alvarez Y, Las-Heras F, Pino M (2008) Probe-distortion correction for the sources reconstruction method. Antennas Propag Mag IEEE 50(6):117–124

Appel-Hansen J (1980) On cylindrical near-field scanning techniques. Antennas Propag IEEE Trans 28(2):231–234

Appel-Hansen J, Dyson J, Gillespie E, Hickman T (1982) Antenna measurements, chap. 8. In: Rudge A, Milne K, Olver A, Knight P (eds) The handbook of antenna design, Electromagnetic waves. Peter Peregrinus, London, pp 584–694

Balanis C (1989) Advanced engineering electromagnetics. Wiley, New York

Balanis C (1997) Antenna theory-analysis and design, 2nd edn. Wiley, New York

Belousov S (1962) Tables of normalized associated legendre polynomials. Pergamon Press, Oxford

Bennett J, Anderson A, McInnes P, Whitaker A (1976) Microwave holographic metrology of large reflector antennas. Antennas PropagIEEE Trans 24(3):295–303

Bolomey J, Cown B, Fine G, Jofre L, Mostafavi M, Picard D, Estrada J, Friederich P, Cain F (1988) Rapid near-field antenna testing via arrays of modulated scattering probes. Antennas Propag IEEE Trans 36(6):804–814

Brigham E (1974) The fast fourier transform. Prentice Hall, Englewood Cliffs

Bruning J, Lo Y (1971) Multiple scattering of EM waves by spheres part I-multipole expansion and ray-optical solutions. Antennas Propag IEEE Trans 19(3):378–390

Bucci O, Franceschetti G (1987) On the spatial bandwidth of scattered fields. Antennas Propag IEEE Trans 35(12):1445–1455

Bucci O, Franceschetti G (1989) On the degrees of freedom of scattered fields. Antennas Propag IEEE Trans 37(7):918–926

Bucci O, Gennarelli C (2012) Application of nonredundant sampling representations of electromagnetic fields to NF-FF transformation techniques. Int J Antennas Propag 2012, 319856, 14 pages

Bucci O, D'Elia G, Leone G, Pierri R (1990) Far-field pattern determination from the near-field amplitude on two surfaces. Antennas Propag IEEE Trans 38(11):1772–1779

Bucci O, Gennarelli C, Savarese C (1991a) Fast and accurate near-field-far-field transformation by sampling interpolation of plane-polar measurements. Antennas Propag IEEE Trans 39(1):48–55

Bucci O, Gennarelli C, Savarese C (1991b) Optimal interpolation of radiated fields over a sphere. Antennas Propag IEEE Trans 39(11):1633-1643

Bucci O, Gennarelli C, Riccio G, Savarese C (1998a) Near-field-far-field transformation from nonredundant plane-polar data: effective modellings of the source. Microwaves Antennas Propag IEE Proc 145(1):33-38

Bucci O, Gennarelli C, Riccio G, Savarese C (1998b) NF-FF transformation with cylindrical scanning: an effective technique for elongated antennas. Microwaves Antennas Propag IEE Proc 145(5):369-374

Bucci O, Gennarelli C, Savarese C (1998c) Representation of electromagnetic fields over arbitrary surfaces by a finite and nonredundant number of samples. Antennas Propag IEEE Trans 46(3):351-359

Bucci O, D'Elia G, Migliore M (1998d) Advanced field interpolation from plane-polar samples: experimental verification. Antennas Propag IEEE Trans 46(2):204-210

Bucci O, D'Elia G, Migliore M (1999) An effective near-field far-field transformation technique from truncated and inaccurate amplitude-only data. Antennas Propag IEEE Trans 47(9):1377-1385

Bucci O, D'Agostino F, Gennarelli C, Riccio G, Savarese C (2000) NF-FF transformation with plane-polar scanning: ellipsoidal modelling of the antenna. Automatika 41(34):159-164

Bucci O, D'Agostino F, Gennarelli C, Riccio G, Savarese C (2001a) Data reduction in the NF-FF transformation technique with spherical scanning. J Electromagn Waves Appl 15(6):755-775

Bucci O, Gennarelli C, Riccio G, Savarese C (2001b) Nonredundant NF-FF transformationwith helicoidal scanning. J Electromagn Waves Appl 15(11):1507-1519

Bucci O, D'Agostino F, Gennarelli C, Riccio G, Savarese C (2002) Probe compensated far-field reconstruction by near-field planar spiral scanning. Microwaves Antennas Propag IEE Proc 149(2):119-123

Bucci O, D'Agostino F, Gennarelli C, Riccio G, Savarese C (2003) Near-field-far-field transformation with spherical spiral scanning. Antennas Wirel Propag Lett IEEE 2(1):263-266

Cicchetti R, D'Agostino F, Ferrara F, Gennarelli C, Guerriero R, Migliozzi M (2014) Near-field to far-field transformation techniques with spiral scannings: a comprehensive review. Int J Antennas Propag 2014, 143084, 13 pages

Clemmow P(1966) The plane wave spectrum representation of electromagnetic fields. Pergamon, London

Corona P, Ferrara G, Gennarelli C (1989) Measurement distance requirements for both symmetrical and antisymmetrical aperture antennas. Antennas Propag IEEE Trans 37(8):990–995

Costanzo S, Di Massa G (2002) An integrated probe for phaseless near-field measurements. Measurement 31(2):123–129

Costanzo S, Di Massa G (2004) Far-field reconstruction from phaseless near-field data on a cylindrical helix. J Electromagn Waves Appl 18(8):1057–1071

Costanzo S, Di Massa G (2007) Near-field to far-field transformation with planar spiral scanning. Prog Electromagn Res 73:49–59

Costanzo S, Di Massa G, Migliore D (2005) A novel hybrid approach for far-field characterization from near-field amplitude-only measurements on arbitrary scanning surfaces. Antennas Propag IEEE Trans 53(6):1866–1874

D' Agostino F, Ferrara F, Gennarelli C, Riccio G, Savarese C (2002) NF-FF transformation with cylindrical scanning froma minimum number of data. Microwave Opt Technol Lett 35(4):264–270

D' Agostino F, Gennarelli C, Riccio G, Savarese C (2003) Data reduction in the NF-FF transformation with bi-polar scanning. Microwave Opt Technol Lett 36(1):32–36

D' Agostino F, Gennarelli C, Riccio G, Savarese C (2006) Theoretical foundations of nearfield-far-field transformations with spiral scannings. Prog Electromagn Res 61:193–214

D' Agostino F, Ferrara F, Gennarelli C, Guerriero R, Migliozzi M (2008a) Near-field-far-field transformation technique with helicoidal scanning for elongated antennas. Prog Electromagn Res B 4: 249–261

D' Agostino F, Ferrara F, Gennarelli C, Guerriero R, Migliozzi M (2008b) An effective NF-FF transformation technique with planar spiral scanning tailored for quasi-planar antennas. Antennas Propag IEEE Trans 56(9):2981–2987

D' Agostino F, Ferrara F, Gennarelli C, Guerriero R, MigliozziM (2009a) Laboratory tests assessing the effectiveness of the NF-FF transformation with helicoidal scanning for electrically long antennas. Prog Electromagn Res 98:375–388

D' Agostino F, Ferrara F, Fordham J, Gennarelli C, Guerriero R, Migliozzi M, Riccio G, Rizzo C (2009b) An effective near-field-far-field transformation technique for elongated antennas using a fast helicoidal scan [measurements corner]. Antennas Propag Mag IEEE 51(4):134–141

D' Agostino F, Ferrara F, Gennarelli C, Guerriero R, Migliozzi M, Riccio G (2009c) A nonredundant near-field to far-field transformation with spherical spiral scanning for nonspherical antennas. Open Electr Electron Eng J 3:1–8

D' Agostino F, Ferrara F, Gennarelli C, Guerriero R, Migliozzi M, Riccio G (2009d) Near field-far-field transformation techniques with spiral scannings. CUES, Salerno

D'Agostino F, Ferrara F, Gennarelli C, Guerriero R, Migliozzi M (2009e) The unified theory of near-field-far-field transformations with spiral scannings for nonspherical antennas. Prog Electromagn Res B 14:449-477

附录:缩略语

A

AAS　adaptive active antennas 自适应有源天线

ABF　analogue beam forming 模拟波束成形

ABS　absorbing strip 吸收条带

ABS　acrylonitrile butadiene styrene 丙烯腈-丁二烯-苯乙烯

AC　alternating current 交流

ACL　auxiliary convergent lens 辅助聚焦透镜

A/D　analog to digital 模数变换

ADC　analog-digital converter 模数转换器

ADG　actual diversity gain 实际分集增益

A-EFIE　augmented electric field integral equation 增广电场积分方程

AF　array factor 阵列因子

A4WP　Alliance for Wireless Power 无线电力联盟

AiP　antenna-in-package 封装天线

AIS　air-insulated substations 空气绝缘变电站

ALTSA　antipodallinearly tapered slot antenna 对拓线性渐变缝隙天线

AM　additive manufacturing 增材制造

AM　amplitude modulation 调幅

AMC　artificial magnetic conductor 人工磁导体

AMPS　advanced mobile phone system 先进移动电话系统

AMSR　advanced microwave scanning radiometer 先进微波扫描辐射计

AoA　angle of arrivals 到达角

APAA　active phased array antenna 有源相控阵天线

APEX　atacama pathfinder experiment 阿塔卡马探路者实验

APM　alternating projection method 交替投影法

APS　angular power spectrum 角功率谱

AR　autoregressive 自回归

AR　axial ratio 轴比

ARBW　axial ratio bandwidth 轴比带宽

ARQ　automatic repeat request 自动重传请求

ASIC　application-specific integrated circuit 专用集成电路

ASKAP　australian square kilometer array pathfinder 澳大利亚探路者平方公里阵列

ATCA　australia telescope compact array

澳大利亚紧凑阵列望远镜

AUT　antenna under test 待测天线

AWAS　analysis of wire Antennas and scatterers 线天线和散射体分析程序

AWG　arbitrary waveform generator 任意波形发生器

AWGN　additive white gaussian noise 加性高斯白噪声

AZIM　anisotropic zero-index material 各向异性零折射率材料

B

BAN　body area network 人体局域网

BAVA　balanced antipodal Vivaldi antenna 平衡对拓维瓦尔第天线

BCE　beam capture efficiency 波束截获效率

BCNT　bundled carbon nanotube 成束碳纳米管

BCP　buckled cantilever plate 扣式悬臂板

BCWC　body-centric wireless communication 人体中心无线通信

BDF　beam deviation factor 波束偏差因子

BER　bit error rate 误码率

BFN　beam-forming network 波束形成网络

BGA　ball grid array 球栅阵列

BHA　backfire helical antenna 背射螺旋天线

BMI　brain-machine interface 脑机接口

BOR　body-of-revolution 旋转体

BRP　beam refinement protocol 波束优化协议

BSS　broadcasting satellite services 广播卫星业务

BST　base station 基站

BTL　bell technical laboratories 贝尔技术实验室

BW　bandwidth 带宽

C

CA　carrier aggregation 载波聚合

CAD　computer aided design 计算机辅助设计

CA-RLSA　concentric array radial line slot antenna 同心阵列径向线缝隙天线

CARMA　combined array for millimeter astronomy 毫米波天文组合阵列

CATR　compact antenna test range 紧缩天线测试场地

CBCPW　conductor-backed cPW 金属背板共面波导

CBI　cosmic background imager 宇宙背景成像仪

CBM　condition-based maintenance 视情维护

CCE　capacitive coupling element 容性耦合元件

CCVS　charge-controlled voltage source 电荷控制电压源

CDMA　code division multiple access 码分多址

CEM　computational electromagnetics 计算电磁学

CFR crest factor reduction 波峰因数降低

CFRP carbon fiber-reinforced plastic 碳纤维增强塑料

CFZ cone-like Fresnel zone 锥形菲涅尔区

CHIME canadian hydrogen intensity mapping experiment 加拿大氢强度映射实验

CIARS centre for intelligent antenna and radio systems 智能天线与射频系统中心

CLL capacitively loaded loop 电容加载环

CLONALG clonal selection algorithm 克隆选择算法

CM condition monitoring 状态监测

EFIECMP-EFIE calderón multiplicative preconditioned,Calderón 乘法预处理 EFIE

CNT carbon nanotubes 碳纳米管

COP center of projection 投影中心

CP circular polarization,circularly polarized 圆极化

CPU/MPU central/micro processing unit 中央/微处理单元

CS cardinal series 主级数

CSO caltech sub-millimeter observatory 加州理工大学亚毫米波天文台

CTIA cellular telecommunications and internet Association 移动通信与互联网协会

CM common mode 共模

CM constant modulus 恒模

CMA characteristic mode analysis 特征模分析

CM-AES covariance matrix adaptation evolutionary strategy 自适应协方差矩阵进化策略

CMIM conventional mutual impedance method 传统互阻抗法

CMOS complementary metal oxide semiconductor 互补金属氧化物半导体

CMRR common mode rejection ratio 共模抑制比

CNC computer numerical control 计算机数控

CPS coplanar stripline 共面带线

CPW coplanar waveguide 共面波导

CR crossover rate 交叉率

CRLH composite right/left handed 复合左右手

CRLH TL composite right- and left-handed transmission line 复合左右手传输线

CSI channel state information 信道状态信息

CSS chirp spread spectrum Chirp 频谱扩展

CTE coefficient of thermal expansion 热膨胀系数

CSRR complementary split-ring resonator 互补开口环谐振器

CT computed tomography 计算机层析成像

CT/LN constant tangential/linear normal 常切向/线性法向

CVD chemical vapor deposition 化学气相沉积

CVX convex 凸优化

CW continuous-wave 连续波

CWE cylindrical wave expansion 柱面波扩展

CWTSA constant width tapered slot antenna 辐射槽宽恒定的渐变缝隙天线

XPD cross-polarization discrimination 交叉极化鉴别

XPI crosspolar isolation 交叉极化隔离

XLPE crosslinked polyethylene 交联聚乙烯

D

DAC digital to analogue converter 数模转换器

DBF digital beam forming 数字波束成形

DBS direct broadcast satellite 直播卫星

DC direct current 直流(电)

DDC digital down converter 数字下变频

DDM domain decomposition method 区域分解算法

DE differential evolution 差分进化

DEC design rule checking 设计规则检查

DETSA dual exponentially tapered slot antenna 双指数型渐变缝隙天线

DFT discrete Fourier transform 离散傅里叶变换

DG diversity gain 分集增益

DGA dissolved gas analysis 溶解气体分析

DGF dyadic green's function 并矢格林函数

DGS defected ground structure 缺陷地结构

DGTD discontinuous Galerkin time domain 时域间断伽辽金算法

DLA discrete lens array 离散透镜阵列

DLP digital light project 数字光学投影

DM differential mode 差模

DMN decoupling and matching network 解耦匹配网络

DMS defected microstrip structure 缺陷微带结构

DNG double-negative 双负

DOA direction-of-arrival 波达方向

DOD drop-on-demand 按需喷墨

DPS double positive 双正

DR dielectric resonator 介质谐振器

DRA dielectric resonator antenna 介质谐振天线

DS direct sequence 直接序列

DSP digital signal processor 数字信号处理器

D/U desired-to-undesired 期望信号与不期望信号之比

E

EAD egyptian axe dipole 埃及斧偶极子

EBG electromagnetic band gap 电磁带隙

EBM electron beam melting 电子束融化

ECC envelope correction coefficient 包络校正系数

ECR electron cyclotron resonance 电子回旋共振

EDA electronic design automation 电子设计自动化

EDG effective diversity gain 有效分集增益

EDGE enhanced data rate for GSM Evolution 增强型数据速率 GSM 演进技术

EFIE electric field integral equations 电场积分方程

EHF extremely high frequency 极高频

EHT event horizon telescope 事件视界望远镜

EIL edge illumination 边沿照射

EIRP effective isotropic radiated power 等效全向辐射功率

EIS effective isotropic sensitivity 等效全向灵敏度

ELDRs end-loaded dipole resonators 端载偶极子谐振器

EM electromagnetic 电磁

EMC electromagnetic compatibility 电磁兼容性

EMI electromagnetic interference 电磁干扰

EMXT electromagnetic crystal 电磁晶体

EMU electromagnetic unit 电磁单位

ENG epsilon-negative 负介电常数

EOC edge of coverage 覆盖区边缘

EPA equivalence principle algorithm 等效原理算法

EPDM ethylene propylene diene monomer 三元乙丙橡胶

EPR electron paramagnetic resonance 电子顺磁共振

EPR ethylene propylene rubber 乙丙橡胶

ERC European Radio Communications Committee 欧洲无线电通信委员会

ERP effective radiated power 有效辐射功率

ESA electrically small antenna 电小天线

ESA european space agency 欧洲航天局

ESI enhanced serial interface 增强型串行接口

ESPAR electronically steerable passive array radiator 电控无源阵列辐射器

ESPRIT estimation of signal parameters via rotational invariance techniques 基于旋转不变性原理的信号参数估计技术

ESU electrostatic units 静电单位

ET edge taper 边沿锥削

EUT equipment under test 待测设备

WLB embedded wafer-level ball grid arraye 嵌入式晶圆级球栅阵列

EZR epsilon-zero 零介电常数

F

FAC full anechoic chamber 全电波暗室

F/B front-to-backratio 前后比

FCC federal communication commission 联邦通信委员会

F/D focal length-to-aperture diameter ratio 焦径比

FDD frequency division duplexing, Frequency division duplex 频分双工

FDM　fused deposition modeling 熔融沉积成型

FDMA　frequency division multiple access 频分多址

FDTD　finite-difference time-domain 时域有限差分

FE　finite element 有限元

FEC　forward error correction 前向纠错

FEM　finite element method 有限元法

FES　functional electrical stimulator 功能性电刺激器

FETD　finite element time method method 时域有限元法

FIT　finite integration technique 有限积分方法

FF　far-field 远场

FF　fidelity factor 保真度

FFT　fast Fourier transform 快速傅里叶变换

FM　frequency modulation 调频

FMCW　frequency-modulated constant wave 调频连续波

FoV　field of view 视场

FP　fabry-Pérot 法布里-珀罗

FPA　focal plane array 焦平面阵列

FPGA　field programmable gate arrays 现场可编程门阵列

FRA　frequency response analysis 频率响应分析

FSA　functional small antenna 功能小天线

FSS　fixedsatellite services 固定卫星业务

FSS　frequency selective surface 频率选择表面

FTBR　front-to-back ratio 前后比

FVTD　finite volume time domain method 时域有限体积法

FSVs　frequency selective volumes 频率选择体结构

FZP　fresnel zone plate 菲涅尔区盘

G

GA　genetic algorithm 遗传算法

GAA　grid antenna array 栅格天线阵列

GaAs　gallium arsenide 砷化镓

GAS　geostationary atmospheric sounder 地球同步轨道大气探测仪

GBT　green bank telescope 绿岸射电望远镜

GCOM　global change observation mission 全球环境变化观测任务

GCPW　grounded coplanar waveguide 接地共面波导

GD　gaussian dipole 高斯偶极子

GeoSTAR　geostationary synthetic thinned aperture radiometer 地球同步轨道稀疏合成孔径辐射计

GHz　gigahertzes 吉赫兹

GMSK　gaussian minimum shift keying 高斯最小频移键控

GNSS　global navigation satellite system 全球导航卫星系统

GO　geometric optics, geometrical optics 几何光学

GPHA　gaussian profile horn antennae

高斯剖面喇叭天线
GPIB general purpose interface bus 通用接口总线
GPOR general paraboloid of revolution 广义旋转抛物面
GPRS general packet radio service 通用分组无线业务
GPS global Positioning System 全球定位系统
GRIN gradient index 渐变折射率
GSG ground-signal-ground 地-信号-地
GSGSG ground-signal-ground-signal-ground 地-信号-地-信号-地
GSM global system for mobile communications 全球移动通信系统
GSNA geosynchronous satellite navigation antennae 静止轨道卫星导航天线
GTD geometrical theory of diffraction 几何绕射理论

H

HBA high-band array 高频段阵列
HBC human-body communications 人体通信
HD high-definition 高清
HDPE high-density polyethylene 高密度聚合物
HDRR hemispherical dielectric ring resonator 半球介质环谐振器
HEB half energy beam 半能量波束
HEBW half energy beamwidth 半能量波束宽度
HetNets heterogeneous networks 异构网
HF high frequency 高频
HFA high frequency asymptotic 高频渐进
HFCT high frequency current transformers 高频电流互感器
HHIS hybrid high-impedance surface 混合高阻抗表面
HIS high impedance surface 高阻抗表面
HLR home location register 归属位置寄存器
HM half-mode 半模
HMFE half Maxwell fish-eye 半麦克斯韦鱼眼
HMSIW half-mode substrate-integrated waveguide 半模基片集成波导
HPA high-power amplifier 高功率放大器
HPBW half-power beamwidth 半功率波束宽度
HSPA high-speed packet access 高速分组接入
HTCC high-temperature co-fired ceramics 高温共烧陶瓷
HWG hansen-woodyard gain 汉森伍德增益

I

IC integrated chip 集成芯片
ICE inductive coupling elements 感性耦合元件
ICP intracranial pressure 颅内压
ICNIRP international commission on non-Ionizing radiation protection 国际非电离

辐射防护委员会

IDFT inverse digital fourier transform 数字傅里叶逆变换

IEC international electrotechnical commission 国际电工委员会

IEM integral equation method 积分方程法

IF intermediate frequency 中频

IFA inverted F-antenna 倒F天线

IID independent and identically distributed 独立同分布

ILA integrated lens antennas 集成透镜天线

ILDC incremental length diffraction coefficients 增量长度绕射系数

IMD implantable device 可植入设备

INC intelligent network communicator 智能通信网络

IR infrared 红外

ISI inter symbol interference 码间干扰

ISM industrial scientific and medical 工业,科学与医疗

ITE information technology equipment 信息技术设备

ITU International Telecommunications Unit 国际电信联盟

IFFT inverse fast Fourier transform 快速傅里叶逆变换

J

JCMT james clerk Maxwell telescope 詹姆斯·克拉克·麦克斯韦尔望远镜

JPL jet propulsion laboratory 喷气推进实验室

K

KCL kirchhoff's current law 基尔霍夫电流定律

KDI kirchhoff's diffraction integral 基尔霍夫衍射积分式

KIDs kinetic Inductance detectors 动力学电感检测器

KVL kirchhoff's voltage law 基尔霍夫电压定律

L

LAN local area network 局域网

LAS largest angular scale 最大角度标度

LCP liquid crystal polymer 液晶聚合物

LDOS local density of states 光子局域态密度

LDS laser direct structuring 激光直接成形

LED light-emitting diode 发光二极管

LEO low earth orbit 近地轨道

LEOS low-earth-orbit satellite 低轨卫星

LF low frequency 低频

LGA land grid array 触点栅格阵列

LH left-handed 左手

LHCP left-hand circular polarization 左旋圆极化

LHM left-handed media 左手介质

LIM low-index material 低折射率材料

LLM layer laminate manufacturing 层压板制造

LM laser melting 激光熔化

LMS least mean square 最小二乘

LMT large milli-meter telescope 大型毫米波望远镜

LNA low noise amplifier 低噪声放大器

LN2 liquid nitrogen 液氮

LO local oscillator 本地振荡器

LOFAR low frequency array 低频阵列

LOM laminate object manufacturing 层压板制品制造

LOS line-of-sight 视距

LP linearly polarized 线极化

LPDA log-periodic dipole array 对数周期偶极子阵列

LPF low pass filter 低通滤波器

LPLA log-periodic loop array 对数周期环形阵列

LPVA log-periodic V array 对数周期 V 形偶极子阵列

RL line-reflect-lineL 线-反射-线

LS laser sintering 激光烧结

LT low temperature 低温

TCC low temperature co-fired ceramicL 低温共烧陶瓷

TE long term evolutionL 长期演化

LT/QN linear tangential/quadratic normal 线性切向/二次法向

TSA linearly tapered slot antennaL 线性锥削槽天线

LUF lowest usable frequency 最低可用频率

UT lens under testL 待测透镜

WA leaky-wave antennaL 漏波天线

LWA1 Long Wavelength Array Station 1 1 号长波阵列站

M

MBA multibeam antenna 多波束天线

ME magneto-electric 磁电

ME multiplexing efficiency 复用效率

MEG mean effective gain 平均有效增益

MEMS micro-electro-mechanical system 微机电系统

e-MERLIN multi-Element Radio Linked Interferometer Network 多元无线电链路干涉仪网络

MFIE magnetic field integral equation 磁场积分方程

MG maximum gain 最大增益

MHz megahertz 兆赫兹

MIC microwave integrated circuit 微波集成电路

MICS medical implant communications service 医疗植入通信服务

MID molded interconnect device 模塑互连器件

MIG metal inert gas 金属惰性气体

MIM metal-insulator-metal 金属-绝缘体-金属

MIMO multiple input and multiple output 多输入多输出

MIR microwaveimpulse radar 微波脉冲雷达

MIRAS microwave imaging radiometer with

aperture synthesis 合成孔径微波成像辐射计

ML　maximum likelihood 最大似然

MLFMA　multilevel fast multipole algorithm 多层快速多极子算法

MLGFIM　multilevel Green's function interpolation method 多级格林函数迭代法

MM/MTM　metamateiral 超材料

MMIC　monolithic microwave integrated circuit 单片微波集成电路

MMSE　minimum mean square error 最小均方误差

mmWave　millimeter wave 毫米波

MNA　modified nodal analysis 改进的节点分析

MNG　mu-negative 负磁导率

MNZ　mu-near-zero 近零磁导率

MoM　method of moment 矩量法

MPA　microstrip patch antenna 微带贴片天线

MPT　microwave power transmission 微波能量传输

MR　magnetic resonance 磁共振

MRC　maximal ratio combining 最大比合并

MRI　magnetic resonance imaging 磁共振成像

MRS　MR-spectroscopy 磁共振谱

MRTD　multi-resolution time domain 时域多分辨法

MS　mean square 均方值

MSA　microstrip antenna 微带天线

MSC　mode-stirred chamber 模式混合暗室

MSCDA　modified self-complementary dipole array 改进型自互补偶极子阵列

MSE　mean square error 均方误差

MT　mobile terminal 移动终端

MIMOMU-MIMO　multiuser MIMO 多用户 MIMO

MUSIC　multiple signal classification 多重信号分类

MW　microwave 微波

MZR　mu-zero 零磁导率

N

NASA　national aeronautic and space administration(美国)航空航天局

NB　narrowband 窄带

NC　no compensation 无补偿

NEC　numerical electromagnetic code 数值电磁代码

NF　near-field 近场

NF　noise figure 噪声系数

NFC　near-field communication 近场通信

NFE　number of function evaluations 评估次数

NF-FF　near-field-far-field 近场-远场

NFRP　near-field resonant parasitic 近场谐振寄生

NGD　negative-group-delay 负群时延

NIC　negative impedance converter 负阻抗变换器

NII　negative impedance inverter 负阻抗逆变器

NME natural mode expansion 固定模式扩展

NMOS n Metal oxide semiconductor N 型金属氧化物半导体

NMR nuclear magnetic resonance 核磁共振

NNs neural networks 神经网络

NRI-TL negative refractive-index transmission-line 负折射率传输线

NSA normalized site attenuation 归一化场地衰减

NSDP numerical steepest descent path method 数值最速下降路径方法

NU nonuniform 非均匀

O

OATS open-area test site 开阔测试场

OCS open-circuit stable 开路稳定

OFDM orthogonal frequency-division multiplexing 正交频分复用

OLTC on-load tap changers 有载分接开关

Omega/sq ohms per square 欧姆每平方

OMT orthomode transducer 正交模耦合器

OTA over-the-air 空中下载

P

PA power amplifier 功率放大器

PAA phased array antenna 相控阵天线

PAE power-added efficiency 功率附加效率

PAF phased array feeds 相控阵馈源

PBG photonic band gap materials 光子带隙材料

PC photonic crystal 光子晶体

PC polycarbonate 聚碳酸酯

PCA photoconductive antenna 光电导天线

PCB printed circuit board 印制电路板

PCIe peripheral component interconnect express 高速外部组件互连

PCS personal communications service 个人通信服务

PCSA physically constrainedsmall antenna 有限尺寸小天线

PD partial discharge 局部放电

PDC personal digital cellular 个人数字蜂窝

PDMS polydimethylsiloxane 聚二甲基硅氧烷

PDN power distributed networks 供电网络

PE polyethylene 聚乙烯

PEC perfectly electric conductor 理想电导体

PEEC partial element equivalent circuit 部分元等效电路

PEEK polyetheretherketone 聚醚酮醚

PER packet error ratio 误包率

PET piezoelectric transducer 压电转换器

PEX parallel excitation 并联激励

PEXMUX parallel excitation multiplexing component 并联激励复用组件

PH plane hyperbolic 双曲面

PHAT phase transform 相位变换

HEMT pseudomorphic high-electronmobility transistorp 赝晶高电子迁移率晶体管

PIAA power inversion adaptive Array 功率倒置自适应阵列

PIB propagation-invariant beam 传播不变波束

PIFA planar inverted-F antenna 平面倒 F 天线

PIFA printed inverted F antenna 印刷倒 F 天线

PIM passive inter-modulation 无源互调

PLA polylactic acid 聚乳酸

PMA power matters alliance 电力事务联盟

PMC perfectly magnetic conductor 理想磁导体

PML perfectly matched layer 完美匹配层

PMMA polymethylmethacrylate 聚甲基丙烯酸甲脂

PMMW passive millimeter-wave 毫米波无源

PO physical optics 物理光学

PoC proof-of-concept 概念验证

POM polyoxymethylene 聚甲醛

PPSF polyphenylsulfone 聚苯砜

PR positive real 正实

PRI positive-refractive-index 正折射率

PRPD phase-resolved partial discharge 局部放电相位分布

PRS partially reflective surface 部分反射面

PSA physicallysmall antenna 小形体天线

PSD power spectrum density 功率谱密度

PSO particle swarm optimization 粒子群优化

PSS phase-shifting surface 相移表面

PTD physical theory of diffraction 物理衍射理论

PTE power transfer efficiency 功率传输效率

PTFE polytetrafluoroethylene 聚四氟乙烯

PTSA parabolic tapered slot antenna 抛物线渐变缝隙天线

Q

QMC quadrature mixer correction 正交混频器校正

Q quality factor 品质因数

QoS quality of service 服务质量

QC-laser quantum cascade laser 量子级联激光

QSC quasi-self-complementary 准自互补

QUIET Q/U imaging experiment Q / U 成像实验

R

RA reconfigurable antenna 可重构天线

RAM radio-absorbing material 射频吸波材料

RC reverberation chamber 混响室

RCM reliability-centered maintenance 以可靠性为中心的维护

RCS radar cross-section 雷达散射截面

RDL redistribution layer 再分配层

RDMS reconfigurabledefected microstrip structure 可重构缺陷微带结构

RE radiation efficiency 辐射效率

RET remote electrical tilt 远程电子倾斜

REV rotating element electric field vector 旋转单元电场矢量

RF radio frequency 射频

RFID radio frequency identification 射频识别

RF-MEMS radio frequency micro electromechanical system 射频微机电系统

RH right-handed 右手

RHCP right-hand circular polarization 右旋圆极化

RIS reactive impedance surface 纯电抗表面

RLBW return loss bandwidth 回波损耗带宽

RLS recursive least squares 递归最小二乘

RLSA radial line slot antenna 径向线缝隙天线

RLW reduced lateral wave 横向波抑制

RMIM receiving mutual impedance method 接收互阻抗方法

rms root mean square 均方根

RP rapid prototyping 快速原型

RPD ray path difference 射线路径差

RRH remote radio head 射频拉远头

RSSI received signal strength indication 接收信号强度指示

RSW reduced surface wave 表面波抑制

RT room-temperature 室温

RTLS real time location system 实时定位系统

RW rectangular waveguide 矩形波导

Rx receiving 接收

S

SA small antenna 小天线

SAC semi-anechoic chamber 半微波暗室

SAEP shorted annular elliptical patch 短路环形椭圆贴片

SAR shorted annular ring 短路环

SAR specific absorption rate 比吸收率

SBR shoot and bounce ray 弹跳射线法

SCOT smoothed coherence transform 平滑相干变换

SCS short-circuit stable 短路稳定

SCS self-complementary structure 自互补结构

SD spatial diversity 空间分集

SD standard deviation 标准差

SDARS satellite digital audio radio services 卫星数字音频广播业务

SDM spatial division multiplexing 空分复用

SDM spectral domain method 谱域法

SDMA space division multiple access 空分多址

SDS spatial difference smoothing 空间差分平滑

SE shielding effectiveness 屏蔽效能

SEFD system equivalent flux density 系统等效磁通密度

SEM scanning electron micrograph 扫描电子显微镜

SERS surface-enhanced Raman scattering 表面增强拉曼散射

SETD spectral element time domain 时域普元法

SG signal-ground 信号接地

SGU signal generation unit 信号产生单元

S/I signal/interference 信干比

SIC substrate integrated circuit 基片集成电路

SIIG substrate integratedimage guide 基片集成镜像波导

SIM subscriber identity module 用户识别模组

SINR signal-to-interference-plus-noise ratio 信干噪比

SINRD substrate integratednonradiative dielectric 基片集成非辐射介质

SiP system-in-package 封装系统

SISO single-input single-out 单输入单输出

SIW substrate integrated waveguide 基片集成波导

SKA square kilometer array 平方公里阵

SL stereolithography 立体光刻

SLA square loop antenna 方环天线

SLC side lobe canceller 副瓣对消器

SLM selective laser melting 选择性激光熔化

SLS sector level sweep 扇区电平扫描

SLS selective laser sintering 选择性激光烧结

SMAP soil moisture active passive 土壤湿度主被动(探测任务)

SMI sample matrix inversion 采样矩阵求逆

SMOS soil moisture and ocean Salinity 土壤湿度和海洋盐度(探测任务)

SMP shape memory polymer 形状记忆聚合物

SMRS sinusoidally modulated reactance surface 正弦调制容抗表面

SMS short message service 短消息服务

SMT surface-mount technologies 表面贴装技术

SNG single negative 单负

SNIR signal-to-noise-and-interference ratio 信干噪比

SNOM scanning near-field optical microscope 近场扫描光学显微镜

SNR signal-to-noise ratio 信噪比

SoB system-on-board 板上系统

SoC system-on-chip 片上系统

SOL short-open-load 短路-开路-负载

SOLT short-open-load-thru 短路-开路-负载-直通

SOP system on packaging 封装系统

SOTM satellite-on-the-move 移动卫星

SPDT single-pole double-throw 单刀双掷

SPICE Simulation Program with Integrated-Circuit Emphasis 电路模拟程序

SPMT single-pole multi-throw 单刀多掷开关

SPP surface plasmon polariton 表面等离子体激元

SPS solar power satellite 太阳能发电卫星(空间太阳能电站)

SPST single pole single throw 单刀单掷开关

SPT south Pole Telescope 南极望远镜

SRR split-ring resonator 开口环谐振器

SRT sardinia Radio Telescope 撒丁岛射电望远镜

SSC stator slot couplers 定子槽耦合器

SSP shorted slotted patch 短路开槽贴片

STFFT short-time fast Fourier transformation 短时快速傅里叶变换

STFT short-time Fourier transform 短时傅里叶变换

SU-MIMO/MU-MIMO single-user and multiuser multiple-input multiple-output 单用户及多用户多输入多输出

SVM support vector machine 支持矢量机

SVSWR site voltage standing wave ratio 场地电压驻波比

SWR standing wave ratio 驻波比

T

TCDk thermal coefficient of dielectric constant 介电常数热系数

TCM theory of characteristic modes 特征模理论

3D three-dimensional 三维

TDD time division duplexing 时分双工

TD-EFIE time-domain electric field integral equations 时域电场积分方程

TDMA time division multiple access 时分多址

TDOA time differences of arrival 到达时间差

TDR time-domain reflectivity 时域反射

TE total efficiency 总效率

TE transverse electric 横电

TEM transverse electromagnetic 横电磁

TF time-frequency 时频

THz terahertz 太赫兹

TIS total isotropic sensitivity 总全向灵敏度

TL transmission line 传输线

TM transverse magnetic 横磁

TMA tower-mounted amplifier 塔式放大器

TO transformation optics 变换光学

TPs transmission poles 传输极点

TSA tapered slot antenna 锥削槽天线

TT&C telemetry,tracking and control 遥测,跟踪与控制

T/R transmit/receive 收/发

TRL trough reflect line 直通-反射-传输线

TRP total radiated power 总辐射功率

TTD true-time delays 实时延迟

Tx transmission 发射

TZs transmission zeros 传输零点

U

UAT uniform asymptotic diffraction

均匀渐近衍射

UAV unmanned aerial vehicle 无人飞行器

UHD ultrahigh definition 超高清

UHF ultra high frequency 超高频

ULA uniform linear array 均匀线阵

ULSI ultralarge-scale integration 超大规模集成

USB universal mobile telecommunication systemsx 通用移动通信系统

USB universal serial bus 通用串行总线

UTD uniform Theory of Diffraction 一致性绕射理论

UWB ultra-wideband 超宽带

V

VCO voltage-controlled oscillator 压控振荡器

VHF very high frequency 甚高频

VLBA very long baseline array 甚长基线阵列

VLBI very-long-baseline interferometry 甚长基线干涉计

VLF very low frequency 甚低频

VNA vector network analyzer 矢量网络分析仪

VOI volume of interest 感兴趣区域

VSWR voltage standing wave ratio 电压驻波比

W

WAAS wide area augmentation system 广域增强系统

WDO wind-driven optimization 风驱动优化

WiMAX worldwide interoperability for micro-wave access 全球微波互联接入

WiPoT Wireless Power Transfer Consortium for Practical Application 无线电力传输应用协会

WISP wireless identification and sensing platform 无线识别和感知平台

WLAN wirelesslocal area network 无线局域网

WPC wireless power consortium 无线电力联盟

WPT wireless power transfer 无线能量传输

WRC world radio conference 世界无线电大会

WSN wirelesssensor network 无线传感器网络

Y

YM - BPM yee - mesh - based beam - propagation method 基于 Yee 网格的光束传播方法

Z

ZIM zero-index material 零折射率材料

ZOR zeroth-order resonator 零阶谐振器

ZTT zirconium Tin Titanate 钛酸锆锡

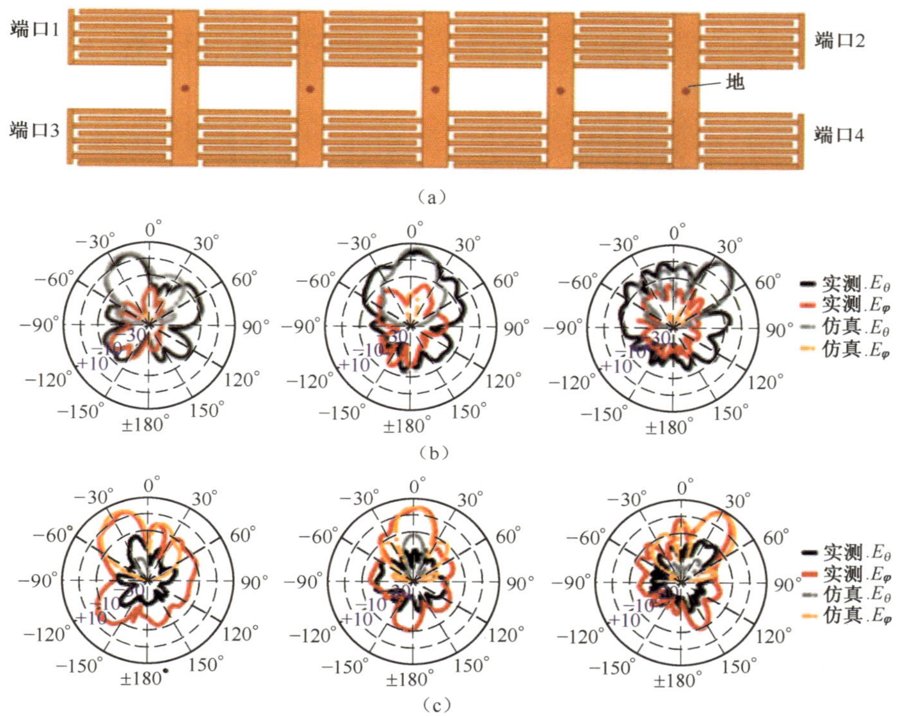

图 37.17　耦合 CRLH 漏波天线示意图及辐射方向图（Hashemi and Itoh,2010,© IEEE）

（a）耦合 CRLH 漏波天线示意图；（b）共模激励时实测和仿真的辐射图；

（c）差模激励时实测和仿真的辐射图。

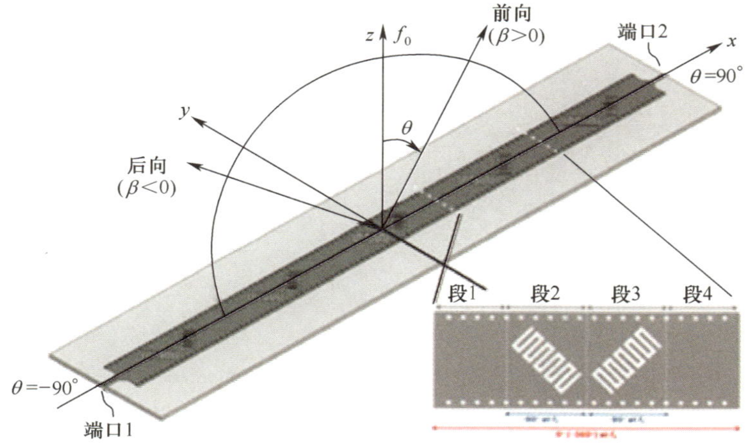

（a）

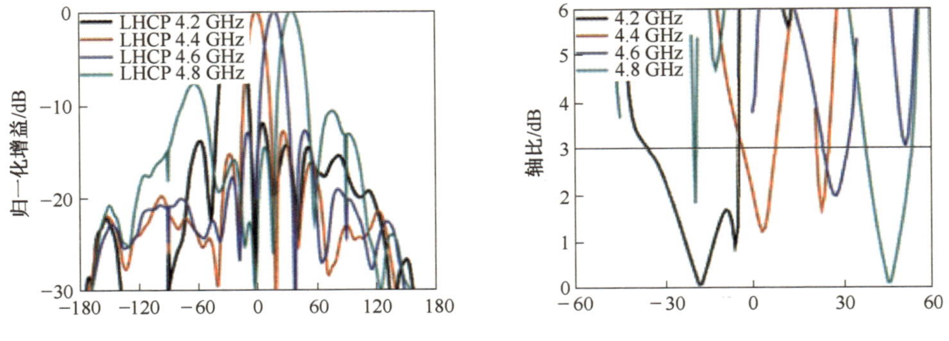

（b）　　　　　　　　　　　　（c）

图 37.18　单导体 SIW 圆极化漏波天线及性能（Lee et al.，2014a，© IEEE）

（a）单导体 SIW 圆极化漏波天线的透视图；（b）实测的归一化方向图与频率关系；

（c）实测的轴比与频率关系。

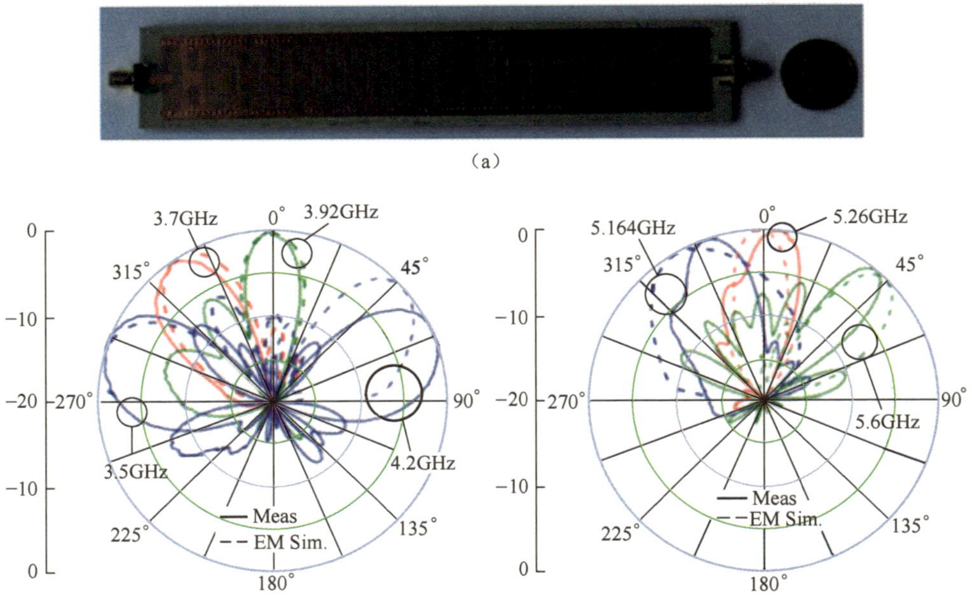

（a）

（b）　　　　　　　　　　　　（c）

图 37.21　基于 SIW 超材料的双波段漏波天线（Duran-Sindreu et al.，2013，© IEEE）

（a）基于 SIW 超材料制造的双波段漏波天线的照片；（b）较低波段的

归一化仿真和实测的辐射图；（c）较高波段的归一化仿真和实测的辐射图。

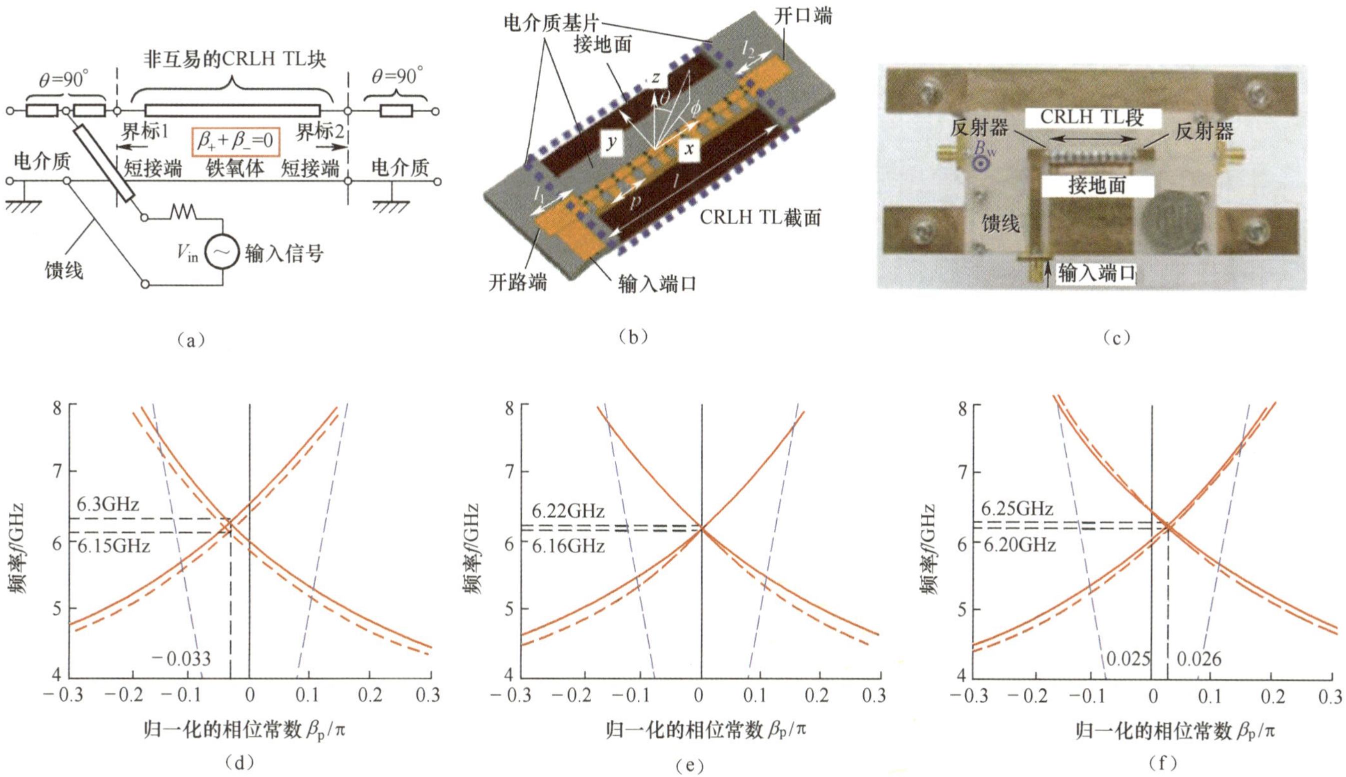

（a） （b） （c）

（d） （e） （f）

图 37.27 混合左右手传输线（CRLH TL）（Ueda et al.，2012，© IEEE）

（a）等效电路；（b）透视图；（c）制造电路的照片及不同外加直流磁场的正向和反向传播波的色散图；（d）$B_{ext}=-55\text{mT}$；（e）$B_{ext}=0\text{mT}$；（f）$B_{ext}=34.5\text{mT}$（实线和虚线分别代表测量和模拟结果）。

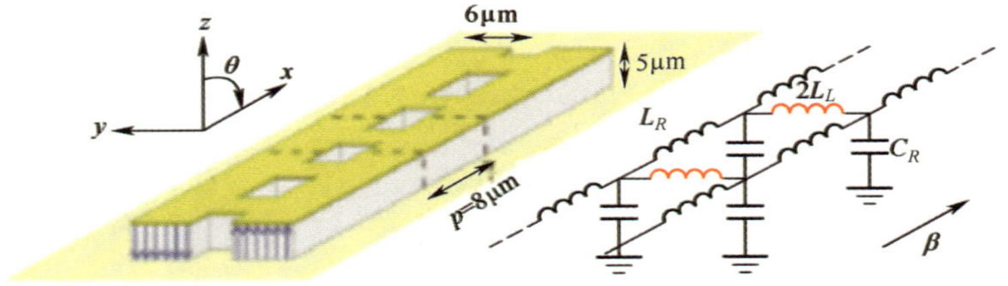

(a)

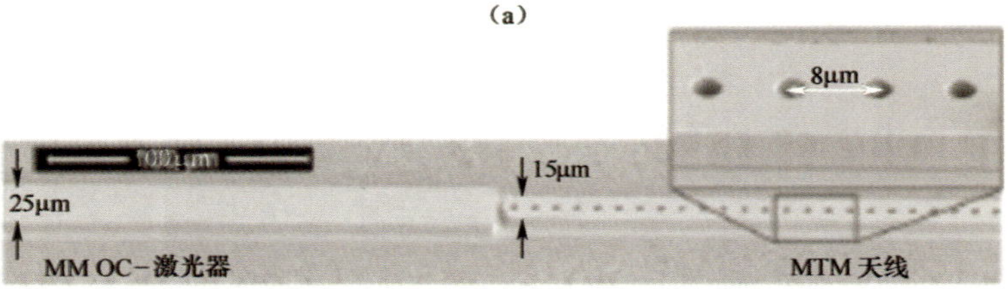

(b)

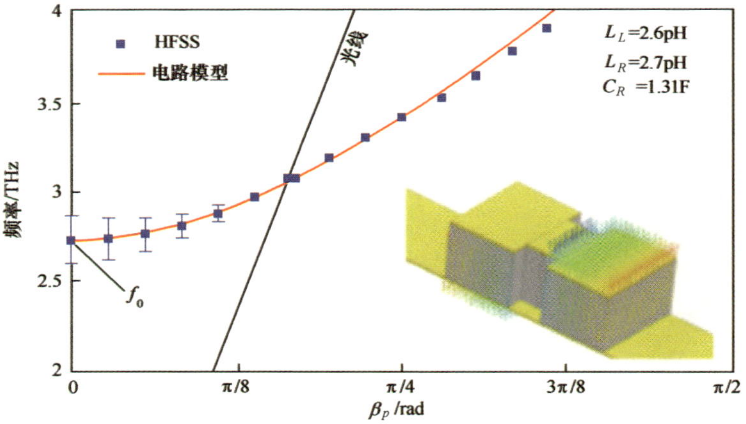

(c)

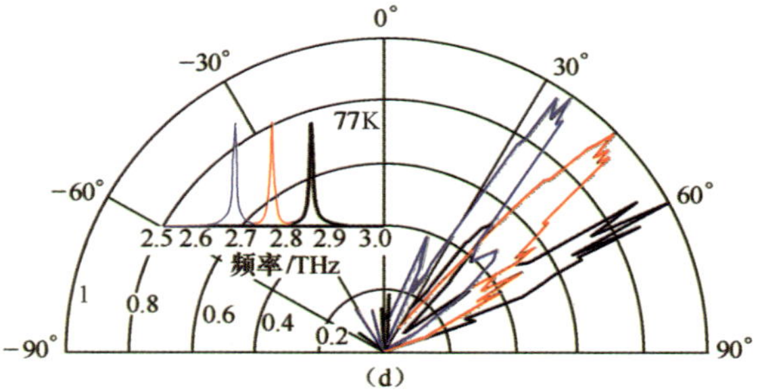

(d)

图 37.29　量子级联激光器激发的一维太赫兹漏波天线(其中插图示出了测量的光谱与变化的偏置电压的关系(AA Tavallaee,BSWilliams,PWCHon,T. Itoh, QSChen,“Terahertz quantum-cascade laser with active leaky-wave antenna,”Appl. Phys. Lett,第 99 卷,第 14 期。Copyright(2011),AIP Publishing LLC))

(a)一维太赫兹漏波天线的透视图和等效传输线模式;(b)所制造的太赫兹漏波天线的扫描电子显微镜(SEM)图像;(c)插图显示具有奇模场分布的晶胞;(d)测量的辐射图。

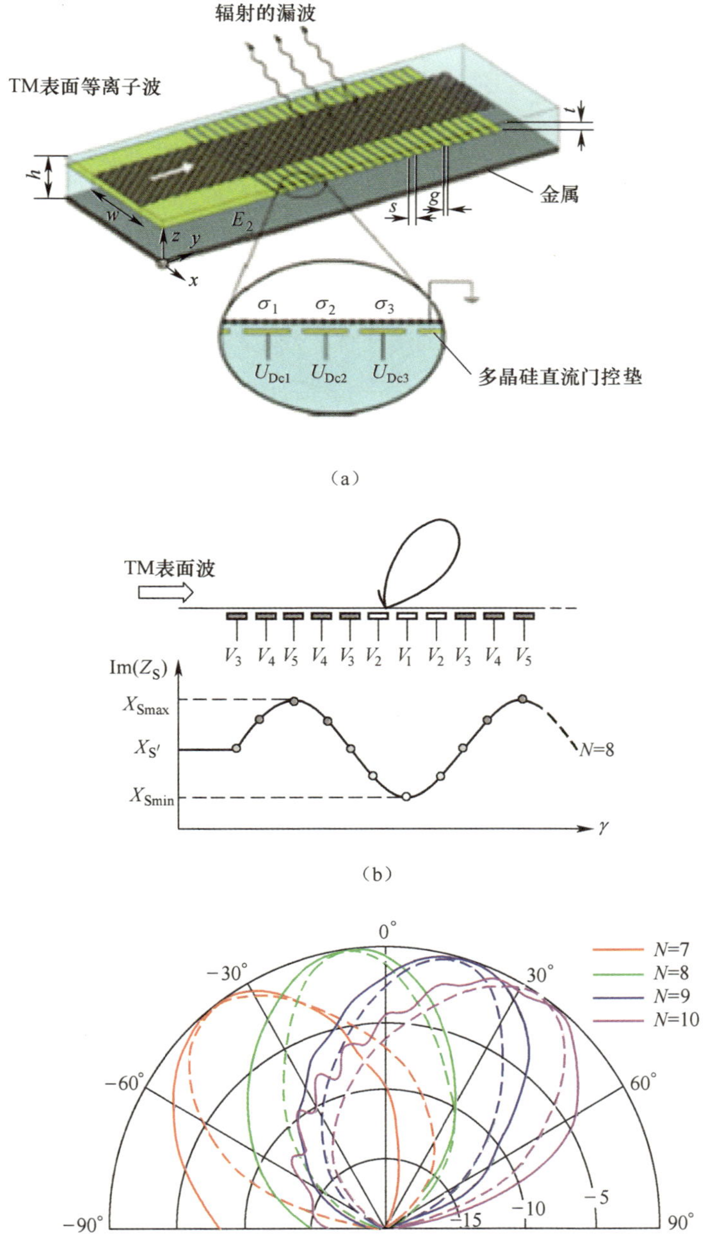

辐射的漏波
TM表面等离子波
金属
多晶硅直流门控垫
h
w
t
s
g
E_2
z
y
x
σ_1
σ_2
σ_3
U_{Dc1}
U_{Dc2}
U_{Dc3}

（a）

TM表面波
V_3 V_4 V_5 V_4 V_3 V_2 V_1 V_2 V_3 V_4 V_5
$\mathrm{Im}(Z_S)$
X_{Smax}
$X_{S'}$
X_{Smin}
N=8
γ

（b）

0°
−30°
30°
−60°
60°
−90°
90°
−15
−10
−5
N=7
N=8
N=9
N=10

（c）

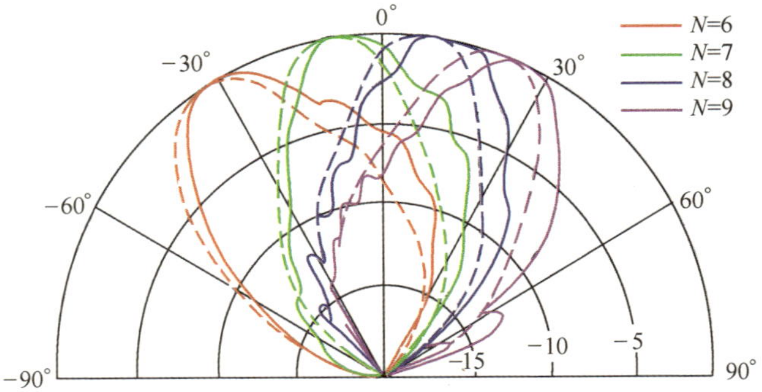

(d)

图 37.30　太赫兹谱工作的固定频率波束扫描漏波天线(Esquius Morote et al.,2014,© IEEE)

(a)基于正弦调制的电抗石墨烯表面的太赫漏波天线;(b)偏置直流电压与相应石墨烯电抗分布之间的关系的示意图;(c)方向图与 N 的关系。

(使用的参数:电子弛豫时间 τ = 1ps ,温度 T = 300K,f_0 = 2THz,U_{DC} = 6.5 ~ 45V,ε_r = 3.8 ,垫长度 s=4.8μm,垫与垫之间的间隙(g)= 0.2μm);(d)使用 τ = 1ps,T = 300K,f_0 = 2THz,U_{DC} = 6.5 − 45V,ε_r = 3.8 s =4.8μm 和 g =0.2μm 的归一化方向图与 N 的关系。

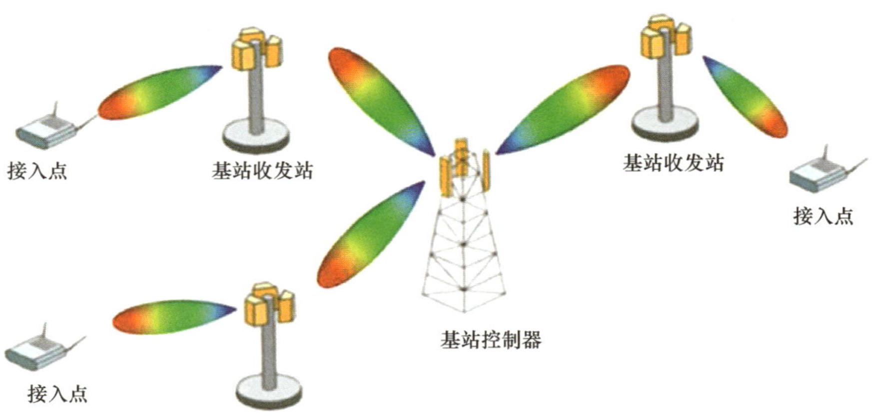

图 40.6　毫米波固定波束应用示例

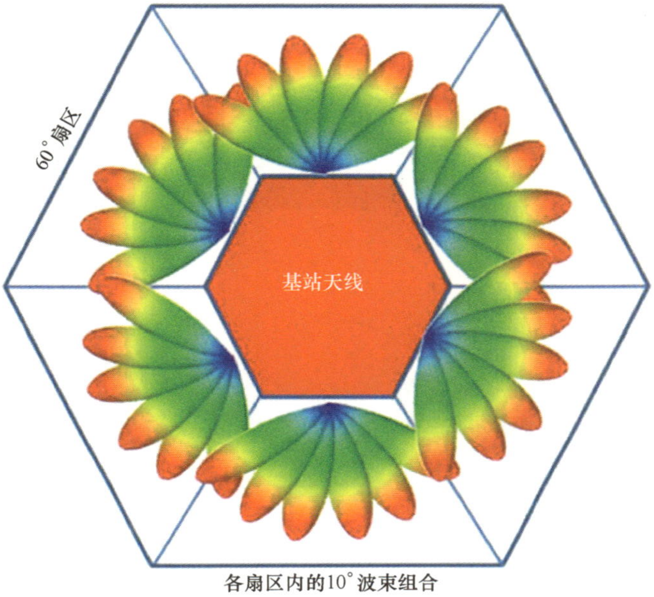

图 40.8　扇形开关波束控制

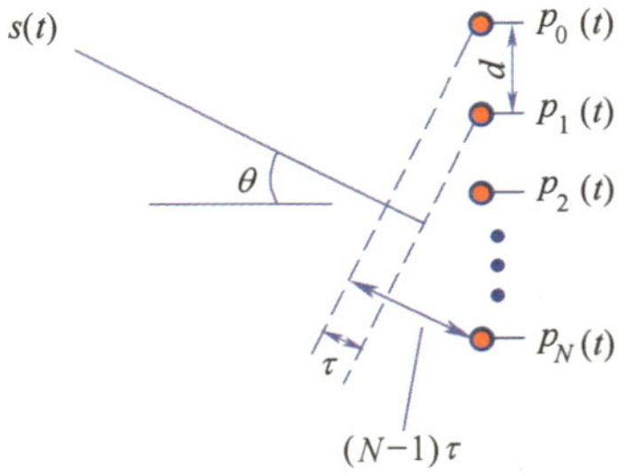

图 40.9　等间距线性阵列示意图

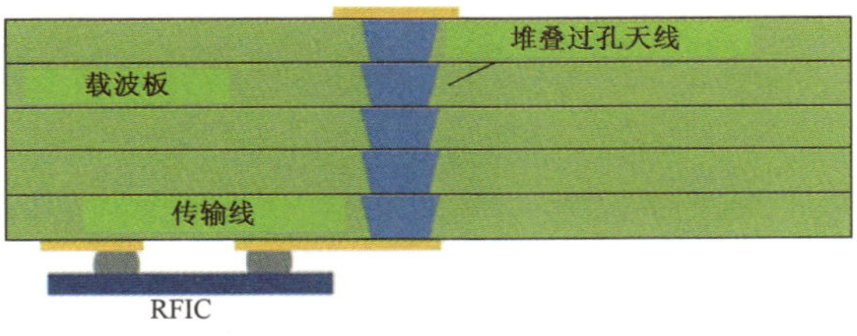

图 40.15　用叠层通孔实现的端射单极天线

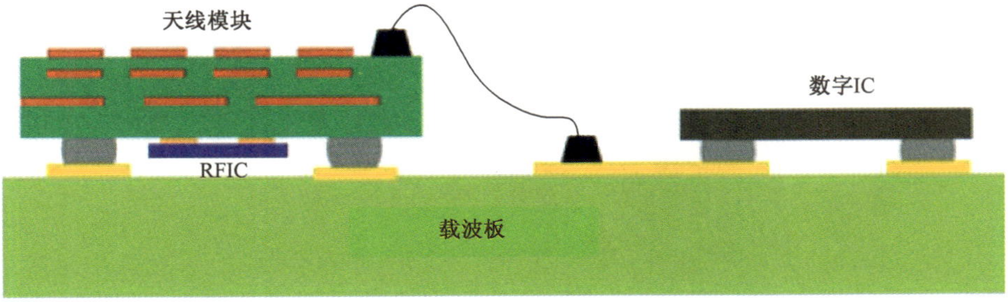

(a)

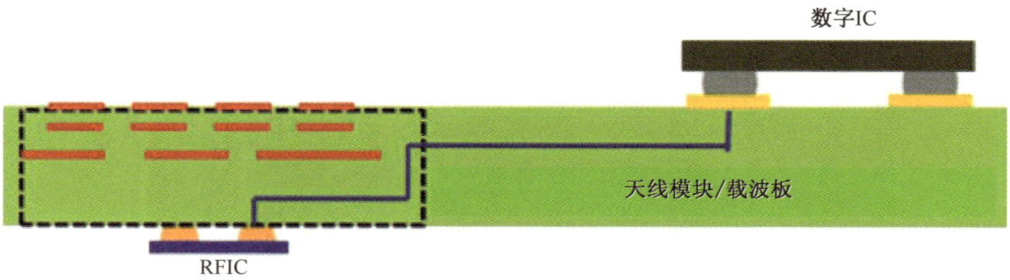

（b）

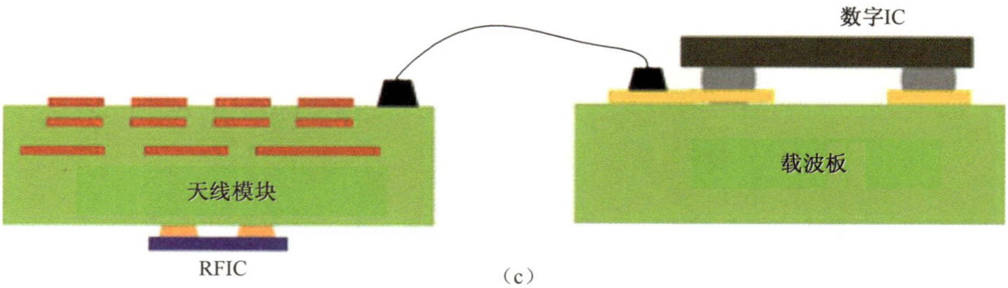

（c）

图 40.16　毫米波无线模块集成技术

图 40.17　倒装焊料球结构侧视图

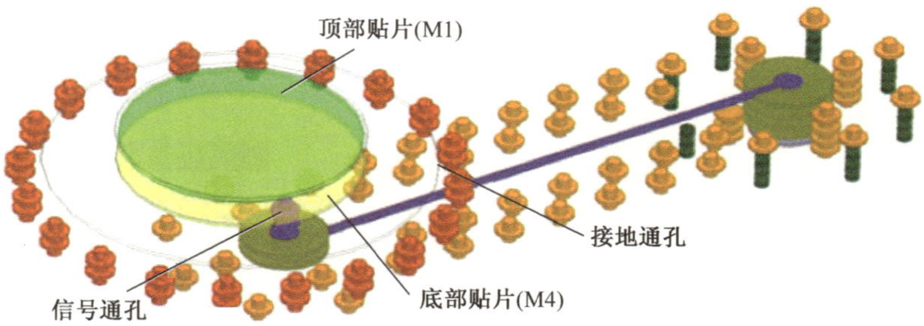

（a）

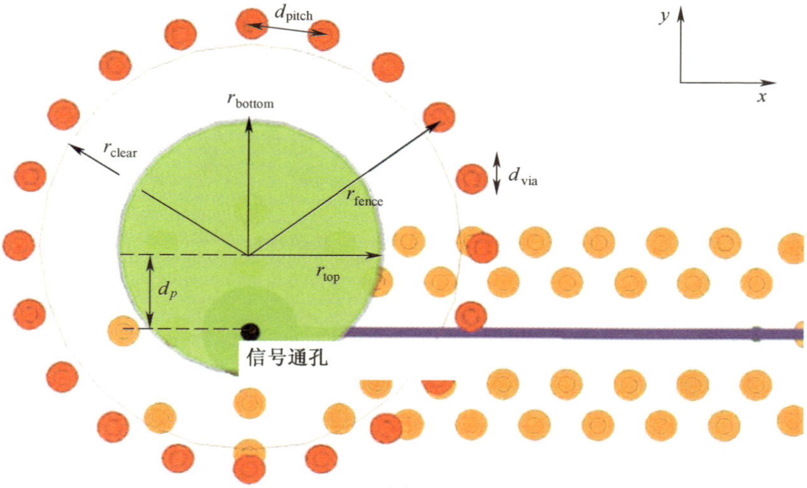

(b)

图 40.37　天线单元示意图(Hong et al.,2013)

(a)3D 视图;(b)顶视图。

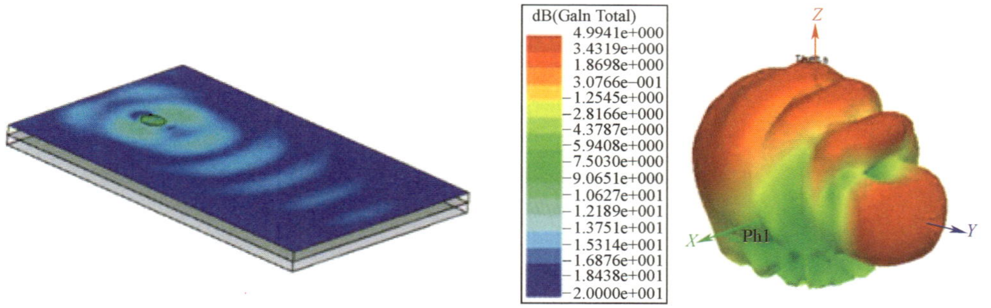

(a)

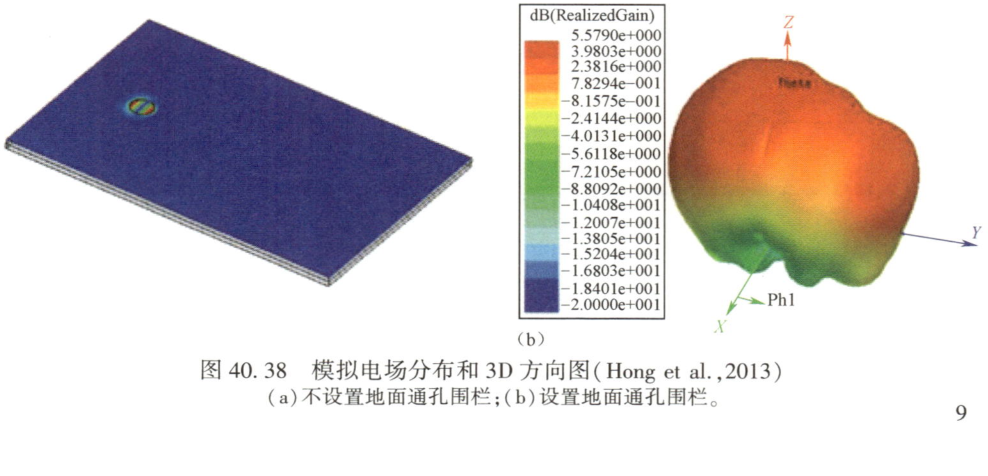

(b)

图 40.38　模拟电场分布和 3D 方向图(Hong et al.,2013)

(a)不设置地面通孔围栏;(b)设置地面通孔围栏。

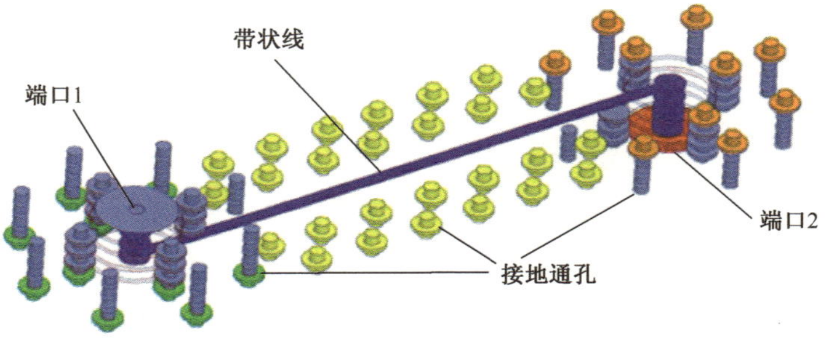

（a）

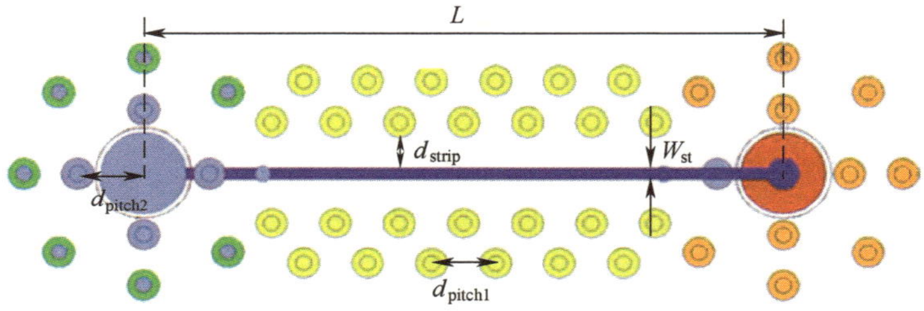

（b）

图 40.39　天线馈线 S 参数振幅的测量（Hong et al.,2013）

(a)3D 视图;(b)俯视图。

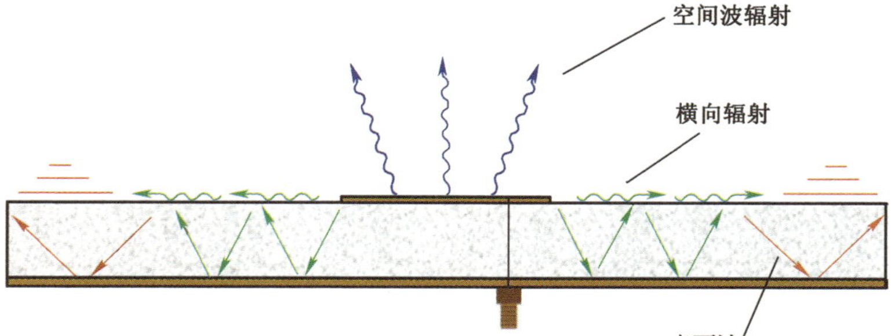

图 43.1　微带天线辐射不同类型波的示意图

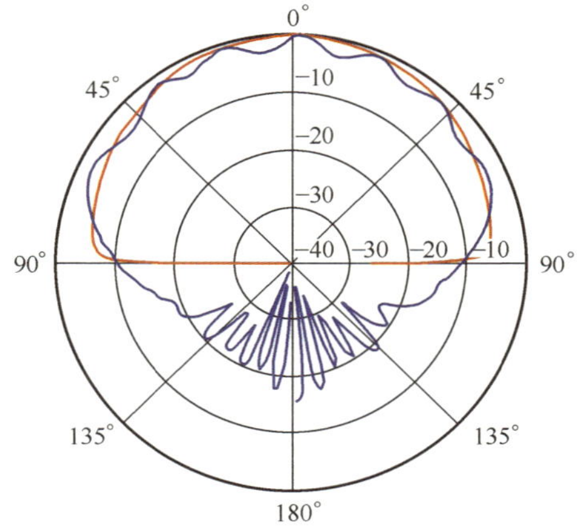

(a)　　　　　　　　　　(b)

图 43.8　常规环形贴片天线

(a)E 平面辐射方向图的对比图(无限接地平面上传统圆形贴片的理论解(红色曲线),1m 直径接地平面上常规圆形贴片的 2.0GHz 实测结果(蓝色曲线));(b)H 平面辐射方向图的对比图(无限接地平面上传统圆形贴片的理论解(红色曲线),1m 直径接地平面上常规圆形贴片的 2.0GHz 实测结果(蓝色曲线))。

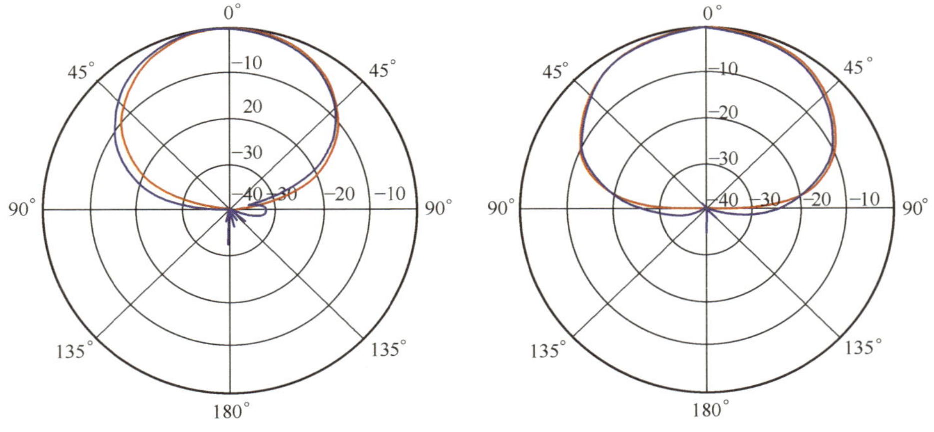

(a)　　　　　　　　　　(b)

图 43.9　SAR-RSW 天线

(a)E 平面辐射方向图的对比图(无限接地平面上 SAR-RSW 贴片的理论解(红色曲线),1m 直径接地平面上 SAR-RSW 贴片的 2.0GHz 实测结果(蓝色曲线));(b)H 平面辐射方向图的对比图(无限接地平面上 SAR-RSW 贴片的理论解(红色曲线),1m 直径接地平面上 SAR-RSW 贴片的 2.0GHz 实测结果(蓝色曲线))。

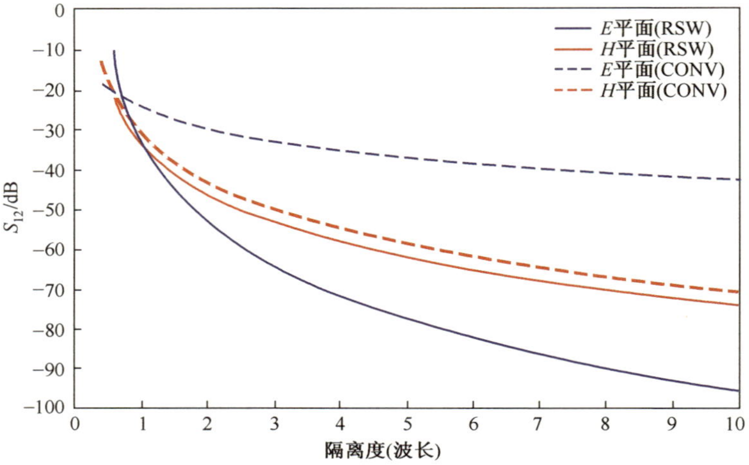

图 43.12　2.0GHz 频率时一对传统圆形贴片和一对 SAR-RSW 贴片相互耦合在不同平面上的对比(这些贴片形状如图 43.8 和图 43.9 所示)

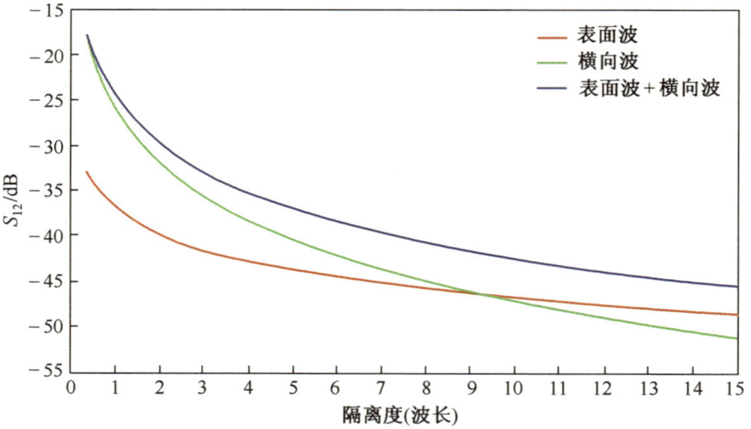

图 43.13　2.0GHz 频率时一对传统圆形贴片的 E 面相互耦合的组成部分(这些贴片与图 43.8 和图 43.9 中的传统贴片相同)

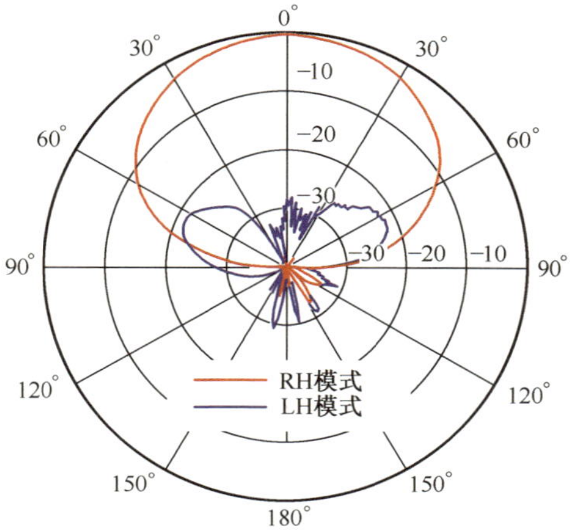

图 43.14　CP SAR-RSW 天线的 RHCP(红色)和 LHCP(蓝色)方向图

(该天线被设计在 1.575GHz 辐射 RHCP。在直径 1m 的接地平面上进行测量)

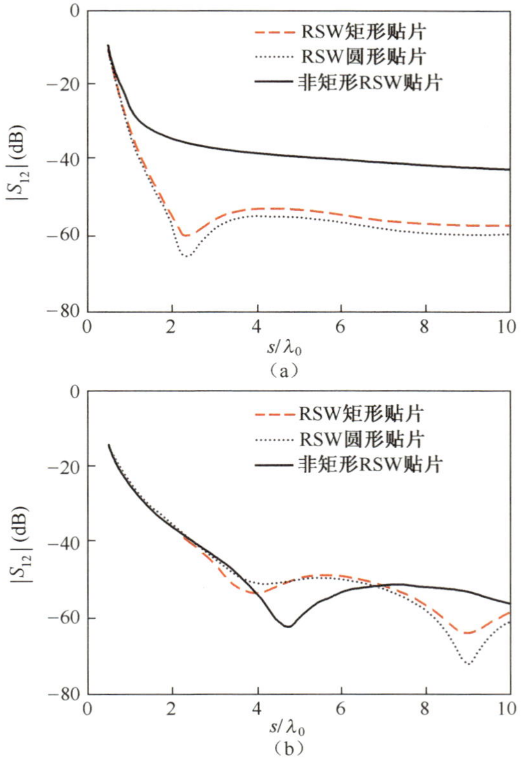

图 43.19　相互耦合随图 43.18 所示天线贴片中心之间的归一化距离 s/λ_0 变化曲线

(a)E 平面耦合;(b)H 平面耦合。

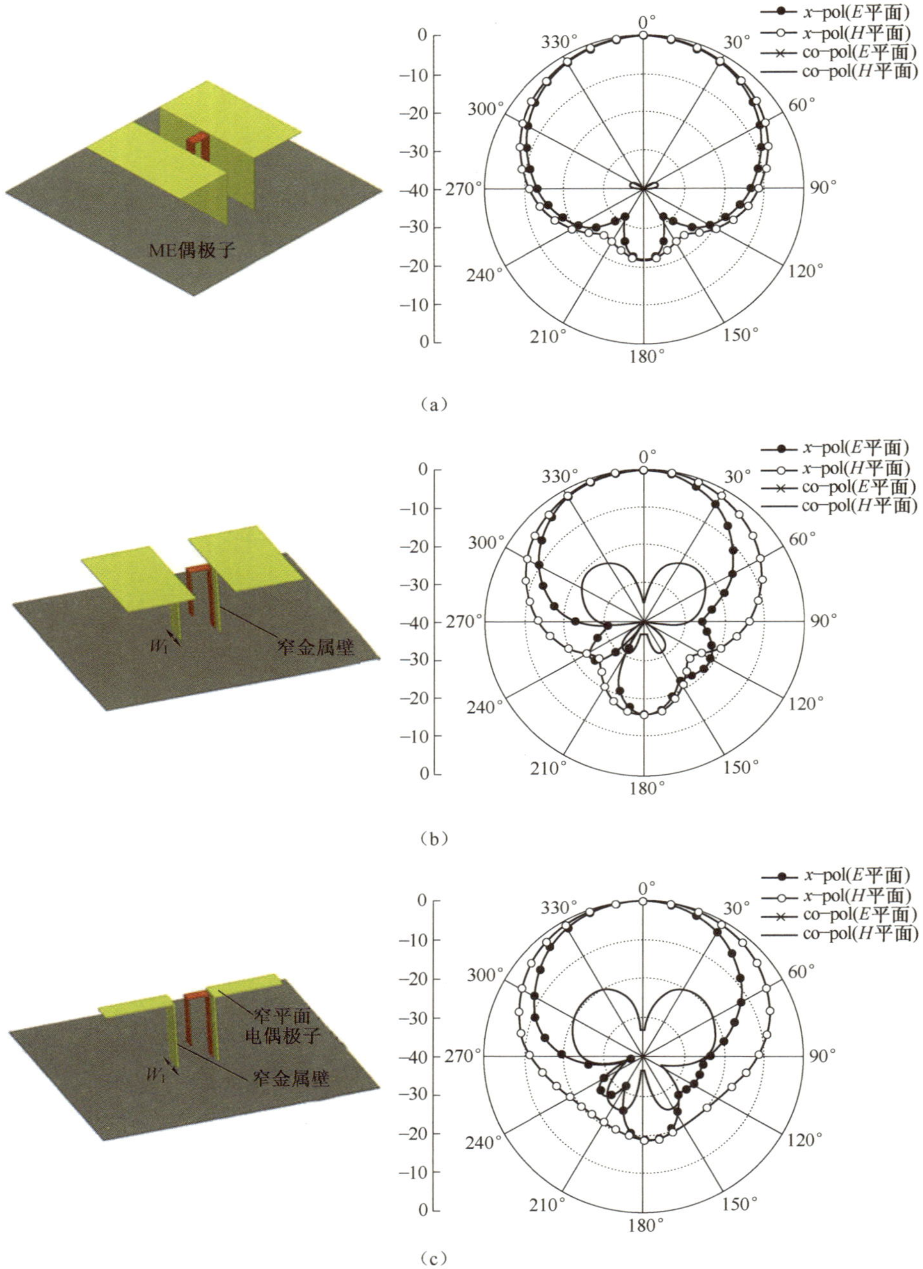

图 44.8　几种磁电偶极子天线及其方向图

(a)磁电偶极子及其方向图;(b)平面电偶极子及其方向图;(c)细导线电偶极子及其方向图。

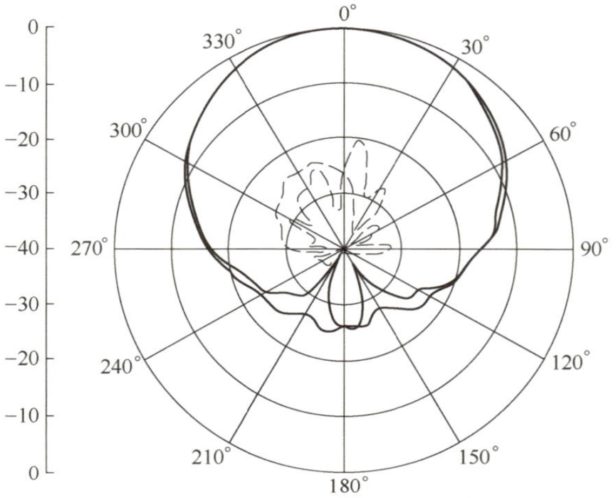

图 44.23　2.4GHz 的天线方向图(引自 Luk 和 Wu 的文献 IEEE 2012,转载许可)

黑色实线—共极化在 E 面的结果;黑色虚线—交叉极化在 E 面的结果;

灰色实线—共极化在 H 面的结果;灰色虚线—交叉极化在 H 面的结果。

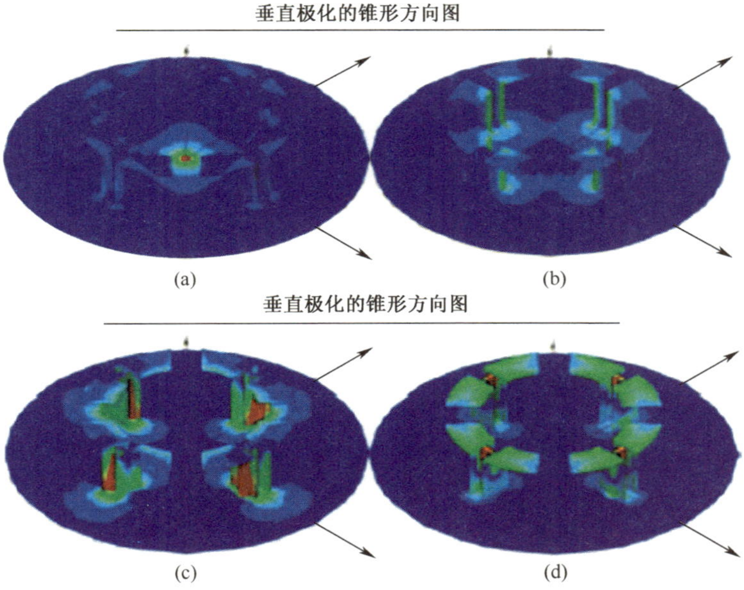

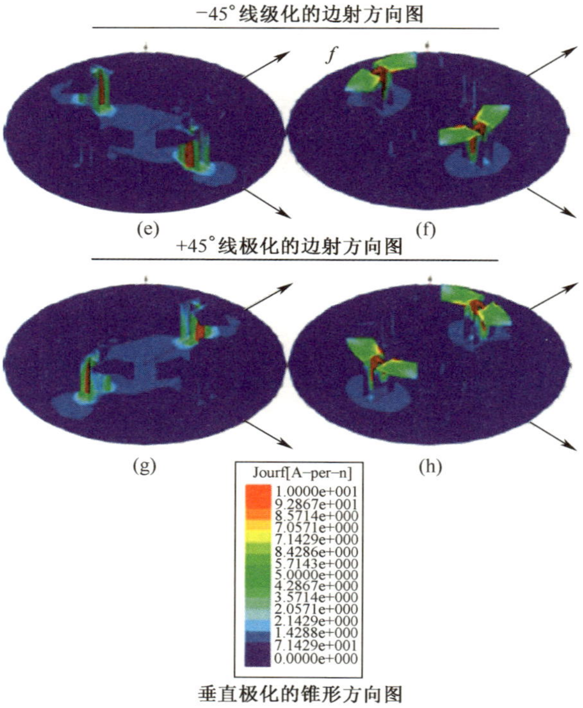

图 44.40　4 种辐射模式的天线电流分布

(a) $t=0$; (b) $t=T/4$; (c) $t=0$; (d) $t=T/4$; (e) $t=0$; (f) $t=T/4$; (g) $t=0$; (h) $t=T/4$。

(引自 Wu and Luk(2011a)的文献,IEEE 转载许可)

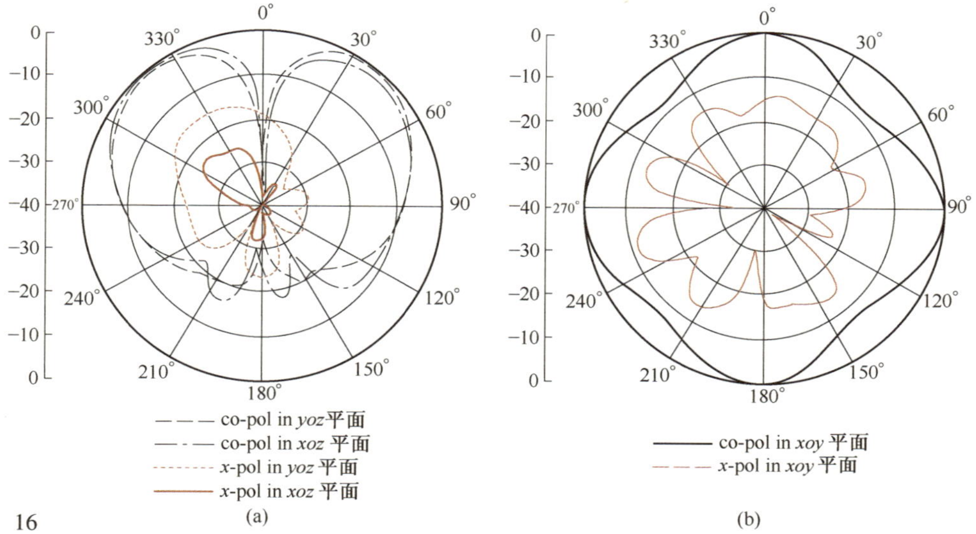

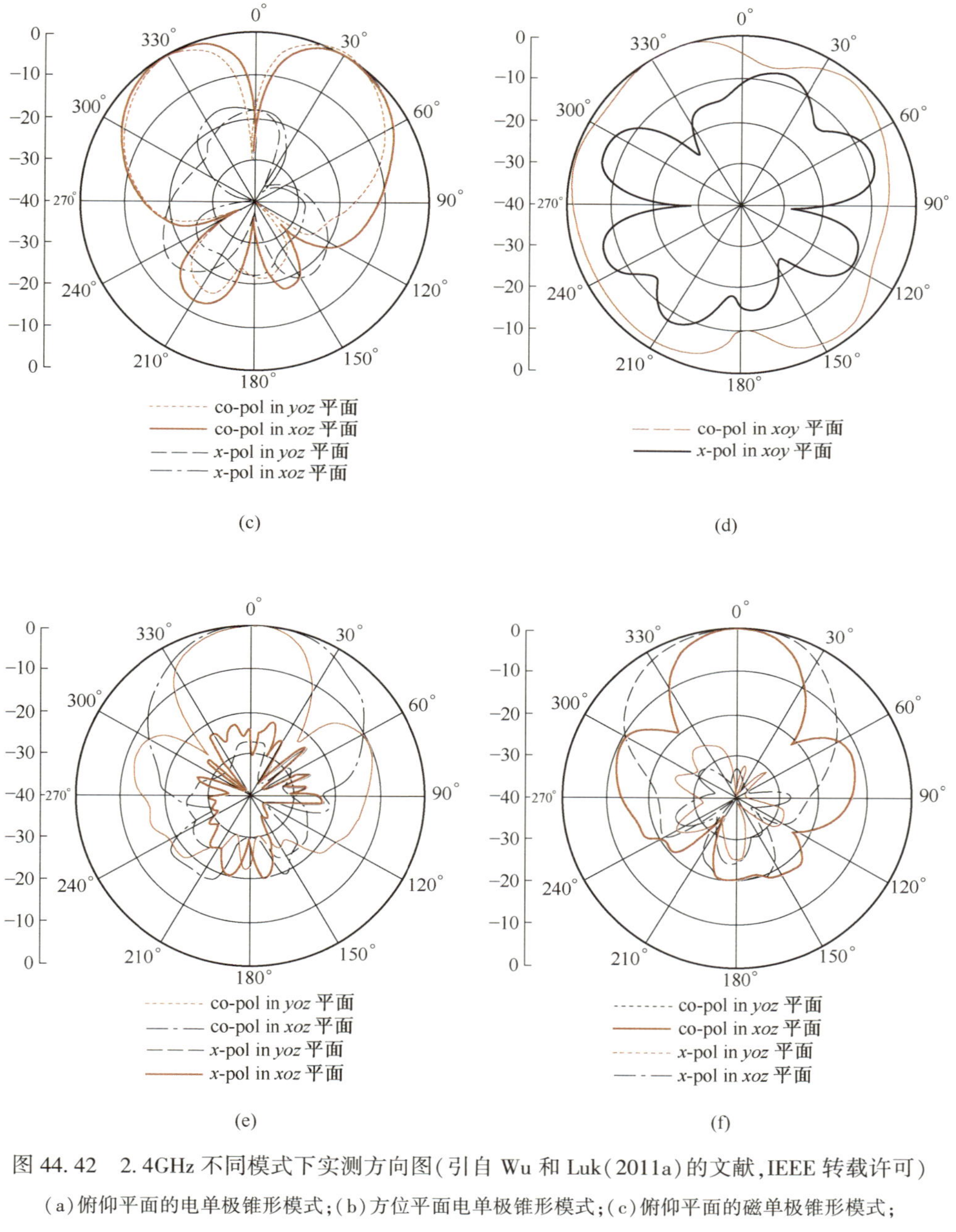

图 44.42　2.4GHz 不同模式下实测方向图（引自 Wu 和 Luk（2011a）的文献，IEEE 转载许可）

（a）俯仰平面的电单极锥形模式；（b）方位平面电单极锥形模式；（c）俯仰平面的磁单极锥形模式；

（d）方位平面磁单极锥形模式；（e）+45°俯仰平面宽边模式；（f）-45°宽边模式。